**2025** 최신개정

최신 **출제기준** 반영

名品

# 식품안전기사

박대준 저

실기

BEST
명품강의
보러가기
www.kisa.co.kr

실시간 카톡문의
@kisa
1544-8509

# 자격시험안내

## 1. 개요

사회발전과 생활의 변화에 따라 식품에 대한 욕구도 양적측면보다 질적측면이 강조되고 있다. 또한 식품제조가공기술이 급속하게 발달하면서 식품을 제조하는 공장의 규모가 커지고 공정이 복잡해짐에 따라 이를 적절하게 유지 관리할 수 있는 기술인력이 필요하게 됨에 따라 자격 제도 제정.

## 2. 시행기관 및 원서접수

한국산업인력공단(www.q-net.or.kr)

## 3. 수행직무

식품기술분야에 대한 기본적인 지식을 바탕으로 하여 식품재료의 선택에서부터 새로운 식품의 기획, 개발, 분석, 검사 등의 업무를 담당하며, 식품제조 및 가공공정, 식품의 보존과 저장공정에 대한 관리, 감독의 업무를 수행

## 4. 시험과목 및 검정방법

| 구분 | 시험과목 | 검정방법 |
|---|---|---|
| 필기시험 | ① 식품안전<br>② 식품화학<br>③ 식품가공·공정공학<br>④ 식품미생물 및 생화학 | 객관식 4지 택일형, 과목당 20문항(과목당 30분) |
| 실기시험 | 식품안전관리 실무 | 필답형(2시간 30분) |

## 5. 합격기준

① 필기 : 100점을 만점으로 하여 과목당 40점 이상, 전 과목 평균 60점 이상
② 실기 : 100점을 만점으로 하여 60점 이상

## 6. 응시절차

| | | |
|---|---|---|
| 1 | 필기원서접수 | • Q-net를 통한 인터넷 원서접수<br>• 필기접수 기간 내 수험원서 인터넷 제출<br>• 사진(6개월 이내에 촬영한 90×120픽셀 사진파일(JPG) 수수료 전자결제<br>• 수험표 본인 선택(선착순) |
| 2 | 필기시험 | 수험표, 신분증, 필기구(흑색 싸인펜 등), 공학용계산기 지참 |
| 3 | 합격자 발표 | • Q-net를 통한 합격확인(마이페이지 등)<br>• 응시자격(기술사, 기능장, 산업기사, 서비스 분야 일부종목)<br>• 제한종목은 합격예정자 발표일부터 8일 이내에(토, 공휴일 제외)<br>• 반드시 응시자격서류를 제출하여야되며 단, 실기접수는 4일 임. |
| 4 | 실기원서 접수 | • 실기접수기간 내 수험원서 인터넷(www.Q-net.or.kr)제출<br>• 사진(6개월 이내에 촬영한 반명함판 사진파일(JPG), 수수료(정액)<br>• 시험일시, 장소, 본인 선택(선착순)<br>  단, 기술사 면접시험은 시행 10일 전 공고 |
| 5 | 실기시험 | 수험표, 신분증, 필기구, 공학용 계산기, 수험자 지참준비물(작업형 시험한정) 지참 |
| 6 | 최종합격자 발표 | Q-net를 통한 합격확인(마이페이지 등) |
| 7 | 자격증 발급 | • (인터넷) 공인인증 등을 통한 발급, 택배가능<br>• (방문수령) 여권규격사진 및 신분확인 서류 |

### 모두 바르게 빨리 **올배움** 한다.

이러닝교육기관 올배움이 특별한 이유!

**01** SINCE 1997 국가기술자격증 이러닝교육기관 올배움

**02** 고객이 신뢰하는 브랜드대상 수상기관

**03** 합격생이 인정하는 최고의 명품강의

 www.kisa.co.kr   1544-8509   카톡 ID : kisa

# | 전국 한국산업인력공단 안내 |

| 기관명 | 기술자격시험팀 연락처 | 주소 |
|---|---|---|
| 울산지사 | • 자격시험부 : 052-220-3223~4 / 052-220-3210~3218 | 울산시 중구 종가로 347(교동) |
| 서울지역본부 | • 응시자격서류 제출검사 : 02-2137-0503~6<br>• 자격증발급 : [우편]02-2137-0516 [방문]02-2137-0509<br>• 실기(필답, 작업)시험 : 02-2137-0521~4 | 서울 동대문구 장안벚꽃로 279(휘경동 49-35) |
| 서울서부지사<br>(구, 서울동부지사) | • 필기 및 실기 응시자격 서류 제출심사 및 자격증 발급<br>(필기서류제출심사) 02-2024-1707, 1708, 1710, 1728<br>(자격증발급)02-2204-1728<br>• 실기(필답, 작업)시험 : 02-2024-1702,1704,1706,1711,1712 | 서울시 은평구 진관3로 36(진관동 산100-23) |
| 서울남부지사 | • 자격증발급 : 02-6907-7137<br>• 필기 및 실기 : 02-6907-7133~9, 7151~156 | 서울시 영등포구 버드나루로 110(당산동) |
| 강원지사(춘천) | • 자격증발급 : 033-248-8516<br>• 국가기술자격시험 : 033-248-8512~3, 8515~9 | 강원도 춘천시 동내면 원창 고개길 135(학곡리) |
| 강원동부지사(강릉) | • 자격증발급 : 033-650-5711<br>• 국가기술자격시험 : 033-650-5713(필), 033-650-5717(실) | 강원도 강릉시 사천면 방동길 60(방동리) |
| 부산지역본부 | • 국가기술자격시험 : 051-330-1918, 1922, 1925~6, 1928 | 부산시 북구 금곡대로 441번길 26(금곡동) |
| 부산남부지사 | • 자격시험부 : 051-620-1910~9 | 부산시 남구 신선로 454-18(용당동) |
| 경남지사 | • 자격시험부 : 0522-212~7240~245, 248, 250 | 경남 창원시 성산구 두대로 239(중앙동) |
| 대구지역본부 | • 국가기술자격시험 : 053-580-2451~2361 | 대구시 달서구 성서공단로 213(갈산동) |
| 경북지사 | • 국가자격검정(자격시험부) : 054-840-3031~34 | 경북 안동시 서후면 학가산 온천길 42(명리) |
| 경북동부지사(포항) | • 국가자격검정(자격시험부) : 054-230-3251~8 | 경북 포항시 북구 법원로 140번길 9(장성동) |
| 경북서부지사 | • 국가기술자격시험 : 054-713-3022~3025 | 경북 구미시 산호대로 253(구미첨단의료기술타워) |
| 인천지역본부<br>(구, 중부지역본부) | • 자격시험부 : 032-820-8619,8622~8635<br>• 자격증발급 및 응시자격 : 032-820-8679 | 인천시 남동구 남동서로 209(고잔동) |
| 경기지사 | • 자격증 발급 : 031-249-1224<br>• 기술자격 필실기시험 : 031-249-1212~7, 219, 221, 224 | 경기도 수원시 권선구 호매실로 46-68(탑동) |
| 경기북부지사 | • 자격시험(필기) : 031-850-9122,9123,9127,9128<br>• 자격시험(실기) : 031-850-9123, 9173 | 경기도 의정부시 추동로 140(신곡동) |
| 경기동부지사<br>(성남) | • 시험시행 및 응시자격서류 : 031-750-6222~9, 6216<br>• 자격증 발급 : 031-750-6226, 6215 | 경기 성남시 수정구 성남대로 1217(수진동) |
| 경기남부지사 | • 자격시험부 : 031-615-9001~9006<br>• 응시자격서류 및 자격증 발급 : 031-615-9001 | 경기 안성시 공도읍 공도로 51-23 |
| 광주지역본부 | • 기술자격시험 : 062-970-1761~67, 69, 99 | 광주광역시 북구 첨단벤처로 82(대촌동) |
| 전북지사 | • 국가기술자격시험 : 063-210-9221~7 | 전북 전주시 덕진구 유상로 69(팔복동) |
| 전남지사 | • 정기시험 : 061-720-8531,8532,8534~8536,8539,8561 | 전남 순천시 순광로 35-2(조례동) |
| 전남서부지사(목포) | • 기사팔(실기) : 061-288-3327,<br>• 기능사팔(실기) : 061-288-3326 | 전남 목포시 영산로 820(대양동) |
| 제주지사 | • 국가자격검정(자격시험부) : 064-729-0701~2<br>• 국가기술자격 : 064-729-0712,0715,0717~8 | 제주 제주시 복지로 19(도남동) |
| 대전지역본부 | 042-580-9131~7, 9139 | 대전광역시 중구 서문로 25번길 1(문화동) |
| 충북지사 | • 국가기술(정기) : 043-279-9041~9046 | 충북 청주시 흥덕구 1순환로 394번길 81(신봉동) |
| 충남지사 | • 국가기술자격 정기시험 : 041-620-7632~9 | 충남 천안시 서북구 천일고 1길 27(신당동) |
| 세종지사 | • 자격시험부 : 044-410-8021-8023 | 세종특별자치시 한누리대로 296(나성동) |

# 7. 출제기준

## 식품안전기사

| 직무분야 | 식품·가공 | 중직무분야 | 식품 | 자격종목 | 식품안전기사 | 적용기간 | 2025.1.1.~2027.12.31. |
|---|---|---|---|---|---|---|---|

○ 직무내용
  식품의 기획, 연구개방, 시험·검사 등의 업무를 담당하며, 식품의 제조·가공, 보존·저장 공정에 대한 품질관리 및 안전관리 업무를 수행하는 직무이다.

○ 수행준거
  1. 식품안전관리를 위하여 사용하는 원료 및 제조공정의 위해요소를 확인·평가하고 식품의 안전성을 확보할 수 있는 중요한 단계·과정 또는 공정을 결정하여 식품안전관리인증기준을 적용할 수 있다.
  2. 제품을 개발하기 위하여 개선점을 파악하고, 실험 설계, 배합비·공정·포장 등의 개발을 할 수 있다.
  3. 공장의 모든 활동을 총괄적으로 관리하는 활동으로 공정관리를 계획하고, 적합 여부를 평가할 수 있다.
  4. 식품의 품질 및 성분이 일정조건에 맞는지 확인하고 검사 계획, 샘플 준비, 검사, 분석·평가, 결과에 대한 조치를 할 수 있다.
  5. 안전관리 계획을 수립하고, 매뉴얼을 작성, 위기관리 대응 훈련을 실시하며, 그 결과를 평가하고 개선조치할 수 있다.

| 실기검정방법 | 필답형 | 시험시간 | 2시간 30분 정도 |
|---|---|---|---|

| 실기과목명 | 주요항목 | 세부항목 |
|---|---|---|
| 식품생산관리실무 | 1. 식품안전관리인증기준(HACCP) | 1. HACCP 준비단계하기<br>2. 식품안전 위해요소 이해하기<br>3. 위해 분석·평가하기<br>4. 중요관리점 결정·한계기준 설정하기<br>5. 모니터링·개선조치 수립하기<br>6. 검증·문서화 관리하기 |
| | 2. 제품개발 | 1. 시제품 개발하기<br>2. 시제품 생산하기<br>3. 시제품 평가하기<br>4. 제품응용연구하기 |
| | 3. 생산관리 | 1. 공정 설정하기<br>2. 규격 설정하기<br>3. 상품성 평가하기 |
| | 4. 품질관리 | 1. 상품성 평가하기<br>2. 입고검사하기<br>3. 공정관리하기<br>4. 공정설비 조건관리하기<br>5. 샘플 및 제품검사관리하기<br>6. 관능검사하기<br>7. 협력업체 관리 및 평가하기<br>8. 식품품질개선하기 |

| 실기과목명 | 주요항목 | 세부항목 |
|---|---|---|
| 식품생산관리실무 | 5. 안전관리 | 1. 식품가공연구개발안전 및 위생관리하기<br>2. 재료안전성검사하기<br>3. 식품관련 법규관리하기 |

# 차례

## 1과목 식품 분석화학실험

- Chapter 1 Orientation ··········································· 2
- Chapter 2 무게 분석 실험개요 ······························ 4
- Chapter 3 부피분석 실험 개요 ······························ 5
- Chapter 4 무게 분석 실험 ··································· 12
- Chapter 5 침전적정 ············································· 17
- Chapter 6 산화·환원 적정 ································· 20
- Chapter 7 산·염기 중화적정 ······························ 23

## 2과목 식품 미생물학실험

- Chapter 1 Orientation ········································· 28
- Chapter 2 일반세균 검사 ···································· 32
- Chapter 3 대장균군 검사 ···································· 38
- Chapter 4 배지의 조제 및 접종 ·························· 45

## 3과목 식품 필답형 개론

- Chapter 1 기본농도 ············································· 48
- Chapter 2 농도 및 함량계산 ······························· 50
- Chapter 3 단위 환산 ············································ 52
- Chapter 4 열량 및 에너지량계산 ························ 53
- Chapter 5 화학반응속도론 ·································· 56
- Chapter 6 크로마토그래피 및 질량분석기 ·········· 61

## 4과목 식품 필답형 이론

- Chapter 1 HACCP ··············································· 68
- Chapter 2 식품의 기준 및 규격 ·························· 76
- Chapter 3 식품위생법 및 식품등의 표시기준 ······ 86
- Chapter 4 소비기한 ············································· 94
- Chapter 5 영양소 함량 강조표시 세부기준 ········ 99
- Chapter 6 식품첨가물 ········································ 104
- Chapter 7 식품에 존재하는 유해물질들 ············ 114
- Chapter 8 물질 섭취에 대한 안전지표들 ··········· 117
- Chapter 9 건강기능식품 ···································· 122
- Chapter 10 식중독 및 경구감염병 ······················ 126
- Chapter 11 관능검사 및 식품의 맛 ···················· 141
- Chapter 12 식품가공학 ······································ 149
- Chapter 13 통·병조림 가공 ······························ 159
- Chapter 14 전분 가공 ········································ 163
- Chapter 15 밀가루 가공 ····································· 171
- Chapter 16 Rheology ········································ 175
- Chapter 17 수분 ················································· 181
- Chapter 18 육류 가공 ········································ 190
- Chapter 19 과일·채소류 가공 ·························· 198
- Chapter 20 두류 가공 ········································ 204
- Chapter 21 유제품 가공 ····································· 209
- Chapter 22 건조 공정 ········································ 213
- Chapter 23 살균 공정 ········································ 219
- Chapter 24 미생물학 ·········································· 224
- Chapter 25 생화학 회로 및 경로 ······················· 238
- Chapter 26 발효공학 ·········································· 244
- Chapter 27 주류 ················································· 251
- Chapter 28 분석화학 및 식품공전 실험 ············ 254
- Chapter 29 기기분석 ·········································· 270
- Chapter 30 기본농도 ·········································· 278
- Chapter 31 농도 및 함량 계산 ·························· 286
- Chapter 32 열량 및 에너지량 계산 ··················· 299
- Chapter 33 단위 환산 ········································ 305
- Chapter 34 화학반응속도론 ······························· 310
- Chapter 35 통계 및 선형 근사 ·························· 314
- Chapter 36 식품 및 축산물 안전관리인증기준 선행요건
  ···························································· 318

## 5과목 　 필답형 복원문제

- **2004년 식품안전기사 [(구)식품기사]**
  - 1회 ········································· 334
  - 2회 ········································· 340
  - 3회 ········································· 346
- **2005년 식품안전기사 [(구)식품기사]**
  - 1회 ········································· 351
  - 2회 ········································· 356
  - 3회 ········································· 363
- **2006년 식품안전기사 [(구)식품기사]**
  - 1회 ········································· 368
  - 2회 ········································· 374
  - 3회 ········································· 379
- **2007년 식품안전기사 [(구)식품기사]**
  - 1회 ········································· 386
  - 2회 ········································· 392
  - 3회 ········································· 401
- **2008년 식품안전기사 [(구)식품기사]**
  - 1회 ········································· 408
  - 2회 ········································· 416
  - 3회 　　　　　　　　　　　 422
- **2009년 식품안전기사 [(구)식품기사]**
  - 1회 ········································· 430
  - 2회 ········································· 437
  - 3회 ········································· 445
- **2010년 식품안전기사 [(구)식품기사]**
  - 1회 ········································· 451
  - 2회 ········································· 457
  - 3회 ········································· 464
- **2011년 식품안전기사 [(구)식품기사]**
  - 1회 ········································· 470
  - 2회 ········································· 479
  - 3회 ········································· 485
- **2012년 식품안전기사 [(구)식품기사]**
  - 1회 ········································· 491
  - 2회 ········································· 498
  - 3회 ········································· 505
- **2013년 식품안전기사 [(구)식품기사]**
  - 1회 ········································· 512
  - 2회 ········································· 518
  - 3회 ········································· 524

- **2014년 식품안전기사 [(구)식품기사]**
  - 1회 ········································· 530
  - 2회 ········································· 536
  - 3회 ········································· 544
- **2015년 식품안전기사 [(구)식품기사]**
  - 1회 ········································· 550
  - 2회 ········································· 556
  - 3회 ········································· 562
- **2016년 식품안전기사 [(구)식품기사]**
  - 1회 ········································· 567
  - 2회 ········································· 574
  - 3회 ········································· 580
- **2017년 식품안전기사 [(구)식품기사]**
  - 1회 ········································· 587
  - 2회 ········································· 594
  - 3회 ········································· 599
- **2018년 식품안전기사 [(구)식품기사]**
  - 1회 ········································· 605
  - 2회 ········································· 611
  - 3회 ········································· 617
- **2019년 식품안전기사 [(구)식품기사]**
  - 1회 ········································· 624
  - 2회 ········································· 630
  - 3회 ········································· 636
- **2020년 식품안전기사 [(구)식품기사]**
  - 1회 ········································· 643
  - 2회 ········································· 654
  - 3회 ········································· 668
  - 4·5회 ····································· 679
- **2021년 식품안전기사 [(구)식품기사]**
  - 1회 ········································· 690
  - 2회 ········································· 702
  - 3회 ········································· 713
- **2022년 식품안전기사 [(구)식품기사]**
  - 1회 ········································· 726
  - 2회 ········································· 739
  - 3회 ········································· 753
- **2023년 식품안전기사 [(구)식품기사]**
  - 1회 ········································· 767
  - 2회 ········································· 779
  - 3회 ········································· 793

■ 2024년 식품안전기사 [(구)식품기사]
  1회 ---------------------------------- 807
  2회 ---------------------------------- 822
  3회 ---------------------------------- 835

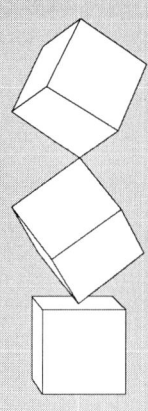

# PART 1

# 식품 분석화학실험

ENGINEER FOOD PROCESSING

# CHAPTER 01 > Orientation

## 1. 실험 도구 사용 방법

### (1) 막자 및 막자 사발 사용 방법
① 막자 사발 안에 시료를 넣고, 한 쪽 손으로 사발의 반을 덮는다.
② 막자를 잡을 때에는 엄지손가락이 막자의 편평한 끝에 가게 한 뒤, 주먹을 쥐어 잡는다.
③ 막자사발을 기울이지 않고 수시로 돌려가며 시료를 쿵쿵 찧는 느낌보다는 짓이기는 느낌으로 곱고 균일하게 마쇄한다.
④ 튀어나간 시료를 막자사발 안에 다시 넣지 않는다.

### (2) 전자 저울 사용법
① 전자 저울의 수평자가 가운데에 있는 지 확인한다.
② 바람이나 진동 등의 영향 유무를 확인한 뒤, 저울의 전원을 켠 뒤, 측정하고자 하는 단위가 맞는 지 확인한다.(단위가 g이 맞는지 확인)
③ "Tare" 나 "0" 버튼은 무게 기준을 맞출 때 사용한다. (용기 항량의 경우는 저울이 빈 상태에서, 시료 칭량의 경우는 용기가 올려진 상태에서 누른다.)
④ 시료 채취 시, 깨끗한 약수저나 깨끗한 피펫을 이용하여 분취하며, 여분의 시료는 원시료 통 안에 다시 넣지 않고 폐기한다.
⑤ 미닫이문이 있는 경우, 미닫이 문을 닫고 안정화된 눈금을 읽는다.

### (3) 피펫 필러 사용 방법(고무 필러)
① (A) 부분을 누른 채, 몸체를 눌러 공기를 뺀다.
② 피펫을 끼운 뒤, (S) 부분을 눌러 원하는 눈금까지 시료를 빨아올린다. 이 때, 시료의 높이가 제한 표시선을 넘지 않도록 주의한다.
③ 시료를 분주할 때에는 (E) 부분을 눌러 원하는 부분까지 흘려보낸다. 마지막 한 방울까지 내보내기 위해서는 (E) 부분의 구멍을 손가락으로 막고 고무 부분을 눌러서 밀어낸다.
④ 고무 필러 사용 후에는 피펫을 빼고, (A) 부분을 눌러 피펫 필러를 원상태로 되돌린다.
⑤ 절대로 피펫을 끼운 채, 거꾸로 들어서는 안된다.(고장의 원인)

### (4) 피펫 필러 사용 방법(플라스틱 펌프)
① 피펫을 끼운 뒤, 레버를 아래쪽으로 돌려 시료를 빨아 올린다. 이 때, 시료의 높이가 제한 표시선을 넘지 않도록 주의한다. 구조상 밀전이 완전하지 않아 몇 방울이 떨어질 수 있음을 상정하고 빨아 올린 뒤, 재빨리 다른 용기로 액체를 옮긴다.

② 피펫이 시료에 잠긴 채, 레버를 위아래로 돌려주면 시료가 섞인다.
③ 시료를 분주할 때에는 흰 플라스틱 버튼을 누른다. 마지막 한 방울까지 흘려보낼 때에는 레버를 위쪽으로 돌린다.
④ 플라스틱 펌프의 피스톤을 절대로 밀거나 잡아당겨서는 안된다.
⑤ 절대로 피펫을 끼운 채, 거꾸로 들어서는 안된다.(고장의 원인)

(5) 용액 제조 방법
① 채취한 시료가 고체일 경우, 먼저 소량의 용매로 완전히 용해시킨 뒤, 부피 플라스크에 넣는다.
② 세척병과 깔때기를 사용하여 미량의 시료도 남지 않게끔 완전히 씻어 녹여 넣는다.
③ 부피 플라스크에 용매를 붓다가 표선 가까이 갔을 때에는 뚜껑을 막고 위아래로 흔들어주어 균일하게 섞어준 뒤, 세척병이나 스포이드를 이용하여 용매를 표선까지 맞추어 준다. 이 과정에서 위아래로 흔들어 균일하게 섞어준다.
④ 부피플라스크 표선의 눈금은 바닥에 놓은 상태에서, 눈과 눈금이 수평이 되게끔 하여 맞춘다.

(6) 뷰렛 사용 방법
① 뷰렛의 콕이 잠긴 것을 확인한 뒤, 표준용액을 붓는다.
② 표준용액을 눈금선 이상 부어준 뒤, 콕을 열어 콕 아래부분의 공기를 밀어내어 표준용액으로 빈 공간을 채워준다. 뷰렛 콕의 너트 부분을 단단히 조인 상태에서 콕 손잡이를 돌려주면 공기가 제거된다.
③ 콕을 열고 적정한다. 단, 적정 이전에 반드시 깔때기를 제거한 뒤 흰 종이가 깔려있는 지를 확인한다.

CHAPTER 02 > 무게 분석 실험개요

## 1. 무게 분석에서의 기본 정의

(1) 무게 분석법이란?

목적하는 성분을 홑원소물질 혹은 화합물로 분리시킨 후, 무게를 측정하여 목적하는 성분의 양을 결정한다. 표준 시료를 필요로 하지 않으니, 숙련도가 요구.
- 정확히 단다 : 규정된 무게를 그 자리수까지 단다.
- 정밀히 단다 : 달아야 할 최소 단위를 고려하여 0.1mg, 0.01mg, 0.001mg 까지 다는 것

## 2. 항량

(1) 항량이란?

건조 또는 강열할 때 "항량"이라고 기재한 것은, 다시 계속하여 1시간 더 건조 혹은 강열할 때에 전후의 칭량차가 이전에 측정한 무게의 0.1%이하임을 말한다.

(2) 항량 조작 시 온도조건

통상적으로 유기물을 완전히 제거하기 위해 600℃로 강열하는 것이 원칙이나, 수분을 제거할 목적으로는 110℃ 정도로도 충분하다는 의견이 많다. 알코올 온도계의 측정 범위를 초과하므로 온도계 부착 도구는 항량을 금지

(3) 항량 과정

① 깨끗이 씻어 말린 용기의 무게를 잰다.
② 뚜껑을 닫은 용기를 회화로에 넣어 뚜껑을 비스듬히 연 뒤, 수 시간 강열한다.
③ 용기를 뚜껑을 닫은 채 식힌 뒤(약 200℃), 데시케이터에 그대로 옮겨 30분간 방냉한다.
　　이유 : 데시케이터 파손 방지 및 대류방지(미끄러져서 뚜껑 닫히기 어려워짐)
④ 2~3까지 전후의 칭량 차가 초기값의 0.1wt% 이하 또는 무게가 같아질 때까지 반복한다.
⑤ 사용하는 무게 값은 맨 마지막 것을 사용한다.

# CHAPTER 03 부피분석 실험 개요

## 1. 부피 분석의 정의
### (1) 부피 분석법
농도를 아는 표준 용액을 뷰렛에 넣고 시료 용액에 조금씩 떨어뜨려 반응이 끝났을 때의 표준 용액의 소비량으로 시료의 농도를 결정하는 방법 이 때, 반응이 끝나는 지점은 종말점(실험적 정의), 혹은 당량점(이론적 정의)

1) 적정 방식에 따른 분류
① 직접 적정 : 시료에 표준용액을 직접 적가하는 적정법
  예 알칼리 용액의 제조 및 표정, 총산도 측정, 식염 농도 측정 등
② 간접 적정 : 정량하려는 성분을 같은 당량의 다른 물질로 치환하여 표준용액을 적가하는 적정법
  예 과산화물가 측정 등

2) 적정 원리에 따른 분류
① 침전 적정 → 이온의 정전기적 인력에 의함, 식염 농도 측정 등
② 산화-환원 적정 → 전자의 이동이 관여, 과산화물가 측정 등
③ 산-염기 중화 적정 → 중화 반응, 알칼리 용액 제조 및 표정, 총산도 측정 등

3) 역적정
반응 속도가 느리거나, 반응성이 약한 물질을 정량할 때, 반응성이 좋은 표준 물질로 먼저 처리한 뒤, 그 소모된 양을 또 다른 표준 물질을 적가하는 간접 적정 방법
  예 조단백, 식품의 산도-알칼리도 측정 등

## 2. 부피 분석 정량식 유도

검체 내 목적 물질당량(eq) = $\dfrac{\text{검체 내 목적 물질량(g)}}{\text{목적 물질 g당량(g/eq)}}$

= 검체 내 물질의 노르말농도(eq/L) × 검체의 부피(L)

= 적정 용액 역가 × 적정 용액 노르말농도(eq/L) × 적정 용액 부피(L)

$$N(eq) = \dfrac{X(g)}{M(g/eq)} = f \times C(eq/L) \times V(L)$$

$$\dfrac{X}{S(?)} \times \text{단위 환산 인자} = \dfrac{f \times V(L) \times C(eq/L) \times M(g/eq)}{S(?)} \times \text{단위 환산 인자}$$

대부분 분석화학 적정식은 이 식의 변형이므로 유도 과정 연습은 필수이다.

## 3. 농도의 정의

(1) 퍼센트농도

일반적으로 퍼센트농도(w/w% 또는 wt%) = $\dfrac{\text{특정 물질의 질량(g)}}{\text{물질 전체의 질량(g)}} \times 100$

$= \dfrac{\text{용질의 질량(g)}}{\text{(용질의 질량+용매의 질량)(g)}} \times 100$

밀도를 1g/mL로 놓을 경우

퍼센트 농도(w/v%) = $\dfrac{\text{용질의 질량(g)}}{\text{용액의 부피(mL)}} \times 100$

(2) 몰랄 농도

몰랄 농도(m, mol/kg) = $\dfrac{\text{용질의 몰수(mol)}}{\text{용매의 질량(kg)}}$

$= \dfrac{\dfrac{\text{용질의 질량(g)}}{\text{용질의 몰 질량(g/mol)}}}{\dfrac{\text{용매의 질량(g)}}{1{,}000(\text{g/kg})}} = \dfrac{\dfrac{\text{용질의 질량(g)}}{\text{용질의 몰 질량(g/mol)}}}{\dfrac{(\text{용액의 질량} - \text{용질의 질량})(\text{g})}{1{,}000(\text{g/kg})}}$

(3) 몰 농도

몰 농도(M, mol/L) = $\dfrac{\text{용질의 몰수(mol)}}{\text{용액의 부피(L)}}$

$= \dfrac{\dfrac{\text{용질의 질량(g)}}{\text{용질의 몰 질량(g/mol)}}}{\dfrac{\text{용액의 부피(mL)}}{1{,}000(\text{mL/L})}} = \dfrac{\dfrac{\text{용질의 질량(g)}}{\text{용질의 몰 질량(g/mol)}}}{1{,}000(\text{mL/L})} \times \dfrac{\text{용액의 질량(g)}}{\text{용액의 밀도(g/mL)}}$

몰수(mol) = 용액의 몰농도(mol/L) × 용액의 부피(L)

혼합 용액의 몰수(mol) = 혼합 용액의 몰농도(mol/L) × 혼합용액의 부피(L)

$= \sum C_n(\text{mol/L}) \times V_n(\text{L})$

$= C_1V_1 + C_2V_2 + \cdots + C_nV_n$

(4) 노르말 농도

$$\text{노르말 농도}(N,\ eq/L) = \frac{\text{당량}(eq)}{\text{용액의 부피}(L)} = \frac{\dfrac{\text{용질의 질량}(g)}{\text{용질의 g당량}(g/eq)}}{\dfrac{\text{용액의 부피}(mL)}{1{,}000(mL/L)}}$$

$$\text{용질의 몰농도}(mol/L) = \frac{\text{용질의 노르말농도}(eq/L)}{\text{내놓는 유효이온수}(eq/mol)} = \frac{\text{용질의 노르말농도}(eq/L)}{\text{전자의 이동량}(eq/mol)}$$

몰질량(g/mol) = g당량(g/eq) × 당량수(eq/mol)
당량(eq) = 몰수(mol) × 당량수(eq/mol)
노르말 농도(N, eq/L) = 몰농도(M, mol/L) × 당량수(eq/mol)

당량(eq) = 용액의 노르말농도(eq/L) × 용액의 부피(L)
혼합용액의 당량(eq) = 혼합용액의 노르말농도(eq/L) × 혼합용액의 부피(L)
$$= \sum C_n\,(eq/L) \times V_n\,(L)$$
$$= C_1V_1 + C_2V_2 + \cdots + C_nV_n$$

(5) 역가

적정에 쓰이는 표준 용액의 적용 강도
표정할 용액 역가 = 표정할 용액 노르말농도(eq/L) × 표정할 용액 부피(L)
= 표준 용액 역가 × 표준 용액의 노르말농도(eq/L) × 표준용액의 부피(L)

$$F_{(\text{단위없음})} = \frac{\text{표준 용액 역가} \times \text{표준 용액 노르말농도} \times \text{표준 용액 부피}}{\text{표정할 용액 노르말농도} \times \text{표정할 용액 부피}}$$

## 4. 간단한 농도 계산

(1) 농도 계산 문제

**01** 30% 황산 용액의 몰랄농도, 몰농도, 노르말농도를 계산하시오.
(단, 비중은 1.22, 황산 분자량 98.08, 물의 분자량 18.02)

**해설**

$$\text{몰랄 농도(m, mol/kg)} = \frac{\text{용질의 몰수}(mol)}{\text{용매의 질량}(kg)} = \frac{\frac{\text{용질의 질량}(g)}{\text{용질의 몰 질량}(g/mol)}}{\frac{\text{용매의 질량}(g)}{1{,}000(g/kg)}} = \frac{\frac{30(g)}{98.08(g/mol)}}{\frac{(100-30)(g)}{1{,}000(g/kg)}}$$

$$= 4.3696108133\ldots ≒ 4.37(\text{mol/kg})$$

$$\text{몰 농도(m, mol/L)} = \frac{\text{용질의 몰수}(mol)}{\text{용액의 부피}(L)}$$

$$= \frac{\frac{\text{용질의 질량}(g)}{\text{용질의 몰 질량}(g/mol)}}{\frac{\text{용액의 부피}(g)}{1{,}000(mL/L)}} = \frac{\frac{30(g)}{98.08(g/mol)}}{\frac{1}{1{,}000(mL/L)} \times \frac{100(g)}{1.22(g/mL)}}$$

$$= 3.7316476347\ldots ≒ 3.73(\text{mol/L})$$

$$\text{노르말 농도(N, eq/L)} = \frac{\text{당량}(eq)}{\text{용액의 부피}(L)} = \frac{\frac{\text{용질의 질량}(g)}{\text{용질의 g당량}(g/eq)}}{\frac{\text{용액의 부피}(mL)}{1{,}000(mL/L)}}$$

노르말 농도(N, eq/L) = 몰농도(M, mol/L) × 당량수(eq/mol)

$$= 3.73 \times 2$$

$$= 7.46(\text{eq/L})$$

## 02  1N $H_2SO_4$ 200mL을 만들고자 한다. 98% H2SO4는 몇 mL 필요한가? (비중 1.84, 분자량 98)

**해설**

$$당량(eq) = 당량수(eq/mol) \times \dfrac{\dfrac{용질의\ 기준질량(g)}{용질의\ 몰질량(g/mol)}}{\dfrac{용액의\ 기준부피(mL)}{1{,}000(mL/L)}} \times 사용할\ 부피(mL)$$

$$= 노르말\ 농도(eq/L) \times 만들\ 부피(mL)$$

$$2(eq/mol) \times \dfrac{\dfrac{100(g) \times 0.98}{98(g/mol)}}{\dfrac{1}{1{,}000(mL/L)} \times \dfrac{100(g)}{1.84(g/mL)}} \times V(mL) = 1(eq/L) \times 200(mL)$$

$$V(mL) = \dfrac{1 \times 200 \times 98 \times 100}{2 \times 100 \times 0.98 \times 1{,}000 \times 1.84} = 5.43478260869\cdots = 5.43(mL)$$

$$당량수(eq/mol) \times \dfrac{\dfrac{용질의\ 기준질량(g)}{용질의\ 몰질량(g/mol)}}{\dfrac{용액의\ 기준부피(mL)}{1{,}000(mL/L)}} = 노르말\ 농도(eq/L)$$

$$2(eq/mol) \times \dfrac{\dfrac{V(mL) \times 1.84(g/mL)}{98(g/mol)} \times 0.98}{\dfrac{200(mL)}{1{,}000(mL/L)}} = 1(eq/L)$$

$$V(mL) = \dfrac{1 \times 98 \times 200}{2 \times 1.84 \times 0.98 \times 1{,}000} = 5.43478260869\cdots = 5.43(mL)$$

## 03  100% 9.8g $H_2SO_4$를 250mL로 정용했을 때의 노르말농도는? ($H_2SO_4$ 분자량 = 98)

**해설**

$$노르말\ 농도(N,\ eq/L) = \dfrac{당량(eq)}{용액의\ 부피(L)} = \dfrac{\dfrac{용질의\ 질량(g)}{용질의\ g당량(g/eq)}}{\dfrac{용액의\ 부피(mL)}{1{,}000(mL/L)}}$$

$$N(eq/L) = \dfrac{2(eq/mol) \times \dfrac{9.8(g)}{98(g/mol)}}{\dfrac{250(mL)}{1{,}000(mL/L)}} = \dfrac{2 \times 9.8 \times 1{,}000}{98 \times 250} = 0.8(eq/L)$$

**04** 25% HCl의 노르말 농도는 얼마인가?(분자량 36.5, 비중 1.13)

**해설**

$$\text{노르말 농도}(N,\ eq/L) = \frac{\text{당량}(eq)}{\text{용액의 부피}(L)} = \frac{\frac{\text{용질의 질량}(g)}{\text{용질의 }g\text{당량}(g/eq)}}{\frac{\text{용액의 부피}(mL)}{1,000(mL/L)}}$$

$$N(eq/L) = \frac{1(eq/mol) \times \frac{25(g)}{36.5(g/mol)}}{\frac{1}{1,000(mL/L)} \times \frac{100(g)}{1.13(g/mL)}} = \frac{1 \times 25 \times 1,000 \times 1.13}{36.5 \times 100} = 7.74(eq/L)$$

**05** 2N HCl 200mL을 만들기 위해서 10N HCl은 몇 mL이 필요한가?

**해설**

당량(eq) = 용액의 노르말농도(eq/L) × 용액의 부피(L)

용액의 노르말 농도(eq/L) × 용액의 부피(mL) = 용액의 노르말 농도(eq/L) × 용액의 부피(mL)

$$V(mL) = \frac{2 \times 200}{10} = 40(mL)$$

**06** 1M NaCl, 0.4M KCl, 0.2M HCl 시약을 이용하여 0.2M NaCl, 0.2M KCl, 0.05M HCl 의 농도의 총 부피 500mL 시료로 제조하려고 한다. 각각 필요한 시약 용액 및 물의 부피를 계산하시오.

**해설**

NaCl : 1[mol/L]×$V_1$[mL]=0.2[mol/L]×500[mL]   $V_1$=100[mL]

KCl : 0.4[mol/L]×$V_2$[mL]=0.2[mol/L]×500[mL]   $V_2$=250[mL]

HCl : 0.2[mol/L]×$V_3$[mL]=0.05[mol/L]×500[mL]   $V_3$=125[mL]

물의 부피 = 500 − 100 − 250 − 125 = 25[mL]

# CHAPTER 04 무게 분석 실험

## 1. 수분 정량

(1) 식품공전에서의 수분 정량 설명

1) 상압가열건조법

① 시험법 적용범위

이 시험법은 식품의 종류, 성질에 따라서 가열온도를 ㉮ 98~100℃ ㉯ 100~103℃ ㉰ 105℃ 전후(100~110℃) 및 ㉱ 110℃이상으로 한다. 즉, ㉮는 동물성 식품과 단백질 함량이 많은 식품 ㉯는 자당과 당분을 많이 함유한 식품 ㉰는 식물성 식품 ㉱는 곡류 등의 신속법으로 쓰인다.

② 분석원리

검체를 물의 비점보다 약간 높은 온도 105℃에서 상압건조시켜 그 감소되는 양을 수분량으로 하는 방법으로서 가열에 불안정한 성분과 휘발성분을 많이 함유한 식품에 있어서는 정확도가 낮은 결점이 있으나 측정 원리가 간단하여 여러 가지 식품에 있어서 많이 이용된다.

③ 장치

ⓐ 칭량접시
- 뚜껑이 있으며 알루미늄으로 만들어진 것을 사용한다.
- 상부직경 55mm, 하부직경 50mm, 높이 25mm, 약 25g
- 또는 상부직경 75mm, 하부직경 70mm, 높이 35mm, 약 35g

ⓑ 유리봉

해사(정제) 20g을 칭량접시에 옆으로 삽입했을 때 적어도 1.5cm 이상 해사로부터 나와 있어야 하며 뚜껑을 닫을 수 있을 정도의 길이일 것.

ⓒ 자동조절기가 달린 건조기 : 적어도 ±1℃이내의 온도조절이 가능해야 한다.

④ 시험방법

미리 가열하여 항량으로 한 칭량접시에 검체 3~5g을 정밀히 달아(건조가 어려운 검체인 경우에는 20메쉬(mesh) 정제해사 20g과 유리봉을 넣어 항량이 되게 하고 이에 검체를 넣어 잘 섞은 후 유리봉은 그대로 넣어 둔다)뚜껑을 약간 열어 넣고 각 식품마다 규정된 온도의 건조기에 넣어 3~5시간 건조한 후 데시케이터 중에서 약 30분간 식히고 무게를 단다. 다시 칭량접시를 1~2시간 건조하여 항량이 될 때까지 같은 조작을 반복한다.

⑤ 수분 정량 식

시료 내 포함된 수분함량비(w/w%) = $\dfrac{(b-c)(g)}{(b-a)(g)} \times 100$

여기서, a : 칭량접시의 무게(g)
　　　　b : 칭량접시와 검체의 무게(g)

c : 건조 후 항량이 되었을 때의 무게 (g)

⑥ 수분 정량 실험 과정
   ⓐ 칭량접시를 항량하여 무게를 알아낸다.
   ⓑ 검체 3~5g을 약수저를 사용하여 정밀히 취하여 항량된 칭량접시에 넣은 뒤, 뚜껑을 닫는다.
   ⓒ 뚜껑을 닫은 칭량접시를 가열로에 넣은 뒤, 뚜껑을 비스듬히 열어 가열 건고한다.(105 ℃)
   ⓓ 뚜껑을 닫은 칭량접시를 데시케이터에 넣은 뒤, 30분간 방냉한다.
   ⓔ 칭량접시 전체의 무게를 잰다.

⑦ 수분 정량 시험 결과

| 칭량접시의 무게 | |
|---|---|
| 검체가 든 칭량접시의 무게 | |
| 가열 건고 후 칭량접시의 무게 | |
| 계산식 | |
| 검체 내 수분 함량 | |

2) 감압가열건조법
   ① 장치
      ⓐ 칭량접시 : 앞의 ⓐ항과 같은 것을 사용한다.
      ⓑ 자동조절기가 붙은 감압건조기 또는 감압농축기
   ② 시험방법
      100~110℃로 건조하여 항량으로 한 칭량병에 검체 2~5g을 정밀히 달아 넣고 일정온도로 조절하여(일반적으로 98~100℃) 감압건조기에 넣어 감압하여 약 5시간 건조한다. 다음 세기병(황산)을 통하여 습기를 제거한 공기를 건조기 중에 조용히 넣어 기내가 상압으로 되었을 때 칭량병을 꺼내어 데시케이터에서 식힌 다음 질량을 측정한다. 다시 칭량병을 감압건조기에 넣고 한 시간 건조하여 항량이 될 때까지 같은 조작을 반복한다. 다만, 국수, 식빵 등은 미리 건조하여 가루로 한 다음 실시한다. 연유, 생달걀 등은 해사와 유리봉을 넣은 칭량병을 미리 건조한 다음 실시한다. 유지류는 120~125℃에서 건조시간은 1시간으로 하여 전후 2회의 칭량에 있어서 중량의 차가 3 mg이하가 되었을 때 항량이 된 것으로 한다.

## 2. 회분 정량

(1) 식품공전에서의 회분 정량 설명

  1) 시험법 적용범위

  고춧가루 또는 실고추, 전분, 밀가루, 수산물, 가공치즈, 조제유류 등 식품에 적용한다.

  2) 분석원리

  검체를 도가니에 넣고 직접 550~600°C의 온도에서 완전히 회화 처리 하였을 때의 회분의 양을 말한다. 즉 식품을 550~600°C로 가열하면 유기물은 산화, 분해되어 많은 가스를 발생하고 타르(tar)모양으로 되며 점차로 탄화(炭火)한다. 탄소는 더욱 산화되어 탄산가스($CO_2$)로 되어 방출되지만, 인산이 많은 검체에서는 강열하면 양이온과 결합하지 않고 용융상태로 되며, 또한 산소의 공급이 불충분하게 되어 오히려 회화의 진행이 어렵게 된다. 일부의 식품에서는 무기질의 염소이온($Cl^-$)등 휘발성 무기물은 휘산되기도 하고, 양이온의 일부는 공존하는 음이온과 반응하여 인산염, 황산염 등으로 되기도 하며, 유기물 기원의 탄산염으로 되기 때문에 조회분(粗灰分, crude ash)이라고 한다.

  3) 시험방법

  ① 도가니의 항량

  깨끗한 도가니를 전기로 또는 가스버너에서 600°C 이상으로 여러 시간 강하게 가열한 후 데시케이터에 옮겨 실온으로 식힌 다음 질량을 측정한다. 다시 2시간 강하게 가열하여 건조 칭량하고 이 조작을 항량이 될 때까지 반복한다.

  ② 검체의 전처리

  검체를 도가니에 정밀히 달아 넣고 필요하면 회화에 앞서 다음의 전처리를 한다.

  ⓐ 전처리가 필요하지 아니한 검체

  곡류, 두류, 기타 (2)이하의 항에 포함되지 않는 것

  ⓑ 미리 건조하여야 하는 검체

  수분함량이 많은 동물성식품은 건조기 내에서 될 수 있는대로 건조시킨다. 액상식품과 액상음료는 수욕상에서 증발 건조시킨다.

  ⓒ 예비 탄화시켜야 할 검체

  회화할 때 팽창하는 검체로서 당류 및 당함량이 많은 식품, 정제전분, 계란의 흰자위 및 일부의 어육이 속한다. 이들 검체는 버너의 약한 불로 주의하면서 탄화하든가 또는 열판상에서 적외선램프를 조사하면서 300°C이하에서 탄화한다.

  ⓓ 연소시켜야 할 검체

  유지류는 가급적 수분을 제거하고 이것을 과열 또는 점화하여 불꽃이 약해질 때까지 연소시키고 적당한 마개를 덮어 불을 끈다.

4) 회화
- 위와 같이 전처리가 끝나면 용기를 그대로 회화로에 옮겨 550~600°에서 2~3시간 가열하여 백색~회백색의 회분이 얻어질 때까지 계속한다.
- 회화가 끝난 후, 가열을 그치고 그대로 식혀 온도가 약 200℃로 되었을 때 데시케이터에 옮겨 식힌 후 칭량한다. 만일, 회화에 있어서 대량의 탄소가 남아 회백색의 회분을 얻을 수 없는 검체일 경우에는 얻은 흑회색의 회분을 식힌 다음 약 15 mL의 물을 가하여 탄 덩어리를 유리봉으로 부수어 수욕상에서 잘 가온하여 가용분을 침출하여 정량 여과지로 작은 비커에 여과하고, 잔류물은 다시 물로 씻어, 씻은 액은 비커에 넣는다. 여과지상의 잔류물은 여과지와 같이 먼저의 도가니에 옮겨 건조 후 550~600℃에서 회화시킨다. 비커의 액은 수욕상에서 농축하여 잔류물을 회화한 먼저의 도가니에 옮기고 소량의 물로 비커를 씻고, 씻은 액도 도가니에 넣는다. 다시 도가니를 수욕상에서 증발 건조 하고, 500~600℃에서 2시간 가열하면 탄소가 함유되지 아니한 회분을 얻는다.
- 회화한 다음 데시케이터에 옮겨 식히고 실온으로 되면 곧 칭량하여 검체의 회분량(%)을 다음 식에 따라 산출한다.

5) 계산방법

$$\text{조회분(w/w\%)} = \frac{(w_1 - w_0)(g)}{S(g)} \times 100$$

여기서, S : 검체의 무게(g)
$w_0$ : 항량된 도가니의 무게(g)
$w_1$ : 회화 후 도가니의 무게(g)

6) 회분 정량 실험 과정
① 도가니를 항량하여 무게를 알아낸다.
② 검체 3-5g을 약수저를 사용하여 정밀히 취하여 항량된 도가니에 넣은 뒤, 뚜껑을 닫는다.
③ 뚜껑을 닫은 도가니를 가열로에 넣은 뒤, 뚜껑을 비스듬히 열어 가열, 1~2시간 예비 탄화한다. (약 300 ℃)
④ 도가니를 회화로에 넣어 3~4시간 회화시킨다.(약 600 ℃)
⑤ 뚜껑을 닫은 도가니를 식힌 뒤 (약 200 ℃), 데시케이터에 넣어 30분간 방냉한다.
⑥ 도가니의 무게를 측정한다.

7) 회분 정량 실험 결과

| | |
|---|---|
| 도가니의 무게(g) | |
| 검체가 든 도가니의 무게(g) | |
| 탄화 후 도가니의 무게(g) | |
| 검체의 무게(g) | |
| 계산식 | |
| 검체 내 조회분 함량(w/w%) | |

# CHAPTER 05 > 침전적정

## 1. 식염 농도 측정(Mohr법)

(1) 식품공전에서의 식염 농도 측정 설명

1) 회화법

① 분석원리

전처리한 검체용액을 비커에 넣고 크롬산칼륨($K_2CrO_4$)시액 몇 방울 가한 후 뷰렛 등으로 질산은($AgNO_3$) 표준용액을 적하하면 $Cl^-$은 전부 AgCl의 백색침전으로 되고 또 $K_2CrO_4$와 반응하여 크롬산은($Ag_2CrO_4$)의 적갈색침전이 생기기 시작하므로 완전히 적갈색으로 변하는데 소비되는 $AgNO_3$액의 양으로 정량하는 방법이다.

② 시험방법

식염 약 1g을 함유하는 양의 검체를 취하여 필요한 경우 수욕상에서 증발건고한 후 회화시켜 이를 물에 녹이고 다시 물을 가하여 500mL로 한 후 여과하고 여액 10mL에 크롬산칼륨시액 2~3방울을 가하고 0.02 N 질산은액으로 적정한다.

2) 직접법

회화법에 따라 취하여 물로 희석하여 500mL로 한 후 그 10mL를 취하여 회화법에 따라 정량한다.

3) 계산방법

식염(w/w%)또는(w/v%) = $\dfrac{b}{a} \times f \times 5.85$

여기서, f : 0.02N 질산은 액의 역가
 a : 검체 채취량(g 또는 mL)
 b : 적정에 소비된 0.02N 질산은액의 양(mL)

4) 의의

침전 적정을 통해 $Cl^-$의 양을 알아낸 뒤, 이를 토대로 검체 내 NaCl의 양으로 환산한다.

화학 반응식
- 알짜 : $Ag^+(aq) + Cl^-(aq) \rightarrow AgCl(s)\downarrow$(백색)
- 전체 : $AgNO_3(aq) + NaCl(aq) \rightarrow NaNO_3(aq) + AgCl(s)\downarrow$(백색)
- 앙금 : $2AgNO_3(aq) + K_2CrO_4(aq) \rightarrow 2KNO_3(aq) + Ag_2CrO_4(s)\downarrow$(적갈색)

5) 왜 숫자 5.85 인가?

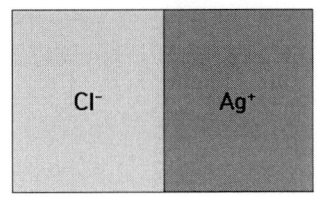

$Cl^-$의 당량 = $Ag^+$ 당량 = NaCl의 당량

검체 내 목적물질당량(eq) = $\dfrac{\text{검체 내 NaCl 질량(g)}}{\text{NaCl의 g당량(g/eq)}}$

= 0.02N $AgNO_3$(aq) 역가 × 0.02(eq/L) × 0.02N $AgNO_3$(aq) 부피(L)

$\dfrac{x(g)}{58.5(g/eq)}$ = f × 0.02(eq/L) × b(mL) × $\dfrac{1(L)}{1,000(mL)}$

500mL을 사용하여 10mL만 사용했으므로 희석배수 50을 곱하고 (50 = $\dfrac{500(mL)}{10(mL)}$)

검체 채취량 a로 나눈 뒤, 백분율을 구하면 (희석배수는 원시료의 양을 기준으로 판단)

식염 함량(w/w% 또는 w/v%) = $\dfrac{X(g)}{a(g \text{ 또는 } mL)} \times 100$

= $\dfrac{f \times b(mL) \times \dfrac{1(L)}{1,000(mL)} \times 0.02(eq/L) \times 58.5(g/eq) \times 50}{a(g \text{ 또는 } mL)} \times 100$

= $\dfrac{b}{a} \times f \times 5.85$ (계산식에 사용하는 a값은 원시료량을 대입할 것)

여기서, 예상 간장농도(20%)에 들어있는 예상 식염 함유량 1g을 취할 경우  a=5g

(2) 식염 농도 측정 실험 과정
　1) 회화법 – 전처리 과정
　　① 도가니를 항량하여 무게를 알아낸다.
　　② 저울을 사용하여 식염 약 1g을 함유하는 양만큼의 검체를 정밀히 취하여 항량된 30mL 도가니에 넣은 뒤, 뚜껑을 닫는다.
　　③ 도가니를 수욕 상에 넣어 뚜껑을 비스듬히 연 뒤, 가열, 건고한다. (85℃ 15~20분)
　　④ 뚜껑을 닫은 도가니를 가열로에 넣은 뒤, 뚜껑을 비스듬히 열어 예비 탄화한다. (300℃ 정도)
　　⑤ 뚜껑을 닫은 도가니를 회화로에 넣은 뒤, 뚜껑을 비스듬히 열어 완전히 회화한다. (600℃ 정도)
　　⑥ 뚜껑을 닫은 도가니를 식힌 뒤(약 200℃), 데시케이터에 넣어 30분간 방냉한다.

2) 공통 과정, 정용 및 적정
　⑦ 용기를 수 차례 씻어 내리며 500mL 부피플라스크에 정용한다. 도가니의 회화물을 쓸 경우 완전히 녹인 뒤 정용해준다.
　⑧ 거름종이를 접어 깔때기에 끼운 뒤, 희석된 검체를 피펫으로 취하여 그 일부를 흘려 거름종이에 부착시킨다. 이후 피펫을 이용하여 희석액을 여과하고, 그 여액 중 10mL을 100mL 삼각플라스크에 옮긴다.
　⑨ 5% 크롬산칼륨 수용액 몇 방울을 삼각플라스크에 떨어뜨린다.(노란색, 사실상 무색)
　⑩ 뷰렛의 콕을 닫고 0.02N 질산은 수용액을 채운다.
　⑪ 삼각플라스크 밑에 흰 종이를 깐 뒤, 뷰렛의 콕을 열어 0.02N 질산은 수용액을 한 방울씩 떨어뜨려 탁한 흰색에서 적갈색이 될 때까지 주기적으로 흔들어주며 적정한다.

3) 식염 농도 측정 실험 결과

| 채취한 검체량(g) | |
|---|---|
| 실험에 사용한 검체량(mL) | |
| 희석 배수 | |
| 뷰렛에서 소모된 0.02N $AgNO_3$의 부피(mL) | |
| 0.02N $AgNO_3$의 역가 | |
| 계산식 | |
| 검체 내 식염 함량(w/w%) | |

# CHAPTER 06 산화·환원 적정

## 1. 과산화물가 측정

(1) 식품공전에서의 과산화물가 측정

1) 시험법 적용범위

식용유지류, 조미김, 튀김식품, 유탕·유처리식품, 식용번데기가공품 등에 적용한다.

2) 분석 원리

과산화물가라 함은 규정의 방법에 따라 측정하였을 때, 유지 1kg에 의하여 요오드화칼륨에서 유리되는 요오드의 밀리당량수이다.

3) 실험 방법

검체 약 1~5g을 달아 초산·클로로포름(3:2) 25mL에 필요하면 약간 가온하여 녹이고 쓸 때에 만든 포화요오드화칼륨용액 1mL를 가볍게 흔들어 섞은 다음 어두운 곳에 10분간 방치하고 물 30mL를 가하여 세게 흔들어 섞은 다음 전분 시액 1mL를 지시약으로 하여 0.01N 티오황산나트륨액으로 적정한다. 따로 공시험을 하여 이를 보정한다.

4) 과산화물가 측정 식

$$과산화물가(meq/kg) = \frac{(a-b) \times F}{S} \times 10$$

여기서, a : 0.01N $Na_2S_2O_3$액의 적정수 ( mL )
b : 공시험에서의 0.01N $Na_2S_2O_3$ 액의 소비량 ( mL )
f : 0.01N $Na_2S_2O_3$의 역가
S : 검체의 채취량 ( g )

(2) 과산화물가 측정 반응식(I)

1) 유지의 산화-환원 화학반응식(알짜)

산화 : $2I^- \rightarrow I_2 + 2e^-$

또는 $2KI \rightarrow I_2 + 2K^+ + 2e^-$

환원 : $2e^- + ROOH + 2H^+ \rightarrow ROH + H_2O$

또는 $2e^- + ROOH + 2CH_3COOH \rightarrow ROH + H_2O + 2CH_3COO^-$

전체 : $ROOH + 2H^+ + 2I^- \rightarrow ROH + I_2 + H_2O$

또는 $ROOH + 2CH_3COOH + 2KI \rightarrow ROH + I_2 + H_2O + 2CH_3COOK$

(3) 과산화물가 측정 반응식(II)
   1) 요오드의 산화-환원 화학반응식(알짜)
      산화 : $2S_2O_3^{2-} \rightarrow S_4O_6^{2-} + 2e^-$
         또는 $2Na_2S_2O_3 \rightarrow Na_2S_4O_6 + 2Na^+ + 2e^-$
      환원 : $I_2 + 2e^- \rightarrow 2I^-$
      전체 : $2Na_2S_2O_3 + I_2 \rightarrow Na_2S_4O_6 + 2NaI$

   2) 의의
      산화-환원 적정을 통해 유지의 자동 산화 초기에 생성되는 과산화물의 양을 측정하여 유지의 초기 상태 및 변질 여부를 판단

   3) 왜 숫자 10인가?

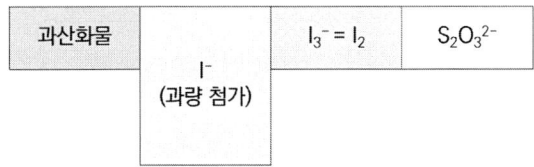

   과산화물 당량 = $I_2$ 당량 = $S_2O_3^{2-}$ 당량
   검체 내 과산화물의 당량(eq) = 0.01N $Na_2S_2O_3$(aq) × 0.01(eq/L) × 0.01N $Na_2S_2O_3$(aq)
                                       역가                                         부피(L)

   검체 채취량 S로 나눈 뒤, 단위환산인자를 처리하면

   $$\frac{X(eq)}{S(g)} = \frac{f \times 0.01(eq/L) \times (a-b)(mL)}{S(g) \times \frac{1(kg)}{1,000(g)}}$$

   과산화물가(meq/kg) = $\frac{f \times (a-b)(mL)}{S(g)} \times 10 \, (eq/kL)$

(4) 과산화물가 측정 실험과정
   ① 유지(참기름 또는 폐식용유) 약 1~5g을 정밀히 달아 100mL 삼각플라스크에 넣는다.
   ② 피펫 또는 메스 실린더 2개를 이용하여 클로로포름 30mL과 아세트산 45mL를 취해 100mL 비커에 옮겨 유리막대를 이용하여 교반한다. (클로로포름 역할 : 소수성 용매, 아세트산 역할 : 산성 환경 제공, 촉매 아님)
   ③ 피펫 또는 메스실린더를 이용하여 혼합액 25mL을 취하여 유지가 든 100mL 삼각플라스크에 옮긴 뒤, 교반하여 유지를 완전히 녹여준다.
   ④ 포화 KI 수용액 1mL를 넣고 알루미늄 호일에 싼 뒤, 이를 가볍게 흔들어 섞은 후, 어두운 곳에 10분간 방치한다. (빛이 유입될 경우 과산화물보다 과량의 I2 생성됨)
   ⑤ 증류수 30mL를 피펫 또는 메스실린더를 이용하여 100mL 삼각 플리스크에 옮긴 후, 세게 흔들어

섞는다. (증류수 역할 : 산 및 I-를 층분리로 제거, 반응종결제)

클로로포름층 : 맑은 하층, 아세트산 + 물층 : 착색된 상층

⑥ 1% 전분 수용액 1mL를 삼각플라스크에 떨어뜨린다. (상층이 청남색으로 변색)

⑦ 0.01N 티오황산나트륨 수용액을 뷰렛에 담는다.

⑧ 삼각플라스크 밑에 흰 종이를 깐 뒤, 뷰렛의 콕을 열어 티오황산나트륨 수용액을 한 방울씩 떨어뜨려 무색이 될 때까지 흔들어주면서 적정한다.

⑨ 따로 공시험을 수행하여 본시험 값을 보정한다.(과정 2~8 반복)

(5) 과산화물가 측정 실험 결과

| 채취한 검체량 | |
|---|---|
| 본시험에서 소모된 0.01N $NaS_2O_3$의 부피 | |
| 공시험에서 소모된 0.01N $NaS_2O_3$의 부피 | |
| 0.02N $AgNO_3$의 역가 | |
| 계산식 | |
| 과산화물가 | |

# CHAPTER 07 산·염기 중화적정

## 1. 알칼리 용액 조제 및 표정

(1) 표준용액의 정의

① 표준용액 : 정량 분석의 기준 용액으로 이용되는 것
② 표정 : 표준용액의 실제 농도를 결정하는 조작
③ 역가 : 표준 용액의 적용 강도, 기본값은 1(단위없음), 1보다 크면 이론치보다 짙다.
　　　　실제 당량을 원하는 소정의 당량으로 나누어준 값으로
　　　　용액이 얼마나 정확하게 만들어졌는지 확인하는 것

$$F_{(단위없음)} = \frac{0.1N\ HCl\ 수용액\ 역가 \times 0.1N \times 삼각플라스크에\ 든\ 0.1N\ HCl\ 수용액\ 부피}{0.1N \times 뷰렛에서\ 소모된\ NaOH\ 수용액\ 부피}$$

$$= \frac{0.1N\ HCl\ 수용액\ 역가 \times 삼각플라스크에\ 든\ 0.1N\ HCl\ 수용액\ 부피}{뷰렛에서\ 소모된\ 0.1N\ NaOH\ 수용액\ 부피}$$

(2) 알칼리 용액의 조제 및 표정 반응식

　　전체 : HCl(aq) + NaOH(aq) → NaCl(aq) + H2O(l)

(3) 알칼리 용액의 조제 및 표정 실험 방법

① 제시된 부피 및 0.1N 농도에 해당하는 만큼의 NaOH을 정밀히 취한다. 이 때, 조해성 및 반응성을 고려하여 5% ~ 10% 정도 추가한다.
② 웨잉디쉬 또는 유산지에 묻은 NaOH까지 비커에 녹여내린 다음, 유리막대로 저어 가루가 남지 않도록 완전히 녹인다.(발열 반응)
③ 부피플라스크에 완전히 정용한다.
④ 피펫을 이용하여 0.1N의 HCl 25mL을 삼각플라스크에 넣고, 1% 알코올성 페놀프탈레인 용액 몇 방울을 떨어뜨린다.(무색)
⑤ 깔때기를 이용하여 뷰렛에 조제된 용액을 채운다.
⑥ 삼각플라스크 밑에 흰 종이를 깐 뒤, 뷰렛의 콕을 열어 0.1N NaOH 용액을 한 방울씩 떨어뜨려 엷은 홍색이 될 때까지 주기적으로 흔들어주며 적정한다. 만약, 25mL이 다 떨어져도 용액의 색이 변색되지 않을 경우, 감독관의 동의를 구한 뒤, 뷰렛에 조제한 용액을 채운 후 적정을 재개한다.

(4) 알칼리 용액 조제 및 표정 실험 결과

| | |
|---|---|
| 채취한 0.1N HCl 수용액의 부피(mL) | |
| 0.1N HCl수용액의 역가 | |
| 0.1N 수용액 조제에 사용된 NaOH의 무게(g) | |
| 조제한 0.1N NaOH 수용액의 부피(mL) | |
| 뷰렛에서 소모된 조제된 수용액의 부피(mL) | |
| 계산식 | |
| 조제된 수용액의 역가 | |

## 2. 총산도(식초) 측정

(1) 공전 상 시험방법
- 총산 검체 10mL를 취하고, 이에 끓여서 식힌 물을 가하여 100mL로 하고 그 20mL을 페놀프탈레인 시액을 지시약으로 하여 0.1 N 수산화나트륨액으로 적정한다.
- 0.1 N 수산화나트륨액 1 mL = 0.006 g $CH_3COOH$

(2) 의의
산-염기 중화반응을 통해 [H+]를 정량하고, 이를 초산의 양으로 환산하여 총산도를 알아낸다.

(3) 총산도(식초) 측정 반응식
전체 : $CH_3COOH(aq) + NaOH(aq) \rightarrow CH_3COONa(aq) + H_2O(l)$

(4) 총산도(식초) 측정 식

$$총산도(w/v\%) = \frac{0.006 \times f \times V \times D}{S} \times 100$$

여기서, f : 0.1N 수산화나트륨용액의 역가
V : 시험에 사용한 0.1N 수산화나트륨용액의 부피(mL)
D : 희석배수, 대입값은 5
S : 검체의 부피 (mL)

1) 왜 숫자 0.006 인가?

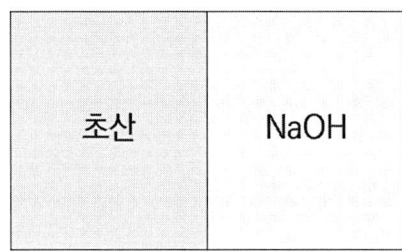

초산의 당량 = NaOH 당량

$$검체\ 내\ 초산\ 당량(eq) = \frac{검체\ 내\ 초산\ 질량(g)}{초산의\ g당량(g/eq)}$$

$$= 0.1N\ NaOH(aq)\ 역가 \times 0.1(eq/L) \times 0.1N\ NaOH(aq)\ 부피(L)$$

$$\frac{X(g)}{60(g/eq)} = f \times 0.1(eq/L) \times V(mL) \times \frac{1(L)}{1,000(mL)}$$

100mL로 정용하여 20mL만 사용했으므로 희석배수 5를 곱하고($5 = \dfrac{100(\text{mL})}{20(\text{mL})}$)
검체 채취량 S로 나눈 뒤, 백분율을 구하면 (희석배수는 원시료의 양을 기준으로 판단)

$$\text{총산도(w/v\%)} = \dfrac{X(g)}{S(mL)} \times 100$$

$$= \dfrac{f \times V(mL) \times \dfrac{1(L)}{1{,}000(mL)} \times 0.1(eq/L) \times 60(g/eq) \times 5}{a(g \text{ 또는 } mL)} \times 100$$

$$= \dfrac{0.006 \times f \times V \times D}{S} \times 100$$

(계산식에 사용하는 S값은 원시료량을 대입할 것)

### (5) 총산도(식초) 측정 실험 과정
① 검체 10mL를 피펫을 사용하여 정확히 취하여 100mL 부피 플라스크에 넣는다.
② 증류수를 부피플라스크에 부어 표선까지 채운다.
③ 희석된 검체 20mL를 취해 100mL 삼각플라스크에 옮긴다.
④ 1% 알코올성 페놀프탈레인 용액 몇 방울을 100mL 삼각플라스크에 떨어뜨린다.(무색)
⑤ 뷰렛의 콕을 닫고 0.1N 수산화나트륨 용액을 채운다.
⑥ 삼각플라스크 밑에 흰 종이를 깐 뒤, 뷰렛의 콕을 열어 0.1N 수산화나트륨 용액을 한 방울씩 떨어뜨려 엷은 홍색이 될 때까지 주기적으로 흔들어주며 적정한다.

### (6) 총산도 측정 실험 결과

|  | |
|---|---|
| 채취한 검체량(mL) | |
| 실험에 사용한 검체량(mL) | |
| 희석 배수 | |
| 뷰렛에서 소모된 0.1N NaOH의 부피(mL) | |
| 0.1N NaOH의 역가 | |
| 계산식 | |
| 검체 내 초산 함량(w/v%) | |

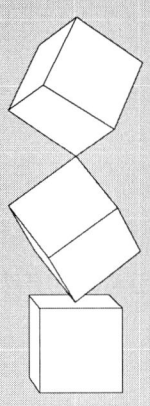

# PART 2

# 식품 미생물학실험

ENGINEER FOOD PROCESSING

# CHAPTER 01 > Orientation

## 1. 들어가기 전에

(1) 실험 장소 멸균 순서 – 클린 벤치를 상정하고 실험한다.
  ① 손에 70% 에탄올을 뿌린다.
  ② 라텍스 장갑을 낀 뒤, 장갑에 에탄올을 뿌린다.
  ③ 실험용 테이블에 에탄올을 뿌린 뒤, 골고루 주변을 닦아준다.
  ④ 에탄올이 완전히 마른 것을 확인한 뒤, 알코올 램프에 불을 켠다.

(2) 미생물학 실험 원칙
  ① 알코올 램프를 옮길 때에는 불을 끈 상태에서만 옮긴다.
  ② 반드시 모든 기구는 조작 전후 화염멸균을 거쳐야만 한다.
  ③ 모든 기구는 멸균이 보장된 조건이 유지되어야 하므로 반드시 알코올램프 근처에서 실험을 해야 한다.
  ④ 기구는 테이블에 닿거나 테이블 바깥쪽으로 나가서는 안된다.

(3) 라벨링 기록 항목
  ① 비번호를 쓴다.
  ② 샘플명, 희석배수, 배지명, 실험명, 실험 날짜, 배양온도 등을 적어준다.
  ③ 중요한 것은 자기가 알아보게끔 적는 것이다.

(4) 화염 멸균 시 주의 사항
  ① 금속제 도구(백금이, 백금선 등)는 알코올 램프 불꽃에 기구의 끝이 빨갛게 될 때까지 달구어주고, 유리제 도구 및 플라스틱제 도구는 가볍게 불꽃에 스쳐준다.
  ② 유리제 스프레더의 경우, 에탄올에 담근 뒤 화염멸균을 실시한 후 식힌다.
  ③ 기구를 공기 중에 식힐 경우, 알코올 램프에서 약간 떨어진 곳에서 흔들어 식힌다.
  ④ 기구를 배지에 식힐 경우, 미생물이 묻은 부위에서 떨어진 곳에 있는 배지 가장자리에 붙어있는 응축수에 갖다 대어 식혀준다.

(5) 도치 배양의 중요성
  ① 배지 성분의 대부분은 수분으로, 증발과 흡수가 반복된다.
  ② 배지가 밑에 가도록 정치 배양할 경우, 배지내 수분이 뚜껑에 붙었다가 무게 때문에 물방울이 떨어지면서 세균 집락에 묻는다.
  ③ 수분이 다른 집락에 퍼지기도 하고, 집락 간에 세균이 섞인다.

④ 결론적으로 확산 집락이 발생하여 순수 분리가 되지 않고, 1)TNTC로 판정된다.
  1) Too Numerous Too Count : 너무 많아서 셀 수 없는 상태. 일반 세균 수 기준으로 15~300 사이로 계수할 수 없게 된다.

(6) 시험 용액 제조 원칙
  ① 미생물검사용 시료는 25 g(mL)을 대상으로 검사함을 원칙으로 한다. 다만 시료량이 적은 불가피한 경우, 그 이하의 양으로 검사할 수도 있다.
  ② 채취한 검체는 희석액을 이용하여 필요에 따라 10배, 100배, 1,000배 등 단계별 희석용액을 만들어 사용할 수 있다. 다만, 제조된 시험용액과 단계별 희석액은 즉시 실험에 사용하여야 한다.
  ③ 희석액은 멸균생리식염수, 멸균인산완충액 등을 사용할 수 있다. 단, 별도의 시험용액 제조법이 제시되는 경우 그에 따른다.
  ④ 지방분이 많은 검체의 경우는 Tween 80과 같은 세균에 독성이 없는 계면활성제를 첨가할 수 있다.

(7) 검체에 따른 시험 용액
  • 기본적으로 "시험 용액"은 "10배 단계로 희석된 검체"이다.
  • "단계별 시험 용액의 희석 배수"는 "제조된 시험용액을 기준"으로 따진다.
  ① 액상검체 : 채취된 검체를 강하게 진탕하여 혼합한 것
  ② 반유동상검체 : 채취된 검체를 멸균 유리봉 또는 시약스푼 등으로 잘 혼합한 후 그 일정량(10~25 mL)을 멸균용기에 취해 9배 양의 희석액과 혼합한 것
  ③ 고체검체 : 채취된 검체의 일정량(10~25g)을 멸균된 가위와 칼 등으로 잘게 자른 후 희석액을 가해 균질기를 이용해서 가능한 한 저온으로 균질화한다. 여기에 희석액을 가해서 일정량 (100~250 mL)으로 한 것
  ④ 고체표면검체 : 검체표면의 일정면적(보통 100 cm2)을 일정량 (1~5 mL)의 희석액으로 적신 멸균 거즈와 면봉 등으로 닦아내어 일정량(10~100 mL)의 희석액을 넣고 강하게 진탕하여 부착균의 현탁액을 조제
  ⑤ 분말상검체 : 검체를 멸균 유리봉과 멸균 시약스푼 등으로 잘 혼합한 후 그 일정량(10~25 g)을 멸균용기에 취해 9배 양의 희석액과 혼합한 것
  ⑥ 버터와 아이스크림류 : 검체 일정량(10~25g)을 멸균용기에 취해 40℃이하의 온탕에서 15분 내에 용해시킨 후 희석액을 가하여 100~250mL로 한 것을 시험용액으로 한다.
  ⑦ 캡슐제품류 : 캡슐을 포함하여 검체의 일정량(10~25g)을 취한 후 9배 양의 희석액을 가해 균질기 등을 이용하여 균질화한 것
  ⑧ 냉동식품류 : 냉동상태의 검체를 포장된 상태 그대로 40℃이하에서 될 수 있는 대로 단시간에 녹여 용기, 포장의 표면을 70% 알코올솜으로 잘 닦은 후 위에서 제시된 방법으로 시험용액을 조제함
  ⑨ 칼・도마 및 식기류 : 멸균한 탈지면에 희석액을 적셔, 검사하고자 하는 기구의 표면을 완전히 닦아낸 탈지면을 멸균용기에 넣고 적당량의 희석액과 혼합한 것

## 2. n, c, m, M

(1) n, c, m, M이란?

각 시료의 대표성과 실험의 신뢰성을 높이기 위한 수학적 방법 및 통계적 개념을 적용한 미생물 기준 규격.

여기서, n = 검사한 시료 수

c = 최대 허용 시료 수, m < x ≤ M 인 시료를 c개까지 허용

m = 미생물 허용 기준치

M = 미생물 최대 허용 한계치, x > M 인 시료가 1개라도 나오면 부적합

(2) 삼군법 : n, c, m, M 사용

저위해성 세균에 적용(예 일반세균, 대장균군, 대장균 검사 등)

① 시료 n개의 결과 모두 m 이하, 적합
② 시료 n개 중 m초과 M이하 c개 이하, 적합
③ 시료 n개 중 m초과 M이하 시료 c개 초과, 부적합
④ 시료 n개 중 1개라도 M초과, 부적합

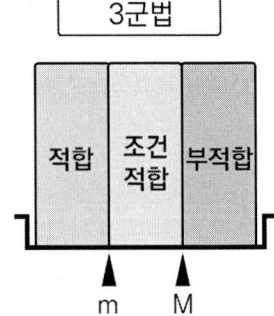

[그림] 3군법

(3) 이군법 : n, c, m 사용

고위해성 균에 적용(예 식중독균)

① 시료 n개의 결과 모두 m 이하, 적합
② 시료 n개 중 기준치 m을 초과한 것이 허용개수 c개 이하면 적합
③ 시료 n개 중 기준치 m을 초과한 것이 허용개수 c개 초과면 부적합

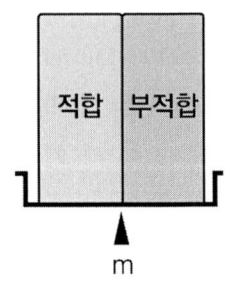

[그림] 2군법

## 시료 수 및 허용기준치의 적용 예시

기준 : 대장균군 n=5, c=1, m=10, M=100/g

n(시료수)=5

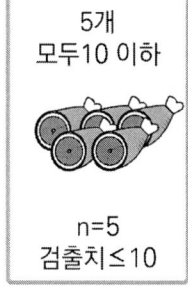
5개 모두 10 이하
n=5
검출치≤10

5개 중 1개만 30 검출
n=5, c≤1
10<검출치≤100

5개 중 2개 이상 30 검출
n=5, c≥2
10<검출치≤100

5개 중 1개에서 100 초과
검출치>100

[그림] 시료 수 및 허용기준치의 적용 예시

(4) n, c, m, M 예상 문제

원유 내에 포함된 일반세균수 기준을 n=5, c=2, m=1000, M=10000 이라 설정하였다.
A, B, C, D 네 농장에서 채취한 원유 시료를 검사했더니 다음과 같은 결과가 나왔다.
적합한 농장은 어디인가?

```
A : 15  / 11123 / 32  / 26 / 58
B : 1001 / 258  / 9320 / 369 / 98
C : 987  / 865  / 769  / 963 / 824
D : 1235 / 1012 / 852  / 36  / 3600
```

# CHAPTER 02 > 일반세균 검사

## 1. 일반세균 검사

- 표준한천배지(Plate Count Agar) 조성 - (배지 1)

> Dextrose 1.0 g
> Yeast Extract 2.5 g
> Trypton 5.0 g
> Agar 15.0 g

- 위 성분을 증류수 1,000mL에 녹여 pH 7.0±0.2 로 조정한 후 121℃로 15분간 멸균한다. (Agar는 1.5%)

(1) 식품공전에서의 일반세균수 설명

1) 표준평판법

표준한천배지에 검체를 혼합 응고시켜 배양 후 발생한 세균집락수를 계수하여 검체 중의 생균수를 산출하는 방법이다.

① 시험조작

ⓐ 시험용액 1mL와 10배 단계 희석액 1mL씩을 멸균 페트리접시 2매 이상씩에 무균적으로 취하여 약 43~45℃로 유지한 표준한천배지 약 15 mL를 무균적으로 분주하고 페트리접시 뚜껑에 부착하지 않도록 주의하면서 조용히 회전하여 좌우로 기울이면서 검체와 배지를 잘 혼합하여 응고시킨다.

ⓑ 확산집락의 발생을 억제하기 위하여 다시 표준한천배지 3~5 mL를 가하여 중첩시킨다. 이 경우 검체를 취하여 배지를 가할 때까지의 시간은 20분 이상 경과하여서는 아니된다.

ⓒ 응고시킨 페트리접시는 거꾸로 하여 35±1℃에서 48±2시간(시료에 따라서 30±1℃ 또는 35±1℃에서 72±3시간) 배양한다.

ⓓ 집락수의 계산은 확산집락이 없고 1개의 평판당 15~300개의 집락을 생성한 평판을 택하여 집락수를 계산하는 것을 원칙으로 한다.

ⓔ 검액을 가하지 아니한 동일 희석액 1mL를 대조시험액으로 하여 시험조작의 무균여부를 확인한다.

② 집락수 산정

ⓐ 배양 후 생성된 집락수를 신속히 계산한다. 부득이할 경우에는 5℃에 보존시켜 24시간 이내에 산정한다. 집락수의 계산은 확산 집락이 없고(전면의 1/2이하 일 때에는 지장이 없음) 1개의 평판당 15~300개의 집락을 생성한 평판을 택하여 집락수를 계산하는것을

원칙으로 한다.

ⓑ 전 평판에 300개 초과 집락이 발생한 경우 300에 가까운 평판에 대하여 밀집평판 측정법에 따라 계산한다. 전 평판에 15개 이하의 집락만을 얻었을 경우에는 가장 희석배수가 낮은 것을 측정한다.

③ 세균수의 기재보고

ⓐ 표준평판법에 있어서 검체 1mL 중의 세균수를 기재 또는 보고할 경우에 그것이 어떤 제한된 것에서 발육한 집락을 측정한 수치인 것을 명확히 하기 위하여 1평판에 있어서의 집락수는 상당 희석배수로 곱하고 그 수치가 표준평판법에 있어서 1mL 중(1g 중)의 세균수 몇 개라고 기재보고하며 동시에 배양온도를 기록한다. 숫자는 높은 단위로부터 3단계에서 반올림하여 유효숫자를 2단계로 끊어 이하를 0으로 한다.

(2) 일반 세균 수 계산식

$$N(CFU/g) \text{ 또는 } (CFU/mL) = \frac{\Sigma C}{\{(1 \times n_1) + (0.1 \times n_2)\} \times (d)}$$

여기서, N = 식육 g 또는 mL 당 세균 집락수
$\Sigma C$ = 모든 평판에 계산된 집락수의 합
$n_1$ = 첫 번째 희석배수에서 계산된 평판수
$n_2$ = 두 번째 희석배수에서 계산된 평판수
d = 첫 번째 희석배수에서 계산된 평판의 희석배수

① 15 - 300CFU/ plate인 경우

| 구분 | 희석배수 | | CFU/g |
|---|---|---|---|
| | 1:100 | 1:1000 | 또는 mL |
| 집락수 | 232 | 33 | 24,000 |
| | 244 | 28 | |

$$\text{집락수(CFU/mL)} = \frac{232+244+33+28}{(1\times2+0.1\times2)\times10^{-2}}$$

$$= \frac{537(CFU)}{0.022(mL)}$$

$$\fallingdotseq 24,000(CFU/g \text{ 또는 } mL)$$

② 15 - 300CFU/ plate 미만인 경우

| 구분 | 희석배수 | | CFU/g |
|---|---|---|---|
| | 1:10 | 1:100 | 또는 mL |
| 집락수 | 14 | 2 | 120 |
| | 10 | 1 | |

$$\text{집락수(CFU/mL)} = \frac{14+10}{(1\times2+0.1\times0)\times10^{-1}}$$

$$= \frac{24(CFU)}{0.2(mL)}$$

$$= 120(CFU/g \text{ 또는 } mL)$$

(3) 실험 시 유의점

1) 모든 실험은 알코올 램프 근처에서 수행한다.
2) 페트리 접시에 배지를 뚜껑선 높이 이상, 약 15mL 붓는다. 피펫 사용은 추천하지 않는다.
3) 검체를 균일하게 뿌린 뒤 배지를 붓고, 좌우로 기울이면서 조용히 회전시키며 균일하게 혼합해준다. 이 때, 뚜껑에 배지가 묻지 않도록 주의한다.

4) 확산 집락 생성을 막기 위해 접종 후, 추가로 3-5mL의 배지를 분주하여 중첩시키되, 20분 이내로 끝낸다.
5) 일회용 피펫 사용은 최소화하며, 한 번 사용하였으면 버린다.

(4) 실험방법(감독관 재량에 따라 축소 및 변경 가능)
  1) 희석 따로, 접종 따로 할 경우
   ① 실험 공간을 멸균하고 알코올 램프를 켠다.
   ② 캡시험관 5개에 각각 희석액을 10, 9, 9, 9, 9mL씩을 피펫을 이용하여 분주한다.
   ③ 깨끗한 피펫을 취하여 시험용액 1mL을 취하여 희석액 9mL이 담긴 캡시험관 하나에 분주 및 혼합하고, 그 중 1mL를 취하여 희석액 9mL이 담긴 캡시험관 하나에 분주하여, 순차적으로 10배 단계부터 10000배 단계까지 희석시킨다.
   ④ 빈 페트리 접시 2매에 피펫을 사용하여 희석액 1mL을 취해 각각 분주한다.
   ⑤ 깨끗한 피펫을 취하여 캡시험관 내의 시험용액을 2mL 취하여 페트리 접시에 1mL 씩 분주한다. 이 때, 한 배수 단계에서 사용한 피펫은 다른 배수 단계에서 사용해서는 안된다.
   ⑥ 43~45℃의 배지를 뚜껑선보다 약간 높게 붓고, 뚜껑을 조금 열어둔 뒤, 좌우로 기울이면서 조용히 회전시켜 검체와 배지를 균일하게 혼합하여 굳힌다.
   ⑦ 배지가 굳은 뒤, 각 접시마다 3~5mL의 배지를 균일하게 떨어뜨려 중첩시키고, 뚜껑을 완전히 덮는다. 단, 20분 이내에 완료할 것(감독관 주관 개입 가능성 큼) 피펫을 이용할 경우, 배지를 직접 부을 때보다 표면을 매끈하게 만들기 쉽다.
   ⑧ 배지가 굳은 후, 35±1℃ 조건에서 48±2시간동안 도치배양한다.

  2) 희석과 접종을 동시에 할 경우
   ① 실험 공간을 멸균하고 알코올 램프를 켠다.
   ② 캡시험관 5개에 각각 희석액을 10, 9, 9, 9, 9mL씩을 피펫을 이용하여 분주한다.
   ③ 빈 페트리 접시 2매에 피펫을 사용하여 희석액 1mL을 취해 각각 분주한다.
   ④ 다른 피펫을 사용하여 시험용액 1mL을 취해 희석액 9mL이 담긴 캡시험관 하나에 분주 및 혼합하여 시험용액을 희석하고, 이 중 3mL를 취하여 1mL씩을 빈 페트리접시 2매와 희석액 9mL이 담긴 캡시험관 하나에 분주한다.
   ⑤ 이렇게 순차적으로 피펫 한 자루를 사용하여 10배 단계부터 10000배 단계까지 시험용액을 묽혀가면서, 페트리 접시에 묽힌 시험용액을 분주한다.
   ⑥ 43~45℃의 배지를 뚜껑선보다 약간 높게 붓고, 뚜껑을 조금 열어둔 뒤, 좌우로 기울이면서 조용히 회전시켜 검체와 배지를 균일하게 혼합하여 굳힌다.
   ⑦ 배지가 굳은 뒤, 각 접시마다 3~5mL의 배지를 균일하게 떨어뜨려 중첩시키고, 뚜껑을 완전히 덮는다. 단, 20분 이내에 완료할 것(감독관 주관 개입 가능성 큼) 피펫을 이용할 경우, 배지를 직접 부을 때보다 표면을 매끈하게 만들기 쉽다.
   ⑧ 배지가 굳은 후, 35±1℃ 조건에서 48±2시간동안 도치배양한다.

(5) 실험 결과(접시 및 캡시험관, 피펫 5개 지급 시)

| | | 대조군 | $10^{-1}$ | $10^{-2}$ | $10^{-3}$ | $10^{-4}$ |
|---|---|---|---|---|---|---|
| 시험관 | 희석액 분주량 | 10 | 9 | 9 | 9 | 9 |
| | 전 배수 단계 시험용액 접종량 | - | +1 | +1 | +1 | +1 |
| | 분취량 | -1 | -1 | -1 | -3 | -2 |
| | 최종량 | 9 | 9 | 9 | 7 | 8 |
| 페트리 접시 접종량 | | 1 | - | - | 1 | 1 |
| | | - | - | - | 1 | 1 |

(6) 일반 세균 수 계산식의 의미

$$집락수(CFU/g \text{ 또는 } mL) = \frac{\text{평판 위에 뜬 유효한 집락 수(CFU)}}{\text{평판에 도말한 유효한 검체의 양(g 또는 mL)}}$$

평판 하나에 발생한 집락 수가 15~300개를 유효하다고 설정,
희석한 액체는 원 검체가 희석된 만큼 덜 들어갔다고 생각한다.
즉, 원 검체 1g을 100배 희석해서 1mL 넣었으면, 원 검체를 0.01g 넣은 것과 같은 것이다.
(미생물학 실험에서 밀도는 1g/mL로 가정 가능하다.)
유효숫자는 딱 두 자리만 인정한다.

(7) 일반 세균 수 측정 계산 문제

**01**

| | 희석배수 | |
|---|---|---|
| | 1:10 | 1:100 |
| 샘플 1 | 224 | 43 |
| 샘플 2 | 280 | 16 |

**해설**

$$집락수(CFU/mL) = \frac{224+280+43+16}{(1 \times 2 + 0.1 \times 2) \times 10^{-1}} = \frac{563(CFU)}{0.22(mL)}$$
$$= 2,559.090909... \fallingdotseq 2,600(CFU/mL)$$

## 02

| | 희석배수 | |
|---|---|---|
| | 1:100 | 1:1000 |
| 샘플 1 | 88 | 16 |
| 샘플 2 | 76 | 1 |

**해설**

집락수(CFU/mL) = $\dfrac{88+76+16}{(1\times 2+0.1\times 2)\times 10^{-2}} = \dfrac{180(CFU)}{0.021(mL)}$

= 8,571.428571.. ≒ 8,600(CFU/mL)

## 03

| | 희석배수 | |
|---|---|---|
| | 1:100 | 1:1000 |
| 샘플 1 | 12 | 2 |
| 샘플 2 | 10 | 1 |

**해설**

집락수(CFU/mL) = $\dfrac{12+10}{(1\times 2)\times 10^{-2}} = \dfrac{22(CFU)}{0.02(mL)}$

= 1,100(CFU/mL)

## 04

| | 희석배수 | |
|---|---|---|
| | 1:100 | 1:1000 |
| 샘플 1 | 365 | 105 |
| 샘플 2 | 243 | 35 |

**해설**

집락수(CFU/mL) = $\dfrac{243+105+35}{(1\times 1+2\times 0.1)\times 10^{-2}} = \dfrac{383(CFU)}{0.012(mL)}$

= 31,916.66667.. ≒ 32,000(CFU/mL)

(8) 밀집평판 측정법(참고)

안지름 9cm의 페트리접시 기준 1cm² 내의 집락수를 13군데에서 계수하여 평균한 집락수에 계수를 곱한 값을 세균의 집락 수로 한다.(유리 65, 플라스틱 57)

(9) 일반 세균 수 계산식(참고사항)

1) 식육의 세균수 산출 방법 (참고)

소 및 돼지 도체의 경우 균수는 도체 표면적당 집락수(CFU/cm²)로서 환산되어야 한다.

$$N(CFU/cm^2) = \frac{희석배수 \times 10_{(배지\ 접종량이\ 0.1mL일\ 경우)} \times 집락수 \times 25_{(재료채취용량)}}{10cm \times 10cm}$$

(1개부위 채취인 경우, 단 3개 부위를 채취할 경우 300cm² 로 나누어준다)로 산출한다.

닭의 경우는 mL당으로 집락수를 환산한다.

기타 시료는 집락수 × 희석배수로 mL당 또는 g당 세균수를 산출한다.

2) 건조필름법(참고)

① 시험조작
- 시험용액 1mL와 각 10배 단계 희석액 1mL를 세균수 건조필름배지에 각 2매 이상씩 접종한 후 잘 흡수시키고 35±1℃에서 48±2시간 배양한 후 생성된 붉은 집락수를 계산하고 그 평균 집락수에 희석배수를 곱하여 일반세균수로 한다.
- 균수 산출 및 기재보고는 4.5.1 일반세균수에 따라 한다.

3) 자동화된 최확수법(Automated MPN) (참고)
- 우유류, 유당분해우유, 가공유(무지유고형분 5.5% 미만인 제품 제외), 조제유류, 분유류, 소 도체, 돼지 도체, 닭 도체, 오리 도체에 한한다.

# CHAPTER 03 대장균군 검사

## 1. 대장균군과 대장균

(1) 대장균군(coli form)

대장균군은 그람음성, 무아포성 간균으로서 유당을 분해하여 가스를 발생하는 모든 호기성 또는 통성 혐기성 세균을 말한다. 비교적 자연계에 많이 분포하며, 환경위생관리상의 척도로 대장균군의 존재 및 개체수를 확인한다.

1) 대장균(Escherichia coli, 통칭 E. coli)

사람이나 동물의 장 내에 기생하는 세균으로 대장에 많기 때문에 대장균으로 부른다. 인간 또는 동물의 배설물에 함유되어 있는 총대장균군의 90% 이상으로 매우 많은 양을 차지하기 때문에 사람 및 동물의 배설물에 의한 오염을 지표하는 가장 정확하고 효과적인 세균이라 할 수 있다.

(2) 식품공전에서의 대장균군 정성시험 설명

1) 유당배지법

유당배지를 이용한 대장균군의 정성시험은 추정시험, 확정시험, 완전시험의 3단계로 나눈다. 시험용액 10mL를 2배 농도의 유당배지에 시험용액 1mL 및 0.1mL를 유당배지에 각각 3개 이상씩 가한다. 시험용액을 가하지 아니한 동일 희석액 1mL을 각각 대조시험액으로 하여 시험조작의 무균여부를 확인한다.

2) 유당 배지법 - 추정시험

① 시험용액을 접종한 유당배지를 35~37°C에서 24±2시간 배양한 후 발효관내에 가스가 발생하면 추정시험 양성이다.

② 24±2시간 내에 가스가 발생하지 아니하였을 때에 배양을 계속하여 48±3시간까지 관찰한다.

③ 이 때까지 가스가 발생하지 않았을 때에는 추정시험 음성이고, 가스발생이 있을 때에는 추정시험 양성이며 다음의 확정시험을 실시한다.

3) 유당 배지법 - 확정시험

① 추정시험에서 가스 발생한 유당배지발효관으로부터 BGLB 배지에 접종하여 35~37°C에서 24±2시간 동안 배양한 후 가스발생 여부를 확인하고 가스가 발생하지 아니하였을 때에는 배양을 계속하여 48±3시간까지 관찰한다.

② 가스발생을 보인 BGLB 배지로부터 Endo 한천배지 또는 EMB 한천배지에 분리 배양한다.
③ 35~37°C에서 24±2시간 배양 후 전형적인 집락이 발생되면 확정시험 양성으로 한다.
④ BGLB배지에서 35~37°C로 48±3시간 동안 배양하였을 때 배지의 색이 갈색으로 되었을 때에는 반드시 완전시험을 실시한다.

4) 유당 배지법 - 완전 시험
① 확정시험의 Endo 한천배지나 EMB한천배지에서 전형적인 집락 1개 또는 비전형적인 집락 2개 이상을 보통한천배지에 접종하여 35~37°C에서 24±2시간동안 배양한다.
② 보통한천배지의 집락에 대하여 그람음성, 무아포성 간균이 증명되면 완전시험은 양성이며 대장균군 양성으로 판정한다.

(3) 추정시험 순서(감독관 재량에 따라 변경 가능)
① 캡시험관 15개 중 대조군 3개 및 실험군 3개에 2X 배지 10mL, 다른 대조군 3개와 실험군 6개에는 1X 배지 10mL를 넣은 뒤, 듀람관을 하나씩 집어넣고 듀람관 내의 공기를 제거한다.
② 시험관 뚜껑에 면전을 하여 Autoclave에 넣고 1.5기압, 121°C, 15분동안 멸균한다.
③ 깨끗한 피펫 2개를 이용하여 시험관 한 개에 희석액 9mL과 시험용액 1mL을 혼합하여 10배 단계 희석 시험용액을 제조한다.
④ 2X 배지 10mL을 넣은 대조군 3개에는 희석액 10mL을 각각 가한 뒤 뚜껑을 닫고 혼합한 뒤, 듀람관 내의 공기를 제거한다.
⑤ 2X 배지 10mL을 넣은 실험군 3개에는 시험용액 10mL을 각각 접종하여 뚜껑을 닫고 혼합한 뒤, 듀람관 내의 공기를 제거한다.
⑥ 1X 배지 9mL을 넣은 대조군 3개는 뚜껑을 닫고 혼합한 뒤, 듀람관 내의 공기를 제거한다.
⑦ 1X 배지 9mL을 넣은 실험군 3개는 시험용액 1mL을 각각 접종하여 뚜껑을 닫고 혼합한 뒤, 듀람관 내의 공기를 제거한다.
⑧ 1X 배지 9mL을 넣은 실험군 3개에는 10배 단계 시험용액 1mL을 각각 접종하여 뚜껑을 닫고 혼합한 뒤, 듀람관 내의 공기를 제거한다.
⑨ 35~37°C에서 24±2시간동안 배양하여 듀람관 내 기포의 발생 여부를 확인한다.

(4) 추정시험 시 배지 조성 (실제 실험에서는 고압증기멸균이 생략, 결과만 보여준다)

|  | 2X 대조군 | 1X 대조군 | 10mL군 | 1mL군 | 0.1mL군 |
|---|---|---|---|---|---|
| 2X 유당배지 | 10mL | - | 10mL | - | - |
| 1X 유당배지 | - | 9mL | - | 9mL | 9mL |
| 희석액 | 10mL | 1mL | - | - | - |
| 시험 용액 | - | - | 10mL | 1mL | - |
| 10배 단계 시험 용액 | - | - | - | - | 1mL |
| 최종량 | 20mL | 10mL | 10mL | 10mL | 10mL |
| 최종 배지 농도 | 1X | 약 1X | 1X | 약 1X | 약 1X |

식품산업기사 시험장에서는 대체적으로 2X 대조군과 10mL군 또는 1X 대조군과 1mL군 둘 중 하나만 실험한다.

### (5) 확정 시험 순서

① 추정시험 양성 판정 후, 접종 및 배양된 배지와 EMB배지를 알코올 램프 근처로 가지고 온다.
② 알코올램프에 불을 붙인 뒤, 백금이를 화염 멸균 해준다.
③ 검체를 백금이에 묻힌 뒤 평판 배지의 1/3 위치까지 제 1 획선을 지그재그로 그어 획선도말한다.
④ 백금이를 화염멸균한 뒤, 배지 가장자리에 식힌다.
⑤ 제 1획선 중 가장자리 두세 가닥을 가로질러 1/3 위치에 해당하는 부분까지 제 2획선을 지그재그로 그어 획선도말한다.
⑥ 백금이를 화염 멸균한 뒤, 배지 가장자리에 식힌다.
⑦ 제 2획선 중 가장자리 두세 가닥을 가로질러 1/3 위치에 해당하는 부분까지 제 3획선을 지그재그로 그어 획선도말한다
⑧ 페트리트 접시 가장자리를 화염멸균해준 뒤, 뒤집어준다.
⑨ 전등 불빛에 비추어 획선 도말의 성패 여부를 확인한다.

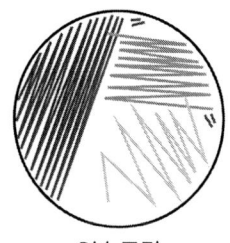

3분 도말

\*획선도말(Streaking)하는 이유
선을 길게 그어서 균을 퍼뜨리고 획선 간 겹치는 선을 최소화 함으로써 단일 균에서 유래한 집락을 순수 분리하기 위해 실시한다.

### (6) 확정시험에서의 전형적인 집락

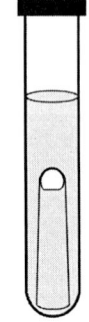 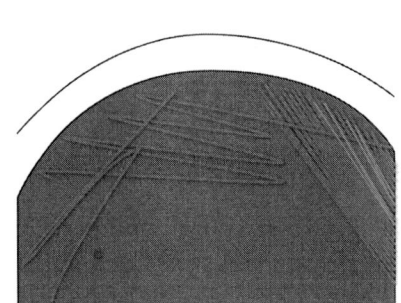 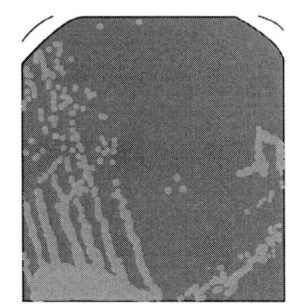

BGLB 배지 : 기포 발생　　EMB배지 : 흑녹색 광택의 집락　　Endo배지 : 핑크색 집락

(7) 완전시험에서의 그람염색 확인 결과

1) 그람 음성균(붉은색 세균) 사진은 대장균군 양성

이유 : 세균 세포벽의 구성 성분인 Peptidoglycan의 두께가 얇기 때문에 초기에 염색한 Crystal violet의 탈색이 일어나기 때문이다.

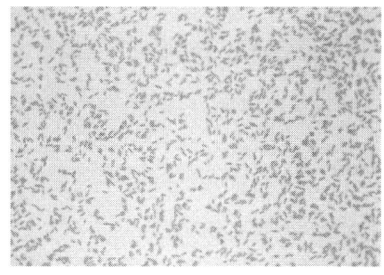

[그림] 대장균군 양성

(8) 기타 대장균군 추정 시험(참고 사항)

1) BGLB 배지법

① 시험용액 1~0.1 mL를 2개씩 BGLB 배지에 가한다. 대량의 시험용액을 가할 필요가 있을 때에는 대량의 배지를 넣은 발효관을 사용한다.

② 시험용액을 넣은 BGLB 배지를 35~37℃에서 48±3시간 배양한 후 가스 발생을 인정하였을 때에는(배지를 흔들 때 거품 모양의 가스의 존재를 인정하였을 때에도) Endo 한천배지 또는 EMB 한천배지에 분리 배양한다.

③ 이하의 조작은 유당배지법의 확정시험 또는 완전시험 때와 같이 행하여 대장균군의 유무를 확인한다.

2) 데스옥시콜레이트 유당한천 배지법

① 시험용액 1 mL와 10배 단계 희석액 1 mL씩을 멸균 페트리접시 2매 이상씩에 무균적으로 취하고 약 43~45℃로 유지한 데스옥시콜레이트 유당한천배지 또는 VRBA 평판배지 약 15 mL를 무균적으로 분주하고 페트리접시 뚜껑에 부착하지 않도록 주의하면서 회전하여 검체와 배지를 잘 혼합한 후 응고시킨다.

② 그 표면에 동일한 배지 또는 보통한천배지를 3~5 mL를 가하여 중첩시킨다.

③ 이것을 35~37℃에서 24±2 시간 배양 한 후 전형적인 암적색의 집락을 인정하였을 때에는 1개 이상의 집락을, 의심스러운 집락일 경우에는 2개 이상을 Endo 한천배지 또는 EMB 한천배지 또는 MacConkey 배지에서 분리배양한다.

④ 이하의 조작은 유당배지법의 확정시험 또는 완전시험 때와 같이 행하고 대장균군의 유무를 시험한다.

(9) 참고 배지

1) 유당배지(Lactose Broth) 조성 – (배지 2)

Beef Extract 3.0 g
Lactose 5.0 g
Peptone 5.0 g

위 성분을 증류수 1,000mL에 녹여 pH 6.9±0.2 로 조정한 후 발효관을 넣은 시험관에 10mL씩 분주하여 121℃로 15분간 멸균한다.

※ 절대로 LB배지라고 부르지 말 것! (통상적으로 LB배지는 Luria-Bertani 배지를 의미)

2) BGLB배지(Brilliant Green Lactose Bile Broth) 조성 – (배지 3)

| |
|---|
| Brilliant green 0.0133 g |
| Lactose 10.0 g |
| Peptone 10.0 g |
| Oxgall 20.0 g |

위 성분을 증류수 1,000mL에 녹여 pH 7.2±0.1 로 조정한 후 발효관을 넣은 시험관에 10mL씩 분주하여 121℃로 15분간 멸균한다. 필요에 따라 MUG 50mg을 첨가하여 사용한다.

3) Endo 한천배지(Endo Agar) 조성 – (배지 5)

| | |
|---|---|
| Basic Fuchsin 0.5 g | Lactose 10.0 g |
| Sodium sulfate 2.5 g | Peptone 10.0 g |
| Dipotassium phosphate 3.5 g | Agar 15.0 g |

위 성분을 증류수 1,000mL에 녹여 pH 7.4±0.2 로 조정한 후 121℃로 15분간 멸균한다. (Agar는 1.5%)

4) EMB 한천배지(Eosin Methylene Blue Agar) 조성 - (배지 6)

| | |
|---|---|
| Methylene Blue 0.065 g | Lactose 5.0 g |
| Eosin Y 0.4 g | Pepton 10.0 g |
| Dipotassium phosphate 2.0 g | Agar 13.5 g |
| Sucrose 5.0 g | |

위 성분을 증류수 1,000mL에 녹여 pH 6.8±0.2 로 조정한 후 121℃로 15분간 멸균한다. (Agar는 1.35%)

5) 보통한천배지(Nutrient Agar) 조성 – (배지 8)

> Beef Extract 2.5 g
> Peptone 5.0 g
> Agar 15.0 g

위 성분을 증류수 1,000mL에 녹여 pH 6.8±0.2 로 조정한 후 121℃로 15분간 멸균한다. (Agar는 1.5%)

6) Deoxycholate Lactose Agar 조성 – (배지 9)

> Peptone 10.0 g            Sodium Desoxycholate 0.5 g
> Lactose 10.0 g            Neutral Red 0.03 g
> Sodium Chloride 5.0 g     Agar 15.0 g
> Sodium Citrate 2.0 g

위 성분을 증류수 1,000mL에 녹여 pH 7.3~7.5로 조정한 후 1분간 가열한다. 단, 고압증기멸균을 해서는 안 된다.(Agar 1.5%)

7) Violet Red Bile Agar(VRBA) 조성 – (배지 96)

> Yeast extract 3.0 g       Peptone 7.0 g
> Lactose 10.0 g            Bile salts No.3 1.5 g
> Sodium chloride 5.0 g     Neutral red 0.03 g
> Crystal violet 0.002 g    Agar 15.0 g

위 성분에 증류수를 가하여 1,000mL로 만들고 pH 7.3~7.5가 되도록 맞춘 다음 2분간 끓여서 용해시켜 사용한다. 멸균은 하지 않는다. (Agar는 1.5%)

8) MacConkey Agar 조성 – (배지 30)

| | |
|---|---|
| Peptone 17.0 g | Polypeptone 3.0 g |
| Lactose 10.0 g | Bile Salts No.3 1.5 g |
| Sodium Chloride 5.0 g | Neutral Red 0.03 g |
| Crystal Violet 0.001 g | Agar 13.5 g |

위의 성분을 증류수 1,000 mL에 녹여 pH 7.1±0.2로 조정하고 가열 용해한 후 121°C에서 15분간 멸균한다. (Agar는 1.35%)

# CHAPTER 04 배지의 조제 및 접종

## 1. 배지의 제조 및 접종

(1) 배지 제조 시 유의점(감독관의 주관 영향 있음)
  ① 수분, 낙하균 및 부유균 오염 방지(뚜껑이 최대한 덮이게 하여 알코올 램프 근처에서 수행할 것)
  ② 뜨거운 상태에서 기포 없이, 되도록 편평할 것
  ③ 평판배지는 절반 정도만(뚜껑선까지) 부어서 무균적으로 분주하고 페트리접시 뚜껑에 부착하지 않도록 주의하면서 조용히 회전하여 좌우로 기울이면서 잘 혼합하여 응고시킴.
  ④ 캡시험관 사용 시, 깔때기를 사용하여 분주한 후 사면배지는 유리 막대에 비스듬히 눕혀서, 고층배지는 시험관대(test tube rack)에 세워 굳힌다. (단, 깔때기가 없다면 일회용 피펫 사용 후에 버린다.)
  ⑤ 피펫 사용 시 공기 유입에 극도로 주의한다.

(2) Streaking(획선 도말) 순서
  ① 검체와 배지를 알코올 램프 근처로 가지고 온다.
  ② 알코올램프에 불을 붙인 뒤, 백금이를 화염멸균 해준다.
  ③ 검체를 백금이에 묻힌 뒤 평판 배지의 1/3 위치까지 제 1획선을 지그재그로 그어 획선 도말한다.
  ④ 백금이를 화염멸균한 뒤, 배지 가장자리에 식힌다.
  ⑤ 제 1획선 중 가장자리 두세 가닥을 가로질러 1/3 위치에 해당하는 부분까지 제 2획선을 지그재그로 그어 획선 도말한다.
  ⑥ 백금이를 화염멸균한 뒤, 배지 가장자리에 식힌다.
  ⑦ 제 2획선 중 가장자리 두세 가닥을 가로질러 1/3 위치에 해당하는 부분까지 제 3획선을 지그재그로 그어 획선 도말한다.
  ⑧ 페트리 접시 가장자리를 화염멸균해준 뒤, 뒤집어준다.
  ⑨ 전등 불빛에 비추어 획선 도말의 성패 여부를 확인한다.
  [참조] 사면배지의 경우, 기벽에 닿지 않게 백금이를 넣어 1회 시행한다.

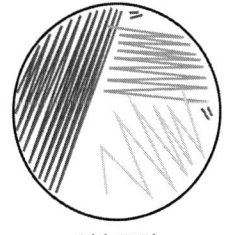

3분 도말

\*획선도말(Streaking)하는 이유
선을 길게 그어서 균을 퍼뜨리고 획선 간 겹치는 선을 최소화 함으로써 단일 균에서 유래한 집락을 순수 분리하기 위해 실시한다.

(3) 천자 배양(Stab culture) 순서
 ① 검체와 고층 배지를 알코올 램프 근처로 가지고 온다.
 ② 알코올램프에 불을 붙인다.
 ③ 백금선 끝이 빨갛게 될 때까지 화염멸균한다.
    플라스틱 니들일 경우 가볍게 불꽃에 스쳐만 준다.
 ④ 검체를 백금선에 묻힌 뒤, 고층배지의 중앙부에 2/3 정도
    깊이까지 찔러 넣었다 뺀다.
    이 때, 백금선이 기벽에 닿아서는 안된다.

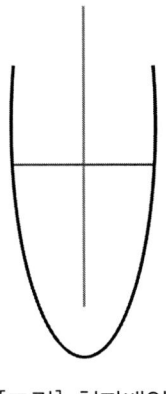
[그림] 천자배양

[고층 배지(Stab culture medium)에 천자 배양 하는 이유]
 ① 혐기성 세균 및 곰팡이의 spot 배양, 균주 보존 등에 이용
 ② 공기와 접촉하는 표면적을 줄여 산소와의 접촉을 최소화한다.

(4) Spreading(평판 도말법) 순서
 ① 검체와 평판 배지, 피펫, 피펫 필러, spreader를 알코올 램프 근처로 가지고 온다.
 ② 알코올램프에 불을 붙인 뒤, 피펫을 가볍게 불꽃에 스쳐준다.
 ③ 피펫에 검체를 분취한 뒤, 평판 배지에 접종한다.
 ④ spreader(도말삽)을 화염멸균한다. 유리제일 경우 에탄올에 담근 뒤 불을 붙여 멸균하고, 플라스틱
    소재의 경우 가볍게 불꽃에 스쳐만 준다.
 ⑤ 페트리 접시 뚜껑을 비스듬히 연 채로 고정시킨 뒤, 배지를 회전시켜가면서, spreader를 앞뒤로
    밀어가며 균일하게 도말한다. 검체를 밀 때 뻑뻑한 느낌이 들 때까지 반복한다.
 ⑥ 페트리 접시 가장자리를 화염멸균해준 뒤, 뒤집어준다.

[Spreading 하는 이유]
 ① 주로 병원성 미생물의 계수 및 정량 실험에 이용
 ② 배지 위에 얇게 펴발라 고르게 미생물을 퍼뜨려준다.

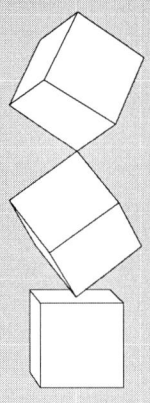

# PART 3

# 식품 필답형 개론

# CHAPTER 01 기본농도

## 01

### %농도

**해설**

$$[w/w\%, wt\%] = \frac{\text{특정 물질 질량}[g]}{\text{물질 전체의 질량}[g]} \times 100$$

$$[w/v\%] = \frac{\text{특정 물질 질량}[g]}{\text{전체 부피}[mL]} \times 100$$

## 02

### 몰랄농도

**해설**

$$\text{몰랄농도}\ [m, mol/kg] = \frac{\text{용질의 몰수}[mol]}{\text{용매의 질량}[kg]} = \frac{\dfrac{\text{용질의 질량}[g]}{\text{용질의 몰질량}[g/mol]}}{\dfrac{\text{용매의 질량}[g]}{1000[g/kg]}}$$

## 03

### 몰농도

**해설**

$$\text{몰농도}\ [M, mol/L] = \frac{\text{용질의 몰수}[mol]}{\text{용액의 부피}[L]} = \frac{\dfrac{\text{용질의 질량}[g]}{\text{용질의 몰질량}[g/mol]}}{\dfrac{1}{1000[mL/L]} \times \dfrac{\text{용액의 질량}[g]}{\text{용액의 밀도}[g/mL]}}$$

## 04

### 노르말농도

**해설**

$$\text{노르말농도} [N, eq/L] = \frac{\text{용질의 당량}[eq]}{\text{용액의 부피}[L]} = \frac{\frac{\text{당량수}}{[eq/mol]} \times \frac{\text{용질의 질량}[g]}{\text{용질의 몰질량}[g/mol]}}{\frac{1}{1000[mL/L]} \times \frac{\text{용액의 질량}[g]}{\text{용액의 밀도}[g/mL]}}$$

## 05

### 몰비율

**해설**

$$\text{몰비율} = \frac{\text{특정 물질의 몰수}[mol]}{\text{전체의 몰수}[mol]} = \frac{\frac{\text{특정 물질의 질량}[g]}{\text{특정 물질의 몰질량}[g/mol]}}{\sum \frac{\text{구성 물질의 질량}[g]}{\text{구성 물질의 몰질량}[g/mol]}}$$

# CHAPTER 02 > 농도 및 함량계산

## 01

### 물질수지식

**해설**

(1) $(고농도 물질량) = \dfrac{(중간 농도) - (저농도)}{(고농도) - (중간 농도)} \times (저농도 물질량)$

(2) (고농도 물질량) : (저농도 물질량)
    = [(중간 농도)-(저농도)] : [(고농도)-(중간 농도)]

## 02

### 피어슨 공식

**해설**

- 고농도(%)　　　　(고농도 혼합비) = (중간농도) - (저농도)
　　　　중간 농도
  저농도(%)　　　　(저농도 혼합비) = (고농도) - (중간 농도)

$(고농도 물질량) = \dfrac{(고농도 혼합비)}{(고농도 혼합비) + (저농도 혼합비)} \times (중간농도 물질량)$

Pearson's square 및 물질수지식

(1) Pearson's square

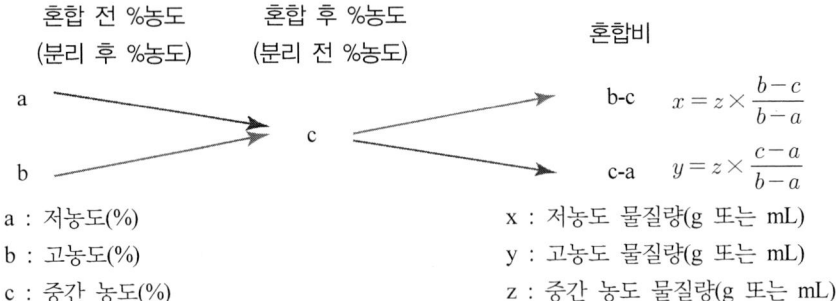

a : 저농도(%)　　　　　　　　　　x : 저농도 물질량(g 또는 mL)
b : 고농도(%)　　　　　　　　　　y : 고농도 물질량(g 또는 mL)
c : 중간 농도(%)　　　　　　　　　z : 중간 농도 물질량(g 또는 mL)

(2) 물질수지식과의 관계

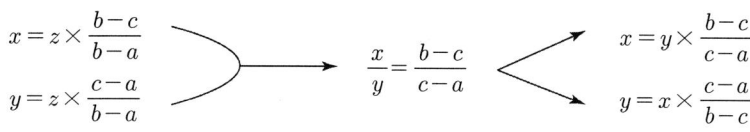

a : 저농도(%)
b : 고농도(%)
c : 중간 농도(%)

x : 저농도 물질량(g 또는 mL)
y : 고농도 물질량(g 또는 mL)
z : 중간 농도 물질량(g 또는 mL)

# CHAPTER 03 단위 환산

## 1. 단위 환산

(1) 대전제

1) 우선적으로 같은 단위 차원들끼리만 더하거나 뺄 수 있다.
2) 곱 또는 나누기를 통해 단위를 추가 또는 제거할 수 있다.
3) $n=10^{-9}$, $\mu=10^{-6}$, $m=10^{-3}$, $c=10^{-2}$, $d=10^{-1}$, $k=10^3$, $M=10^6$, $G=10^9$, $T=10^{12}$

(2) 단위들 간의 관계

1) 질량의 단위 : 1 ton = 1000 kg = $10^6$ g, 1lb= 0.453592 kg = 16 oz, 1 oz = 28.349523 g
2) 길이의 단위 : 1 m = 100 cm = 1000 mm, 1ft = 0.3048 m = 12 inch, 1 inch = 2.54 cm
3) 부피의 단위 : 1 L = $10^{-3}$ $m^3$ = 1000$cm^3$ = 1000 mL = 1000 cc, 1gal = 3.785412 L
4) 온도의 단위 : °F = 1.8°C + 32, K = °C + 273.15
5) 시간의 단위 : 1 h = 60 min = 3600 s, 1 day = 24 h = 1440 min = 86400 s
6) 힘 또는 무게의 단위 : N = kg·m/$s^2$, 1kgf = 9.8 N = 1 kg × 9.8 m/$s^2$ , 9.8 m/$s^2$ = 32.174 ft/$s^2$
7) 압력의 단위 : 1 atm = 14.69 lbf/$in^2$ = 1.033 kgf/$cm^2$ = 101,325 Pa, 1bar = $10^5$ Pa, Pa = N/$m^2$ = kg/m·$s^2$
8) 일 또는 열량 또는 에너지의 단위 : J = N·m = kg·$m^2$/$s^2$, cal = 4.184 J, 1 BTU = 252.2 cal = 1,053 J
9) 비열의 단위 : 1 kcal/kg·°C = 1 BTU/lb·°F
10) 시간 당 에너지의 단위 : W = J/s = N·m/s, kg·$m^2$/$s^3$, HP(마력) = 745.7W, 냉동톤 = 3320cal/h

# CHAPTER 04 열량 및 에너지량계산

## 1. 열역학

### (1) 열역학 용어들

1) 열량(Q) : 총 열의 양
2) 냉동부하 : 물질의 냉동을 위해 제거해야 할 열량
3) 열용량(H) : 물체의 온도를 한 단위만큼 올리는 데 필요한 열량
4) 비열(c) : 단위 질량의 물체의 온도를 한 단위만큼 올리는 데 필요한 열량
5) 현열(=감열, Sensible heat) : 온도 변화를 수반하는 열
6) 잠열(=숨은열, Latent heat, $\gamma$) : 온도 변화를 수반하지 않으나 상 전이에 관여하는 열
7) 엔탈피(Enthalpy, H)
   ① 내부에너지(U)와 계가 부피를 차지함으로부터 얻을 수 있는 에너지의 합
   ② $H = U + W$
   ③ $\Delta H = Q - \Delta(PV)$
8) 엔트로피(Entropy, S) : 단위 온도당 에너지 전환 과정에서 사용할 수 없게 된 에너지

### (2) 열역학 제 0법칙(=열역학적 평형 법칙)

1) 어떤 계에서 물질 A와 물질 B가 열평형 상태에 있고, 물질 B와 물질 C가 열평형 상태라면, 물질 A와 물질 C는 열평형 상태이다.
2) 즉, A와 B의 온도가 같고, B와 C의 온도가 같다면, A와 C의 온도는 같다.

### (3) 열역학 제 1법칙(=에너지 보존 법칙)

1) 고립계 내에서의 에너지의 총량은 동일하다.
2) 투입 전후 또는 제거된 전후의 에너지의 총량은 동일하다.
3) $E_{총} = E_{초기} + E_{투입} = E_{결과} + E_{제거}$

### (4) 열역학 제 2법칙(=엔트로피의 법칙)

1) 고립계의 엔트로피는 감소하지 않으며, 증가하는 현상만 일어난다.
2) 가역 반응과 단열 조건에서만 엔트로피의 변화량($\Delta S$)는 0이다.
3) 모든 에너지는 열로 쉽게 변환되며, 다른 에너지로의 100% 전환은 불가능하다.
4) $dS = \dfrac{dq_{rev}}{T}$, $\Delta S \geq 0$

(5) 열역학 제 3법칙(Nerenst-Flank 정리)

    1) 절대 0도에서 엔트로피의 절대값을 알아낼 수 있다.

(6) 열용량 및 열량 계산식

    1) $Q = c \times m \times (T_f - T_i) = H \times (T_f - T_i) = \gamma \times m$

(7) 푸리에의 법칙(Furier's law)

    1) (단위시간당) 전달되는 열량은 열전도율과 단면적, 단위길이당 온도의 순간 변화율과 비례한다.

    2) $q = -kA \times \dfrac{dT}{dx}$

    3) 평판 조건에서(단면적 A 일정)

$$Q = \dfrac{kaL(T_i - T_f)}{x} \;,\; y = \dfrac{kA}{x} \;,\; R = \dfrac{x}{kA}$$

      (k : 전도열전달계수, y : 열관류율, R : 열저항)

    4) 표면 대류(A 변화 거의 없음, 구하는 과정은 복잡하므로 생략)

$$Q = \dfrac{kA(T_i - T_f)}{\delta_t} = \alpha A(T_i - T_f),\; y = \alpha A,\; R = \dfrac{k}{\alpha A} \;,\; \alpha = \dfrac{k}{\rho C_P}$$

      ($\alpha$ : 대류열전달계수)

    5) 총괄열전달계수(U)[W/m²·K] : Q는 전체적으로 일정하고, 열저항을 직렬 연결하여
      (평판 조건)               계산함 (전기회로 직렬연결과 유사)

$$Q = \dfrac{(T_i - T_f)}{R_t} = U \times A \times (T_i - T_f)$$

$$R_t = \sum R_n = \dfrac{1}{\alpha_H A} + \dfrac{x_1}{k_1 A} + \dfrac{x_2}{k_2 A} + \dfrac{1}{\alpha_L A}$$

$$\dfrac{1}{R_t} = \dfrac{1}{\dfrac{1}{\alpha_H A} + \dfrac{x_1}{k_1 A} + \dfrac{x_2}{k_2 A} + \dfrac{1}{\alpha_L A}} = U \times A$$

$$U = \dfrac{1}{\dfrac{1}{\alpha_H} + \dfrac{x_1}{k_1} + \dfrac{x_2}{k_2} + \dfrac{1}{\alpha_L}}$$

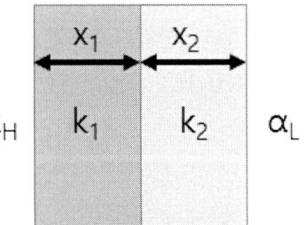

    6) 원통 조건에서[x가 커질수록 A 증가, A=2πrL, L : 원통 (단위) 길이]

$$Q = \dfrac{2\pi kL(T_i - T_f)}{\ln\dfrac{r_2}{r_1}} \;,\; y = \dfrac{2\pi kL}{\ln\dfrac{r_2}{r_1}} \;,\; R = \dfrac{\ln\dfrac{r_2}{r_1}}{2\pi kL}$$

$$A_i = 2\pi r_1 L,\; A_o = 2\pi r_3 L$$

7) 총괄열전달계수(U)[W/m²·K] : Q는 전체적으로 일정하고, 열저항을 직렬 연결하여
   (원통 조건)                 계산함 (전기회로 직렬연결과 유사)

$$Q = \frac{(T_i - T_f)}{R_t} = U \times A \times (T_i - T_f)$$

$$R_t = \sum R_n = \frac{1}{\alpha_i A_i} + \frac{1}{2\pi k_a L} \times \ln\frac{r_2}{r_1} + \frac{1}{2\pi k_b L} \times \ln\frac{r_3}{r_2} + \frac{1}{\alpha_o A_o}$$

$$\frac{1}{R_t} = \frac{1}{\frac{1}{\alpha_i A_i} + \frac{1}{2\pi k_a L} \times \ln\frac{r_2}{r_1} + \frac{1}{2\pi k_b L} \times \ln\frac{r_3}{r_2} + \frac{1}{\alpha_o A_o}} = U_i \times A_i = U_o \times A_o$$

$$U_i = \frac{1}{\frac{1}{\alpha_i} + \frac{r_1}{k_a} \times \ln\frac{r_2}{r_1} + \frac{r_1}{k_b} \times \ln\frac{r_3}{r_2} + \frac{r_1}{\alpha_o r_3}}$$

$$U_o = \frac{1}{\frac{r_3}{\alpha_i r_1} + \frac{r_3}{k_a} \times \ln\frac{r_2}{r_1} + \frac{r_3}{k_b} \times \ln\frac{r_3}{r_2} + \frac{1}{\alpha_o}}$$

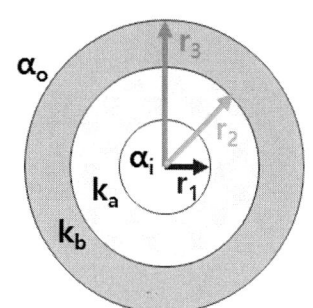

## ✓ REFERENCE

**복사 열전달(Stefan-Boltzmann's law)**

$$Q_{12} = \sigma F_{12} A_1 (T_1^4 - T_2^4)$$

여기서, $Q_{12}$ : 1번 면에서 2번 면으로의 복사
   F : View factor
   $\sigma$ = 4.88×10⁻⁸ kcal/m²·hr·K⁴ or 5.67×10⁻⁸ W/m²·K⁴

$$F_{12} = \frac{1}{\frac{1}{\epsilon_1} + \frac{A_1}{A_2}\left(\frac{1}{\epsilon_2} - 1\right)} = \frac{1}{\frac{1}{\epsilon_1} + \frac{1}{\epsilon_2} - 1} = \epsilon_1$$

   (기본식)           ($A_1 \approx A_2$)     ($A_1 \ll A_2$)

**Wien's displacement law**

$$\lambda_{max}[m] = \frac{2.898 \times 10^{-3}[m \cdot K]}{T[K]}$$

# CHAPTER 05 화학반응속도론

## 1. 화학반응속도론

(1) 반응속도식

A → B 로 진행되는 화학 반응이 있을 때

| | 0차 반응 | 1차 반응 | 2차 반응 |
|---|---|---|---|
| 미분 속도식 | $-\dfrac{d[A]}{dt}=k$ | $-\dfrac{d[A]}{dt}=k[A]$ | $-\dfrac{d[A]}{dt}=k[A]^2$ |
| 적분 속도식 | $\int_{[A]_0}^{[A]}d[A]=-\int_0^t k\,dt$ | $\int_{[A]_0}^{[A]}\dfrac{1}{[A]}d[A]=-\int_0^t k\,dt$ | $\int_{[A]_0}^{[A]}\dfrac{1}{[A]^2}d[A]=-\int_0^t k\,dt$ |
| 기질의 농도 | $[A]=[A]_0-kt$ | $\ln[A]=\ln[A]_0-kt$ | $\dfrac{1}{[A]}=\dfrac{1}{[A]_0}+kt$ |
| b/a 감기 | $t_{b/a}=\dfrac{\left(\dfrac{a}{b}-a\right)[A]_0}{\dfrac{a}{b}k}$ | $t_{b/a}=\dfrac{\ln\dfrac{a}{b}}{k}$ | $t_{b/a}=\dfrac{a-b}{bk[A]}$ |

k : 속도상수, 0차 반응일 때 상수 단위[mol/L·s], 1차 반응일 때 상수 단위[/s]
2차 반응일 때 상수 단위 [ L/s·mol ]
[A] : A의 농도, [A]₀ : A의 초기 농도, t : 반응 시간

(2) 아레니우스 식을 이용한 $E_a$ 유도

$$k = Ae^{-\dfrac{E_a}{RT}}$$

$$\ln k = \ln A - \dfrac{E_a}{RT}$$

k : 속도 상수

A : 잦음률, 반응 활성 인자

T : 절대온도 ( K= °C + 273.15 )

$E_a$ : 활성화 에너지

R : 기체상수 (8.314 J/mol·K = 0.082 atm·L/mol·K = 1.987 cal/mol·K)

서로 다른 온도 $T_1$, $T_2$에서 (단, $T_1 < T_2$)

$$\ln \frac{k_2}{k_1} = \frac{E_a}{RT_1} - \frac{E_a}{RT_2} = \frac{E_a(T_2 - T_1)}{R \times T_1 \times T_2}$$

$$E_a = \frac{R \times T_1 \times T_2 \times \ln \frac{k_2}{k_1}}{T_2 - T_1}$$

(3) 반응속도식의 응용

1/10 감기일 때

$\ln 10^m = kF = kmD$ (가열 살균에 적용할 시)

여기서, m : 가열살균지수

    F : 미생물 농도를 $10^{-m}[A]_0$ 로 줄이는 데 소요되는 시간

    D : 미생물 농도를 $10^{-1}[A]_0$ 줄이는 데 소요되는 시간

$$\ln \frac{k_2}{k_1} = \ln \frac{t_1}{t_2} = \frac{E_a(T_2 - T_1)}{R \times T_1 \times T_2} \quad (\because \ln \frac{[A]_0}{[A]} \text{ 일정할 때}, \frac{k_2}{k_1} = \frac{t_1}{t_2})$$

$$\ln 10 = \frac{E_a \times z}{R \times T_1 \times (T_1 + z)}$$

($\because T_2 \approx T_1 + z$, z : 반응속도가 10배 빨라지는 데 필요한 온도차)

두 식을 나누어주어 정리하면

$$\log \frac{t_1}{t_2} = \frac{(T_2 - T_1)}{z} \quad , \quad z = \frac{T_2 - T_1}{\log \frac{t_1}{t_2}} = \frac{T_2 - T_1}{\log t_1 - \log t_2} \quad , \quad t_1 = t_2 \times 10^{\frac{T_2 - T_1}{z}}$$

$$L = \frac{v_2}{v_1} = \frac{k_2}{k_1} = \frac{t_1}{t_2} = \frac{D_1}{D_2} = \frac{F_1}{F_2} = 10^{\frac{T_2 - T_1}{z}}$$

L : 치사율(멸균효과), 설정온도와 기준온도에서의 같은 효과 살균에 소요된 시간의 비

## 2. 효소반응속도론

$$E + S \underset{k_{-1}}{\overset{k_1}{\rightleftharpoons}} ES \overset{k_2}{\rightarrow} E + P$$

### (1) 계수 설명

1) E : 효소
2) S : 기질 ( ∵ [E] ≪ [S] )
3) ES : 효소-기질 복합체
4) P : 생성물
5) $k_m$
   ① 미카엘리스 상수(Michealis constant)
   ② $v_{max}$의 절반이 되는 기질의 농도(M)
   ③ 효소와 기질 간의 친화성을 나타내는 지표
   ④ $k_m$ 높을수록 해리가 잘 된다.
   ⑤ $k_m = \dfrac{k_{-1} + k_2}{k_1}$

6) $k_{cat}$
   ① Turnover number(촉매 전환율)
   ② 효소가 기질로 포화되었을 때, ( ∵ [S] ≪ km ) 단위 시간당 1개의 효소 분자에 의하여 생성물로 바뀌는 기질 분자의 수 (/s)
   ③ $k_{cat} = \dfrac{v_{max}}{[E]_t}$

7) 촉매 효율(Catalitic Efficiency)
   ① 효소의 효율, $k_{cat}$ 클수록, $k_m$ 작을수록 촉매의 효율이 좋다.(/M · s)
   ② $v_{max}$ 까지 도달하는 시간과 효소의 서로 다른 기질에 대한 효율도 비교 가능
   ③ 촉매효율 $= \dfrac{k_{cat}}{k_m}$

### (2) 전제 조건

1) 기질의 농도 [S]는 효소의 농도 [E]에 비해 매우 짙다. ( ∵ [E] ≪ [S] )
2) 반응은 [ES]가 생성되는 즉시 이루어지므로, 반응속도 v는 [ES]에 비례한다고 가정
   ( ∵ v=k₂[ES] , $v_{max}$=k₂[E]t )
3) 정류상태 근사(Steady-State Approximation)를 통해 $\dfrac{d[ES]}{dt} = 0$ 라 가정

(3) Michaelis-Menten equation 유도 과정

$k_1[E][S] = k_{-1}[ES] + k_2[ES]$ ($\because [E] = [E]_t - [ES]$)

$k_1[E]_t[S] - k_1[ES][S] = k_{-1}[ES] + k_2[ES]$

$k_1k_2[E]_t[S] = k_2[ES](k_{-1} + k_2 + k_1[S])$ ($\because v_{\max} = k_2[E]_t, v = k_2[ES]$)

$v = \dfrac{k_1 v_{\max}[S]}{k_{-1} + k_2 + k_1[S]}$ ($\because k_m = \dfrac{k_{-1} + k_2}{k_1}$)

$\therefore v = \dfrac{v_{\max}[S]}{k_m + [S]}$

(4) Lineweaver-Burk equation 유도 과정

Michealis-Menten equation을 뒤집어 역수로 처리함

$\therefore \dfrac{1}{v} = \dfrac{k_m}{v_{\max}} \times \dfrac{1}{[S]} + \dfrac{1}{v_{\max}}$

(5) 효소와 기질, 저해제와의 관계

   1) Michaelis-Menten equation

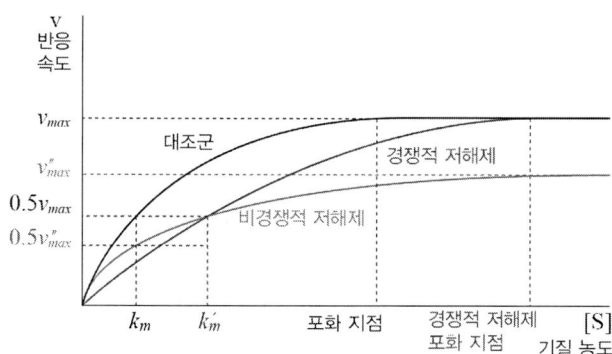

   2) Lineweaver-Burk equation

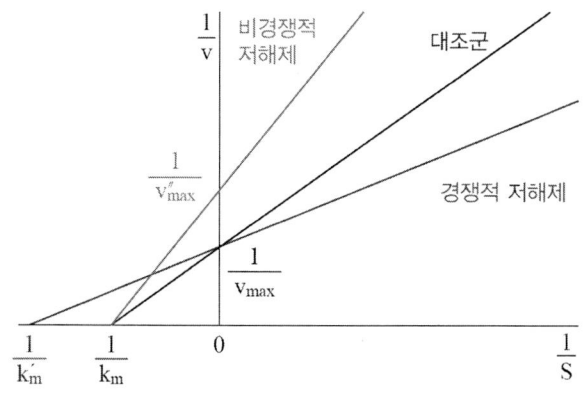

3) 저해제의(Inhibitor) 작용
   ① 경쟁적 저해제 : $k_m$ 증가, $v_{max}$ 일정
   ② 비경쟁적 저해제 : $k_m$ 일정, $v_{max}$ 감소
   ③ 무경쟁적 저해제 : $k_m$ 감소, $v_{max}$ 감소
   ④ 혼합형 저해제 : $k_m$ 증가, $v_{max}$ 감소

# CHAPTER 06 크로마토그래피 및 질량분석기

## 1. 크로마토그래피(Chromatography)

(1) 크로마토그래피 설명

1) 정의 : 혼합물 속의 각각의 물질들이 보이는 물질들의 인력 차이를 이용하여 물질을 분리하는 기술
2) 원리
   ① 이동상과 정지상 간의 상호작용이 크면 전개 속도가 느려지거나 부착되고,
   ② 상호작용이 작다면 전개 속도가 빠르므로 고정상 밖으로 용출된다.
3) 이동상 : 시료 내 물질들, 전개제(용매, 이동 기체 등)
4) 전개제의 상에 따른 분류
   ① 기체일 경우 GC(Gas Chromatography)
   ② 액체일 경우 LC(Liquid Chromatography)
   ③ 초임계유체일 경우 SFC(Supercritical Fluid Chromatography)
5) 정지상
   ① 움직이지 않는 물질
   ② 이동상과 상호작용하여 전개 속도 차이를 만들어 냄.
   ③ 고체 Gel이 대부분이나, Gel 표면에 액체가 흡착되어 있다면 액체도 정지상이다.
   ④ 정지상 극성에 따른 분류
      ㉠ 정상 크로마토그래피(Normal Chromatography) : 극성 큰 Resin 사용
        Silica gel, 활성알루미나, 활성탄(Charcoal), MgO, $MgCO_3$, 다공성중합체 등
      ㉡ 역상 크로마토그래피 (Reverse Chromatography) : 극성 작은 Resin 사용
        Alkyl(C + 숫자, C18 등), Phenyl, PFP, Phenyl-Hexyl, Graphitic(흑연질) 등
   ⑤ 정지상의 모양에 따른 분류
      ㉠ 박막 크로마토그래피 (Thin Layer Chromatography),
      ㉡ 관 크로마토그래피 (Column Chromatography) 등
6) 분배 원리에 따른 분류
   ① 흡착크로마토그래피(Adsorption Chromatography) : 고정상에 흡착될 경우
   ② 분배크로마토그래피(Partition Chromatography) : 용해도가 다른 경우
7) 용매 조성에 변화에 따른 방식
   ① Isocratic : 시간에 관계없이 용매 조성이 일정할 경우
   ② Gradient : 시간에 따라 용매 조성을 다르게 할 경우

8) 크로마토그래피 명명
   ① 이동상-(정지상)-Chromatography 순으로 명명함
   ② 예) LSC, LLC, GSC, GLC 등

(2) 특이적 크로마토그래피들
   1) HPLC
      ① 고압(High Pressure-)에서 진행하여 단시간에 고성능을 나타내는 액체크로마토그래피
      ② 고성능(High Performance-) 액체크로마토그래피라고도 한다.
      ③ 초고압 내지는 초고성능일 경우 High- 대신 Ultra-를 붙인다.
   2) IEC(Ion Exchange Chromatography, 이온 교환 크로마토그래피)
      ① 탈염한 단백질의 표면 전하와 반대되는 극성의 resin에 결합시킨 후, 고농도 염 농도 수용액을 부어 이온을 교환시켜 용출시킴.
   3) GFC(Gel Filtration Chromatography)
      ① 단백질 용액을 다공성 Gel에 여과시키는 크로마토그래피.
      ② 크기가 큰 단백질이 먼저, 크기가 작은 단백질은 나중에 용출되는 것을 이용
      ③ 크기 배제 크로마토그래피(Size Exclusion Chromatography, SEC)라고도 한다.
   4) Affinity Chromatography(친화성 크로마토그래피)
      ① 고정상에 특정 이동상과 특이적인 물질을 붙여 진행하는 크로마토그래피
      ② 특정 이동상만 선택적으로 분리할 수 있다.
      ③ 예시
         ㉠ Biotin - Avidin
         ㉡ 항체(Antibody) - 항원(Antigen)
         ㉢ Glutathione - GST(Glutathione S-Transferase)
         ㉣ Ni-NTA - His tag 등

(3) 전개 속도 및 분리능에 영향을 주는 요인
   1) 공통
      ① Retention time : 머무름 시간, 검출기에서 최대 신호값(Peak)이 감지되는 데 걸린 시간
      ② Resolution : 분리능, 두 가지 이상의 분석물질을 분리 할 수 있는 컬럼능력의 척도
      ③ Efficiency : 컬럼 효율, 신호가 전반적으로 뾰족하게 나오는 정도
      ④ 정지상을 지나는 데 걸리는 경로가 길수록 분리능이 커지고 전개속도가 느려진다.
      ⑤ 정지상의 입도 작을수록, 관의 길이 길수록, 고정상-이동상 간의 친화도가 클수록 전개속도 느리다.

2) GC
   ① Distillation(증류)와 관계가 깊으며, 시료의 증기압이 분리에 매우 중요한 요인
   ② 분리 온도, 운반 기체의 종류, 운반 기체의 유속 등
3) LC : Extraction(추출)과 관계가 깊으며, 이동상에 대한 용해도 및 극성이 중요한 요인
4) SFC : 이동상의 밀도 변화가 중요한 요인. 압력, 온도 등
5) 전체적으로 얇은 컬럼에 입도가 작은 Resin을 채워 온도를 적절히 맞춰 시행하면 높은 분리능을 얻을 수 있다.
6) HPLC는 경우에 따라 이동상의 조성 및 극성을 점진적으로 조절해준다.
7) GC의 경우는 컬럼의 직경 및 내 필름의 두께를 얇게 한다.
   ① 컬럼의 길이가 길어지면 Efficiency(효율, 봉우리가 뾰족한 정도)과 Resolution(분리능, 두 물질 간의 분리 정도)이 증가하나, 분석 시간이 길어지고, 내압이 커지며 비용이 많이 든다.
   ② 컬럼의 내경이 좁으면 짧은 분석시간에 큰 효율과 큰 분리능을 얻을 수 있으나, Capacity(최대 용량)가 낮고, 내압이 증가하며, Flow rate(유속)가 감소한다.
   ③ 필름의 두께가 얇으면 짧은 Retention time(머무름 시간) 동안 높은 분리능을 얻을 수 있으며, 보다 높은 온도에서도 낮은 Bleeding(컬럼 내 고정상 녹아내림)이 발생하나, 낮은 Inertness(불활성도)와 낮은 Capacity를 갖는다. 열에 약한 물질, 높은 끓는점을 갖는 시료에 적합하다.
   cf) 용질의 k(머무름 인자, 컬럼 안에 시료가 머무는 정도)에 따른 온도 및 필름 두께 선택
   k<5(빨리 용출) : 두께 증가 및 온도 감소 시 Resolution 증가함
   k>5(늦게 용출) : 두께 감소 및 온도 증가 시 Resolution 증가함

(4) 크로마토그래피에서의 특이사항
1) 지방산을 GC의 시료로 사용할 경우 : Methanol 등으로 먼저 Ester화시킨 후, 시료를 도입한다.
2) 산도가 큰 시료를 도입한 이후 : 탈이온수(Deionized water)를 비롯한 컬럼을 오염시킨 물질과 극성이 비슷한 HPLC용 용매를 단독 또는 혼합하여 컬럼 부피의 10배 정도씩 흘려 탈염·세척한 뒤 Column에 맞는, 고정상과 다른 극성의 Shipping solvent(보존용매)로 세척 후, Shipping solvent로 Column 내부를 채워둔다. 이 때 분석 시 유속보다 1/5~1/2로 유속을 낮추어 사용한다.

(5) 크로마토그래피 관련 인자들
1) $t_M$ : 머물지 않은 화학종의 이동시간
2) $t_{R,A}$, $t_{R,B}$ : A 및 B의 머무름 시간(Retention time), 검출기에서 최대 신호값(Peak)이 감지되는 데 걸린 시간

$$t_R = \frac{L}{V_s} = \frac{V_M t_M}{V_s}$$

3) $t'_{R,A}$, $t'_{R,B}$ : A 및 B의 보정된 머무른 시간, $t'_{R,A} = t_{R,A} - t_M$
4) $W_A$, $W_B$ : A 및 B의 봉우리 밑둥폭

5) $W_{0.5,A}$, $W_{0.5,B}$ : A 및 B의 봉우리 반치폭

6) L : 관 내의 충진제가 채워진 길이

7) F : 유속

8) $V_s$ : 고정상의 부피

9) u : 선형 이동상의 속도, $u = \dfrac{L}{t_M}$

10) $V_M$ : 이동상의 부피, $V_M = t_M F$

11) k' : Retention factor(용량계수, 머무름 인자), 컬럼 내에서 용질이 이동하는 속도를 설명하는 데 중요한 인자

$$k' = \dfrac{t_R - t_M}{t_M} = \dfrac{KV_S}{V_M}$$

12) K : 분배계수(Partition coefficient) : 이동상과 고정상 간 농도 평형

$$K = \dfrac{k' V_M}{V_S} = \dfrac{[C]_S}{[C]_M}$$

13) $\alpha$ : Selectivity factor(선택계수, 선택성 인자),
인접한 두 피크 사이의 머무름 인자의 비율

$$\alpha = \dfrac{t_{RB} - t_M}{t_{RA} - t_M} = \dfrac{k'_B}{k'_A} = \dfrac{K_B}{K_A}$$

14) $R_s$ : Resolution(분리능, 분해능, 해상도), 두 가지의 분석물을 분리할 수 있는 능력의 정량적 척도

$$R_S = \dfrac{(t_B - t_A)}{\dfrac{W_A + W_B}{2}} = \dfrac{1.18(t_B - t_A)}{W_{0.5,A} + W_{0.5,B}} = \underbrace{\dfrac{\sqrt{N}}{4}}_{\text{(Efficiency)}} \times \underbrace{\dfrac{\alpha - 1}{\alpha}}_{\text{(Selectivity)}} \times \underbrace{\dfrac{k'_B}{1 + k'_B}}_{\text{(Retention)}}$$

15) N : 이론단수, 관의 분리 효율의 척도, $N = \dfrac{L}{H}$

16) H : 이론단 해당 높이(HETP, Height Equivalent of a Theoretical Plate)

(5) 이론단수(Theological plate number, N)

1) 이론단 정의

① 분배 평형이 일어나는 구획이 여러 층 쌓여 하나의 컬럼을 구성한다고 가정한 이론.

② 이론적인 단수(N)가 많을수록 순수 분리가 일어날 확률이 증가한다.

③ 컬럼 길이(L)가 일정하다면 단 높이(H)는 짧을수록, H가 일정하다면 L이 길수록 N이 증가한다.

④ 반높이 너비(반치폭)이 주어질 경우

$$N = 5.54 \times \left(\frac{t_R}{W_{0.5}}\right)^2$$

⑤ 기저부 너비가 주어질 경우

$$N = 16 \times \left(\frac{t_R}{W}\right)^2$$

(6) Van Deemter's equation

1) 단 높이 관계식 $H = A + \frac{B}{u} + C_S u + C_M u$

    A : 다중흐름통로

    B : 세로 확산

    u : 이동상의 선형속도

    $C_S$ : 고정상 관련 질량이동 항

    $C_M$ : 이동상 관련 질량이동 항

2) 단 높이가 증가할수록 일반적으로 용질이 이동하는 길이가 길어져 피크 폭이 넓어진다.
3) 고정상 입자 크기가 증가할수록 틈이 넓어져 A가 증가한다.
4) 용매 속도가 증가하면 세로 확산은 감소하나, 질량이동이 증가한다.
5) 정지상을 구성하는 막 두께가 두꺼울수록, 확산 속도가 느릴수록 흡·탈착시간이 길어져 머무름 시간 및 $C_S$ 및 $C_M$이 증가한다.
6) 이동상 질량이동은 설명이 복잡하나, 용매 속도가 증가하면 증가한다.

(7) Resolution을 개선하는 방법

1) Efficiency 증가

    ① 컬럼 길이 늘리기

    ② 입자 크기 감소

    ③ Peak tailing 감소(Peak의 대칭성 증가, 1에 가까울 것)

$$A_s = \frac{높이\,10\%에서의\,봉우리\,뒷폭}{높이\,10\%에서의\,봉우리\,앞폭}\,,\quad T = \frac{높이\,5\%에서의\,봉우리\,전체\,폭}{2\times 높이\,5\%에서의\,봉우리\,앞폭}$$

    ④ 적절한 온도 조절

    ⑤ 시스템 추가 컬럼 부피 줄이기

    ⑥ 시료를 단시간에, 분할주입한다.

       (Split ratio 적절히 크게, Split ratio = 전체 주입 부피 : 샘플 주입 부피)

2) Selectivity 증가 : 컬럼 고정상 변경, 이동상 pH 변경, 이동상 용매 변경
3) Retention 증가 : 용매 변경(약한 용매 사용, pH 등), 고정상 변경

(8) GC 및 HPLC system의 구성
   1) 탈기장치(Degasser) : LC에 적용, 용매 내의 용존산소, 질소, 기포 등을 제거.
   2) 펌프(Pump) : 이동상을 저장 용기에서 끌어내어 유속 및 조성을 조절한 뒤, 연속적으로 밀어줌.
   3) 시료주입기(Injector) : 분석하고자 하는 시료를 이동상의 흐름에 실어준다.
   4) 컬럼(Column) : 관 모양의 용기, 분석 시료에 따라 resin(충전제)을 선택하여 사용한다.
   5) 컬럼온도조절기(Temperature Column Component) : 분리능 향상 및 재현성 보장을 위한 온도 유지 목적
   6) 검출기(Detector) : 시료의 존재 및 양을 일정한 규칙에 의해 인식하여 전기적 신호로 바꾸어준다.
   7) 데이터 출력부(Data system) : 검출기에서 감지된 신호를 출력하여 보여줌
   8) 크로마토그래피 이후 질량분석기(MS) 등에 연결하여 추가적인 분석과 연동 가능하다.

## 2. 질량분석기(MS, Mass Spectroscopy)
(1) 정의 및 원리
   1) 물질을 이온화시켜 전하를 띠게한 뒤, 자기장 속을 통과시켜 물질을 질량에 따라 분리하고 이를 개별적으로 측정하는 기구, 질량 및 원자 간 결합 등에 대한 정보를 알 수 있다.
   2) 종류
      ① EI(Electron Ionization)
         ㉠ 전자빔 이온화법
         ㉡ 전자빔을 시료에 조사하여 직접적으로 시료를 이온화하는 방법
      ② CI(Chemical Ionization)
         ㉠ 화학적 이온화법
         ㉡ 전자빔을 매질에 조사하여 시료를 간접적으로 이온화하는 방법
      ③ FD(Field Desorption ionization)
         ㉠ 미세한 침상에 도포한 시료에 전기장을 걸어 이온화시키는 방법
      ④ FAB(Fast Atom Bomb Bardment)
         ㉠ EI로 생성시킨 $Ar^+$를 가속시켜 시료를 이온화시키는 방법
      ⑤ SIMS(Secondary Ion Mass Spectrometry)
         ㉠ 시료에서 유래된 이차이온을 이용한 질량 분석법
      ⑥ ICP-MS(Inductively Coupled Plasma-Mass Spectroscopy)
         ㉠ 물질들을 플라스마 하에서 모두 이온화시킨 뒤 질량을 분석하는 방법
      ⑦ MALDI/TOF(Matrix Assisted Laser Desoption/Ionization/Time of Flight)
         ㉠ 단백질 등 고분자 물질에 저분자 물질을 섞어 건조시킨 뒤, 짧은 주기의 강한 레이저를 쏘아 안정적으로 이온화시킴

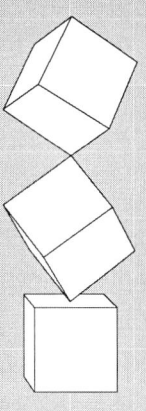

# PART 4

# 식품 필답형 이론

# CHAPTER 01 > HACCP

## 01 [2007-3, 2016-2, 2019-3, 2020-3, 2021-2, 2022-3, 2023-2]

### HACCP 용어

**해설**

① HACCP(Hazard Analysis and Critical Control Point)

식품 및 축산물 안전관리인증기준, 「식품위생법」 및 「건강기능식품에 관한 법률」에 따른 「식품안전관리인증기준」과 「축산물 위생관리법」에 따른 「축산물안전관리인증기준」으로서, 식품(건강기능식품 포함)·축산물의 원료 관리, 제조·가공·조리·선별·처리·포장·소분·보관·유통·판매의 모든 과정에서 위해한 물질이 식품 또는 축산물에 섞이거나 식품 또는 축산물이 오염되는 것을 방지하기 위하여 각 과정의 위해요소를 확인·평가하여 중점적으로 관리하는 기준.

② 위해요소(Hazard)

「식품위생법」 제4조(위해식품등의 판매 등 금지), 「건강기능식품에 관한 법률」 제23조(위해 건강기능식품 등의 판매 등의 금지) 및 「축산물 위생관리법」 제33조(판매 등의 금지)의 규정에서 정하고 있는 인체의 건강을 해할 우려가 있는 생물학적, 화학적 또는 물리적 인자나 조건

③ 위해요소분석(Hazard Analysis)

식품·축산물 안전에 영향을 줄 수 있는 위해요소와 이를 유발할 수 있는 조건이 존재하는지 여부를 판별하기 위하여 필요한 정보를 수집하고 평가하는 일련의 과정을 말한다.

④ 중요관리점(Critical Control Point, CCP)

HACCP을 적용하여 식품의 위해요소를 예방, 제거하거나 허용 수준 이하로 감소시켜 당해 식품의 안전성을 확보할 수 있는 단계, 과정 또는 공정

⑤ 한계 기준(Critical Limit, CL)

CCP에서의 위해요소관리가 허용 범위 이내로 충분히 이루어지고 있는지 여부를 판단할 수 있는 기준이나 기준치

⑥ 모니터링(Monitoring)

중요관리점에 설정된 한계 기준을 적절히 관리하고 있는지 여부를 확인하기 위하여 수행하는 일련의 계획된 관찰이나 측정하는 행위 등

⑦ 개선조치(Corrective action)

　모니터링 결과, 관리항목이 CL을 벗어났을 때 취하는 조치

⑧ 선행요건(Pre-requisite Program)

　「식품위생법」, 「건강기능식품에 관한 법률」, 「축산물 위생관리법」에 따라 HACCP을 적용하기 위한 위생관리프로그램

⑨ 안전관리인증기준 관리계획(HACCP Plan)

　식품·축산물의 원료 구입에서부터 최종 판매에 이르는 전 과정에서 위해가 발생할 우려가 있는 요소를 사전에 확인하여 허용 수준 이하로 감소시키거나 제어 또는 예방할 목적으로 안전관리인증기준(HACCP)에 따라 작성한 제조·가공·조리·선별·처리·포장·소분·보관·유통·판매 공정 관리문서나 도표 또는 계획

⑩ 검증(Verification)

　HACCP이 적절한지 여부를 정기적으로 평가하는 일련의 활동(적용 방법과 절차, 확인 및 기타 평가 등을 수행하는 행위를 포함)

⑪ 안전관리인증기준(HACCP) 적용업소

　「식품위생법」, 「건강기능식품에 관한 법률」에 따라 HACC을 적용·준수하여 식품을 제조·가공·조리·소분·유통·판매하는 업소와 「축산물 위생관리법」에 따라 HACCP을 적용·준수하고 있는 안전관리인증작업장·안전관리인증업소·안전관리인증 농장 또는 축산물안전관리통합인증업체 등

⑫ 관리책임자

　「축산물 위생관리법」에 따른 자체안전관리인증기준 적용 작업장 및 HACCP 적용 작업장 등의 영업자·농업인이 HACCP 운영 및 관리를 직접 할 수 없는 경우 해당 안전관리인증기준 운영 및 관리를 총괄적으로 책임지고 운영하도록 지정한 자(영업자·농업인 포함)

⑬ 통합관리프로그램

　「축산물 위생관리법」 시행규칙 제7조의3제4항제3호에 따라 축산물안전관리통합인증업체에 참여하는 각각의 작업장·업소·농장에 HACC을 적용·운용하고 있는 통합적인 위생관리프로그램

⑭ 중요관리점(CCP) 모니터링 자동 기록관리 시스템

　CCP 모니터링 데이터를 실시간으로 자동 기록·관리 및 확인·저장할 수 있도록 하여 데이터의 위·변조를 방지할 수 있는 시스템

## 02 [2007-2]

**HACCP의 의무적용 대상에 해당하는 식품**

**해설**

(1) 식품위생법 제 48조 제 2항에서 총리령으로 정하는 식품
   ① 수산가공식품류의 어육가공품류 중 어묵·어육소시지
   ② 기타수산물가공품 중 어류·연체류·조미가공품
   ③ 냉동식품 중 피자류·만두류·면류
   ④ 과자류, 빵류 또는 떡류 중 과자·캔디류·빵류·떡류
   ⑤ 빙과류 중 빙과
   ⑥ 음료류[다류 및 커피류 제외]
   ⑦ 레토르트식품
   ⑧ 절임류 또는 조림류의 김치류 중 김치(배추를 주원료로 하여 절임, 양념혼합과정 등을 거쳐 이를 발효시킨 것이거나 발효시키지 아니한 것 또는 이를 가공한 것에 한한다)
   ⑨ 코코아가공품 또는 초콜릿류 중 초콜릿류
   ⑩ 면류 중 유탕면 또는 곡분, 전분, 전분질원료 등을 주원료로 반죽하여 손이나 기계 따위로 면을 뽑아내거나 자른 국수로서 생면·숙면·건면
   ⑪ 특수용도식품
   ⑫ 즉석섭취·편의식품류 중 즉석섭취식품
   ⑬ 즉석섭취·편의식품류의 즉석조리식품 중 순대
   ⑭ 식품제조·가공업의 영업소 중 전년도 총 매출액이 100억원 이상인 영업소에서 제조·가공하는 식품

(2) 건강기능식품

(3) 축산물
   ① 식육
   ② 포장육
   ③ 원유
   ④ 식용란
   ⑤ 식육가공품
   ⑥ 유가공품
   ⑦ 알가공품

## 03 [2020-1]

식품(식품첨가물 포함)제조·가공업소, 건강기능식품제조업소, 집단급식소식품판매업소, 축산물작업장·업소의 영업장 관리 중 작업장 선행요건

**해설**

(1) 작업장은 독립된 건물이거나 식품취급외의 용도로 사용되는 시설과 분리(벽·층 등에 의하여 별도의 방 또는 공간으로 구별되는 경우를 말한다. 이하 같다.)되어야 한다.
(2) 작업장(출입문, 창문, 벽, 천장 등)은 누수, 외부의 오염물질이나 해충·설치류 등의 유입을 차단할 수 있도록 밀폐 가능한 구조이어야 한다.
(3) 작업장은 청결구역(식품의 특성에 따라 청결구역은 청결구역과 준청결구역으로 구별가능)과 일반구역으로 분리하고, 제품의 특성과 공정에 따라 분리, 구획 또는 구분할 수 있다.

## 04 [2008-2, 2022-3]

HACCP에서의 온도

**해설**

① 냉장 온도 : 10℃이하(다만, 신선편의식품, 훈제연어, 가금육은 5℃이하 보관 등 보관온도 기준이 별도로 정해져 있는 식품의 경우에는 그 기준을 따른다.)
② 냉동 온도 : -18℃ 이하
③ 외부에서 온도변화를 관찰할 수 있어야 하며, 온도 감응 장치의 센서는 온도가 가장 높게 측정되는 곳에 위치하도록 한다.

## 05 [2017-3, 2022-1]

보존식 관련 규정

**해설**

1) 보존식 보관 용기 : 소독된 보존식 전용용기 또는 멸균 비닐봉지
2) 보존식 채취량 : 매회 1인분 분량(권장량 150g 이상)
3) 보존식 보관 장소 : -18℃ 이하, 보존식 전용 냉장고 사용 권장
4) 보존식 보관 기간 : 144시간(6일) 이상, (공)휴일 포함
5) 서술 예시 : 조리한 식품은 소독된 보존식 전용용기 또는 멸균 비닐봉지에 매회 1인분 분량(권장량 150g 이상)을 -18℃ 이하에서 144시간 이상 보관하여야 한다.
[참고] 해당 선행요건 : 집단급식소, 식품접객업소(위탁급식영업) 및 운반급식(개별 또는 벌크포장)의 작업위생관리 중 보존식에 대한 기준

## 06 [2019-1]

### 집단급식소 배식

**해설**

집단급식소에서 조리된 음식은 배식 전까지의 보관온도 및 조리 후 섭취 완료시까지의 소요시간 기준을 설정·관리하여야 하며, 유통제품의 경우에는 적정한 소비기한 및 보존 조건을 설정·관리하여야 한다.
(1) 28°C 이하 : 조리 후 2~3시간 이내 섭취 완료
(2) 보온(60°C 이상) 유지 시 : 조리 후 5시간 이내 섭취 완료
(3) 제품의 품온을 5°C 이하 유지시 : 조리 후 24시간 이내 섭취 완료


## 07 [2014-2, 2017-1]

### 준비 5단계

**해설**

① HACCP 팀 구성
② 제품 설명서 작성
③ 제품의 용도 확인
④ 공정 흐름도 작성
⑤ 공정 흐름도 현장 확인

## 08 [2009-1, 2012-1]

**HACCP에서 제품설명서와 공정흐름도 작성의 주요 목적과 각각 포함되어야하는 사항의 예시**

> 해설

| | 목적 | 예 |
|---|---|---|
| 제품<br>설명서 | HACCP 시스템을 적용코자 하는 식품에 대한 정확한 현황 파악과 이해를 위해 해당 식품의 특성과 용도를 기술하기 위해 작성 | ① 제품명, 제품 유형 및 성상<br>② 품목제조보고 연·월·일(해당제품에 한한다)<br>③ 작성자 및 작성연월일<br>④ 성분(또는 식자재) 배합 비율<br>⑤ 제조(포장)단위(해당제품에 한한다)<br>⑥ 완제품 규격<br>⑦ 보관유통상의(또는 배식상의) 주의사항<br>⑧ 소비기한(또는 배식시간)<br>⑨ 포장방법 및 재질(해당제품에 한한다)<br>⑩ 기타 필요사항 |
| 공정흐름<br>도 작성 | 위해요소가 발생할 수 있는 지점을 찾아내기 위해 작성 | ① 제조·가공·조리 공정도(Flow diagram)(공정별 가공방법)<br>② 작업장 평면도(작업특성별 분리, 시설·설비 등의 배치, 제품의 흐름과정, 세척·소독조의 위치, 작업자의 이동경로, 출입문 및 창문 등을 표시한 평면도면)<br>③ 급기 및 배기 등 환기 또는 공조시설 계통도<br>④ 용수 및 배수 처리 계통도 |

## 09 [2006-1, 2012-3, 2014-1, 2017-1, 2017-2, 2022-2]

**적용 7원칙**

> 해설

① 위해요소 분석(HA)
② 중요관리점(CCP) 결정
③ 한계 기준(CL) 설정
④ 모니터링 체계 확립
⑤ 개선 조치 방법 설정
⑥ 검증 절차 및 방법 설정
⑦ 문서 및 기록 유지 방법 설정

## 10 [2009-3, 2020-3]

### 위해요소 분석표

| 일련번호 | 원부자재명/공정명 | 구분 | 위해요소 | | 위해 평가 | | | 예방조치 및 관리방법 |
|---|---|---|---|---|---|---|---|---|
| | | | 명칭 | 발생원인 | 심각성 | 발생 가능성 | 종합평가 | |
| 1 | | B | | | | | | |
| | | C | | | | | | |
| | | P | | | | | | |

**해설**

(1) B : 생물학적 위해 요소(Biological hazards)
  ① 정의 : 제품에 내재하면서 인체의 건강을 해할 우려가 있는 생물학적 인자
  ② 원인 : 병원성 미생물, 부패 미생물, 병원성 대장균(군), 효모, 곰팡이, 기생충, 바이러스 등

(2) C : 화학적 위해 요소(Chemical hazards)
  ① 정의 : 제품에 내재하면서 인체의 건강을 해할 우려가 있는 화학적 인자
  ② 원인 : 중금속, 농약, 항생물질, 항균물질, 사용 기준초과 또는 사용 금지된 식품 첨가물 등 화학적 원인물질

(3) P : 물리적 위해 요소(Physical hazards)
  ① 정의 : 제품에 내재하면서 인체의 건강을 해할 우려가 있는 물리적 인자
  ② 원인 : 돌조각, 유리조각, 플라스틱 조각, 쇳조각 등

## 11 [2020-2, 2023-3]

### HACCP 결정

**해설**

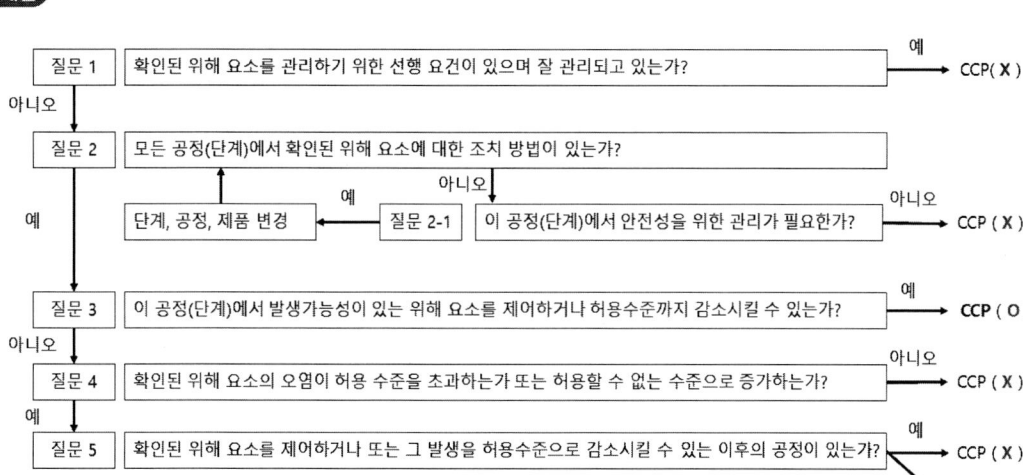

## 12 [2024-1]

### HACCP 적용 시 위험검사 기준규격 중 공중낙하세균 검사 기준규격

| 검사 방법 | • 측정 장소 : 위치도를 참조하여 검사한다.<br>• 측정 범위 : 바닥에서 80cm의 높이에서 측정한다.<br>• 측정 시간 : 개방 시간은 15분으로 한다. | | | | |
|---|---|---|---|---|---|
| 구분 | 구분 | 작업장명 | 기준 (CFU/Plate 이하) (청소 후) | | |
| | | | 일반세균 | 대장균군 | 진균 |
| | ( ① ) | 가열실, 취사실, 내포장실, 건조실 | 30 | 음성 | 10 |
| | ( ② ) | 세척실, 숙성실, 건조실, 음식보온고 | 50 | 음성 | 20 |
| | ( ③ ) | 검수실, 전처리실, 외포장실, 식기세척실 | 100 | 음성 | 40 |
| 검사 주기 | 1회/1개월 | 기록관리 | 공중낙하세균 검사 성적서 | | |

**해설**

① 청결구역
② 준청결구역
③ 일반구역

# CHAPTER 02 > 식품의 기준 및 규격 (=식품공전)

## 01 [2007-2, 2012-1, 2021-2]

### 식품공전상 온도 표시

**해설**

① 표준온도 : 20°C
② 상온 : 15~25°C
③ 실온 : 1~35°C
④ 미온 : 30~40°C
⑤ 찬물 : 따로 규정이 없는 한 15°C 이하
⑥ 온탕 : 따로 규정이 없는 한 60~70°C의 물
⑦ 열탕 : 따로 규정이 없는 한 약 100°C의 물

## 02 [2020-1, 2020-2, 2022-2]

### 식품공전상 무게 관련 용어 정의

**해설**

(1) 무게를 ( 정밀히 단다 )라 함은 달아야 할 최소단위를 고려하여 0.1 mg, 0.01 mg 또는 0.001 mg까지 다는 것을 말한다.
(2) 무게를 ( 정확히 단다 )라 함은 규정된 수치의 무게를 그 자리수까지 다는 것을 말한다.
(3) 검체를 취하는 양에 ( 약 )이라고 한 것은 따로 규정이 없는 한 기재량의 90~110%의 범위 내에서 취하는 것을 말한다.
(4) 건조 또는 강열할 때 ( 항량 )이라고 기재한 것은 다시 계속하여 ( 1시간 ) 더 건조 혹은 강열할 때에 전후의 ( 칭량차 ) 가 이전에 측정한 무게의 ( 0.1%이하 )임을 말한다.

## 03 [2010-3]

### 식품공전상 농도분율 관련 용어 정의

**해설**

(1) 중량백분율을 표시할 때에는 %의 기호를 쓴다.
(2) 다만, 용액 100 mL 중의 물질함량(g)을 표시할 때에는 w/v%로,
(3) 용액 100 mL중의 물질함량(mL)을 표시할 때에는 v/v%의 기호를 쓴다.
(4) 중량백만분율을 표시할 때에는 mg/kg의 약호를 사용하고 ppm의 약호를 쓸 수 있으며, mg/L도 사용할 수 있다.
(5) 중량 10억분율을 표시할 때에는 μg/kg의 약호를 사용하고 ppb의 약호를 쓸 수 있으며, μg/L도 사용할 수 있다.


## 04 [2022-3]

### 전자선가속기를 이용하여 식품조사처리를 할 경우 사용 강도

**해설**

(1) 전자선은 10 MeV 이하
(2) 엑스선은 5 MeV 이하
(3) 엑스선 전환 금속이 탄탈륨(Tantalum) 또는 금(Gold)일 경우 : 7.5 MeV 이하

## 05 [2008-3, 2011-2, 2011-3, 2014-2, 2014-3, 2015-1, 2017-2, 2020-2, 2020-3, 2022-3, 2024-2, 2024-3]

**식품에 방사선 조사하는 목적 및 조사 기준**

**해설**

- 사용 핵종 : $^{60}Co$에서 방출되는 $\gamma$선

| 품목 | 조사 목적 | 선량(kGy) |
|---|---|---|
| 감자, 양파, 마늘 | 발아 억제 | 0.15 이하 |
| 밤 | 발아 억제<br>살충 | 0.25 이하 |
| 버섯(건조 포함) | 살충<br>숙도 조절 | 1 이하 |
| 곡류(분말 포함), 두류(분말 포함) | 살충<br>살균 | 5 이하 |
| 난분, 전분 | 살균 | 5 이하 |
| 건조식육, 어류분말, 패류분말, 갑각류분말, 된장분말, 고추장분말, 간장분말, 건조채소류 (분말 포함), 효모식품, 효소식품, 조류식품, 알로에분말, 인삼(홍삼 포함) 제품류, 조미건어포류 | 살균 | 7 이하 |
| 건조 향신료 및 이들 조제품, 복합조미식품, 소스, 침출차, 분말차, 특수의료용도등식품 | 살균 | 10 이하 |

## 06 [2011-3]

**방사선 조사 도안**

**해설**

## 07 [2013-3]

### 방사선 검출 검사방법 2가지와 방사선 유발 급성질환

**해설**

(1) 방사선 기준에서 검사하는 방사선 핵종
   ① $^{131}I$
   ② $^{134}Cs + ^{137}Cs$
(2) 방사능 원소 검사방법
   ① 다중파고분석기(Multichannel analyzer)
   ② 고순도게르마늄 감마핵종분석기
   ③ 알파분광분석기(표준선원 : $^{238}Pu$, $^{239}Pu$, $^{240}Pu$ / 내부표준선원 : $^{242}Pu$)
   ④ 액체섬광계수기(베타선 방출 방사성 핵종, 표준선원 : $^{90}Sr$ / 내부표준선원 : $^{85}Sr$)
(3) 증상 : 오심, 구토, 탈모, 골수암, 전신마비, 불임, 출혈 등


## 08

### 방사선 조사 식품 확인 시험

**해설**

1) 유전자 코메트 분석법(스크리닝검사법)
   · 냉동 및 냉장 식육(우육, 돈육, 계육)
2) 광자극발광법(Photostimulated Luminescence, PSL)
   · 건조향신료(단, 육두구, 후추, 정향 제외), 고춧가루, 마늘, 양파
3) 열발광법(Thermoluminescence, TL)
   · 광물질(Silicate minerals)이 분리가 가능한 식품
4) 전자스핀공명법(Electron Spin Resonance spectroscopy, ESR)
   ① 셀룰로오스를 함유한 식품 : 피스타치오 껍질, 딸기
   ② 결정형 당을 함유한 식품 : 건포도, 건파파야, 건망고, 건무화과
   ③ 뼈를 함유한 식품 : 우육, 돈육, 계육 등 뼈를 함유한 식품에 적용)
5) 기체크로마토그래프/질량분석법(Gas chromatography/Mass spectrometry)
   · 식육, 난분 등 지방 함유 식품

## 09 [2021-3, 2020-4·5, 2021-3]

### 가공식품에 대한 분류

**해설**

(1) ( 식품군 ) : '제5. 식품별 기준 및 규격'에서 대분류하고 있는 음료류, 조미식품 등
(2) ( 식품종 )에서 분류하고 있는 다류, 과일·채소류음료, 식초, 햄류 등
(3) ( 식품유형 )에서 분류하고 있는 농축과·채즙, 과·채주스, 발효식초, 희석초산 등


## 10 통·병조림[2007-1, 2008-1, 2017-3] // 레토르트[2007-1, 2008-1, 2017-3, 2021-3, 2021-2]

### 식품공전상 통·병조림 식품, 레토르트(Retort)식품(*장기보존식품)

**해설**

(1) 통·병조림식품 정의
제조·가공 또는 위생처리된 식품을 12개월을 초과하여 실온에서 보존 및 유통할 목적으로 식품을 통 또는 병에 넣어 탈기와 밀봉 및 살균 또는 멸균한 것

(2) 레토르트식품 정의
제조·가공 또는 위생처리된 식품을 12개월을 초과하여 실온에서 보존 및 유통할 목적으로 단층 플라스틱 필름이나 금속박 또는 이를 여러 층으로 접착하여, 파우치와 기타 모양으로 성형한 용기에 제조·가공 또는 조리한 식품을 충전하고 밀봉하여 가열살균 또는 멸균한 것

(3) 제조·가공기준
1) 멸균은 제품의 중심온도가 120℃ 이상에서 4분 이상 열처리하거나 또는 이와 동등이상의 효력이 있는 방법으로 열처리하여야 한다.
2) pH 4.6을 초과하는 저산성식품(Low acid food)은 제품의 내용물, 가공장소, 제조일자를 확인할 수 있는 기호를 표시하고 멸균공정 작업에 대한 기록을 보관하여야 한다.
3) pH가 4.6 이하인 산성식품은 가열 등의 방법으로 살균처리할 수 있다.
   • 이유 : 산성 조건에서는 지표균인 *Clostridium botulinum* 이 증식하기 어려운 환경이 조성되므로 상대적으로 저온인 조건에서도 가열 살균 가능
4) 제품은 저장성을 가질 수 있도록 그 특성에 따라 적절한 방법으로 살균 또는 멸균 처리하여야 하며 내용물의 변색이 방지되고 호열성 세균의 증식이 억제될 수 있도록 적절한 방법으로 냉각하여야 한다.
5) 보존료는 일절 사용하여서는 아니된다.(레토르트식품 한정)

(4) 식품 규격
1) 성상 : 관 또는 병 뚜껑이(레토르트식품 : 외형이) 팽창 또는 변형되지 아니하고, 내용물은 고유의 색택을 가지고 이미·이취가 없어야 한다.
2) 주석(mg/kg) : 150 이하(알루미늄 캔을 제외한 캔제품에 한함) (산성 통조림은 200 이하)
3) 세균 : 음성
4) 타르색소 : 불검출(레토르트식품에 한함)

## 11 [2011-2, 2019-1, 2021-2]

### 식품공전 상 냉동식품(*장기보존식품)

**해설**

(1) 정의
제조·가공 또는 조리한 식품을 장기보존할 목적으로 냉동처리, 냉동보관하는 것으로서 용기·포장에 넣은 식품

(2) 분류
1) 가열하지 않고 섭취하는 냉동식품 : 별도의 가열과정 없이 그대로 섭취 가능
2) 가열하여 섭취하는 냉동식품 : 섭취시 별도의 가열과정을 거쳐야만 함

(3) 제조·가공기준
살균제품은 그 중심부의 온도를 63°C 이상에서 30분 가열하거나 이와 같은 수준 이상의 효력이 있는 방법으로 가열 살균하여야 한다.

## 12 [2015-2]

### 저지방마가린 조지방 규격 (%)

**해설**

10.0이상 80.0미만

## 13 [2019-2]

### 식품공전 상 다류의 정의와 종류

**해설**

(1) 정의

다류라 함은 식물성 원료를 주원료로 하여 제조·가공한 기호성 식품으로서 침출차, 액상차, 고형차를 말한다.

(2) 종류

① 침출차 : 식물의 어린 싹이나 잎, 꽃, 줄기, 뿌리, 열매 또는 곡류 등을 주원료로 하여 가공한 것으로서 물에 침출하여 그 여액을 음용하는 기호성 식품을 말한다.
    예시) 옥수수, 보리차 등의 티백 형태 유형
② 액상차 : 식물성 원료를 주원료로 하여 추출 등의 방법으로 가공한 것(추출액, 농축액 또는 분말)이거나 이에 식품 또는 식품첨가물을 가한 시럽상 또는 액상의 기호성 식품을 말한다.
③ 고형차 : 식물성 원료를 주원료로 하여 가공한 것으로 분말 등 고형의 기호성 식품을 말한다.


## 14 [2015-3]

### 식품공전상 특수영양식품

**해설**

1) 정의

영·유아, 노약자, 비만자 또는 임산·수유부 등 특별한 영양관리가 필요한 특정 대상을 위하여 식품과 영양성분을 배합하는 등의 방법으로 제조·가공한 것

2) 예시

① 조제유류(*)
② 영아용 조제식
③ 성장기용 조제식
④ 영·유아용 이유식
⑤ 체중조절용 조제식품
⑥ 임산·수유부용 식품

## 15 [2021-1]

### 식품공전상 특수의료용도식품

**해설**

1) 특수의료용도식품의 정의
   - 정상적으로 섭취, 소화, 흡수 또는 대사할 수 있는 능력이 제한되거나 질병, 수술 등의 임상적 상태로 인하여 일반인과 생리적으로 특별히 다른 영양요구량을 가지고 있어 충분한 영양공급이 필요하거나 일부영양성분의 제한 또는 보충이 필요한 사람에게 식사의 일부 또는 전부를 대신할 목적으로 경구 또는 경관급식을 통하여 공급할 수 있도록 제조·가공된 식품.
   - 질환별 영양요구 특성에 맞게 단백질, 지방, 탄수화물, 비타민, 무기질 등의 영양성분 함량을 조절하는 등의 방법으로 제조·가공하여 환자의 식사관리 편리를 제공하는 식사 대체 목적의 일반식품이며 질병의 예방 치료 경감을 목적으로 하는 제품은 아니다.

2) 어떤 식품 A의 섭취목적이 특정 영양소 (비타민, 무기질)의 섭취나, 생리활성기능증진의 목적이라면, 이 식품은 특수용도의료식품이라 말할 수 있는지의 근거 여부 및 이유를 쓰시오.
   : 불가능. 특정 영양성분(비타민, 무기질 등) 섭취 목적은 의약품·건강기능식품에 해당하며, 생리활성 증진 (혈행개선, 노화예방, 피로해소 등) 목적은 의약품, 건강기능식품에 해당한다.
   (그 외 특수의료용도식품에 해당하지 않는 경우)
   - 질병의 치료나 예방 목적 : 의약품
   - 특정 성분 강화 또는 제거(고칼슘, 무유당 등) : 건강기능식품, 일반식품(영양강조표시)
   - 일반적 식습관 개선(저염, 저당 등) : 일반식품(영양강조표시)
   - 특정 성분을 함유한 일반식품(DHA-고등어 등)이 이와 관련된 질병(뇌질환 등)의 관리에 효과가 있는 것으로 표방하는 것

## 16 [2009-3, 2019-2]

### 식품 공전 상 간장의 종류에 따른 정의

**해설**

① 한식간장 : 메주를 주원료로 하여 식염수 등을 섞어 발효·숙성시킨 후 그 여액을 가공한 것
② 양조간장 : 대두, 탈지대두 또는 곡류 등에 누룩균 등을 배양하여 식염수 등을 섞어 발효·숙성시킨 후 그 여액을 가공한 것
③ 산분해간장 : 단백질을 함유한 원료를 산으로 가수분해한 후 그 여액을 가공한 것
④ 효소분해간장 : 단백질을 함유한 원료를 효소로 가수분해한 후 그 여액을 가공한 것
⑤ 혼합간장 : 한식간장 또는 양조간장에 산분해간장 또는 효소분해간장을 혼합하여 가공한 것이나 산분해간장 원액에 단백질 또는 탄수화물 원료를 가하여 발효·숙성시킨 여액을 가공한 것 또는 이의 원액에 양조간장 원액이나 산분해간장 원액 등을 혼합하여 가공한 것

## 17 [2014-2]

### 식품공전 상 식초의 정의와 종류

**해설**

(1) 정의

곡류, 과실류, 주류 등을 주원료로 하여 발효시켜 제조하거나 이에 곡물 당화액, 과실착즙액 등을 혼합·숙성하여 만든 발효식초와 빙초산 또는 초산을 먹는물로 희석하여 만든 희석초산을 말한다.

(2) 종류
- 발효식초 : 과실·곡물술덧(주요), 과실주, 과실착즙액, 곡물주, 곡물당화액, 주정 또는 당류 등을 원료로 하여 초산발효한 액과 이에 과실착즙액 또는 곡물당화액 등을 혼합·숙성한 것을 말한다. 이 중 감을 초산발효한 액을 감식초라 한다.
- 희석초산 : 빙초산 또는 초산을 먹는물로 희석하여 만든 액

(3) 규격

총산(초산으로서, w/v%) : 4.0~20.0%(다만, 감식초는 2.6 이상)


## 18 [202-1]

### 식품공전상 향신료가공품

**해설**

(1) 정의

향신료가공품이라 함은 향신식물(고추, 마늘, 생강 포함)의 잎, 줄기, 열매, 뿌리 등을 단순가공한 것이거나 이에 식품 또는 식품첨가물을 혼합하여 가공한 것으로 다른 식품의 풍미를 높이기 위하여 사용하는 것을 말한다. 다만, 카레(커리) 및 고춧가루 또는 실고추에 해당하는 것은 제외한다.

(2) 제조·가공기준

1) 천연향신료는 향신식물 이외의 다른 식품이나 식품첨가물 등을 일체 혼합하여서는 아니 된다.
2) 고추 또는 고춧가루를 함유한 향신료조제품 제조시 홍국색소를 사용할 수 없으며 또한 시트리닌이 검출되어서는 아니 된다.

[참고] 식품첨가물 공전 상 홍국색소

1) 주용도 : 착색료
2) 사용 기준 : 홍국색소는 아래의 식품에 사용하여서는 아니 된다.

천연식품[식육류, 어패류, 과일류, 채소류, 해조류, 콩류 등 및 그 단순가공품(탈피, 절단 등)], 다류, 커피, 고춧가루, 실고추, 김치류, 고추장, 조미고추장, 식초, 향신료가공품(고추 또는 고춧가루 함유 제품에 한함)

[적용문제]

수입 다대기를 검사하였는데 홍국색소가 검출되어 해당 제품을 압류 및 폐기하고 긴급회수조치를 취하였다. 또한 위반 업소에 대해 행정처분, 고발조치를 행하였다. 홍국색소는 홍국균의 배양물을 에탄올로 추출하여 얻어진 색소이며, 식품의 제조 가공 시 식품에 첨가할 수 있도록 승인된 식품첨가물이다. 그럼에도 위와 같은 조치 및 행정 처분이 취해진 이유는 무엇인가?

**해설**

다대기는 식품공전상 향신료가공품으로, 고추 또는 고춧가루를 함유한 향신료조제품 제조시 홍국색소의 사용이 금지되어있다. 홍국 색소는 인체에 유해하지는 않지만, 다대기 등 양념에 들어가는 고춧가루의 양을 줄이거나 품질이 나쁜 고춧가루를 사용한 것을 숨기기 위해 사용하여 소비자를 기만할 수 있어 해당 식품에 사용이 금지돼 있다.

# CHAPTER 03 > 식품위생법 및 식품 등의 표시기준

## 01 [2008-1]

**식품 등의 표시기준에 의한 표시사항**

**해설**

① 제품명
② 식품유형
③ 영업소(장)의 명칭(상호) 및 소재지
④ 제조연월일
⑤ 유통기한 또는 품질유지기한
⑥ 내용량 및 내용량에 해당하는 열량
⑦ 원재료명
⑧ 성분명 및 함량
⑨ 영양성분 등 Ⅲ. 개별표시사항 및 표시기준에서 식품등에 표시하도록 규정한 사항

## 02 [2009-3]

**식품 등의 표시·광고에 관한 법률 시행령 제3조1항 부당한 표시 또는 광고의 내용**

**해설**

1. 질병의 예방·치료에 효능이 있는 것으로 인식할 우려가 있는 내용
2. 식품등을 의약품으로 인식할 우려가 있는 내용
3. 건강기능식품이 아닌 것을 건강기능식품으로 인식할 우려가 있는 내용
4. 거짓·과장된 내용
   예시) ① 제품명 또는 제조회사, 식품유형 등을 신고한 내용과 다르게 표시·광고
5. 소비자를 기만하는 내용
   예시) ① 국산제품임에도 한글표시 없이 외국어로만 표시
   ② 외국제품이 아니거나 외국과 기술제휴 한 것이 아님에도 유사하게 표현하여 식별이 용이하지 않게 하는 행위
6. 다른 업체나 다른 업체의 제품을 비방하는 내용 또는 다른 업체의 제품보다 우수한 것으로 인식될 수 있는 내용
7. 객관적인 근거 없이 자기 또는 자기의 식품등을 다른 영업자나 다른 영업자의 식품등과 부당하게 비교하는 내용
8. 사행심을 조장하거나 음란한 표현을 사용하여 공중도덕이나 사회윤리를 현저하게 침해하는 내용

## 03 [2016-2]

"식품등의 부당한 표시 또는 광고의 내용 기준"에 따른 명시기준

**해설**

(1) 제2조(부당한 표시 또는 광고의 내용)
   나. 식품의약품안전처장이 고시한 「식품첨가물의 기준 및 규격」에서 해당 식품등에 사용하지 못하도록 정한 보존료가 없거나 사용하지 않았다는 표시·광고. 이 경우 보존료는 「식품의 기준 및 규격」 제1.2.9)에 따른 데히드로초산나트륨, 소브산 및 그 염류(칼륨, 칼슘), 안식향산 및 그 염류(나트륨, 칼륨, 칼슘), 파라옥시안식향산류(메틸, 에틸), 프로피온산 및 그 염류(나트륨, 칼슘)을 말한다.
   (예시) 면류, 김치, 만두피, 양념육류 및 포장육에 "보존료 무첨가", "무보존료" 등의 표시
   사. 식품의약품안전처장이 고시한 「식품첨가물의 기준 및 규격」에서 규정하고 있지 않는 명칭을 사용한 표시·광고
   (예시) "무MSG", "MSG 무첨가", "무방부제", "방부제 무첨가" 표시·광고

## 04 [2013-2, 2016-2, 2019-3, 2023-1]

카페인 기준

**해설**

(1) 고카페인 함유
   1) 표시대상 : 1mL당 0.15mg 이상의 카페인을 함유한 ( 액체 식품 ) 등
   2) 표시방법
      ① 주표시면(식품등의 표시면 중 상표 또는 로고 등이 인쇄되어 있어 소비자가 식품등을 구매할 때 통상적으로 보이는 면)에 ( 고카페인 함유 ) 및 "총카페인 함량 000mg"의 문구를 표시할 것
      ② "어린이, 임산부 및 카페인에 민감한 사람은 섭취에 주의해 주시기 바랍니다"등의 문구를 표시할 것
(2) "탈카페인(디카페인) 제품" : 카페인 함량을 ( 90 ) % 이상 제거한 제품
(3) 총카페인 함량의 허용오차
   실제 총카페인 함량은 주표시면에 표시된 총카페인 함량의 90% 이상 110% 이하의 범위에 있을 것. 다만, 커피, 다류(茶類) 또는 커피·다류를 원료로 한 액체 식품등의 경우에는 주표시면에 표시된 총카페인 함량 의 120% 미만의 범위에 있어야 한다.

## 05 [2012-1]

### 알레르기 위험 표시

**해설**

· 특히 한국인이 소화하기 힘든 알레르기의 원인과 대표식품 3가지를 쓰시오.
(1) 원인 : 알레르기원에 비만세포가 반응하여 히스타민을 분비하고, 이에 따라 과민반응이 나타난다.
(2) 대표식품 : 알류(가금류만 해당한다), 우유, 메밀, 땅콩, 대두, 밀, 고등어, 게, 새우, 돼지고기, 복숭아, 토마토, 아황산류(이를 첨가하여 최종 제품에 이산화황이 1kg당 10mg 이상 함유된 경우만 해당한다), 호두, 닭고기, 쇠고기, 오징어, 조개류(굴, 전복, 홍합을 포함한다), 잣 총 21개 중 택 3

## 06

### 국내식품 이력사항 표기해야할 사항

**해설**

① 식품이력추적관리번호
② 제조업소 명칭 및 소재지
③ 제조일자
④ 소비기한 또는 품질유지기한
⑤ 제품 원재료 관련 정보
   - 원재료명 또는 성분명, 원산지(국가명), 유전자재조합식품여부
⑥ 기능성 내용(건강기능식품에 한함)
⑦ 출고일자
⑧ 회수대상 여부 및 회수사유

## 07 [2012-2]

**수입식품 이력사항 표기해야할 사항**

> 해설

① 수입식품등의 유통이력추적관리번호
② 수입업소 명칭 및 소재지
③ 제조국
④ 제조회사 명칭 및 소재지
⑤ 유전자재조합식품표시
⑥ 제조일자
⑦ 소비기한 또는 품질유지기한
⑧ 수입일자
⑨ 원재료명 또는 성분명
⑩ 회수대상 여부 및 회수사유


## 08 [2008-2]

**위해식품 회수 시, 회수등급을 분류할 때 고려하는 3요소**

> 해설

① 위해요소의 종류
② 인체건강에 영향을 미치는 위해의 정도
③ 위반행위의 경중 등


## 09

**관리 지자체에서 식품 회수명령 시 3가지 요소**

> 해설

① 회수대상 식품등
② 회수계획
③ 회수절차 및 회수결과

## 10 [2009-1, 2009-3]

### 유기가공식품 관련 법규

**해설**

- 유기가공식품에 사용할 수 있는 원료, 식품첨가물, 가공보조제 등은 모두 유기적으로 생산된 것으로 다음의 어느 하나에 해당하는 것이어야 한다. 그럼에도 불구하고 유기원료를 상업적으로 조달할 수 없는 경우에는 제품에 인위적으로 첨가하는 ( 물 )과 ( 소금 ) 을 제외한 제품 중량의 ( 5 )% 범위에서 유기원료가 아닌 원료를 사용할 수 있다. 다만, 중량비율에 관계없이 유기원료와 동일한 종류의 유기원료 외의 원료는 혼합할 수 없다.
- 유전자변형생물체 또는 유전자변형생물체에서 유래한 원료는 사용할 수 없다.

## 11

### 유전자변형식품임을 표시하지 아니할 수 있는 기준

**해설**

(1) 유전자변형식품등의 표시기준 제3조 2항
   ① 유전자변형농산물이 비의도적으로 3% 이하인 농산물과 이를 원재료로 사용하여 제조·가공한 식품 또는 식품첨가물.
   ② 고도의 정제과정 등으로 유전자변형 DNA 또는 유전자변형 단백질이 전혀 남아 있지 않아 검사불능인 당류, 유지류 등

(2) 유전자변형식품등의 표시기준 제5조 8항
   ① 식품용으로 승인된 유전자변형농축수산물과 이를 원재료로 하여 제조·가공 후에도 유전자변형 DNA 또는 유전자변형 단백질이 남아 있는 유전자변형식품등을 사용하지 않은 경우로서, 표시대상 원재료 함량이 50%이상이거나, 또는 해당 원재료 함량이 1순위로 사용한 경우에는 "비유전자변형식품, 무유전자변형식품, Non-GMO, GMO-free" 표시를 할 수 있다. 이 경우에는 비의도적 혼입치가 인정되지 아니한다.

## 12

### GMO(Genetically Modified Organism)

**해설**

유전자 변형체, 유전자변형기술을 활용하여 만든 유전자변형생물체

## 13 [2016-1]

**LMO(Living Modified Organism)의 정의**

**해설**

생존 및 증식이 가능한 GMO, 살아있는 유전자변형생물체


## 14 [2015-2, 2018-1, 2022-1]

**GMO안전성검사 실질적 동등성**

**해설**

기존 농수·축산물과 GMO 농·수·축산물을 비교하여 영양성분이 같고, 안전성평가에 문제가 없으면 기존 식품과 동일하게 취급 가능하다.


## 15 [2015-2, 2018-1, 2022-1]

**유전자변형식품등의 안전성 심사 등에 관한 규정에 의거한 안전성 평가항목**

**해설**

식품일반 평가, 독성 평가, 알레르기성 평가, 영양 평가, 분자생물학적 평가


## 16 [2020-1]

**"유전자변형식품등의 안전성 심사 등에 관한 규정" 제3조(심사 대상)**

**해설**

1. 최초로 유전자재조합식품을 ( 수입 )하거나 ( 개발 )또는 ( 생산 )하는 경우
2. 안전성평가를 받은 후 ( 10년 )(매 10년이 도래하는 시점을 말한다)이 지난 유전자변형식품등으로서 시중에 유통되어 판매되고 있는 경우

## 17 [2019-1]

### 빵류의 자가품질검사

**해설**

(1) 식품제조·가공업
    1) 과자류, 빵류 또는 떡류(과자, 캔디류, 추잉껌 및 떡류만 해당한다) : 3개월마다 1회 이상
    2) 빵류 : 2개월마다 1회 이상

(2) 즉석판매제조·가공업
    1) 빵류(크림을 위에 바르거나 안에 채워넣은 것만 해당한다) : 9개월 마다 1회 이상


## 18 [2020-3]

### 식품위생법상 대통령령으로 정하는 바에 따라 영업을 허가받아야 할 업소

**해설**

(1) 식품의약품안전처장에게 : 식품조사처리업
(2) 특별자치시장·특별자치도지사, 시장·군수·구청장에게 : 단란주점영업, 유흥주점영업
cf) 허가, 영업신고, 등록하여야 할 영업은 서로 다르며, 특별자치시장·특별자치도지사, 시장·군수·구청장에게 한다.
    1) 영업신고 : 즉석판매제조·가공업, 식품운반업, 식품소분·판매업, 식품냉동·냉장업, 용기·포장류제조업(자신의 제품을 포장하기 위하여 용기·포장류를 제조하는 경우 제외), 휴게음식점영업, 일반음식점영업, 위탁급식영업, 제과점영업
    2) 등록 : 식품제조·가공업(주류 제조는 식품의약품안전처장), 식품첨가물제조업, 공유주방 운영업

## 19 [2024-2]

**위해식품등의 판매 등 금지(식품위생법 제4조)**

> 누구든지 다음 각 호의 어느 하나에 해당하는 식품등을 판매하거나 판매할 목적으로 채취·제조·수입·가공·사용·조리·저장·소분·운반 또는 진열하여서는 아니된다.
> 1) ( ① ) 상하거나 설익어서 인체의 건강을 해칠 우려가 있는 것
> 2) 유독·유해물질이 들어있거나 묻어 있는 것 또는 그러할 염려가 있는 것. 다만, ( ② )이 인체의 건강을 해침 우려가 없다고 인정하는 것은 제외한다.
> 3) 병(病)을 일으키는 ( ③ )에 오염되었거나 그러할 염려가 있어 인체의 건강을 해칠 우려가 있는 것
> 4) 불결하거나 다른 물질이 섞이거나 첨가(添加)된 것 또는 그 밖의 사유로 인체의 건강을 해칠 우려가 있는 것
> 5) 제18조에 따른 안전성 심사 대상인 농·축·수산물 등 가운데 안전성 심사를 받지 아니하였거나 안전성 심사에서 식용(食用)으로 부 적합하다고 인정된 것
> 6) 수입이 금지된 것 또는 「수입식품안전관리 특별법」 제20조제1항에 따른 수입신고를 하지 아니하고 수입한 것
> 7) 영업자가 아닌 자가 제조·가공·소분한 것

**해설**

① 썩거나
② 식품의약품안전처장
③ 미생물

# CHAPTER 04 소비기한

## 01 [2009-3, 2019-3, 2023-2]

**식품의 소비기한, 품질유지기한**

> 해설

(1) 소비기한
    1) 식품등에 표시된 보관방법을 준수할 경우 섭취하여도 안전에 이상이 없는 기한
    2) 소비자 중심의 표시제로써 식품의 맛·품질 등이 급격히 변하는 시점을 설정실험 등으로 산출한 품질안전한계기간의 80~90% 로 설정한 것

(2) 품질안전한계기간
    1) 식품에 표시된 보관방법을 준수할 경우 특정한 품질의 변화 없이 섭취가 가능한 최대 기간으로서 소비기한 설정실험 등을 통해 산출된 기간
    2) 비록 과학적 실험을 통해 산출된 값이나, 실제 식품의 제조와 유통환경에서는 의도치 않은 변수로 인해 이상적인 조건을 유지하기는 어려울 수 있음
    3) 이러한 변수를 고려하여 제품의 특성과 실제 유통환경을 가장 정확하게 이해하고 있는 영업자가 안전관리 기준과 수용도에 따라 1 미만의 안전계수를 적용하여 소비기한을 설정해야 한다.

cf) · 구 기준인 유통기한은 품질한계기간 60~70%로 설정한 것
    · 권장소비기한 : 영업자 등이 소비기한 설정 시 참고할 수 있도록 제시하는 섭취하여도 안전에 이상이 없는 기한
    · 품질유지기한 : 식품의 특성에 맞는 적절한 보존방법이나 기준에 따라 보관할 경우 해당식품 고유의 품질이 유지될 수 있는 기한, 이 기한까지는 최상 상태의 식품을 섭취할 수 있음

## 02 [2020-4·5]

### 품질유지기한 표시 대상 식품에 해당하는 식품

**해설**

(1) 통·병조림식품
(2) 레토르트식품
(3) 당류 - 당시럽류, 올리고당류(올리고당, 올리고당가공품), 포도당, 과당류(과당, 기타과당), 엿류(물엿, 기타엿, 덱스트린)]
(4) 잼류 – 잼, 기타잼
(5) 음료류 – 고체식품(다류 및 커피에 한함), 멸균한 액상제품
(6) 장류 – 한식간장, 양조간장, 산분해간장, 효소분해간장, 한식된장, 된장, 고추장, 춘장, 청국장, 혼합장, 기타장류
(7) 조미식품 – 식초, 멸균한 카레(커리)제품
(8) 절임류 또는 조림류 – 조림식품 중 멸균하지 아니한 제품 제외(소비기한)
(9) 주류 – 맥주
(10) 농산가공식품류 – 밀가루류(밀가루, 영양강화밀가루), 전분류 중 전분
(11) 수산가공식품류 – 젓갈류

## 03 [2019-2, 2022-1]

### 식품의 소비기한 설정 실험의 지표

**해설**

(1) 이화학적
(2) 미생물학적
(3) 관능적

[예시]

| 식품종류 | | 설정실험 지표 | | |
|---|---|---|---|---|
| 식품군 | 식품종 또는 식품유형 | ( 1 ) | ( 2 ) | ( 3 ) |
| 과자류, 빵류 또는 떡류 | 과자 | 수분, 산가(유탕, 유처리식품) | 세균수 | 성상, 물성, 곰팡이 |

## 04 [2020-1, 2022-2]

## 소비기한 설정실험

**해설**

(1) 실측실험
 1) 제조사가 의도하는 유통기한의 약 1.3~2배 기간 동안 실제 보관 또는 유통 조건으로 저장하면서 선정한 설정실험 지표가 품질한계에 이를 때까지 일정간격으로 실험을 진행하여 얻은 결과로부터 유통기한을 설정하는 것
 2) 제품의 유통기한을 가장 정확하게 설정할 수 있는 원칙적인 방법
 3) 별도의 통계처리가 필요하지 않아 초보자도 쉽게 접근할 수 있으며, 시간, 비용 등 경제적인 측면에서 3개월 이내의 비교적 유통기한이 짧고 유통조건이 단순한 제품에 효율적
 4) 실측실험의 한계
  ① 실측실험은 정확한 유통기간 설정을 위한 원칙적인 방법이지만, 3개월 이상의 유통기한을 가진 제품인 경우, 실험시간과 비용이 많이 소요됨
  ② 예정된 보관 또는 유통 조건이 바뀌면 새롭게 실험을 설계하여 수행해야 하고, 예측이 불가능함

(2) 가속실험
 1) 실제 보관 또는 유통조건보다 가혹한 조건에서 실험하여 단기간에 제품의 유통기한을 예측하는 것
 2) 즉, 온도가 물질의 화학적, 생화학적, 물리학적 반응과 부패 속도에 미치는 영향을 이용하여 실제보관 또는 유통온도와 최소 2개 이상의 비교 온도에 저장하면서 선정한 설정실험 지표가 품질한계에 이를 때까지 일정 간격으로 실험을 진행하여 얻은 결과를 아레니우스 방정식(Arrhenius equation)을 사용하여 실제 보관 및 유통 온도로 외삽한 후 유통기한을 예측하여 설정하는 것
 3) 계산과정이 어렵고 복잡하여 초보자가 접근하기는 쉽지 않지만, 시간, 비용 등 경제적인 측면에서 3개월 이상의 비교적 유통기한이 길고 유통조건이 복잡한 제품에 효율적
 4) 가속실험의 한계
  ① 온도 증가에 따라 물리적 상태 변화가 일어날 수 있으며(예, 고체지방의 용해), 이 변화는 유통기한 설정에 관여하는 반응속도에 영향을 주어 예상치 못한 결과를 초래할 수 있음
  ② 불투과성 포장재질로 포장되지 않은 제품의 경우, 수분 손실로 인한 반응속도의 증가로 예상치 못한 결과를 초래할 수 있음
  ③ 냉동 저장동안, 반응물은 동결되지 않은 부분에 농축될 수 있어 실험구보다 더 낮은 온도에 저장되는 대조구에서 더 높은 반응속도를 초래할 수 있음 (예: 냉동육의 지방산화)
  ④ 45℃이상의 높은 온도에서는 단백질 변성 등의 변화로 반응속도가 증가 또는 감소되어 잘못된 예측 결과를 초래할 수 있음
  ⑤ 가속실험은 각각 다른 온도조건에 관련된 변질이기 때문에, 미생물 실험 시 저장온도에 따라 최적 온도에 해당하는 부패 미생물이 생육할 수 있음
  ⑥ 가속실험의 기초가 되는 아레니우스 방정식은 온도만을 단일 변수로 사용하는 경우에는 정확도가 높지만, 2개 이상의 변수(온도, 습도, 염, pH 등)를 적용하는 경우에는 적합하지 않을 수 있음

(3) 실측실험과 가속실험의 선택범위

1) 유통기한 3개월 미만의 식품, 축산물 및 건강기능식품 : 실측실험(검체특성에 따라 가속실험 검토)
2) 유통기한 3개월 이상의 식품, 축산물 및 건강기능식품 : 가속실험(검체특성에 따라 실측실험 검토)
※ 식품, 축산물, 건강기능식품의 유통기간 설정실험은 원칙적으로 실측실험이 우선이다. 그러나 제품의 특성, 출시일정, 경제성 등 효율적인 측면에서 가속실험을 선택하여 유통기한을 설정하였다면, 반드시 실측실험을 통해 가속실험으로부터 예측한 결과가 정확한 것인지 확인할 필요가 있다.

[참고] Arrhenius's equation

$$k = A \times e^{-\frac{E_a}{RT}}, \ln k = \ln A - \frac{E_a}{RT}$$

## 05 [2012-3]

**식품, 식품첨가물, 건강기능식품의 소비기한 설정기준에 의거하여 소비기한 설정검사를 생략할 수 있는 근거**

> 해설

· 식품, 식품첨가물, 축산물 및 건강기능식품의 소비기한 설정기준 제12조(유통기간 설정실험 생략 등)

(1) 식품

1) 식품의 권장소비기한 이내로 소비기한을 설정하는 경우
2) 소비기한 표시를 생략할 수 있는 식품 또는 품질유지기한 표시 대상 식품에 해당하는 경우(다만, 식품 제조·가공업자가 소비기한을 표시하고자 하는 경우에는 제외)
3) 소비기한 설정과 관련한 국내·외 식품관련 학술지 등재 논문, 정부기관 또는 정부출연기관의 연구보고서, 한국식품산업협회 및 동업자조합에서 발간한 보고서를 인용하여 소비기한을 설정하는 경우
4) 소비기한이 설정된 제품과 다음 각 항목 모두가 일치하는 제품의 소비기한을 이미 설정된 소비기한 이내로 하는 경우
   ① 식품유형(「식품의 기준 및 규격」 제4. 식품별 기준 및 규격 중 식품유형 정의에 구체적인 식품종류가 나열되어 있는 경우에는 식품종류까지 동일하여야 함. 예: 과자류 - 과자 - 비스킷)
   ② 성상(예: 분말, 건조물, 고체식품, 페이스트상, 시럽상, 액상식품 등)
   ③ 포장재질(예: 종이제, 합성수지제, 유리제, 금속제 등) 및 포장방법(예: 진공포장, 밀봉포장 등)
   ④ 보존 및 유통온도
   ⑤ 보존료 사용여부
   ⑥ 유탕·유처리 여부
   ⑦ 살균(주정처리, 산처리 포함) 또는 멸균방법

(2) 식품첨가물

1) 소비기한이 설정된 제품과 다음 각 항목의 모두가 일치하는 신제품의 소비기한을 이미 설정된 소비기한 이내로 하는 경우
   ① 「식품첨가물의 기준 및 규격」으로 고시한 품목명(혼합제제의 경우에는 원료성분명) 및 성상
   ② 포장재질 및 포장방법
   ③ 보존 및 유통온도

(3) 건강기능식품

1) 소비기한 설정과 관련한 국내·외 식품관련 학술지 등재 논문, 정부기관 또는 정부출연기관의 연구보고서, 한국식품산업협회, 한국건강기능식품협회 및 동업자조합에서 발간한 보고서를 인용, 소비기한을 설정하는 경우

2) 소비기한이 설정된 제품과 다음 각 항목 모두가 일치하는 신제품의 소비기한을 이미 설정된 소비기한 이내로 하는 경우
   ① 기능성원료 또는 식품유형(「건강기능식품의 기준 및 규격」의 소분류까지 동일하여야 함. 한편, 식품유형과 비교할 경우, 사용한 기능성 원료 또는 성분의 경시적 변화 특성에 대한 자료를 추가로 제출하여야 함)
   ② 성상(예: 캡슐, 정제, 분말, 과립, 액상, 환, 편상, 페이스트상, 시럽, 젤, 젤리, 바, 필름)
   ③ 포장재질(예: 종이제, 합성수지제, 유리제, 금속제 등) 및 포장방법(예: 진공포장, 밀봉포장 등)
   ④ 보존 및 유통온도
   ⑤ 보존료 사용여부
   ⑥ 유탕·유처리 여부
   ⑦ 살균 또는 멸균방법

# CHAPTER 05 영양소 함량 강조표시 세부기준

## 01 [2017-1, 2023-3]

**기능성 식품의 영양소**

**해설**

식이섬유, 필수지방산, 단백질, 비타민, 무기질

## 02 [2012-2]

**영양소 표시량과 실제 측정값의 허용오차 범위**

**해설**

열량, 지방, 콜레스테롤, 당분 등 영양소 양의 표기 시 허용 오차는 ( 120 )% 미만이고, 무기질, 비타민 등 표기 시 허용오차는 ( 80 )% 이상이다.

## 03

**영양성분별 단위 및 유효숫자 처리규정**

**해설**

(1) 열량 : 그 값을 그대로 표시하거나, 가장 가까운 5kcal 단위로 표시, 5kcal 미만은 0으로 표시 가능
(2) 탄수화물, 단백질 : 그 값을 그대로 표시하거나, 가장 가까운 1g 단위로 표시, 1g 미만은 "1g 미만"으로, 0.5g 미만은 0으로 표시 가능
(3) 지방 : 포화지방 및 트랜스지방을 구분하여 표시, 5g 이하는 그 값에 가장 가까운 0.1g 단위로, 5g을 초과한 경우, 그 값에 가까운 1g 단위로 표시, 0.5g 미만은 "0"으로 표시 가능
(4) 트랜스지방 : 0.5g 미만일 경우 "0.5g 미만"으로, 0.2g 미만은 0으로 표시 가능, 식용유지류 제품은 100g당 2g 미만일 경우 "0"으로 표시 가능 [2008-2, 2020-4·5]
(5) 콜레스테롤 : 그 값을 그대로 표시하거나, 가장 가까운 5mg 단위로 표시, 2mg 이상 5mg 미만은 "5mg 미만"으로, 2mg 미만은 0으로 표시 가능 [2023-3]
(6) 나트륨 : 그 값을 그대로 표시하거나, 가장 가까운 5mg 단위로 표시, 5mg 미만은 "0"으로 표시 가능 [2012-1]
(7) 비타민, 무기질 : 영양소기준치의 명칭과 단위를 따름, 영양소 기준치의 2% 미만은 "0"으로 표시 가능

(8) 탄수화물 및 당류 [2012-2]
   1) 탄수화물에는 당류를 구분하여 표시하여야 한다.
   2) 탄수화물의 단위는 그램(g)으로 표시하되, 그 값을 그대로 표시하거나 그 값에 가장 가까운 1g 단위로 표시하여야 한다. 이 경우 1g 미만은 "1g 미만"으로, 0.5g 미만은 "0"으로 표시할 수 있다.
   3) 탄수화물의 함량은 식품 중량에서 ( 단백질 ), ( 지방 ), ( 수분 ) 및 ( 회분 )의 함량을 뺀 값을 말한다.

# 04

## 영양성분별 단위 및 유효숫자 처리 규정

**해설**

(1) 저열량 : 식품 100g당 40kcal 미만 또는 식품 100mL당 20kcal 미만일 때
(2) 무열량 : 식품 100mL당 4kcal 미만일 때
(3) 저지방 : 식품 100g당 3g 미만 또는 식품 100mL당 1.5g 미만일 때[2021-1]
(4) 무지방 : 식품 100g당 또는 100mL당 0.5g 미만일 때
(5) 저포화지방 : 식품 100g당 1.5g 미만 또는 식품 100mL당 0.75g 미만이고 열량의 10% 미만일 때
(6) 무포화지방 : 식품 100g당 또는 100mL당 0.1g 미만일 때
(7) 저트랜스지방 : 식품 100g당 0.5g 미만일 때
(8) 저콜레스테롤 : 식품 100g당 20mg 미만 또는 식품 100mL당 10mg 미만이고, 포화지방이 식품 100g당 1.5g 미만 또는 식품 100mL당 0.75g 미만이며 열량의 10% 미만일 때
(9) 무콜레스테롤 : 식품 100g당 5mg 미만 또는 식품 100mL당 5mg 미만이고, 포화지방이 식품 100g당 1.5g 미만 또는 식품 100mL당 0.75g 미만이며 열량의 10% 미만일 때
(10) 무당류 : 식품 100g 또는 100mL당 0.5g 미만일 때
(11) 저나트륨 : 식품 100g당 120mg 미만일 때
(12) 무나트륨 : 식품 100g당 5mg 미만일 때
(13) 식이섬유 함유(또는 급원) : 식품 100g당 3g 이상 또는 식품 100kcal당 1.5g 이상일 때
(14) 고식이섬유(또는 풍부) : 식품 100g당 6g 이상 또는 식품 100kcal당 3g 이상일 때
(15) 단백질 함유(또는 급원) : 식품 100g당 1일 영양소 기준치의 10% 이상, 식품 100mL당 1일 영양소 기준치의 5% 이상일 때 또는 식품 100kcal당 1일 영양소 기준치의 5% 이상일 때
(16) 고단백질(또는 풍부) : 식품 100g당 1일 영양소 기준치의 20% 이상, 식품 100mL당 1일 영양소 기준치의 10% 이상일 때 또는 식품 100kcal당 1일 영양소 기준치의 10% 이상일 때
(17) 비타민 또는 무기질 함유(또는 급원) : 식품 100g당 1일 영양소 기준치의 15% 이상, 식품 100mL당 1일 영양소 기준치의 7.5% 이상일 때 또는 식품 100kcal당 1일 영양소 기준치의 5% 이상일 때
(18) 고비타민(또는 풍부) : 식품 100g당 1일 영양소 기준치의 30% 이상, 식품 100mL당 1일 영양소 기준치의 15% 이상일 때 또는 식품 100kcal당 1일 영양소 기준치의 10% 이상일 때

## 05 [2016-1]

**나트륨 많이 섭취하면 고혈압 되는 이유**

> **해설**

삼투 현상에 의해 세포에서 수분이 혈관으로 빠져나옴으로서 혈류량이 증가하여 혈압이 상승한다.


## 06 [2016-3, 2022-2]

**단백가의 정의 및 계산법**

> **해설**

- 단백가(Protein Score) : 식품 내 가장 영양가가 높은 아미노산을 측정하여 표준 단백질에 상대적으로 부족한 아미노산의 함량을 이용하여 단백질의 영양가를 측정한 것

$$단백가(PS) = \frac{제1제한 아미노산량}{비교단백질 중 동아미노산량} \times 100$$

### [적용문제]

FAO(국제식량기구)에서 정한 표준 단백질의 아미노산 표준 구성과 쌀에서의 아미노산 조성은 다음 표와 같다. (단위 : 단백질 질소 1g당 아미노산 mg)

| 아미노산 | | 함량 [ mgAA / gN ] | |
|---|---|---|---|
| | | 아미노산 표준 구성 | 쌀 |
| 아이소류신 | | 270 | 322 |
| 류신 | | 306 | 535 |
| 라이신 | | 270 | 236 |
| 페닐알라닌 | | 180 | 307 |
| 타이로신 | | 180 | 269 |
| 함황아미노산 | 합계 | 270 | 222 |
| | 메싸이오닌 | 144 | 142 |
| 트레오닌 | | 180 | 241 |
| 트립토판 | | 90 | 65 |
| 발린 | | 270 | 415 |

이 자료를 바탕으로 쌀의 단백가를 계산하시오.(단, 버림하여 정수로 나타내시오.)

> **해설**

각 아미노산의 표준 구성 대비 각 성분의 함량 중 가장 값이 낮은 것을 고른다.

1) 아이소류신 : $\frac{322}{270} \times 100 = \frac{3220}{27} = 119.2592593 \cdots \approx 119$

2) 류신 : $\frac{535}{306} \times 100 = 174.8366013 \cdots \approx 174$

3) 라이신 : $\dfrac{236}{270} \times 100 = \dfrac{2360}{27} = 87.4074074 \cdots \approx 87$

4) 페닐알라닌 : $\dfrac{307}{180} \times 100 = \dfrac{1535}{9} = 170.5555555 \cdots \approx 170$

5) 타이로신 : $\dfrac{269}{180} \times 100 = \dfrac{1345}{9} = 149.4444444 \cdots \approx 149$

6) 함황아미노산 합계 : $\dfrac{222}{270} \times 100 = \dfrac{740}{9} = 82.2222222 \cdots \approx 82$

7) 메싸이오닌 : $\dfrac{142}{144} \times 100 = \dfrac{1775}{18} = 98.61111111 \cdots \approx 98$

8) 트레오닌 : $\dfrac{241}{180} \times 100 = \dfrac{1205}{9} = 133.8888888 \cdots \approx 133$

9) 트립토판 : $\dfrac{65}{90} \times 100 = \dfrac{650}{27} = 72.22222222 \cdots \approx 72$

10) 발신 : $\dfrac{415}{270} \times 100 = \dfrac{4150}{27} = 153.7037037 \cdots \approx 153$

답 72

## 07 [2021-1]

### Atwater 계수를 활용한 열량 계산

**해설**

(1) Atwater 계수 정의 : 각 영양소의 생리적 영양가, 불소화율(당질 2%, 지질 5%, 단백질 8%) 및 불연소율(단백질 23%) 등을 고려한 결과치 (kcal/g, 1kcal = 4.184J)

   1) 탄수화물 : 4 kcal/g, 타가토스 : 1.5 kcal/g
   2) 당알코올 : 2.4 kcal/g, 에리스리톨 : 0 kcal/g
   3) 식이섬유 : 2 kcal/g
   4) 단백질 : 4 kcal/g
   5) 지방 : 9 kcal/g
   6) 알코올 : 7 kcal/g
   7) 유기산 : 3 kcal/g

(2) 영양성분 표를 이용한 계산(단, 모든 계산은 정수로 답하시오.)

### 영양성분

1회 제공량 1개(90g)
총 1회 제공량 1개(90g)

1회 제공량당 함량                             %영양소 기준치

| | | |
|---|---|---|
| 열량 | ① | - |
| 탄수화물 | 46g | ② |
| 당류 | 23g | - |
| 에리스리톨 | 1g | |
| 식이섬유 | 5g | 20% |
| 단백질 | 5g | 8% |
| 지방 | 9g | 18% |
| 포화지방 | 2.5g | 17% |
| 트랜스지방 | 0g | - |
| 콜레스테롤 | 80mg | 27% |
| 나트륨 | 150mg | 8% |

%영양소기준치 : 1일영양소기준치에 대한 비율

1) 총 열량을 계산하시오.

   $(46 - 1 - 5) \times 4 + 1 \times 0 + 5 \times 2 + 5 \times 4 + 9 \times 9 = 271$ [kcal]

2) 탄수화물의 %영양소기준치를 계산하시오.(단, 탄수화물의 영양소 기준치는 324g이다.)

   $\dfrac{46}{324} \times 100 = 14.19753086 \cdots \approx 14 \, [\%]$

# CHAPTER 06 식품첨가물

**01** [2009-3, 2018-2]

### Codex 규격을 설정하는데 참여하는 국제기구 2가지

**해설**

- FAO(국제식량농업기구, Food and Agriculture Organization of the United Nations)
- WHO(세계보건기구, World Health Organization)

**02** [2008-2, 2013-1, 2015-2]

### 식품첨가물 규격을 결정하는 국제기구

**해설**

- JECFA (FAO/WHO의 합동식품첨가물전문가위원회, Joint FAO/WHO Expert Committee on Food Additives)
- CAC(국제 식품 규격위원회, Codex Alimentarius Commission)

**03** [2021-3]

### 식품첨가물 및 혼합제제류의 일반사용기준

**해설**

(1) 식품 중에 첨가되는 식품첨가물의 양은 물리적, 영양학적 또는 기타 기술적 효과를 달성하는데 필요한 ( 최소량 ) 으로 사용하여야 한다.
(2) 식품첨가물은 식품제조·가공과정 중 결함있는 원재료나 비위생적인 제조방법을 ( 은폐 )하기 위하여 사용되어서는 아니 된다.
(3) 식품 중에 첨가되는 ( 영양강화제 )는 식품의 영양학적 품질을 유지하거나 개선시키는데 사용되어야 하며, 영양소의 과잉 섭취 또는 불균형한 섭취를 유발해서는 아니 된다.

## 04
### 식품첨가물의 용도별 정의
### (용도 : 식품의 제조·가공 시 식품에 발휘되는 식품첨가물의 기술적 효과)

**해설**

| 용도 | 정의 |
|---|---|
| 감미료 | 식품에 단맛을 부여하는 식품첨가물 |
| 고결방지제 | 식품의 입자 등이 서로 부착되어 고형화 되는 것을 감소시키는 식품첨가물 |
| 거품제거제 | 식품의 거품 생성을 방지하거나 감소시키는 식품첨가물 |
| 껌기초제 | 적당한 점성과 탄력성을 갖는 비영양성의 씹는 물질로서 껌 제조의 기초 원료가 되는 식품첨가물 |
| 밀가루개량제 | 밀가루나 반죽에 첨가되어 제빵 품질이나 색을 증진시키는 식품첨가물 |
| 발색제 | 식품의 색을 안정화시키거나, 유지 또는 강화시키는 식품첨가물 |
| 보존료 | 미생물에 의한 품질 저하를 방지하여 식품의 보존기간을 연장시키는 식품첨가물 |
| 분사제 | 용기에서 식품을 방출시키는 가스 식품첨가물 |
| 산도조절제 | 식품의 산도 또는 알칼리도를 조절하는 식품첨가물 |
| 산화방지제 | 산화에 의한 식품의 품질 저하를 방지하는 식품첨가물 |
| 살균제 | 식품 표면의 미생물을 단시간 내에 사멸시키는 작용을 하는 식품첨가물 |
| 습윤제 | 식품이 건조되는 것을 방지하는 식품첨가물 |
| 안정제 | 두 가지 또는 그 이상의 성분을 일정한 분산 형태로 유지시키는 식품첨가물 |
| 여과보조제 | 불순물 또는 미세한 입자를 흡착하여 제거하기 위해 사용되는 식품첨가물 |
| 영양강화제 | 식품의 영양학적 품질을 유지하기 위해 제조공정 중 손실된 영양소를 복원하거나, 영양소를 강화시키는 식품첨가물 |
| 유화제 | 물과 기름 등 섞이지 않는 두 가지 또는 그 이상의 상(phases)을 균질하게 섞어주거나 유지시키는 식품첨가물 |
| 이형제 | 식품의 형태를 유지하기 위해 원료가 용기에 붙는 것을 방지하여 분리하기 쉽도록 하는 식품첨가물 |
| 응고제 | 식품 성분을 결착 또는 응고시키거나, 과일 및 채소류의 조직을 단단하거나 바삭하게 유지시키는 식품첨가물 |
| 제조용제 | 식품의 제조·가공 시 촉매, 침전, 분해, 청징 등의 역할을 하는 보조제 식품첨가물 |
| 젤형성제 | 젤을 형성하여 식품에 물성을 부여하는 식품첨가물 |
| 증점제 | 식품의 점도를 증가시키는 식품첨가물 |
| 착색료 | 식품에 색을 부여하거나 복원시키는 식품첨가물 |
| 청관제 | 식품에 직접 접촉하는 스팀을 생산하는 보일러 내부의 결석, 물 때 형성, 부식 등을 방지하기 위하여 투입하는 식품첨가물을 말한다. |
| 추출용제 | 유용한 성분 등을 추출하거나 용해시키는 식품첨가물 |

| 충전제 | 산화나 부패로부터 식품을 보호하기 위해 식품의 제조 시 포장용기에 의도적으로 주입시키는 가스 식품첨가물 |
|---|---|
| 팽창제 | 가스를 방출하여 반죽의 부피를 증가시키는 식품첨가물 |
| 표백제 | 식품의 색을 제거하기 위해 사용되는 식품첨가물 |
| 표면처리제 | 식품의 표면을 매끄럽게 하거나 정돈하기 위해 사용되는 식품첨가물 |
| 피막제 | 식품의 표면에 광택을 내거나 보호막을 형성하는 식품첨가물 |
| 향료 | 식품에 특유한 향을 부여하거나 제조공정 중 손실된 식품 본래의 향을 보강시키는 식품첨가물 |
| 향미증진제 | 식품의 맛 또는 향미를 증진시키는 식품첨가물 |
| 효소제 | 특정한 생화학 반응의 촉매 작용을 하는 식품첨가물 |

## 05 [2007-1]

### 헥산의 식품공전 상 정의(생산방법)

**해설**

(1) 생산방법 : 이 품목은 석유 성분중에서 n-헥산의 비점부근에서 증류하여 얻어진 것이다.
(2) 용도 : 추출용제

## 06 [2009-2]

### 숯과 활성탄

**해설**

| 구분 | 숯 | 활성탄 |
|---|---|---|
| 제조방법 | 나무를 탄화하여 얻은 흑색의 탄소 화합물 백탄 및 검탄(흑탄)이 있음 | 이 품목은 톱밥, 목편, 야자나무껍질의 식물성섬유질이나 아탄 또는 석유 등의 함탄소물질을 탄화시킨 다음 활성화 시킨 것이다. |
| 식용여부 | 식용 사용 불가 | 식용 사용 불가 |
| 등재여부 | X | O |
| 사용기준 | X | • 식품제조 또는 가공상 여과보조제(여과, 탈색, 탈취, 정제 등)의 목적으로 사용<br>• 최종 완성 전에 제거하도록 규정, 잔류량은 0.5% 이하(규조토, 백도토, 벤토나이트, 산성백토, 탤크, 퍼라이트 등과 병용 가능) |

## 07 [2015-1, 2022-1]

### 사이클로덱스트린

**해설**

(1) 특징
1) α-D-glucose(Dextrose)가 α-1,4-glycoside 결합하고 있는 올리고당
2) 구성하고 있는 포도당의 개수에 따라 α-(6개), β-(7개), γ-(8개) 등으로 분류함
3) 고리 외부 : -OH 기가 고리의 밖으로 위치하게 되어, 친수성 특성을 가지므로 물에 잘 용해됨
4) 고리 내부 : 소수성 특성을 가지고 있어 지질 등을 가둘 수 있음
5) 식품첨가물 공전상 안정제로 분류

(2) 사용상의 이점
1) 식품의 점도와 유화 안정성, 촉감 등을 향상시킬 수 있음(용해도 낮은 화합물 용해도 증가)
2) 쓴맛 등 이미성분이나 악취 성분을 가두는 것이 가능
3) 각종 산, 알칼리에 대해 내성을 가짐
4) 가열이나 습도에도 강한 편이다.
5) 빛이나 산소 등에 민감한 성분 보호
6) 작용기의 개수와 위치를 바꾸어 물성을 개선하거나 금속이온 포집 등에 활용 가능하다.

## 08 [2008-3]

### 메타인산염을 육류와 과실과 면류에 사용하였을 때의 효과

**해설**

① 첨가된 산화 방지제의 시너지스트로 작용(산도조절제)
② 색소 안정화 및 갈변 방지(산도조절제)
③ 면류에 부드러운 식감 부여(팽창제)

## 09 [2011-2, 2018-1]

### 산형 보존제가 산성도가 낮을 때 보존효과가 높은 이유

**해설**

$[H^+]$가 높은 환경에서는 산형 보존제가 해리되지 않아 음전하의 발생이 줄어든다. 이에 따라 세포막이 지니는 인지질의 친수성 기가 가진 음전하의 반발이 발생하지 않아 보다 쉽게 미생물의 세포 안으로 유입되어 정균 작용을 효과적으로 일으킬 수 있다.

## 10 [2023-2]

### 유화제의 역할

**해설**

1) 유화제는 계면활성제라고도 불리며, 친수성 기와 소수성(친유성) 기를 모두 가지고 있다.
2) 분산상(소수상)을 유화제가 둘러싸 Micelle을 형성하여 분산매(다수상) 안에 분포시킴으로써 물과 기름 사이에 작용하는 표면장력을 유화제 투입 전보다 감소시켜 서로 균일하게 섞이도록 한다.
3) 유화제 첨가 시 거품 발생

## 11 [2023-2]

### 산화방지제

**해설**

(1) 참깨(Sesame)의 리그난(Lignan) 중 세사민(Sesamin), 세사몰린(Sesamolin)이 다량으로 있으며, 주요 산화 방지제인 세사몰(Sesamol)은 미량 있다.
(2) 참기름의 세사몰은 세사몰린이 열에 의해 분해되어 생성된다.
(3) 토코페롤(Tocopherol)은 유지 중의 지용성 항산화제로 α, β, γ, δ 4가지로 존재한다.
(4) 콩(대두)의 이소플라본(Isoflavone)은 배당체(Glucoside) 및 비배당체(Aglycone) 형태로 존재한다.
(5) Quercetin은 Polyphenol 류로 주로 배당체(Glucoside) 형태로 존재하며, Rutein은 Xanthophyll의 일종으로 시금치, 케일, 노란당근 등의 잎채소에서 비배당체(Aglycone, Genin) 형태로 존재한다.

cf) 산화방지제 용어 설명
1) Lignan : 종자, 통곡물, 야채 등의 식물에서 발견되는 저분자량 Polyphenol의 통칭, 식물성 에스트로겐의 전구체로 작용
2) 참깨(Sesame)의 Lignan : 세사민(Sesamin), 세사몰린(Sesamolin), 세사몰(Sesamol), 세사미놀(Sesaminol) 등
3) Tocopherol의 효과 : α < β < γ < δ
4) Isoflavone의 Glucoside 종류 : Daidzein, Genistein, Glycitein

## 12 [2010-2, 2017-3]

### L-글루탐산나트륨(Mono Sodium Glutamate, MSG)

**해설**

(1) 신맛, 단맛, 쓴맛, 짠맛에 미치는 영향
   신맛, 짠맛, 쓴맛은 완화시키고 단맛에는 감칠맛을 부가하여 강화시키며, 식품의 자연풍미를 이끌어냄, 식품첨가물 공전상 '향미증진제'로 분류됨

(2) 생산 미생물
   ① *Corynebacterium glutamicum*
   ② *Microbacter ammoniaphilum*
   ③ *Brevibacterium flavum*
   ④ *Brevibacterium lactofermentum*
   ⑤ *Brevibacterium thiogentalis* 등

(3) 생산 과정에서 배지에 페니실린을 첨가하는 이유
   • 세균의 과증식을 억제하고, 세균의 세포벽을 약화시켜 L-MSG의 투과율을 높인다.(생산 균주는 공통적으로 무아포성 그람양성균)


## 13 [2010-2, 2017-3]

### 탄산음료에 사용가능한 보존료 2가지를 서술하시오.

**해설**

소브산(-칼륨, -칼슘), 안식향산(-나트륨, -칼륨, -칼슘)

## 14
## 식품첨가물공전

**해설**

(1) 식품첨가물 일반 제조 기준
   1) 식품첨가물은 식품원료와 동일한 방법으로 취급되어야 하며, 제조된 식품첨가물은 개별 품목별 성분규격에 적합하여야 한다.
   2) 식품첨가물을 제조 또는 가공할 때에는, 그 제조 또는 가공에 필요불가결한 경우 이외에는 산성백토, 백도토, 벤토나이트, 탤크, 모래, 규조토, 탄산마그네슘 또는 이와 유사한 불용성의 광물성물질을 사용하여서는 아니 된다.
   3) 식품첨가물의 제조 또는 가공할 때에 사용하는 용수는 먹는물 수질기준에 적합한 것이어야 한다.
   4) 향료는 식품에 사용되기에 적합한 순도로 제조되어야 한다. 다만, 불가피하게 존재하는 불순물이 최종 식품에서 건강상 위해를 나타내는 수준으로 잔류하여서는 아니된다.

(2) 혼합제제 제조 기준
   1) 혼합제제의 제조에 사용하는 식품첨가물은 이 고시에 수재된 품목으로서 품목별 규격에 적합한 것이어야 한다. 다만, 한시적 기준 및 규격을 필한 식품첨가물은 혼합제제의 성분이 될 수 있다.
   2) 혼합제제를 제조할 때는 그 사용목적이 타당하여야 하며, 원래의 성분에 변화를 주는 제조방법이어서는 아니 된다.
   3) 혼합희석 또는 희석혼합제제에 사용하는 희석제는 전분(가공되어 식품첨가물로 분류되는 것은 제외), 소맥분, 포도당, 설탕과 그 밖에 일반적으로 식품성분으로 인정되는 것이어야 한다.
   4) 혼합제제를 제조할 때는 품질안정, 형태형성을 위하여 필요불가결한 경우 산화방지제, 보존료, 유화제, 안정제, 용제 등의 식품첨가물을 사용할 수 있으며, 그 양은 기술적 효과를 달성하는데 필요한 최소량으로 하여야 한다.

(3) 유전자변형식품첨가물 제조 기준
   1) 유전자변형기술에 의해 얻어진 미생물을 이용하여 제조한 식품첨가물은 「식품위생법」 제18조에 따른 「유전자변형식품등의 안전성 심사에 관한 규정」 (식품의약품안전처 고시)에 따라 승인된 것으로서 품목별 기준 및 규격에 적합한 것이어야 한다.

(4) 식품첨가물의 원료 및 추출용매 제조 기준
   1) 젤라틴의 제조에 사용되는 우내피 등의 원료는 크롬처리 등 경화공정을 거친 것을 사용하여서는 아니 된다.
   2) 키틴, 키토산, 글루코사민, 카라기난, 알긴산 및 코치닐추출색소(카민 포함) 등의 제조 원료는 수집·보관·운송 과정에서 위생적으로 취급되어야 한다.
   3) 동물, 식물, 광물 등을 원료로 하여 제조되는 식품첨가물에 사용되는 추출용매는 물, 주정과 이 고시에 수재된 것으로서 개별규격에 적합한 것이나, 삼염화에틸렌, 염화메틸렌으로서 품목별 규격에 적합한

것이어야 한다. 다만, 사용된 용매(물, 주정 제외)는 최종 제품 완성 전에 제거하여야 한다.
4) 1-하이드록시에틸리덴-1,1-디포스포닉산은 과산화초산의 제조에 한하여 사용되어야 하고, 성분규격에 적합한 것이어야 한다.

(5) 일반사용기준
1) 식품 중에 첨가되는 식품첨가물의 양은 물리적, 영양학적 또는 기타 기술적 효과를 달성하는데 필요한 최소량으로 사용하여야 한다.
2) 식품첨가물은 식품제조·가공과정 중 결함있는 원재료나 비위생적인 제조방법을 은폐하기 위하여 사용되어서는 아니 된다.
3) 식품 중에 첨가되는 영양강화제는 식품의 영양학적 품질을 유지하거나 개선시키는데 사용되어야 하며, 영양소의 과잉 섭취 또는 불균형한 섭취를 유발해서는 아니 된다.
4) 식품첨가물은 식품을 제조·가공·조리 또는 보존하는 과정에 사용하여야 하며, 그 자체로 직접 섭취하는 목적으로 사용하여서는 아니 된다.
5) 식용을 목적으로 하는 미생물 등의 배양에 사용하는 식품첨가물은 이 고시에서 정하고 있는 품목 또는 CAC에서 미생물 영양원으로 등재된 것으로 최종식품에 잔류하여서는 아니된다. 다만, 불가피하게 잔류할 경우에는 품목별 사용기준에 적합하여야 한다.
6) 품목별로 정하여진 주용도 이외에 국제적으로 다른 용도로서 기술적 효과가 입증되어 사용의 정당성이 인정되는 경우, 해당 용도로 사용할 수 있다.

(6) 가공보조제
1) 식품의 제조 과정에서 기술적 목적을 달성하기 위하여 의도적으로 사용되고 최종 제품 완성 전 분해, 제거되어 잔류하지 않거나 비의도적으로 미량 잔류할 수 있는 식품첨가물
2) 가공보조제 : 살균제, 여과보조제, 이형제, 제조용제, 청관제, 추출용제, 효소제

(7) 식품첨가물 사용 및 혼용 시의 기준치 설정
1) 식품첨가물 사용 및 혼용 시, 해당 식품첨가물양을 기본 물질의 양으로 환산한다
　　예) ① 파라옥시안식향산에틸 → 파라옥시안식향산
　　　　② 소브산나트륨 → 소브산
　　　　③ 황산알루미늄칼륨 → 알루미늄

## 15

### 청관제(Boiler Water Additives)

**해설**

(1) 정의 및 특이 사항
   1) 식품에 직접 접촉하는 스팀을 생산하는 보일러 내부의 결석, 물 때 형성, 부식 등을 방지하기 위하여 투입하는 식품첨가물
   2) 식품 제조 또는 가공용 스팀의 제조를 위해 사용되는 보일러의 청관의 목적에 한하여 사용하여야 한다.
   3) 단독 사용과 함께, 화학적 변화를 주지 않는 방법으로 2종 이상 단순 혼합하여도 사용 가능
   4) 품질보존, 희석 등을 위하여 물, 포도당을 첨가할 수 있다.

(2) 청관제의 목적으로 사용할 수 있는 품목

| | | | | |
|---|---|---|---|---|
| 구연산삼나트륨 | 메타인산나트륨 | 메타중아황산나트륨 | 변성전분 | 산성아황산나트륨 |
| 산성피로인산나트륨 | 소르비탄지방산에스테르 | 수산화나트륨 | 수산화암모늄 | 수산화칼륨 |
| 아황산나트륨 | 알긴산나트륨 | 알긴산암모늄 | 알긴산칼륨 | 에리토브산 |
| 에리토브산나트륨 | 이.디.티.에이.이나트륨 | 이산화규소 | 인산 | 제삼인산나트륨 |
| 제삼인산칼륨 | 제이인산칼륨 | 제일인산나트륨 | 제일인산칼륨 | 질산나트륨 |
| 초산나트륨 | 카복시메틸셀룰로스나트륨 | 탄닌산 | 탄산나트륨 | 탄산수소나트륨 |
| 탄산칼륨(무수) | 폴리소르베이트20 | 폴리소르베이트60 | 폴리아크릴산나트륨 | 폴리에틸렌글리콜 |
| 폴리인산나트륨 | 폴리인산칼륨 | 피로인산나트륨 | 황산나트륨 | 황산마그네슘 |

## 16

### 혼합제제류

> 해설

(1) 혼합제제 정의
   1) 식품첨가물을 2종 이상 혼합하거나, 1종 또는 2종 이상 혼합한 것을 희석제와 혼합하거나 또는 희석한 것
   2) 다만, 혼합제제에 속하는 것일지라도 따로 규격이 정하여진 것은 이 규격의 적용을 받지 아니한다.

(2) 종류
   1) L-글루탐산나트륨제제
      ① 주성분인 L-글루탐산나트륨과 식품첨가물을 50.0% 이상 함유하거나 또는 향신료(분말, 착즙 또는 추출물), 염화나트륨(식염), 전분, 포도당, 설탕, 덱스트린중 1종 이상을 혼합하거나 희석한 것(스프류 제외).
      ② L-글루탐산나트륨 성분이 50.0% 이하일지라도 염화나트륨(식염), 핵산 관련성분만으로 혼합, 희석한 것도 포함
      ③ 함량 : L-글루탐산나트륨의 표시량에 대하여 90.0% 이상
   2) 면류첨가알칼리제
      ① 탄산나트륨, 탄산칼륨, 탄산수소나트륨, 인산류의 나트륨염 또는 칼륨염중 1종 또는 2종 이상을 함유한 것
      ② 품목
         ㉠ 고형~
         ㉡ 액상~
         ㉢ 희석분말~ (소맥분 및 불용성 전분으로 희석한 것)
   3) 보존료 제제
      ① 보존료를 2종 이상 혼합하거나, 그 1종 이상을 기타 식품첨가물 또는 희석제와 혼합하거나 희석한 것
      ② 2종 이상의 보존료를 혼합하여 제제를 만들 경우 개별 보존료의 사용기준에 적합하도록 혼합 또는 희석하여야 한다.
      ③ 함량 : 표시량의 90.0~110.0%
   4) 사카린나트륨제제
      ① 주성분 사카린나트륨을 5%이상 함유하도록
         ㉠ 포도당, 전분, 중탄산나트륨, 염화나트륨
         ㉡ 또는 DL-알라닌, 글리신, D-소비톨, D-소비톨액
         ㉢ 또는 L-글루탐산나트륨 1종 이상을 혼합 희석한 것을 말한다.
      ② 함량 : 사카린나트륨($C_7H_4O_3NSNa \cdot 2H_2O$)의 표시량에 대하여 90.0~110.0%를 함유
   5) 타르색소 제제
      ① 타르색소를 2종 이상 혼합하거나, 그 1종 이상을 기타 식품첨가물 또는 희석제와 혼합하거나 희석한 것

# CHAPTER 07 식품에 존재하는 유해물질들

## 01 [2007-2, 2012-3, 2023-2]

### 에틸카바메이트

**해설**

(1) 발생 원인
- 과일 종자에 함유된 시안 화합물에서 유래하여 발효 중 생성된 요소 내의 카보닐기(C=O)와 발효 중 생성된 에탄올($CH_3CH_2OH$) 간에 탈아미노 반응 및 친핵성 치환 반응을 일으켜 생성된다.
- 전구체 : 시안화수소산, 요소, 시트룰린, 아르기닌, 시안배당체, N-carbamoyl 화합물 등

(2) 줄일 수 있는 방법
1) 원료와 콩과 식물을 같은 농지에서 재배를 금하고, 질소 비료 사용을 줄일 것
2) 상업적으로 요소를 적게 생성하는 효모를 사용하고, 국 사용을 최소화할 것
3) 상처가 없고 품질이 우수한 단백질 함량이 적은 원료를 사용할 것
4) 효모의 질소원(제이인산암모늄 등) 함량을 줄이고 요소 사용을 금할 것
5) 발효 및 증류 전 종자를 제거하는 것이 좋음
6) 침출 시 에탄올 함량은 50%이하로 조절 후, 25℃ 이하로 식힌 것을 사용하며, 침출시간은 최대한 짧게 할 것(100일 이내)
7) 아황산염류 농도를 200ppm이하로 처리할 것
8) 침출, 보관, 유통 등에서 저온 조건을 유지하며(25℃ 이하로 최대한 낮게), 고온(38℃이상) 및 햇빛에 노출을 방지한다.
9) 발효가 끝나고 여과 전에 산성요소분해를 효소 사용할 것
10) 술덧 증류 시 구리증류기에 직화가 아닌 스팀을 이용하여 천천히 가열하고, 증류시간을 최대한 짧게 할 것
11) 증류획분(도수 55%)까지 수집하고, 분획하여 분리된 초류와 후류는 사용하지 말 것
12) 주정 첨가 시 효모를 제거할 것

## 02 [2010-1]

"프탈레이트(Phthalate)" 생성 기작과 사용 목적

**해설**

(1) 생성기작

PVC(폴리염화비닐) 등의 각종 플라스틱 제품을 접하는 제조 공정 또는 포장 용기 등을 통해 용출되어 묻어나온다.

(2) 사용목적

플라스틱(PVC 등)의 가소제로 사용되어 가공을 용이하게 할 목적으로 사용된다.

## 03 [2007-1, 2009-3, 2012-1, 2020-4·5]

식품 중에서 퓨란(Furan)이 생성되는 주요경로와 제품 중 거의 잔류되지 않는 이유

**해설**

(1) 주요경로

식품 내 탄수화물, 아미노산, 비타민C, 다중 불포화 지방산으로부터 Maillard 반응에 의해 생성되며, 가열 및 낮은 pH 조건에서 더욱 잘 생성됨(커피, 육류통조림, 빵, 열을 가하여 조리한 닭고기, 캐러멜, 스프, 소스, 콩, 파스타, 유아용 식품 등)

(2) 제품 중 거의 잔류되지 않는 이유

식품 가열과정에서 일부 생성된다 하더라도 끓는점이 31.5℃로 낮은 편이라 대부분 휘발되므로 식품에 남아 있지 않게 되어 최종적인 제품에서는 일반적으로 문제되지 않음

## 04 [2008-2]

**산 분해 간장에서 3-MCPD의 생성원인**

> **해설**

지방과 염분을 성분으로 하는 식품을 고온으로 제조하는 과정에서 생성됨, 주로 산분해간장 및 식물성 단백가 수분해산물(HVP) 제조시, 원료에 포함된 잔류지질이나 인지질이 HCl을 사용한 산 가수분해 반응 부산물로 생성됨

Glycerol → 3-monochloropropan-1,2-diol (3-MCPD, Recamized) + $H_2O$

## 05 [2023-2]

아미노산 및 단백질을 함유한 식품을 100 ~ 250℃ 사이로 가열하면 열분해에 의해 헤테로사이클릭아민(Heterocyclic amines, HCAs)이 생성되며, 300℃ 이상으로 가열할 때 발생량은 최대가 된다. 식품에 함유된 단백질 및 수분 함량에 따른 HCAs 발생량에 대하여 비례 또는 반비례 관계에 대해 적으시오.

> **해설**

(1) 비례 : ( 단백질 )
(2) 반비례 : ( 수분 )

## 06 [2023-3]

**포름알데히드(Formaldehyde, HCHO)가 용출되는 합성수지 중 열경화성 수지**

> **해설**

페놀수지(PF), 요소수지(UF), 멜라민수지(MF) 중 택 1
[참고] 포름알데히드(Formaldehyde) 용출검사 대상 시료
1) 열경화성수지 : 페놀수지(PF), 멜라민수지(MF), 요소수지(UF)
2) 열가소성수지 : 폴리아세탈(POM), 폴리락타이드(PLA), 부틸렌숙시네이트-아디페이트 공중합체(PBSA), 부틸렌숙시네이트 공중합체(PBS)(POM 제외하고 생분해성 수지)
3) 기타재질 : 고무제, 종이제, 전분제
cf) 포르말린은 포름알데히드의 수용액(통상 40%)

# CHAPTER 08 > 물질 섭취에 대한 안전지표들

## 01 [2005-3]

**식품의 위해평가에 사용되는 인체노출량을 평가하는 방법**

> 해설

① 시장바구니 방법(Market Basket approach)
② 식이 섭취 조사 방법(Surveillance approach, Food consumption survey method), 총 식이조사(Total Diet Study)
③ 1인당 평균소비량 방법(Per capita disappenance approach)
④ 중복 식이 평가방식(Duplicate meal approach)
⑤ 시나리오 방법(Senario appoach)
⑥ 모델 식이방법(Model diet approach)
⑦ 노출 분석 모델링(Modeling exposure analysis)

## 02

**용어 정의**

> 해설

(1) NEL : No Effect Level, 무작용량, 어떤 영향도 나타나지 않는 수준
(2) NOEL : No Observed Effect Level, 무관찰작용량, 현재의 평가방법으로는 영향이 관찰되지 않는 수준, 동물실험에서 ThD로 활용됨
(3) NOAEL : No Observed Adverse Effect Level, 무관찰부작용량, 해당 실험 동물에 계속 투여하여도 어떠한 악영향도 관찰되지 않는 수준
(4) ThD : Threshold Dose, 반응관계에서 해당 수준 이하에서 유해한 영향이 발생하지 않을 것으로 기대되는 용량
(5) MNEL : Maximum No Effect Level, 최대 무작용량, 해당 실험 동물에 계속 투여하여도 아무런 작용이 나타나지 않는 양
(6) ADI : Acceptable Daily Intake, 사람이 하루에 섭취할 수 있는 1일 섭취허용량 [2007-3, 2018-2, 2019-3]
(7) TDI : Tolerance Daily Intake, 일일섭취내용량, 사람이 일생 동안 섭취하여도 건강상 유해한 영향이 나타나지 않을 것으로 예상되는 양 (mg/kgday), 해롭다 판단되는 물질(중금속, 금지약품 등)에 적용
TDI = MNEL × 안전계수 (통상적으로 1/100)
(8) MPI : Maximum Permissible Intake, 일일최대섭취허용량

(9) GRAS : Generally Recognized As Safe, 일반적으로 안전하다고 인정하는 물질 또는 과학적인 절차를 통해 물질의 의도된 사용 조건 하에서 안전성을 평가하였을 때 해가 나타나지 않거나 증명되지 않은 물질

(10) $LD_{50}$ : Lethal Dose 50, 반수치사량, 일정 시간 동안 실험한 동물의 50%가 사망하는 데 요구되는 물질의 일회 투여량(설치류 기준 2주) [2019-2]

(11) $LC_{50}$ : Lethal Concentration 50, 반수치사농도, 일정 시간 내에 실험한 생물의 50%가 사망하는 데 요구되는 물질의 농도(설치류 4시간, 어류 96시간, 물벼룩 48시간, 조류(Algae) 72시간 또는 96시간) [2019-2]

(12) TLm : Tolerance Limit Median, 한계치사농도, 일정 시간동안 해당 물질이 포함된 물 속에서 어류를 사육하여 50%가 살아 남을수 있는 농도 [2019-2]

(13) $TD_{50}$ : Toxic Dose(또는 Tumor Dose) Median, 중간 중독량, 실험 동물 중 50%의 개체에서 중독(또는 표준 수명기간 중 종양) 증상이 나타나는 양

(14) TMDI : Theoretical Maximum Daily Intake, 이론적 일일 최대 섭취량 [2021-1, 2023-3]

(15) Maximum Residue Limits, 최대 식품 허용 잔류량

(참고)
농약잔류허용기준 설정은 식품을 통해서 평생 매일 먹어도 인체에 아무런 영향을 주지 않는 수준에서 설정하며, 안전 수준 평가는 ADI 대비 TDMI 값의 80%를 먹지 않아야 안전한 수준이다.

## 03 [2021-3]

### 기구 및 용기포장 공전 중 "기준 및 규격의 구성" 전문

**해설**

가. 이 기준 및 규격은 총칙, 공통기준 및 규격, 재질별 규격, 시험법으로 나눈다.
나. 재질별 규격은 기구 및 용기·포장의 재질을 합성수지제, 가공셀룰로스제, 고무제, 종이제, 금속제, 목재류, 유리제, 도자기제, 법랑 및 옹기류, 전분제로 구분하여 재질별로 정의, ( 잔류 ) 규격, ( 용출 ) 규격, 시험법으로 구성한다.
  1) 정의는 해당재질의 범위를 규정하기 위해서 제조 시 사용되는 원료물질 및 그 함량, 제조방법 등으로 구성한다.
  2) ( 잔류 ) 규격 및 ( 용출 ) 규격은 기구 및 용기·포장 제조 시 원료물질 등으로 사용되어 재질 중 잔류하거나 재질에서 식품으로 이행될 수 있는 유해물질에 대한 규격 등이 제시되어 있다.
  3) 시험법은 공통기준 및 규격, ( 잔류 ) 규격, ( 용출 ) 규격에 기준 또는 규격이 정해져 있는 개별 항목에 대한 시험법이다.
다. 시험법은 일반원칙, 항목별 시험법으로 구성한다.

## 04 [2021-3]

### 기구 및 용기포장 공전 중 "PVC" 일부

**해설**

1) 정의

폴리염화비닐이란 기본 중합체(base polymer) 중 염화비닐의 함유율이 50% 이상인 합성수지제를 말한다.

2) ( 잔류 ) 규격

| 항목 | 규격(mg/kg) |
|---|---|
| 염화비닐 | 1 이하 |
| 디부틸주석화합물<br>(이염화디부틸주석으로서) | 50 이하 |
| 크레졸인산에스테르 | 1,000 이하 |

3) ( 용출 ) 규격

| 항목 | 규격(mg/L) |
|---|---|
| 납 | 1 이하 |
| 과망간산칼륨 소비량 | 10 이하 |

4) 시험방법

가) 염화비닐 : IV. 2. 2-16 염화비닐 시험법 가. ( 잔류 ) 시험
나) 디부틸주석화합물 : IV. 2. 2-17 디부틸주석화합물 시험법
다) 크레졸인산에스테르 : IV. 2. 2-18 크레졸인산에스테르 시험법
라) 납 : IV. 2. 2-1 납 시험법 나. ( 용출 ) 시험
마) 과망간산칼륨소비량 : IV. 2. 2-7 과망간산칼륨소비량 시험법

[적용문제]

**01** [2010-1, 2012-1, 2015-1, 2020-2]

어떤 식품 첨가물의 1일 섭취 허용량(ADI)을 구하기 위하여 동물(쥐)실험을 한 결과 NOAEL이 250 mg/kg · day 였다면 안전계수 1/100 로 하여 체중 50kg 인 사람 및 60kg인 사람의 ADI를 구하시오.

> **해설**

1) 50kg의 경우

$$ADI = 250[mg/kg \cdot day] \times 50[kg] \times \frac{1}{100} = 125[mg/day]$$

2) 60kg의 경우

$$ADI = 250[mg/kg \cdot day] \times 60[kg] \times \frac{1}{100} = 150[mg/day]$$

3) 최대무작용량이 230mg/kg·day일 때 체중 50 kg인 경우

ADI(mg/day) = NOAEL(mg/kg·day) ÷ (안전계수) × 체중(kg)
 = 230 ÷ ( 10 ×10 ) × 50
 = 115 (mg/day)


**02** [2008-2]

NOAEL 350mg/kg · day, 안전계수 100, 식품계수 0.1kg/day일 때 아래의 내용을 구하시오.

1) ADI(mg/kg·day)
2) 1인(60kg)의 MPI(mg/day) - Maximum Permissible Intake, 일일최대섭취허용량
3) MRL(mg/kg 또는 ppm) - Maximum Residue Limits, 최대 식품 허용 잔류량

> **해설**

1) ADI(mg/kg · day)

$$ADI = 350[mg/kg\,day] \times \frac{1}{100} = 3.5[mg/kg\,day]$$

2) 1인(60kg)의 MPI(mg/day) - Maximum Permissible Intake, 일일최대섭취허용량

$$MPI = 3.5[mg/kg\,day] \times 60[kg] = 210[mg/day]$$

3) MRL(mg/kg 또는 ppm) - Maximum Residue Limits, 최대 식품 허용 잔류량

$$MRL = \frac{210[mg/day]}{0.1[kg/day]} = 2100[mg/kg] = 2100[ppm]$$

## 03 [2019-3]

어떤 식품첨가물의 최대 무작용량이 1mg/kg일 때, 30kg의 체중을 가진 어린이가 매일 과자를 30g을 섭취한다고 한다. 이 때, ADI는?

> **해설**

1) 특별한 경우가 아니라면 종간 차와 개체 차를 고려하여 1/10씩을 각각 적용

$$1[mg/kg.day] \times 30[kg] \times \frac{1}{100} = 0.3[mg/day]$$

2) 만성독성시험자료가 없거나 축적이 잘 되거나 치명적인 물질일 경우 불확실성을 추가로 고려

$$1[mg/kg.day] \times 30[kg] \times \frac{1}{1000} = 0.03[mg/day]$$

# CHAPTER 09 건강기능식품

## 01 [2013-3]

### 건강기능식품과 의약품의 차이

**해설**

(1) 건강기능식품 : 인체의 정상적인 기능을 유지하거나 생리 기능을 활성화시켜 건강을 유지하고 개선하는 데 도움을 주는 식품
(2) 의약품 : 질병의 직접적인 치료나 예방을 목적으로 함

## 02 [2018-3]

### 건강기능식품의 기능성

**해설**

(1) 정의 : 의약품과 같이 질병의 직접적인 치료나 예방을 하는 것이 아니라 인체의 정상적인 기능을 유지하거나 생리기능 활성화를 통하여 건강을 유지하고 개선하는 것
  1) 영양소 기능 : 인체의 성장·증진 및 정상적인 기능에 대한 영양소의 생리학적 작용
  2) 생리활성기능 : 인체의 정상기능이나 생물학적 활동에 특별한 효과가 있어 건강상의 기여나 기능향상 또는 건강유지·개선 기능
  3) 질병발생 위험감소 기능 : 식품의 섭취가 질병의 발생 또는 건강상태의 위험을 감소하는 기능

## 03 [2016-2]

### 기능성 등급

**해설**

건강기능식품에는 기능을 나타내는 성분이 인체에서 유용한 기능성을 나타낼 수 있는 정도로 들어있으나, "기타가공품"과 같은 일반식품(홍삼정이나 홍삼캔디, 홍삼음료 등)에는 기능을 나타내는 성분이 낮게 들어있거나 식약청에서 인정한 기능성을 표시하지 못한다.

| 기능성 구분 | 기능성 내용 |
| --- | --- |
| 질병발생 위험 감소 기능 | ○○발생 위험 감소에 도움을 줌 |
| 생리활성기능 | ○○에 도움을 줄 수 있음 |

## 04 [2015-3, 2017-3, 2019-1, 2015-3, 2017-3, 2019-1, 2024-2]

### 기능성식품에서 고시된 원료와 개별인정 원료의 차이점

> 해설

(1) 고시된 원료 개념 : 「건강기능식품 공전」에 등재되어 있는 기능성 원료
(2) 고시된 원료 인증 절차 : 공전에서 정하고 있는 제조 기준, 규격, 최종제품의 요건에 적합할 경우 별도의 인정 절차가 필요하지 않다.
(3) 개별인정 원료 개념 : 「건강기능식품 공전」에 미등재되었으나, 식품의약품안전처장이 개별적으로 인정한 원료
(4) 개별인정 원료 인증절차 : 건강기능식품제조업·수입업 영업자가 그 안전성 및 기능성 등에 관한 자료를 식품의약품안전처장에게 제출하여 건강기능식품 기능성 원료로 인정받아 사용

## 05 [2013-2]

### 피부 건강에 도움을 주는 건강기능식품이 지니는 효능과 고시형 또는 개별인정형 건강기능식품 원료

> 해설

(1) 효능 : 피부보습, 햇볕 또는 자외선에 의한 피부손상으로부터 피부건강을 유지하는데 도움
(2) 개별인정형 기능성 원료 : 소나무껍질추출물등 복합물, 홍삼·사상자·산수유복합추출물, 핑거루트추출분말, 핑거루트추출분말(판두라틴), 쌀겨추출물, 지초추출분말, AP 콜라겐 효소 분해 펩타이드, 민들레 등 추출복합물, Collactive 콜리겐펩디이드, 지분자콜라겐펩다이드, 옥수수배아추출물, 프로마이오딕스 HY7714, 콩·보리 발효복합물, 밀배유추출물, 석류농축액, 석류농축분말, PME88 메론추출물, 허니부쉬추출발효분말, 피쉬 콜라겐펩타이드, 저분자콜라겐펩타이드NS, 로즈마리자몽추출복합물, 배초향 추출물(Agatri®), 수국잎열수추출물, 밀 추출물(Ceratiq®) 등
(3) 고시형 기능성 원료 : 엽록소 함유 식물, 클로렐라, 스피루리나, 포스파티딜세린, NAG(엔에이지, N-acetylglucosamine), 알로에 겔, 히알루론산, 곤약감자추출물

## 06 [2016-1, 2022-3, 2024-2]

### 기능성식품의 공통적인 기능

> 해설

(1) 인삼 : 면역력 증진·피로개선·뼈 건강에 도움을 줄 수 있음, 간 건강에 도움을 줄 수 있음
(2) 홍삼 : 면역력 증진에 도움을 줄 수 있음, 피로 개선, 혈소판 응집억제를 통한 혈액흐름, 기억력 개선, 항산화, 갱년기 여성의 건강에 도움을 줄 수 있음
(3) 알콕시글리세롤 함유 상어간유 : 면역력 증진에 도움을 줄 수 있음
(4) 알로에 겔 : 피부건강, 장 건강, 면역력 증진에 도움을 줄 수 있음
(5) 녹차추출물 : 항산화, 체지방 감소, 혈중 콜레스테롤 개선에 도움을 줄 수 있음(지표성분 : 카테킨(Catechin))

## 07 [2014-3]

상어 어유와 간유 등에 많이 함유된 불포화지방산 6개의 이소프렌을 가지고 있는 탄화수소

**해설**

- 스쿠알렌($C_{30}H_{50}$)
- 기능성 : 항산화에 도움을 줄 수 있음

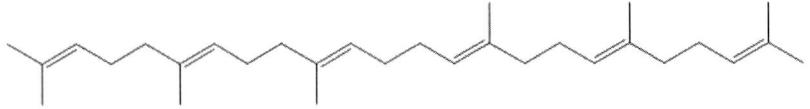

## 08 [2008-3, 2010-1, 2012-2, 2019-3, 2020-4·5]

우수건강기능식품제조및품질관리기준(GMP)의 정의와 목적

**해설**

(1) 정의

    1) GMP(Good Manufacturing Practice) : 우수건강기능식품제조 및 품질관리기준

- 안전하고 우수한 품질의 건강기능식품을 제조하도록 하기 위한 기준으로서 작업장의 구조, 설비를 비롯하여 원료의 구입부터 생산·포장·출하에 이르기까지 전 공정에 걸쳐 생산과 품질의 관리에 관한 체계적인 기준

(2) 목적

- 인위적 과오의 최소화, 오염 및 품질변화 방지, 품질보증체계의 확립

## 09 [2020-4·5]

SSOP(Sanitation Standard Operating Procedure)

**해설**

(1) 정의

- 일반적인 위생관리 운영기준, 영업장, 종업원, 용수, 보관 및 운송, 검사·회수관리 등의 운영절차 기준

**10** [2017-1, 2020-3]

기존까지 사용이 허용되지 않은 약초의 추출물을 "식품으로서" 허가받으려고 한다. 이를 위한 고시 내용과 방법 허가를 받을 기관을 적으시오.

> 해설

(1) 관련고시명
- 식품위생법 제7조제2항 및 식품위생법 시행규칙 제5조
- 식품등의 한시적 기준 및 규격 인정 기준 (식약처 고시)

(2) 식품에 사용하기 위한 방법
- 신청서, 제품 또는 시제품, 제출 자료 제출
- 제출자료의 요약본
- 기원 및 개발경위, 국내·외 인정, 사용현황 등에 관한 자료
- 제조방법에 관한 자료
- 원료의 특성에 관한 자료
- 안전성에 관한 자료

(3) 기관명 – 식품의약품안전평가원 "신소재식품과"

cf) 건강기능식품으로서 인정받을 경우
① 관련고시명 – 건강기능식품에 관한 법률 제15조 제2항 및 「건강기능식품 기능성 원료 및 기준·규격 인정에 관한 규정」
② 식품에 사용하기 위한 방법 – 영업자가 자료 (원료의 안전성, 기능성, 기준 및 규격 등)를 제출하여 관련 규정에 따른 평가를 통할 것
③ 기관명 – 식품의약품안전처

# CHAPTER 10 > 식중독 및 경구감염병

## 01 [2014-2, 2017-1, 2020-2, 2020-3]

### 식중독의 정의 및 분류

**해설**

(1) 정의 : 식품의 섭취로 인하여 인체에 유해한 미생물 또는 유독 물질에 의하여 발생하였거나 발생한 것으로 판단되는 감염성 또는 독소형 질환(식품위생법 제2조제14항)

(2) 식중독의 분류

| 분류 | | | 종류 |
|---|---|---|---|
| 미생물 식중독 (30종) | 세균성 (18종) | 감염형 | 살모넬라, 장염비브리오, 콜레라, 비브리오 불니피쿠스, 리스테리아 모노사이토제네스, 병원성대장균(EPEC, EHEC, EIEC, ETEC, EAEC), 바실러스세레우스(설사형), 쉬겔라, 여시니아 엔테로콜리티카, 캠필로박터 제주니, 캠필로박터 콜리 |
| | | 독소형 | 황색포도상구균, 클로스트리디움 퍼프린젠스, 클로스트리디움 보툴리눔, 바실러스세레우스(구토형) |
| | 바이러스성 (7종) | - | 노로, 로타, 아스트로, 장관아데노, A형간염, E형간염, 사포 바이러스 |
| | 원충성 (5종) | - | 이질아메바, 람블편모충, 작은와포자충, 원포자충, 쿠도아 |
| 자연독 식중독 | | 동물성 | 복어독, 시가테라독, 베네루핀, 삭시톡신 등 |
| | | 식물성 | 감자독, 원추리, 여로, 박새풀, 버섯독 등 |
| | | 곰팡이 | 황변미독, 맥각독, 아플라톡신 등 |
| 화학적 식중독 | 고의 또는 오용으로 첨가되는 유해물질 | | 식품첨가물 |
| | 본의 아니게 잔류, 혼입되는 유해물질 | | 잔류농약, 유해성 금속화합물 |
| | 제조·가공·저장 중에 생성되는 유해물질 | | 지질의 산화생성물, 니트로아민, 벤젠, 벤조피렌, 니트로소아민, 3-MCPD 등 |
| | 기타물질에 의한 중독 | | 메탄올 등 |
| | 조리기구·포장에 의한 중독 | | 녹청(구리), 납, 비소, 카드뮴, 아연 등 |

1) 식중독은 일반적으로 구토, 설사, 복통, 발열 등의 증상을 나타내며 원인 물질에 따라 잠복기와 증상의 정도가 다르게 나타난다.
2) 자연독 식중독 발생원인 : 식물 또는 동물이 원래부터 가지는 성분이거나, 먹이사슬을 통해 동물의 체내에 축적되어 유독물질이 생길 수 있음

(3) 주요 미생물 식중독의 원인 및 증상
   1) 세균성 식중독

| 병원체 | 잠복기 | 증상 |
|---|---|---|
| 바실러스 세레우스 | | |
| a. 구토독소 | 1~6시간 | 구토, 일부 설사, 간혹 발열 |
| b. 설사독소 | 6~24시간 | 설사, 복통, 일부 구토, 간혹 발열 |
| 캠필로박터균 | 2~7일 | 설사(가끔 혈변), 복통, 발열 |
| 클로스트리디움 퍼프린젠스 | 8~24시간 | 설사, 복통, 간혹 구토와 열 |
| 장출혈성대장균 (EHEC) | 2~6일 | 수양성 설사(자주 혈변), 복통(가끔 심함), 발열은 거의 없음 |
| 장독소성대장균 (ETEC) | 6~48시간 | 점액성 설사, 복통, 오심 간혹 구토·발열 |
| 장병원성대장균 (EPEC) | 일정치 않음 | 수양성 설사(자주 혈변), 복통, 발열 |
| 장침입성대장균 (EIEC) | 일정치 않음 | 수양성 설사(자주 혈변), 발열, 복통 |
| 살모넬라균 | 12~36시간 | 설사, 발열 및 복통은 흔함(2차감염 가능) |
| 황색포도상구균 | 1~6시간 (2~4시간) | 심한 구토, 설사 |
| 장염비브리오균 | 4~30시간 | 설사, 복통, 구토, 발열 |
| 여시니아 엔테로콜리티카 | 1~10일 (통상 4~6일) | 설사, 복통(가끔심하다) |
| 리스테리아 모노사이토제네스 | 1~6주 | 건강인 : 감기와 유사 증상<br>임신부 : 유산, 사산<br>면역력저하자 : 수막염, 패혈증 |
| 클로스트리디움 보툴리눔 | 12~36시간 | 구토, 복부경련, 설사, 근무력증, 착시현상, 신경장애, 호흡곤란 |

※ 설사증세는 일반적으로 묽거나 수양성이며 위장관 감염시는 비출혈성 설사를 보임

2) 바이러스성 식중독

| 병원체 | 보유핵산 | 잠복기 | 증상 | 전파기전 |
|---|---|---|---|---|
| 아스트로 바이러스 | ssRNA(+) | 1~4일/ 3~4일 (짧은 경우 24~36시간) | 구토(가끔), 미열(가끔), 설사, 오심, 복통 | 식품, 물, 분변-구강전파 |
| 장내 아데노바이러스 | dsDNA | 7~8일 /8~10일 | 구토(통상), 발열(통상), 설사, 복통, 호흡기 증상 | 물, 분변-구강전파 |
| 노로바이러스 | ssRNA(+) | 24~48시간/ 10~50시간 (12~48시간) | 구토(통상), 미열(드물거나 미약), 설사, 오심, 복통 | 식품, 물, 접촉감염, 분변-구강전파 |
| 그룹 A형 로타바이러스 | dsRNA | 1~3일/ 24~72시간 | 발열, 구토, 수양성 설사 | 물, 비말감염, 병원감염, 분변-구강전파 |
| 사포바이러스 | ssRNA(+) | 24~48시간 | 구토(통상), 발열(통상), 설사, 권태감, 복통 | 분변-구강전파 사람 간 감염 추정 |

3) 감염 증상 시 검사법 [2024-2]
　　① 2명 이상 검체에서 RT-PCR법을 통하여 바이러스 RNA를 검출
　　　(장내 아데노바이러스의 경우는 PCR 사용)
　　② 2명 이상 검체에서 전자현미경으로 바이러스의 특징적인 모양을 확인
　　③ 2명 이상 검체에서 효소 면역 측정법(EIA) 양성을 확인
중 택 1

## 02 [2008-3]

**화학성 식중독의 발생 요인**

> 해설

① 유해 식품첨가물
② 유해중금속
③ 농약
④ 환경호르몬
⑤ 식품 제조 및 가공 중에 유독 물질 발생

## 03 [2011-2]

### 교차오염 정의

**해설**

식재료, 기구, 용수 등에 오염되어 있던 미생물이 오염되어 있지 않은 식재료, 기구 종사자와의 접촉 또는 작업과정에 혼입됨으로 인하여 미생물의 전이가 일어나는 것

## 04 [2016-1, 2022-3]

### 세균성 식중독과 감염병의 차이

**해설**

(1) **식중독** : 독성 약함, 대량 증식이 필요함, 2차 감염 거의 없음, 보다 짧은 잠복기, 균 증식 억제로 예방 가능, 항체 생성 및 면역성이 일반적으로 없다, 유행 곡선은 가파른 곡선
(2) **감염병** : 독성 강함, 적은 균으로도 발병함, 2차 감염 많음, 긴 잠복기, 피상적 전파, 긴 잠복기, 예방 어려움, 항체 생성 및 면역성 있는 경우 많다. 유행 곡선은 완만한 곡선
(3) **유행곡선**(Epidemic Curve, Epi Curve) [2016-1, 2022-3]
   1) 시간에 따른 감염병 전파의 진행 상황 및 감염자들의 감염 시기를 나타낸 곡선
   2) 유행곡선의 x축은 사람이 감염된 시기(발병일, Illness onset)를 나타냄
   3) 유행곡선의 y축은 각 시기별 발생한 감염자의 숫자를 나타냄
   4) 유행곡선이 주는 정보
      ① 사례들(Cases)의 시계열 분포
      ② 전반적인 유행 패턴을 벗어나는 아웃라이어(Outliers)
      ③ 대략적인 감염 규모와 감염 양상
      ④ 일반적인 단일노출 유행곡선(Point source outbreak)에서 노출 시기 추정가능
      ⑤ 식중독의 유행곡선은 잠복기가 비교적 짧아(시간 단위) 가파른 형태의 곡선이나, 감염병의 유행곡선은 잠복기가 길어(일 단위) 상대적으로 완만한 곡선이다.

## 05 [2021-3]

## 제 1급 감염병

**해설**

(1) 정의
생물테러감염병 또는 치명률이 높거나 집단 발생의 우려가 커서 발생 또는 유행 즉시 신고하여야 하고, 음압격리와 같은 높은 수준의 격리가 필요한 감염병. 다만, 갑작스러운 국내 유입 또는 유행이 예견되어 긴급한 예방·관리가 필요하여 질병관리청장이 보건복지부장관과 협의하여 지정하는 감염병을 포함

(2) 종류
에볼라바이러스병, 마버그열, 라싸열, 크리미안콩고출혈열, 남아메리카출혈열, 리프트밸리열, 두창, 페스트, 탄저, 보툴리눔독소증, 야토병, 신종감염병증후군, 중증급성호흡기증후군(SARS), 중동호흡기증후군(MERS), 동물인플루엔자 인체감염증, 신종인플루엔자, 디프테리아

## 06

## 제 2급 감염병

**해설**

(1) 정의
전파가능성을 고려하여 발생 또는 유행 시 24시간 이내에 신고하여야 하고, 격리가 필요한 감염병. 다만, 갑작스러운 국내 유입 또는 유행이 예견되어 긴급한 예방·관리가 필요하여 보건복지부장관이 지정하는 감염병을 포함

(2) 종류
결핵, 수두, 홍역, 콜레라, 장티푸스, 파라티푸스, 세균성이질, 장출혈성대장균(EHEC) 감염증, A형간염, 백일해, 유행성이하선염, 풍진, 폴리오, 수막구균 감염증, b형헤모필루스인플루엔자, 폐렴구균 감염증, 한센병, 성홍열, 반코마이신내성황색포도알균(VRSA) 감염증, 카바페넴내성장내세균속균종(CRE) 감염증, E형간염

# 07

## 제 3급 감염병

> 해설

(1) 정의

그 발생을 계속 감시할 필요가 있어 발생 또는 유행 시 24시간 이내에 신고하여야 하는 감염병. 다만, 갑작스러운 국내 유입 또는 유행이 예견되어 긴급한 예방·관리가 필요하여 질병관리청장이 보건복지부장관과 협의하여 지정하는 감염병을 포함

(2) 종류

파상풍, B형간염, 일본뇌염, C형간염, 말라리아, 레지오넬라증, 비브리오패혈증, 발진티푸스, 발진열, 쯔쯔가무시증, 렙토스피라증, 브루셀라증, 공수병, 신증후군출혈열, 후천성면역결핍증(AIDS), 크로이츠펠트-야콥병(CJD) 및 변종크로이츠펠트-야콥병(vCJD), 황열, 뎅기열, 큐열, 웨스트나일열, 라임병, 진드기매개뇌염, 유비저, 치쿤구니야열, 중증열성혈소판감소증후군(SFTS), 지카바이러스 감염증

# 08

## 제 4급 감염병

> 해설

(1) 정의

제1급감염병부터 제3급감염병까지의 감염병 외에 유행 여부를 조사하기 위하여 표본감시 활동이 필요한 감염병.

(2) 종류

인플루엔자, 매독, 회충증, 편충증, 요충증, 간흡충증, 폐흡충증, 장흡충증, 수족구병, 임질, 클라미디아감염증, 연성하감, 성기단순포진, 첨규콘딜롬, 반코마이신내성장알균(VRE) 감염증, 메티실린내성황색포도알균 (MRSA)감염증, 다제내성녹농균(MRPA) 감염증, 제내성아시네토박터바우마니균(MRAB)감염증, 장관감염증, 급성호흡기감염증, 해외유입기생충감염증, 엔테로바이러스감염증, 사람유두종바이러스 감염증

## 09

### 수인성·식품매개 감염병의 병원체

**해설**

(1) 세균
　1) 2급 감염병 : 콜레라, 장티푸스, 파라티푸스, 세균성이질, 장출혈성대장균(EHEC) 감염증
　2) 3급 감염병 : 비브리오 패혈증
　3) 장관 감염증 : 살모넬라균 감염증, 장염비브리오균 감염증, 장독소성대장균(ETEC) 감염증, 장침습성대장균(EIEC) 감염증, 장병원성대장균 감염증(EPEC), 캄필로박터균 감염증, 클로스트리듐 퍼프린젠스 감염증, 황색포도알균 감염증, 바실루스 세레우스균 감염증, 예르시니아 엔테로콜리티카 감염증, 리스테리아 모노사이토제네스 감염증

(2) 바이러스
　1) 2급 감염병 : A형간염, E형간염
　2) 장관 감염증 : 그룹 A형 로타바이러스 감염증, 아스트로바이러스 감염증, 장내아데노바이러스 감염증, 노로바이러스 감염증, 사포바이러스 감염증

(3) 원충
　1) 장관 감염증 : 이질아메바 감염증, 람블편모충 감염증, 작은와포자충 감염증, 원포자충 감염증
　2) 기타 : 쿠도아충증


## 10 [2009-2, 2013-1, 2013-3, 2015-1, 2017-2, 2018-2]

### 노로바이러스

**해설**

(1) 세균과 바이러스와의 차이

| 구분 | 세균 | 바이러스 |
|---|---|---|
| 특성 | 균에 의한 것 또는 균이 생산하는 독소에 의하여 식중독 발병 | 크기가 작은 DNA 또는 RNA가 단백질 외피(캡시드)에 둘러 싸여 있음 |
| 증식 | 온도, 습도, 영양성분 등이 적정하면 자체 증식 가능 | 자체 증식이 불가능하며 반드시 숙주가 존재하여야 증식 가능 |
| 발병량 | 일정량(수백~수백만) 이상의 균이 존재하여야 발병 가능 | 미량(10~100) 개체로도 발병 가능 |
| 증상 | 설사, 구토, 복통, 메스꺼움, 발열, 두통 등 ||
| 치료 | 항생제 등을 사용하여 치료 가능하며 일부 균은 백신이 개발되었음 | 일반적 치료법이나 백신이 없음 |
| 2차감염 | 2차 감염되는 경우는 거의 없음 | 대부분 2차 감염됨 |

(2) 경구 감염 원인

바이러스에 오염된 지하수 및 분변에 오염된 음식 섭취

(3) 감염 경로 확인이 어려운 이유

1) 불현성 감염 및 무증상 작용

균을 보유한 상태이나 아무런 증상이 없는 상태로 바이러스가 체내에서 증식하여 배출된다. 때문에 무증상 보균자에 의한 전파가 발생할 수 있다. 증상이 사라진 후에도 2주 이상 바이러스가 배출될 수 있다.

2) 외부환경에서 오래 생존할 수 있는 이유

바이러스 외피(또는 외막, Envelope)가 없으나, 단백질 외각(Capsid)의 구조가 안정하여 알코올 손소독제로 파괴되지 않고, 외부 환경에 잘 견딘다.

3) 배양하기 어려운 이유

체내의 살아있는 체세포를 숙주로 삼아 증식하나, 숙주 세포가 in vitro(실험실 환경)에서 배양이 잘 되지 않으므로 바이러스의 세포 내 배양 역시 어렵다.

(4) 노로바이러스에서 유도기간(=잠복기간)의 정의

바이러스가 감염된 이후, 증식이 일어날 때 까지 무증상으로 나타나는 기간

## 11 [2018-3]

**수인성 · 식품매개 감염병 중 전수감시 감염병**

**해설**

1) 제 2급 감염병 : 콜레라, 장티푸스, 파라티푸스, 세균성 이질, 장출혈성(EHEC) 대장균 감염증, A형간염, E형간염
2) 제 3급 감염병 : 비브리오 패혈증

| 구분 | 감염 예방 | | | 확산 방지 | | | 비고 |
|---|---|---|---|---|---|---|---|
| | 예방접종* | 개인위생 | 환경관리 | 조기인지 | 환자관리 | 접촉자관리 | |
| 콜레라 | + | + | + | + | + | + | *고위험국 여행자 권장 |
| 장티푸스 | + | + | + | + | + | + | * 고위험군 대상 |
| 파라티푸스 | - | + | + | + | + | + | - |
| 세균성이질 | - | + | + | + | + | + | - |
| EHEC | - | + | + | + | + | + | - |
| A형간염 | + | + | + | + | + | + | * 접촉자 대상 |
| E형간염 | - | + | + | + | + | + | - |
| 비브리오 패혈증 | - | + | + | + | + | - | - |

## 12 [2009-1, 2011-2]

**식품위생법령상 「회수대상이 되는 식품 등의 기준」에서 언급된 식중독균의 종류**

**해설**

① 살모넬라 (*Salmonella enteriditis* 등)
② 대장균 O157:H7 (*E. Coli* O157:H7)
③ 캠필로박터 제주니 (*Campylobacter jejuni*)
④ 클로스트리디움 보툴리눔 (*Clostridium botulinum*)
⑤ 리스테리아 모노사이토제네스(*Listeria monocytogenes*)

## 13 [2021-2, 2024-2]

식육(제조, 가공용원료는 제외), 살균 또는 멸균처리하였거나 더 이상의 가공, 가열조리를 하지 않고 그대로 섭취하는 가공식품에서 검출되어서는 안되는 식중독균

> **해설**
> 
> · 살모넬라(*Salmonella* spp.)
> · 장염비브리오(*Vibrio parahaemolyticus*)
> · 리스테리아 모노사이토제네스(*Listeria monocytogenes*)
> · 장출혈성 대장균(*Enterohemorrhagic Escherichia coli*)
> · 캠필로박터 제주니/콜리(*Campylobacter jejuni/coli*)
> · 여시니아 엔테로콜리티카(*Yersinia enterocolitica*)

□ 참고
  대상 식품의 식중독균 규격
  n=5, c=0, m=0/25g

## 14 [2021-1]

영업에 종사하지 못하는 질병의 종류

식품위생법 제40조제4항에 따라 영업에 종사하지 못하는 사람은 다음의 질병에 걸린 사람으로 한다.
1. 「감염병의 예방 및 관리에 관한 법률」 제2조제3호가목에 따른 ( ① ) (비감염성인 경우는 제외한다)
2. 「감염병의 예방 및 관리에 관한 법률 시행규칙」 제33조제1항 각 호의 어느 하나에 해당하는 감염병
3. ( ② ) 또는 그 밖의 ( ③ ) 질환
4. 후천성면역결핍증(「감염병의 예방 및 관리에 관한 법률」 제19조에 따라 성매개감염병에 관한 건강진단을 받아야 하는 영업에 종사하는 사람만 해당한다)

> **해설**
> 
> ① : 결핵
> ② : 피부병
> ③ : 화농성(化膿性)

## 15 [2022-2, 2024-3]

### 황색포도상구균(*Staphylococcus aureus*)

> 해설

(1) 식품공전상 황색포도상구균 확인시험

> 다. 확인시험
> 분리배양된 평판배지상의 집락을 보통한천배지에 옮겨 35~37°C에서 18~24시간 배양한 후 그람염색을 실시하여 포도상의 배열을 갖는 그람양성 구균을 확인한 후 coagulase 시험을 실시하며 24시간 이내에 응고유무를 판정한다. Baird-Parker(RPF) 한천배지에서 전형적인 집락으로 확인된 것은 coagulase 시험을 생략할 수 있다. Coagulase 양성으로 확인된 것은 생화학 시험을 실시하여 판정한다.

(2) 주요 특징

| 균<br>(학명 또는 한글) | *Staphylococcus aureus* (황색포도상구균) |
|---|---|
| 열적 특성<br>(가열특성) | (1) 황색포도상구균은 열에 약하여 70 °C에서 2분 정도 가열하면 사멸한다.<br>(2) 황색포도상구균이 생성한 독소 Enterotoxin은 열에 강해 고온 조리에서쉽게 파괴되지 않으며, 121 °C에서 8~16분 가열해야 파괴된다. |
| 방지법 | (1) 흐르는 물에 비누로 30초 이상 손을 씻은 뒤, 조리 또는 섭취한다.<br>(2) 피부병 또는 그 밖의 고름형성(화농성) 질환을 가진 사람이 조리에 참여하지 못하도록 한다.<br>(3) 정상인의 25%에는 황색포도상구균이 피부나 코에 상재해있으므로, 조리 중 피부나 코를 만지는 것을 자제한다.<br>(4) 위생적으로 가열조리 후, 가급적 빠르게 섭취한다. |

## 16 [2024-2]

### 장염 비브리오 감염 예방법 3가지를 작성하시오.

> 해설

1) 신선한 어패류 구매 후 신속하게 냉장보관(5°C 이하)
2) 어패류를 수돗물로 2~3회 깨끗이 씻기
3) 비누 등 손 세정제를 사용하여 흐르는 물에 30초 이상 손 씻기
4) 가급적 생식을 피하고 충분히 가열 후 섭취(60°C 5분 또는 85°C 1분 이상)
5) 칼과 도마는 전처리용과 조리용으로 구분하여 사용하기
6) 이미 사용한 조리도구는 2차 오염 방지를 위해 세척 후 열탕 처리하기

중 택 3

## 17 [2007-2]

**크로노박터(구 사카자키균)**

(1) 영·유아에 대한 위해성
- 면역력이 약한 영유아에게 낮은 빈도로 장염 또는 뇌수막염을 일으키며, 회복되더라도 심각한 신경학적 장애를 남긴다.

(2) 소비자 측면에서 영·유아에 대한 감염 위험을 최소화 할 수 있는 방법
 ① 영·유아식 조제 시 위생적인 환경에서 열탕 소독한 기구를 사용한다.
 ② 끓였다 식힌 70℃ 이상의 물로 영·유아식을 먹을 양만큼만 조제한다.
 ③ 조제된 영·유아식을 흐르는 물이나 얼음으로 식힌 후 즉시 수유한다.
 ④ 조제 후 2시간 이내 수유하고, 먹다 남은 영·유아식은 폐기한다.
 ⑤ 당장 먹지 않을 경우에는 즉시 냉장고 속에 4℃에서 보관해야 하고, 만일 24시간 이내에 섭취하지 않을 경우에는 폐기하여야 한다.

## 18 [2021-2]

의사나 한의사가 식중독 환자를 진단하였을 때 지체 없이 바로 보고해야 하는 관할 대상을 하나만 쓰시오.

- 특별자치시장·시장·군수·구청장 중 택 1

# 19

## 기타 감염병의 종류

**해설**

(1) **기생충감염병** : 기생충에 감염되어 발생하는 감염병 중 질병관리청장이 고시하는 감염병
   1) 회충증
   2) 편충증
   3) 요충증
   4) 간흡충증
   5) 폐흡충증
   6) 장흡충증
   7) 해외유입기생충감염증

(2) **세계보건기구 감시대상 감염병** : 세계보건기구가 국제공중보건의 비상사태에 대비하기 위하여 감시대상으로 정한 질환으로서 질병관리청장이 고시하는 감염병
   1) 두창
   2) 폴리오
   3) 신종인플루엔자
   4) 중증급성호흡기증후군(SARS)
   5) 콜레라
   6) 폐렴형 페스트
   7) 황열
   8) 바이러스성 출혈열
   9) 웨스트나일열

(3) **생물테러감염병** : 고의 또는 테러 등을 목적으로 이용된 병원체에 의하여 발생된 감염병 중 질병관리청장이 고시하는 감염병
   1) 탄저
   2) 보툴리눔독소증
   3) 페스트
   4) 마버그열
   5) 에볼라바이러스병
   6) 라싸열
   7) 두창
   8) 야토병

(4) **성매개감염병** : 성 접촉을 통하여 전파되는 감염병 중 질병관리청장이 고시하는 감염병
   1) 매독
   2) 임질
   3) 클라미디아 감염증
   4) 연성하감
   5) 성기단순포진
   6) 첨규콘딜롬
   7) 사람유두종바이러스 감염증

(5) **인수공통감염병** : 동물과 사람 간에 서로 전파되는 병원체에 의하여 발생되는 감염병 중 질병관리청장이 고시하는 감염병
   1) 장출혈성대장균감염증
   2) 일본뇌염
   3) 브루셀라증
   4) 탄저
   5) 공수병
   6) 동물인플루엔자 인체감염증
   7) 중증급성호흡기증후군(SARS)
   8) 변종크로이츠펠트-야콥병(vCJD)
   9) 큐열
   10) 결핵
   11) 중증열성혈소판감소증후군(SFTS)

(6) **의료관련감염병** : 환자나 임산부 등이 의료행위를 적용받는 과정에서 발생한 감염병으로서 감시활동이 필요하여 질병관리청장이 고시하는 감염병
   1) 반코마이신내성황색포도알균(VRSA) 감염증
   2) 반코마이신내성장알균(VRE) 감염증
   3) 메티실린내성황색포도알균(MRSA) 감염증
   4) 다제내성녹농균(MRPA) 감염증
   5) 다제내성아시네토박터바우마니균(MRAB) 감염증
   6) 카바페넴내성장내세균속균종(CRE) 감염증

## 20 [2015-3]

### 상대위험도

모 학교에서 식중독 사고가 발생하였다. 이에 특정 일자의 식단표를 바탕으로 전교생 및 교직원, 조리 종사자 등 750명에 대해 섭취 유무 및 증상 유무에 대해 역학조사를 수행하였고, 다음과 같은 결과를 얻었다. 이 자료를 바탕으로 식중독의 원인 식품을 지목하시오.

| 구분 | 보쌈 | | 굴 보쌈김치 | | 숙주나물 | | 바닐라 아이스크림 | |
| --- | --- | --- | --- | --- | --- | --- | --- | --- |
| | 섭취 | 비섭취 | 섭취 | 비섭취 | 섭취 | 비섭취 | 섭취 | 비섭취 |
| 증상 | 450 | 100 | 350 | 100 | 100 | 400 | 400 | 100 |
| 무증상 | 150 | 50 | 200 | 100 | 100 | 150 | 100 | 150 |

**해설**

$$상대위험도 = \frac{섭취군 발병률}{비섭취군 발병률} = \frac{\frac{섭취자 중 증상자}{총 섭취자}}{\frac{비섭취자 중 증상자}{총 비섭취자}}$$

보쌈 : $상대위험도 = \dfrac{\frac{450}{450+150}}{\frac{100}{100+50}} = \dfrac{9}{8} \approx 1.13$

굴 보쌈김치 : $상대위험도 = \dfrac{\frac{350}{350+200}}{\frac{100}{100+100}} = \dfrac{14}{11} \approx 1.27$

숙주나물 : $상대위험도 = \dfrac{\frac{100}{100+100}}{\frac{400}{400+150}} = \dfrac{11}{16} \approx 0.69$

바닐라 아이스크림 : $상대위험도 = \dfrac{\frac{400}{400+100}}{\frac{100}{100+150}} = 2$

**답** 바닐라 아이스크림, 상대위험도가 가장 높게 계산되었다.

# CHAPTER 11 > 관능검사 및 식품의 맛

## 01 [2011-3]

### 관능검사를 실시하는 목적

**해설**

① 신제품 개발의 기초자료
② 기존 제품의 품질 및 공정 개선
③ 품질의 보증 또는 품질 수준의 유지
④ 원료 제품의 보존성 및 저장 안정성 시험
⑤ 소비자의 기호도 측정
⑥ 원가 절감
⑦ 신제품 및 개량품의 시장조사

## 02 [2017-3, 2020-3]

### 관능검사(성상)

**해설**

(1) 5가지 감각
- 시각, 청각, 후각, 미각, 촉각

(2) 기준
- 색깔, 풍미, 조직감, 외관

(3) 공통 기준
- 성상 기준에 따라 채점한 결과가 평균 3점 이상 1점 항목이 없어야 한다.

| 항목 | 채점 기준 |
| --- | --- |
| 색깔 | 1. 색깔이 양호한 것은 5점으로 한다.<br>2. 색깔이 대체로 양호한 것은 그 정도에 따라 4점 또는 3점으로 한다.<br>3. 색깔이 나쁜 것은 2점으로 한다.<br>4. 색깔이 현저히 나쁜 것은 1점으로 한다. |

| 항목 | 채점 기준 |
|---|---|
| 풍미 | 1. 풍미가 양호한 것은 5점으로 한다.<br>2. 풍미가 대체로 양호한 것은 그 정도에 따라 4점 또는 3점으로 한다.<br>3. 풍미가 나쁜 것은 2점으로 한다.<br>4. 풍미가 현저히 나쁘거나 이미·이취가 있는 것은 1점으로 한다. |
| 조직감 | 1. 조직감이 양호한 것은 5점으로 한다.<br>2. 조직감이 대체로 양호한 것은 그 정도에 따라 4점 또는 3점으로 한다.<br>3. 조직감이 나쁜 것은 2점으로 한다.<br>4. 조직감이 현저히 나쁜 것은 1점으로 한다 |
| 외관 | 1. 병충해를 입은 흔적 및 불가식부분 제거, 제품의 균질 및 성형상태와 포장상태 등 외형이 양호한 것은 5점으로 한다.<br>2. 제품의 제조·가공상태 및 외형이 비교적 양호한 것은 그 정도에 따라 4점 또는 3점으로 한다.<br>3. 제품의 제조·가공상태 및 외형이 나쁜 것은 2점으로 한다.<br>4. 제품의 제조·가공상태 및 외형이 현저히 나쁜 것은 1점으로 한다. |

## 03 [2017-2, 2023-3]

**색채계**(Color System)

**해설**

(1) 헌터색체계
   1) L – 명도(색의 밝고 어두운 정도, Luminosity, Lightness)
      100은 White, 0은 Black
   2) a – 적색도/녹색도(Redness/Greeness)
      +100은 Red, 0은 Gray, -80은 Green
   3) b – 황색도/청색도(Yellowness/Blueness)
      +70은 Yellow, 0은 Gray, -70은 Blue

(2) Munsell 색채계(표시 : H V/C)
   H - 색상(빨강, 파랑 등 색 자체의 고유한 특성, Hue)
      R(빨강), RP(자주), P(보라), PB(남색), B(파랑), BG(청록), G(녹색), GY(연두), Y(노랑), YR(주황)
   V - 명도(빛의 반사율에 따른 색의 밝고 어두운 정도, Value, Luminosity)
   C - 채도(색의 선명도, 회색도, 맑고 탁한 정도, Chroma, Saturation)

## 04 [2010-2, 2021-1]

### 관능검사의 척도와 예시

> **해설**

(1) 서수 척도    예) 토스트를 구운 색이 진한 순서대로 늘어놓았다.
(2) 명목 척도    예) 과일을 종류별로 분류했다.
(3) 간격 척도    예) 설탕물 한 곳에서 농도가 더 높았다.
(4) 비율 척도    예) 커피 한쪽에서 휘발성분이 2배가 높았다.

---

□ 참고
**척도의 분류**

(1) 명목척도
 1) 단순한 범주를 구분하기 위한 의미
 2) 숫자나 기호로 구분하는 것
 3) 가장 낮은 수준의 측정으로 변수의 속성(대소, 과소)를 알 수 없음
 4) 각 범주들은 상호배타적(서로 다른 범주에 동시포함 안됨)이고 포괄적(하나의 범주에는 반드시 포함)이어야 함
 5) 연산 : =, ≠

(2) 서열척도
 1) 대상의 속성에 서열(순서)가 있고, 수치의 크기에 따라 순서를 정할 수 있음
 2) 수치 간의 차이가 가지는 의미는 없음
 3) 연산 : =, ≠, >, ≧, <, ≦

(3) 등간척도(간격척도)
 1) 대상의 속성에 서열이 존재하고, 간격이 일정함
 2) 수치값 간의 차이를 의미있게 해석할 수 있음
 3) 평균, 표준편차 산출은 가능하나, 수치 간의 비율은 의미없음
 4) 절대영점이 존재하지 않음
 5) 연산 : =, ≠, >, ≧, <, ≦, +, -

(4) 비율척도
 1) 등간척도의 특성을 가지며, 절대적인 '0' 값이 존재하는 척도
 2) 수치 값 간의 비를 의미있게 해석할 수 있음
 3) 연산 : =, ≠, >, ≧, <, ≦, +, -, ×, ÷

## 05 [2017-3, 2022-2]

**후광효과(Halo effect)**

> 해설

(1) 개념 : 어떤 대상에 대한 일반적인 견해가 그 대상의 구체적인 특성을 평가하는 데 영향을 미치는 현상
(2) 방지법 : 사전에 제품에 대해 알 수 있는 정보를 차단하고 선입관을 줄 수 있는 질문 및 선택지는 배제하며 블라인드 테스트 등을 수행한다. 선택지 배치 시, 앞의 응답이 뒤의 문항에 영향을 주지 않도록 배치한다. 긍정과 부정을 섞어서 낸다 등

## 06 [2008-1]

**시료를 패널에게 제시할 때**

> 해설

(1) 용기 : 용기의 크기, 모양, 색이 일정할 것
(2) 시료의 양과 크기 : 한 입 크기로 먹기 좋게, 크기의 차이가 느껴지지 않을 정도로 동일하게 제공할 것

## 07 [2013-2]

**시간-강도 분석**

> 해설

제품의 관능적 특성의 강도가 시간에 따라 변화하는 양상을 조사하여 제품의 특성을 평가한다.

## 08 [2016-2, 2020-4·5]

**관능 검사 명칭**

> 이름          날짜
> 다음 시료를 왼쪽에서 오른쪽의 순서로 맛보시오. 가장 왼쪽에 있는 시료가 기준시료이다. 시료 번호가 쓰여진 두 시료 중 기준시료와 같은 시료를 골라서 시료 번호열에 괄호에 표시하여 주십시오.
> 기준시료     시료번호     시료번호
>              395(   )     952(   )

**[해설]**

(1) 검사법 : 일-이점검사
(2) 목적 : 기준 검체와 주어진 검체 사이의 차이 또는 유사성 여부 검사, 기준 검체(정기적 생산 검체 등)가 평가원에게 잘 알려져 있는 경우 및 삼점검사가 적합하지 않은 경우에 적용
(3) 최소패널수 : 12명(차이가 큰 경우) / 20~40명(차이가 보통인 경우) / 50~100명(차이가 작은 경우)

## [관능검사 적용문제]

## 09 [2020-1]

다음 문제에 제시된 5개의 문항 중 잘못된 문항을 고르고, 그 이유를 서술하시오.

> ① 원래 감자 전분을 이용하던 식품에 감자 전분 대신 타피오카 전분을 다양한 비율로 섞어 제조 한 후, 관능평가를 실시하였다.
> ② 실험 결과는 일원분산분석(one-way ANOVA)을 이용하여 분석하였다. 결과 분석 후 다중회귀 분석법을 이용하였다.
> ③ 귀무가설은 유의확률을 역환산한 값이다.
> ④ 분석 결과 유의 확률(p-value)이 0.05 이하이면(*p≤0.05) 귀무가설을 기각할 수 있다.
> ⑤ 분석 결과 유의 확률(p-value)이 0.046이 나와, 타피오카 전분이 들어간 제품과 감자 전분이 들어간 제품이 유사하여 맛의 차이가 없다고 볼 수 있어 귀무가설을 기각하지 못하였다.

**[해설]**

(1) 틀린 부분 : ⑤
(2) 이유 : 유의수준($\alpha$)이 0.05이고, 유의확률(p-value)이 0.046 일 때, 타피오카 전분이 들어간 제품과 감자전분이 들어간 제품은 유의미한 차이가 있다. 따라서 타피오카 전분이 함유된 제품은 기존의 제품과 차별화 할 수 있으므로 귀무가설을 기각하고 대립가설을 채택할 수 있다.

## 10 [2008-1]

아래는 녹차를 함유한 케이크의 관능검사결과를 일원배치분산분석으로 분석한 결과이다. 각 Sample에 대한 Color와 Overall Quality 특성을 해석하고 이 두 가지 특성을 토대로 관능적으로 가장 우수한 Sample을 선정하시오. (단, 0은 나쁨, 10은 매우 좋음을 의미한다)

|  | Sample | | | | F-value |
|---|---|---|---|---|---|
|  | Control | 1% 첨가군 | 2% 첨가군 | 3% 첨가군 |  |
| Color | $5.35 \pm 1.05^{ab}$ | $5.50 \pm 1.55^{ab}$ | $6.45 \pm 1.52^{b}$ | $4.55 \pm 1.66^{a}$ | $0.482^{**}$ |
| Overall Quality | $4.40 \pm 1.30^{b}$ | $4.05 \pm 1.50^{b}$ | $5.40 \pm 1.70^{c}$ | $3.22 \pm 1.50^{a}$ | $7.52^{***}$ |

** $p<0.01$, *** $p<0.001$

a-c : Different superscripts within a same raw are significantly different by Ducan's multiple range test at $p<0.05$

**해설**

(1) Color 특성 : Control과 비교했을 때, 2%까지는 첨가함량에 비례하여 Color에 대한 선호도가 유의적으로 증가하지만, 3%에서는 선호도가 감소하는 경향을 나타낸다.
(2) Overall Quality 특성 : Control과 비교했을 때, 1% 첨가군은 유의적인 차이가 없으나 2% 첨가군에서는 Overall Quality가 증가하며, 3%에서는 오히려 감소하는 경향을 나타낸다.
(3) 가장 우수한 Sample : 2% 첨가군

## 11 [2004-2, 2020-3]

떫은맛을 느끼는 기작과 떫은맛을 느끼게 하는 원인물질의 분자량과의 관련성을 설명하라.

**해설**

(1) 떫은맛 : 혀의 점막 단백질을 응고시킴으로써 미각 신경이 마비되어 일어나는 감각
(2) 원인 물질 : Polyphenol류의 일종인 Tannin류, 중금속(철, 구리 등)
(3) Tannin의 종류 : Chlorogenic acid(커피), Ellagic acid(밤), Diosprin(=Shibuol)(감) 등
(4) Tannin이 중합될 경우 분자량이 증가하는 동시에 친수성 작용기가 줄어들어 물에 녹지 않아 수렴성이 없어짐
(5) 탈삽의 원리 : 숙성 과정에서 생기는 과실 내부의 Aldehyde기와 결합하여 불용성이 되면서 떫은맛이 사라진다.

## 12 [2013-2, 2020-1]

간장의 짠맛과 구수한 맛, 김치의 신맛과 짠맛이 나타내는 맛의 상호작용에 대해 쓰시오.

**해설**

(1) 발효 과정에서 단백질의 가수분해에 의해 생성된 Glutamate의 감칠맛이 증가함에 따라 초기에 넣어준 간장 내 소금의 짠맛이 약화된다.(상쇄)
(2) 발효 과정에서 생성된 젖산의 신맛이 증가함에 따라 초기에 넣어준 김치 내 소금의 짠맛이 약화된다.(상쇄)

## 13 [2011-1]

짠맛의 강도

**해설**

· $SO_4^{2-}$ > $Cl^-$ > $Br^-$ > $I^-$ > $HCO_3^-$ > $NO_3^-$

## 14 [2020-2]

감칠맛 내는 핵산 3종류

**해설**

(1) 핵산 종류 : 5′-GMP, 5′-IMP, 5′-XMP
(2) 공통점 : β-D-Ribofuranose 의 5′-C 에는 인산기 1개가, 1′-C에는 Purine 계 염기가 결합된 Monoucleotide Purine 염기의 6′-C 에는 =O가 있다.(Tautomerization으로 -OH)
(3) 차이점 : Purine 계 염기 구조의 차이(Guanine, Inosine, Xanthosine)

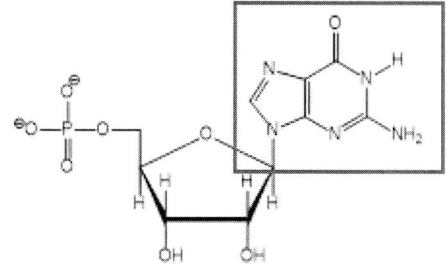

## 15 [2020-2, 2022-1]

### 온도에 따른 과당의 감미도 변화

**해설**

온도가 상승함에 따라 감미도가 높은 β-D-Fructopyranose의 조성이 줄어들면서 상대적으로 감미도가 낮은 Fructofuranose의 조성이 증가하면서 과당의 상대적 감미도는 온도 상승과 함께 급격히 감소한다.

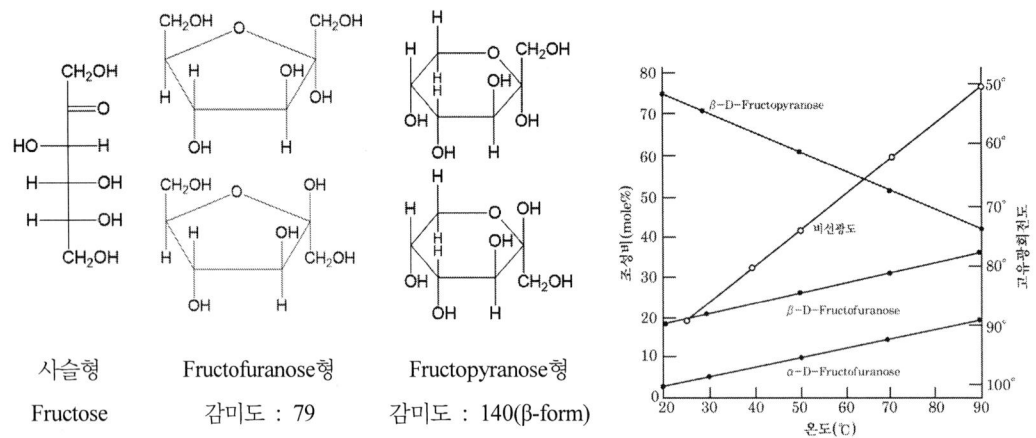

## 16 [2021-1]

### 십자화과 식물의 매운맛

**해설**

(1) 십자화과식물 종류 : 겨자, 고추냉이, 무, 배추, 양배추 등
(2) Thioglucosidase의 작용 : Glucosinolate를 가수분해하여 매운맛 성분인 Isocyante류로 전환시킴

## 17

### 열처리에 따른 식품 가공 중 성분 변화

**해설**

① 설탕을 150~180℃로 가열하면 캐러멜화 반응이 일어나면서 검정색으로 변한다.
② 채소를 65~75℃로 가열하면, RNA의 열분해산물인 GMP에 의해 감칠맛이 발생한다.
③ 마이야르 반응에 의해 볶음이나 빵 등의 식품에 향이 나면서 갈색으로 변한다.
④ 지질을 가열하면 C, H, O 성분을 함유한 Aldehyde 및 Ketone 등의 저분자 Carbonyl 화합물에 의한 휘발성 성분이 생성되므로 산패취가 발생한다.(S는 주성분 아님)
⑤ 양파와 마늘을 센 불에서 가열하면 Sulfide류가 발생한다.

# CHAPTER 12 식품가공학

## 01 [2013-3, 2022-1]

### 식품의 내적인자와 외적인자

**해설**

(1) 인자별 구분

| 내적 인자 | 외적 인자 |
|---|---|
| ① 물리적 구조<br>　(식품 자체의 미생물 침투 방어 능력)<br>② 영양소 함량<br>③ 천연저해제(항생물질 등)<br>④ 수분활성도, 삼투압<br>⑤ 산화환원전위<br>⑥ pH 및 완충 능력 | ① 산소<br>② 이산화탄소<br>③ 상대습도<br>④ 저장 시간<br>⑤ 온도<br>⑥ 압력 |

(2) 잠재적 위해 식품(Potentially Hazardous Foods, PHF)
  1) 정의 : 주로 단백질과 탄수화물이 주된 구성성분이며 식품의 내적인 요소(Intrinsic factor)인 pH와 Aw 등이 미생물 성장에 적당하여 온도 및 시간관리가 필요한 식품
  2) 주로 식중독 사고를 발생시킬 위험을 내포하고 있는 식품
  3) 수분활성도가 0.85이상, pH 4.6이상(또는 4.6~7.5 범위)
  4) 검수 후 최종 배식 시까지 전체 조리공정에서 병원성 미생물의 증식이나 독소형성을 억제하기 위해 주의깊게 온도와 시간관리를 수행할 필요가 있다.
  5) 상온에 보관하면 쉽게 상하는 식품(육류, 가금류, 어패류, 콩 및 콩가공품, 두부, 조리된 곡류와 종자발아식품, 절단한 과일류 등), 고단백식품, 토양에 오염된 농산물 등

## 02 [2012-2, 2016-3, 2020-2, 2024-1]

### Hurdle technology (Combined technology)

**해설**

(1) 정의

미생물의 증식에 영향을 줄 수 있는 여러가지 인자들을 복합적으로 적용시킴으로서 미생물의 극복능력을 약화시키는 동시에 식품의 품질(맛, 식감, 색, 향 등)을 최대한 유지 하는 과학적인 기술

(2) 예시

1) 통조림 제조 시 고농도 당침액의 pH 4.5 이하로 조절한 뒤 저온 살균 후 Vitamin C 첨가 후 밀봉
2) 피클 제조 시 채소에 소금과 식초, 설탕 등을 혼합한 조미액을 뜨겁게 가열한 상태로 부어서 처리한 뒤 멸균된 용기에 밀봉한다.

(3) 장점

식품의 맛과 품질을 해치지 않으면서도 미생물의 증식을 효과적으로 저해할 수 있다.

## 03 [2010-3]

### 건조식품의 종류

**해설**

(1) **염건품** : 소금 및 소금물(20~40%)에 절인 후 건조시킨 제품. 굴비, 대구포 등
(2) **소건품** : 원료를 그대로 또는 적당한 크기로 잘라서 씻은 후 건조시킨 제품
(3) **자건품** : 원료를 삶은 후 건조시킨 제품
(4) **동건품** : 원료를 자연저온에 의해 동결한 후 해동하는 과정을 반복하며 건조시킨 제품
(5) **배건품** : 원료를 불에 구운 후 건조시킨 제품
(6) **증건품** : 증자 후 말리는 방법. 내장을 제거하기 어려운 어류(멸치 등) 등에 적용
(7) **훈건품** : 연기를 씌운 것으로 건조, 풍미, 저장성, 지방 산화 방지 등을 목적으로 한 제품.
(8) **조미건품** : 원료에 조미료를 바른 후 건조시킨 제품

## 04 [2010-3, 2015-1, 2015-3, 2020-1, 2023-2]

### 염장의 원리

**해설**

1) 식품의 탈수
2) 높은 삼투압에 의한 원형질 분리
3) 소금의 해리에 의한 $Cl^-$의 생성
4) 단백질 가수분해 작용의 억제
5) 산소 용해도 감소

## 05 [2005-2]

### 라면 제조방법 7공정

**해설**

(1) 배합 공정
(2) 제면 공정
(3) 증숙 공정
(4) 성형 공정
(5) 유탕 공정
(6) 냉각 공정
(7) 포장 공정


## 06 [2012-3]

### 유탕(식품을 기름에 튀김) 공정

**해설**

(1) 지질의 변화 [2024-1]
  1) 지방이 산화할수록 열 및 산화성 가수분해에 의해 유리지방산의 함량은 증가한다.
  2) 산소가 불포화지방산과 반응하여 지방산화가 일어남에 따라 불포화지방산의 양이 감소하지만, 그 이상으로 Aldehyde, Ketone, Glycerin 등의 극성물질의 증가량이 더 크므로 전체적으로 극성물질의 양이 증가한다.
  3) 튀김 제조 시 기름 내에 포함된 지질 내 불포화지방산 내 이중결합을 소모하여 중합 반응이 일어나므로 폴리머의 양은 증가한다.
  4) 지질의 산패 시 열분해 및 가수분해에 따른 평균 분자량 감소보다는 중합에 의한 평균 분자량 증가가 우세하므로 점도가 높아지고 색이 진해진다.
  5) 식품을 튀길 때, 기름의 열에너지에 의해 수분이 수증기 형태로 빠져나가고 기름이 빈 공간을 차지하므로 튀기는 과정에서 수분 함량은 감소하고 유지 흡수량은 증가한다.

(2) 유탕 공정에서 품질 열화를 최대한 줄일 수 있는 방법[2012-3]
  1) 튀김유 회전속도 관리면
     튀김유를 되도록 오래 사용하지 않고, 자주 갈아 사용한다.
  2) 튀김온도 관리면
     호화가 잘 되면서 산패가 덜 되는 적정 온도를 유지한다.
  3) 튀김설비 관리면
     튀김설비를 자주 세척하여 깨끗한 환경을 유지한다.

□ 참고

Oleic acid-11-hydroperoxide의 분해

## 07 [2007-3]

### 유지 정제 공정 중 탈검의 목적

**해설**

인지질 등의 계면활성제를 제거하여 유화에 의한 원유 손실과 수소화 공정에서의 불완전한 환원 반응 발생을 억제한다.

## 08 [2007-1]

### 트랜스지방이 생성되는 경화공정

**해설**

Ni 등의 전이금속을 촉매로 하여 $H_2$ 기체를 불어넣고 가열하여 유지 내 불포화지방산을 포화지방산으로 바꾸는 공정

## 09 [2022-1]

### 중성지질 및 지방산의 성질

**해설**

(1) 중성지질은 혼합물이며, 같은 지방산으로 구성되었어도 다른 구조의 이성질체가 존재하므로 녹는점(Melting point)과 끓는점(Boiling point)이 광범위하다.
(2) 중성지질은 글리세롤에 3개의 지방산이 에스터 형태로 결합되어 있다.
(3) 포화지방산은 탄소 수가 많아질수록 물에 잘 녹지 않으며 융점이 올라가는 경향이 있다.
(4) 천연 유지의 불포화지방산은 자연상태에서 대부분 cis형으로 존재한다.
(5) 산화가 되지 않은 다가불포화지방산의 이중결합은 비공액형을 갖는다.
(6) 포화지방산의 녹는점 변화
   포화지방산은 대체적으로 18번 Stearic acid까지는 짝수번대가 그 다음번 홀수번째보다 녹는점이 더 높다.
   C3 : −20.7 °C, C4 : −5.7 °C, C5 : −34.0 °C, C6 : −3.0 °C, C7 : −7.5 °C, C8 : 16.5 °C,
   C9 : 12.3 °C, C10 : 31.9 °C, C11 : 28.6 °C, C12 : 43.8 °C, C13 : 44.5 °C, C14 : 53.9 °C,
   C15 : 52.3 °C, C16 : 61.8 °C, C17 : 61.3 °C, C18 : 68.8 °C, C19 : 69.4 °C, C20 : 75.4 °C

## 10 [2009-2, 2020-1]

### 지방의 동질다형현상(화학적인 측면에서)

**해설**

(1) 지방의 동질다형현상
   유지는 Triglyceride의 혼합물이며, 순수한 화합물과 달리 일정한 온도에서 용융되지 않고, 불분명하고 광범위한 녹는점을 갖는다. 이 때 냉각 조건을 변경시킬 경우 두 개 이상의 결정성을 갖는 현상을 가지며, 녹는점도 그 결정성에 따라 다르게 나타난다.

(2) 융해 시 변화
   고체 유지를 가열하여 용융시킨 후, 이를 냉각하여 응고시킨 뒤, 이를 재용융시키는 과정에서 녹는점의 변화를 볼 수 있다. 급격히 냉각시키면 결정 재배열이 되지 않아 작은 비정질의 결정이 생성되므로 녹는점이 초기에 비해 낮아진다. Tempering을 통해 완만히 냉각시킬 경우 결정 재배열이 충분히 이루어져 비교적 크고 규칙적인 결정이 생성되므로 녹는점이 초기에 비해 높아진다.

(3) 결정의 특징
   1) α 형 : 입자가 작고 불안정하여 잘 녹아서 β 형으로 재결정, 혈소판모양, 반투명
   2) β 형 : 입자 배열이 가장 조밀하고 안정성 높음, 입자가 크고 거칠며 불투명함
   3) β'형이 가공에 제일 좋으며, 결정 생성을 위해 냉각 조건에서 교반하여 제조하며 저장온도를 낮게 함, 온도 증가시 β 형으로 재결정
   4) 유지마다 선호하는 결정형 배열이 다름, 불포화지방산의 단순 triglyceride는 β'형이 존재하지 않는 경우가 많다.

| 결정형 | 모양 | 밀도 | 안정성 | 녹는점 | 크기(μm) |
|---|---|---|---|---|---|
| α 형 | 판상 | 가장 낮음 | 가장 낮음 | 가장 낮음 | 5 |
| β' 형 | 바늘상 | 중간 | 중간 | 중간 | 1 |
| β 형 | 크고 거침, 불규칙 | 가장 높음 | 가장 높음 | 가장 높음 | 25 ~ 50 |

5) Tempering : 유지의 지방 결정 배열을 변경시켜 안정화시킴. 통상적으로 27℃, 48시간 동안 숙성시킴

## 11 [2018-2]

**아이스크림 Cone과자 내부에 왜 초콜렛으로 코팅을 하는가?**

**해설**

아이스크림 속 수분이 과자에 흡수됐을 때 생기는 눅눅한 식감 변화를 방지하여 바삭한 식감의 Cone과자를 저장 기간 동안 유지하기 위해서

## 12 [2004-1, 2006-2, 2023-2]

**Glucose oxidase의 식품 첨가 효과**

**해설**

(1) Maillard 반응 억제
(2) 산소 제거
(3) 식품의 고유의 색 및 맛 유지
(4) 포도당 정량 실험에도 이용가능

## 13 [2005-3, 2007-1, 2009-1]

**식품공장에서 기계 설비를 세정하는 방법**

**해설**

(1) CIP(Cleaning in place)
    기계를 분해하지 않고 조립된 상태 그대로 장치내부에 세제 등을 사용하여 오염물질을 제거하고 세척수로 헹군 뒤, 살균제로 세척된 표면을 살균하고 최종적으로 헹궈주는 방법
(2) COP(Cleaning out place)
    기계 및 부품을 분해하여 세척
(3) 용수세정
    약제를 전혀 사용하지 않고 세척수 만으로 세정 (정수, 열수, 수세미 등 사용)

## 14 [2009-1]

분무세척 시 아래의 경우 각각의 세척효과에 대한 장·단점을 쓰시오.

> 해설

|  | 장점 | 단점 |
|---|---|---|
| (1) 물의 분사압력이 강할 경우 | 오염물질이나 세균제거에 용이 | 제품파손의 위험 |
| (2) 물의 분사거리가 너무 멀 경우 | 제품 파손의 위험 감소 | 오염물질이나 미생물이 남아있을 수 있음 |
| (3) 물의 분사거리가 너무 가까울 경우 | 오염물질이나 세균제거에 용이 | 물의 분사 표면적이 좁아 세척시간이 오래 걸림, 제품파손의 위험 |
| (4) 물의 사용량이 너무 많을 경우 | 오염물질이나 세균제거에 용이 | 물 낭비 |

## 15 [2021-1]

분말 식품 제조 후, 이를 100 mesh의 체에 쳐서 정제한다. 1 inch$^2$ 에 들어가는 체눈의 개수가 몇 개인지 계산과정과 답을 보이시오.

> 해설

mesh : 입도(입자의 크기)의 단위, 1inch 길이 안에 체 눈의 개수가 몇 개인지 나타내며, mesh 단위가 클수록 체눈이 더 많이 들어가므로 입도가 작다.
100 × 100 = 10000 [개]

## 16 [2005-1]

여러 입자크기의 분말이 되어있는 식품의 수송과 취급 시 일어날 수 있는 물리적 현상 4가지를 쓰시오.

> 해설

① 비산(Drift)
② 흡습(Absorption)
③ 고결(Caking)
④ 조해(Deliquescence)
⑤ 브라질 땅콩 효과(Brazil nut effect)(= 입자 대류(Granular Convection), 뮤즐리 효과(Muesli effect) )

## 17 [2005-1]

**구형 식품을 Microwave로 가열하였을 때, 지점별 온도 분포를 설명하시오.**

> 해설

① 반경 6cm 이하는 중심 위주로 가열됨
② 반경 8~13cm 는 골고루 가열됨
③ 반경 15cm 이상은 가장 자리 위주로 가열됨
④ 염분이 높은 부위와 액상의 물이 많은 부분 위주로 온도가 높이 나타남

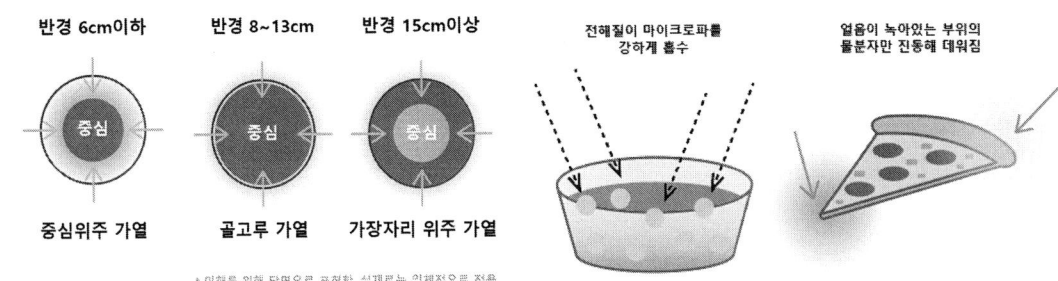

## 18 [2004-1, 2006-3, 2016-3]

**냉동포장의 구비조건**

> 해설

(1) 방습성이 있어야 한다.
(2) 가스 투과성이 낮아야 한다.
(3) 유연성이 커야한다.
(4) 저온에서 경화되지 않아야 한다.
(5) 수축포장 시 가열수축성이 있어야 한다.

## 19 [2006-2]

**저밀도, 중밀도, 고밀도 폴리에틸렌 포장 특성**

> 해설

(1) 저밀도(LDPE) : 저온 열봉합성 우수, 유연성 우수, 고속가공성 우수
(2) 중밀도(LLDPE) : 투명성, 광학적 특성 우수, 가공성 우수, 기계적 강도 우수
(3) 고밀도(HDPE) : 내약품성 우수, 열안정성, 내한성 우수, 충격강도 우수

밀도가 증가할수록
1) 증가 : 강성, 경도, 녹는점, 내약품성, 가스 및 수증기 차단성, 내유성, 결정성
2) 감소 : 내충격성, 투명성, 열접착성, 유연성, 신축성, 가공적성

## 20 [2011-3]

### 알루미늄박 식품포장재로 버터 포장할 시 저장성 관련해서 장·단점

**해설**

(1) 장점 : 열 전도율 높아 열 방출 잘 됨, 작은 포장 부피, 차광성, 방습성, 공기 차단, 향 보존, 내식성, 개관 용이, 저독성, 저비중
(2) 단점 : 종이에 비해 고가, 약한 내구성, 한 번 뜯은 뒤 재보관 어려움
녹는점 높아(660℃) 열봉합성 낮음, 인쇄적성 나쁨

## 21 [2004-3]

### 막분리법의 장점

**해설**

(1) 대량의 냉각수 불필요
(2) 상 전이 없이 연속적인 조작이 가능
(3) 가열에 의한 열변성 및 향미 손실 적다
(4) 장치와 조작이 간단
(5) 분획과 정제가 동시에 가능

## 22 [2017-2]

### 멤브레인 필터 사용 목적

**해설**

막에 뚫려 있는 일정한 Pore size 이하의 물질만 선택적으로 여과할 목적

## 23 [2004-3]

### 세공막 크기

**해설**

정밀여과(0.5-10$\mu m$) > 한외여과(0.002-0.2$\mu m$) > 역삼투(0.002$\mu m$ 이하)

## 24 [2004-1, 2005-3, 2017-1, 2017-3, 2019-1, 2024-3]

### 역삼투와 한외여과의 차이점

**해설**

(1) 역삼투
  1) 고압(30~70kg/cm$^2$)을 이용하여 용액 중 대부분의 용질을 농축시키는 데 이용
  2) 목적 물질의 크기가 여과막 구멍 크기보다 커서 투과하지 못하는 물질을 농축하는 데 사용된다.
  3) 입자 직경이 0.002$\mu m$ 이하인 물질(이온 등)을 용매로부터 분리시킨다.

(2) 한외여과
  1) 저압(10kg/cm$^2$)을 이용하여 분자량과 분자 크기에 따른 용질의 선택적 분리 및 농축에 이용
  2) 목적 물질의 크기가 여과막 구멍 크기보다 작아 쉽게 투과하는 물질을 분리하는 데 사용된다.
  3) 입자 직경이 0.002~0.2$\mu m$ 사이인 물질(분자 등)을 투과시킨다.

|  | 한외여과 | 역삼투 |
|---|---|---|
| 수행 압력 (저압/고압) | 저압 | 고압 |
| 분리막 구멍 크기 (작다/크다) | 크다 | 작다 |
| 분리물 분자량 (작다/크다) | 크다 | 작다 |

## 25 [2007-2, 2014-2]

### 한외여과에서 막 투과 유속(여과속도)에 영향을 주는 요인

**해설**

(1) 온도
(2) 압력
(3) 유입 농도
(4) 유입 속도(=유속)

# CHAPTER 13 통·병조림 가공

## 01 [2005-3, 2011-2]

### 통조림 제조 시 탈기의 목적

**해설**

(1) 금속통의 부식 방지
(2) 내용물의 산화 방지
(3) 가열살균 시 열전달 좋게 하고 찌그러짐 방지
(4) 제품의 보존기간 연장


## 02 [2005-2, 2006-3]

### 통조림 탈기 방법

**해설**

(1) 가열탈기법 : 용기에 식품을 채운 후, 탈기상자 속을 일정시간 통과시켜 가열된 상태로 밀봉
(2) 가스치환법 : 불활성 가스인 질소와 이산화탄소로 용기 내부의 공기를 치환시켜 탈기의 효과를 얻음
(3) 기계적탈기법 : 진공 자동 밀봉기로 진공 하에서 탈기와 밀봉을 동시에 하는 방법
(4) 증기분사법 : 밀봉할 때 통의 상부공극에 증기를 뿜어 공기를 완전히 증기로 바꾼 순간에 뚜껑이 얹어져 증기가 응축되었을 때 진공을 얻음


## 03 [2004-1, 2007-2, 2010-2, 2011-1, 2013-3, 2018-2]

### 팽창관의 원인

**해설**

(1) 탈기 부족
(2) 가열 살균 시간 부족
(3) 수소 팽창
(4) 충진 과다

## 04 [2004-2, 2014-1, 2018-1]

### 냉점

**해설**

(1) 정의 : 통조림 살균 시 가장 늦게 열전달이 되는 곳

① 액체 시료
높이의 1/3지점, 대류에 의한 열전달

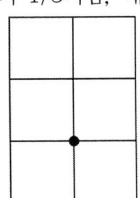

② 반고체 시료
높이의 1/2 지점, 전도에 의한 열전달

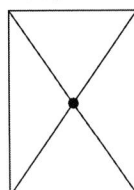

## 05 [2024-1]

### 통조림 살균지표균 이름 및 지표 세균으로 사용하는 이유

**해설**

*Clostridium botulinum*은 내열성 아포 생성이 가능한 편성혐기성 세균으로 내열성 아포 존재 시 영양세포 형태가 되어 밀폐된 통조림 안에서 증식이 가능하다. 아포의 확실한 사멸이 가능한 온도 및 시간(식품공전상 120℃, 4분 이상)동안 열처리하여 아포의 사멸이 확인되면 타 세균의 아포 사멸 역시 확신할 수 있다.

## 06 [2013-1]

### 과채류 통조림 살균 지표 효소

**해설**

Peroxidase

(참고)

*Clostridium botulinum* 은 편성혐기성 세균으로 Peroxidase를 만들지 못한다.

단, 식물의 Peroxidase는 내열성이며, $z=33℃$, $Q_{10}=2$ 로 *Clostridium botulinum* 의 $z=10℃$, $Q_{10}=10$ 임을 생각해 보면 효소의 불활성화는 미생물의 사멸보다 느리게 진행된다. 즉, 효소의 불활성화를 목표로 살균할 경우 미생물은 확실히 사멸한다.

(cf) 항산화효소(Antioxidant enzyme)
1) 독성이 강한 과산화물 및 초과산화물을 제거하는 효소
2) 보유 효소 종류와 효소 활성 정도에 따라 세균의 서식 환경을 예측할 수 있다.

3) 지표 효소 : SOD
   ① 초과산화이온($O_2^{2-}$)을 과산화수소로($H_2O_2$) 전환
   ② 560nm 빛 흡광 가능
   ③ $O_2^{2-} + 2H^+ \rightarrow H_2O_2$
4) 그 외 효소
   ① Catalase(카탈라아제) : 과산화수소를 물과 산소로 분해, $Mn^{2+}$ 존재
      $2H_2O_2 \rightarrow 2H_2O + O_2$
   ② Glutathion peroxidase(글루타치온 퍼옥시다아제) : 과산화지질 분해에 관여
      $ROOR' + 2e^- + 2H^+ \rightarrow ROH + R'OH$

## 06 [2013-3, 2016-2, 2020-2]

### 산성 통조림의 복숭아나 배를 가열할 시 붉은색이 나타나는 이유

**해설**

가열살균 후 불충분한 냉각 및 40℃에서 장시간 방치시 Leucoanthocyanin(무색)이 Cyanidin(홍색)으로 변화한다.

## 07 [2006-1]

### 감귤 통조림 제조 시, 혼탁 원인물질과 방지법

**해설**

(1) 혼탁 원인 물질 : 헤스페리딘(Hesperidine)
(2) 혼탁 방지 방법
   1) 헤스페리딘 함량이 적은 품종 선택
   2) 완전히 익은 감귤 선택
   3) 물로 완전 세척(6~16시간)
   4) 내용물이 변질되지 않을만큼 가열
   5) 당도 높은 당액 사용
   6) 산 첨가
   7) Hesperidinase 사용

## 08 [2010-1]

깐포도 통조림 등의 캔 제조 시 과즙의 청량감을 높이기 위해서 설탕용액의 액즙에 첨가 물질

**해설**

(1) 구연산
(2) Vitamin C


## 09 [2023-1, 2023-3]

다음은 식품공전에 기재된 통조림 세균발육시험에 관련된 내용이다. 빈 칸에 양성, 음성 중 알맞은 말로 작성하시오.

---

4.6 세균발육시험
 장기보존식품 중 통·병조림식품, 레토르트식품에서 세균의 발육유무를 확인하기 위한 것이다.
 가. 가온보존시험
  시료 5개를 개봉하지 않은 용기, 포장 그대로 배양기에서 35~37°C에서 10일간 보존한 후, 상온에서 1일간 추가로 방치한 후 관찰하여 용기, 포장이 팽창 또는 새는 것은 세균발육 ( ㉠ ) 으로 하고 가온보존시험에서 ( ㉡ ) 인 것은 다음의 세균시험을 한다.
 나. 세균시험
  세균시험은 가온보존시험한 검체 5관에 대해 각각 시험한다.
  1) 시험용액의 조제
   검체 5관(또는 병)의 개봉부의 표면을 70% 알코올탈지면으로 잘 닦고 개봉하여 검체 25g을 희석액 225mL에 가하여 균질화시킨다. 이 액의 1mL를 멸균시험관에 채취하고 희석액 9mL에 가하여 잘 혼합한 것을 시험용액으로 한다.
  2) 시험법
   시험용액을 1mL씩 5개의 티오글리콜린산염 배지(배지 13)에 접종하여 35~37°C에서 48±3 시간 배양한 후, 5관 중 어느 하나라도 세균증식이 확인되면 세균발육 양성으로한다. 시험용액을 가하지 아니한 동일 희석액 1mL를 대조시험액으로 하여 시험조작의 무균여부를 확인한다.

---

**해설**

㉠ : 양성
㉡ : 음성

# CHAPTER 14 전분 가공

## 01 [2007-3]

분쇄기의 구조를 나타낸 그림과 명칭

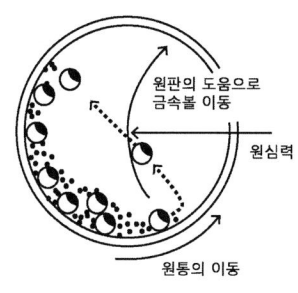
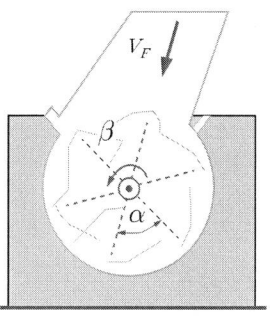
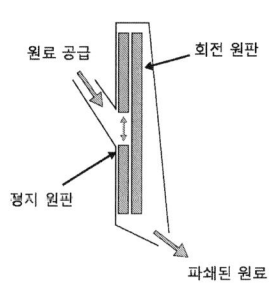
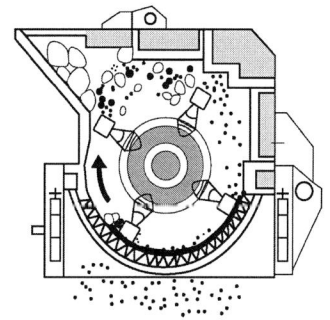

**해설**

(1) Ball mill : 안에 있는 Ball이 돌아가면서 원료를 분쇄
(2) Cutting mill : 칼날이 붙은 두 개의 원판을 서로 마주보게 해 다른 한 쪽을 회전시켜 칼날 사이에서 원료를 분쇄
(3) Disk mill : 얇은 판(디스크)이 돌아가면서 분쇄
(4) Hammer mill : 해머가 돌아가면서 원료를 분쇄

## 02 [2008-3]

### 도정 원리 4가지

**해설**

(1) 마찰
(2) 찰리
(3) 절삭
(4) 충격


## 03 [2010-2, 2018-3, 2024-2]

### 분쇄기 3대 원리

**해설**

(1) 압축력(Compressive force)
(2) 충격력(Impact force)
(3) 전단력(Shear force)
(4) 절단력(Cutting force)


## 04 [2004-2, 2014-1]

### 제분 과정 중 조질에 해당하는 명칭

**해설**

(1) 템퍼링(Tempering) : 밀에 적당한 양의 물을 가하여 일정 시간 방치함으로써 배젖과 밀기울을 분리시킴
(2) 컨디셔닝(Conditioning) : 템퍼링의 온도를 높여 그 효과를 증대시킴, 컨디셔닝 후 냉각시키면 밀이 팽창과 수축을 거치면서 배젖부의 분리성이 더 좋아진다.


## 05 [2005-1, 2006-3]

### 고구마전분 제조에 소석회(석회수, $Ca(OH)_2$ 수용액) 첨가 시 장점

**해설**

(1) 단백질 혼입 및 삽부(Ipomein(pI 4.0)의 변성물) 침착 방지
(2) Polyphenol 등의 색소 제거 및 흡착 방지
(3) 전분박 교질(주성분 Pectin) 파괴로 인한 수율 증가

## 06 [2019-2]

### 노화의 물리화학적 설명

**해설**

물과 결합하여 불규칙한 배열을 하고 있던 호화 상태의 전분에서 물이 빠지면서(이수현상, Syneresis) 차차 부분적으로 규칙적인 배열을 한 Micelle 구조로 돌아가는 현상

## 07 [2007-3, 2014-1, 2014-1, 2024-2]

### 호화 전분의 노화를 억제하는 방법

**해설**

(1) 60°C 이상 유지하거나 영하(특히 -20°C 이하)로 급속냉동보관
(2) 수분 함량을 10~15% 이하로 조절
(3) pH를 약염기성으로 조절
(4) 당 첨가
(5) 유화제 첨가
(6) 염류($SO_4^{2-}$ 제외) 첨가

> □ 참고
> 노화 억제의 원리
> (1) 수분 : 수분 함량을 10%(혹은 15%) 이하로 조절 시 전분의 형태가 호화 상태로 고정되며, 수분 함량이 60% 이상일 경우 물-전분 간 수소결합이 많아져 전분 분자 내 또는 전분 분자 간 수소결합에 의한 노화가 억제됨
> (2) 온도 : 60°C 이상 유지 시 분자 운동에 의해 호화가 유지되며, 영하로 급속냉동 시(특히 -20°C 이하) 전분의 형태가 호화 상태로 고정됨
> (3) 첨가물 : 당, 유화제, 염류($SO_4^{2-}$ 제외) 첨가 시 전분 분자 내 또는 전분 분자 간 회합이 억제되어 호화가 유지됨, 특히 당의 경우는 –OH 에 의한 수소결합 형성에 의한 탈수 효과 발생

## 08 [2020-2]

### 호화에 영향을 미치는 인자 3개

**해설**

전분의 종류 및 조성, 수분 함량, pH, 온도, 염류의 종류 및 함량, 당류 함량, 유화제 유무 등

## 09 [2023-2]

### 소화율에 따른 전분 구분

**해설**

1) RDS : Rapidly Digestive Starch, 빨리 소화되는 전분(20분 이내)

2) SDS : Slowly Digestive Starch, 천천히 소화되는 전분(20~120분 이내)
3) RS : Resistant Starch, 난소화성 전분(저항전분, 120분 이후에도 소화되지 않음)
   ① RS 1 : 전분 중 물리적으로 소화가 되지 않는 부분, 종자 등에서 발견
   ② R2 2 : 젤라틴화 불가 전분(생감자전분, 고아밀로스전분 등, X선 간섭도상 B형 결정형, α-amylase 내성)
   ③ RS 3 : 노화된 전분, 물과 결합하여 불규칙한 배열을 하고 있던 호화 상태의 전분에서 물이 빠지면서 (이수현상, Syneresis) 차차 부분적으로 규칙적인 배열을 한 Micelle 구조로 돌아가면서 생성되나, 노화 이전의 생전분의 결정을 갖지 않음.
   ④ RS 4 : 화학적으로 변성되어 효소 저항성을 갖는 전분
   ⑤ RS 5 : 아밀로오스-지질 복합체, 가열 중에 전분의 Amylose 나선 구조 내부에 지방의 소수성기가 포접된 것으로, 효소작용이 어려움

## 10 [2021-3, 2022-3]

### 유리전이온도($T_g$ : Glass transition temperature)

**해설**

(1) 정의 : 비정질 및 고분자 물질의 구성 입자의 운동 상태가 변화하는 온도
(2) 고분자 물질의 상태
   1) 유리 상태(Glassy state) : 단단하고 운동성이 없다.
   2) 고무 상태(Rubbery state) : 점성이 높고 유연하다.
   3) 용융 상태(Melt) : 고체가 액체로 완전히 상 전이가 일어난 상태
(3) 유리 전이 온도에 영향을 미치는 요인
   1) 고분자의 화학 구조 : 긴 사슬일수록, 가교 결합이 많을수록, 결정성 클수록 높아진다.
   2) 분자량 : 분자량이 클수록 유리전이온도가 높아지는 경향이 있다.
   3) 작용기의 극성 : 곁사슬이 많을수록, 사슬을 구성하는 작용기의 극성이 클수록 높아진다.
   4) 적응성(유연성) : 고분자 사슬의 운동이 수월할수록(유연한 소재일수록) 감소한다.
   5) 수분 함량 : 수분이 많을수록 유연함이 증가하므로 유리전이온도가 감소한다.
   6) 가소제 : 첨가 시 결정성과 고분자 사슬 간 응집력이 감소하므로 유리전이온도가 감소함

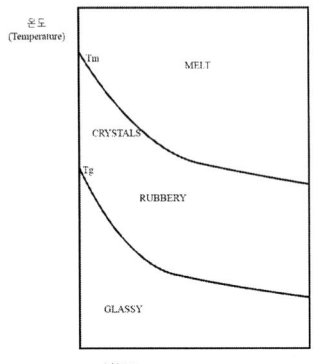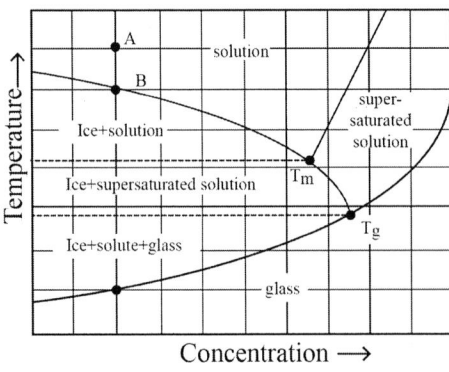

(4) 추잉껌 제조 시 설정 유리전이온도 : 사람체온(36.5℃) 근처

## 11 [2004-3, 2006-1]

**산 가수분해 물엿의 제조 공정**

해설

```
                     산       알칼리
                     ↓        ↓
전분 → 전분유 → 분해 → ( 중화 ) → 냉각 → 여과 → 농축 → ( 정제 ) → 농축 → 제품
                                                          ↑
                                                  탈색 + 탈염(이온교환수지 사용)
```

## 12 [2007-3, 2024-3]

**300kg 녹말을 산분해할 때 이론적으로 생성되는 포도당은 양은?**

해설

- 녹말은 α-D-포도당이 탈수축합되어 생성되었으므로

$$\frac{300}{180-18} \times 180 = 333.333 \cdots \approx 333.33 \, [kg]$$

## 13 [2005-3, 2011-2, 2013-2, 2014-3, 2017-2, 2019-1, 2020-4·5, 2023-2, 2024-2]

**효소당화 시 효소 기능, 식품가공에서 활용되는 분야**

해설

- α-amylase : 액화 공정에 이용, 전분을 액화하여 Dextrin 생성, 물엿 제조 등에 이용
  원리 : 내부의 α1→4 글리코시드결합을 무작위로 절단
- β-amylase : 전분 및 덱스트린을 가수분해하여 Maltose(=맥아당, 엿당)로 당화, 물엿의 당화 공정, 식혜, 물엿, 제빵, 주정 발효 등에 이용
  원리 : 내부의 α1→4 글리코시드결합을 Glucose 두 단위씩 절단, Maltose 생성
- Glucoamylase : 포도당의 당화 공정에 이용, 한계 덱스트린 분해
  비환원성말단의 α1→4와 α1→6 글리코시드 결합을 Glucose 한 단위씩 절단
- Pullulanase : 전분 내부의 α1→6 글리코시드 결합을 무작위로 절단, 한계 덱스트린 분해, 당화 완료 시간 단축

## 14 [2006-3, 2009-2, 2011-2, 2011-3, 2016-1, 2022-2, 2023-1, 2024-1]

당화 과정 중 전분이 분해되어 생성되는 중간생성물, D.E와 점도의 변화는?

**해설**

시간 경과에 따라 Amylodextrin, Erythrodextrin, Achromodextrin, Maltodextrin, 올리고당(Oligosaccharide), 맥아당(Maltose), 포도당(Glucose) 순으로 전분이 분해되면서 DE는 증가하고, 감미도는 증가하며, 점도는 감소한다.

> □ 참고
> **전분의 가수분해 산물**
> 1) 덱스트린(Dextrin) : 전분의 가수분해 산물의 총칭, 중합도에 따라 Amylo-, Erythro-, Achromo-, Malto- 등의 접두어로 구분
> 2) 올리고당(Oligosaccharide) : 단당류 3 ~ 9 분자로 구성된 다당류의 총칭
> 3) 맥아당(Maltose) : 포도당(Glucose) 2분자로 구성

## 15 [2007-2, 2023-2]

가수분해정도를 나타내는 포도당 당량 D.E의 계산식을 쓰시오.

**해설**

$$D.E = \frac{환원당(포도당으로서\%)}{시료 중의 당고형분(\%)} \times 100$$

## 16 [2008-2, 2011-1, 2022-3, 2023-2]

기타 가수분해 효소

**해설**

(1) Invertase : 설탕(자당, 서당)을 분해, 포도당+과당 생성
(2) Lactase : 유당(젖당)을 분해, 포도당+갈락토오스 생성
(3) Lipase : 중성지방을 분해, 모노아실글리세리드 및 지방산 2분자 생성
(4) Maltase : 맥아당(엿당)을 분해, 포도당 2분자 생성

## 17 [2008-3]

탄수화물 중 오탄당의 종류 3가지

**해설**

(1) Ribose   (2) Xylose   (3) Arabinose   (4) Ribulose   (5) Rhamnose

## 18 [2020-2, 2022-1, 2023-2]

### 당의 구조와 종류

**해설**

(1) 단당류 및 이당류

| 당 구조 | (구조식) | (구조식) | (구조식) |
|---|---|---|---|
| 당 이름 | Glucose | Glucose | Sucrose |
| 환원성 여부 | 환원당 | 환원당 | 비환원당 |

(2) 다당류

   1) 단순다당류

      ① 동일한 종류의 단당류의 결합체

      ② 예시 : Starch(α-D-Glucose), Glycogen, Cellulose, Inulin, Chitin 등

   2) 복합다당류

      ① 두 종류 이상의 단당류의 결합체

      ② 예시 : Pectin(α-D-Glucuronic acid+ α-D-Methoxyl Glucuronate), Hemicellulose, Pectin, Algin, Carrageenan, Agar, Chondroitin Sulfate, Hyaluronic acid, Heparin 등

## 18 [2021-2]

### D-Glucose의 에피머화(Epimerization)

**해설**

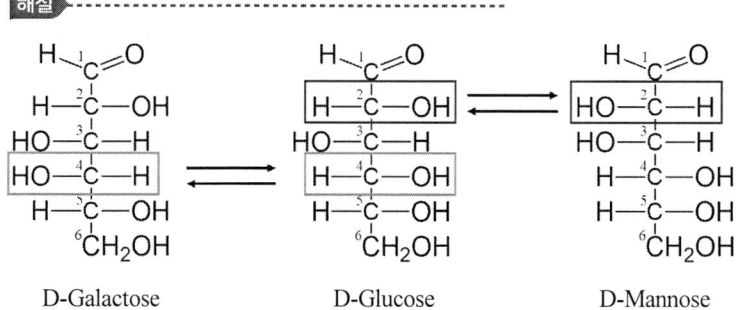

D-Galactose       D-Glucose       D-Mannose

## 19 [2011-2, 2019-2, 2023-1]

**갈변속도 빠른 당을 순서대로 나열**

해설

· Ribose > Xylose > Arabinose > Galactose > Fructose > Mannose > Glucose > Lactose > Sucrose

## 20 [2020-1]

**곡류의 종류**

해설

| 쌀 | 미곡 | 조 | 잡곡 | 귀리 | 맥류 |
|---|---|---|---|---|---|
| 보리 | 맥류 | 옥수수 | 잡곡 | 호밀 | 맥류 |
| 수수 | 잡곡 | 밀 | 맥류 | 기장 | 잡곡 |
| 피 | 잡곡 | 메밀 | 잡곡 | 율무 | 잡곡 |

# CHAPTER 15 > 밀가루 가공

## 01 [2006-3, 2019-2]

### 밀가루 품질 측정 기준

> 해설

(1) 밀가루 품질 측정 기준
   단백질(글루텐 함량), 점도, 효소(α-amylase)함량, 흡수율, 회분 및 색상, 입도, 손상전분, 첨가물, 숙성 등

(2) 색도 측정 방법
   Pekar test, 밀기울의 혼입도 측정

(3) 등급 분류 기준
   회분, 밀기울 적을수록 회분 함량 적고 가공 적성이 좋아 입도가 작아지며, 더욱 희다.

(4) 영양 강화 밀가루
   영양 강화의 목적으로 식품 또는 식품 첨가물을 가한 밀가루
   예시) 밀가루 99.9%에 니코틴산, 환원형 비타민C 능을 첨가한 식품

(5) 단백질(주성분 글루텐)의 함량에 따른 분류, 공전 외 분류로 편차가 존재
   1) 박력분 : 글루텐 8% 미만 (건부율 10% 이하, 습부율 19~25%)
      가루가 부드럽고 반죽의 촉감이 좋다, 쿠키용
   2) 중력분 : 글루텐 8% 이상 12% 미만 (건부율 10~13%, 습부율 25~35%)
      탄력과 끈기가 있다, 우동용
   3) 강력분 : 글루텐 12% 이상 (건부율 13% 이상, 습부율 35% 이상)
      점탄성이 크다, 식빵용

| 항목 \ 유형 | 밀가루 | | | | 영양강화 밀가루 |
|---|---|---|---|---|---|
| | 1등급 | 2등급 | 3등급 | 4등급 | |
| 수분(%) | 15.5 이하 | | | | |
| 회분(%) | 0.6 이하 | 0.9 이하 | 1.6 이하 | 2.0 이하 | 2.0 이하 |
| 사분(%) | 0.03 이하 | | | | |
| 납(mg/kg) | 0.2 이하 | | | | |
| 카드뮴(mg/kg) | 0.2 이하 | | | | |

(6) 글루텐(Gluten) [2024-2]

   1) 주성분

      ① 글리아딘(Gliadin) : 점성, 신장성, 빵 부피 확장에 관여

      ② 글루테닌(Glutenin) : 탄성, 반죽시간과 반죽형성기간에 관여

   2) 획득 방법 : 밀가루에 물을 가하여 생성한 반죽을 1시간동안 물에 담근 뒤, 이를 체에 올려 가볍게 문지르고 물로 씻어내 회수함.

   3) 회수한 글루텐 함량 측정 시 습윤 상태 기준으로 중량비 구하면 습부율, 건조 상태로 중량비 구하면 건부율이 됨

## 02 [2004-1, 2008-1, 2008-3, 2020-1]

### 밀가루 2차 가공 시험법

**해설**

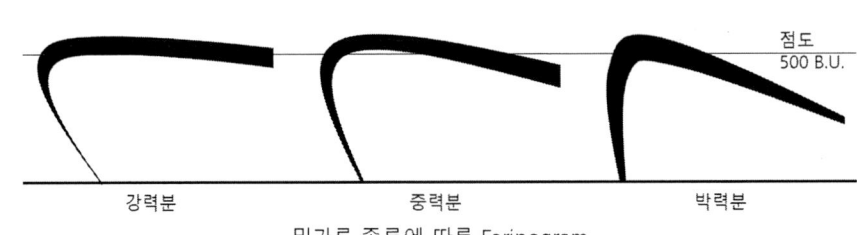

밀가루 종류에 따른 Farinogram

(1) Farinograph

   밀가루 반죽의 점탄성 측정, 반죽의 흡수율(반죽이 일정한 굳기(500 B.U.)를 얻기까지의 필요한 수분량), 반죽의 물리적 성질 측정[견고도, 반죽시간, 안정도(500 B.U. 유지시간), 약화도(안정도+12분 후) 등] 안정도=도착시간-출발시간

(2) Extensograph : 밀가루 반죽이 끊어질 때까지 늘림, 반죽의 신장성, 인장항력, 탄력성(신장성과 인장항력이 이루는 면적) 측정, 밀가루 개량효과 측정 등

(3) Amylograph : 점도 변화, α-amylase의 활성 측정, 전분의 호화 측정 등

(4) Mixograph : 글루텐 양과 흡수율의 관계를 비롯하여 반죽시간, 반죽 내구성을 알 수 있다.

(5) Compressimeter : 빵 속질의 단단함(Firmness) 측정

(6) Tenderometer : 속질 부드러움(Tenderness, Toughness) 측정

(7) Tackermeter : 빵 속질의 질김(Gumminess) 측정

(8) Rhe-o-graph : 반죽이 기계적 발달을 할 때 일어나는 변화를 측정하는 기계, 밀가루의 흡수율 계산

(9) Mixatron : 믹서 모터에 전력계를 연결하여 반죽의 상태를 전력으로 환산, 곡선으로 표시하는 장치이다, 새 밀가루의 정확한 반죽 조건을 신속하게 점검할 수 있으며 균일한 제품을 얻을 수 있다.

(10) Texture analyzer : Texture 분석

## 03 [2008-1, 2011-3, 2018-1, 2022-3]

밀가루 20g에 10mL의 물을 넣어 습부량(Wet gluten)을 측정한 결과가 4g 일 때, 습부율은 몇 %인가?

**해설**

- 습부율 $= \dfrac{4}{20} \times 100 = 20\,[\%]$, 박력분

## 04 [2009-3]

100g의 밀가루를 건조하여 15g의 글루텐을 얻었다. 이 밀가루의 건부율을 구하고 제과용이나 튀김용에 적합한지 판정 여부를 건부율과 연관하여 설명하시오.

**해설**

- 건부율 $[w/w\%] = \dfrac{15}{100} \times 100 = 15\,[w/w\%]$
- 강력분(13% 이상)이므로 박력분(10% 이하)을 사용하는 제과 및 튀김용에 부적합하다.

## 05 [2024-2]

밀가루 25g에 18mL 물을 가하여 생성한 반죽을 1시간동안 물에 담근 뒤, 이를 체에 올려 가볍게 문지르고 물로 씻어낸 다음, 회수한 물질의 건조 중량이 2.65g 이라면, 단백질 함량 및 함량에 따른 밀가루의 종류를 판정하시오.

**해설**

$\dfrac{2.65}{25} \times 100 = 10.6\,[\%]$

단백질 함량이 10.6 % 이므로 중력분

## 06 [2015-2, 2018-2]

밀가루 대신 전분으로 빵 만들 때의 특성 1가지와 원인 성분(변화와 이유)

**해설**

- 글루텐이 존재하지 않아 빵의 껍질과 속의 질감 변화, 맛과 색깔 변화가 발생
- Amylose와 Amylopectin의 호화가 발생하나 글루텐이 없어 Maillard 반응이 거의 일어나지 않고, 팽창제를 사용해서 부풀려도 반죽 크기가 밀가루에 비해 크게 부풀어 오르지 않는다.

## 07 [2005-1]

### 발효빵을 37℃에서 배양하였을 때 생균수가 낮은 이유

**해설**

*Saccharomyces cerevisiae* 는 5℃의 낮은 온도에서도 발효가 가능하지만, 발효 최적 온도 범위는 28~35℃이며, 40℃ 근처에서 서서히 사멸하기 시작한다. 37℃에서는 일반세균의 증식이 효모의 증식보다 빨라 우점종이 되므로 생균수가 크게 증가하지 않는다.

## 08 [2010-2, 2018-1]

### 오븐라이즈, 오븐스프링 원인

**해설**

(1) 오븐라이즈(Oven rise)

반죽이 오븐에 투입되어 처음 약 5분간 일어나는 현상, 오븐의 온도가 조금씩 상승하면서 효모의 활동에 의한 가스 발생의 증가에 따른 팽창이 발생. 40℃~60℃ 사이에서 발생한다.

(2) 오븐스프링(Oven Spring)

반죽의 내부온도가 올라 60℃ 이상이 되면 효모가 사멸하고, 이후 전분의 호화현상에 의해 부피가 급속히 커져 완제품 크기의 40% (1/3)정도 부풀어 오르다 단백질이 변성되는 79℃까지 반죽이 팽창한다. 에탄올 끓음도 영향.

## 09 [2008-3]

### 과자 반죽의 온도에 따른 차이

**해설**

(1) 낮은 반죽온도
　1) 지방의 일부가 굳어 기공이 서로 밀착됨
　2) 반죽이 공기를 포함하기 어렵기 때문에 부피가 작고 비중이 높음
　3) 껍질이 두껍고 제품의 모양이 잘 잡힘
　4) 속까지 완전히 구워지는 데 시간이 오래 걸림
　5) 격렬한 팽창 시 표면이 깨지기 쉬워져 보기 흉해진다.
　6) 캐러멜화가 많이 일어나 향기가 짙지만 식감이 나빠진다.

(2) 높은 반죽온도
　1) 지방의 너무 녹아들고, 베이킹파우더가 빨리 분해됨
　2) 반죽이 튼튼해지기 전에 공기를 포함하기 어려워져 다공질이 됨
　3) 부피가 크고 비중이 작음
　4) 표면이 거칠어지고 제품의 모양이 잘 안 잡히며, 노화가 빨라진다.
　5) 캐러멜화가 적게 일어나 향기가 약하지만 질감이 부드럽다.

# CHAPTER 16 Rheology

## 01 [2011-3]

### Rheology의 성질과 특성

**해설**

(1) 정의

1) 외부의 힘에 의한 물질의 변형과 흐름에 대한 물성론의 한 분야로 식품의 가공적성 뿐만 아니라 식품 섭취 시 기호성과 밀접한 관련이 있다.

① 점성(Viscosity) : 외력에 의해 생기는 층밀림 현상에 대한 내부저항 (유체의 흐름에 대한 저항)
② 탄성(Elasticity) : 외력에 의해 생긴 변형이 외력을 제거하였을 때 원래의 형태로 되돌아가는 성질
③ 소성(Plasticity) : 외력에 의해 생긴 변형이 외력을 제거하여도 원래의 형태로 되돌아가지 않는 성질
④ 점탄성(Viscoelasticity) : 외력에 의해 탄성변형과 점성유동이 동시에 나타나는 성질

## 02 [2010-1, 2016-3, 2020-4·5, 2022-3]

### Texture(텍스쳐) 정의, 1차, 2차 기계적 특성

**해설**

(1) Texture의 정의 : 식품의 모든 물성학적 및 구조적 특성 (물리적인 감각)
음식물을 입안에서 씹을 때 작용하는 힘과 조직간의 상호관계에서 느껴지는 기계적 등 복합적 감각. 음식을 먹을 때 입안에서 느껴지는 감촉 등

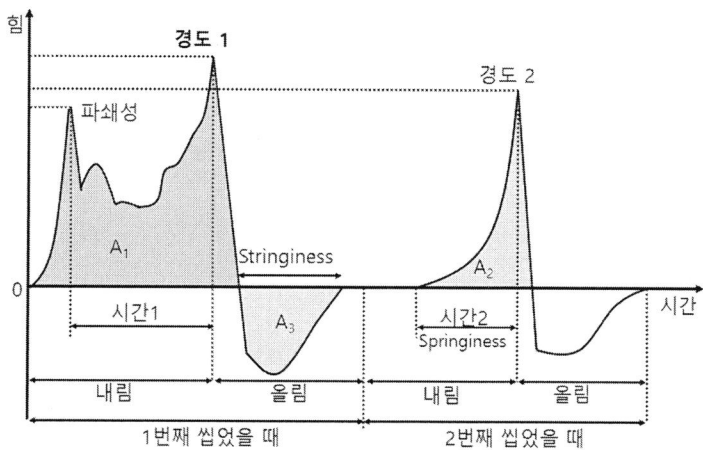

(2) Texturometer에 의한 texture mechanical profile
　1) 1차적 요소

| 1차적 요소 | 경도(견고성)<br>(Hardness) | 응집성(결합성)<br>(Cohesiveness) | 부착성(점착성)<br>(Adhesiveness) | 탄력성(탄성)<br>(Elasticity, Springiness) | 점성<br>(Viscosity) |
|---|---|---|---|---|---|
| 정의 | 물질의 형태를 변형시키는 데 필요한 힘의 크기<br>단위 : N 또는 kg | 물체의 형태를 형성하는 내부 결합력의 크기 식품 내 분자간의 결합이 서로 교차되어 혀나 치아로 힘을 줄 때 부서지지 않고 서로 결합하려는 성질, | 한 물질 표면에서 부착된 타 물질을 떼어내는 데 필요한 힘의 크기 혀, 입천장으로 인지할 수 있는 특성.<br>단위 : N 또는 kg | 외력에 의해 변형된 물질에서 외력을 제거했을 때 다시 복귀되는 정도 | 흐름에 대한 저항의 크기 일반적으로 점조도(Consistency)를 의미함 |
| 힘-시간 그래프 해석 | 1차 Peak 최고점의 높이 | $\dfrac{A_2}{A_1}$ | $A_3$의 면적 | 시간 2에 비례, $A_1$시점~$A_2$ 시점 간 거리 비교(점토와 샘플을 비교) | - |
| 일반적 표현 | 부드러운(Soft)<br>→ 굳은(Firm)<br>→ 단단한(Hard) | 2차적 요소로 세분화됨 | 끈적끈적한(Sticky)<br>→ 들어붙는(Tacky)<br>→ 찐덕거리는(Gooey) | 탄력없는(Plastic)<br>→ 탄력있는(Elastic) | 묽은(Thin)<br>→ 끈적이는<br>(Viscous) |
| 관능 평가 | 어금니 사이 혹은 혀와 입천장 사이에 놓고 눌렀을 때 드는 힘의 크기 | 2차적 요소로 세분화됨 | 혀로 입천장에 눌러 붙인 다음 다시 혀로 떼어내는 데 필요한 힘의 크기 | 어금니 사이 혹은 입천장과 혀 사이에 놓고 완전히 깨어지지 않을 정도로 눌렀다 떼었을 때 복귀되는 정도 | 액체물질을 입에 대고 빨아들이는데 필요한 힘의 크기 |

2) 2차적 요소

| 2차적 요소 | | | |
|---|---|---|---|
| 2차적 요소 | 파쇄성(부서짐성) (Brittleness, Fractuability) | 저작성(씹힘성) (Chewiness) | 껌성(Gumminess) |
| 정의 | 힘의 크기와 누르는 정도가 적을수록 깨어지는 성질이 큰 것 굳기, 응집성과 관계됨 | 고체 식품을 삼킬 수 있는 상태까지 씹는 데 필요한 힘 굳기, 응집성 및 탄성력에 의해 영향 받음 | 반고체 식품을 삼킬 수 있을 정도까지 씹는 데 필요한 힘 굳기와 응집성에 영향을 받음 |
| 힘-시간 그래프 해석 | 1차 Peak 중간점의 높이 | 껌성 × 탄성 | 경도 × 응집성 |
| 일반적 표현 | 부서지기 쉬운(Crumbley) → 바삭한(Crunchy) → 잘 깨어지는(Brittle) | 부드러운(Tender) → 씹히는(Chewy) → 거친(Tough) | 바삭바삭한(Short) → 녹진한(Mealy) → 죽 같은(Pasty) |
| 관능 평가 | 어금니 사이 혹은 혀와 입천장 사이에 놓고 눌렀을 때 드는 힘의 크기 | 일정 크기의 시료를 일정한 힘과 속도로 삼킬 수 있을 때까지 씹는 회수를 측정 | 반고체 식품을 혀와 입천장 사이에 놓고 비벼보았을 때 부서지기까지 필요한 힘의 크기로 측정 |

3) 기타 특성

| Texture profile | | 정의 | 일반적인 표현 |
|---|---|---|---|
| 3차적 요소 | 복원성 | 순간적 탄성, 기기로 식품을 누른 후 떼었을 때 복원되는 힘 | |

| 구분 | 1차적 특성 | 2차적 특성 | 일반적인 표현 |
|---|---|---|---|
| 기하학적 특성 | 입자의 크기와 형태 | | 부드러운(Soft) → 굳은(Firm) → 단단한(Hard) |
| | 입자의 형태와 결합상태 | | 꺼칠하다, 보드럽다 |
| | | | 거칠다, 뻣뻣하다 |
| 기타 특성 | 수분 함량 | | 마르다 → 촉촉하다 |
| | 지방 함량 | 기름기가있는(Oiliness) | 기름지다 |
| | | 그리스촉감(Greasiness) | 미끈미끈하다 |

## 03 [2007-2, 2008-1, 2010-3, 2011-3, 2016-3, 2020-1, 2020-4·5, 2022-2, 2023-1, 2023-2, 2023-3, 2024-3]

### 뉴턴유체, 비뉴턴유체

**해설**

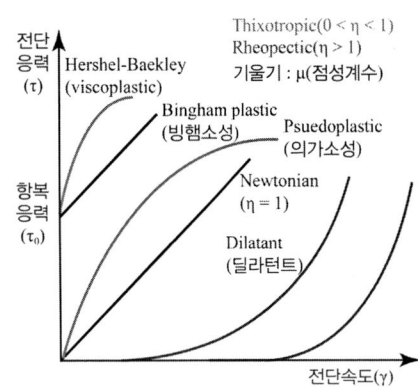

$$\tau = \mu \times \frac{du}{dx} \text{ 또는 } \tau = \kappa\dot{\gamma}^n + \tau_0,$$

$$\mu_a = \frac{\tau}{\dot{\gamma}} = \kappa\dot{\gamma}^{n-1} + \frac{\tau_0}{\dot{\gamma}}$$

$\tau$ : 유체에 작용하는 전단응력

$\tau_0$ : 항복응력

$\mu(=\kappa)$ : 유체의 점성계수

$\mu_a$ : 겉보기 점도

$\dot{\gamma}(=\frac{du}{dx})$ : 전단속도, 전단력에 수직한 방향의 속도의 기울기

n : 유동지수

(1) 뉴턴 유체 : n = 1, $\tau_0$ = 0
  - 전단응력이 전단속도에 비례하는 유체, 물, 알코올, 주스, 식초 등

(2) 비뉴턴 유체 : 전단응력이 전단속도에 비례하지 않는 유체

[시간 독립성 유체]

1) 팽창성 유체(Dilatant fluid) : n > 1, $\tau_0$ = 0
   전단속도가 증가함에 따라 점도 및 전단응력의 증가 폭이 점차 증가하는 유체. 순간적인 충격에 강한 저항을 나타낸다. 고농도 전분유(전분 현탁액) 등

2) 의사플라스틱유체(Pseudoplastic fluid) : 0 < n < 1, $\tau_0$ = 0
   전단속도가 증가함에 따라 유동에 대한 저항 및 점도가 감소하는 유체.
   버터, 토마토퓨레, 시럽, 페인트 등

3) 빙햄 유체(Bingham fluid) : n = 0, $\tau_0$ > 0
   일정한 전단응력(항복응력)이 작용할 때까지는 변형이 일어나지 않지만 그 이상의 전단응력이 작용하면 뉴턴유체와 같이 직선관계를 나타내는 유체.
   치약, 버터, 토마토케첩, 마요네즈 등

[시간 의존성 유체]

4) 요변성 유체(Thixotropic fluid) : 0 < n < 1
   시간이 지남에 따라 겉보기 점도가 감소하는 유체
   유체를 흔들어 혼합하는 등 외력(전단응력)을 가하면 시간의 흐름에 따라 연속적인 구조의 파괴로 인해 Sol화되면서 유동성을 보이나, 외력을 제거하면 시간의 흐름에 따라 구조의 재배열이 일어나면서 Gel화되어 유동성이 없어지는 성질을 보인다.

5) 레오펙틱 유체(Rheopectic fluid) : n > 1
   시간이 지남에 따라 겉보기 점도가 증가하는 유체

## 04 [2004-1]

### 시럽의 두께를 결정하는 식품물성치의 특성

**해설**

점성, 유체의 흐름 저항을 나타내며 유체 내의 내부 마찰과 관련이 있는 유체의 주요한 특성, 액체의 점성은 용질의 분자량이 클수록, 온도가 낮을수록, 용질의 농도가 짙을수록 증가한다. 시럽은 Pseudoplastic 유체로 $0 < n < 1$이며 $\tau_0 = 0$이다. 전단속도가 감소할수록 겉보기점도는 증가

## 05 [2021-1]

### 전단속도가 $100 s^{-1}$ 로 측정된 유체의 전단응력을 구하시오.
(단, 유체의 점도는 $10^{-3}$ Pa·s(1 centipoise)이다.)

**해설**

$\tau = 10^{-3}[Pa.s] \times 100[s^{-1}] = 0.1[Pa]$

## 06 [2008-2, 2012-1, 2012-2, 2015-1, 2021-2, 2022-3]

### 레이놀즈수

**해설**

(1) 유체의 점성력 대비 관성력에 대한 비율, 강제대류에 작용하는 지배적인 물성
(2) $N_{Re}$ 가 증가할수록 유체 내에서 작은 미동(교란)이 확산되어 층류에서 난류로의 전이가 일어난다. 관속을 흐르는 유체는 원형 직선관에서 레이놀즈수가 ( 2100 )이하이면 층류 ( 4000 )이상이면 난류이다.
(3) 밀도가 클수록, 유속이 빠를수록, 관의 직경이 클수록, 점성계수가 작을수록 난류가 발생할 가능성이 커지며, $N_{Re}$가 4000 이상일 경우 난류가 발생한다.

$$N_{Re} = \frac{\rho \times v \times D}{\mu}$$

여기서, ρ : 유체의 밀도 [kg/m³]
v : 유체의 유속 [m/s]
D : 관의 상당직경 [m]
μ : 유체의 점성계수 [kg/m·s]

## 07 [2006-2, 2023-2]

HLB

**해설**

(1) HLB식 : $\left(1 - \dfrac{S(\text{에스터의 비누화가})}{A(\text{지방산의 산가})}\right) \times 20$

(2) HLB값이 3 – 6 일 때 W/O(유중유적형)

(3) HLB값이 8 – 18일 때 O/W(수중유적형)

cf) 비이온성 계면활성제의 HLB(Hydrophilic-Lipophilic Balance) 계산방법(Griffin)

1) 기본식 : $\dfrac{\text{친수성기 분자량}}{\text{분자량}} \times 20$

2) 산화에틸렌(Ethylene Oxide, EO) 함량 이용 시 : $\dfrac{E(\text{함유된 } EO \text{ 함량})}{5} \times 20$

3) 폴리올(Polyol, 다가알코올)의 지방산에스터 : $\left(1 - \dfrac{S(\text{에스터의 비누화가})}{A(\text{지방산의 산가})}\right) \times 20$

4) 산가 측정 어려운 지방산 에스터 : $\dfrac{E(EO\text{의 함량}) + P(Polyol\text{의 함량})}{5} \times 20$

# CHAPTER 17 수분

## 01 [2007-3, 2009-1, 2019-3, 2020-2]

### 등온흡습곡선

**해설**

(1) 등온흡습곡선 정의

Moisture sorption isotherm graph, 대기 중 상대습도(x축)의 상승에 따라 식품에 흡수되는 평형수분함량(y축)의 변화를 나타낸 곡선, 온도가 증가할수록 상대습도가 줄어들기 때문에 온도에 따른 변화를 반영하면 다음과 같이 그릴 수 있다.

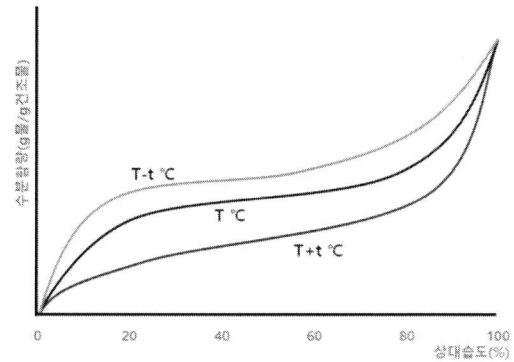

(2) 식품별 등온흡습곡선 패턴

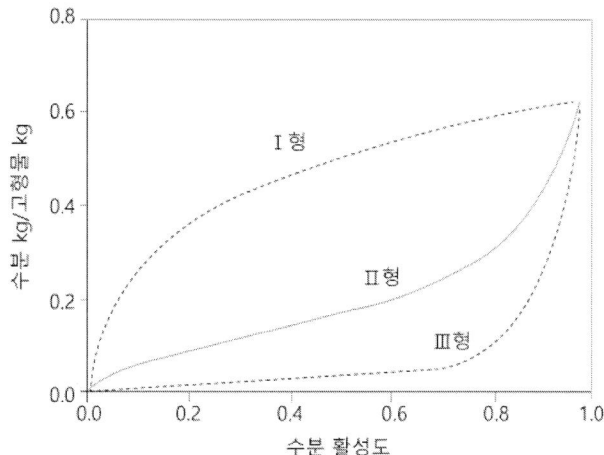

1) I형, 단백질 함량이 높은 식품, 단백질의 여러 작용기로 인해 수화가 빠르게 일어나므로 결합수의 비율이 높아 수분활성도에 비해 흡수한 수분이 매우 커 가파른 모양을 보이나, 수화 이후에는 물의 흡수가 잘 일어나지 않아 고형분 대비 수분 함량이 완만하게 증가한다.
2) II형, 대부분의 식품, 처음에는 수화가 되지 않아 자유수의 비율이 높으나, 모세관 현상에 의해 서서히

식품 내부로 흡수되면서 결합수의 비율이 높아져 수분활성도가 완만하게 증가하다가, 수분이 포화되면서 다시 자유수의 비율이 급격히 증가한다.

3) III형, 당 함량이 높은 식품, 당 자체가 보유한 –OH 끼리의 수소결합에 의해 초기에는 수분을 잘 흡수하지 않아 흡수가 느리며, 투입해준 물 대부분이 자유수 형태로 존재하므로 수분활성도가 높아지나, 수분 함량이 증가함에 따라 당과 물의 수화가 일어나므로 증가한 고형물 대비 수분 함량에 비해 수분활성도가 작은 폭으로 증가한다.

[참고] 중간수분식품(Intermediate Moisture Food, IMF)
1) Aw 0.6~0.9(수분함량 10~40%) 범위 안에 들어가는 식품
2) 자유수가 적어 식품 보존성이 비교적 높으면서 촉촉한 느낌과 충분한 가소성 있음
3) 종류 : 잼, 젤리, 건조과일, 드라이 소시지, 양갱, 훈제품, 된장, 간장, 염장생선 등

## 02 [2019-3, 2020-2]

### Hysteresis(이력 현상)

**해설**

흡습과정과 탈습과정의 경로가 같지 않으므로, 두 과정은 완전한 가역과정이 아니다.

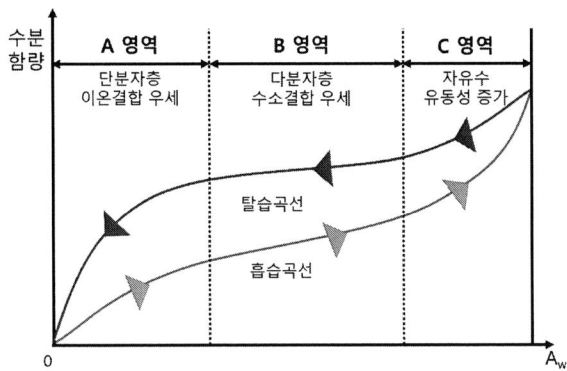

흡습과정과 탈습과정은 완전한 가역이 아니다.
식품마다 Hysterisis 패턴은 다를 수는 있겠지만, 기본형에서 크게 벗어나는 것은 아니다.

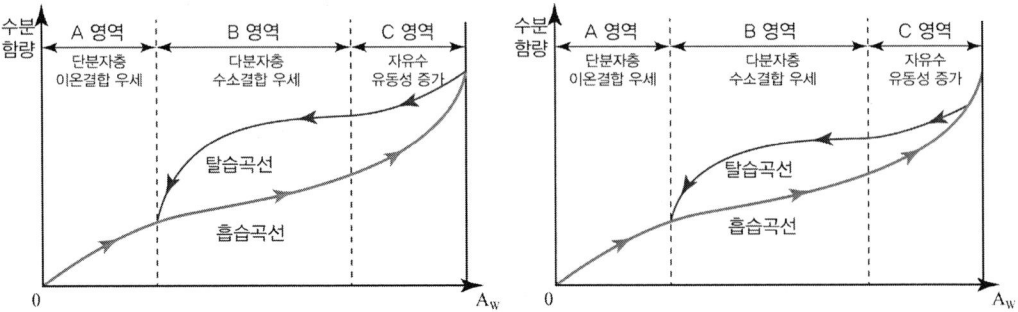

## 03 [2020-3, 2023-2]

**밀폐된 공간에 식품을 가만히 놓아두었을 때의 수분 이동(초기 상태는 A, B 두 식품 모두 0.1 $H_2O$-g solid 인 상태)**

> **해설**
> - 수분활성도가 높은 B에서 수분활성도가 낮은 식품 A로 수분활성도 수치가 같아질 때까지 이동하여, 수분활성도가 같아지는 지점까지 평형이 이동한다.
> - 이 때, B는 Hysteresis가 발생하여 흡습곡선과 다른 경로로 이동할 수 있다.

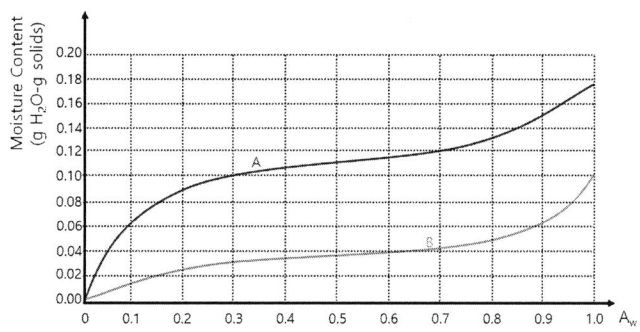

## 04 [2004-1, 2006-1]

**냉동곡선 그림과 구간 별 설명**

> **해설**

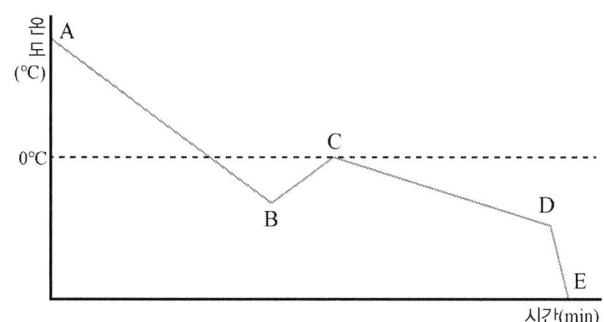

(1) A-B : 예비 냉각 구간, 현열의 제거만 일어난다. 상 변화없음.

(2) B-C : 과냉각지점(B)에서 얼음의 빙결이 시작되면 응고잠열이 발생하면서 순수한 물의 어는점(최초 빙점, C)에 도달한다.

(3) C-D : 최대빙결정생성대, 대부분의 물이 어는 구간. 물이 얼면서 용질을 밀어내기 때문에 농도가 높아지고, 이에 따라 어는점 내림이 나타난다. 얼음과 물의 공융혼합물이 생성된다.

(4) D-E : 대부분의 유리수가 얼어있는 상태. 온도가 빨리 떨어진다.

## 05 [2004-1, 2004-2, 2004-3, 2010-1, 2013-3, 2016-2, 2020-2, 2020-3, 2023-3, 2024-3]

### 급속동결과 완만동결의 차이, Drip 설명

**해설**

- 급속 동결 : 빙결정생성대 통과시간을 짧게 하여 작은 빙결정이 다수 균일하게 분산되어 있어 조직 손상에 따른 품질 저하가 적다.
- 완만 동결 : 빙결정생성대 통과시간을 길게 하여 큰 빙결정이 생성되어 조직 손상에 따른 품질 저하가 크다.

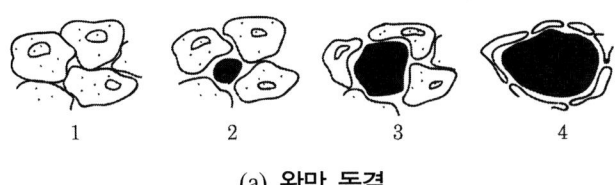

(a) 완만 동결

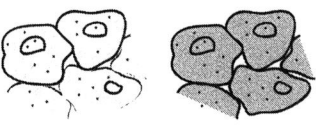

(b) 급속 동결

(1) 드립
- Drip은 동결식품 해동 시 빙결정이 녹아 생성된 수분이 동결 전 상태로 식품에 흡수되지 못하고 유출되는 액즙으로, 얼음결정의 크기가 클수록 부피 대비 표면적이 작아 식품에 흡수되는 양보다 유실되는 양이 증가한다.

(2) 발생요인
- 유리수가 식품 내로 재흡수되지 않기 때문

(3) 영향을 미치는 요인

1) 얼음 결정에 의한 세포 손상
2) 세포체액의 빙결 분리
3) 단백질 변성
4) 해동강직에 의한 강수축
5) 풍미 저하
6) 보수성 저하
7) 상품가치 저하
8) 무게 감소

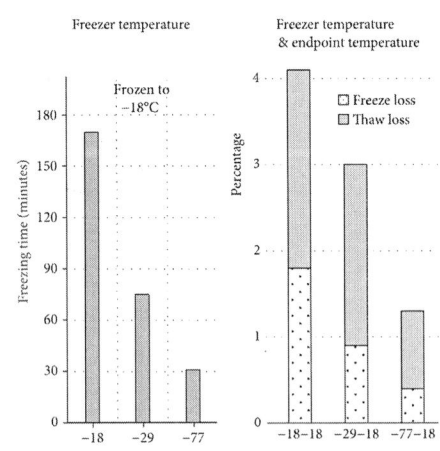

(4) Drip을 줄이는 방법
  · 동결온도 낮을수록 / 동결기간 짧을수록 / 저온 완만해동 (육류) / 열탕 급속해동 (채소)

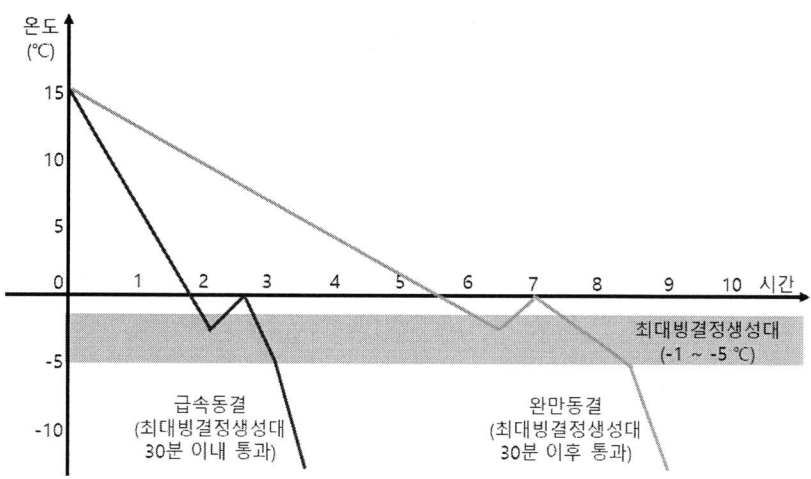

## 06 [2021-1]

### 냉동화상(Freeze burn)

**해설**

(1) 원인 : 식품 표면에 있는 수분이 냉동 후 승화하면서 많은 공극이 생성됨
(2) 피해 : 산소와의 접촉 가능한 표면적이 넓어지면서 식품의 산화 발생
(3) 방지법 : 소분하여 진공포장 후 냉동, 밀봉된 채로 완만 해동 실시, 산화방지제 사용, 표면에 빙의(Glaze) 입힘 등

## 07 [2009-2, 2013-1, 2019-3, 2023-2]

### 해동속도와 냉동속도 비교 및 설명(물과 얼음의 열전도도, 열확산율로 설명)

**해설**

|  | 열전도도[W/m·K] | 열확산율[$10^{-8}m^2/s$] |
| --- | --- | --- |
| 물 | 0.6 | 14 |
| 얼음 | 2.2 | 104 |

물은 열전도도와 열확산율 모두 얼음보다 작다. 해동 시에는 물의 비율이 점점 늘어나면서 내부로의 열 전달이 점차적으로 감소하며, 냉동 시에는 얼음의 비율이 점점 증가하면서 외부로의 열 전달이 점차적으로 빨라진다. 이러한 점 때문에 냉동속도가 해동속도보다 빠르다.

## 08 [2020-3]

지육상태인 돼지고기의 품온을 낮추기 위해 0℃ 온도에서 냉장 보관을 하려고 한다. 공기 흐름속도가 거의 0인 A 냉장고와 공기 흐름속도가 빠른 B 냉장고가 있을 때, 지육을 어디에 저장해야 하는지 고르고, 그 이유를 적으시오.

> 해설

(1) 냉동고 : B 냉동고
(2) 이유 : 기계적인 방법으로 냉동고 내 공기의 흐름을 발생시킴으로서 대류에 의한 열전달을 촉진할 수 있다. 자기소화(Autolysis)에 의한 숙성(Aging) 과정은 발열을 수반하므로 사후강직(Rigor mortis)이 완료된 이후 공기의 흐름이 빠른 B 냉장고를 이용하여 가급적 빨리 온도를 낮춰주는 것이 좋다.

## 09 [2016-3, 2022-1]

수분활성도($A_w$)의 정의와 공식 작성

> 해설

현재 온도에서의 포화수증기압 대비 식품이 발생시키는 수증기압의 비율 또는 "수용액" 상의 전체 입자들 중(분자, 이온 등) 물 분자의 비율

$$A_w = \frac{P_s}{P_0} = \frac{n_w}{n_w + n_s} = \frac{M_w}{M_w + \sum_{k=1}^{p} i_{sk} M_{sk}} = \frac{1}{1 + \sum_{k=1}^{p} [i_{sk} \times (\frac{M_{sk}}{M_w})]}$$

여기서, $P_s$ : 식품의 수증기압, $P_0$ : 물의 수증기압,
$n_w$ : 물의 입자 수(=$M_w$ : 물의 몰수), $n_k$ : 용질 k의 입자 수,
$M_k$ : 용질 k의 몰수   $i_{sk}$ : 용질 k에 대한 Vant's hoff factor
$i_s = 1+α(n-1)$ ($i_{sk}$ : 용질의 Vant hoff 's factor, n : 용질의 구성 이온 수, α : 해리도)

## 10 [2012-1]

A와 B는 같은 수분함량이다. 그런데 보존기간은 A가 훨씬 길다. 그 이유를 수분활성도로 설명하시오.

> 해설

A를 이루고 있는 용질의 몰질량이 작아, 실제적인 몰비율로 계산하면 A 내의 물의 몰분율이 B보다 작기 때문이다. 수분활성도는 물의 몰비율로 정의할 수 있으며, 물의 몰비율이 작으면 수분활성도는 낮고, 수분활성도가 적으면 미생물의 번식이 어려워 보존기간이 길어진다.

[계산문제]

(1) 수분 20%, 설탕 25% 함유한 식품의 수분활성도 구하기 [2015-3, 2018-2]

**해설**

$$\frac{\frac{20}{18}}{\frac{20}{18}+\frac{25}{342}} = 0.9382716049\ldots = 0.94$$

(2) 30%의 수분과 25%의 설탕을 함유하고 있는 식품의 수분활성도는? [2020-3, 2022-2]
(단, 분자량 = $H_2O$ : 18, $C_6H_{12}O_6$ : 342, 소수 셋째자리까지 표시)

**해설**

$$\frac{\frac{30}{18}}{\frac{30}{18}+\frac{25}{342}} = 0.957983193\ldots \approx 0.958$$

(3) 설탕 농도가 60%인 수용액의 수분활성도를 계산하시오. [2021-2]

**해설**

$$\frac{\frac{40}{18}}{\frac{40}{18}+\frac{60}{342}} = \frac{38}{41} = 0.9268292683\ldots \approx 0.93$$

(4) 포도당, 설탕, 소금이 각각 20%로 녹아있는 물의 수분활성도는? [2010-1, 2015-2, 2021-3, 2023-2]

**해설**

( 소금 ) < ( 포도당 ) < ( 설탕 )

(1) $A_w$ (소금) $= \dfrac{\frac{80[g]}{18[g/mol]}}{\frac{80[g]}{18[g/mol]}+\frac{20[g]}{58.5[g/mol]}\times 2} = 0.866666666\ldots \approx 0.87$

(2) $A_w$ (포도당) $= \dfrac{\frac{80[g]}{18[g/mol]}}{\frac{80[g]}{18[g/mol]}+\frac{20[g]}{180[g/mol]}\times 1} = 0.975609756\ldots \approx 0.98$

(3) $A_w$ (설탕) $= \dfrac{\frac{80[g]}{18[g/mol]}}{\frac{80[g]}{18[g/mol]}+\frac{20[g]}{342[g/mol]}\times 1} = 0.987012987\ldots \approx 0.99$

(5) 어떤 식품의 조성을 확인하였더니 포도당(MW 180) 10%, 비타민 C(MW 176) 5%, 전분 (MW 3,000,000) 50%, 나머지는 물(MW 18)이었다. 이 때 이 식품의 수분활성도는? [2005-1]

**해설**

(1) 물의 함량 : 100 - (10 + 5 + 50) = 35[%]

(2) $\dfrac{\frac{35}{18}}{\frac{10}{180}+\frac{5}{176}+\frac{50}{3000000}+\frac{35}{18}} = 0.958597788 \cdots \approx 0.96$

(6) 포도당(MW 180) 10%, 비타민 C (MW 176) 5%, 전분 (MW 3,000,000) 40%, 물 45%를 함유한 식품이 있다. 이상유체라고 가정했을 때 이 식품의 수분 활성도를 구하시오. (단, 소수 셋째자리에서 반올림하여 둘째자리 까지 구하시오.) [2020-4·5]

**해설**

$A_w = \dfrac{\frac{45}{18}}{\frac{10}{180}+\frac{5}{176}+\frac{40}{3000000}+\frac{45}{18}}$

$= 0.96500504 \cdots \approx 0.97$

**답** 0.97

(7) 액상 식품의 조성을 확인하였더니 포도당(MW 180) 18%, 비타민 A 5.5%(MW 286), 비타민 C(MW 176) 1%, 스테아린산 (MW 284) 3.5%, 나머지는 물(MW 18)이었다. 이 때 이 식품의 수분활성도는? [2020-1]

**해설**

(1) 물의 함량 : 100 - (18 + 5.5 + 1 + 3.5) = 72[%]
(2) 소수성 물질인 비타민 A와 스테아린산(C18:0)을 제외하고 계산한다.

$\dfrac{\frac{72}{18}}{\frac{18}{180}+\frac{1}{176}+\frac{72}{18}} = 0.974259618 \cdots \approx 0.97$

(8) 다음 액상 식품의 수분활성도를 계산하시오. 조성은 포도당 10%, 지질(주성분 트리팔미틴) 20%, 비타민 C 3%, 비타민 A 1%이며, 나머지는 수분으로 구성되어 있다. (단, 포도당의 분자량은 180, 트리팔미틴의 분자량은 806, 비타민 C는 176, 비타민 A의 분자량은 286이다.) [2021-3]

**해설**

물(분자량 18)의 질량 : $100-(10+20+3+1)=66[g]$

$$A_w = \frac{\frac{66}{18}}{\frac{66}{18}+\frac{10}{180}+\frac{3}{176}} = \frac{5808}{5923} = 0.9805841634\cdots \approx 0.98$$

CHAPTER 18 > 육류 가공

## 01 [2011-1, 2022-2]

**단백질의 3차 구조에서 Side chain을 형성하는 힘**

해설

원인 : 펩타이드 곁사슬간 또는 주사슬과 곁사슬 간 상호작용
(1) 이온결합(Ionic bonding)
(2) 수소결합(Hydrogen bonding)
(3) 이황화결합(Disulfide bonding)
(4) 소수성 상호작용(Hydrophobic interaction or Hydrophobic bonding)


## 02 [2012-1, 2021-3]

**단백질 열변성에 영향을 주는 요인과 영향**

해설

(1) 가열
    1) 수소결합 파괴
    2) 열역학적으로 안정된 형태로 변화
    3) 응고 및 침전(일반적으로 60~70℃에서 응고되어 용해도 감소함)

(2) 광선
    1) 단백질의 3차 구조 변화 유발
    2) 특히 아미노산 중 트립토판이 가장 광분해되기 쉬움

(3) 수분
    1) 변성 조건에서 수분 많으면 더욱 변성이 잘됨
    2) 건조 및 동결 등 탈수 시에는 분자 내 수소결합 및 소수성 상호작용 증가
    3) 동결 시 -5℃ ~ -1℃ 에서 변성 심하므로 품질 유지 위해서 가공 시간 단축 필요

(4) 염(전해질)
    1) 정전기적 상호작용 강화, 착물 또는 침전 형성 및 열변성 촉진됨
       (주로 염화물, 황산염, 젖산염 등)
    2) 특히 중금속 및 다가 이온($SO_4^{2-}$, $PO_4^{3-}$, $Hg^{2+}$, $Pb^{2+}$) 존재 시 변성 촉진

(5) pH
　　1) 작용기 극성 변화 유발
　　2) 등전점 근처에서 소수성 상호작용 강화로 인한 침전 생성 및 열변성 등이 쉬워짐
　　3) 산성 쪽에서 변성 속도 촉진

(6) 효소
　　1) 예시 : Rennet에 의한 Casein → Paracasein으로의 변성

(7) 환원제
　　1) 이황화결합 해체
　　2) β-mercaptoethanol, DTT(Dithiothreitol) 등

(8) 산소 및 산화제 : 산화에 의한 작용기 변화 유발

(9) 유기물질
　　1) 요소(분자 내 수소결합 해체)
　　2) 계면활성제(SDS 등, 수소결합 및 소수성 상호작용 약화)
　　3) 소수성 용매(친수성-소수성 기 위치 변환) 등

## 03 [2021-1]

### 콜라겐(Collagen)의 열변성

**해설**

1) 변화되는 물질 : Gelatin
2) 뜨거운 물에서 존재할 시 : Sol
3) 차가운 물에서 존재할 시 : Gel

## 04 [2018-2, 2022-2]

### 근육 단백질

> 해설

(1) 기능성, 용해성에 따른 근육단백질의 분류
　　1) 근장단백질 : 수용성 단백질, Myogen, Globulin X 등
　　2) 구조단백질(근섬유단백질) : 섬유상 불용성 단백질, Myosin, Actin, Tropomyosin, Troponin 등
　　3) 육기질단백질(결합조직단백질) : 근초, 모세혈관벽, 힘줄 등 구성, Collagen, Elastin, Reticular 등
(2) 근육 수축과 이완에 가장 밀접한 단백질
　　1) 근섬유단백질, 액틴이 미오신 사이로 미끄러지면서 수축
(3) 단백질의 구분

| 펩톤 | 인단백질 | 당단백질 | 젤라틴 | 프롤라민 | 알부민 |

　　1) 단순단백질 : 프롤라민, 알부민
　　2) 복합단백질 : 당단백질, 인단백질
　　3) 유도단백질 : 젤라틴(Collagen이 습열 조건에서 변성된 1차 유도 단백질), 펩톤(Pepsin에 의하여 분해되어 생성된 2차 유도 단백질)

## 05 [2004-3, 2006-1, 2008-1]

### 숙성 중 일어나는 주요 변화

> 해설

(1) 고기의 pH 하강 : 근육 내 글리코겐이 젖산으로 분해되어 산성이 된다.
(2) 고기 연화 : 액토미오신 결합이 분해되어 근절의 길이가 길어진다. 그리고 Protease 활성으로 근섬유 단백질, 결체 단백질 등이 부분적으로 분해된다.
(3) 풍미 및 정미성 향상 : 핵산이 IMP, Inosinic acid, Hypoxanthin, Ribose등으로 부분적으로 분해된다.
(4) 보수성 증대 : 근 단백질 내 2가 양이온들이 1가 양이온으로 치환되어 근육 속 물 분자와 결합

## 06 [2004-3]

### 냉장육과 냉동육의 육질의 차이

> 해설

(1) 냉장육
　　습윤하고 부드러운 육질과 숙성 이후의 풍미를 보존
(2) 냉동육
　　드립에 의한 손실로 인해 거칠고 질긴 육질, 적은 풍미

## 07 [2004-2, 2006-3, 2018-3, 2021-2]

### 저온단축(Cold shortening)

**해설**

근육 내 ATP가 남아있는 상태에서 도체를 냉동 후 해동할 시, 근육 내 $Ca^{2+}$가 근소포체 내로 흡수되지 못하여 평소보다 과량의 근수축이 발생하는 현상
사후강직이 끝나기 전 냉동 처리한 도체에서 발생

(1) 저온단축현상 발생 조건

사후 강직이 끝나기 전, 근육 내의 ATP 농도가 아직 높은 상태(생근육의 농도의 약 40% 정도의 잔존량이 있을 때)로 5℃ 이하로 급속 냉각되고, 이어서 해동될 때 발생하며, 특히 근육이 발골된 상태에서 더욱 심해진다.

(2) 영향

근소포체의 칼슘 이온 섭취능력이 저하하여 근육 중의 칼슘이온농도가 근수축에 필요한 한계치 농도($10^{-6}$ M)보다 높아지고, 이 때문에 근육이 심하게 단축하여 현저히 육질이 질겨지는 좋지 않은 상태에 이르게 된다.


## 08 [2014-3]

### 식육 연화에 사용하는 과일 및 함유 효소

**해설**

(1) 파파야 : 파파인(Papain)
(2) 파인애플 : 브로멜린(Bromelin)[=브로멜라인(Bromelain)]
(3) 무화과 : 피신(Ficin)[=피사인(Ficain)]
(4) 키위(참다래) : 액티니딘(Actinidin)[=액티니다인(Actinidain)]


## 09 [2006-2, 2017-2]

### 육제품에 결착제 첨가 목적과 종류

**해설**

(1) 첨가 목적
  1) 육제품의 조직력이나 유화 안정성을 높여준다.
  2) 열처리할 때 육단백질 망상 구조가 수축되는 것을 억제하여 유수 분리가 발생되는 것을 막아준다.
  3) 열처리 수율을 향상시킨다.
  4) 조직감이나 식감 등을 개선시킨다.
  5) 육의 사용량을 줄임으로서 원가 절감을 할 수 있다.

(2) 결착제 종류

　1) 동물성 단백질 – 카제이네이트, 유청단백, 혈장단백, 난백, 콜라겐, 스킨 에멀전 등

　　① 혈장단백

　　　물과 결합력이 뛰어남, 부재료(콜라겐, 전분 등)과의 친화성 좋음, pH를 증가시켜 보수성, 유화 안정성, 열처리 수율, 조직감 향상, 유수 분리량 감소

　　② 난백

　　　커팅공정 후 첨가하여 유화안정성, 보수성, 조직감 향상, 유수분리 억제

　　③ 우유단백

　　　육단백질 변성 억제, 우수한 유화력 보유

　2) 식물성 단백질 - 대두단백, 완두단백, 밀단백, 옥배단백 등

　　① 밀단백

　　　에멀전 구조를 안정화 및 탄력성 증가

　　② 대두단백

　　　용해도, 보수력, 유화안정성, 팽윤성, 점도, Gel 강도, 다즙성, 조직감 등 개선

　3) 탄수화물 – (변성)전분, 콘시럽, 말토덱스트린 등

　　전분 – 보수력과 탄력성을 증가시킴

　4) 검류 – 카라기난, 한천, 알긴산, 로커스트콩검, 잔탄검 등

　5) 식이섬유질 원료 – 섬유소, 카르복시메틸셀룰로오스 등

　6) 인산염 – 단백질의 용해도, 팽화도, 보수력을 증가시킴

## 10 [2004-3, 2022-1]

### 염지의 재료 2가지와 목적

**해설**

(1) 염지의 재료 : $NaNO_2$, $NaNO_3$, $KNO_3$, $NaCl$, 향신료(후추 등) 등

(2) 염지의 목적

　1) 풍미 향상

　2) 보수력 향상

　3) 육색 유지

　4) 보존성 증대

(3) 발색제 및 보존료 성상 : 전반적으로 백색의 결정성 분말

　1) 아질산나트륨($NaNO_2$) : 백~엷은 황색의 결정성분말, 알맹이 또는 막대기 모양의 덩어리

　2) 질산나트륨($NaNO_3$) : 무색의 결정 또는 백색의 결정성분말, 무취, 약간의 염미

　3) 질산칼륨($KNO_3$) : 무색의 기둥모양 결정 또는 백색의 결정성분말, 무취, 염미 및 청량미를 가짐

## 11 [2020-4·5]

육류의 색소를 나타내는 성분과 철의 상태

**해설**

| | 육류의 색소 성분 | 철의 상태 | 육류의 색 |
|---|---|---|---|
| (1) | 디옥시미오글로빈(Deoxymyoglobin) | $Fe^{2+}$ | 보라색(암적색) |
| (2) | 옥시미오글로빈(Oxymyoglobin) | $Fe^{2+}$ | 빨간색 |
| (3) | 메트미오글로빈(Metmyoglobin) | $Fe^{3+}$ | 갈색 |
| (4) | 니트로소미오글로빈(Nitrosomyoglobin) | $Fe^{2+}$ | 선홍색 |

## 12 [2013-2]

프레스햄 제조공정에서 가열하는 목적(또는 효과)과 급랭의 목적을 쓰시오.

**해설**

(1) 가열 목적
  1) 미생물 증식 억제와 보존성 증대
  2) 독특한 풍미 및 식감 부여
  3) 육색의 안정화
  4) 품질변화에 영향을 미치는 효소의 불활성화

(2) 급랭 목적
  1) 보수력 및 결착력 증대
  2) 탄력 증진
  3) 표면 수분 증발 방지
  4) 표면 주름 형성 방지

## 13 [2005-3]

훈연의 저장성 원리를 연기의 식품저장효과와 연관하여 설명하여라

**해설**

(1) 목적 및 저장 원리
  1) 수분을 제거하여 건조 상태로 만드는 동시에 방부 성분을 침투시켜 보존성 높임
  2) 악취를 연기의 향미로 제거하여 재료의 맛을 돋움

(2) 살균 성분 : 포름알데히드, 페놀류, 카보닐 화합물 등 200여 종

## 14 [2007-3]

### 햄류 중 로인햄, 숄더햄 부위에 대해 설명

**해설**

(1) 로인햄 : 돼지 등심(Loin) 부위를 원료로 정형 가공한 것
(2) 숄더햄 : 돼지 어깨(Shoulder) 부위를 원료로 정형 가공한 것


## 15 [2013-1]

### 육질등급과 육량등급

**해설**

(1) 육질등급
근내지방도, 육색, 지방색, 조직감, 숙성도에 따라 고기 품질을 1++, 1+, 1, 2, 3등급 및 등외로 구분하여 소비자가 고기의 좋고 나쁨을 쉽게 구별하도록 함
(2) 육량등급
도체 중량, 등 지방 두께, 등심 단면적, 배 최장근 단면적을 종합적으로 고려하여 고기량의 많고 적음을 표시하는 기준으로써, A, B, C등급 및 등외 등급으로 구분


## 16 [2021-1]

### 이상육의 종류

**해설**

(1) PSE
  1) 원인 : 도축 전 스트레스에 의해 해당과정이 급속해지면서 과도한 젖산 축적 및 심부 온도 증가에 의한 단백질 변성
  2) pH : 5.4 미만(정상육(RFN) pH 범위는 5.4~5.8)
  3) 특징
    ① Pale, 등심부와 대퇴부의 육색이 연하고 창백함
    ② Soft, 근육이 무르고 탄력이 없음
    ③ Exudative, 보수력 및 결착력이 낮아 육즙이 많이 삼출됨
(2) DFD
  1) 원인 : 도살 전 스트레스(피로·운동·질식·흥분·싸움 등)로 인하여 글리코겐이 감소된 상태로 도축되어 해당과정이 정지되고, 젖산 생성 및 산소 결합력이 떨어짐
  2) pH : 6.0 ~ 6.5, 세균 번식에 취약해짐

3) 특징
  ① Dark, 등심부와 대퇴부의 육색이 지나치게 검음
  ② Firm, 근육이 단단하고 질김
  ③ Dry, 건조해짐

## 17 [2014-2]

육류와 어류의 신선도가 떨어질수록 나는 냄새의 주성분

**해설**

(1) 육류 : $NH_3$, $H_2S$, Mercaptan(=Thiol), Amine류 등
(2) 어류 : TMA, Piperidin 등

## 18 [2016-3]

트리메틸아민의 유도물질 및 초기부패판정 시 트리메틸아민의 기준치

**해설**

(1) TMAO(트리메틸아민 옥사이드)
(2) TMA 기준치 : 4~6mg%(=mg/100g)(=40~60ppm)[식육 기준, 수산물은 3~4mg%(=30~40ppm)]

## 19 [2006-3, 2011-1]

전수분량이 69.6%인 돼지고기를 원심분리 하였더니, 유리수가 22.4%였음을 확인하였다.

**해설**

1) 이 식육의 결합수의 함량을 계산하시오.
   69.6 − 22.4 = 47.2[%]

2) 이 식육의 보수력을 계산하시오.

$$보수력 = \frac{결합수\,함량}{총\,수분\,함량} \times 100 = \frac{69.6-22.4}{69.6} \times 100 = 67.8160919\cdots \approx 67.82[\%]$$

$$cf)\ 보수력 = \frac{유리수함량}{결합수함량} \times 100 = 47.45762712 \cdots \approx 47.46[\%]\ (근거\ 부족)$$

# CHAPTER 19 > 과일·채소류 가공

## 01 [2018-3, 2022-3, 2024-2]

**CA 저장법**(Controlled Atmosphere Storage)

**해설**

(1) 생체 식품의 저장 중 발생하는 작용
   1) 호흡작용 : 생명을 유지하고 에너지를 얻기 위해 유기물을 분해하는 현상
   2) 생장작용 : 발아·발근 발생, 5℃ 이하 저장 시 감자, 양파, 고구마, 무 등의 생장 억제
   3) 증산작용 : 작물 내 수분이 빠져나가는 현상, 표면 위축 현상 발생의 원인
   4) 추숙작용 : 연화가 일어나 색, 향, 맛은 좋아지지만 저장성이 나빠지는 현상

(2) CA 저장 원리 : 공기의 조성과 온도, 습도를 조절하여 산소 농도를 낮추고 화학적으로 활성이 적은 기체 (이산화탄소, 질소 등)의 함량을 증가시켜 호흡 및 증산작용을 억제시키는 방법, 에틸렌 제거 필요

(3) 온도가 상승할수록 호흡 속도 및 변패속도가 증가하므로 수확한 과채류는 예냉 후 저장

(4) CA 저장 방법
   1) 재래식 방법 : 청과물의 호흡작용에 의해 공기조성의 변화를 기다리는 방법
   2) 제너레이터법 : 공기조성을 인위적으로 조절하는 장치를 이용한 방법
   3) 간이방법 : 가스투과성 없는 플라스틱 주머니에 담아 밀봉하여 넣어두면 호흡작용으로 산소는 감소하고 이산화탄소는 증가하는 것을 이용한 방법

(5) 저장고 내 환경 조절 기준
   1) 저장고 또는 저장용기는 완전밀폐가 이루어져야 한다.
   2) 습도 85~95%, 온도 0~8℃ 범위, 산소 1~5%, 이산화탄소 2~10%(작물마다 차이 있음)
   3) 에틸렌 기체 제거
   4) 가급적 과실의 온도를 속히 낮춘다.
   5) 급격한 온도 변화가 일어났을 경우는 저장고 내 공기의 팽창이나 수축이 일어나므로 온도가 상승했을 때는 압력을 줄이기 위해, 온도가 낮아졌을 경우는 저압을 해소하기 위해 환기구멍을 열어 주어 정상 압력이 유지되도록 한다.

## 02

### 호흡급등형 과실과 호흡비급등형 과실

**해설**

(1) 호흡 급등형 과실 : 성숙 과정에서 호흡률 및 에틸렌 민감성이 증가하는 과실, CA저장이 적합
   종류 : 사과, 배, 감, 수박, 무화과, 망고, 아보카도, 블루베리 등
(2) 호흡 비급등형 과실 : 호흡률이 점차 감소하는 과실
   1) 호흡량이 최고치에 도달 후 점차 감소되는 전환기적 상승을 갖는 과실
      종류 : 바나나, 토마토 등
   2) 수확 후 저장 중 호흡률이 감소하는 과실, 적정 소재로 MAP 처리가 적합
      종류 : 밀감류(오렌지류), 딸기, 포도, 앵두, 파인애플, 올리브, 고추, 오이, 가지, 고구마 등
(비교) MAP(Modified Atmosphere Pakaging), 수증기 이동 억제, 표면 위축현상 지연


## 03 [2009-2]

### 고추를 1년 동안 저장할 경우 색 보존 방법

**해설**

(1) 온도 : 적정 온도 8~10°C 유지(5°C 이하 시 저온장해)
(2) 상대습도 : 상대습도 95% 유지
(3) 포장 : 0.03mm PE필름 포장(0.08mm은 $CO_2$ 축적됨)
   - MAP(Modified Atmosphere Packaging), 수증기 이동 억제, 표면 위축현상 지연
(4) 탄산가스 : 탄산가스 농도 5% 미만 유지


## 04 [2011-2, 2017-1, 2023-1]

### 차의 발효과정 중에 발생하는 오렌지색이나 붉은색 나타내는 색소와 효소

**해설**

(1) 색소 전구체 : Catechin
(2) 효소 : Polyphenol oxidase(=Polyphenolase)
(3) 생성 색소 : Theaflavin(황색), Thearubigin(적색)

## 05 [2005-2, 2009-3, 2011-2]

### 과실의 갈변 효소, 효소 불활성화 방법

**해설**

(1) 효소 : Tyrosinase, Polyphenol oxidase(=Polyphenolase)
(2) 불활성화 방법
   1) Blanching(데치기)
   2) 소금물에 담그기
   3) pH 낮춤
   4) 산화 방지제 이용(EDTA 염류 등)
   5) 산소 차단(직접 X, 간접)


## 06 [2004-1, 2009-2, 2018-1]

### 냉동식품(채소류)의 경우 Blanching을 하는 이유

**해설**

(1) 산화 효소의 불활성화
(2) 채소 조직의 연화
(3) 채소류의 부피를 줄임
(4) 박피를 용이
(5) 조직 내의 공기를 밖으로 배출


## 07 [2004-3, 2013-2, 2018-3]

### 사과에 유황 훈증하는 목적

**해설**

(1) 표면의 세포가 파괴되어 건조에 도움
(2) 강력한 표백 작용으로 산화에 의한 갈변 방지
(3) 미생물의 번식 억제
(4) 고유 빛깔 유지

## 08 [2013-1, 2014-3, 2020-3]

### 감 쓴맛 빼는 공정이름 & 성분이름

**해설**

- 탈삽 공정(열탕법, 알코올법, 탄산가스법, 동결법, 감마선 조사 등)
- 원인 물질 : Tannin류[Diosprin(=Shibuol)]
- 탈삽의 원리 : Tannin이 중합될 경우 분자량이 증가하는 동시에 친수성 작용기가 줄어들어 물에 녹지 않아 수렴성이 없어짐, 숙성 과정에서 생기는 과실 내부의 Aldehyde기와 결합하여 불용성이 되면서 떫은맛이 사라진다.


## 09 [2013-3, 2024-1]

### 포도를 HCl-Methanol 에 담글 때 추출되는 색소

**해설**

(1) 적포도 내 색소 성분 : 안토시아닌(Anthocyanin)
(2) HCl-metahnol에 추출된 색 : 붉은색
(3) NaOH 주입 시 색변화 : 보라색을 거쳐 청색으로 변색됨

|  산성  |  –  |  중성  |  –  |  염기성  |
|---|---|---|---|---|
| 붉은색(적색) | – | 보라색(자색) | – | 푸른색(청색) |


## 10 [2021-3]

### Pectin gel 식품(Jam, Jelly 등) 제조

**해설**

(1) 젤리화의 요소
  1) 당(60 ~ 65%)
  2) 산(0.1 ~ 0.3%)
  3) 펙틴(1.0 ~ 1.5%)

(2) 젤리점 확인 방법
  1) 컵법 : 농축액을 찬물이 든 컵에 소량 떨어뜨렸을 때 밑바닥까지 굳어있을 경우 적절함
  2) 스푼법 : 목제 스푼으로 농축액을 떠서 흘러내리게 했을 때, 일부가 붙어서 얇게 퍼지고 끝이 젤리 모양으로 굳은 정도로 굳은 정도로 떨어지면 적절함
  3) 온도계법 : 끓고 있는 농축액의 온도가 104~105℃가 되었으면 적절함

## 11 [2006-1, 2009-1, 2019-2, 2023-1]

**저메톡실펙틴(LMP)을 정의하고, 저메톡실 펙틴 젤리를 제조하기 위해 필요한 첨가물과 사용목적**

해설

(1) 저메톡실펙틴 정의
- Pectin 중 분자 내 Methoxyl기(=Methylester기, -OCH$_3$) 함량이 7% 이하인 것

(2) 첨가물 : $Ca^{2+}$ 염, 보존료(선택)

(3) 첨가물 첨가목적
- α-D-Galacturonic acid에 있는 –COO⁻ 에 의해 발생하는 음전하 간의 반발력을 $Ca^{2+}$ 가 중화 및 완화시키며 안정적인 가교(Salt Bridge)를 형성하여 단단한 물성을 부여함

## 12 [2009-1]

**산 박피법과, 알칼리 박피법**

해설

|  | 산박피법 | 알칼리 박피법 |
|---|---|---|
| (1) 목표성분 | 펙틴(내피) | 펙틴(표피세포 중간층) |
| (2) 사용 용액 | 0.5~1% HCl | 0.5~2.0% NaOH |
| (3) 온도 | 20~30 ℃ | 100 ℃ 이상 |
| (4) 시간 | 30~150분 | 40~60초 담근 후, 바로 물 세척 |
| (5) 중화 | 0.5~1% NaOH | 0.2% 구연산 또는 염산 |
| (6) 담그기 | 4~19시간 | 육질 탄력성 커서 담그지 않음 |

## 13 [2005-3, 2023-2]

**과일주스의 청징제**

해설

(1) 난백
(2) 젤라틴
(3) 탄닌
(4) 카제인
(5) 규조토

(6) 산성백토
(7) 활성탄
(8) Pectinase


## 14 [2007-2, 2022-1]

사과주스 제조공정에서 여과와 청징을 목적으로 80℃로 가열하고, Pectinase를 첨가하였으나 청징 효과를 얻지 못한 공정상의 원인

**해설**

80℃ 가량의 온도에서 Pectinase가 열에 의해 변성되어 효소의 활성을 잃었다.


## 15 [2011-2]

토마토 퓨레 제조 공정 중 열법

**해설**

- **열법** : 선별한 토마토를 거칠게 분쇄한 다음, 가열처리하여 토마토 주스를 추출기로 생산하는 방법이다. 가열에 의해 산화효소, 펙틴분해효소가 파괴되는 동시에 프로토펙틴이 펙틴으로 되고 검질의 용출 또한 많아져서 토마토 퓨레의 점조도를 높이는 효과가 있다. 그러나 풍미가 줄어든다.
  비타민 C 파괴(열에 의한 파괴는 증가하나, 효소에 의한 파괴는 감소한다.)
- **냉법** : 거칠게 분쇄한 과실을 가열처리 없이 직접 주스 추출기에 보내 추출하는 방법이다. 열법에 비해 고형분의 분리가 적어 수율은 낮으나, 씨의 이용이 가능하고 풍미가 좋다.
  비타민 C 파괴(열에 의한 파괴는 감소하나, 효소에 의한 파괴는 증가한다.)

# CHAPTER 20 두류 가공

## 01 [2005-3, 2008-1, 2014-1, 2016-3]

### 두부의 제조 공정

**해설**

콩→ (침지) → 마쇄→ 두미 → 증자 → (여과) → (두유) → 응고 → (탈수) → 성형 → 절단 → 보통두부


## 02 [2004-2]

### 마쇄 정도와 문제점

**해설**

(1) 마쇄가 충분하지 못할 경우
  • 두부의 수율이 낮아진다.
(2) 지나칠 경우
  • 두부에 이물이 들어가 식감과 품질이 저하된다.


## 03 [2004-3]

### 두부 제조 시 가열 살균할 때 가열온도가 높을 때와 낮을 때의 일어나는 변화(100°C, 10~15분)

**해설**

(1) 온도가 높고, 오래 가열할 경우 때
  ① 단백질 변성에 의한 수율 감소
  ② 지방 산패로 인한 맛의 변질
  ③ 단단한 조직감

(2) 온도가 낮을 경우
  ① 낮은 단백질 용출로 인한 두부 조직의 경화 불충분 및 수율 감소
  ② 가열 살균의 불충분
  ③ 콩비린내
  ④ 트립신 저해제 잔류로 인한 영양적 손실

## 04 [2008-1]

두부 제조 시 사용되는 원료 콩의 pH를 측정하였더니 5.5이었다. 이 콩을 두부 제조 시 사용할 수 있는 지에 대한 여부와 그 이유를 쓰시오.

**해설**

(1) 사용가능여부 : 사용가능
(2) 이유
- 콩단백의 주성분인 Glycinine의 pI는 4.5로 pH 5.5에서는 순전하가 음전하를 띠고 있다. 따라서 2가 금속염($Ca^{2+}$, $Mg^{2+}$ 등)을 첨가해줄 경우 정전기적 인력에 의해 쉽게 응고할 수 있다. 글루코노-δ-락톤의 경우는 가수분해되어 산을 생성하여 두유액의 pH를 직접 등전점까지 낮추어 단백질을 응고시킬 수 있다.

## 05 [2010-2, 2021-2, 2024-3]

글리신의 등전점 곡선

**해설**

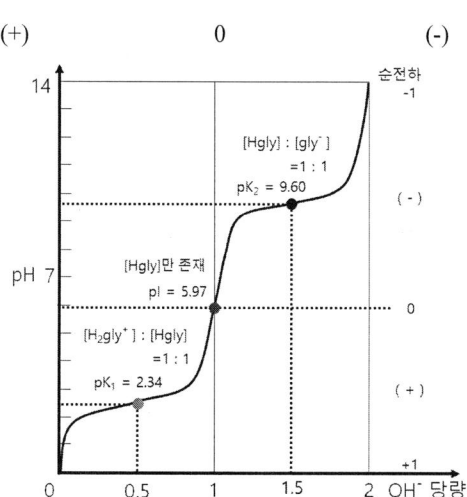

## 06 [2005-3, 2014-1]

### 두부응고제

**해설**

글루코노-δ-락톤, 염화마그네슘, 염화칼슘, 황산마그네슘, 황산칼슘, 조제해수염화마그네슘(간수)

## 07 [2019-3, 2023-1]

### 두부 제조 시 식품첨가물 사용에 따른 변화

**해설**

(1) 두부 제조 시 간수 대신 $CaCO_3$ 이용시 두유에 생기는 변화
   $CaCO_3$는 염기성염이지만, 온수에서도 잘 녹지 않는 난용성 염이다. 이에 따라 두유액이 산성 조건이 아니면 물에 녹아 두부 응고에 필요한 양만큼의 $Ca^{2+}$를 내놓지 못하므로 두부의 수율이 매우 낮아 두부 제조에 사용할 수 없다.

(2) 두유액 가열 시 식용유 대신 레시틴 사용 시 변화
   - 식용유에는 여러 지방산(라우린산, 미리스트산, 옥시스테아린, 올레인산, 팔미트산)이 풍부하며, 이들은 식품첨가물공전상 거품제거제로 분류되어 있다. 거품제거제는 액체의 표면장력을 높여 거품 생성을 억제하고 유지를 어렵게 하여 빨리 제거시킨다.
   - 반면 레시틴은 식품첨가물공전상 유화제로, 물과 기름의 표면장력을 낮추어 서로 잘 섞일 수 있도록 한다. 표면장력이 작아지면 거품 생성 및 유지가 쉬워지므로 거품제거 효과를 얻을 수 없고, 도리어 거품의 생성이 강해진다.

## 08

### 장류에서 전분과 아미노산의 영향, 역할

**해설**

(1) 전분
   - 종국, 코지, 곰팡이 등에 의해 당으로 분해되어 단맛 제공
(2) 아미노산
   - 단백질의 가수분해에 의해 생성됨, 풍미와 정미성 부여

## 09 [2013-1, 2014-3]

### 된장 곰팡이, 청국장 세균, 제조효소

**해설**

(1) 된장 : *Aspergillus oryzae* (황국균)
(2) 청국장 : *Bacillus subtillis* (natto) - 생육 온도 40℃ 이상
(3) 제조효소 : Amylase, Protease 등


## 10 [2005-2]

### 청국장의 점질물(끈적끈적한)성분

**해설**

(1) Fructan(Polyfructose)
(2) γ-PGA(폴리감마글루탐산)


## 11 [2005-3]

### 장류 제품에 쓰이는 쌀 코지균과 우수한 품질의 종국 특성

**해설**

(1) 쌀 코지균 : *Aspergillus kawachii* , *Aspergillus oryzae* , *Aspergillus usamii* , *Aspergillus shirousamii* , *Aspergillus awamori* 등
(2) 우수한 종국의 특성
  ① 선명한 색(황~흑갈색 또는 황~녹색의 분말 또는 과립)
  ② 독특한 향 및 단맛이 있을 것
  ③ 낱알이 단단할 것
  ④ 포자가 가능한 많을 것

## 12 [2007-2, 2011-1]

### 된장이 숙성된 뒤에 신맛이 나는 원인

**해설**

(1) 소금의 양이 적을 때
(2) 물의 양이 많을 때
(3) 유기산에 의해
(4) 콩이 덜 쑤어졌거나 원료의 혼합이 불충분하여 골고루 섞이지 않을 때


## 13 [2004-2, 2024-3]

### 간장 제조 시, 산막효모(흰색의 피막) 발생의 주원인

**해설**

(1) 간장의 농도가 적을 때
(2) 숙성이 불충분한 것을 분리했을 때
(3) 당분 과다
(4) 소금 부족
(5) 간장 가열 온도가 낮을 때
(6) 제조 용기가 불결할 때


## 14 [2006-3, 2016-2]

### 산분해 간장의 장·단점

**해설**

(1) 장점 : 단시간에 기질을 분해시켜 대량 만들 수 있다.
(2) 단점 : 발효간장에 비해 풍미가 부족하다. 3-MCPD 발생

# CHAPTER 21 유제품 가공

## 01 [2019-3]

### 원유 수유검사 종류

**해설**

(1) 공전상 분류(공전상에서는 순서 없이 혼재되어 있음)

관능검사, 비중측정, 산도 측정, 지방 정량, 낙산가 측정, 신선도 시험(알코올법, 자비법), 가수유 감별(유청 사용, 서미스트빙점측정기법, 하트벨빙점측정기법), 진애 시험법, 중화유 감별법, 두유 감식 시험법, 포스파타제 검사, 성분 검사, Methylene blue 환원 test, Resazurin 환원 test 등

(2) 축산물위생관리법 시행규칙 제12조(축산물의 검사기준) 별표 4 기준

1) 집유 전 검사(수유 검사) : 관능검사, 비중검사, 알콜검사(또는 pH검사), 진애검사
2) 실험실 검사(시험 검사) : 적정산도 검사, 세균수 검사, 체세포수 검사, 세균발효억제물질검사, 성분검사, 그밖의 검사

## 02 [2008-3]

### 우유의 산도 측정법

**해설**

우유 내에 세균이 증식하면서 유기산을 생성하고, 이것이 우유의 산도를 높이며 pH가 저하된다. 산도 측정법은 검사시료 10 mL에 탄산가스를 함유하지 않은 물 10 mL를 가하고 페놀프탈레인시액 0.5 mL를 가하여 0.1N NaOH 적정하여 30초간 홍색이 지속할 때까지 적정한다. 변색한 시점에서의 0.1N NaOH 수용액의 소모량을 젖산의 양으로 환산하여 유기산의 양을 정량하는 방법이다.

$$산도(젖산\%) = \frac{(0.009 \times f \times V)[g]}{S[mL] \times d[g/mL]} \times 100$$

## 03 [2016-3]

### 우유 알코올테스트

**해설**

알코올의 ( 탈수 ) 작용으로 인해 ( 산도 )가 높은 우유는 카제인이 ( 응고 ) 된다.

## 04 [2006-1, 2007-1, 2015-2]

### 우유의 구성 성분 및 존재 상태

**해설**

(1) 유당(Lactose) : 이당류, 참용액(Solution)으로 존재
(2) 유지방 : 지방, O/W Emulsion 으로 존재, 버터 및 크림 제조
(3) Casein : 주 단백질, 인단백질, Sol로 존재,
 pI = 4.5 ± 0.1 로 순전하와 용해도가 최소화됨, 치즈 제조
(4) Whey protein : 기타 단백질, Sol로 존재


## 05 [2007-2, 2008-1, 2010-2, 2019-2, 2020-3]

### 우유의 살균방법 및 살균 여부 시험법

**해설**

(1) 살균온도와 시간
 1) 저온장시간살균법 (LTLT법) : 63~65°C에서 30분간
 2) 고온단시간살균법 (HTST법) : 72~75°C에서 15초간
 3) 초고온단시간살균법(UHT법) : 130~150°C에서 0.5 내지 5초간 살균 후 즉시 10°C로 냉각

(2) 시험법 : Phosphatase 검사
 1) 목적
  · 저온살균처리 및 생유 혼입 여부를 판단하기 위하여
 2) 원리
  · Phosphatase는 살아있는 생물에서 검출이 되는 대표적인 지표 효소로, 미생물의 살균이 이루어질 경우, Phosphatase가 불활성화됨과 동시에 추가적인 효소의 생성이 없으므로 살균처리 및 생유혼입 여부를 판단 가능하다.

## 06 [2006-1, 2011-1]

### 스타터(Starter)의 개념과 대표적인 균들

**해설**

(1) 발효를 일으키기 전에 적당한 환경을 생성시키기 위해서 첨가하는 미생물

  1) 치즈 : *Streptococcus thermophilus, Streptococcus cremoris, Lactobacillus bulgaricus, Lactobacillus debrueckii, Lacticaseibacillus casei, Lactobacillus acidophilis* 등(세균)
  *Rhizopus oryzae, Penicillium roquefort, Penicillium camenberti, Penicillium glaucum, Geotrichum candidum* 등(곰팡이)

  2) 요구르트 : *Streptococcus thermophilus, Lactobacillus acidophilus, Lactobacillus bulgaricus, Lacticaseibacillus casei, Lactobacillus debrueckii* 등

*Lactobacillus* 속 일부 학명 변경 사항

| 개정 전 | 개정 후 |
|---|---|
| *Lactobacillus casei* | *Lacticaseibacillus casei* |
| *Lactobacillus paracasei* | *Lacticaseibacillus paracasei* |
| *Lactobacillus rhamnosus* | *Lacticaseibacillus rhamnosus* |
| *Lactobacillus fermentum* | *Limosilactobacillus fermentum* |
| *Lactobacillus reuteri* | *Limosilactobacillus reuteri* |
| *Lactobacillus plantarum* | *Lactiplantibacillus plantarum* |
| *Lactobacillus salivarius* | *Ligilactobacillus salivarius* |

## 07 [2006-2, 2024-3]

### 발효유 및 치즈 제조

**해설**

(1) 치즈 및 요구르트 제조 원리

  탈지유에 산을 가하여(혹은 발효에 의해 생성된 젖산에 의하여)면 우유 내 함유된 단백질의 일종인 카제인(Casein)의 등전점인 약 4.6으로 이동한다. 단백질의 등전점에서는 순전하가 0이 되어 물과의 극성 상호작용이 감소함에 따라 용해도가 저하되어 덩어리진다.

(2) 치즈 제조 시 사용하는 효소인 레닛을 첨가하기 전에 치즈 응고 및 품질개선을 위해 첨가하는 무기질 성분 칼슘염($CaCl_2$, $CaSO_4$ 등)

(3) 가염 목적

  풍미 향상, 이상발효 방지, 유청의 완전 제거, 수축 및 경화, 유산 발효 억제

(4) 가염 방법

  2시간 발효시킨 커드를 퇴적시킨 뒤 잘게 자르고 다시 20분간 교반하여 적절한 산도(TA 0.50~0.55)가 되면 식염을 예상 생산량의 2~3% 가하여 충분히 혼합한다.

## 08 [2005-2, 2006-3, 2011-1]

### 우유 균질화 정의와 목적

**해설**

(1) 우유 중의 지방구에 물리적인 충격을 가하여 크기를 작게 분쇄하는 작업
    1) 지방구의 미세화
    2) 지방 분리 방지
    3) 점도 상승
    4) 소화 용이(지방과 단백질로 구성된 Curd가 미세화되어 분산되므로)

## 09 [2013-1]

### 연유 제조 시 가당하는 목적과 진공 농축 이유

**해설**

(1) 연유에 단맛을 부여하고 점성을 증가시키며, 삼투압 증가와 수분활성도 감소를 야기하여 보존성을 높인다.
(2) 낮은 온도에서도 농축 속도가 빠르고, 우유의 열 변성과 풍미 손실을 억제한다.

## 10 [2014-2, 2024-2]

### 농축과정에서 비말동반

**해설**

농축과정 중 미소한 액체 방울이 증기와 함께 증발관 밖으로 배출되는 현상이다. 이는 용질의 손실이나 응축기, 증발관 등의 부식의 원인이 된다. 상승속도를 낮추어 침강시키거나, 증기 유로에 방해판을 놓아 급격한 방향 전환을 일으키거나, 비말 포집기(원심분리기, 사이클론, 충전탑, 다공판탑 등)를 사용하여 예방할 수 있다.

## 11 [2009-3, 2017-3, 2021-2]

### 우유 200mL의 비중을 측정함. 온도 15℃ 비중계 눈금 31일 때 계산과정과 답을 쓰시오.

**해설**

· 계산식 : $x = 1 + \dfrac{31}{1000} = 1.031$

(우유 비중 측정의 표준온도는 15℃, 보정 시 온도차에 0.2를 곱하나, 부정확함)

$$비중 = 1 + \frac{측정치 + (T[℃] - 15) \times 0.2}{1000}$$

# CHAPTER 22 건조 공정

## 01 [2021-3]

### 건조 공정의 의의

**해설**

(1) 원리 : 물의 증발 원리를 이용
(2) 식품의 저장성이 향상되는 이유(수분활성도와 효소를 포함) : 건조로 인해 자유수가 증발되면서 식품의 수분 활성도가 낮아진다. 삼투압의 증가로 미생물의 외부 환경 적응이 어려워지는데, 특히 물 분자의 양이 효소의 구조 유지나 효소 활성에 필요한 양보다 줄어들면 효소에 의한 산화 반응 등이 억제되어 미생물의 물질 대사가 저하되면서 식품의 저장성이 향상된다.

## 02 [2009-2, 2018-3, 2022-1]

### 동결건조의 장점

**해설**

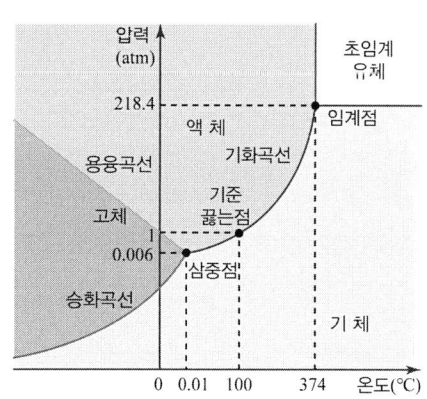

- 삼중점 : 기체, 액체, 고체 상태가 평형상태로 공존하는 점
- 승화 곡선 : 고체와 기체가 공존하는 선
- 용융곡선(융해곡선) : 고체와 액체가 공존하는 선
- 기화곡선(증기압력곡선) : 액체와 기체가 공존하는 선
- 임계점 : 기체와 액체를 분간할 수 없는 임계상태에서의 지점
- 기준 끓는점 : 1기압에서 액체가 기체로 변하는 지점

(1) 정의
  - 식품의 온도를 삼중점 이하(0.0098℃ 이하)로 낮추어 내부의 수분을 동결시키고, 이 상태에 감압하여 0.006atm 이하로 낮추어 얼음을 수증기로 승화시키는 건조법

(2) 장점
  1) 재료의 형태와 조직 등의 물리·화학적 변화가 적다.
  2) 영양소 및 풍미 손실이 최소화된다.
  3) 고체 건조 시 표면경화 현상이 없다.
  4) 고체 식품에서의 복원성이 뛰어나다.
  5) 분말식품의 경우 빠르고 완벽한 재수화(Rehydration)이 가능하다.

## 03 [2010-2, 2019-2]

### 동결건조장치 및 진공 농축기 내 중요장치

**해설**

(1) 진공 펌프(Vacuum pump) : 진공 형성 및 기압차 생성
(2) 회전 장치 : 고른 열전달 및 균일한 가공
(3) 온도 조절장치 : 가열 장치(Heater) 및 냉각 장치(Chiller)로 구성됨, 기화 및 승화 잠열 공급 및 냉각
(4) 응축 장치(Condenser) 또는 증기분리장치(기수분리기) : 증기제거, 비말동반 억제
(5) 집진 장치 : 비말 동반 억제

## 04

### 감압 건조 방법

**해설**

(1) 상온감압건조
(2) 진공동결건조

## 05 [2005-2]

### 감압법이 상압법보다 좋은 이유

**해설**

(1) 건조 속도가 빠름
(2) 건조 식품의 풍미 유지
(3) 2차 오염이 없는 위생적인 제품을 얻을 수 있음
(4) 식품 내 성분의 화학 반응 최소화

## 06 [2006-2, 2020-1]

### 초임계유체 공업적 이용

**해설**

(1) 초임계유체 : 임계온도와 임계압력 이상에 도달한 유체로 액체와 기체의 구분이 없는 상태이다.
(2) 이용
   1) 높은 용해력(=높은 용제비, 추출 제품에 대한 용제의 양에 대한 비율)
   2) 빠른 물질 이동 및 열의 이동
   3) 낮은 점도와 높은 확산계수
   4) 미세극으로서의 높은 침투성
   5) 물질의 변성 최소화
   6) 잔류 용매가 없음
   7) 물성 조절이 쉬우므로 온도·압력·엔트레나의 종류에 의한 선택적 추출 및 회수 가능
   8) 흡착이나 포접 화합물의 형성 등의 방법을 조합하여 고도의 분리 가능

## 07 [2007-2, 2012-1, 2015-3, 2018-2]

### 인스턴트 커피의 가공방법

**해설**

(1) 향미가 잘 보존되는 건조법 : 동결진공건조법
(2) 빠르고 가격이 싼 건조법 : 분무건조법

## 08 [2005-3, 2012-2, 2015-2]

### 열풍 건조법

**해설**

(1) 병류식 : 열풍 방향과 재료 이동 방향이 같음, 초기 건조 속도 빠름, 건조 효율 낮음, 열 변성 적음, 건조 효율 낮음
(2) 향류식 : 열풍 방향과 재료 이동 방향이 반대, 초기 건조 속도 느림, 건조효율 높음, 열 변성 큼
(3) 터널식 건조기
   · 과일이나 채소를 원형 그대로 건조하는데 알맞으며, 대량으로 처리가 가능한 반연속형 건조방식, 원료를 Tray 위에 평평하게 펼쳐놓고 트럭 위에 일정한 간격으로 올려놓아 출구 쪽에서 불어낸 열풍이 접시의 사이를 통과할 수 있도록 함

## 09 [2012-2]

### 열풍 건조 시 공기 변화

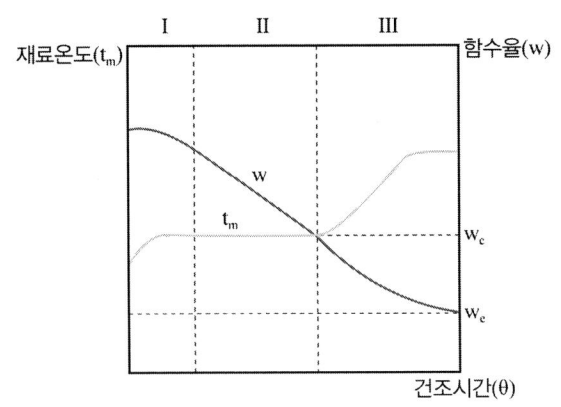

**해설**

- (I) : 재료예열기간, 재료가 예열되고 제품 내 함수율이 서서히 감소한다.
- (II) : 항률건조기간, 재료의 함수율이 지속적으로 감소하고, 품온이 일정하다. 건조 중 지속적으로 액막이 형성되어 고체 표면의 습도가 높다. 재료의 유입 열량이 전부 수분 증발로 소비된다.
- (III) : 감률건조기간, 전체 표면의 액막이 불균일해져 품온이 상승하는 지점인 임계함수율부터 더 이상 건조되지 않는 지점인 평형함수율까지로 재료의 건조 특성이 특징적으로 나타나는 구간.

## 10

### 열풍 건조 공정 순서

**해설**

주건조, 마무리 건조, 건조 후 냉각

## 11 [2016-1]

### 열전달 여부에 따른 열축적과 온도분포

**해설**

(1) 잘 될 경우 : 열 축적 잘 되지 않음, 온도 분포 고르다.
(2) 잘 되지 않을 경우 : 열이 축적, 온도 분포의 편차 크다.

## 12 [2005-2]

### 터널식 건조기 공정의 효율 증대 방법

**해설**

(1) 열량 계산식

$$Q = c \times m \times \Delta T_m = c \times m \times \frac{\Delta T_1 - \Delta T_2}{\ln \frac{\Delta T_1}{\Delta T_2}}$$

$$\Delta T_m = \frac{\Delta T_1 - \Delta T_2}{\ln \frac{\Delta T_1}{\Delta T_2}}$$

(2) 효율 증대를 위한 방법
  ① 대수평균온도차를 크게 한다.
  ② 병류식보다 향류식으로 설계한다.
  ③ 고온에서 짧게 건조하기보다 저온에서 오랜 시간 건조하는 편이 변성이 최소화된다.
  ④ 분무건조나 진공건조를 통해 효율을 높인다.
  ⑤ 건조물의 표면적을 넓힌다.
  ⑥ 표면경화를 억제한다.


## 13 [2011-1, 2015-2]

### 표면경화현상

**해설**

건조 표면의 온도가 높아 불균일한 건조가 일어날 때, 조직의 수축이 일어나며, 그 정도에 따라 조직의 변화 정도가 달라진다. 만약 건조 표면의 온도가 높아 불균일한 건조가 일어날 경우 내부의 수분이 표면으로 이동하기 전에 건조 피막이 형성되어 식품 표면의 조직이 막혀 표면 경화가 발생한다.

(1) 장점 : 물분자만을 투과시키고 다른 성분은 잔존 수분과 함께 식품 내부에 남게 되므로 식품이 가지고 있는 고유의 향기 등은 보존, 지속시킬 수 있다.
(2) 단점 : 표면이 딱딱해지면서 건조속도 저하로 인해 내부의 수분이 남아있어 건조 효과가 낮아진다.
(3) 잘 일어나는 식품 : 수용성의 당이나 단백질을 많이 함유하고 있는 식품, 육포 등

## 14 [2005-2]

### 건조 포장 시 산소 차단 포장 방법

**해설**

(1) 탈산소제 투입 포장
(2) 포장 전 훈증 처리
(3) 가스 치환
(4) 진공 포장

## 15

분무 건조법을 통해 액상 식품으로부터 제조한 분말은 재수화(Rehydration)를 통해 다시 용해시켜 섭취한다. 분말 식품에서 재수화성이 감소하는 원인을 추정하고, 이를 개선할 수 있는 방법을 제시하시오.

**해설**

(1) 원인
  1) 분무 건조 시 분말 표면에 피막이 단단히 형성된 경우(표면경화현상)
  2) 건조 온도(공급된 열풍의 온도)가 낮은 경우
  3) 제조된 분말의 밀도가 높은 경우
(2) 개선방법
  1) 분말의 흡습성을 낮추고 용해 분산성을 높일 목적으로 첨가하는 피막물질(Maltodextrin 등)의 첨가량을 가급적 낮춘다.
  2) 열풍의 온도를 가급적 높여 빠른 건조를 일으켜 다공성 분말을 형성한다.
  3) 액상 원료의 분사 속도가 빠를수록 작은 분말이 생성되나, 너무 빠르면 분말 입자 간의 뭉침 현상이 발생하므로 적절히 조정한다.
  (선식 등 고체 분말 식품에 적용 시)
  1) 고밀도 분말에 수분을 공급한 뒤 이를 건조하여 다공성 과립의 생성을 유도한다.
  2) 분산성을 증가시키기 위하여 원료의 초미분쇄, 계면장력 저하, 습윤성 상승, 정전기 반발력 부여 등으로 입자의 분산성을 증가시킨다.
  3) 분무 건조기를 이용하여 엉김현상(Agglomeration)을 유도한다. (2017년 1회 필기 출제)

# CHAPTER 23 살균 공정

## 01
### 살균과 멸균

**해설**

(1) 살균 : 따로 규정이 없는 한 세균, 효모, 곰팡이 등 미생물의 영양 세포를 불활성화시켜 감소시키는 것
(2) 멸균 : 따로 규정이 없는 한 미생물의 영양세포 및 포자를 사멸시키는 것

> □ 참고 [공전 외 통상적 표현]
>   (1) 소독(Disinfection)
>     1) 병원성 미생물의 전파를 막기 위해서 그 미생물을 사멸시키거나 억제시킴
>     2) 미생물의 오염을 방지하는 것을 의미, 포자 제거는 포함하지 않는다.
>   (2) 정균(Bacteriostasis)
>     1) 세균의 발육 및 증식을 억제하는 작용
>     2) 정균제를 제거하면 증식이 재개된다.

## 02 [2019-3]
### 상업적 살균

**해설**

(1) 상업적 살균 : 그 식품의 정상적인 저장이나 유통 조건에서는 변패되지 않으면서 소비자의 건강에 위해를 끼치지 않을 정도까지 미생물이 살아있을 확률을 낮춘 살균법
(2) 저온살균 : 일반적으로 100℃ 이하에서 가열 살균 처리하는 방법
(3) 고온살균 : 100℃ 이상의 온도로 가열해서 식품 중의 포자를 포함하여 모든 미생물을 사멸시킴으로써 저장성이 연장됨 제품을 얻는 방법

## 03 [2008-1, 2021-1]

### 비가열 살균법의 장점과 예시

**해설**

(1) 장점
    1) 가열하지 않아 열 변성 및 향기손실 방지
    2) 대량의 냉각수가 필요없다.
    3) 상 변화 없이 연속조작이 가능하여 에너지 절약
    4) 장치와 조작이 간단
    5) 막구멍 크기 이상의 미생물 제거, 분획과 정제가 동시에 가능 – 여과 제균 한정

(2) 예시
    1) 방사선 조사 멸균
    2) 전자선 조사
    3) 자외선 조사
    4) 펄스 전기장
    5) 초음파 멸균
    6) 초고압 처리 멸균
    7) 진동자기장 멸균
    8) 여과 제균(Membrane filter 사용)

## 04 [2005-1]

### 방사선 조사 시 저장이나 위생 면에서의 효과를 세 가지

**해설**

① 비가열 살균으로 인한 품질 유지
② 유해 물질 잔류 없음
③ 포장된 채로 조사하므로 2차 오염 발생 없음

## 05 [2012-2, 2015-3, 2018-2, 2020-4·5, 2021-2]

### 자외선 살균 시 조사 시간이 긴 순서

**해설**

곰팡이 > 효모 > 세균

## 06 [2008-1, 2015-2, 2019-1, 2021-3]

### 가열 살균의 지표

**해설**

(1) D-Value : 특정 온도에서 가열멸균 시 미생물 균군 수를 1/10로 사멸시키는 데 걸리는 시간
  (ex) $D_{150} = 3$
  · 150℃에서 가열 살균을 실시했을 때, 균체의 수가 가열 전의 1/10로 감소하는 데(= 90%를 사멸시키는 데) 걸리는 시간이 3분이다.
(2) z값 : 가열 멸균의 효과가 10배 증감하는 온도차
  (ex) $z = 5$
  · 가열 살균 온도가 5℃ 증가할 경우, 증가 이전보다 가열 살균의 효과가 10배 증가한다. (= 가열 살균에 소요되는 시간이 1/10로 감소한다.)

### [문제 풀이]

**(01)** $D_{121}=0.2$분, $z=10℃$일 때, $D_{116}$의 값은? [2005-3]

**해설**

· $D_{116} = D_{121} \times 10^{\frac{(121-116)}{10}} = 0.63245553203... \approx 0.63 [\min]$

**(02)** *Clostrium botulinum* 포자 현탁액을 121℃에서 열처리 하여 초기농도의 99.9999%를 사멸시키는데 1.5분이 걸렸다. 이 포자의 $D_{121}$을 구하시오. [2007-2, 2009-2]

**해설**

· $1.5[\min]=6\times D_{121}[\min]$, $D_{121}=0.25[\min]$

**(03)** *Clostrium botulinum* 포자 현탁액을 121.1℃에서 열처리 하여 초기농도의 99.999%를 사멸시키는데 1.2분이 걸렸다. 이 포자의 $D_{121.1}$을 구하시오.

**해설**

· $1.2[\min]=5\times D_{121}[\min]$, $D_{121.1}=0.24[\min]$

**(04)** 초기 농도에서 99.9% 감소하는데 0.74분 걸리는데, $10^{-12}$ 감소하는데 걸리는 시간은? [2011-2]

**해설**

· $10^{-3}$ 감소하는 데 0.74분, 3D
· $10^{-12}$ 감소하는 데는 12D, 12D=0.74×4=2.96[분]

(05) 초기농도에서 균을 99.9% 감소하는데 0.72분이 걸렸다. $10^{-12}$로 감소하는데 걸리는 시간은? [2020-4·5, 2023-2]

**해설**

- D값의 정의 : 세균 수 90% 감소($10^{-1}$ 잔존)에 소요되는 시간
- 99.9% 감소($10^{-3}$ 잔존)에는 3D 소요, 99.9999999999% 감소($10^{-12}$ 잔존)에는 12D 소요됨
- 3D = 0.72
- 12D = 3D × 4 = 0.72 × 4 = 2.88   **답** 2.88분

(06) 균 초기농도의 1/100000 으로 만드는데 121.1°C에서는 20분이 걸리고 125°C에서는 5.54분이 걸린다. 이 때의 z값을 구하라. [2007-3]

**해설**

- $5.54 = 20 \times 10^{\frac{121.1-125}{z}}$   z=6.995261846⋯≈7.00[°C]

(07) 어떤 통조림 식품 내의 세균 수가 $1 \times 10^5$ 만큼 들어있다. 121.1°C의 일정한 온도에서 이 균체의 수가 1/10씩 감소하는데 1.5 min이 소요될 때, 해당 온도에서 변패 확률이 1/1000이 되는 가열시간은? [2005-1]

**해설**

$10^5 = 10^{-3} \times 10^{\frac{t}{1.5}}$, t = 8D = 12 [min]

(08) *B. stearothermophilus* (Z=10°C)를 121.1°C에서 가열 처리하여 균의 농도를 1/10,000로 감소시키는데 15분이 소요되었다. 살균온도를 125°C로 높여 15분간 살균할 때의 치사율(L)을 계산하고 물음에 답하시오. [2006-1, 2009-3]

**해설**

(1) 치사율 값(L값)

- $L = 10^{\frac{(T_2-T_1)}{z}} = 10^{\frac{(125-121.1)}{10}} = 2.454708916 \cdots \approx 2.45$

(2) 치사율 값을 121.1°C와 125°C에서의 살균시간 관계로 설명하시오.
- 설정 온도와 기준 온도에서의 같은 효과의 살균에 소요된 시간의 비율, 온도가 높을수록 치사율이 증가하며, 살균에 소요되는 시간은 짧아진다.

$L = \dfrac{D_0}{D_T} = \dfrac{F_0}{F_T}$

(09) 돈육 장조림 통조림을 가열 살균하는 데 있어 최적의 F0 값은 5.5분으로 알려져 있다. 이 통조림을 113℃에서 살균할 때, 동일한 수준의 멸균에 소요되는 가열처리 시간을 계산하시오.(단, z값은 10℃ 로 한다.)

**해설**

$F_0$의 기준온도를 주지 않아 숫자 설정이 다르면 값이 크게 달라지므로, 온도 설정을 해놓고 아래의 식을 이용하여 계산한다.(121.1℃ 추천)

$$F_T = F_0 \times 10^{\frac{T_0 - T}{z}}$$

1) 식품공전 기준 : $F_{113} = F_0 \times 10^{\frac{120-113}{10}} = 27.56529785 \cdots \approx 27.57 [\min]$
   (120℃ 4분 이상 또는 이와 동등한 조건)
2) 121℃ 기준 : $F_{113} = F_0 \times 10^{\frac{121.1-113}{10}} = 34.70265395 \cdots \approx 34.70 [\min]$
3) 121.1℃ 기준 : $F_{113} = F_0 \times 10^{\frac{121-113}{10}} = 35.5109826 \cdots \approx 35.51 [\min]$
4) 250℉(≈121.1℃) 기준 : $F_{113} = F_0 \times 10^{\frac{\frac{1090}{9}-113}{10}} = 35.6019512 \cdots \approx 35.60 [\min]$

## 07 [2024-3]

### 무균 포장(Aseptic packaging)

**해설**

(1) 무균포장 : 식품과 포장용기를 각각 따로 살균한 후에 무균환경 하에서 식품을 포장용기에 무균적으로 충진하고 밀봉하는 기술
(2) 무균포장의 장점 : 공정 전반이 무균적으로 처리되어 제품의 저장 및 유통 중 냉장할 필요 없음, 보관에 대한 에너지 절감 효과 기대, 식품 보존기간 연장, 품질 장기 유지 가능
(3) 무균 포장 사용 기술 : 초고온 순간 살균법(Ultra High Temperature, UHT), 방사선 조사 등

# CHAPTER 24 미생물학

## 01 [2011-2]

### 부패, 변패, 산패, 발효 정의

**해설**

(1) 부패 : 단백질 성분이 분해되어 악취나 불가식화 되는 현상
(2) 변패 : 일반적으로 미생물에 의해서 당질이나 지질이 분해되어 산미를 생성하거나 특유의 방향을 잃는 현상
(3) 산패 : 지질이 호기성 상태에서 변성, 분해되는 현상
(4) 발효 : 탄수화물이나 단백질, 지방에 미생물이 작용하여 유기산, 알코올 등을 생성하는 현상 (식용가능)

## 02 [2007-3]

### 식품의 생물학적 검사방법

**해설**

(1) 총균수검사
(2) 대장균군 검사
(3) 병원성 미생물 검사(세균성 식중독균 + 감염성 미생물)
(4) 기생충 검사

## 03 [2010-1]

### 총균수와 생균수의 차이

**해설**

(1) 총균수 : 생균수 + 사균수(구분 방법 : 0.1% Methylene blue 염색 후 검경)
(2) 생균수 : 집락을 생성할 수 있는, 살아있는 균 수

## 04 [2012-3, 2021-2]

1) 대장균군검사가 식품안전도의 지표로 사용되는 이유를 검사결과 양성과 대장균군 특성을 포함하여 설명하고
2) 이와 관련된 세균속(명)을 쓰시오.

**해설**

(1) 대장균군이 검출될 경우, 높은 확률로 사람이나 동물의 분변을 통한 오염으로 인한 대장균이 존재할 가능성이 매우 높기 때문이다. 그리고 병원성 미생물의 존재를 의심할 수 있다. 추정 시험으로 유당 분해로 인한 가스 생성 여부를 듀람관(Durham tube)을 통해 확인하며, 확정 시험을 통해 그람 양성균이 아님을, 그람염색을 통해 그람 음성의 무아포성 간균임을 확인하여 대장균군 양성임을 확인한다.

(2) 대장균군 속명
  1) *Escherichia*
  2) *Klebsiella*
  3) *Cronobacter* (구 *Enterobacter*)
  4) *Hafnia*
  5) *Citrobacter*
  6) *Erwinia*
  7) *Serratia* 등


## 05 [2006-3, 2023-3]

대장균 및 대장균군 정성 시험에서 사용하는 배지

**해설**

(1) 대장균 정성시험법
  1) 추정시험, EC배지
  2) 확정시험, EMB 배지
  3) 완전시험, 보통한천배지

(2) 대장균군 정성시험법(유당배지법)
  1) 추정시험, 유당배지
  2) 확정시험, BGLB 배지 사용 후 EMB 배지 또는 Endo 배지로 확인
  3) 완전시험, 보통한천배지

## 06 [2006-3, 2008-1, 2010-2, 2020-4·5]

### 그람 염색

**해설**

(1) 양성 : 보라색(청자색)
(2) 음성 : 붉은색(분홍색)
(3) 순서 : Crystal Violet – Lugol's Iodine solution – 95% Ethanol – Safranin O

| | | | | |
|---|---|---|---|---|
| (+) | 보라 | 매염, 보라 | 탈색 X, 보라 | 보라 |
| (-) | 보라 | 매염, 보라 | 탈색, 무색 | 분홍 |

## 07 [2020-4·5, 2023-3]

### 최확수법

**해설**

(1) 정의

MPN(Most Probable Number)법, 이론상 가장 가능한 수치를 말하며 동일 희석배수의 시험용액을 배지에 접종하여 세균의 존재 여부를 시험하고 그 결과로부터 확률론적인 세균의 수치를 산출하여 이것을 최확수(MPN)로 표시하는 방법. 단위는 MPN/g 또는 MPN/mL로 한다.

(2) 표시방법

연속한 3단계 이상의 희석시료(10, 1, 0.1 또는 1, 0.1, 0.01 또는 0.1, 0.01, 0.001)를 각각 5개씩 또는 3개씩 발효관에 가하여 배양 후 얻은 결과에 의해 세균 수를 표시한다. 이미 작성된 표를 이용할 경우, 유효숫자에 맞춰 MPN값을 읽어주되 5개 모두 양성이 나온 최대 희석량의 농도와 5개 모두 음성이 나온 최소 희석량의 농도 범위 내에서 산정한다.

> □ 참고
> 1. 식품공전상 세균별 기준
>   (1) 일반세균 : 현재 기준 없음
>   (2) 대장균군 : 1mL 또는 1g
>   (3) 대장군
>     1) 제 1법 : 1mL 또는 1g
>     2) 제 2법 : 100g

□ 참고

2. Thomas의 MPN 근사식

$$MPN \text{(MPN/g 또는 MPN/mL)} = \frac{[\text{양성 시험관 개수}]}{\sqrt{[\text{음성 시험관 접종 부피}] \times [\text{전체 접종 부피}]}}$$

(1) MPN 표가 없을 때 사용
(2) 5개 시험관을 대상으로 실험했을 때, 5개 전부 양성 판정이 나온 접종량은 계산에서 제외한다.
(3) 분모 단위가 100mL(또는 g) 기준으로 계산한 경우, 주어진 값에 100을 곱한다.
(4) 최대 접종량이 MPN표와 10n 배 차이가 날 경우, 10n 을 나누어준다.
(5) 예시

| 시험용액 접종량 | 0.1mL | 0.01mL | 0.001mL | MPN/g(mL) |
|---|---|---|---|---|
| 양성관 개수 | 5 | 2 | 1 | 70 |

$$\frac{MPN}{\text{(MPN/g 또는 MPN/mL)}} = \frac{[\text{양성 시험관 개수}]}{\sqrt{[\text{음성 시험관 접종 부피}] \times [\text{전체 접종 부피}]}}$$
$$= \frac{(0+2+1)}{\sqrt{(0.1 \times 0 + 0.01 \times 3 + 0.001 \times 4) \times (0.055)}} = 69.37459351 \cdots \approx 70$$

## 08 [2023-2]

IMViC test

**해설**

최확수법에서 가스생성과 형광이 관찰된 것은 대장균 추정시험 양성으로 판정하고 대장균의 확인시험은 추정시험 양성으로 판정된 시험관으로부터 EMB배지(또는 MacConkey Agar)에 이식하여 37℃에서 24시간 배양하여 전형적인 집락을 관찰하고 그람염색, MUG시험, IMViC시험, 유당으로부터 가스 생성시험 등을 검사하여 최종확인한다. 대장균은 MUG시험에서 형광이 관찰되며, 가스생성, 그람음성의 무아포간균 이며, IMViC시험에서 "Indole test 양성(+), MT(Methyl Red) test 양성(+), VP(Vogas-Proskauer) test 음성(-), Citrate test 음성(-)" 의 결과를 나타내는 것은 대장균 (*E. coli*) biotype 1로 규정한다.

## 09

**일반세균 수 계산 문제**

(01) 다음은 일반세균 수 시험결과를 측정한 값이다. 검체 내의 g당 균수를 계산하시오.
[2021-3, 2024-1]

| 구분 | 희석배수 | | CFU/g |
|---|---|---|---|
| | 1:100 | 1:1000 | |
| 집락 수 | 232 | 33 | 24,000 |
| | 244 | 28 | |

**해설**

$$\frac{232+244+33+28}{1 \times 2 + 0.1 \times 2 \times 10^{-2}} = \frac{537[CFU]}{0.022[g]} = 24,409.09 \cdots \approx 24,000[CFU/g]$$

(02) 다음 제시된 표를 보고 식품공전에 의거하여 일반세균의 수를 계산하시오. [2021-2]

| 구분 | 희석배수 | | CFU/mL |
|---|---|---|---|
| | 1:10 | 1:100 | |
| 집락 수 | 14 | 2 | 120 |
| | 10 | 1 | |

**해설**

집락수 = $\dfrac{14+10}{(1 \times 2 + 0.1 \times 0) \times 10^{-1}} = \dfrac{24}{0.2} = 120 [CFU/mL]$

(03) 100배 희석에서 250, 256, 1000배 희석에서 30, 40 나왔을 때 미생물의 수는? [2007-1, 2014-1]

**해설**

- $\dfrac{(250+256+30+40)[CFU]}{[(2 \times 1 + 2 \times 0.1) \times 0.01][mL]} = 26181.8181 \cdots$
  $\approx 26000 [CFU/mL]$

(04) 김밥에 오염된 균을 표준평판배양법으로 희석하여 배양한 결과 Colony수가 다음과 같을 때, g당 균수를 계산하시오. [2007-2, 2009-1]

- 1g의 1000배 희석    2500    3500    3000
- 1g의 10000배 희석    200    250    300

**해설**

15~300개 사이의 유효 콜로니 수를 세면

$\dfrac{(200+250+300)[CFU]}{(1 \times 0 + 0.1 \times 3) \times 10^{-3}[g]} = 2,500,000 [CFU/g]$

(05) 식품의 기준 및 규격의 미생물시험법에서 황색포도상구균(Staphylococcus aureus) 시험을 한다. $10^{-1}$의 희석용액 0.3 0.4 0.3 ml 씩 3장의 선택배지에 도말배양하고, 3장의 집락계수를 확인결과 100개의 전형적인 집락이 확인되었다. 5개의 집락 중 3개의 집락이 황색포도상구균으로 확인되었을 경우 시험용액 1ml의 황색포도상균수는 얼마인지 계산하시오.

**해설**

$10 \times 100 \times \dfrac{3}{5} = 600 [CFU/mL]$

## 10 [2018-3]

### 플라크 계수법(Plaque assay)

**해설**

(1) Plaque의 정의 : 세균 집락이 Phage에 의해 용균되어 남은 흔적, 용균반이라고 한다.
(2) Plaque 측정 방법 : Phage 시험용액을 단계 희석한 뒤, 세균 배양액에 균일하게 섞어 Phage를 감염시키고 (MOI 0.1 이하), 이를 페트리 접시에 분주한 뒤, 배지와 함께 혼합 응고시키고 중첩을 하여 배양한다. 이후 생성된 용균반의 수를 계수한다.


## 11 [2021-1]

### 부패·변질 우려가 있는 검체 취급

**해설**

> 미생물학적인 검사를 하는 검체는 멸균용기에 무균적으로 채취하여 저온(( 5 )℃ ± ( 3 ) 이하))을 유지시키면서 ( 24 )시간 이내에 검사기관에 운반하여야 한다. 부득이한 사정으로 이 규정에 따라 검체를 운반하지 못한 경우에는 재수거하거나 채취일시 및 그 상태를 기록하여 식품 등 시험·검사기관 또는 축산물 시험·검사기관에 검사 의뢰한다.


## 12 [2018-3]

### 미생물 검체 채취 시 드라이아이스를 사용하면 안되는 이유

**해설**

검체가 냉동되어 변질될 수 있기 때문이다.


## 13 [2014-3, 2024-2]

### 고체 표면의 미생물 시험 검체를 채취하는 Swab법 진행 시 멸균 면봉 사용 면적

**해설**

고체 검체 표면의 일정 면적($100cm^2$)을 일정량(1~5mL)의 희석액으로 적신 멸균 거즈와 면봉 등으로 닦아내어 일정량(10~100mL)의 희석액을 넣고 강하게 진탕하여 부착균의 현탁액을 조제하여 시험용액으로 한다.

## 14 [2008-3, 2019-1]

### 미생물 시험방법 중 고체 검체의 처리 방법

**해설**

채취된 검체의 일정량(10~25 g)을 멸균된 가위와 칼 등으로 잘게 자른 후 희석액을 가해 균질기를 이용해서 가능한 한 저온으로 균질화한다. 여기에 희석액을 가해서 일정량(100~250 mL)으로 한 것을 시험용액으로 한다.

## 15 [2014-2, 2018-1, 2019-1]

### 미생물 실험에서 희석할 때 쓰는 용액 2가지와 시료에 지방이 많을 경우 넣는 화학첨가물

**해설**

(1) 희석액 - 멸균인산완충용액, 멸균생리식염수
(2) 지방분 많은 검체 내 첨가 계면활성제 – Tween80

## 16 [2020-2, 2024-3]

### 식품공전 중 장출혈성 대장균 시험법

> 본 시험법은 대장균 (1) 과 대장균 (2) 이 아닌 (3) 생성 대장균(STEC, Shigatoxin-producing E. coli)을 모두 검출하는 시험법이다. 장출혈성대장균의 낮은 최소감염량을 고려하여 검출 민감도 증가와 신속 검사를 위한 스크리닝 목적으로 증균 배양 후 배양액(1~2 mL)에서 (3) 유전자 확인시험을 우선 실시한다. (3) (VT1 그리고/또는 VT2) 유전자가 확인되지 않을 경우 불검출로 판정할 수 있다. 다만, (3) 유전자가 확인된 경우에는 반드시 순수 분리하여 분리된 균의 (3) 유전자 보유 유무를 재확인한다. (3) 가 확인된 집락에 대하여 생화학적 검사를 통하여 대장균으로 동정된 경우 장출혈성대장균으로 판정한다.

**해설**

(1) O157:H7
(2) O157:H7
(3) 시가독소(Shiga toxin) 또는 베로독소(Verotoxin)
(4) 용혈성요독증후군(Hemolytic Uremic Syndrome, HUS)
   1) 장출혈성 대장균 감염 시 대부분 혈변과 심한 복통, 구토 등이 나타나며, 발열은 없거나 적게 나타나나, 감염의 약 2~7%가 나타내는 증상
   2) 용혈성 빈혈, 혈소판 감소, 신장기능부전, 중추신경계 증상을 일으킴
   3) HUS 환자의 경우 백혈구 수치가 높고, 설사가 심하면서 소변이 나오지 않음
   4) 특히 소아에게 주의를 기울여야 한다.

## 17 [2016-1]

### TSI 사면배지(Triple Sugar Iron Agar Slant Media)를 이용한 살모넬라균 확인

**해설**

Lactose : Sucrose : Dextrose = 10g : 10g : 1g 및 Phenol red와 $FeSO_4$를 첨가한 배지, 세균의 다양한 대사 관찰 가능

(1) 산 생성 시 : 붉은색 → 노란색으로 변색됨, 당 소비가 활발할 경우 발생
(2) $H_2S$ 생성 시 : $SO_4^{2-}$를 환원시켜 흑색의 FeS 생성
(3) Gas 생성 시 : 획선 중간에 기포가 보이며, 배지가 갈라짐
(4) 사면부 관찰 시 : 호기성 여부 확인
(5) 고층부 관찰 시 : 혐기성 여부 및 $SO_4^{2-}$ 환원능 확인

*Salmonella* 속 관찰 결과, 사면부가 붉으므로 Dextrose만을 이용하였음을 알 수 있다. 고층부가 검으므로 $SO_4^{2-}$ 환원능을 가진 통성혐기성 세균임을 확인가능하다.

## 18 [2016-2]

### 홀 슬라이드 글라스(Hole slide glass)를 사용할 시 실험 명칭과 목적

**해설**

- 실험명 : 현적 배양법(Hanging-drop method) 또는 소적 배양법
- 목적 : 세포(특히 맥주 효모 등)가 들어있는 배지 방울을 직접 현미경으로 검경·관찰한 후, 이를 순수 분리 및 배양하기 위함

## 19 [2015-3]

### 혐기성 세균

**해설**

(1) 혐기성 세균이 산소가 있는 환경에서 증식 및 생존이 불가능한 이유 [2024-1]

편성 혐기성 세균은 항산화효소, 특히 SOD(Superoxide Dismutase) 생성이 불가능하여 초과산화이온($O_2^{2-}$)을 과산화수소로($H_2O_2$) 전환하는 등의 산소독성 중화 기작이 존재하지 않는다.

□ 참고

산소 유무에 따른 생육 방식에 따른 분류
(1) 분류 기준
　1) 전자 전달계 내 전자 공여체 종류
　2) 전자 전달계 내 최종 전자 수용체의 종류
　3) 항산화효소, 특히 SOD(Superoxide Dismutase)의 발현 정도
　4) Thioglycolate broth에 배양하여 세균의 분포를 확인

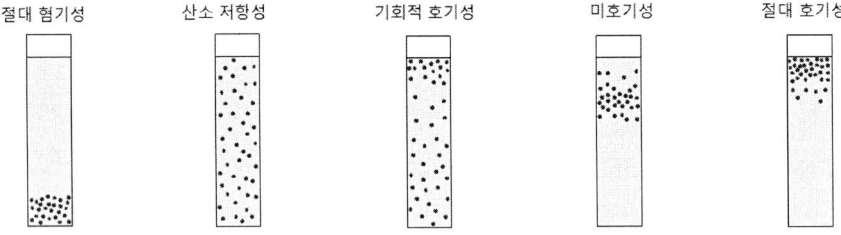

절대 혐기성　　산소 저항성　　기회적 호기성　　미호기성　　절대 호기성

(2) 항산화효소(Antioxidant enzyme)
　1) 독성이 강한 과산화물 및 초과산화물을 제거하는 효소
　2) 보유 효소 종류와 효소 활성 정도에 따라 세균의 서식 환경을 예측할 수 있다.
　3) 지표 효소 : SOD
　　① 초과산화이온($O_2^{2-}$)을 과산화수소($H_2O_2$)로 전환
　　② 560nm 빛 흡광 가능
　　③ $O_2^{2-} + 2H^+ \rightarrow H_2O_2$
　4) 그 외 효소
　　① Catalase(카탈라아제) : 과산화수소를 물과 산소로 분해, $Mn^{2+}$ 존재
　　② Glutathione peroxidase(글루타치온 퍼옥시다아제) : 과산화지질 분해에 관여
　5) 산소 요구성에 따른 생물 분류

| 생물 종류 | SOD 활성도 | Catalase 활성도 | Peroxidase 활성도 | 최종 전자 수용체 | 생활 환경 및 생존 |
|---|---|---|---|---|---|
| 절대 혐기성 (Obligate anaerobe) | - | - | - | 무기물 또는 유기물 | 무산소환경에서 생존 가능하나 유산소환경에서 생존 불가 |
| 산소 저항성 (=내기성) (Aerotolerant anaerobe) | + | - | + | 무기물 또는 유기물 | 무산소 환경에서 생존 가능하며 유산소조건에서도 생존 가능 |
| 기회적(조건부) 호기성 (=통성 혐기성) (Facultative aerobe) | + | + | - | 산소 또는 유기물 | 무산소환경에서 생존 가능하나 유산소환경에서 생리 활성이 증가함 |
| 미호기성 (Microaerophile) | + | - (Lacked) | - (Low level) | 산소 또는 유기물 | 저산소 환경에서 증식이 활발하나 높은 산소 농도에서는 생리 활성이 저해됨 |
| 절대 호기성 (Obligate aerobe) | + | + | - | 산소 또는 유기물 | 높은 산소 농도에서 생리 활성이 활발하나 낮은 산소 농도에서는 생리 활성이 저해됨 |

(2) 혐기성 세균 배양 방법
① Burri씨법
② 혐기성 Jar(또는 Chamber)법
③ 진공 Dessicator법
④ 파라핀 오일 중층법
⑤ 천자배양

## 20 [2020-1]

### 미생물 위계명명법

해설

| 계(Kingdom) | Bacteria | Plants | Algae | Fungi | Animals |
|---|---|---|---|---|---|
| 문(Phylum, Division) | -bacteria | -phyta | -phycota | -mycota | |
| 아(Sub-)문 | -bacterina | -phytina | -phycotina | -mycotina | |
| 상(Super-)강 | -asrae | -icae | | -mycetia | |
| 강(Class) | -bacteriae, -ariae | -opsida | -phyceae | -mycetes | -zoa, -acea |
| 아(Sub-)강 | -arinae | -idae | -phycidae | -mycetinae | |
| 상(Super-)목 | -oidiona | -arae, -florae | | -aliona | |
| 목(Order) | -oidia | -ales | | -alia | -ida |
| 아(Sub-)목 | -oidina | -ineae | | -alina | -ina |
| 상(Super-)과 | -ikea | -area | | -idiona | -oidea |
| 과(Family) | -ikae | -acea | | -ideae | -idae |
| 아(Sub-)과 | -ikinae | -oideae | | -idina | -inae |
| 속(Tribe) | -ikineae | -eae | | -idini | -ini |
| 아(Sub-)속 | | -inae | | | |

## 21 [2020-3]

### 접합균류의 속명

**해설**

*Mucor* 속, *Rhizopus* 속, *Absida* 속 등

> □ 참고
> 접합균류 특징
> 1) 균사는 세포를 구분하고 있는 격벽(격막)이 없다.
> 2) 균사는 뿌리처럼 생긴 헛뿌리와 수평으로 뻗은 포복경을 가지고, 줄기처럼 생긴 포자낭병을 형성한다.
> 3) 유성생식과 무성생식을 하며, 내생포자로 포자낭포자를 형성한다.

## 22 [2021-1]

### 조류가 보유한 색소

**해설**

(1) 녹조류 : Chlorophyll(엽록소) a, Chlorophyll b, Carotene, Xanthophyll 등
(2) 규조류 : Chlorophyll a, Chlorophyll c, 규조소(Diatomin, Diatoxanthin, Phycoxanthin) 등
(3) 갈조류 : Chlorophyll a, Chlorophyll c, 갈조소(Fucoxanthin), Xanthophyll 등
(4) 홍조류 : Chlorophyll a, Chlorophyll d, 홍조소(Phycoerythrin), 남조소(Phycocyanin) 등

## 23 [2022-1]

### 미생물의 동결건조(Lyophilization, Freeze drying) 보관법

**해설**

(1) 원리 : 보존하고자 하는 균체 및 포자를 가능한 한 많이($10^6$ cells/mL 이상) 20% 탈지분유액에 현탁시킨 뒤 예비동결(공융점 아래, -30℃ 이하 2시간 이상) 후, 배양액이 얼어버린 상태에서 압력을 낮추어 바로 승화에 의하여, 동결된 세균 현탁액으로부터 1차 건조(자유수 승화)와 2차 건조(결합수 제거)를 거친 뒤 밀봉하여 보관하는 방법
(2) 장점 : 균주의 상태를 오랫동안(10~15년, 최장 40년 이상) 원래대로 보존할 수 있음, 단 균체의 생장 상태, 생장온도, 동결건조속도, 최종동결온도, 건조속도 및 시간, 최종습도 등의 조절이 장기 보존의 관건, 조류 및 원생동물 보존에는 부적절함

## 24 [2022-2]

### 미생물 실험 용도에 맞는 기구들[2022-2]

| 백금이    백금선    백금구 |
|---|

**해설**

(1) 액체, 사면, 평판배지 등에 이식과 도말에 사용 : 백금이
(2) 혐기성 균의 천자배양법에 주로 사용 : 백금선
(3) 곰팡이류 포자의 접종용으로 사용 : 백금구


## 25 [2023-1]

### 버섯의 생활사

**해설**

버섯에서 사출된 포자는 발아하여 단핵의 1차균사를 형성한다. 이후 유전적으로 화합성이 있는 또 다른 1차 균사와 세포질이 융합하여 2핵의 2차 균사로 된다. 이 때 두 핵은 융합을 하지 않고 클램프를 형성하면서 길이 생장을 하며 균사를 뻗는다. 이후 적당한 조건하에서 ( **자실체** ) 인 버섯을 만드는데, 이것을 3차 균사라 한다. 3차 균사의 형태는 종에 따라 다양하며, 다수의 ( **담자기** ) 가 형성된 후 핵융합 및 감수분열이 발생한다. 이후 그 선단에 경자를 생성하고, 그곳에 ( **담자포자** ) 를 착생한다.


## 26 [2023-3]

### RNA(Ribonucleic acid)

**해설**

(1) 개요
  1) Ribose에 인산과 질소 염기가 붙은 Nucleotide로 구성된 핵산
  2) 물리화학적으로 불안정한 구조(2'-OH 존재, 주로 단일 가닥인 ssRNA로 존재)
  3) ssRNA 내 자체적인 수소결합을 통해 복잡한 3차 구조 형성 가능
  4) 유전 정보 저장 및 운반 기능 수행
  5) Ribozyme : 단독 또는 단백질과 결합하여 효소 활성을 갖는 RNA
(2) RNA의 종류
  1) rRNA
    ① ribosomal, 세포소기관 Ribosome을 구성
    ② RNA 중 가장 많은 비율 차지

③ 단백질 합성에 기여
2) mRNA
① messenger, 전사에 관여
② Codon(유전 부호, 3 염기당 1 codon 형성, 총 64종) 보유
3) tRNA
① transfer, 3'-OH 말단에 아미노산 부착된 Aminoacyl tRNA가 단백질 합성에 관여
② Codon에 상보적인 Anticodon 보유, 실제 44종 tRNA가 생물체 내에서 사용됨
③ Codon-Anti codon 간 2 > 1 > 3 자리 순으로 엄격성이 떨어진다.(동요 가설)
4) miRNA
① micro, mRNA와 상보적인 서열 가진 RISC 생성
② 번역 억제 및 조절 역할 수행
5) siRNA
① small interfering, miRNA와 기능 유사
② 바이러스가 발현함
6) snRNA
① small nuclear, 핵내에 있는 작은 RNA
② 핵산 가공에 관여

## 27 [2023-3]

*Bacillus cereus* 정성시험 중 분리배양

**해설**

가. 분리배양
　검체 25g 또는 25mL를 취하여 225mL의 희석액을 가하여 균질화한 시험용액을 ( MYP ) 한천배지에 접종하여 30℃, 24시간 배양하거나 PEMBA한천배지에 접종하여 37℃에서 24시간 배양한다. 검체를 가하지 아니한 동일 희석액을 대조시험액으로 하여 시험조작의 무균여부를 확인한다. 배양 후 MYP한천배지에서는 혼탁한 환을 갖는 ( 분홍색 ) 집락 또는 PEMBA한천배지에서는 혼탁한 환을 갖는 청녹색 집락을 선별한다. 이 때 명확하지 않을 경우 24시간 더 배양하여 관찰한다.

cf) Bacillus cereus 정량시험 중 균수 측정

> 가. 균수 측정
> 
> 　검체 25 g 또는 25 mL를 취한 후, 225 mL의 희석액을 가하여 2분간 고속으로 균질화하여 시험용액으로 한다. 희석액을 사용하여 10배 단계 희석액을 만든다. ( MYP ) 한천평판배지에 단계별 희석용액 총 접종액이 1 mL이 되도록 3~5장을 도말하여 30℃에서 24±2시간 배양한 후 집락 주변에 ( Lecithinase )를 생성하는 혼탁한 환이 있는 ( 분홍색 )집락을 계수한다. 검체를 가하지 아니한 동일 희석액을 대조시험액으로 하여 시험조작의 무균여부를 확인한다.

# CHAPTER 25 생화학 회로 및 경로

## 해당과정(EMP 경로) 및 TCA 회로[2014-3, 2017-2, 2020-3, 2021-2]

**해설**

(1) Glucose 한 분자가 혐기적 해당경로 거치면 ( 2 ) 분자의 피루브산이 생성
(2) 해당과정에서 생성되는 ATP, NADH 개수 – 2ATP, 2NADH
(3) TCA 회로 유입 전, 피루브산 → Acetyl CoA 과정에서 생성되는 NADH 개수 - 1NADH
(4) TCA회로에서 아세틸CoA 1분자 유입시 생성되는 ATP, NADH, FADH$_2$ 개수
 - 1ATP, 3NADH, 1FADH$_2$
(5) HMP(Hexose Monophosphate shunt)(=Pentose Phosphate Pathway, PPP)
 - NADPH와 핵산 및 아미노산 전구체를 생성하는 호기적 경로(경로 중 산소를 직접 소모하지는 않음)

### 해당과정

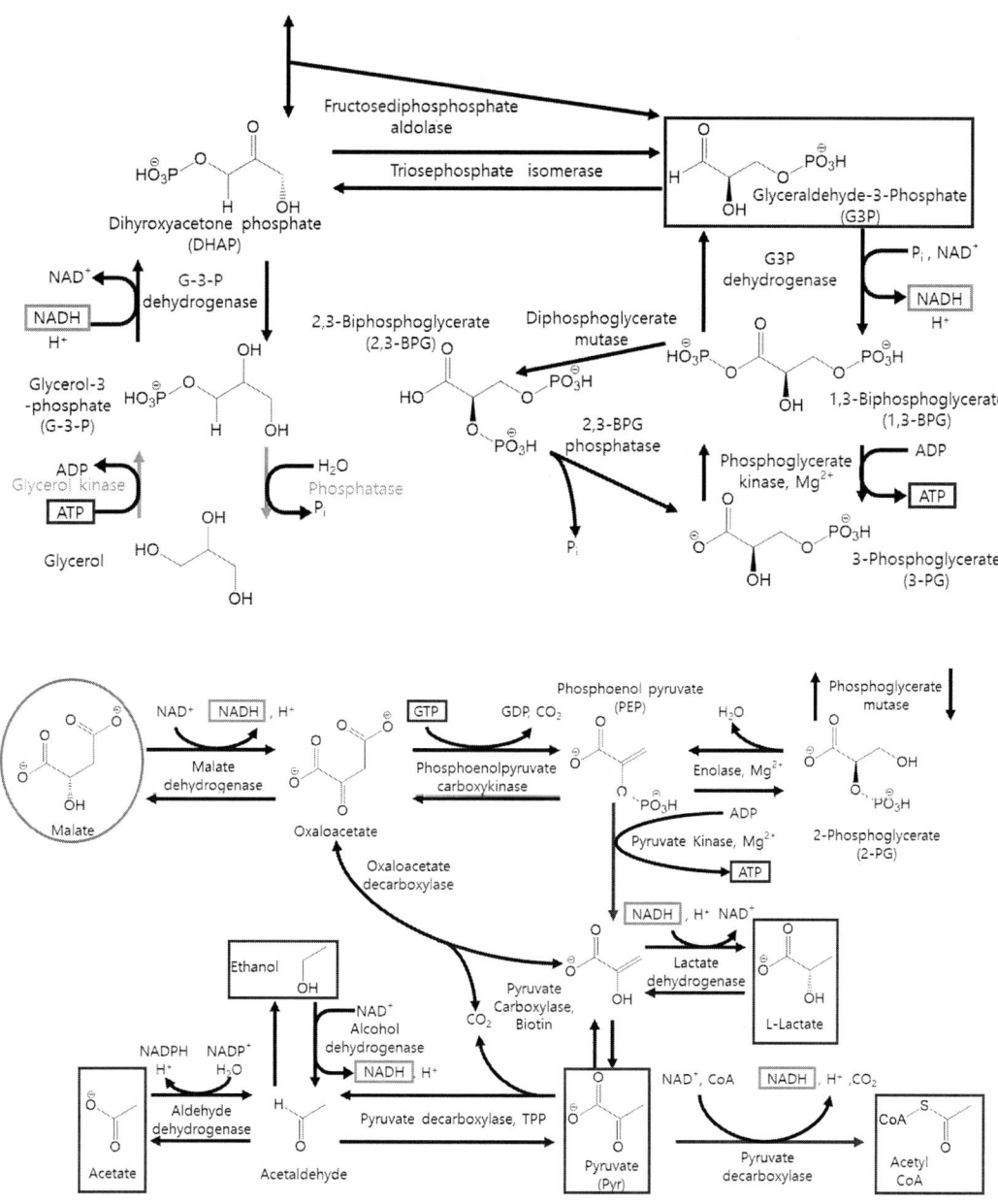

참고[TCA 회로]

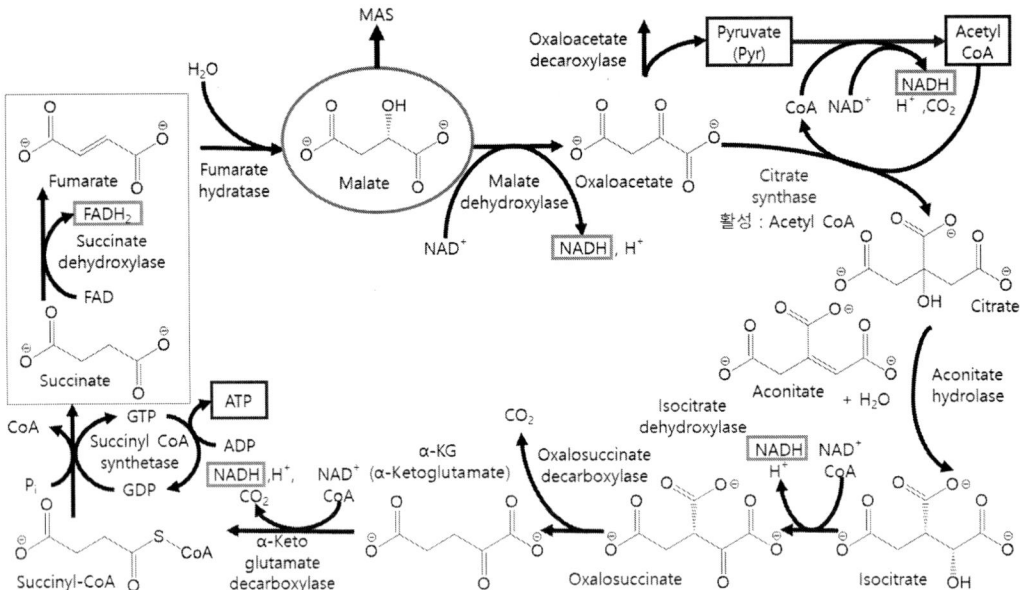

□ 참고

[지방산의 β-Oxidation]
(1) 지방산에 CoA 부착 후 세포 소기관 내막으로 이동(2/3 Mt, 1/3 Peroxisome)
(2) β-Oxidation 발생, 탄소 사슬을 Acetyl CoA 단위로 절단함
(3) 내막 유입 시 2ATP 소모 발생(ATP → AMP + PP$_i$)
(4) 지방산 사슬 절단 시 1NADH, 1FADH$_2$ 생성
(5) Palmitate(C16:0) 절단 시 생성 ATP
   $7 \times (3 \times 1 + 2 \times 1) + 8 \times (3 \times 3 + 2 \times 1 + 1) - 2 = 129$

참고[HMP=(PPP)]

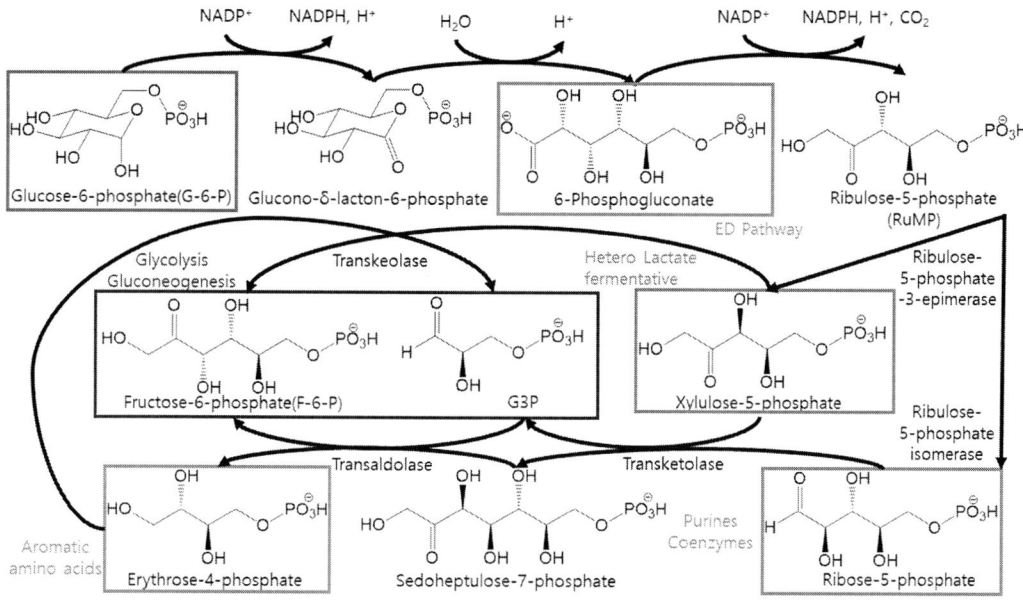

참고[Cori회로, 포도당-알라닌 회로, 요소 회로]

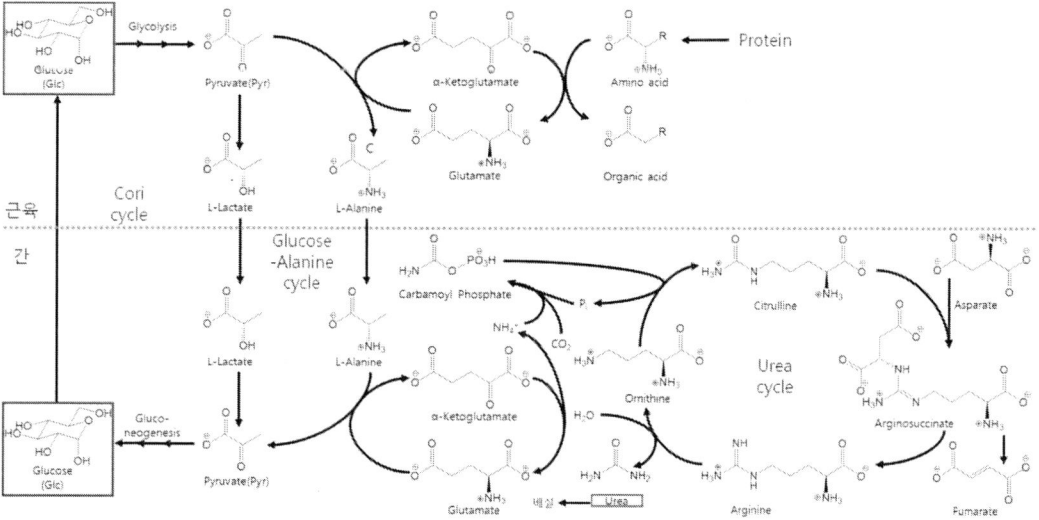

참고[Glycogen 합성 경로]

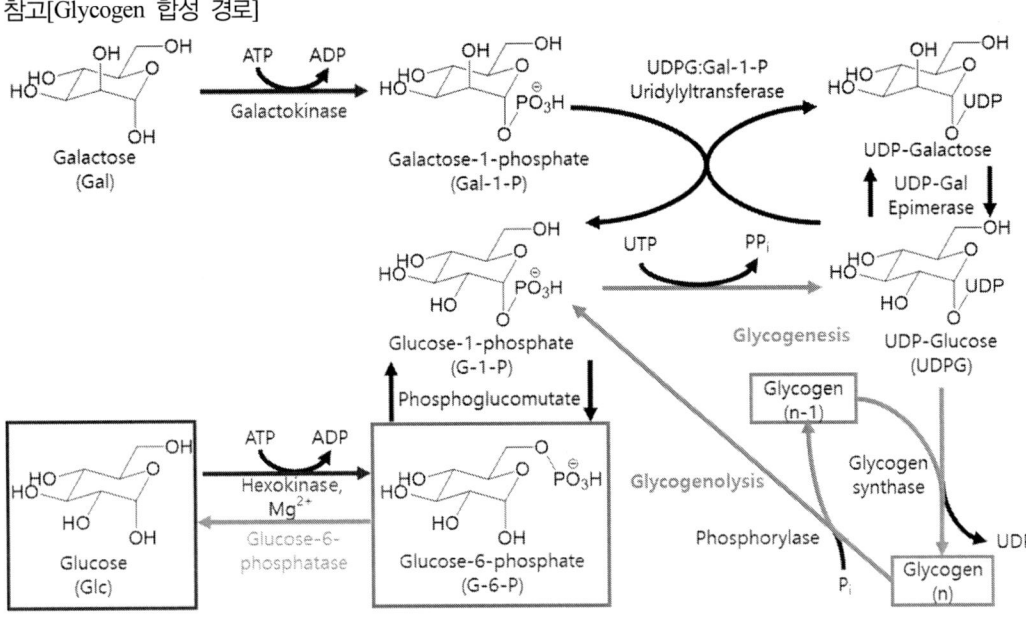

참고[Calvin cycle]

참고[Photorespiration]

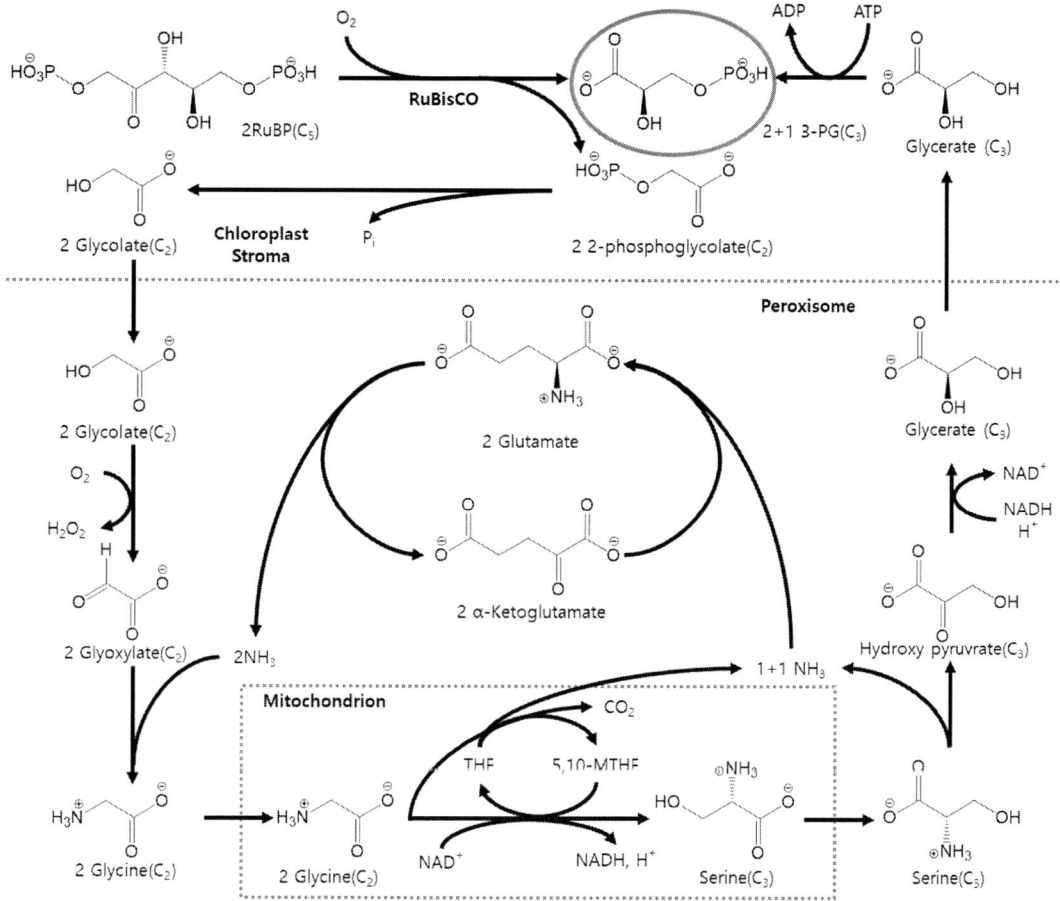

# CHAPTER 26 발효공학

## 01 [2006-3, 2014-3, 2022-2, 2023-3, 2024-1]

**회분식 배양(Batch culture)에서의 미생물의 증식곡선**

**해설**

(1) 정의 및 특징
   1) 배양 용기에 영양분이 보충되지 않고 일정 부피의 배지 내에서 진행되는 폐쇄적인 배양
   2) 미생물의 증식에 따라 미생물의 환경 조건이 계속적으로 변화한다.
   3) Batch 사이에 배양기를 멸균하는 데 많은 비용이 든다.

(2) 배양 시기에 따른 미생물 개체의 수

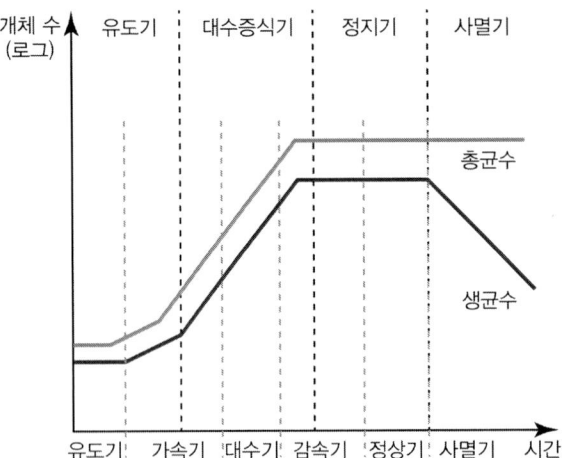

   1) 유도기(Lag phase)
      ① 균이 환경에 적응하며 세포가 성장하는 시기.
      ② RNA 및 단백질 합성은 급증하나, DNA량은 완만함.
   2) 대수 증식기(Exponential phase)
      ① 세대 기간이 짧고 최대의 증식속도를 보이는 시기(기하급수적 세포 수 증가)
      ② 세대 기간이 일정하며 세포의 크기가 일정하게 발견됨.
      ③ 생리적으로 활성이 강하며, 대사산물이 생성됨
      ④ 환경 및 물리·화학적 변화에 대해 예민해짐.(감수성 증가)
   3) 정지기(Stationary phase)
      ① 영양분이 고갈되고 대사 산물이 축적되어 증식에 악영향을 미치는 시기.
      ② 시간당 증식 개체 수 및 사멸 개체 수가 같아 최대의 세포 수를 나타냄
      ③ 내생포자를 생성하기 시작함

④ 2차 대사산물(생존, 성장, 발달 혹은 생식에 직접적으로 관여하지 않는 유기 화합물, 항생물질, 독소, 아미노산 아날로그 등)이 농축됨
4) 사멸기(Death phase)
① 생균 수가 감소하는 시기
② 사멸균 자체의 효소 작용으로 자기소화(Autolysis)가 일어남.


[증식곡선을 이용한 문제풀이]

(1) 대장균 10개체가 10분마다 분열한다고 한다. 이를 2시간동안 배양한 후, 최종 세포 수는 몇 개인가?[2022-3]

 해설

$$10 \times 2^{\frac{2 \times 60}{10}} = 40960$$

(2) 미생물 초기세균수 4×10⁵에서 유도기 없이 증식하여 6시간 이내에 3.68×10⁷이 되었으나, 정지기에 도달하지 않았다. 이 세균의 평균 세대시간(min)은?(단, log 2 = 0.3010, log 3.68 = 0.5658, log 4 = 0.6021로 계산한다.) [2022-1]

 해설

$$3.68 \times 10^7 = 4 \times 10^5 \times 2^{\frac{6 \times 60}{z}}$$

$$\frac{3.68 \times 10^2}{4} = 2^{\frac{360}{z}}$$

$$\log\frac{3.68 \times 10^2}{4} = \log 3.68 + 2 - \log 4 = \frac{360}{z}\log 2$$

$$z = \frac{360 \log 2}{\log 3.68 + 2 - \log 4} = \frac{360 \times 0.3010}{0.5658 + 2 - 0.6021} = 55.18154504 \cdots \approx 55.18[\min]$$

(3) 멸균한 유당배지에 *E. coli* $5 \times 10^5$ 개체를 접종 후 300분간 배양한 결과, 균수는 $35 \times 10^6$으로 증가하였고, 균체 활성은 대수기였다. 대장균의 평균세대시간이 40분일 때, 아래 의 상용로그를 이용하여 유도기간을 구하시오.(단, 분 단위에서 소수점 이하를 버리고 답안을 작성하시오.)[2023-3]

> <보기> 상용로그 ( $\log 2 = 0.3010$ / $\log 3.5 = 0.5441$ / $\log 5 = 0.6990$ )

**해설**

유도기 + 대수기 = 300 분이며, 유도기에서 균체가 증식하지 않았다고 가정하고 푼다.

$$35 \times 10^6 = 3.5 \times 10^7 = 5 \times 10^5 \times 2^{\frac{300-t_0}{40}}$$

$$\log 3.5 + 7 = \log 5 + 5 + \frac{300-t_0}{40} \times \log 2$$

$$\frac{t_0 - 300}{40} \times \log 2 = \log 5 + 5 - \log 3.5 - 7 = \log 5 - \log 3.5 - 2$$

$$t_0 = \frac{40 \times (\log 5 - \log 3.5 - 2)}{\log 2} + 300 = \frac{40 \times (0.6990 - 0.5441 - 2)}{0.3010} + 300$$

$$= \frac{16496}{301} = 54.80398671 \cdots \approx 55 [\min]$$

## 02 [2018-3, 2023-1]

### 미생물 내열성에 미치는 영향 요인

**해설**

(1) 효소 활성 최적 온도가 높을수록 내열성 크다.
(2) 인지질을 구성하는 지방산이 장쇄일수록, 불포화도 작을수록 내열성 크다.
(3) 아포 생성이 가능할 경우, $Ca^{2+}$ 및 디피콜린산의 비율이 높을수록 내열성이 크다.
(4) 최적 pH에서 내열성이 최대를 나타낸다.
(5) 회분식 배양에서 정지기 세포들이 대수증식기 세포들보다 포화지방산 조성이 높으므로 내열성이 크다.
(6) 수분 활성도가 감소할수록 내열성이 증가한다.
(7) 배양 온도가 높았을 경우, 효소 최적 활성 온도 및 내열성 단백질 (HSPs, SASPs 등)의 조성이 증가, 내열성이 커진다.

## 03 [2005-1]

발효조의 필수장치

**해설**

① 교반기(Agitator) : 발효조 내 액체 조성을 균일한 상태로 유지함(Impeller는 Agitator의 부속날개를 총칭)
② 스파저(Sparger) : 멸균 공기를 배지 내로 분산시킴
③ 방해판(Baffle) : 교반 시 배양액에 와류를 일으켜 통기 효율을 높임
④ 항온장치 : 대사열 및 교반열을 제거하며 최적 온도를 유지함

## 04 [2009-1, 2021-2]

효모에 의한 알코올 발효의 반응식(Gay-Lussac)을 쓰고, 포도당 100kg으로부터 이론상 몇 kg의 에틸알코올이 생성되는지 계산하시오.

**해설**

- $C_6H_{12}O_6 \rightarrow 2C_2H_5OH + 2CO_2$

$$x = \frac{100[kg]}{180[g/mol]} \times 46[g/mol] \times 2 = 51.11[kg]$$

## 05 [2005-2]

초산 발효 시 발효 공정에서 주의해야 할 일과 당이 1kg 일 때 생성되는 초산의 양?

**해설**

무균 공기를 통해주어야 하며, 교반이 필요하다.

$C_6H_{12}O_6 + 2O_2 \rightarrow 2CH_3COOH + 2CO_2 + 2H_2O$

$$\frac{1000[g]}{180[g/mol]} \times 2 \times 60[g/mol] = 666.666 \cdots \approx 666.67[g]$$

## 06 [2015-2]

포도당을 이용한 초산 발효

**해설**

- $C_6H_{12}O_6 \rightarrow 2C_2H_5OH + 2CO_2$ (+ 58kcal) (대략적인 반응열)
- $C_2H_5OH + O_2 \rightarrow CH_3COOH + H_2O$ (+ 120kcal) (대략적인 반응열)

## 07 [2016-1]

### 효소고정화 3가지

**해설**

(1) 물리적 방법
    1) 흡착법 : 물리적인 힘(Van der Waals 힘 등)으로 지지체의 표면에 효소를 흡착시키는 방법
    2) 격자 포괄법 : 고분자 물질(Gel, Microcapsule 등) Matrix 중에 효소가 봉입·함유된 형태
    3) 막 가두기법 : 선택적 투과막을 사이에 두고 효소를 제한하는 방법

(2) 화학적 방법
    1) 이온결합법 : 지지체(=담체)와 효소 간의 정전기적 인력에 의한 고정화
    2) 공유결합법 : 효소와 담체의 원자 간 전자쌍 공유에 의해 형성되는 고정화
    3) 가교형성법 : 가교형성 물질로 효소를 결합시키거나 지지체를 사이에 두고 가교 결합을 생성하는 고정화, 효소분자 사이에 공유결합을 함으로써 분자량을 크게 하여 불용성으로 하는 방법


## 08 [2006-3]

### 균체 내 효소 추출법

**해설**

(1) 세포 파쇄
    1) 초음파 파쇄(Sonication)
    2) 균질기(Homogenizer)
    3) 미세 유동화기(Microfluidizer)
    4) Lysozyme 용해법
    5) 자기소화법
    6) 동결 융해법
    7) 삼투압 충격법

(2) 파쇄 후 정제
    1) 단백질 분해효소 불활성화(Protease Inhibiting)
    2) 유기용매에 용해(알코올, 아세톤 등)
    3) 염석, 투석, 흡착
    4) 친화성크로마토그래피(Affinity Chromatography)
    5) 이온교환크로마토그래피(Ion Exchange Chromatography)
    6) Gel 여과(=크기 배제) 크로마토그래피(Gel Filteration Chromatography)
    7) 결정화(황산암모늄, 아세톤 등)

## 09 [2020-3]

**염용(Salting in)과 염석(Salting out)**

> 해설

(1) 염용(Salting in)
묽은 염류(주로 1가 염류) 용액에 의해 단백질의 분자의 소수성 상호작용을 감소시키고 물과의 상호작용을 증가시키므로, 물에 대한 단백질의 용해도가 증가하는 현상

(2) 염석(Salting out)
고농도의 염(주로 2가 염류)에 의한 정전기적 상호작용에 의해 단백질 내 전하가 중화되며 물과의 상호작용이 감소하므로, 물에 대한 단백질의 용해도가 감소하여 침전하는 현상


## 10 [2008-3, 2019-1]

**김치 발효 숙성에 관여하는 젖산균**

> 해설

(1) *Leuconostoc* 속
*Leuc. mesenteroides* (김치 초기 발효에 관여), *Leuc. carnosum*, *Leuc. citreum*, *Leuc. gasicomitatum*, *Leuc. gellidum*, *Leuc. paramesenteroides*, *Leuc. kimchii*, *Leuc. lactis* 등

(2) *Lactobacillus* 속
*L. algidus*, *L. brevis*, *L. curvatus*, *L. kimchii*, *L. mali*, *L. pentosus*, *L. sakei* 등

(3) *Weissella* 속
*Weissella cibaria*, *W. confusa*, *W. koreensis*, *W. soli*, *W. viridescens* 등

(4) *Lactiplantibacillus* 속
*Lacti. plantarum* (김치 후기 발효에 관여), *Lacti. paraplantarum* 등

(5) *Lacticaseibacillus* 속
*Lacticaseibacillus casei* 등

## 11 [2016-2]

다음은 김치의 연부현상에 대한 설명이다. 빈 칸을 채우시오.

> 김치의 연부 현상은 배추 내의 ( ① )이 분해되어 발생한다. 이 때 ( ② )을 사용하면 연부 현상을 억제할 수 있다.

**해설**

① Pectin
② $Ca^{2+}$ 염 및 $Mg^{2+}$ 염(ex : 천일염)

## 12 [2017-2]

김치 정상/이상 발효, 포장팽창 균/원인물질

**해설**

- 이상발효균, $CO_2$
- 이상발효균(β형) 발효식 : $C_6H_{12}O_6 \rightarrow 2CH_3CH(OH)COOH + CH_3CH_2OH + CO_2$

# CHAPTER 27 주류

## 01 [2007-3]

### 술의 제법상 분류

**해설**

(1) 발효주 : 효모로 알코올 발효한 술덧을 그대로 또는 여과하여 마시는 술
  1) 단발효주 : 원료에 함유된 당분을 그대로 발효시켜 만든 술
  2) 복발효주 : 녹말질의 당화와 발효시 효모로 발효시킨 술
    ① 단행 복발효 : 원료의 녹말을 맥아의 Amylase로 미리 당화시킨 당액을 효모로 발효한 것
    ② 복행 복발효 : Koji균의 Amylase에 의한 당화와 효모에 의한 알코올 발효를 동시에 병행시켜 만든 술
(2) 증류주 : 알코올발효액을 증류하여 알코올 농도를 높인 것
(3) 혼성주 : 알코올이나 발효주에 착색료, 향료, 감미료, 과즙, 의약 성분 및 조미료 등 기타 성분을 혼합시킨 주류

## 02 [2004-2]

### 적포도주 제조공정에서 빈칸 채우기

**해설**

포도 - ( 제경 ) - ( 파쇄 ) - ( 과즙 조정(=보당) ) - 주발효 - ( 압착 ) - 즙액 – 후발효 - ( 청징·여과 ) - 저장 – 제품

## 03 [2006-2]

### 포도주 발효 방법 2가지

**해설**

(1) 과실에 부착한 야생효모를 이용하는 방법
(2) 과실 원료를 멸균시킨 뒤, 순수 분리하여 배양한 효모(스타터)를 이용하는 방법

## 04 [2009-2, 2015-1]

**떼루아(포도주의 품질 결정요소)**

> 해설

(1) 토양
(2) 지형적 조건
(3) 기후


## 05 [2007-3, 2009-1, 2011-1]

**와인의 제조공정에서 아황산 첨가하는 목적, 최종 제품에서 아황산이 소실되는 이유**

> 해설

(1) 첨가목적
   1) 유해 미생물 생육억제
   2) 적색소의 안정화
   3) 청징화
   4) 갈변 방지
   5) 산화 방지
   6) 주석산염 석출 방지

(2) 소실되는 이유
   - 이산화황의 잔존량이 식품첨가물 공전에 의거한 과실주 기준 0.350g/kg이 되도록 첨가하며, 살균이나 발색에 사용되면서 소모된다. 남아있는 아황산은 화학 평형 중 $H_2SO_3(aq) \rightleftarrows H_2O(l) + SO_2(g)$ 에 의해 대부분 기체 형태로 존재하므로, 마개를 딴 이후 대부분 제거된다.

(3) 첨가물 및 잔존량
   - 아황산 처리법, 메타중아황산나트륨, 메타중아황산칼륨, 무수아황산, 산성아황산나트륨, 아황산나트륨, 차아황산나트륨이 이산화황($SO_2$)으로서 그 잔존량을 0.350g/kg 이하가 되도록 첨가한다.

## 06 [2010-1]

**맥주 제조 시 "맥아즙"을 끓이는 이유 4가지**

> 해설

(1) 맥아즙 농축
(2) 맥주에 씁쌀한 맛을 내는 Hop 성분 용출
(3) 단백질-탄닌 결합물 제거
(4) 살균 및 효소 불활성화로 저장성 증가


## 07 [2005-3, 2012-3]

**맥주의 Hop의 기능**

> 해설

(1) 맥주 특유의 향기, 쓴맛 부여
(2) 거품의 지속성 부여
(3) 항균성 부여
(4) 탄닌에 의한 단백질 제거, 맥주의 청징 및 안정화


## 08 [2014-1]

**맥주의 쓴맛을 내는 α-산의 주성분**

> 해설

(1) Humulone(휴물론)
(2) Cohumulone(코휴물론)
(3) Adhumulone(에드휴물론)

# CHAPTER 28 > 분석화학 및 식품공전 실험

## 01 [2008-3]

**용어의 정의**

**해설**

(1) 표준용액 : 부피 분석의 기준용액으로 사용되는 것
(2) 표정 : 표준용액의 실제농도를 결정하는 조작
(3) 역가 : 용액이 얼마나 정확하게 만들어졌는지를 확인하기 위하여 실제 측정된 당량을 원하는 소정의 당량으로 나누어준 값

## 02 [2012-3]

**중화적정의 정의에 의한 표준용액, 종말점, 지시약 설명(단, 표준용액, 지시약은 종류 1가지씩 쓰시오.)**

**해설**

(1) 표준용액
　・부피 분석에 사용할 수 있는, 농도를 알고 있는 용액
　　예 : HCl, NaOH 수용액 등
(2) 지시약
　・주변 환경에 따라 분자의 배열 변화가 유발되어 색의 변화가 나타나는 화합물예 : 페놀프탈레인 등
(3) 종말점
　・부피 적정 실험에서 지시약의 색 변화가 일어난 표준 용액의 소모 지점

## 03 [2013-3]

### 표준용액 제조 및 표정

**해설**

① 0.1N NaOH(화학식량 40) 수용액 100mL을 만드는 데 필요한 NaOH를 200mL 비커에 정밀히 취한다.
② 소량의 증류수를 부어가며 유리 막대로 저어 비커 내의 NaOH를 완전히 녹인 뒤, 비커를 수 차례 씻어내리며 100mL 부피플라스크에 넣고, 표선까지 증류수를 부피가 변하지 않을 때까지 흔들면서 채워 용액을 제조한다.
③ 뷰렛의 콕을 열고 조제된 용액으로 먼저 뷰렛을 씻어 내리다가, 뷰렛의 콕을 닫고 제조된 NaOH 수용액을 채운다.
④ 깨끗한 피펫을 이용하여 0.1N HCl 25mL을 삼각플라스크에 넣고, 페놀프탈레인 용액 몇 방울을 떨어뜨린다.
⑤ 삼각플라스크 밑에 흰 종이를 깐 뒤, 뷰렛의 콕을 열어 제조된 NaOH 수용액을 한 방울씩 떨어뜨려 엷은 홍색이 될 때까지 주기적으로 흔들어주며 적정한다.

## 04 [2008-2]

### 역적정의 정의와 예

**해설**

(1) 정의
  시료 용액에 과량의 표준용액을 가하여 충분히 반응시킨 뒤, 나머지 표준용액을 별도의 표준액으로 적정하여 문제의 성분량을 간접적으로 구하는 적정

(2) 예시
  조단백 정량, 산도/알칼리도 측정, 요오드가 측정, 비누화가측정, 칼-피셔(Karl-Fisher)법 등

## 05 [2020-2]

### 일반성분시험법 7가지(특별한 경우 제외)

**해설**

(1) 일반성분시험법 7가지 : 외관, 취미, 수분, 회분, 조단백질, 조지방, 조섬유
(2) 특별한 경우 : 비중, 아미노산성질소, 각종 당류 및 지질 등

## 06 [2023-2]

### 식품공전상 영양소 검출 및 정량 실험 종류[2023-2]

**해설**

1) 환원당 및 자당 : 벨트란(Bertrand)법, 소모기(Somogyi)법, 레인·에이논(Lane-Eynone)법, 선광도측정법(자당 한정)
2) 총질소 및 단백질 : 세미마이크로 킬달법
3) 아미노산질소 : 반슬라이크(Van Slyke)법, 홀몰적정법(Sörensen법)
4) 지질 : 에테르추출법(속슬렛법), 산 분해법, 뢰제·고트리브(Roese-Gottlieb)법, 바브콕(Babcock)법


## 07 [2021-1, 2021-2]

### 수분 정량

**해설**

(1) 시료 전처리
 1) 고체 시료를 파쇄하는 이유
  - 시료의 표면적을 넓혀 건조를 빠르게 하기 위해서이다.
 2) 액체 시료에 해사(정제)를 넣는 이유
  - 건조 과정에서 수분의 이동을 방해하는 피막이 형성되는 것을 막고 표면적을 넓혀 건조를 빠르게 하기 위해서이다.
(2) 칼 피셔(Karl Fisher)법
  - 메탄올의 존재 하에 수분을 정량하는 방법


## 08

### 킬달법(총질소 및 조단백질 정량)

**해설**

(1) 화학식 (분해, 증류, 중화, 적정)[2014-3]
  · $(NH_4)_2SO_4 + (\ 2NaOH\ ) \rightarrow (\ 2NH_3\ ) + (\ Na_2SO_4\ ) + 2H_2O$

(2) 총질소 및 조단백질 정량에 사용하는 Semimicro Kjeldahl 법에서의 각 단계별 분석 원리
  [2020-3, 2021-2, 2024-1]
 1) 분해 : 질소를 함유한 유기물을 촉매(황산칼륨($K_2SO_4$) : 황산구리($CuSO_4$) = 4 : 1)의 존재 하에서 황산으로 가열분해하면, 질소는 황산암모늄($(NH_4)_2SO_4$)으로 변한다.
 2) 증류 : 황산암모늄($(NH_4)_2SO_4$)에 30% $NaOH_{(aq)}$ 25 mL 를 가하여 알칼리성으로 하고, 유리된 암모니아

($NH_3$)를 수증기 증류하여 브런스위크 지시약(메틸레드 0.2 g 및 메틸렌블루 0.1 g)이 든 0.05 N $H_2SO_{4(aq)}$ 으로 포집한다.

3) 적정 : 증류된 포집액을 0.05 N $NaOH_{(aq)}$ 로 적정하여 질소의 양을 구한다.

$$총질소(\%) = \frac{0.7003 \times (a-b)(mL) \times D}{S(mg)} \times 100$$

a : ( 공시험 )에서 중화에 소요된 0.05 N 수산화나트륨액의 mL수

b : ( 본시험 )에서 중화에 소요된 0.05 N 수산화나트륨액의 mL수

계산식은 검체의 분해액을 전부 사용해서 적정했을 때의 식이므로 분해액의 일부를 사용할 때는 그 계수를 곱한다.

4) 산출 : 여기서 얻은 질소량에 ( 질소계수 )를 곱하여 조단백질의 양으로 한다.
  (질소계수는 공전 표 참조)

  조단백질(%) = N(%) × ( 질소계수 )

(3) 적용문제[2011-3, 2018-1, 2021-1]

1) 총 질소 함량을 이용하여 조단백 공식을 적고, 쌀, 메밀, 밤의 질소계수가 각각 5.95, 6.31, 5.30 일 때, 어떤 시료가 아미노산을 가장 많이 함유되어 있는 것을 고르고 그 이유를 쓰시오.

  ① 조단백질 함량 공식

  · $\frac{단백질 함량}{[w/w\%]} = \frac{0.7003 \times f \times (a-b)[mL] \times D}{S[mg]} \times 100 \, (2-3mg \text{기준})$

  ② 아미노산이 많이 함유된 시료

  · 밤, 질소계수 5.30을 이용하여 백분율로 비교했을 때 시료 내에 18.87%의 단백질이 들어있다고 예상할 수 있다.

2) 단백질 2g을 채취하여 킬달법을 통해 질소함량을 구했을 때 40mg이었다. 이때 단백질의 함량을 구하시오. (질소계수는 6.25)로 한다.[2020-4·5]

$$\frac{40[mg]}{2[g] \times 1000[mg/g]} \times 100 \times 6.25 = 12.5[\%]$$

🗒 12.5 %

## 09 [2011-3]

### 조섬유 정량법

**해설**

(1) 조섬유 분석 전에 별도 분리할 물질과 분리방법

· 헨네베르크·스토만개량법(Henneberg-Stohmann method)

1) 별도 분리할 물질 : 지질, 검체 2~5g을 에테르로 5~6회 씻어 탈지

2) 분석 원리 : 식품을 묽은 산, 묽은 알칼리, 알코올 및 에테르로 처리한 후 남은 불용성 잔사(Residue)의 양에서 불용성잔사(Residue)의 회분량을 빼서 조섬유량을 구한다.

(2) 조섬유 분해 전 불용성 잔사로의 처리 시약 3가지
   1) 뜨거운 1.25% 황산 200 mL로 30분 처리 후 열탕 세척 4~5회
   2) 뜨거운 1.25% 수산화나트륨용액 200 mL로 30분 처리 후 열탕 세척 4~5회
   3) 에탄올 15mL
   4) 110°C로 건조 후 에테르 세척 후 항량이 될 때까지 110°C로 1시간 건조
(3) 거품 많이 발생할 때(황산 처리 중)
   - 아밀알코올(Amyl alcohol) 0.5 mL를 냉각기의 상부로부터 가한다.
(4) 조섬유 함량을 계산하시오.[2012-3]
   1) 유리여과기를 110°C로 건조하여 항량이 되었을 때의 무게 : 10.80g
   2) 검체의 채취량 : 5.00g
   3) 용해 후 플라스크의 질량 : 10.48g
   4) 전기로에서 가열하여 항량이 되었을 때의 무게 : 10.40g
   - 조섬유함량 $= \dfrac{(10.80-10.40)[g]}{5.00[g]} \times 100 = 8.0 [w/w\%]$

## 10 [2012-1, 2021-1]

### 유지를 고온가열 할 때 발생하는 현상

(1) 물리적 변화 : 점도가 높아짐, 색이 탁해짐
(2) 화학적 변화 : 지방 산화, 산가 증가, 과산화물가 증가, 요오드가 감소, 이중결합 배열변화(cis형 감소, trans형 및 Conjugation 증가), 지질 분자 간 가교 형성, 점성은 분자량이 증가할수록 증가하며, 불포화도와 온도가 높을수록 감소하나, 중합에 의한 증가가 온도 증가에 의한 감소보다 우세하다.

## 11 [2014-3, 2021-2]

### 유지 화학적 실험

유지의 요오드가는 (불포화도) 측정, (라이헤르트-마이슬가)는 버터 진위 판단, (비누화가)로 분자량 측정, (과산화물가)로 초기 부패 정도를 알 수 있다. 그리고 산가는 유리지방산의 양을 측정하는 것이다.

## 12 [2009-2, 2014-1]

### 조지방 정량법

**해설**

(1) Soxhlet 추출법 설명
- 지질은 물에 녹지 않고 유기용매에 녹는 성질을 지닌다. 그러므로 삼각플라스크와 같은 기구 내에서 시료와 유기용매를 반응시켜 시료 중의 지질을 모두 추출할 수 있다. 그 후에 기구로부터 유기용매와 시료의 잔여물을 제거하면 ①( 지질 )의 무게만큼 그 기구의 무게가 증가하게 된다. 이것이 지질 정량법의 기본 원리이다.
- 즉, 지질 정량법은 ②( 무게 ) 분석법이며 지질을 정량할 때에는 유기용매로 ③( 에테르 )를 주로 사용한다. Soxhlet 추출법에서는 위의 과정을 보다 쉽게 하기 위해서 Soxhlet 추출장치를 사용하는데 이것을 이용하여 지질 정량을 할 때에는 시료로부터 지질을 추출하기 전의 ④( 추출 플라스크 ) 무게와 시료로부터 지질을 추출하고 유기용매를 제거한 후에 지질이 남아있는 ④( 추출 플라스크 )의 무게를 정확하게 측정하는 것이 특히 중요하다.

(2) 조지방 정량 원리
- Soxhlet 추출기를 사용하여 추출 플라스크에 에테르를 넣고 가열하면 증기상태의 에테르가 측관을 통해 상승하고, 이는 냉각관에서 응축되어 추출관 내의 시료 위에 적하된다.
- 추출관 에테르가 적당량이 되면 지방을 녹인 에테르는 추출 플라스크에 흘러내리고, 다시 추출 플라스크 중의 에테르만 재증발하여 순환되면서 연속적으로 지방을 추출한다.
- 추출물에서 에테르 및 수분을 증발시킨 후 남은 건조물의 양을 칭량하여 조지방을 정량한다.

(3) 속슬렛 추출법에 의한 조지방의 함량식[2018-3, 2021-3]
- 조지방 함량 $= \dfrac{W_1 - W_0}{S} \times 100$

  $W_0$ : 추출 플라스크의 무게(g)
  $W_1$ : 조지방을 추출하여 건조시킨 추출플라스크 무게(g)
  $S$ : 검체의 채취량(g)

(4) 시료가 4.1020 g을 이용하여 속슬렛 추출법을 시행한 결과, 지방을 추출하기 전의 플라스크 질량은 29.0522 g, 지방을 추출한 후의 플라스크 질량은 30.0325 g 으로 측정되었다. 이를 이용하여 시료 내 조지방 함량을 구하시오. [2024-3]

조지방 함량 $= \dfrac{30.0325 - 29.0522}{4.1020} \times 100 = \dfrac{980300}{41020} = 23.89809849 \cdots \approx 23.90[\%]$

## 13

**산가**

(1) 유지시료 5.6g의 산가를 측정할 때 0.1N KOH 소비량은 1.1mL, 대조군 소비량은 1.0 mL이다. 이때 0.1N KOH를 표정하기 위해 안식향산 0.244g을 취해 에테르-에탄올에 녹여 적정하는데 20mL이 소비되었다. 0.1N KOH의 Factor값을 구하고 산가를 계산하시오. [2007-3, 2011-2, 2021-2]

> **해설**
>
> 안식향산 시성식 : $C_6H_5COOH$
>
> 안식향산 분자량 = 12×6+1×5+12×1+16×2+1=122[g/mol]
>
> 1) factor값
>
> - $\dfrac{0.244[g]}{122[g/mol]} = f \times 0.1 \times 0.02$, f=1
>
> 2) 산가
>
> - 산가 $= \dfrac{1 \times (1.1 - 1.0) \times 5.611}{5.6} = 0.100196426 \cdots \approx 0.1[mg/g]$

(2) KOH(분자량 56.1) 0.01N KOH 2mL 반응 하였을 때 KOH의 mg의 수?

> **해설**
>
> - $0.01[mol/L] \times 2[mL] \times 56.1[g/mol] = 1.122 \approx 1.12[mg]$

## 14

**과산화물가**

(1) 시료 0.816g, 0.01N 티오황산나트륨 용액(역가 : 1.02)의 본시험 소비량 : 14.7mL, 공시험 소비량 : 0.18mL 인 경우 과산화물가를 계산하시오. [2014-1, 2023-1]

> **해설**
>
> - $\dfrac{1.02 \times (14.7 - 0.18)}{0.816} \times 10 = 181.5[meq/kg]$

(2) 시료 0.6759g, 0.01N 티오황산나트륨 용액(역가 : 1.03)의 본시험 소비량 : 18.67mL, 공시험 소비량 : 0.28mL 인 경우 과산화물가를 계산하시오

> **해설**
>
> - $\dfrac{1.03 \times (18.67 - 0.28)}{0.6759} \times 10 = 280.244119 \cdots \approx 280.24[meq/kg]$

## 15 [2022-3, 2023-2]

### 비누화가(Saponication Value, SV)

**해설**

(1) 비누화가(검화가)의 정의 : 지질 1 g중의 유리산의 중화 및 에스테르의 검화에 필요한 수산화칼륨의 mg수

(2) 실험방법 : 검체 1~2 g을 200 mL의 플라스크에 정밀히 달아 넣고 0.5 N 수산화칼륨-에탄올용액 25 mL를 정확히 가하고 이에 갈아 맞춘 작은 환류냉각기 또는 공기 냉각기(길이 약 75cm, 내경 7mm의 유리관)를 달고 수욕 중에서 때때로 흔들어 저으면서 30분간 가열한다. 다음 페놀프탈레인시액을 지시약으로 하여 즉시 0.5 N 염산으로 과잉의 수산화칼륨을 적정한다. 따로 검체를 사용하지 않고 같은 방법으로 공시험을 한다.

(3) 비누화가

$$\frac{x_{KOH}[mg]}{M_{KOH}[g/eq]} = f \times 0.5[eq/L] \times (b-a)[mL]$$

$$SV[mg/g] = \frac{x_{KOH}[mg]}{S[g]} = \frac{56.1[g/eq] \times f \times 0.5[eq/L] \times (b-a)[mL]}{S[g]}$$

$$= 28.05[mg/mL] \times \frac{f \times (b-a)[mL]}{S[g]}$$

(4) 비누화가는 중성지방의 평균 분자량 측정에 사용되며, 비누화가가 작을수록 고급지방산 함량이 높다.

$$\frac{x_{KOH}[mg]}{M_{KOH}[g/eq]} = \frac{S[g]}{M_{av}[g/mol]} \times 3[eq/mol] \times \frac{1000[m]}{1}$$

$$SV[mg/g] = \frac{x_{KOH}[mg]}{S[g]} = \frac{56.1[g/eq] \times 3000[meq/mol]}{M_{av}[g/mol]}$$

$$\therefore SV \times M_{av} = 168300$$

여기서, a : 검체를 사용했을 때의 0.5 N 염산의 소비량(mL)

b : 공시험에 있어서의 0.5 N 염산의 소비량(mL)

S : 검체의 채취량(g)

f : 0.5 N 염산의 역가

$M_{KOH}$ : KOH의 화학식량, 56.1 g/mol (산가에서는 56.11 g/mol 로 계산)

$M_{av}$ : 지방산의 평균 분자량(g/mol)

## 16 [2008-3, 2016-1, 2021-2]

### 요오드가 측정의 정의와 목적

**해설**

(1) 정의

일정한 측정법으로 측정한 지질 100g 에 흡수되는 할로겐의 양을 요오드의 g수로 나타낸 것,
$IV = 1.269 \times (b-a) \times f/S$

(2) 목적

유지의 불포화도(유지 내 이중결합의 수) 측정

(3) 요오드가에 따른 녹는점 변화

같은 탄소수 기준으로 이중결합 수가 많을수록 녹는점이 낮아진다.

(4) 다음은 유지를 서서히 가열하면서 온도에 따른 고형분의 함량을 나타낸 그래프이다. 네 유지 중 요오드가가 가장 작은 그래프를 고르고, 그 이유를 설명하시오.[2005-2]

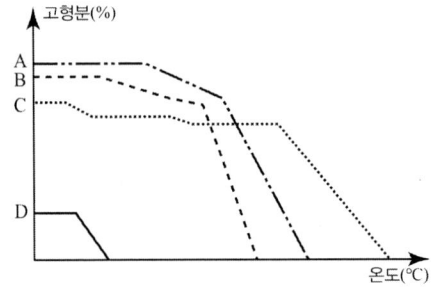

1) 그래프 : C
2) 이유 : 고온에서 고형분이 크게 감소하므로 녹는점이 높은 유지임을 볼 수 있고, 대부분 지방산이 장쇄포화지방산으로 구성되어있음을 유추할 수 있다. 특히 포화지방산은 이중결합이 없으므로 녹는점이 매우 높으며, 요오드가가 가장 작다.

(5) 다음은 경화 대두유의 특성을 나타내기 위한 온도에 따른 고체지방지수(Solid Fat Index : SFI)의 변화를 나타낸 그래프이다. 그려진 곡선 중 요오드가가 낮은 것을 찾고, 그 이유를 작성하시오.[2024-1]

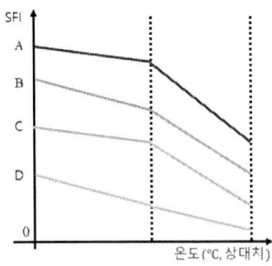

1) 요오드가가 낮은 곡선 : A
2) 요오드가가 낮은 이유 : 고온에서 SFI가 여전히 높은데다 SFI가 0이 되는 온도가 가장 높으므로 A가 녹는점이 높은 유지, 대부분 지방산이 장쇄포화지방산으로 구성되어있음을 유추할 수 있다. 특히 포화지방산은 이중결합이 없으므로 녹는점이 매우 높으며, 요오드가가 가장 작다.

## 17 [2008-2, 2016-3]

### TBA가

**해설**

유지의 산패과정에서 생성된 Malonaldehyde와 TBA가 결합하여 붉은색을 내는 착물을 형성하는 것을 이용, 흡광도를 측정하여 생성 농도를 확인한다. 유지 1kg 중의 Malonaldehyde의 양을 Malonaldehyde와 TBA 간에 생성되는 발색 물질의 양을 흡광도를 통해 측정한다.

## 18

### 탄수화물 관련 실험

**해설**

(1) Fehling 반응 [2008-3, 2024-3]

$$R\text{-}CHO_{(aq)} + 2Cu^{2+}_{(aq)} + 4OH^{-}_{(aq)} \rightarrow R\text{-}COOH_{(aq)} + 2H_2O_{(l)} + Cu_2O_{(s)}\downarrow$$
$$\text{산화구리(I), 적색}$$

1) 검출 가능 물질 : 환원당
2) 검출 원리 : 당 안에 포함된 –CHO 가 –COOH 로 산화되면서 $Cu^{2+}$ 가 $Cu^+$ 로 환원된 뒤 $OH^-$ 와 반응하여 적색의 $Cu_2O$ 침전이 생성된다.

(2) Molisch 반응 [2018-2]

단당류가 황산과 반응하면 ( Furfural )로 된다. 그리고 ( α-Naphtol )로 인하여 자색으로 착색된다. 올리고당과 같은 다당류는 ( Glycoside )결합이 끊어져 단당류로 된 후 단당류와 같은 반응이 진행된다.

(3) Somogy 법 [2021-2] : 환원당 정량법 중 구리 시약을 사용하는 용량 분석법

## 19 [2014-2, 2022-3]

### 식품공전에서 규정한 식품이물시험법

**해설**

① 체분별법
 • 시험법 적용범위 : 미세한 분말
 • 분석원리 : 분말을 체로 쳐서 큰 이물을 체위에 모아 육안으로 확인하고, 필요시 현미경 등으로 확대하여 관찰한다.
② 여과법
 • 시험법 적용범위 : 검체가 액체일 때 또는 용액으로 할 수 있을 때 적용

・분석원리 : 액체 검체 또는 용액으로 한 검체를 신속여과지로 여과하여 여과지상의 이물을 검사한다.
③ 와일드만 플라스크법
・시험법 적용범위 : 물에 잘 젖지 아니하는 가벼운 이물검출(곤충 및 동물의 털 등)
・분석원리 : 식품의 용액에 소량의 물과 섞이지 않는 포집액(휘발유, 피마자유 등)을 넣고 세게 교반한 후 방치해 놓으면 물에 잘 젖지 않는 가벼운 이물이 유기용매층에 떠오르는 성질을 이용하여 이물을 분리, 포집 후 검사한다.
④ 침강법
・시험법 적용범위 : 비교적 무거운 이물의 검사(쥐똥, 토사 등)
・분석원리 : 검체에 비중이 큰 액체를 가하여 교반한 후 상층액을 버린 후 바닥의 이물을 검사한다.
⑤ 금속성이물(쇳가루)
・시험법 적용범위 : 분말제품, 환제품, 액상 및 페이스트제품, 코코아가공품류 및 초콜릿류 중 혼입된 쇳가루 검출(분쇄공정을 거친 원료를 사용하거나 분쇄공정을 거친 제품에 한함)
・분석원리 : 쇳가루가 자석에 붙는 성질을 이용
⑥ 김치 중 기생충(란)

## 20 [2015-1, 2020-1]

### 중금속 정량분석 방법 및 분석 방법

**해설**

(1) 분석 순서
   분석 시료 매질 고려 - ( 분석 시료 원소 고려 ) – 시료용액 조제 – 실험

(2) 시험용액의 제조 방법
   1) 습식 분해법(황산-질산법, 마이크로웨이브법 포함)
   2) 건식 회화법
   3) 용매 추출법

(3) 기기분석 방법
   1) 원자흡광광도법(화염방식, 무염방식, 환원기화법(비소, 수은), 금아말감법(수은, 냉조건) 포함)
   2) 유도결합플라즈마법(ICP)(ICP-MS법(무기비소) 포함)
   3) GC-ECD(Electron Capture Detector, 전자포획검출기)(메틸수은) 등

(4) 납(Pb)의 정성시험 중 크롬산칼륨에 의해 생성되는 앙금[2017-1]
   ・$PbCrO_4$, 노란색 침전

## 21 [2020-4·5]

### 건식회화법

> **해설**
> 
> 시료 (5~20g)을 도가니, 백금접시에 취해 건조하여 ( 탄화 )시킨 다음 450°C에서 ( 회화 )한다. ( 회화 )가 잘 되지 않으면 일단 식혀 질산(1+1) 또는 50% 질산마그네슘용액 또는 질산알루미늄 40g 및 질산칼륨 20g을 물 100mL에 녹인액 2~5mL로 적시고 건조한 다음 ( 회화 )를 계속한다. 회화가 불충분할 때는 위의 조작을 1회 되풀이하고 필요하면 마지막으로 질산 (1+1)2~5mL를 가하여 완전하게 ( 회화 )를 한다. ( 회화 )가 끝나면 ( 회분 )을 희석된 ( 질산 )으로 일정량으로 하여 시험용액으로 한다.

## 22

### 환원형 비타민 C의 정량 원리

**해설**

(1) 2,4-디니트로페닐하이드라진(Dinitrophenyl hydrazine, DNPH)에 의한 정량법[2014-3, 2018-1]
   - 식품 중의 비타민C를 메타인산용액으로 추출한
     1) 환원형 비타민C(AA)를 2,6-dichlorophenol-indophenol(DCP)로 산화시켜
     2) 산화형(DHAA)으로 만든 다음 2,4-DNPH(dinitrophenyl hydrazine)를 가해 적색의 오사존(Osazone)을 형성시킨 후
     3) 황산($H_2SO_4$)을 가해 탈수시키면 등적색의 무수물 Bis-2,4-dintrophenylhydrazine으로 전환되어 안정된 정색반응을 나타내는데, 이를 파장 520 nm에서 표준용액과의 흡광도를 측정하여 정량하는 방법이다.

(2) Indophenol 적정법[2007-1]
   - 식품 중 비타민 C가 산성 수용액 중에서 2,6-dichlorophenol-indophenol(DCP)를 환원시켜 탈색하는 것에 기초한 환원형 비타민C 정량법이다. 2,4-디니트로페닐하이드라진법에서 조제한 시험용액 10 mL를 삼각플라스크에 정확히 취하여 즉시 인도페놀용액으로 액이 적어도 5초간 적색이 지속될 때까지 적정한다.

## 23 [2007-3]

### 물의 경도 측정방법

**해설**

물속의 ( $Mg^{2+}$ )과 ( $Ca^{2+}$ )의 양을 ( $CaCO_3$ ) ppm으로 환산하면 총경도이다. 이를 측정하려면 pH를 ( 10 )로 조절하고 ( 0.01 M EDTA ) 표준용액으로 적정한다.

## 24 [2016-3, 2021-3]

**칼슘 정량**

칼슘은 과망간산칼륨용량법으로 정량한다. Ca를 함유하는 용액에 수산염을 첨가해두고, 물에 매우 난용성인 수산칼슘 $CaC_2O_4 \cdot H_2O$로서 침전시키고 이 침전을 $H_2SO_4$에 녹여 용액 내의 수산을 $KMnO_4$ 용액으로 적정하여 정량하는 방법이다. 이 때의 반응식과 정량식은 다음과 같다. 정량식에서 계수 0.4008의 의미를 설명하시오. (단, 칼슘의 원자량은 40.08이다.)

- 전체 : $5H_2C_2O_4 + 2KMnO_4 + 3H_2SO_4 \rightarrow 2MnSO_4 + K_2SO_4 + 10CO_2 + 8H_2O$
- 칼슘 함량 $[mg/100g] = \dfrac{(b-a) \times 0.4008 \times F \times V \times 100}{S}$
- a : 공시험에 대한 0.02 N 과망간산칼륨용액의 소비 mL 수
- b : 검액에 대한 0.02 N 과망간산칼륨용액의 소비 mL 수
- F : 0.02 N 과망간산칼륨용액의 역가
- V : 시험용액의 희석배수
- S : 검체의 채취량(g)

### 해설

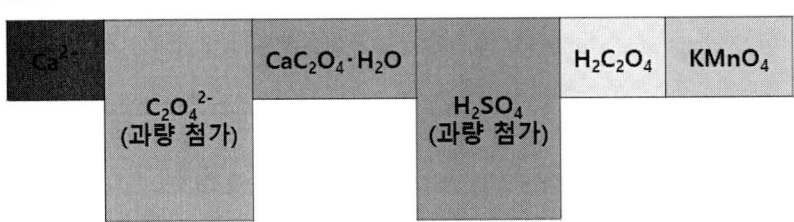

$MnO_4^-$ 의 당량 = $H_2C_2O_4$의 당량 = $Ca^{2+}$ 의 당량
  = 적정 용액의 역가 × 적정 용액의 노르말농도[eq/L] × 적정용액의 부피[L]

$2[eq/mol] \times \dfrac{Ca^{2+}의\ 질량[mg]}{40.08[g/mol]} \times \dfrac{1}{V} = F \times 0.02[eq/L] \times (b-a)[mL]$

$Ca^{2+}의\ 질량[mg] = \dfrac{F \times 0.02[eq/L] \times (b-a)[mL] \times 40.08[g/mol] \times V}{2[eq/mol]}$

$\dfrac{Ca^{2+}의\ 질량[mg]}{S[g]} \times \dfrac{100}{[100]} = \dfrac{F \times 0.02[eq/L] \times (b-a)[mL] \times 40.08[g/mol] \times V}{2[eq/mol] \times S[g]} \times \dfrac{100}{[100]}$

정리해주면 $\dfrac{Ca^{2+}의\ 질량[mg]}{S[100g]} \times 100 = \dfrac{(b-a)[mL] \times 0.4008[mg/mL] \times F \times V}{S[g]} \times \dfrac{100}{[100]}$

칼슘 함량 $[mg/100g] = \dfrac{(b-a) \times 0.4008 \times F \times V \times 100}{S}$ ( ∵ mg/100g = mg% )

∴ 0.02N $KMnO_4$ 수용액 1mL에 해당하는 $Ca^{2+}$ 의 mg수

  (0.02N $KMnO_4$ 액 1 mL = 0.4008 mg Ca)

□ 참고 [2016년 3회차 식 풀이]
V : 0.002M 과망간산칼륨 수용액의 부피

1) $\dfrac{칼슘\ 함량}{[w/v\%]} = \dfrac{0.2004 \times F \times V[mL]}{S[mL]} \times 100$

2) $C_2O_4^{2-}$ 의 당량 = $Ca^{2+}$ 의 당량 = 적정 용액의 역가 × 적정 용액의 노르말농도[eq/L] × 적정용액의 부피[L]

$$2 \times \dfrac{Ca^{2+}\ 의\ 질량[mg]}{40.08[g/mol]} = 5 \times F \times 0.002[mol/L] \times V[mL]$$

정리해주면 $Ca^{2+}$ 의 질량[mg] = 0.2004[g/L] × F × V[mL]
검체의 양 S로 나누고 백분율로 나타내주면

$\dfrac{칼슘\ 함량}{[w/v\%]} = \dfrac{0.2004 \times F \times V[mL]}{S[mL]} \times 100$

## 25 [2021-3]

**식염 정량(Mohr법)**

다음을 읽고, 계산방법에 기재된 5.85라는 수치가 어떻게 나온 것인지 아래의 화학반응식을 이용하여 산출근거를 설명하시오. ($AgNO_3$ 화학식량 169.87, NaCl 화학식량 58.5)

가. 회화법
1) 분석원리
  전처리한 검체용액을 비커에 넣고 크롬산칼륨($K_2CrO_4$) 시액 몇방울 가한 후 뷰렛 등으로 질산은 ($AgNO_3$) 표준용액을 적하하면 $Cl^-$ 은 전부 AgCl의 백색침전으로 되고 또 $K_2CrO_4$ 와 반응하여 크롬산은($Ag_2CrO_4$)의 적갈색침전이 생기기 시작하므로 완전히 적갈색으로 변하는데 소비되는 $AgNO_3$ 액의 양으로 정량하는 방법이다.

2) 시험방법
  식염 약 1 g을 함유하는 양의 검체를 취하여 필요한 경우 수욕상에서 증발건고한 후 회화시켜 이를 물에 녹이고 다시 물을 가하여 500 mL로 한 후 여과하고 여액 10 mL에 크롬산칼륨시액 2~3방울을 가하고 0.02 N 질산은 액으로 적정한다.

3) 계산방법

$$식염 = \dfrac{b}{a} \times f \times 5.85 \, [w/w\%, w/v\%]$$

여기서, a : 검체 채취량(g, mL)
    b : 적정에 소비된 0.02 N 질산은액의 양(mL)
    f : 0.02 N 질산은 액의 역가

<참고> $AgNO_{3(aq)}$ + $NaCl_{(aq)}$ → $NaNO_{3(aq)}$ + $AgCl_{(s)}\downarrow$

**해설**

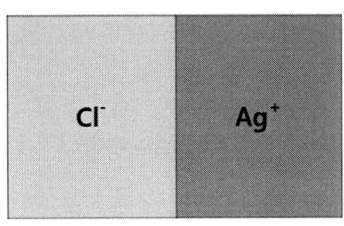

$Cl^-$ 의 당량 = $Ag^+$ 의 당량 = NaCl의 당량 (1eq = 1mol) [ g/eq = mol/eq × g/mol ]

$\dfrac{\text{검체 내 } NaCl \text{ 질량}[g]}{NaCl \text{의 } g \text{당량}[g/eq]}$ =0.02N $AgNO_{3(aq)}$의 역가×0.02[eq/L]×0.02N $AgNO_{3(aq)}$의 부피

$\dfrac{x[g]}{58.5[g/eq]} = f \times 0.02[eq/L] \times b[mL] \times \dfrac{1[L]}{1000[mL]}$

$x[g] = f \times 0.02[eq/L] \times b[mL] \times 58.5[g/eq] \times \dfrac{1[L]}{1000[mL]}$

500mL을 사용하여 10mL만 사용했으므로 희석배수를 곱하고($\dfrac{500[mL]}{10[mL]} = 50$ )

검체 채취량 a(g 또는 mL)로 나눈 뒤, 백분율을 구하면
(희석배수는 원시료의 양을 기준으로 판단)

식염 $= \dfrac{50 \times x[g]}{a[g \text{ or } mL]} \times 100 = f \times 0.02[eq/L] \times b[mL] \times 58.5[g/eq] \times \dfrac{1[L]}{1000[mL]} \times \dfrac{50}{a[g \text{ or } mL]} \times 100$

식염 $= \dfrac{b[mL]}{a[g \text{ or } mL]} \times f \times \left( 0.02[eq/L] \times 58.5[g/eq] \times \dfrac{1[L]}{1000[mL]} \times 50 \times 100 \right)$

식염 $= \dfrac{b[mL]}{a[g \text{ or } mL]} \times f \times 5.85[g/mL\%]$ (단위 : w/w% 또는 w/v%)

∴ 0.02N $AgNO_{3(aq)}$ 1mL에 상당하는 식염 내 NaCl의 양은 0.00117g이며, 희석배수 50과 백분율 환산인자 100을 곱해 간편화시킨 것이 5.85이다.

## 26 [2024-1]

**트리스테아린(Tristearin, 분자량: 890g/mol)의 비누화가를 구하시오. (단, KOH의 화학식량은 56.1 g/mol 이다.)**

> **해설**

비누화가(Saponication Value, SV)의 정의를 이용하여 식을 푼다.

1) 트리스테아린(Tristearin, $C_{57}H_{110}O_6$)은 스테아르산(Stearic acid, $C_{17}H_{35}COOH$, C18:0) 3개와 글리세린(Glycerin, $C_3H_5(OH)_3$) 1개로 구성된 트리아실글리세리드(Triacylglyceride)

2) 비누화가(검화가)의 정의 : 지질 1 g 중의 유리산의 중화 및 에스테르의 검화에 필요한 수산화칼륨의 mg수 (단위 : mg/g)

3) 비누화가(SV)와 중성지방 평균 분자량과의 관계

$$\frac{x_{KOH}[mg]}{M_{KOH}[g/eq]} = \frac{S[g]}{M_{av}[g/mol]} \times 3[eq/mol] \times \frac{1000[m]}{1}$$

$$SV[mg/g] = \frac{x_{KOH}[mg]}{S[g]} = \frac{56.1[g/eq] \times 3000[meq/mol]}{M_{av}[g/mol]}$$

$$\therefore SV \times M_{av} = 168300$$

여기서, $x_{KOH}$ : 검체 비누화에 사용된 KOH의 질량(mg)
S : 검체의 채취량(g)
$M_{KOH}$ : KOH의 화학식량, 56.1 g/mol
$M_{av}$ : 지방의 평균 분자량(g/mol)

4) Tristearin의 SV

$$SV[mg/g] = \frac{56.1[g/eq] \times 3000[meq/mol]}{890[g/mol]} = \frac{16830}{89} = 189.1011236 \cdots \approx 189.10[mg/g]$$

---

□ **참고**

**식품공전에서의 비누화가 계산식**

$$\frac{x_{KOH}[mg]}{M_{KOH}[g/eq]} = f \times 0.5[eq/L] \times (b-a)[mL]$$

$$SV[mg/g] = \frac{x_{KOH}[mg]}{S[g]} = \frac{56.1[g/eq] \times f \times 0.5[eq/L] \times (b-a)[mL]}{S[g]}$$

$$= 28.05[mg/mL] \times \frac{f \times (b-a)[mL]}{S[g]}$$

a : 검체를 사용했을 때의 0.5 N 염산의 소비량(mL)
b : 공시험에 있어서의 0.5 N 염산의 소비량(mL)
f : 0.5 N 염산의 역가

CHAPTER 29 기기분석

## 01 [2015-1, 2020-2, 2020-3]

### LOD, LOQ의 정의

**해설**

(1) LOD : 검출 한계(Limit Of Detection), 0과는 확실하게 구분할 수 있는 분석 대상물질의 최소량 또는 최저 농도, 시험법으로 측정한 값이 시험법과 관련된 불확도 보다 클 때 그 값들 중 가장 낮은 값
(2) LOQ : 정량 한계(Limit Of Quantitation), 분석 대상 물질을 합리적인 신뢰성을 가지고 정량적인 측정 결과를 산출할 수 있는 최소 검출 농도, 적절한 불확도 수준으로 결정 가능한 분석 대상물질의 최저 농도
(3) 이미 알고 있는 저농도 분석대상 물질을 포함한 검체의 신호와 공시험 검체의 신호를 비교할 때
  1) 검출한계(Limit of Detection)는 S(신호 세기) : N(노이즈 세기) = 3 : 1로 산출되는 농도 또는 σ(표준편차)/S(검량선의 기울기)의 10/3배
  2) 정량한계(Limit of Quantification)는 S : N = 10 : 1로 산출되는 농도 또는 σ/S 의 10배

## 02 [2020-2]

### 화학적 시험법 검증요소

**해설**

(1) 정확도
  1) 시험결과의 품질을 측정하는 것으로 시험결과인 측정값이 표준값(Accepted Reference Value)에 대해 얼마나 근접하는가에 대한 것
  2) 분석회수율(Analytical Recovery)
    ① 측정된 농도를 인증 값으로 나눈 분율, 일반적으로 시료의 준비, 시료로부터 분석 대상물질의 추출, 정량 이전의 분석과정에 관련된 분석 오차를 측정
    ② 분석회수율을 측정하기 가장 좋은 방법은 일정한 농도(또는 양)의 분석 대상물질이 포함된 매질 (인증표준물질 등)을 분석하는 것
    ③ 일반적으로 단일 실험실 검증 시 분석하고자 하는 농도의 무첨가, 정량한계, 10배 정량한계 또는 기준치 농도로 첨가하여 농도 당 3회 이상 반복 측정하여 확인할 수 있다.
    ④ 참값과 비교 시, 평균값과 참값으로 인증된 값과의 차이를 신뢰 구간과 함께 기재

(2) 정밀도
  1) 지정된 조건 하에서 시행된 각각의 반복적인 시험결과들 간의 근접한 정도(분산정도)를 나타내는 것
  2) 일반적으로 반복된 결과의 (상대)표준편차((Relative) Standard Deviation, (R)SD)로 나타낸다.

3) 정밀도 결정 조건
  ① 반복성 : 시험법의 효과를 나타내는 지표, 동일한 조건 하에 단일 시험기관에서 한 명의 실험자가 동일한 실험장비를 사용하여 동일한 시험 대상을 짧은 시간 간격으로 반복 분석 실험하여 얻은 측정값들 사이의 근접한 정도(분산정도)
  ② 재현성 : 시험기관이 특정한 방법을 통해 얻은 결과를 연구에 참여하는 다른 시험기관의 결과와 비교하고자 하는 경우에는 매우 중요한 요소, 시험 대상과 방법은 동일하지만 서로 다른 실험자, 실험장비, 시험기관, 실험시간대로 반복 분석 실험하여 얻은 측정값들 사이의 근접한 정도(분산정도)
3) 변동계수(CV : Coefficient of Variation, 또는 상대표준편차)는 평균치에 대한 표준편차의 백분율로 Method나 Instruments 변동으로 인한 정밀도를 비교하는 데 사용하며, 일반적인 허용범위는 ±5% 이내이다. 즉, 표준편차(SD : Standard Deviation)가 작을수록 변동이 적으므로 재현성이 증가한다.

$$CV = \frac{SD}{\bar{x}} \times 100$$

(3) 유효숫자
  1) 측정에서의 불확정성을 나타내기 위해 기록하는 것
  2) 측정을 정확히 하기 위해서는 항상 확실한 자릿수와 최소 1 자릿수를 포함하는 추정치를 가지고 있어야 한다.

---

□ 참고 [화학적 시험법 검증요소의 수행절차 및 확인 사항]
  (1) 선택성(Selectivity) : 간섭물질이 존재할 때의 측정의 정확도
    1) 분석 대상물질 및 인근 물질 피크의 머무름시간 간격 및 분석 대상물질의 흡수스펙트럼 등으로 분석
    2) 분석 대상물질이 간섭물질로부터 구분되어야 함

  (2) 민감도(Sensitivity) : 대상물질 농도(양) 변화에 따른 측정값 변화에 대한 비율
    1) 소량 첨가 시료나 시료 추출 용액에 준비된 표준시료 분석
    2) 측정값 대 농도 좌표에서 만족할 만한 기울기에 대한 초기 확인

  (3) 직선성(Linearity) : 시험법 검증 과정의 일부로서 검정모델(Calibration Model)의 유효성을 수립할 때 적용
    1) 공시료, 정량한계, 기대농도 포함 5~7개 농도
    2) 상관계수, y절편, 회귀직선의 기울기 및 잔차 제곱의 합 제시

  (4) 적용범위(Working Range)
    1) LOQ와 검량선의 상한값 사이의 농도 범위
    2) 직선성, 정확도, 정밀도를 확인하여 타당성 입증

## 03 [2020-1, 2020-2, 2022-1]

### 크로마토그래피 용어

**해설**

(1) Retention time : 머무름 시간, 검출기에서 최대 신호값(Peak)이 감지되는 데 걸린 시간
(2) Resolution : 분리능, 두 가지 이상의 분석물질을 분리할 수 있는 컬럼능력의 척도
(3) Split ratio : 분할비, 총 샘플 주입량 : 컬럼 주입 샘플량으로 표기함
(4) 이동상에 따른 명칭
    1) 액체 크로마토그래피(Liquid Chromatography, LC)
    2) 기체 크로마토그래피(Gas Chromatography, GC)
    3) 초임계유체 크로마토그래피(Supercritical Fluid Chromatography, SFC)

## 04 [2012-2]

### GC 및 HPLC system의 구성

**해설**

1) 탈기장치(Degasser) : LC에 적용, 용매 내의 용존산소, 질소, 기포 등을 제거.
2) 펌프(Pump) : 이동상을 저장 용기에서 끌어내어 유속 및 조성을 조절한 뒤, 연속적으로 밀어줌.
3) 시료주입기(Injector) : 분석하고자 하는 시료를 이동상의 흐름에 실어준다.
4) 컬럼(Column) : 관 모양의 용기, 분석 시료에 따라 Resin(충전제)을 선택하여 사용한다.
5) 컬럼온도조절기(Temperature Column Component) : 분리능 향상 및 재현성 보장을 위한 온도 유지 목적
6) 검출기(Detector)
    ① 시료의 존재 및 양을 일정한 규칙에 의해 인식하여 전기적 신호로 바꾸어준다.
    ② 자외선/가시광선 검출기, 굴절률 검출기, 전기 전도도 검출기, 전기화학 검출기 등 사용
    ③ 특히 HPLC 수행 시 특정한 파장의 흡광도를 측정하는 기기인 자외선/가시광선 검출기(UV/Visible Spectroscope)를 널리 사용
7) 데이터 출력부(Data system) : 검출기에서 감지된 신호를 출력하여 보여줌
8) 크로마토그래피 이후 질량분석기(MS) 등에 연결하여 추가적인 분석과 연동 가능하다.

## 05 [2016-2, 2019-3, 2020-3, 2022-2, 2022-3]

### HPLC에서 Normal과 Reverse phase의 극성에 따른 용출 특성

**해설**

(1) 정상(Normal phase)
   1) 친수성이 큰 충진제(실리카겔 등)를 고정상으로 사용한다.
   2) 소수성이 강한 이동상이 먼저 용출된 후, 친수성이 강한 이동상이 나중에 용출된다.

(2) 역상(Reverse phase)
   1) 소수성이 큰 충진제(C18 등)를 고정상으로 사용한다.
   2) 친수성이 강한 이동상이 먼저 용출된 후, 소수성이 강한 이동상이 나중에 용출된다.

(3) HPLC 분배 계수, 고정상과의 친화력, 통과속도를 통한 비교
   통과속도가 빠를수록, 고정상과의 친화도가 적을수록 분배 계수가 작다.
   1) 분배계수가 크다 : 성분이 고정상과의 친화력이 높아 Column 내부에서의 이동상의 이동속도가 낮아지므로 천천히 용리됨을 의미
   2) 분배계수가 작다 : 성분이 고정상과의 친화력이 낮아 Column 내부에서의 이동상의 이동속도가 높아지므로 빠르게 용리됨을 의미


## 06 [2020-1]

### 크로마토그래피의 원리와 고정상

**해설**

(1) 흡착 크로마토그래피
   1) 원리 : 고체 흡착제를 고정상으로 쓰는 크로마토그래피. 흡착제와 시료 성분 사이의 극성 차이에 의해 발생하는 이동속도 차이를 이용하여 물질을 분리해냄.
   2) 고정상 : Silica gel, 활성알루미나(Alumina), 활성탄(Charcoal), MgO, $MgCO_3$, 다공성 중합체 등
(2) 친화성 크로마토그래피
   1) 원리 : 고체 흡착제에 특정 이동상과 특이적으로 반응할 수 있는 물질을 붙여 특정 이동상만을 특이적으로 분리해냄.
   2) 고정상 : Ni-NTA(-His tag), Biotin(-Avidin), Antibody(-Antigen), Glutathione(-GST) 등

## 07 [2017-1, 2020-4·5]

### GC의 효율 및 분리능 높이는 방법에 ○표시

**해설**

(1) 필름의 두께가 (얇게/두껍게) : 효율은 <u>얇게</u> 분리능은 <u>두껍게</u>
   - 필름이 얇을 경우 짧은 Retention time(머무름 시간)을 가지므로 피크가 더 뾰족해지고, 내열성이 커져 Bleeding(컬럼 내 고정상 녹아내림)가 낮다.
   - 필름이 두꺼울 경우 긴 Retention time을 가지므로 시간에 따른 두 물질 피크 사이 거리가 더 멀어지나, 내열성이 줄어들어 Bleeding(컬럼 내 고정상 녹아내림)이 크다.

(2) 컬럼의 넓이가 (좁게/넓게) : 효율은 <u>좁게</u> 분리능은 <u>좁게</u>
   내경이 좁으면 짧은 분석시간에 큰 효율과 큰 분리능을 얻을 수 있으나, Capacity(최대 용량)가 낮고, 내압이 증가하며, Flow rate(유속)가 감소한다.

(3) 컬럼의 길이가 (짧게/길게) : 효율은 <u>길게</u> 분리능은 <u>길게</u>
   Efficiency(효율, 봉우리가 뾰족한 정도)과 Resolution(분리능, 두 물질 간의 분리 정도)이 증가하나, 분석시간이 길어지고, 내압이 커지며 비용이 많이 든다.
   cf) 용질의 k(머무름 인자, 컬럼 안에 시료가 머무는 정도)에 따른 온도 및 필름 두께 선택
   1) k<5(빨리 용출) : 두께 증가 및 온도 감소 시 Resolution 증가함
   2) k>5(늦게 용출) : 두께 감소 및 온도 증가 시 Resolution 증가함

> □ 참고
> 필름 두께가 증가할수록 GC에 미치는 영향
> 1) Retention(머무름) 증가, 이것만 고려할 경우 두께가 두꺼울수록 분리능(Resolution) 증가
> 2) Capacity(분석용량) 증가
> 3) Peak tailing(꼬리 끌림) 감소
> 4) Bleed(컬럼 출혈, 녹아내림에 의한 고정상 손실, 온도 증가 시 증가) 증가
> 5) Inertness(비활성, 시료와 화학적으로 반응하지 않는 정도) 증가
> 6) 복합적으로 고려하여 용질의 분리능(Resolution)을 높일 경우
>    ① 빠르게 용출되는 용질(k < 5) : 온도를 낮춘다, 필름 두께를 두껍게 한다.
>    ② 늦게 용출되는 용질(k > 5) : 온도를 높인다, 필름 두께를 얇게 한다.
> cf) 분석 시간 단축 시 : 길이 짧게, 내경 좁게, 필름 두께 얇게

## 08 [2017-3, 2022-2, 2023-1]

HPLC 및 GC

**해설**

(1) 분리능이 좋아지는 법
   1) Column 길이를 길게 한다.
   2) 온도를 가급적 낮춘다.
   3) 입도가 작은 Resin을 컬럼에 채워 사용한다.
   4) 고정상을 바꾼다.
   5) 용매의 특성(종류, 조성, pH, 극성 등)을 바꾼다.

(2) 영향 인자 : Efficiency(효율), Selectivity(선택성), Retention(머무름)

$$R_S = \frac{\sqrt{N}}{4} \times \frac{\alpha - 1}{\alpha} \times \frac{k'_B}{1 + k'_B}$$

(Efficiency) (Selectivity) (Retention)

여기서, N : 이론단수, 관의 분리 효율의 척도
   α : Selectivity factor(선택계수, 선택성 인자)
   k' : Retention factor(용량계수, 머무름 인자)
   컬럼 내에서 용질이 이동하는 속도를 설명하는 데 중요한 인자

(3) Carrier Gas 흐름에 따른 HETP
   1) Carrier gas의 역할 : 시료주입구(Injector)에서 기화된 시료를 컬럼(Column)으로 이동시켜주는 기체
   2) Carrier gas의 종류 : $H_2$, $N_2$, He, Ar, $CH_4$ 등 여럿 중 택 1
   3) 검출기(Detector) 종류, 유속, 고정상 및 이동상 등을 고려하여 최적의 기체 사용
   4) 같은 높이의 Column에서 분획을 실시할 때 이론단수(Theoretical Plate Number)가 높을수록 효과적인 분석이 가능해지는 점을 생각해보면 HETP(Height Equivalent to Theoretical Plate, 이론 단 해당높이)가 낮을수록 이론단수가 높아져 효과적인 분획이 가능하다. 유속이 빠를수록 분석 시간이 짧아지나 HETP가 높아지는 문제가 있으므로, 빠른 유속에서도 HETP의 증가폭이 낮은 수소가 빠른 분석에 유리하다.
   5) 기체 선속도가 20cm/s 이하에서는 질소가 유리하다. 그리고 이론상 고속에서는 수소가 유리하지만, 가연성 기체이므로 안정성을 고려하여 비활성 및 단원자 기체인 헬륨을 사용하는 경우가 많다.

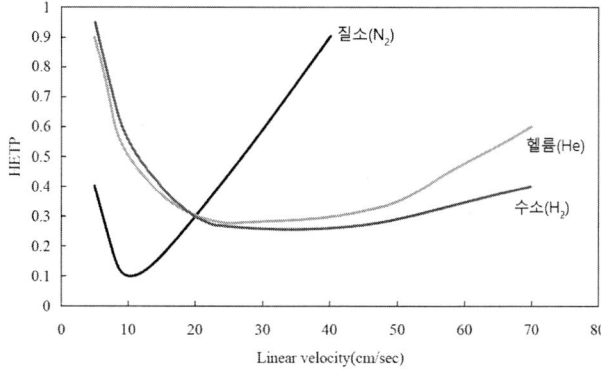

## 09 [2008-2, 2017-1]

HPLC를 사용할 때 낮은 pH영역의 물질을 분석하고 나면 고압관이 망가지는 원인이 된다. 실험 후에 어떠한 조치를 취해야 하는가?

**해설**

탈이온수(Deionized water)를 비롯한 컬럼을 오염시킨 물질과 극성이 비슷한 HPLC용 용매를 단독 또는 혼합하여 컬럼 부피의 10배 정도씩 흘려 탈염·세척한 뒤 Coulmn에 맞는, 고정상과 다른 극성의 Shipping solvent (보존용매)로 세척 후, Shipping solvent로 Column 내부를 채워둔다. 이 때 분석 시 유속보다 1/5~1/2로 유속을 낮추어 사용한다.

## 10 [2013-1, 2018-1]

크로마토크래피 이론단수 계산

**해설**

1) 반높이 너비법 (a=5.54)

$$N = 5.54 \times (\frac{t_R}{w_{0.5}})^2$$

2) 최고 높이를 이용한 경우 (a=16)

$$N = 16 \times (\frac{t_R}{w})^2$$

3) 크로마토그래피에서 반높이상수 a=5.54, $W_{0.5}$=2.4 sec, $t_R$=12.5 sec일 때, 반높이 너비법의 이론단수는?

- $N = 5.54 \times (\frac{t_R}{w_{0.5}})^2 = 5.54 \times (\frac{12.5}{2.4})^2 \approx 150.28$

## 11 [2011-1, 2019-2, 2021-3]

5g의 시료 10mL로 희석하고, HPLC로 분석하여 피크 폭을 측정하였다. 표준 시료의 농도가 5μg/mL일 때 면적이 125이고, 시료의 면적이 50일 때, 시료의 농도는?

**해설**

5 : 125 = x/2 : 50, x=4μg/mL(=4ppm)

## 12 [2014-2, 2018-1]

### 질량분석계에서 E.I와 C.I의 차이점

**해설**

(1) EI : 전자빔 이온화법(Electron Ionization), 전자빔을 시료 화학종에 조사하여 직접적으로 시료를 이온화하는 방법
(2) CI : 화학적 이온화법(Chemical Ionization), 전자빔을 매질에 조사하여 시료화학종을 간접적으로 이온화하는 방법

## 13 [2024-2]

### KOLAS(Korea Laboratory Accreditation Scheme, 한국인정기구)

**해설**

국가표준제도의 확립 및 산업표준화제도 운영, 공산품의 안전/품질 및 계량·측정에 관한 사항, 산업기반 기술 및 공업기술의 조사/연구 개발 및 지원, 시험, 교정, 검사, 표준물질생산, 메디컬시험, 숙련도시험운영, 제품인증, 생물자원, 타당성평가 및 검증 인정제도의 운영, 표준화 관련 국가간 또는 국제기구와의 협력 및 교류에 관한 사항 등의 업무를 관장하는 국가기술표준원 조직이다.

# CHAPTER 30 기본농도

## 01

### %농도

**해설**

- $[w/w\%, wt\%] = \dfrac{\text{특정물질 질량}[g]}{\text{물질 전체의 질량}[g]} \times 100$

  $[w/v\%] = \dfrac{\text{특정물질 질량}[g]}{\text{전체 부피}[mL]} \times 100$

## 02 [2021-2]

### 몰랄농도

**해설**

- 몰랄농도 $[m, mol/kg] = \dfrac{\text{용질의 몰수}[mol]}{\text{용매의 질량}[kg]} = \dfrac{\dfrac{\text{용질의 질량}[g]}{\text{용질의 몰질량}[g/mol]}}{\dfrac{\text{용매의 질량}[g]}{1000[g/kg]}}$

## 03 [2021-2]

### 몰농도

**해설**

- 몰농도 $[M, mol/L] = \dfrac{\text{용질의 몰수}[mol]}{\text{용액의 부피}[L]} = \dfrac{\dfrac{\text{용질의 질량}[g]}{\text{용질의 몰질량}[g/mol]}}{\dfrac{1}{1000[mL/L]} \times \dfrac{\text{용액의 질량}[g]}{\text{용액의 밀도}[g/mL]}}$

# 04

## 노르말농도

> 해설

- 노르말농도 $[N, eq/L] = \dfrac{\text{용질의 당량}[eq]}{\text{용액의 부피}[L]} = \dfrac{\dfrac{\text{당량수}}{[eq/mol]} \times \dfrac{\text{용질의 질량}[g]}{\text{용질의 몰질량}[g/mol]}}{\dfrac{1}{1000[mL/L]} \times \dfrac{\text{용액의 질량}[g]}{\text{용액의 밀도}[g/mL]}}$

# 05

## 몰비율

> 해설

- 몰비율 $= \dfrac{\text{특정 물질의 몰수}[mol]}{\text{전체의 몰수}[mol]} = \dfrac{\dfrac{\text{특정 물질의 질량}[g]}{\text{특정 물질의 몰질량}[g/mol]}}{\sum \dfrac{\text{구성 물질의 질량}[g]}{\text{구성 물질의 몰질량}[g/mol]}}$

(01) 물 80g에 설탕 20g 혼합했을 때, %농도는? [2015-3]

> 해설

- 20[w/w%]

(02) 25% NaCl 수용액 1000g을 만들기 위해 필요한 NaCl과 물의 양을 구하시오. [2012-3]

> 해설

- NaCl 250g, 물 750g

(03) 70% 수분량을 지닌 식품 1kg에서 수분 80% 건조 시 [2012-2, 2021-3]

> 해설

1) 건조된 수분량
   - 1[kg]×0.7×0.8=0.56[kg]

2) 건조 후 고체와 수분무게 구하기
   ① 고체 : 1-0.7=0.3[kg]
   ② 수분 : 0.7-0.56=0.14[kg]

(04) 설탕 25kg과 물 75kg을 녹여 당액을 만들 때 당도, % 농도, 몰분율은? [2008-3]

**해설**

1) 당도

$$\frac{25}{25+75} \times 100 = 25$$

25 °Brix

2) %

$$\frac{25}{25+75} \times 100 = 25$$

25%

3) 몰분율

$$\frac{\frac{25}{342}}{\frac{25}{342} + \frac{75}{18}} = 0.01724137931034 \cdots \approx 0.02$$

(05) 김치를 만들기 위해 원료배추 20kg을 전처리하였더니 배추의 폐기율은 20%(w/w)였다. 전처리된 배추를 일정한 조건하에 절임한 다음 세척 탈수하여 얻어진 절임배추의 무게는 12kg이었고, 염 함량은 2%(w/w)였다. 절임공정 중 절임수율과 원료배추의 수득률을 계산하시오(단, 절임수율은 절임공정에서 투입된 원료배추에 대한 절임배추의 비율이며, 원료배추의 수득률은 다듬기 전 원료에서 세척 탈수된 절임배추까지의 순수한 배추만의 변화율을 의미한다.) [2008-1, 2010-2, 2015-2]

**해설**

1) 절임 수율[%] = $\frac{\text{절임, 세척 및 탈수한 배추의 무게}}{\text{다듬은 배추의 무게}} \times 100$

$= \frac{12}{16} \times 100 = 75[\%]$

2) 수득률[%] = $\frac{\text{처리 후 배추의 순수 무게}}{\text{원재료무게}} \times 100$

$= \frac{12 \times 0.98}{20} \times 100 = 58.8[\%]$

(06) 100% 황산 9.8g을 250mL에 희석하였을 때 수소이온의 노르말 농도와 몰 농도를 구하시오. [2017-3, 2024-2]

**해설**

| 노르말 농도(N) | 몰 농도(M) |
|---|---|
| 계산식 : $2[eq/mol] \times \dfrac{\dfrac{9.8[g]}{98[g/mol]}}{\dfrac{250[mL]}{1000[mL/L]}} = 0.8[eq/L]$ | 계산식 : $\dfrac{\dfrac{9.8[g]}{98[g/mol]}}{\dfrac{250[mL]}{1000[mL/L]}} = 0.4[mol/L]$ |
| 답 0.8 N | 답 0.4 M |

(07) 비중이 1.11인 22% 염산(분자량 36.46)의 노르말 농도를 구하라. [2015-1, 2023-1]

**해설**

$$\dfrac{1[eq/mol] \times \dfrac{22[g]}{36.45[g/mol]}}{\dfrac{100[g]}{1000[mL/L]} \times \dfrac{1}{1.11[g/mL]}} = 6.699588477\cdots \approx = 6.70[N]$$

(08) 1N Oxalic acid 500mL 만드는데 필요한 Oxalic acid량 계산식 & 답과 만드는 방법 간단히 쓰시오. (분자량 126.07, 2수화물 기준) [2013-1, 2020-3]

**해설**

1) 필요한 Oxalic acid 양
   - 1L 기준, Oxalic acid 1[N]=0.5[M],
   - 500mL로 만들 시, 0.25[mole] 필요, 31.5175[g]

2) 1N Oxalic acid 표준물질용액 500mL 조제 방법
   - Oxalic acid 31.5175g을 정확히 취하여 비커에 넣고 약간의 물에 완전히 녹인 뒤, 500mL 부피플라스크에 넣고, 비커 내부에 용질이 남지 않도록 증류수로 여러 차례 씻어내리며 수 차례 흔들어주어 표선까지 정용한다. 이후 1차 표준물질을 사용하여 표정하여 역가를 구한다.

(09) 포도당 20g을 물 80g에 녹였을 때, 포도당 몰분율은? [2007-1, 2010-3, 2016-3, 2022-2]

**해설**

- $\dfrac{\frac{20}{180}}{\frac{20}{180}+\frac{80}{18}} = 0.024390243 \cdots \approx 0.02$

(10) 2N HCl 수용액 200mL을 10N HCl 수용액을 이용하여 제조하려 한다. 이 때 필요한 10N HCl 수용액은 몇 mL인지 계산하시오. [2021-3, 2024-1]

**해설**

$HCl \text{ 당량} = 2[eq/L] \times 200[mL] = 10[eq/L] \times V[mL] = 400[meq]$

$V = \dfrac{2 \times 200}{10} = 40[mL]$

(11) 1M NaCl, 0.4M KCl, 0.2M HCl 시약을 이용하여 0.2M NaCl, 0.2M KCl, 0.05M HCl의 농도의 총 부피 500mL 시료로 제조하려고 한다. 각각 필요한 시약 용액 및 물의 부피를 계산하시오. [2010-1, 2019-1]

**해설**

1) NaCl : 1[mol/L]×$V_1$[mL]=0.2[mol/L]×500[mL]
   $V_1$=100[mL]
2) KCl : 0.4[mol/L]×$V_2$[mL]=0.2[mol/L]×500[mL]
   $V_2$=250[mL]
3) HCl : 0.2[mol/L]×$V_3$[mL]=0.05[mol/L]×500[mL]
   $V_3$=125[mL]
4) 물의 부피 = 500−100−250−125=25[mL]

(12) 0.1N-NaOH 수용액 (F=1.010) 20mL을 적정하는 데 0.1N-HCl 수용액이 20.20mL 소모되었다. 이 때 0.1N-HCl 수용액의 역가를 구하시오. [2020-1]

**해설**

$F_{NaOH} \times C_{NaOH} \times V_{NaOH} = F_{HCl} \times C_{HCl} \times V_{HCl}$

$1.010 \times 0.1 \times 20 = F_{HCl} \times 0.1 \times 20.20$

$F_{HCl} = \dfrac{1.010 \times 0.1 \times 20}{0.1 \times 20.20} = 1.000$

(13) 0.1 N NaOH (F=1.0039) 9.98 mL를 0.1 N HCl로 적정하였더니 사용량이 10 mL였다. 이 때 HCl의 factor값을 구하시오. (답은 소수 넷째자리 아래를 버리고 기재한다.) [2020-2, 2023-2]

**해설**

$F_{HCl} \times C_{HCl} \times V_{HCl} = F_{NaOH} \times C_{NaOH} \times V_{NaOH}$

$F_{HCl} = \dfrac{F_{NaOH} \times C_{NaOH} \times V_{NaOH}}{C_{HCl} \times V_{HCl}} = \dfrac{1.0039 \times 0.1 \times 9.98}{0.1 \times 10}$

$= 1.0018922 \cdots \approx 1.001$

cf) $Na_2CO_3$ 여도 N농도이므로 상관없음

(14) 수분활성도 0.6의 NaCl 수용액을 제조할 때, 해당 용액의 몰랄농도를 계산하시오. (이 때, 물의 분자량은 18, NaCl의 화학식량은 58.5이며, NaCl은 물에 녹아 완전히 이온화한다.) [2009-1, 2024-3]

**해설**

NaCl이 물에 녹아 $Na^+$ 2mol, $Cl^-$ 2mol 생성되므로

NaCl 2mol과 물 6mol을 물에 녹인다.

$m = \dfrac{2[mol]}{\dfrac{18[g/mol] \times 6[mol]}{1000[g/kg]}} = 18.51851851851 \cdots \approx 18.52[mol/kg]$

실제 제조 불능, 25℃ 물 100g 기준 최대 NaCl 35.7g 용해 가능.

s-NaCl$_{(aq)}$ 밀도는 1.202g/mL, 포화 농도는 약 26.3%, 약 5.4M, 약 6.1m

cf) NaCl 수용액의 밀도가 1.4 g/mL 로 가정 시 몰농도 계산 예(고체 NaCl 아님)

$m = \dfrac{2[mol]}{\dfrac{(58.5[g/mol] \times 2[mol] + 18[g/mol] \times 6[mol])[g/mol]}{1.4[g/mL] \times 1000[L/mL]}} = \dfrac{112}{9} = 12.\dot{4} \approx 12.4[mol/L]$

고체 NaCl 의 밀도(실제 2.165 g/mL)가 주어져도 몰농도 계산 불가함
잘못된 계산 예

$$\frac{2[mol]}{(\frac{18[g/mol]\times 6[mol]}{1[g/mL]}+\frac{58.5[g/mol]\times 2[mol]}{2.165[g/mL]})\times \frac{1}{1000[mL/L]}}=12.34251183\cdots \approx 12.34[mol/L]$$

---

□ 참고

포화 NaCl 수용액(s-NaCl$_{(aq)}$ , 35.7 w/v%) 몰농도 계산 비교
(NaCl$_{(s)}$ 밀도 : 2.165 g/mol, s-NaCl$_{(aq)}$ 밀도 : 1.202 g/mL)

① NaCl$_{(s)}$ 밀도(2.165 g/mL) 반영 시

$$\frac{\frac{357[g]}{58.45[g/mol]}}{(\frac{1000[mL]}{1[g/mL]}+\frac{357[g]}{2.165[g/mL]})\times \frac{1}{1000[mL/L]}}=5.238719779\cdots [mol/L]$$

② s-NaCl$_{(aq)}$ 밀도(1.202 g/mL) 반영 시(실제값)

$$\frac{\frac{357[g]}{58.45[g/mol]}}{(\frac{1357[g]}{1.202[g/mL]})\times \frac{1}{1000[mL/L]}}=5.405513671\cdots [mol/L]$$

실제로 용액 제조 시, 혼합 후 부피는 혼합 전 부피보다 감소하므로 고체 밀도 반영 시 계산값보다 실제로 더 진하게 측정된다.

---

(15) 0.04M NaOH 500mL 가 있다. 다음 물음에 답하시오.[2023-2]

1) w/v% 를 구하시오.

**해설**

$$M[mol/L]=\frac{\frac{x[g]}{MW[g/mol]}}{\frac{V[mL]}{1000[mL/L]}}=\frac{\frac{x[g]}{V[mL]}\times 100}{\frac{MW[g/mol]}{1000[mL/L]}\times 100}=\frac{(w/v\%)}{M[g/mol]}\times \frac{1000[mL/L]}{100}$$

$$x=\frac{M[mol/L]\times V[mL]\times MW[g/mol]}{1000[mL/L]}$$

$$=\frac{0.04[mol/L]\times 500[mL]\times 40[g/mol]}{1000[mL/L]}=0.8[g]=800[mg]$$

$$(w/v\%)=\frac{x[g]}{V[mL]}\times 100=(mol/L)\times \frac{MW[g/mol]\times 100}{1000[mL/L]}$$

$$=\frac{0.8[g]}{500[mL]}\times 100=0.04[mol/L]\times \frac{40[g/mol]\times 100}{1000[mL/L]}=0.16[w/v\%]$$

2) mg% 를 구하시오.

**해설**

$$(mg\%) = \frac{x[mg]}{V[mL]} \times 100 = \frac{800[mg]}{500[mL]} \times 100 = 160[mg\%]$$

또는

$$(mg\%) = 1000[mg/g] \times (w/v\%) = 1000[mg/g] \times \frac{0.8[g]}{500[mL]} \times 100 = 160[mg\%]$$

또는

$$(mg\%) = (mol/L) \times \frac{MW[g/mol] \times 1000[mg/g] \times 100}{1000[mL/L]} = (mol/L) \times MW[mg/mmol] \times 100$$

$$= 0.04[mol/L] \times 40[mg/mmol] \times 100 = 160[mg\%]$$

cf) mg% 와 타 농도와의 관계

$$[mg\%] = \frac{[mg]}{[mL]} \times 100 = 1000[mg/g] \times (w/v\%) = 10 \times (ppm)$$

$$10 \times (ppm) = 10 \times (\mu g/mL) = 10 \times (mg/L) = \frac{10}{(10 \times 100)[mL/L]} \times \frac{[mg]}{[L]} = \frac{[mg]}{[100mL]} = [mg\%]$$

# CHAPTER 31 농도 및 함량 계산

## 01

물질수지식(중간농도 물질량 없을 때 적용 쉬움)

**해설**

(1) $(고농도\,물질량) = \dfrac{(중간농도) - (저농도)}{(고농도) - (중간농도)} \times (저농도\,물질량)$

(2) (고농도 물질량) : (저농도 물질량) = [(중간 농도)–(저농도)] : [(고농도)–(중간 농도)]

## 02

피어슨 공식(중간농도 물질량 있을 때 적용 쉬움)

**해설**

고농도(%)　　　　　(고농도 혼합비) = (중간농도) - (저농도)
　　　　중간 농도
저농도(%)　　　　　(저농도 혼합비) = (고농도) - (중간 농도)

$(고농도\,물질량) = \dfrac{(고농도\,혼합비)}{(고농도\,혼합비) + (저농도\,혼합비)} \times (중간농도\,물질량)$

## 03 [2023-3]

7.08% 오렌지주스를 1000 kg/h 유량으로 투입하여 58%까지 농축하였다. 다음 표에 빈 칸을 채우시오.(이 때, 증발한 수분량을 W, 농축된 주스량을 C라고 놓고 작성하시오.)

**해설**

| 전체물질수지식 | $W + C = 1000$ |
|---|---|
| 성분수지식 | $7.08 \times 1000 = (58 \times C) + (0 \times W)$ |

| | |
|---|---|
| 증발된 수분량(W) | [계산과정]<br>$7.08 \times 1000 = [58 \times (1000 - W)] + (0 \times W)$<br>$7.08 \times 1000 = (58 \times 1000) - (58 \times W) + (0 \times W)$<br>$(58 - 0) \times W = (58 - 7.08) \times 1000$<br>$W = \dfrac{(58 - 7.08)}{(58 - 0)} \times 1000 = \dfrac{25460}{29} = 877.9310345 \cdots \approx 877.93 [kg]$<br>또는<br>$C = \dfrac{7.08}{58} \times 1000$<br>$W = 1000 - C$<br>$\quad = \dfrac{58 - 7.08}{58} \times 1000 = \dfrac{25460}{29} = 877.9310345 \cdots \approx 877.93 [kg]$<br>답 : (　　877.93　　) kg/h |
| 농축된 주스량(C) | [계산과정]<br>$7.08 \times 1000 = (58 \times C) + [0 \times (1000 - C)]$<br>$7.08 \times 1000 = (58 \times C) + (0 \times 1000) - (0 \times C)$<br>$(7.08 - 0) \times 1000 = (58 - 0) \times C$<br>$C = \dfrac{(7.08 - 0)}{(58 - 0)} \times 1000 = \dfrac{3540}{29} = 122.0689655 \cdots \approx 122.07 [kg]$<br>또는<br>$C = 1000 - W$<br>$\quad = \dfrac{7.08}{58} \times 1000 = \dfrac{3540}{29} = 122.0689655 \cdots \approx 122.07 [kg]$<br>답 : (　　122.07　　) kg/h |

(참고)

$7.08 \times (W + C) = (58 \times C) + (0 \times W)$

$(7.08 \times W) + (7.08 \times C) = (58 \times C) + (0 \times C)$

$(7.08 \times C) - (0 \times C) = (58 \times W) - (7.08 \times W)$

$C = \dfrac{58 - 7.08}{7.08 - 0} \times W$ 또는 $W = \dfrac{7.08 - 0}{58 - 7.08} \times C$ 로 생성 가능

## 04 [2004-1, 2005-2, 2006-3]

지방률이 3.5%인 원유 5000kg을 0.1%의 지방률인 탈지유를 혼합시켜 목표 지방률 3.0%의 표준화 우유로 만들 때 탈지유의 첨가량을 계산하시오.

**해설**

(1) $x = \dfrac{(3.5-3.0)[\%]}{(3.0-0.1)[\%]} \times 5000[kg] = 862.0689655 \cdots \approx 862.07\,[kg]$

(2)  3.5    2.9  
        3.0  
     0.1    0.5

$5000[kg] = \dfrac{2.9}{(2.9+0.5)} \times (5000+x)[kg]$

$x = 862.0689655 \cdots \approx 862.07\,[kg]$

## 05

지방률 3.5%인 원유 2000kg을 탈지유 지방률 0.1%일 때 목표 지방률 2.5%로 만들기 위한 탈지유 첨가량을 계산하시오.

**해설**

(1) $x = \dfrac{(3.5-2.5)[\%]}{(2.5-0.1)[\%]} \times 2000[kg] = 833.3333 \cdots \approx 833.33\,[kg]$

(2)  3.5    2.4  
        2.5  
     0.1    1.0

$2000 = \dfrac{2.4}{(2.4+1.0)} \times (2000+x)$

$x = 833.333333 \cdots \approx 833.33[kg]$

## 06 [2014-1, 2017-1]

35% 수용액 100mL를 5%의 수용액으로 만들려면 물 몇 mL가 필요한가?

**해설**

(1) $x = \dfrac{(35-5)[\%]}{(5-0)[\%]} \times 100[mL] = 600\,[mL]$

(2)  3.5    5  
        5  
     0      30

$100 = \dfrac{5}{30+5} \times (x+100)$

$x = 600[\mathrm{mL}]$

## 07 [2011-3]

30% 용액 A와 15% 용액 B를 혼합하여 25% 용액을 만들었다. 이 때, 두 용액의 혼합비를 쓰시오.

**해설**

(1) $[A] = \dfrac{(25-15)[\%]}{(30-25)[\%]} \times [B] = 2[B]$

$\therefore [A] : [B] = 2 : 1$

(2)  30           10          A 혼합비 : 10/15=2/3
            25                 B 혼합비 : 5/15=1/3
     15            5          ∴ A:B = 2:1

## 08 [2006-3]

당도 14%인 포도과즙 10kg을 24% 당 농도로 조정하기 위해 첨가해야 할 설탕량은?

**해설**

(1) $x = \dfrac{(24-14)[\%]}{(100-24)[\%]} \times 10[kg] = 1.315789474 \cdots \approx 1.32\,[kg]$

(2)  14           76          $10 = \dfrac{76}{(76+10)} \times (10+x)[\text{kg}]$
            24
     100          10          $x = 1.31578947 \cdots \approx 1.32[\text{kg}]$

## 09 [2006-1, 2014-2]

3% 설탕물 100kg에 다른 설탕을 혼합하여 15% 설탕물을 만들고자 한다. 첨가해야 할 무수 설탕은 몇 kg인지 계산하시오

**해설**

(1) $x = \dfrac{(15-3)[\%]}{(100-15)[\%]} \times 100[kg] = 14.11764706 \cdots \approx 14.12\,[kg]$

(2)  3            85          $100 = \dfrac{85}{85+12} \times (100+x)$
            15
     100          12          $x = \dfrac{9700}{85} - 100 = 14.11764706 \cdots \approx 14.12[\text{kg}]$

## 10 [2004-3]

6% 주스 원액 1000kg을 감압 농축하여 55%의 농축 주스로 만들었을 때 농축된 주스의 양과 제거되는 물의 양을 Input = Output 을 이용하여 계산하여라.

**해설**

```
55        6
     6
 0       49
```

$$(농축주스량) = \frac{(원주스농도) - 0}{(농축주스농도) - (원주스농도)} \times (탈수량)$$

$$= \frac{6}{49} \times (탈수량)$$

∴ (농축 주스량) : (탈수량) = 6 : 49

$(농축주스량) = 1000 \times \frac{6}{55} = 109.09 \,[kg]$

$(탈수량) = 1000 \times \frac{49}{55} = 890.91 \,[kg]$


## 11 [2021-1]

5% 설탕물 1kg을 25%로 농축하려고 한다. 이 때 증발시켜야할 물의 양을 물질수지식을 이용해 계산하시오.

**해설**

1) 물질수지식

$$x\,[kg] = \frac{(25-5)\,[\%]}{(5-0)\,[\%]} \times (1-x)\,[kg]$$

$5x = 20 - 20x$

$x = \frac{20}{25} = 0.8\,[kg]$

2) Pearson's square

```
25        5        탈수한 물의 양
     5
 0       20
```

$x = \frac{20}{5+20} \times 1 = 0.8\,[kg]$

## 12 [2013-1]

5% 설탕물 1000mL를 농축시켜 25%로 만들려고 한다. 농축량과 탈수량을 물질수지식을 이용하여 계산하여라.

**해설**

(1) [농축 설탕물량] $= \dfrac{(5-0)[\%]}{(25-5)[\%]} \times$ [탈수량] $= 0.25$[탈수량]

∴ [농축 설탕물량] : [탈수량] $= 1 : 4$

(2) 25    5
        5
    0    20

농축한 설탕물 양
$x = \dfrac{5}{5+20} \times 1000 = 200[mL]$

탈수한 물의 양
$y = \dfrac{20}{5+20} = 1000 = 800[mL]$

## 13 [2022-3]

유량 1000kg/hr으로 흐르고 있는 30% 설탕용액의 수분을 증발시켜, 50% 설탕용액으로 농축시키고자 할 때, 증발되는 물의 양과 50% 설탕용액의 유량(kg/hr)을 구하시오.[2022-3]

**해설**

(1) 증발된 수분의 양: ( 400 )kg/hr
(2) 50% 설탕용액의 유속: ( 600 )kg/hr

(1) [농축 설탕물 유속] $= \dfrac{(30-0)[\%]}{(50-30)[\%]} \times$ [시간당 증발량] $= 1.5 \times$ [시간당 증발량]

∴ [시간당 증발량] : [농축 설탕물 유속] $= 2 : 3 = 400[kg/hr] : 600[kg/hr]$

(2) 0    20
        30
    50   60

[시간당 증발량] $= 1000[kg/hr] \times \dfrac{20}{30+20} = 400[kg/hr]$

[농축 설탕물 유속] $= 1000[kg/hr] \times \dfrac{30}{30+20} = 600[kg/hr]$

## 14 [2011-1, 2013-2, 2019-1, 2022-1]

5% 소금물 10kg를 20% 소금물로 농축할 때 증발시켜야 하는 수분의 양은?

**해설**

(1) $[농축 소금물량] = \dfrac{(5-0)[\%]}{(20-5)[\%]} \times [탈수량] = 1/3 \times [탈수량]$

∴ $[농축 소금물량] : [탈수량] = 1 : 3$

(2) 
```
  20        5
       5
   0       15
```
$10[\text{kg}] \times \dfrac{15}{5+15} = 7.5[\text{kg}]$


## 15 [2010-3]

증발기에 6% 질산칼륨 수용액 10kg를 24%로 농축하려고 한다. 이 때 증발시켜야 하는 수분의 양은?

**해설**

(1) $[농축\ KNO_{3(aq)}량] = \dfrac{(6-0)[\%]}{(24-6)[\%]} \times [탈수량] = 1/3 \times [탈수량]$

∴ $[농축\ KNO_{3(aq)}량] : [탈수량] = 1 : 3$

(2)
```
  24        6
       6
   0       18
```
$10[\text{kg}] \times \dfrac{18}{6+18} = 7.5[\text{kg}]$

## 16 [2021-3]

건조 전 식품에 함유된 수분은 80%이다. 건조 공정을 통해 식품에 함유된 수분을 제거하여 최종 제품의 수분 함량이 50%가 되도록 조절하였다. 이 때 건조 전후의 무게의 감소율을 계산하시오.

**해설**

(1) 고형분의 양 : $100 \times 0.2 = 20[kg]$
(2) 초기 수분 함량 : $100 \times 0.8 = 80[kg]$
(3) 제거된 수분의 양

  1) $x[kg] = \dfrac{(80-50)[\%]}{(100-80)[\%]} \times (100-x)[kg]$

   $20x = 3000 - 30x$

   $x = 60[kg]$

  2)  100    30
      　　80         $x = 100 \times \dfrac{30}{30+20} = 60[kg]$
       50   20

(4) 잔존 수분의 양 : $80 - 60 = 20[kg]$
(5) 최종 제품의 무게 : $100 - 60 = 40[kg]$, $x = 40[kg]$
(6) 건조 전후 무게의 감소율 : $Loss[\%] = \dfrac{60[kg]}{100[kg]} \times 100 = 60[\%]$


## 17 [2007-3]

100kg의 밀을 제분하기 위해 Tempering한다. 밀의 수분함량은 12%인데 16%로 만들기 위해 첨가해야 할 수분량은?

**해설**

(1) $x = \dfrac{(16-12)[\%]}{(100-16)[\%]} \times 100[kg] = 4.761904762 \cdots \approx 4.76[kg]$

(2)  12    84
       　6         $(100+x) \times \dfrac{4}{(84+4)} = x[kg]$
     100    4      $x = 4.761904762 \cdots \approx 4.76[kg]$

## 18 [2014-3, 2023-3]

수분 15.5% 300kg 원맥을 함수량 19.5%으로 만들 때 첨가할 물의 양

**해설**

(1) $x = \dfrac{(19.5-15.5)[\%]}{(100-19.5)[\%]} \times 300[kg] = 14.9068323 \cdots \approx 14.91[kg]$

(2)  15.5         80.5
                          $300 = (300+x) \times \dfrac{80.5}{80.5+4}$
           19.5
       100          4      $x = 14.9068323\ldots = 14.91[kg]$

## 19 [2015-3]

전지유(지방 함유 5%)에 탈지 공정을 통해 지방만 제거해서 탈지유(수분 88%, 지방 0.5%, 탄수화물 6.3%, 단백질 4.2%, 회분 1%)를 생산하였다. 가공 전 전지유의 성분량은 각각 얼마인가? (지방 제외)

**해설**

· 제거된 지방량

$\dfrac{(5-x)[kg]}{(100-x)[kg]} \times 100 = 0.5[\%]$

$x = 4.522613065 \cdots \approx 4.52[kg]$

(1) 수분         $\dfrac{p}{100-x} \times 100 = 88$
               $p = 84.0201005 \cdots \approx 84.02[\%]$

(2) 탄수화물    $\dfrac{q}{100-x} \times 100 = 6.3$
               $q = 6.015075377 \cdots \approx 6.02[\%]$

(3) 단백질      $\dfrac{r}{100-x} \times 100 = 4.2$
               $r = 4.010050251 \cdots \approx 4.01[\%]$

(4) 회분        $\dfrac{s}{100-x} \times 100 = 1$
               $s = 0.954773869 \cdots \approx 0.95[\%]$

## 20 [2013-1]

염도가 2%인 절임배추 1000kg에 김치 양념양이 100kg 들어간다고 가정한다. 최종 염도가 2.5%인 김치 10000kg을 만들기 위한 절임배추, 김치 양념, 소금 세 물량을 각각 계산하시오.

**해설**

```
2×10/11        97.5
        2.5
100            75/110
```

(1) 절임 배추량

- $10000 \times \dfrac{97.5}{97.5 + \dfrac{75}{110}} \times \dfrac{10}{11} = 9027.777\cdots \approx 9027.78\,[kg]$

(2) 김치 양념량

- $10000 \times \dfrac{97.5}{97.5 + \dfrac{75}{110}} \times \dfrac{1}{11} = 902.777\cdots \approx 902.78\,[kg]$

(3) 소금 첨가량

- $10000 \times \dfrac{\dfrac{75}{110}}{97.5 + \dfrac{75}{110}} = 69.444\cdots \approx 69.44\,[kg]$

## 21 [2012-2, 2019-2]

당도가 12°Brix인 복숭아 시럽 5000kg을 75°Brix 시럽으로 12.4°Brix 복숭아 시럽으로 만들 때 1) 75°Brix 시럽 추가량과 2) 12.4°Brix로 맞춰서 240mL캔을 분당 200캔 생산한다고 했을 때, 복숭아 시럽을 모두 소모하는 데 드는 시간(분)을 계산하시오. (완제품 비중 1.0408)

**해설**

(1) 추가할 시럽 양

1) $x = \dfrac{(12.4 - 12)[\%]}{(75 - 12.4)[\%]} \times 5000\,[kg] = 31.94888279\cdots \approx 31.95\,[kg]$

2) 
```
12      62.6
    12.4
75      0.4
```
$x = (5000 + x) \times \dfrac{0.4}{62.6 + 0.4}$

$= 31.94888179\cdots \approx 31.95\,[kg]$

(2) 소요 시간

$$t = \frac{(5000+x)[kg]}{1.0408[kg/L] \times 0.240[L/EA] \times 200[EA/min]} = 100.722779 \cdots \approx 100.72[min]$$

## 22

같은 조건에서 12°Brix 시럽이 5500kg이 주어졌을 경우, 1) 추가할 75°Brix 시럽의 양과 2) 복숭아 시럽을 모두 소모하는 데 드는 시간(분)을 계산하시오.

**해설**

(1) 추가할 시럽 양

1) $x = \frac{(12.4-12)[\%]}{(75-12.4)[\%]} \times 5500[kg] = 35.14376997 \cdots \approx 35.14[kg]$

2)  12        62.6
         12.4            $x = (5500+x) \times \frac{0.4}{62.6+0.4}$
    75         0.4       $= 35.14376997 \cdots \approx 35.14[kg]$

(2) 소요 시간

$$t = \frac{(5000+x)[kg]}{1.0408[kg/L] \times 0.240[L/EA] \times 200[EA/min]} = 110.7950569 \cdots \approx 110.80[min]$$

## 23 [2016-1]

탈산 공정을 거친 지방 5000kg을 지방 무게 2% 만큼의 활성백토를 이용하여 탈색하였다. 탈색 후 지방 함량 30%의 폐백토를 얻었을 때, 유지의 손실률은 얼마인가?(단, 탈색 전 활성 백토의 수분 함량은 10%였고, 탈색 후 수분 함량은 0%가 되었다.)

**해설**

(1) 투입한 건백토 무게 : 5000 × 0.02 × 0.90 = 90[kg]

(2) 탈색 후 백토 내 지방량

$x = \frac{30-0}{100-30} \times 90 = 38.57142857 \cdots \approx 38.57[kg]$

또는

  100        30
          30             $90 = \frac{30}{30+70} \times (90+x)$, $x = 38.57142857 \cdots \approx 38.57[kg]$
   0         70

(3) 유지의 손실률  $y = \frac{x}{5000} \times 100 = 0.771428571 \cdots \approx 0.77[\%]$

## 24 [2022-1]

건조기를 통해 5000kg의 당근을 초기수분함량 87.5%에서 습량기준 4%로 건조시키고자한다. 이 때, 아래의 질문에 대해 답하시오.

**해설**

(1) 당근의 고형분 무게

$$5000 \times (1 - 0.875) = 625 [kg]$$

(2) 건조 후 당근 속 수분의 무게

$$x = 625[kg] \times \frac{4}{96} = \frac{625}{24} = 26.04166667 \cdots \approx 26.04[kg]$$

(3) 증발시켜야 할 수분 무게

1) $5000 - \left(625 + \frac{625}{24}\right) = 5000 - 625 \times \frac{25}{24} = \frac{104375}{24} = 4348.958333 \cdots \approx 4348.96[kg]$

2) $x = \frac{(87.5-4)[\%]}{(100-87.5)[\%]} \times \left(625 \times \frac{100}{96}\right)[kg] = \frac{104375}{24} = 4348.958333 \cdots \approx 4348.96[kg]$

$x = \frac{83.5}{(12.5+83.5)} \times 5000 = 4348.95583333 \cdots \approx 4348.96[kg]$

3)  4     12.5
       87.5
   100    83.5


## 25 [2024-3]

당도가 5%인 포도과즙 10kg에 설탕을 첨가하여 당도를 11%로 만들려고 한다, 이 때 첨가할 설탕의 양(g)을 구하시오.

**해설**

(1) $\frac{11-5}{100-11} \times 10 \times 1000 = \frac{6000}{89} = 67.41573034 \cdots \approx 674.16[g]$

(2)  
   100    6     $\frac{89}{89+6} \times (10 \times 1000 + x) = 10 \times 1000$
       11
   5     89     $x = \frac{95}{89} \times 1000 - 1000 = \frac{60}{89} = 67.41573034 \cdots \approx 674.16[g]$

## 26 [2024-1]

다음 표는 소시지 제조 공정에 사용하는 세 종류의 식육의 조성을 나타낸 표이다. 제시된 육원료를 사용하여 총 육량 1000 kg 의 프랑크 소시지를 제조할 때, 쇠고기(Beef) 함량을 30% 로, 제품의 목표 지방 함량을 25% 가 되도록 각 육류의 사용량을 계산하시오.

| 육원료 | 수분 (%) | 지방 (%) | 단백질 (%) | 사용량 (%) |
|---|---|---|---|---|
| Beef trim | 70 | 10 | 19 | ( 1 ) |
| 50/50 Regular pork | 40 | 50 | 9 | ( 2 ) |
| Pork loin trim | 65 | 20 | 14 | ( 3 ) |

### 해설

Beef trim = x , 50/50 Regular pork = y , Pork loin trim = z 로 설정하여 식을 전개함.

1) 3원 1차 연립 방정식 세워 풀기

$x = 0.3 \times 1000 = 300 [kg]$

$x + y + z = 1000 \rightarrow y + z = 700$

$0.10x + 0.50y + 0.20z = 0.25 \times 1000 \rightarrow 5y + 2z = 2200$

$5y + 2z = 2200$

$2y + 2z = 1400$

$3y = 700$

$y = \dfrac{800}{3} = 266.\dot{6} \approx 266.67 [kg]$

$z = \dfrac{1300}{3} = 433.\dot{3} \approx 433.33 [kg]$

2) Pearson's square 2번 적용

```
10        a − 25
   25
a         15
```

$x = \dfrac{a - 25}{a - 25 + 15} \times 1000 = 0.3 \times 1000 = 300 [kg]$

$y + z = \dfrac{15}{a - 25 + 15} \times 1000 = 0.7 \times 1000 = 700 [kg]$

$10a - 250 = 3a - 30$

$7a = 220$

$a = \dfrac{220}{7} = 31.\dot{4}2857\dot{1} [\%]$

```
50        a − 20
      a
20        50 − a
```

$y = \dfrac{a - 20}{a - 20 + 50 - a} \times 700 = \dfrac{800}{3} = 266.\dot{6} \approx 266.67 [kg]$

$z = \dfrac{50 - a}{a - 20 + 50 - a} \times 700 = \dfrac{1300}{3} = 433.\dot{3} \approx 433.33 [kg]$

# CHAPTER 32 열량 및 에너지량 계산

## 01 [2008-3]

135g의 물을 11°C에서 41°C로 올리는데 필요한 열량은?

**해설**

- $Q = 1[\text{kcal/kg·K}] \times 0.135[\text{kg}] \times (41-11)[\text{K}]$
  $= 4.05[\text{kcal}] = 16.9452[\text{kJ}] (\because 1[\text{kcal}] = 4.184[\text{kJ}])$

## 02 [2008-2, 2024-1]

우유 4500kg을 5~55°C까지 열 변환장치를 이용해 4500kg/h만큼 흘려주며 가열한다. 우유의 비열이 3.85kJ/kg·K 일 때, 1초당 필요한 열에너지(kW)는?

**해설**

- $Q = \dfrac{3.85[\text{kJ/kg·K}] \times 4500[\text{kg/h}] \times (55-5)[\text{K}]}{3600[\text{s/h}]}$
  $= 240.625[\text{kJ/s}] \approx 240.63[\text{kW}]$

## 03

우유 5500kg을 5~65°C까지 열 변환장치를 이용해 5500kg/h만큼 흘려주며 가열한다. 우유의 비열이 3.85kJ/kg·K 일 때, 1초당 필요한 열에너지(kW)는?

**해설**

- $Q = \dfrac{3.85[\text{kJ/kg·K}] \times 5500[\text{kg/h}] \times (65-5)[\text{K}]}{3600[\text{s/h}]}$
  $= 352.916666\cdots[\text{kJ/s}] \approx 352.92[\text{kW}]$

## 04 [2015-1]

-10℃ 얼음 500g을 100℃ 수증기로 바꿀 때의 열량은? (물의 비열 1kcal/kg·K, 얼음의 비열 0.5kcal/kg·K, 물의 기화열 540kcal/kg, 얼음의 융해열 80kcal/kg)

**해설**

- $0.5[kg] \times (10[K] \times 0.5[kcal/kg\,K] + 80[kcal/kg] + 100[K] \times 1[kcal/kg\,K] + 540[kcal/kg])$

  $= 362.5[kcal]$

## 05 [2019-1, 2023-1]

수분 함량이 75%인 쇠고기 10kg을 동결한다. 초기 온도는 5℃였고, 동결 후 최종 온도는 -20℃였다. -20℃에서 동결율이 0.9였을 때, 동결 과정 중 방출된 얼음의 잠열을 구하라. (단, 얼음의 융해열은 334kJ/kg이다.)

**해설**

$Q = 10[kg] \times 0.75 \times 0.9 \times 334[kJ/kg] = 2254.5[kJ]$

## 06 [2010-1, 2020-4·5, 2024-2]

열교환기에 90℃의 뜨거운 물을 2000kg/hr 속도로 통과시키고 반대방향에서 20℃의 식용유를 4500kg/hr 의 속도로 투입시켰다. 물이 40℃로 냉각될 때 배출되는 식용유의 온도를 Input = Output을 활용하여 계산하시오. (단, 식용유의 열용량(CP)은 0.5 kcal/kg·℃이며 소수점 첫째자리로 답하시오.)

**해설**

- $1[kcal/kg\,℃] \times 2000[kg/hr] \times (90-40)[℃]$

  $= 0.5[kcal/kg\,℃] \times 4500[kg/hr] \times (T-20)[℃]$

  $T = 64.444 \cdots \approx 64.4[℃]$

## 07 [2013-3]

열교환기에 90°C의 온수를 1000kg/hr 속도로 통과시키고, 반대방향에서 20°C의 기름을 5000kg/hr 의 속도로 투입시켰다. 물이 40°C로 나왔을 때, 배출되는 식용유의 온도는 얼마인가? (단, 물의 열용량은 1.0kcal/kg·°C, 식용유의 열용량은 0.5 kcal/kg·°C이다.)

**해설**

- $1[\text{kcal/kg °C}] \times 1000[\text{kg/hr}] \times (90-40)[\text{°C}]$
  $= 0.5[kcal/kg\text{°C}] \times 5000[kg/hr] \times (T-20)[\text{°C}]$
  $T = 40[\text{°C}]$

## 08 [2004-2]

토마토 펄프에 직접 100°C의 수증기를 가하여 가열 처리 할 때 수증기가 응축되면서 토마토펄프에 포함되면 토마토 펄프는 묽어진다. 초기 고형분 함량이 5%인 토마토펄프는 21°C에서 88°C까지 가열한다면 가열된 토마토 펄프에서 고형분의 농도는? (단, 이 작업은 대기압 상태에서 수행한다. 고형분의 비열은 0.5kcal/kg·°C, 21°C 물의 엔탈피는 21kcal/kg, 1기압 포화 수증기의 엔탈피는 638.8kcal/kg이다.)

› 물의 비열=1kcal/kg °C

1기압 포화 수증기의 엔탈피 = 물의 엔탈피 100kcal/kg + 기화잠열 538.8kcal/kg

**해설**

- (수증기가 잃은 열량)=(토마토가 얻은 열량)
  $x[\text{kg}] \times (538.8[\text{kcal/kg}] + 1[\text{kcal/kg °C}] \times (100-88)[\text{°C}])$
  $= [0.5[\text{kcal/kg °C}] \times 5[\text{kg}] + 1[\text{kcal/kg °C}] \times 95[\text{kg}]) \times (88-21)[\text{°C}]$

또는 (반응 전의 엔탈피)=(반응 후의 엔탈피) 이용
$(1[\text{kcal/kg °C}] \times 95[\text{kg}] + 0.5[\text{kcal/kg °C}] \times 5[\text{kg}]) \times 21[\text{°C}] + x[\text{kg}] \times 638.8[\text{kcal/kg}]$
$= 1[\text{kcal/kg °C}] \times (95+x)[\text{kg}] \times 88[\text{°C}] + 0.5[\text{kcal/kg °C}] \times 5[\text{kg}] \times 88[\text{°C}]$

$x = \dfrac{6532.5[\text{kcal}]}{650.8[\text{kcal/kg}]} = 11.86002179 \cdots \approx 11.86[\text{kg}]$

$\dfrac{5[\text{kg}]}{(100+x)[\text{kg}]} \times 100 = \dfrac{7344}{1643} = 4.469872185 \cdots \approx 4.47[w/w\%]$

## 09 [2007-1]

냉동부하의 의미를 간략히 쓰고 5°C에서 저장된 양배추 2000kg의 호흡열 방출에 의한 냉장고 안의 냉동부하(W)를 계산하시오. (단, 5°C에서 양배추의 저장을 위한 열방출은 1ton 당 63W로 계산한다.)

**해설**

(1) 냉동부하의 의미
- 물질의 냉동을 위해 제거해야 할 단위시간당 열량

(2) 냉동부하 계산
- $2000[\text{kg}] \times 1[\text{t}/1000\text{kg}] \times 63[\text{W/t}] = 126[\text{W}]$


## 10 [2021-1]

물 1kg를 20°C 에서 –20°C 로 냉각시킨다. 이 때 필요한 냉동부하(kJ)를 계산하시오. (단, 동결잠열은 79.6 kcal/kg이며, 얼음의 비열은 0.505 kcal/kg·°C 이다.)

**해설**

- 1[kg]×(1[kcal/kg·°C]×20[°C]+79.6[kcal/kg]+0.505[kcal/kg·°C] × 20 [°C] )
  × 4.184 [kJ/kcal] = 458.9848 ≈ 458.98 [kJ]


## 11 [2004-2]

20°C 명태살 5톤을 12시간 내에 -18°C로 동결하고자 할 때, 1) 냉동부하(kJ)및 2)시간당 냉동부하(kW)는 얼마인가? (단, 명태살 수분함량은 70%, 동결온도는 –2°C이고 냉동전과 후의 비열은 3.18, 1.72 kJ/kg·K, 물의 동결잠열은 332.7 kJ/kg이다)

**해설**

(1) 냉동부하
- $5000[\text{kg}] \times (3.18[\text{kJ/kg K}] \times 22[\text{K}] + 1.72[\text{kJ/kg K}] \times 16[\text{K}] + 332.7[\text{kJ/kg}] \times 0.7) = 1651850[\text{kJ}]$

(2) 시간당 냉동부하
- $\dfrac{1651850[\text{kJ}]}{12[\text{h}] \times 3600[\text{s/h}]} = 38.2372685185 \cdots [\text{kJ/s}] \approx 38.24[\text{kW}]$

## 12 [2010-2, 2020-1]

25℃의 1톤 제품을 24시간 내에 -10℃로 동결하고자 할 때 냉동능력(냉동톤)은 얼마인가?(냉동톤 3320kcal/h, 잠열 79.68kcal/kg, 액체 제품의 비열 1kcal/kg·℃, 고체 제품의 비열 0.5kcal/kg·℃)

**해설**

- $\dfrac{1000[\text{kg}] \times (1[\text{kcal/kg}\,℃] \times 25[℃] + 0.5[\text{kcal/kg}\,℃] \times 10[℃])}{24[\text{hr}] \times 3320[\text{kcal/h} \cdot 냉동톤]} + 1[냉동톤]$

  $= 1.380271084 \cdots \approx 1.38[냉동톤]$

## 13

30℃의 3톤 제품을 24시간 내에 -10℃로 동결하고자 할 때 냉동능력(냉동톤)은 얼마인가? (냉동톤 3320kcal/h, 잠열 79.68kcal/kg, 액체 제품의 비열 1kcal/kg·℃, 고체 제품의 비열 0.5kcal/kg·℃)

**해설**

- $\dfrac{3000[\text{kg}] \times (1[\text{kcal/kg}\,℃] \times 30[℃] + 0.5[\text{kcal/kg}\,℃] \times 10[℃])}{24[\text{hr}] \times 3320[\text{kcal/h} \cdot 냉동톤]} + 3[냉동톤]$

  $= 4.317771084 \cdots \approx 4.32[냉동톤]$

## 14 [2007-1]

두께가 1cm인 합판의 한쪽은 -10℃이고 다른 쪽은 20℃라고 할 때, 합판 1m²을 통해서 한 시간 동안 이동되는 열량은 몇 kJ인지 계산하시오.(단, 합판의 열전도도는 0.042 W/m·K)

**해설**

- $Q = \dfrac{0.042[\text{J/s} \cdot \text{m} \cdot \text{K}] \times 1[\text{m}^2] \times [(20-(-10)][\text{K}]}{0.01[\text{m}]} \times 3600[\text{s/h}] \times 1[\text{h}] = 453.6[\text{kJ}]$

## 15 [2018-3]

열 전도도가 17W/m·°C 인 파이프의 내경이 8cm, 두께가 2cm이다. 파이프를 둘러싼 단열재의 열 전도도는 0.035W/m·°C 이고 두께는 4cm이다. 파이프 내부의 온도는 130°C이고, 단열재 표면의 온도는 25°C일 때, 파이프 표면(파이프와 단열재가 맞닿는 부분)의 온도는 몇 도인가?

**해설**

- $$\frac{2\pi \times 17 \times (130-T)}{\ln\frac{0.06}{0.04}} = \frac{2\pi \times 0.035 \times (T-25)}{\ln\frac{0.10}{0.06}}$$

$$17 \times \ln\frac{5}{3} \times (130-T) = 0.035 \times \ln\frac{3}{2} \times (T-25)$$

$$T = \frac{17 \times 130 \times \ln\frac{5}{3} + 0.035 \times 25 \times \ln\frac{3}{2}}{17 \times \ln\frac{5}{3} + 0.035 \times \ln\frac{3}{2}} = 129.828691\cdots \approx 129.83[°C]$$

## 16 [2013-2]

열 전도도가 17W/m·°C 인 파이프의 외경이 8cm, 두께가 2cm이다. 파이프 내부의 온도가 130°C인 파이프에 열 전도도가 0.35W/m·°C인 단열재를 감아 보온하려 한다. 이 때 단열재가 감긴 파이프의 반지름이 임계단열반지름일 때의 총괄열전달계수는 (1)( 최대 / 최소 )가 된다. 단열재 외부의 대류열전달계수가 7W/m²·°C일 때, 단열재 두께를 결정할 수 있는 (2) 임계단열반지름을 구하시오.[단위 cm] (3) 4cm의 두께로 단열재를 감은 결과, 단열재 표면의 온도가 25°C일 때, 파이프의 표면부(파이프와 단열재가 맞닿는 부분) 온도는 얼마인가? (단, 이 때 공기의 대류를 무시한다.)

**해설**

(1) 총괄열전달계수는 최대가 된다.

(2) $r_c = \dfrac{0.35}{7} = 0.05[m] = 5[cm]$

(3) $$\frac{2\pi \times 17 \times (130-T)}{\ln\frac{0.04}{0.02}} = \frac{2\pi \times 0.35 \times (T-25)}{\ln\frac{0.08}{0.04}}$$

$$17 \times (130-T) = 0.35 \times (T-25)$$

$$T = \frac{17 \times 130 + 0.35 \times 25}{17 + 0.35}$$

$$= 127.8818444\cdots \approx 127.88[°C]$$

# CHAPTER 33 > 단위 환산

## 01 [2010-2]

식품공장에 사용되는 모터에서 Torque(토크)하고 Power(파워)는 무엇인가?

**해설**

(1) 토크 – 돌림힘, 반지름과 힘의 방향의 외적, $\vec{\tau} = \vec{r} \times \vec{F}$

(2) Power(동력) - 일률, 단위시간당 낼 수 있는 에너지, $P = \dfrac{W}{t}$

## 02 [2007-1]

무게 6860.0N 인 동결된 딸기의 질량을 kg으로 구하시오. (단, 중력가속도는 $9.80m/s^2$으로 계산하시오.)

**해설**

- $\dfrac{6860[\text{kg}\,\text{m}/\text{s}^2]}{9.80[\text{m}/\text{s}^2]} = 700[\text{kg}]$

## 03 [2017-1]

식품의 가열에 이용되는 전자레인지에서 사용하는 마이크로파의 주파수는 2450MHz이다. 해당 전파의 파장을 구하시오. 단, 빛의 속도는 $3 \times 10^{10}$ cm/sec 이다.

**해설**

- $c = f \times \lambda$

$\dfrac{3 \times 10^{10}[\text{cm}/\text{s}]}{2450 \times 10^{6}[/\text{s}]} = 12.244897959183 \cdots$

$\approx 12.24[\text{cm}] \approx 0.12[\text{m}]$

## 04 [2016-1]

120 BTU/ft·h·°F단위를 J/cm·min·°C로 단위를 변경하시오.

**해설**

(1) BTU : 1lb의 물을 1°F 올리는 데 필요한 열량
(2) cal : 1g의 물을 1°C 올리는 데 필요한 열량

$$1[BTU] = \frac{1[cal]}{(g)(℃)} \times \frac{453.592(g)}{(lb)} \times \frac{1.8(℃)}{(°F)} = 251.995555 \cdots \approx 252[cal]$$

(∵ [°F] = 1.8[°C] + 32, Δ°F = 1.8 Δ°C)

(3) 1[cal] = 4.184[J], 1[ft] = 30.48[cm], 1[h] = 60[min]

$$\cdot \frac{120[BTU]}{[ft.h.°F]} \times \frac{252[cal]}{[BTU]} \times \frac{[°F]}{1.8[℃]} \times \frac{[h]}{60[min]} \times \frac{[ft]}{30.48[cm]} \times \frac{4.184[J]}{[cal]}$$

$$= 38.43569553 \cdots \approx 38.44[J/cm \cdot min \cdot ℃]$$

## 05 [2017-3, 2022-2]

용액 A가 4°C에서 비중이 1.15 이다. 4°C에서 용액 A의 밀도를 계산하시오.

**해설**

· 계산식 : $1.15 = \frac{x[g/mL]}{1[g/mL]}$, 답 1.15 [g/mL] 또는 1,150[kg/m$^3$]

## 06 [2013-2, 2024-3]

HPLC 분석 결과 당류의 함유량에 대해 y=5.5x+2 라는 방정식을 얻었다. y는 당도(μg/mL)이고 x는 피크시간을 나타내고 피크시간은 20. 총 10g의 시료를 15mL로 하여 분석에 사용하였고, 5배 희석해 사용하였다. 이 경우 100g의 시료에 함유된 총 당의 함유량은? (단위 : mg/100g)

**해설**

$$\cdot \frac{(5.5 \times 20 + 2)[μg/mL] \times 75[mL]}{10[g] \times 1000[μg/mg]} = 0.84[mg/g] = 84[mg/100g]$$

## 07 [2009-3, 2013-2, 2018-2]

트랜스지방 함량(g/식품100g)을 구하는 공식을 쓰시오. 그리고 식품 100g 중 트랜스지방의 함량을 계산하시오. 지방 4.0g(식품 100g 중), 트랜스지방 0.3g(g/지방 100g)

**해설**

- 트랜스지방 함량[g/식품100g]

$$= \frac{조지방 함량[지방g/식품100g] \times 트랜스지방 함량[g/지방100g]}{100}$$

$$= 0.012[g/식품100g]$$

## 08 [2006-1, 2016-1]

우유공장에서 지상에 위치한 집유탱크로부터 지상 12m에 위치한 저장탱크로 내경 5cm인 관을 통하여 0.45m³/min의 속도로 원유를 수송하고자 한다. 마찰에 의한 에너지 손실은 무시할 수 있고 우유의 밀도는 1,030kg/m³, 펌프의 효율이 75% 일 때, 필요한 펌프의 마력은 얼마인지 계산하시오. (단, 중력가속도는 9.81m/s²으로 계산한다.)

**해설**

$$P = \frac{\rho \times g \times h \times Q}{\eta} = \frac{1,030[kg/m^3] \times 9.81[m/s^2] \times 12[m] \times 0.45[m^3/min]}{0.75 \times 60[s/min] \times 745.7[W/HP]}$$

$$= 1.62601046 \cdots \approx 1.63[HP]$$

## 09 [2012-1, 2020-2]

아미노산을 하루에 50톤 생산하려고 한다. 이 때, 100m³짜리 발효조를 몇 개를 사용해야 하는가? 이 때, 발효되는 정도는 60%, 최종 농도는 100g/L이며, 1 Cycle은 30시간이다.

**해설**

- $50[t/day] \times 1000[kg/t] \times 1000[g/kg]$

$$\leq \frac{100[g/L] \times 10^3[L/m^3] \times 100[m^3/개] \times x[개] \times 24[h/day] \times 0.6}{30[h]}$$

$x \geq 10.416667 \cdots \approx 11[대]$

## 10 [2013-3, 2018-1, 2021-2]

1 Batch 당 200kg을 수용할 수 있는 배양기가 있는데, 이 배양기는 원료의 제조에서부터 살균, 청소까지 하는데 걸리는 시간을 약 40분으로 본다. 하루에 배양기에서 나와야 할 양은 총 11톤을 생산해야만 한다.

**해설**

(1) 하루 8시간을 가동한다고 가정했을 때, 가동해야할 배양기의 수는 몇 대인가?

- $11[t] \times 1000[kg/t] \leq \dfrac{200[kg/대] \times 8[h] \times 60[min/h] \times x[대]}{40[min]}$

  $x \geq 4.58333\cdots \approx 5$대

(2) 하루 10시간을 가동한다고 가정했을 때, 가동해야할 배양기의 수는 몇 대인가?

- $11[t] \times 1000[kg/t] \leq \dfrac{200[kg/대] \times 10[h] \times 60[min/h] \times x[대]}{40[min]}$

  $x \geq 3.6666\cdots \approx 4$대

## 11 [2024-2]

어떤 액체의 질량은 18g, 비중은 0.95 이다. 밀도, 비용적, 부피를 구하시오.

**해설**

(1) 밀도

$$0.95 = \dfrac{\rho[g/mL]}{1[g/mL]} \ , \ \rho = 0.95[g/mL]$$

(2) 비용적

$$\nu = \dfrac{1}{\rho[g/cm^3]} = \dfrac{1}{0.95} = \dfrac{26}{19} = 1.052631579\cdots \approx 1.05[cm^3/g]$$

(3) 부피

$$V = m[g] \times \nu[cm^3/g] = 18 \times \dfrac{20}{19} = \dfrac{360}{19} = 18.94736842\cdots \approx 18.95[cm^3]$$

## 12 [2013-3, 2018-1, 2021-2, 2023-3]

0.03mm 두께의 HDPE 필름의 성능을 시험하고자 온도 40±1℃, 습도 90±2%, 풍속 1m/s 조건의 항온항습실에서 투습컵법에 따라 투습도를 측정하였다. 투습면적은 28.20cm², 24시간 동안의 투습량은 26.80mg 이었다. 이 때 측정된 투습도(g/m²·24h)를 구하시오.

**해설**

$$\frac{\frac{26.80[mg/24h]}{1000[mg/g]}}{\frac{28.20[(cm)^2]}{(100[cm/m])^2}} = \frac{0.0268[g/24h]}{0.002820[m^2]} = \frac{1340}{141} = 9.503546099\cdots \approx 9.50[g/m^2 \cdot 24h]$$

# CHAPTER 34 화학반응속도론

**01** [2019-1, 2021-3, 2024-3]

온도에 따라 농도가 감소하는 속도가 달라져 품질유지기한이 변하는 식품이 있다. 이 성분이 파괴되는 데 요구되는 활성화 에너지 $E_a$는 3332cal/mol이다. 21℃ 일 때 반응속도상수 k가 0.00157/day 일 때, 25℃일 때의 품질 유지 기한을 구하라.(단, R=1.987cal/mol·K이며, 식품 성분의 농도가 75%일 때까지를 품질 유지 기한이라고 한다.)

**해설**

- $E_a = \dfrac{R \times T_1 \times T_2 \times \ln\dfrac{k_2}{k_1}}{T_2 - T_1}$

$3332 = \dfrac{1.987 \times 294.15 \times 298.15 \times \ln\dfrac{k_2}{0.00157}}{298.15 - 294.15}$

$k_2 = e^{\left(\dfrac{3332 \times 4}{1.987 \times 294.15 \times 298.15} + \ln 0.00157\right)} = 0.0016947891902\cdots$

$t = \dfrac{\ln\dfrac{4}{3}}{k_2} = 169.74504800603\cdots \approx 169\,[day]$

**02** [2023-3]

비타민C 파괴속도는 <보기>의 1차 반응 속도식을 따른다. 식품 내 함유된 비타민C가 처음 농도의 1/4로 줄어드는 데 240일이 걸렸다면, 비타민 C파괴에서의 1차 반응 속도식의 속도상수 k값을 구하시오.

> <보기> 1차 반응 속도식
>
> $-\dfrac{d[A]}{dt} = k[A]$ ([A] : A의 농도, k : 반응속도상수, t : 시간)

**해설**

$-\dfrac{d[A]}{dt}[mol/L.day] = k[/day] \times [A][mol/L]$

$-\int_{[A]_0}^{\frac{1}{4}[A]_0} \dfrac{1}{[A]} d[A] = \int_0^{240} k\,dt$

$[-\ln[A]]_{[A]_0}^{\frac{1}{4}[A]_0} = -\ln\dfrac{[A]_0}{4} + \ln[A]_0 = \ln 4 = k(240 - 0)$

$$k = \frac{\ln 4}{240} = 0.005776226505 \cdots \approx 0.006 \,[/day]$$

(cf) 문제에서 단위 명시가 없을 시 단위를 꼭 적고, 문제에서의 자릿수나 반올림 조건을 잘 맞추어 적을 것.
0.01, 0.006, 0.00578 5.78 × 10⁻³ 등이 나올 수 있음

## 03 [2019-3]

온도에 따라 설정된 냉동 대구 필렛의 소비기한은 -20°C에서 240일, -15°C에서 90일, -10°C에서 40일, -5°C에서 15일이다. -20°C에서 50일, -10에서 15일, -5°C에서 2일 경과된 상태일 때, -15°C에서는 며칠간 보관이 가능한가?

**해설**

- 지표 물질이 0(0차 반응의 경우) 또는 ln1(=0)(1차 반응의 경우)이 되면 유통 불가 시점으로 판단

$$240 = \frac{(\ln)100}{k_{-20}}, \, 90 = \frac{(\ln)100}{k_{-15}}, \, 40 = \frac{(\ln)100}{k_{-10}}, \, 15 = \frac{(\ln)100}{k_{-5}}$$

$[A] = [A_0] - kt$ 또는 $\ln[A] = \ln[A_0] - kt$ 를 이용, 축차대입을 통해 정리한다.

| 0차 반응 | 1차 반응 |
| --- | --- |
| $P = 100 - \frac{50}{240} \times 100$ <br> $Q = P - \frac{15}{40} \times 100$ <br> $R = Q - \frac{2}{15} \times 100$ <br> $0 = R - \frac{x}{90} \times 100$ | $\ln P = \ln 100 - \frac{50}{240} \times \ln 100$ <br> $\ln Q = \ln P - \frac{15}{40} \times \ln 100$ <br> $\ln R = \ln Q - \frac{2}{15} \times \ln 100$ <br> $\ln 1 = 0 = \ln R - \frac{x}{90} \times \ln 100$ |

약분 뒤 모두 합치면

$8x = 720 - (50 \times 3 + 15 \times 18 + 2 \times 48)$

$x = \frac{204}{8} = 25.5$

소수점 아래를 버림하면 25일이다.

**04** [2012-3, 2015-1, 2022-1, 2022-2]

$Q_{10}$값이 2이고 20℃에서 반응속도가 10일 때, 30℃에서의 반응속도는?

> **해설**

$$Q_{10} = \frac{v_{30}}{v_{20}}$$

$$v_{30} = Q_{10} \times v_{20} = 2 \times 10 = 20$$


**05** [2004-1, 2024-2]

과일·채소의 품온이 30℃이며, 이 때, $Q_{10}$값은 1.8, 호흡량($CO_2$ 생성량)은 154mg/kcal·h이다.

> **해설**

(1) 20℃에서 상온 저장할 때의 호흡량은?

- $\dfrac{154}{1.8} = 85.555555555 \cdots \approx 85.56 [\text{mg/kcal} \cdot \text{h}]$

(2) 10℃에서 저온 저장할 때의 호흡량은?

- $\dfrac{154}{1.8 \times 1.8} = 47.5308641975 \cdots \approx 47.53 [\text{mg/kcal} \cdot \text{h}]$


**06** [2007-1, 2017-2]

비타민 $B_1$의 저장 중 파괴 속도가 $Q_{10} = 2.5$일 때, z값을 계산하시오.(단위 기재)

> **해설**

$$Q_{10} = 10^{\frac{10}{z}}, \quad \log 2.5 = \frac{10}{z}$$

$$z = \frac{10}{\log 2.5}, \quad z = 25.12941595 \cdots \approx 25.13 [℃]$$

## 07 [2021-2]

Michealis-Menten 방정식에서, $K_m$의 정의를 쓰고, $K_m$이 상대적으로 높을 때와 낮을 때를 들어 이를 비교하여 설명하시오.

**해설**

효소-기질 친화도를 나타내는 지표로, Michealis-Menten 방정식에서 $V_{max}$의 절반이 되는 기질의 농도(M)로 나타나며, $k_m$ 높을수록 효소-기질 간 친화도가 낮아 해리가 잘 된다.

$$E + S \underset{k_{-1}}{\overset{k_1}{\rightleftharpoons}} ES \overset{k_2}{\longrightarrow} E + P$$

$$v = \frac{v_{max}[S]}{k_m + [S]}, \quad k_m = \frac{k_{-1} + k_2}{k_1}$$

## 08 [2020-3]

다음은 Michaelis-Menten 그래프이다. 이 그래프를 보고, 답을 작성하시오.

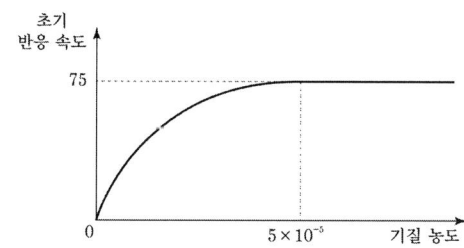

**해설**

(1) $K_M$
   $V_{max}$ 일때의 기질 농도의 절반이 되는 값이므로 $2.5 \times 10^{-5}$ 이다.

(2) $K_M$ 일 때의 초기 반응속도
   $V_{max}$ 일 때의 절반값이므로 37.5 이다.

# CHAPTER 35 > 통계 및 선형 근사

## 01 [2016-2, 2020-1]

어느 공장에서 물건을 만들 때 불량품일 확률은 5%라 한다. 이때 5개를 생산할 때 1개만 불량품일 확률은?

**해설**

$_5C_1(0.95)^4(0.05)^1 = 0.203652656\cdots = 0.20$ 백분율로 환산하면 20%

## 02 [2017-2]

내삽법

**해설**

- $y = \dfrac{y_2 - y_1}{x_2 - x_1}(x - x_1) + y_1$

- 구하는 순서 : 유속이 1.0일 때, 직경에 따른 압력 변화를 알아낸다. 이후, 직경이 25일 때, 유속에 따른 압력 변화를 알아낸다.

(1)

| 직경(cm) \ 유속 | 1.0 | 2.0 | 5.0 | 8.5 | 10.0 |
|---|---|---|---|---|---|
| 10 | 509 | 1017 | | | |
| 20 | 1017 | 2034 | | | |
| 25 | - | - | - | ? | 12710 |
| 30 | 1524 | | | | |

- $y = \dfrac{1524 - 1017}{30 - 20} \times (25 - 20) + 1017 = 1270.5$

$? = \dfrac{12710 - 1270.5}{10.0 - 1.0} \times (8.5 - 1.0) + 1270.5$

$= 10803.41666\cdots \approx 10803.42$

(2)

| 직경(cm) \ 유속 | 1.0 | 2.0 | 5.0 | 8.5 | 10.0 |
|---|---|---|---|---|---|
| 10 | 509 | 1273 | 2547 | - | 5093 |
| 20 | 1019 | 2547 | 5093 | - | 10187 |
| 25 | - | - | - | ? | - |
| 30 | 1528 | 3820 | 7640 | - | 15279 |

[풀이방법]

1) 직경이 25일 때의 압력 변화를 유속이 5.0일 때와 10일 때의 두 가지 경우 모두 내삽하여 구한 뒤, 유속이 8.5일 때의 압력변화를 내삽하여 계산한다.

$$y_5 = \frac{7640-5093}{30-20} \times (25-20) + 5093 = 6366.5$$

$$y_{10} = \frac{15279-10187}{30-20} \times (25-20) + 10187 = 12733$$

$$? = \frac{12733-6366.5}{10-5} \times (8.5-5.0) + 6366.5 = 10823.05$$

2) 유속이 8.5일 때의 압력 변화를 직경이 20일 때와 30일 때의 두 가지 경우 모두 내삽하여 구한 뒤, 직경이 25일 때의 압력변화를 내삽하여 계산한다.

$$y_{20} = \frac{10187-5093}{10.0-5.0} \times (8.5-5.0) + 5093 = 8658.8$$

$$y_{30} = \frac{15279-7640}{10.0-5.0} \times (8.5-5.0) + 7640 = 12987.3$$

$$? = \frac{12987.3-8658.8}{30-20} \times (25-20) + 8658.8 = 10823.05$$

## 03 [2005-2, 2022-3]

다음은 온도에 따른 세균 멸균에 대한 D값을 나타낸 표이다. 주어진 자료를 바탕으로 선형 회귀 방정식을 이용하여 z값을 계산하시오.(단, 단위를 기재하시오.)

| 온도(℃) | 100 | 105 | 110 | 115 | 120 | 125 |
|---|---|---|---|---|---|---|
| D Value(min) | 65.5 | 25.7 | 12.2 | 4.5 | 1.8 | 0.5 |

- $y = mx + b$
- $m = \dfrac{n\sum(xy) - \sum(x)\sum(y)}{n\sum(x^2) - (\sum(x))^2}$
- $b = \dfrac{\sum(x^2)\sum(y) - \sum(x)\sum(xy)}{n\sum(x^2) - (\sum(x))^2}$

**해설**

$n = 6$

$\sum x = 100 + 105 + 110 + 115 + 120 + 125 = 675$

$\sum x^2 = 100^2 + 105^2 + 110^2 + 115^2 + 120^2 + 125^2 = 76375$

$\sum y = \log 65.5 + \log 25.7 + \log 12.2 + \log 4.5 + \log 1.8 + \log 0.5 = 4.919989277 \cdots \approx 4.92$

$\sum xy = 100\log 65.5 + 105\log 25.7 + 110\log 12.2 + 115\log 4.5 + 120\log 1.8 + 125\log 0.5$
$\quad\quad = 517.2900796 \cdots \approx 517.29$

$m = \dfrac{n\sum(xy) - \sum(x)\sum(y)}{n\sum(x^2) - (\sum(x))^2} = -0.082762885 \cdots \approx -0.082$

$z = -\dfrac{1}{m} = 12.082726788 \cdots \approx 12.08 [℃]$

(참고) log D – T 그래프에서의 회귀방정식 y절편

$b = \dfrac{\sum(x^2)\sum(y) - \sum(x)\sum(xy)}{n\sum(x^2) - (\sum(x))^2} = 10.13081042 \cdots \approx 10.13$

(참고) log 대신 ln을 사용할 경우

$n = 6$

$\sum x = 100 + 105 + 110 + 115 + 120 + 125 = 675$

$\sum x^2 = 100^2 + 105^2 + 110^2 + 115^2 + 120^2 + 125^2 = 76375$

$\sum y = \ln 65.5 + \ln 25.7 + \ln 12.2 + \ln 4.5 + \ln 1.8 + \ln 0.5 = 11.32869397 \cdots \approx 11.33$

$\sum xy = 100\ln 65.5 + 105\ln 25.7 + 110\ln 12.2 + 115\ln 4.5 + 120\ln 1.8 + 125\ln 0.5$
$\quad\quad = 1191.104426 \cdots \approx 1191.10$

$m = \dfrac{n\sum(xy) - \sum(x)\sum(y)}{n\sum(x^2) - (\sum(x))^2} = -0.190568332 \cdots \approx -0.19$

$z = -\dfrac{\ln 10}{m} = 12.08272678 \cdots \approx 12.08\,[℃]$

$b = \dfrac{\sum(x^2)\sum(y) - \sum(x)\sum(xy)}{n\sum(x^2) - (\sum(x))^2} = 23.32705304 \cdots \approx 23.33$

## 04 [2009-2]

제품 평가 3가지 제품 201, 786, 656 에 대하여 18명의 패널들이 0~9점으로 평가하였다. 다음 물음에 답하시오.

| 시료<br>패널 | 201 | 786 | 656 | |
|---|---|---|---|---|
| 1번 | 6 | 9 | 5 | 20 |
| 2번 | 7 | 5 | 9 | 21 |
| (중략) | - | - | - | - |
| 17번 | 8 | 8 | 6 | 22 |
| 18번 | 9 | 6 | 10 | 25 |
| 합계 | 90 | 98 | 101 | 289 |

**해설**

(1) 시료 간의 자유도(수준 수 - 1) : 3 - 1 = 2
(2) 패널 간의 자유도(반복 수 - 1) : 18 - 1 = 17
(3) 오차의 자유도(수준 수 × (반복 수 - 1)) : 3 × (18 - 1) = 51
(4) Total 자유도(수준 수 × 반복 수 -1) : 3 × 18 - 1 = 53
(5) 수정계수(수정항, CT)를 구하시오.

$$CT = \dfrac{\left(\sum_{i=1}^{n} y_i\right)^2}{n} = \dfrac{289^2}{54} = \dfrac{83521}{54} = 1546.685185 \cdots \approx 1546.68$$

(주 : CT는 각각의 변동 및 상관계수(R), 결정계수($R^2$)를 구하기 위해 활용)

# CHAPTER 36 식품 및 축산물 안전관리 인증기준 선행요건

※ 별표 문서 내 겹치는 부분을 중요시할 것(특히 1, 2 빈출)

| 1 | 2 | 3 | 4 | 5 | 6 | 7 |
|---|---|---|---|---|---|---|
| 영업장 관리 | 영업장 관리 | 입고 관리 | 작업장(조리장), 개인위생 관리 | 작업장 시설관리 | 운반차량 및 시설관리 | 작업장(조리장), 개인위생 관리 |
| 위생 관리 | 위생 관리 | 보관 관리 | 방충·방서 관리 | 위생관리 | 위생관리 | 방충·방서관리 |
| 제조·가공·조리 시설·설비 관리 | 제조·가공·조리 시설·설비 관리 | 작업 관리 | 세척·소독관리 | 보관관리 | 운반관리 | 세척·소독관리 |
| 냉장·냉동 시설·설비 관리 | 냉장·냉동 시설·설비 관리 | 포장 관리 | 입고·보관 관리 | | | 입고·보관관리 |
| 용수 관리 | 용수 관리 | 진열·판매 관리 | 용수관리 | | | 용수관리 |
| 보관·운송 관리 | 보관·운송 관리 | 반품·회수 관리 | 검사관리 | | | 검사관리 |
| 검사 관리 | 검사 관리 | | 냉장·냉동창고 온도 관리 | | | 냉장·냉동창고 온도 관리 |
| 회수 프로그램 관리 | 회수 프로그램 관리 | | 보관·운송 관리 | | | 보관·운송 관리 |
| | | | 이물관리 | | | 이물관리 |
| | | | | | | 교차오염 관리 |

[카테고리 설명]

1. 식품(식품첨가물 포함)제조·가공업소, 건강기능식품제조업소 및 집단급식소식품판매업소, 축산물작업장·업소(편의상 식품제조), 제조, 포장 등에 중점
2. 집단급식소, 식품접객업소(위탁급식영업) 및 운반급식(개별 또는 벌크 포장) (편의상 급식업) - 조리, 교차오염 중점
3. 기타식품판매업소
4. 소규모업소, 즉석판매제조가공업소, 식품소분업소, 식품접객업소(일반음식점·휴게음식점·제과점)(편의상 소규모업소)
5. 식품냉동·냉장업소
6. 식품운반업소
7. 「식품위생법」 제2조제5의2에 따른 공유주방에서 제조·가공하는 업소 등(이하 '공유주방 이용업소')(편의상 공유주방업)

## 1. 식품제조업 및 급식업

(1) 영업장 관리

1) 작업장
   ① 작업장 또는 영업장은 독립된 건물이거나 식품취급외의 용도로(해당 영업신고를 한 업종외의 용도로) 사용되는 시설과 분리(벽·층 등에 의하여 별도의 방 또는 공간으로 구별되는 경우를 말한다. 이하 같다.)되어야 한다.
   ② 작업장(출입문, 창문, 벽, 천장 등)은 누수, 외부의 오염물질이나 해충·설치류 등의 유입을 차단할 수 있도록 밀폐 가능한 구조이어야 한다.
   ③ 작업장은 청결구역(식품의 특성에 따라 청결구역은 청결구역과 준청결구역으로 구별할 수 있다.)과 일반구역으로 분리하고, 제품의 특성과 공정에 따라 분리, 구획 또는 구분할 수 있다.

2) 건물 바닥, 벽, 천장
   ① 원료처리실, 제조·가공실·조리실 및 내포장실의 바닥, 벽, 천장, 출입문, 창문 등은 제조·가공·조리하는 식품의 특성에 따라 내수성 또는 내열성 등의 재질을 사용하거나 이러한 처리를 하여야 하고, 바닥은 파여 있거나 갈라진 틈이 없어야 하며, 작업 특성상 필요한 경우를 제외하고는 마른 상태를 유지하여야 한다. 이 경우 바닥, 벽, 천장 등에 타일 등과 같이 홈이 있는 재질을 사용한 때에는 홈에 먼지, 곰팡이, 이물 등이 끼지 아니 하도록 청결하게 관리하여야 한다.

3) 배수 및 배관
   ① 작업장은 배수가 잘 되어야 하고 배수로에 퇴적물이 쌓이지 아니 하여야 하며, 배수구, 배수관 등은 역류가 되지 아니 하도록 관리하여야 한다.
   ② 배관과 배관의 연결부위는 인체에 무해한 재질이어야 하며, 응결수가 발생하지 아니 하도록 단열재 등으로 보온 처리하거나 이에 상응하는 적절한 조치를 취하여야 한다.(급식 한정)

4) 출입구
   ① 작업장의 출입구에는 구역별 복장 착용 방법을 게시하여야 하고, 개인위생관리를 위한 세척, 건조, 소독 설비 등을 구비하여야 하며, 작업자는 세척 또는 소독 등을 통해 오염가능성 물질 등을 제거한 후 작업에 임하여야 한다.
   ② 작업장 외부로 연결되는 출입문에는 먼지나 해충 등의 유입을 방지하기 위한 완충구역이나 방충이중문 등을 설치하여야 한다.(급식 한정)

5) 통로
   ① 작업장 내부에는 종업원의 이동경로를 표시하여야 하고 이동경로에는 물건을 적재하거나 다른 용도로 사용하지 아니 하여야 한다.

6) 창
   ① 창의 유리는 파손 시 유리조각이 작업장내로 흩어지거나 원·부자재 등으로 혼입되지 아니하도록 하여야 한다.

7) 채광 및 조명
   ① 작업실 안은 작업이 용이하도록 자연채광 또는 인공조명장치를 이용하여 밝기는 220룩스 이상을 유지하여야 한다.(제조 한정)

② 특히 선별 및 검사구역 작업장 등은 육안확인이 필요한 조도(540룩스 이상)를 유지하여야 한다.
③ 채광 및 조명시설은 내부식성 재질을 사용하여야 하며, 식품이 노출되거나 내포장 작업을 하는 작업장에는 파손이나 이물 낙하 등에 의한 오염을 방지하기 위한 보호장치를 하여야 한다.

8) 부대시설 - 화장실, 탈의실 등
① 화장실, 탈의실 등은 내부 공기를 외부로 배출할 수 있는 별도의 환기시설을 갖추어야 하며, 화장실 등의 벽과 바닥, 천장, 문은 내수성, 내부식성의 재질을 사용하여야 한다. 또한, 화장실의 출입구에는 세척, 건조, 소독 설비 등을 구비하여야 한다.(제조 한정)
② 탈의실은 외출복장(신발 포함)과 위생복장(신발 포함)간의 교차 오염이 발생하지 아니 하도록 (분리 또는) 구분·보관하여야 한다.

(2) 위생관리
1) 작업 환경 관리 - 동선 계획 및 공정간 오염방지
① 원료의 입고에서부터 제조·가공, 보관, 운송에 이르기까지 모든 단계에서 혼입될 수 있는 이물에 대한 관리계획을 수립하고 이를 준수하여야 하며, 필요한 경우 이를 관리할 수 있는 시설·장비를 설치하여야 한다.(제조 한정)
② 원·부자재의 입고에서부터 출고까지 물류 및 종업원의 이동 동선을 설정하고 이를 준수하여야 한다.(제조 한정)
③ 식자재의 반입부터 배식 또는 출하에 이르는 전 과정에서 교차오염 방지를 위하여 물류 및 출입자의 이동 동선을 설정하고 이를 준수하여야 한다.(급식 한정)
④ 청결구역과 일반구역별로 각각 출입, 복장, 세척·소독 기준 등을 포함하는 위생 수칙을 설정하여 관리하여야 한다.

2) 작업 환경 관리 - 온도·습도 관리
① 제조·가공·포장(제조 한정)·조리(급식 한정)·보관 등 공정별로 온도 관리 계획을 수립하고(제조 한정), 이를 측정할 수 있는 온도계를 설치하여 관리하여야 한다. 필요한 경우 제품의 안전성 및 적합성을 확보하기 위한 습도관리 하여야 한다.(습도관리 계획 수립·운영은 제조 한정)

3) 작업 환경 관리 - 환기시설 관리
① 작업장내에서 발생하는 악취나 이취, 유해가스, 매연, 증기 등을 배출할 수 있는 환기시설을 설치하여야 한다.
② 외부로 개방된 흡·배기구, 후드 등에는 여과망이나 방충망, 개폐시설 등을 부착하고 관리계획에 따라 청소 또는 세척하거나 교체하여야 한다.(급식 한정)

4) 작업 환경 관리 - 방충·방서 관리
① 외부로 개방된 흡·배기구 등에는 여과망이나 방충망 등을 부착하여야 한다.
② 작업장은 방충·방서관리를 위하여 해충이나 설치류 등의 유입이나 번식을 방지할 수 있도록 관리하여야 하고, 유입 여부를 정기적으로 확인하여야 한다.
③ 작업장내에서 해충이나 설치류 등의 구제를 실시할 경우에는 정해진 위생 수칙에 따라 공정이

나 식품의 안전성에 영향을 주지 아니 하는 범위 내에서 적절한 보호 조치를 취한 후 실시하며, 작업 종료 후 식품취급시설 또는 식품에 직·간접적으로 접촉한 부분은 세척 등을 통해 오염물질을 제거하여야 한다.

5) 개인위생 관리
   ① 작업장 내에서 작업 중인 종업원 등은 위생복·위생모·위생화 등을 항시 착용하여야 하며, 개인용 장신구 등을 착용하여서는 아니 된다.

(6~12는 급식 한정)

6) 작업위생관리 - 교차오염의 방지
   ① 칼과 도마 등의 조리 기구나 용기, 앞치마, 고무장갑 등은 원료나 조리과정에서의 교차오염을 방지하기 위하여 식재료 특성 또는 구역별로 구분하여 사용하여야 한다.
   ② 식품 취급 등의 작업은 바닥으로부터 60㎝ 이상의 높이에서 실시하여 바닥으로부터의 오염을 방지하여야 한다.

7) 작업위생관리 - 전처리
   ① 해동은 냉장해동(10℃ 이하), 전자레인지 해동, 또는 흐르는 물에서 실시한다.
   ② 해동된 식품은 즉시 사용하고 즉시 사용하지 못할 경우 조리시까지 냉장 보관하여야 하며, 사용 후 남은 부분을 재동결하여서는 아니 된다.

8) 작업위생관리 - 조리
   ① 가열 조리 후 냉각이 필요한 식품은 냉각 중 오염이 일어나지 아니 하도록 신속히 냉각하여야 하며, 냉각온도 및 시간기준을 설정·관리하여야 한다.
   ② 냉장 식품을 절단 수분 등의 처리를 할 때에는 식품의 온도가 가능한 한 15℃를 넘지 아니 하도록 한번에 소량씩 취급하고 처리 후 냉장고에 보관하는 등의 온도 관리를 하여야 한다.

9) 작업위생관리 - 완제품 관리
   ① 조리된 음식은 배식 전까지의 보관온도 및 조리 후 섭취 완료시까지의 소요시간기준을 설정·관리하여야 하며, 유통제품의 경우에는 적정한 소비기한 및 보존 조건을 설정·관리하여야 한다.
      ⓐ 28℃ 이하의 경우 : 조리 후 2~3시간 이내 섭취 완료
      ⓑ 보온(60℃ 이상) 유지시 : 조리 후 5시간 이내 섭취 완료
      ⓒ 제품의 품온을 5℃ 이하 유지시 : 조리 후 24시간 이내 섭취 완료

10) 작업위생관리 - 배식
    ① 냉장식품과 온장식품에 대한 배식 온도관리기준을 설정·관리하여야 한다.
       · 냉장보관 : 냉장식품 10℃ 이하(다만, 신선편의식품, 훈제연어는 5℃이하 보관 등 보관온도 기준이 별도로 정해져 있는 식품의 경우에는 그 기준을 따른다.)
       · 온장보관 : 온장식품 60℃ 이상
    ② 위생장갑 및 청결한 도구(집게, 국자 등)를 사용하여야 하며, 배식중인 음식과 조리 완료된 음식을 혼합하여 배식하여서는 아니 된다.

11) 작업위생관리 - 검식
    ① 영양사는 조리된 식품에 대하여 배식하기 직전에 음식의 맛, 온도, 이물, 이취, 조리 상태 등을 확인하기 위한 검식을 실시하여야 한다. 다만, 영양사가 없는 경우 조리사가 검식을 대신할

수 있다.

12) 작업위생관리 - 보존식
    ① 조리한 식품은 소독된 보존식 전용용기 또는 멸균 비닐봉지에 매회 1인분 분량을 -18℃ 이하에서 144시간이상 보관하여야 한다.

13) 폐기물 관리
    ① 폐기물·폐수처리시설은 작업장과 격리된 일정장소에 설치·운영하며, 폐기물 등의 처리용기는 밀폐 가능한 구조로 침출수 및 냄새가 누출되지 아니 하여야 하고, 관리계획에 따라 폐기물 등을 처리·반출하고, 그 관리기록을 유지하여야 한다.

14) 세척 또는 소독
    ① 영업장에는 기계·설비, 기구·용기 등을 충분히 세척하거나 소독할 수 있는 시설이나 장비를 갖추어야 한다.
    ② 세척·소독 시설에는 종업원에게 잘 보이는 곳에 올바른 손 세척 방법 등에 대한 지침이나 기준을 게시하여야 한다.
    ③ 영업자는 다음 각 호의 사항에 대한 세척 또는 소독 기준을 정하여야 한다.
        ⓐ 종업원
        ⓑ 위생복, 위생모, 위생화 등
        ⓒ 작업장 주변
        ⓓ 작업실별 내부
        ⓔ 칼, 도마 등 조리도구(급식 한정)
        ⓕ 식품제조시설(이송배관포함)
        ⓖ 냉장·냉동설비
        ⓗ 용수저장시설
        ⓘ 보관·운반시설
        ⓙ 운송차량, 운반도구 및 용기
        ⓚ 모니터링 및 검사 장비
        ⓛ 환기시설 (필터, 방충망 등 포함)
        ⓜ 폐기물 처리용기
        ⓝ 세척, 소독도구
        ⓞ 기타 필요사항
    ④ 세척 또는 소독 기준은 다음의 사항을 포함하여야 한다.
        ⓐ 세척·소독 대상별 세척·소독 부위
        ⓑ 세척·소독 방법 및 주기
        ⓒ 세척·소독 책임자
        ⓓ 세척·소독 기구의 올바른 사용 방법
        ⓔ 세제 및 소독제(일반명칭 및 통용명칭)의 구체적인 사용 방법
    ⑤ 세제·소독제(급식 한정), 세척 및 소독용 기구나 용기는 정해진 장소에 보관·관리되어야 한다.
    ⑥ 세척 및 소독의 효과를 확인하고, 정해진 관리계획에 따라 세척 또는 소독을 실시하여야 한다.

(3) 제조 · 가공 시설 · 조리 시설 · 설비 관리
   1) 제조시설 및 기계·기구류 등 설비관리
      ① 조리장에는 주방용 식기류를 소독하기 위한 자외선 또는 전기 살균소독기를 설치하거나 열탕 세척 소독시설(식중독을 일으키는 병원성미생물 등이 살균될 수 있는 시설)을 갖추어야 한다. (급식 한정)
      ② 제조·가공·선별·처리 시설 및 설비 등은 공정간 또는 취급시설·설비 간 오염이 발생되지 아니하도록 공정의 흐름에 따라 적절히 배치되어야 하며, 이 경우 제조가공에 사용하는 압축공기, 윤활제 등은 제품에 직접 영향을 주거나 영향을 줄 우려가 있는 경우 관리대책을 마련하여 청결하게 관리하여 위해요인에 의한 오염이 발생하지 아니하여야 한다.(제조 한정)
      ③ 식품과 접촉하는 부분 또는 취급시설·설비는 인체에 무해한 내수성·내부식성 재질로 열탕·증기·살균제 등으로 소독·살균이 가능하여야 하며, 기구 및 용기류는 용도별로 구분하여 사용·보관하여야 한다.
      ④ 온도를 높이거나 낮추는 처리시설에는 온도변화를 측정·기록하는 장치를 설치·구비하거나 일정한 주기를 정하여 온도를 측정하고, 그 기록을 유지하여야 하며 관리계획에 따른 온도가 유지되어야 한다.(제조 한정)
      ⑤ 모니터링 기구 등은 사용 전후에 지속적인 세척·소독을 실시하여 교차 오염이 발생하지 아니하여야 한다.(급식 한정)
      ⑥ 식품취급시설·설비는 정기적으로 점검·정비를 하여야 하고 그 결과를 보관하여야 한다.

(4) 냉장 · 냉동시설 · 설비 관리
   ① 냉장·냉동·냉각실은 냉장 식재료 보관, 냉동 식재료의 해동, 가열 조리된 식품의 냉각과 냉장보관에 충분한 용량이 되어야 한다.
   ② 냉장시설은 내부의 온도를 10℃이하(다만, 신선편의식품, 훈제연어, 가금육은 5℃이하 보관 등 보관온도 기준이 별도로 정해져 있는 식품의 경우에는 그 기준을 따른다.), 냉동시설은 -18℃이하로 유지하고, 외부에서 온도변화를 관찰할 수 있어야 하며, 온도 감응 장치의 센서는 온도가 가장 높게 측정되는 곳에 위치하도록 한다.

(5) 용수관리
   ① 식품 제조·가공·조리에 사용되거나, 식품에 접촉할 수 있는 시설·설비, 기구·용기, 종업원 등의 세척에 사용되는 용수는 수돗물이나 「먹는물 관리법」 제5조의 규정에 의한 먹는물 수질기준에 적합한 지하수이어야 하며, 지하수를 사용하는 경우, 취수원은 화장실, 폐기물·폐수처리시설, 동물 사육장 등 기타 지하수가 오염될 우려가 없도록 관리하여야 하며, 필요한 경우 용수 살균 또는 소독장치를 갖추어야 한다.
   ② 식품 제조·가공·조리에 사용되거나, 식품에 접촉할 수 있는 시설·설비, 기구·용기, 종업원 등의 세척에 사용되는 용수는 다음 각 호에 따른 검사를 실시하여야 한다.
      ⓐ 지하수를 사용하는 경우에는 먹는물 수질기준 전 항목에 대하여 연1회 이상(음료류 등 직접 마시는 용도의 경우는 반기 1회 이상) 검사를 실시하여야 한다.
      ⓑ 먹는물 수질기준에 정해진 미생물학적 항목에 대한 검사를 월 1회 이상(지하수를 사용하거나

상수도의 경우는 비가열식품의 원료 세척수 또는 제품 배합수로 사용하는 경우에 한한다) 실시하여야 하며, 미생물학적 항목에 대한 검사는 간이검사키트를 이용하여 자체적으로 실시할 수 있다.

③ 저수조, 배관 등은 인체에 유해하지 아니한 재질을 사용하여야 하며, 외부로부터의 오염물질 유입을 방지하는 잠금장치를 설치하여야 하고, 누수 및 오염여부를 정기적으로 점검하여야 한다.

④ 저수조는 반기별 1회 이상 청소와 소독을 자체적으로 실시하거나, 저수조청소업자에게 대행하여 실시하여야 하며 그 결과를 기록·유지하여야 한다.

⑤ 비음용수 배관은 음용수 배관과 구별되도록 표시하고 교차되거나 합류되지 아니 하여야 한다.

(6) 보관·운송관리

1) 구입 및 입고

① 검사성적서로 확인하거나 자체적으로 정한 입고기준 및 규격에 적합한 원·부자재만을 구입하여야 한다.(이하는 급식 한정)

② 부적합한 원·부자재는 적절한 절차를 정하여 반품 또는 폐기처분 하여야 한다.(급식 한정)

③ 입고검사를 위한 검수공간을 확보하고 검수대에는 온도계 등 필요한 장비를 갖추고 청결을 유지하여야 한다.

④ 원·부자재 검수는 납품시 즉시 실시하여야 하며, 부득이 검수가 늦어질 경우에는 원·부자재별로 정해진 냉장·냉동 온도에서 보관하여야 한다.

2) 협력업소 관리(제조 한정)

① 영업자는 원·부자재 공급업소 등 협력업소의 위생관리 상태 등을 점검하고 그 결과를 기록하여야 한다. 다만, 공급업소가 「식품위생법」이나 「축산물위생관리법」에 따른 HACCP 적용업소일 경우에는 이를 생략할 수 있다.)

3) 운송

① 운송차량 (지게차 등 포함)으로 인하여 제품이 오염되어서는 아니 된다.

② 운송차량은 냉장의 경우 10℃이하(단, 가금육 -2~5℃ 운반과 같이 별도로 정해진 경우에는 그 기준을 따른다), 냉동의 경우 -18℃이하를 유지할 수 있어야 하며, 외부에서 온도변화를 확인할 수 있도록 임의조작이 방지된 온도 기록 장치를 부착하여야 한다.

③ 운반중인 식품·축산물은 비식품·축산물 등과 구분하여 취급하여 교차오염을 방지하여야 한다.

④ 운송차량, 운반도구 및 용기는 관리계획에 따라 세척·소독을 실시하여야 한다.(급식 한정)

4) 보관

① 원료 및 완제품은 선입선출 원칙에 따라 입고·출고상황을 관리·기록하여야 한다.

② 원·부자재, 반제품(제조 한정) 및 완제품은 구분관리 하고, 바닥이나 벽에 밀착되지 아니 하도록 적재·관리하여야 한다.

③ 원·부자재에는 덮개나 포장을 사용하고, 날 음식과 가열조리 음식을 구분 보관하는 등 교차오염이 발생하지 아니 하도록 하여야 한다.(급식 한정)

④ 검수기준에 부적합한 원·부자재, 반제품(제조 한정) 및 완제품이나 보관 중 소비기한이 경과한 제품(급식 한정), 포장이 손상된 제품(급식 한정) 등은 별도의 지정된 장소에 보관하고 명확하

게 식별되는 표식을 하여 반송, 폐기 등의 조치를 취한 후 그 결과를 기록·유지하여야 한다.
⑤ 유독성 물질, 인화성 물질 및 비식용 화학물질은 식품취급 구역으로부터 격리되고, 환기가 잘되는 지정 장소에서 구분하여 보관·취급하여야 한다.

(7) 회수 프로그램 관리(급식의 경우 시중에 유통 · 판매 되는 포장제품에 한함)
① 영업자는 당해제품의 유통 경로, 소비 대상과 판매처의 범위를 파악하여 제품 회수에 필요한 업소 명과 연락처 등을 기록·보관하여야 한다.(급식 한정)
② 부적합품이나 반품된 제품의 회수를 위한 구체적인 회수절차나 방법을 기술한 회수프로그램을 수립·운영하여야 한다.
② 부적합품의 원인규명이나 확인을 위한 제품별 생산장소, 일시, 제조라인 등 해당시설내의 필요한 정보를 기록·보관하고 제품추적을 위한 코드표시 또는 로트관리 등의 적절한 확인 방법을 강구하여야 한다.

## 2. 소규모 및 공유주방

(1) 작업장(조리장), 개인위생 관리
① 작업장은 외부의 오염물질이나, 해충·설치류 등의 유입을 차단할 수 있도록 밀폐 또는 위생적으로 관리하여야 한다.
② 작업장은 청결구역(식품의 특성에 따라 청결구역은 청결구역과 준청결구역으로 구별할 수 있다)과 일반구역으로 분리, 구획 또는 구분하여야 한다. 이 경우 화장실 등 부대시설은 작업장에 영향을 주지 않도록 분리되어야 한다.
③ 종업원은 작업장 출입 시 이물제거 도구 등을 이용하여 이물을 제거하여야 하고, 개인장신구 등 휴대품을 소지하여서는 아니 된다.
④ 종업원은 작업장 출입시 손·위생화 등을 세척·소독하여야 하며, 청결한 위생복장을 착용하고 입실하여야 한다.
⑤ 청결한 위생 복장을 착용하는 등 개인위생 관리를 철저히 하여야 한다.(공유주방 한정)

(2) 방충 · 방서관리
① 포충등, 쥐덫, 바퀴벌레 포획도구 등에 포획된 개체수를 정해진 주기에 따라 확인하여야 한다.

(3) 세척 · 소독관리
① 작업장 내부는 정해진 주기에 따라 청소하여야 한다.
② 배수로, 제조설비의 식품(축산물 포함은 공유주방 한정)과 직접 닿는 부분, 식품과 직접 접촉되는 작업도구 등은 정해진 주기에 따라 청소·소독을 실시하여야 한다.

(4) 입고 · 보관관리
① 원·부재료 입고 시 시험성적서를 확인하거나, 육안검사를 실시하여야 한다.
② 원·부재료, 반제품 및 완제품 등은 지정된 장소에 바닥이나 벽에 밀착되지 않도록 적재·보관하고,

이용업체 간 교차오염 예방 및 청결하게 관리하여야 한다.
③ 원·부자재, 반제품 등을 보관 시 제품명, 사용기한 등 관리사항을 구체적으로 정하여 관리하여야 한다.(공유주방 한정)

(5) 용수관리
① 식품의 제조·가공·조리·선별·처리에 사용되거나, 식품에 접촉할 수 있는 시설·설비, 기구·용기, 종업원 등의 세척에 사용되는 용수는 수돗물이나 「먹는물관리법」 제5조의 규정에 의한 먹는물 수질기준에 적합한 지하수이어야 하며, 필요한 경우 살균 또는 소독장치를 갖추어야 한다. 또한, 저수조를 설치하여 사용하는 경우 정해진 주기에 따라 청소·소독을 하여야 한다.

(6) 검사관리
① 식품과 직접 접촉하는 모니터링 도구(온도계 등)는 사용 전·후 세척·소독을 실시하여야 한다.
② 파손되거나 정상적으로 작동하지 아니하는 제조설비를 사용하여서는 아니 되며 「식품위생법」에서 정한 시설기준에 적합하게 관리하여야 한다. 이 경우 제조가공에 사용하는 압축공기, 윤활제 등은 제품에 직접 영향을 주거나 영향을 줄 우려가 있는 경우 관리대책을 마련하여 청결하게 관리하여 위해요인에 의한 오염이 발생하지 아니하여야 한다.
③ 완제품에 대한 검사를 정해진 주기에 따라 실시하여야 하며, 기준 및 규격에 적합한 제품을 제조·판매하고 부적합 제품에 대한 회수관리를 하여야 한다.

(7) 냉장·냉동창고 온도관리
① 가열기 및 냉장·냉동 창고의 온도계는 정해진 주기에 따라 검·교정을 실시하여야 한다.
② 냉장·냉동 창고의 온도를 적절히 관리하여야 한다.

(8) 보관·운송관리
① 운반 중인 식품·축산물은 비식품·축산물 등과 구분하여 교차오염을 방지하여야 하며, 냉장의 경우 10℃이하(단, 가금육 −2~5℃ 운반과 같이 별도로 정해진 경우에는 그 기준을 따른다), 냉동의 경우 −18℃ 이하로 유지·관리하여야 한다.(비식품·축산물 등과 구분은 소규모 한정)
② 식품의 기준 및 규격(식품의약품안전처 고시)에 따른 온도관리 기준을 준수하여야 한다. (단, 별도의 법령으로 온도관리 기준을 정하는 경우에는 그 기준을 따른다)(공유주방 한정)

(9) 이물관리
① 식품안전과 관련된 소비자 불만, 이물 혼입 등 발생 시 개선조치를 실시하고, 그 결과를 기록·유지하는 등 식품위생법에서 정하는 준수사항을 지켜야 한다.

(10) 교차오염 관리(공유주방 한정)
① 작업장 및 식품과 접촉하는 설비·도구 등은 사용 전·후 위생 상태 확인 등 교차오염 발생이 최소화 되도록 관리하여야 한다.

## 3. 기타식품판매업소

### (1) 입고관리(하차, 검품)

① 자체적으로 정한 입고 기준 및 규격에 적합한 식품만을 입고하여야 하며, 식품별로 다음 사항을 확인하여야 한다.
   ⓐ 자연 농·임·수산물 및 이를 단순 처리한 식품 : 변질, 신선도, 표시사항 등
   ⓑ 가공식품 : 표시사항, 포장 파손 등 외관상태
   ⓒ 냉장·냉동 식품 : 운반온도 확인(신선편의식품 및 훈제연어는 5℃이하, 냉장 10℃ 이하, 냉동 -18℃ 이하, 운송차량의 온도기록지 확인 등)

### (2) 보관관리

① 냉장·냉동 식품은 입고되는 대로 신속히 적정온도로 보관하여야 하며, 외부에 방치하여서는 아니 된다.
② 포장되지 아니한 농·임·수산물 등은 교차오염이 되지 아니 하도록 구분·보관하여야 한다.
③ 보관 중인 식품은 직접 바닥에 닿지 아니 하도록 받침대 등 위에 적재하고 벽에 닿지 아니하게 보관하여야 한다.
④ 냉장창고의 온도는 10℃이하(다만, 신선편의식품, 훈제연어는 5℃이하 보관 등 보관온도 기준이 별도로 정해져 있는 식품의 경우에는 그 기준을 따른다.), 냉동창고의 온도는 -18℃이하로 유지하여야 한다.
⑤ 냉장·냉동 창고에 설치되어 있는 온도장치의 감온봉은 냉각원으로부터 가장 온도가 높은 곳에 설치되어야 한다.
⑥ 냉장·냉동 시설·설비는 관리계획에 따라 점검·정비·청소를 실시하며 그 결과를 기록·유지 하여야 한다.
⑦ 부적합한 식품(불량·파손·표시사항이 훼손된 식품 등)은 명확하게 표시하여 보관하여야 한다.

### (3) 작업관리(농·임·수산물 작업장)

1) 개인위생관리

① 작업장 내에는 종업원의 개인위생관리를 위한 세척·소독 설비를 설치하여야 한다.
② 작업장내 종업원은 출입, 복장, 세척·소독기준 등을 포함하는 위생수칙을 설정하여 관리하여야 한다.
③ 세척·소독 시설에는 종업원에게 잘 보이는 곳에 올바른 손 씻는 방법 등에 대한 지침이나 기준을 게시하여야 한다.
④ 작업장의 종업원은 위생복·위생모·위생화 등을 착용하여야 하며, 개인용 장신구 등을 착용하여서는 아니 된다.
⑤ 「식품위생법 시행규칙」에서 정한 영업에 종사할 수 없는 질병에 걸렸거나, 그 우려가 있는 종업원은 근무시켜서는 아니 되며, 「식품위생법」 및 「위생분야종사자등의건강진단규칙」에 따른 건강진단을 년 1회 이상 실시하여야 한다. 다만, 완전포장된 식품을 운반 또는 판매하는데 종사하는 자는 제외한다.

2) 작업자 출입관리
   ① 작업장의 출입구에는 개인위생관리를 위한 세척, 소독설비 등을 구비하고, 출입자는 세척 또는 소독 등을 통해 오염가능물질 등을 제거한 후 출입하여야 한다.
3) 시설·설비, 작업도구, 작업장 위생관리
   ① 작업장은(창문, 벽, 천장 등) 누수, 외부의 오염물질이나 해충·설치류 등의 유입을 차단할 수 있도록 밀폐 가능한 구조이어야 한다.
   ② 작업장에는 기구·용기 등을 세척하거나 소독할 수 있는 시설이나 장비를 갖추어야 한다.
   ③ 작업장, 작업도구 등은 자체 관리계획에 따라 정기적으로 세척·소독하여야 한다.
   ④ 작업장 내에서 발생하는 악취나 이취 등을 배출할 수 있는 환기시설을 설치하여야 한다.
   ⑤ 작업장은 적정온도를 유지하여야 하고 이를 측정할 수 있는 온도계를 비치하여 야 한다.
   ⑥ 작업장은 방충·방서를 위한 관리계획을 수립하고 유입여부를 정기적으로 확인하여야 한다.
   ⑦ 식품의 세척에 사용되거나 종업원, 작업도구 등의 세척수로 사용하는 물이 수돗물이 아닌 지하수인 경우에는 먹는물 관리법 제5조에 따른 먹는물 수질기준에 적합한 지하수이어야 하며, 연 1회 이상 검사를 실시하여야 한다.
   ⑧ 폐기물 시설은 작업장과 격리된 일정장소에 설치·운영하며, 폐기물 등의 처리용기는 밀폐 가능한 구조로 침출수 및 냄새가 나지 아니 하여야 하고, 관리계획에 따라 폐기물 등을 처리·반출하고, 그 내용을 유지하여야 한다.
   ⑨ 작업장 내 조명시설은 파손 시 제품에 혼입되지 않도록 보호 장치 등을 설치하여야 한다.
4) 작업위생관리
   ① 농·임·수산물 등의 절단, 보관 등 식품에 직접 접촉되는 칼, 도마, 보관용기 등 작업도구는 색상별로 각각 구분하여 사용하여야 하고, 작업 종료 후에는 세척·소독 후 위생적으로 보관하여야 한다.
   ② 작업장 내 종업원은 작업 전·후 및 작업 중에 작업자의 손, 앞치마 등을 수시로 세척하여야 한다.

(4) 포장관리
   ① 직접 섭취할 수 있도록 가공되는 농·임·수산물은 포장 시 이물이 혼입되거나, 병원성미생물 등이 오염되지 아니 하도록 위생적으로 관리하여야 한다.
   ② 농·임·수산물을 포장할 경우 포장일자 또는 진열기한 등을 표기하여야 하며, 포장일자 또는 진열기한 등을 임의로 바꿔서는 아니 된다.

(5) 진열·판매관리
   ① 보관온도가 정하여진 가공식품 등은 정하여진 보관기준에 따라 진열 판매하여야 하고, 별도로 정하여지지 않은 식품 등(농·임·수산물 등)은 자체적으로 정한 보관기준을 준수하여야 한다.
   ② 냉장·냉동 진열대에는 온도계를 설치하여야 하고, 냉장식품은 10℃이하(다만, 신선편의식품, 훈제연어는 5℃이하 보관 등 보관온도 기준이 별도로 정해져 있는 식품의 경우에는 그 기준을 따른다.), 냉동식품은 -18℃이하로 보관하여야 한다.

③ 냉장·냉동진열대는 용량에 맞게 적재하여야 하며 주기적으로 세척·소독하여야 한다.
④ 부적합한 식품(불량·파손·표시사항이 훼손된 식품 등)을 판매하거나 판매목적으로 진열하여서는 아니 되며 소비기한 또는 자체적으로 정한 판매기한(진열기한) 등을 경과한 식품을 진열·판매하여서는 아니 된다.
⑤ 수족관의 용수 및 진열용 얼음은 식품 등의 기준 및 규격 제5 식품접객업소의 조리판매 식품 등에 대한 미생물 권장규격에 적합하여야 한다.
⑥ 시식을 위한 조리도구 등은 사용 전·후에 세척·소독하여야 하며, 별도 장소에 위생적으로 보관하여야 한다.

(6) 반품처리 및 회수관리
① 부적합한 식품(불량·파손·표시사항이 훼손된 식품 등)에 대한 소비자의 반품 또는 교환 요구가 있을 경우 관련규정에 따라 신속히 조치하여야 한다.
② 부적합한 식품(불량·파손·표시사항이 훼손된 식품 등)에 대한 반품절차나 처리방법 등을 정하여 관리하여야 한다.
③ 회수와 관련된 위해정보를 주기적으로 수집하여야 하며 관련식품이 판매가 되지 않도록 하고 관련규정에 따라 신속히 조치하여야 한다.

### 4. 식품냉동·냉장업소

(1) 영업장 관리
① 작업장은 독립된 건물이거나 다른 용도로 사용되는 시설과 분리되어야 한다.
② 상하차대, 냉동실, 냉장실 등이 있고 각각의 시설은 분리 또는 구획되어 있으며 위생관리를 하여야 한다.
③ 냉동실 및 냉장실 등은 온도조절이 가능하도록 시공되어 있고 문을 열지 아니하고도 온도를 알아볼 수 있는 온도계가 외부에 설치되어 있으며 온도감응장치의 센서는 온도가 가장 높은 곳에 부착되어야 한다.
④ 냉장 및 냉장 설비의 구조와 기능이 제품을 효과적으로 수용할 수 있고 오염시킬 우려가 없어야 한다.
⑤ 상하차장은 외부와 차단되어 있고 제품별 적절한 온도를 유지할 수 있어야 한다.
⑥ 작업장의 바닥은 콘크리트 등으로 내수 처리되어 있고 파손되어 있지 않아야 하며, 물이 고이거나 습기가 차지 않도록 관리되어야 한다.
⑦ 천장 및 상부 구조물은 응결수가 떨어지지 않도록 청결하게 관리되어야 한다.
⑧ 환기 시설은 악취, 유해가스, 매연, 증기 등을 충분히 배출할 수 있어야 한다.
⑨ 조명시설은 적합한 조도를 유지하고 있으며 파손 등에 의한 오염을 방지할 수 있는 보호장치가 있어야 한다.
⑩ 곤충, 쥐 등 동물의 드나듦을 막을 수 있는 설비가 되어 있으며 작업장 내외의 방충·방서 대책이 수립되어야 한다.
⑪ 화장실 및 탈의실은 작업장에 영향을 미치지 아니한 곳에 설치되어 있고 화장실은 손 세척 시설,

건조시설 등의 설비가 갖추어져 있으며 적절한 환기 유지 및 청결 유지를 하여야 한다.
⑫ 기구 및 용기 등 축산물에 직접 접촉하는 부분은 위생적인 내수성 재질로서 씻기 쉬우며 살균·소독이 가능하여야 한다.
⑬ 수돗물이나 「먹는물관리법」에 따른 먹는 물 수질검사 기준에 적합한 지하수 등을 공급할 수 있는 시설을 갖추고 있으며, 용수저장 탱크를 사용하는 경우 외부로부터 오염되지 않도록 관리되어야 한다.
⑭ 작업장에 종사하는 종업원 이외의 외부인 출입이 통제되어야 한다.
⑮ 작업장 관리 기준서를 작성·비치하여야 한다.

### (2) 위생관리
① 위생관리에 필요한 시설·기구 등을 갖추어야 하며 소독 등 위생적인 상태를 유지하여야 한다.
② 제품의 보관에 사용되는 기구 및 용기는 청결하게 관리되어야 한다.
③ 외부에 직접 노출되는 축산물의 보관실 위생관리를 위하여 공중낙하균 검사(자체검사 또는 식품·축산물위생 검사기관에 검사의뢰) 또는 이에 준하는 방법으로 청결상태를 정기적으로 평가 관리하여야 한다.
④ 종사자는 해당 작업에 필요한 작업복, 작업모, 작업화 등을 착용하고 있으며 청결하게 유지하여야 한다.
⑤ 신체질환 등으로 제품에 나쁜 영향을 미칠 우려가 있는 종사자에 대해서는 조치가 취해져야 한다.
⑥ 오염된 기구를 만지거나 오염될 가능성이 있는 작업을 한 경우 세척 또는 소독 등 필요한 조치를 하여야 한다.
⑦ 위생관리 기록은 일별로 작성하고 종사자에 대하여 정기적으로 교육·훈련하여야 한다.
⑧ 작업장과 작업장에서 사용되는 시설·장비에 대한 청소, 세척 및 소독 관리사항을 구체적으로 정하여 운용하여야 한다.

### (3) 보관관리
① 제품 입고 시 입고기록을 작성하여야 한다.
② 제품의 온도변화 및 오염을 최소화하도록 상하차 및 적재 작업이 신속히 이루어져야 한다.
③ 제품별 특성에 맞게 적절한 보관온도를 유지하고 있으며 자동온도 기록 장치에 의한 기록유지를 하여야 한다.
④ 선입·선출 방법으로 출고될 수 있도록 화주별, 품목별 등으로 식별 표시하여 관리하여야 한다.
⑤ 상호 오염원이 될 수 있거나 풍미에 영향을 줄 수 있는 식품·축산물 및 식품첨가물 등과는 분리 보관하여야 한다.
⑥ 제품은 바닥이나 벽에 밀착되지 않도록 적재·보관하여야 한다.
⑦ 적재하중으로 인하여 제품에 영향을 미치지 않도록 적절한 방법으로 적재하여야 한다.
⑧ 보관에 필요한 기계·기구, 용기 및 청소도구 등은 비와 눈을 막을 수 있고 곤충, 쥐 등 동물의 접근을 막을 수 있는 곳에 청결하게 관리되어야 한다.
⑨ 소독제, 유독성 물질, 인화성 물질 및 비식용 화학물질은 제품 취급 및 보관구역으로부터 격리된

장소에 보관되어야 한다.
⑩ 포장재 파손에 의한 제품손상, 소비기한 경과 및 부패·변질된 제품 등 부적합한 제품은 적절하게 식별 표기하여 반송·폐기 등의 조치를 하고 기록 유지하여야 한다.
⑪ 제품의 보관관리가 미흡하여 제품검사가 필요한 경우에는 자체검사 또는 식품·축산물위생검사기관에 검사 의뢰하는 방법으로 관리되어야 한다.
⑫ 제품이 적절하게 운반될 수 있도록 운반차량 및 운반도구는 다음 사항에 적합하게 관리되어야 한다.
⑬ 보관관리기준서에는 제품 입고기준 및 확인방법, 보관관리 장소 및 관리방법, 제품의 상·하차 관리방법, 부적합품에 대한 처리방법, 취급 시 교차오염을 방지하기 위한 대책 등을 구체적으로 작성·비치하여야 한다.

## 5. 식품운반업소

### (1) 운반차량 및 시설관리

① 식품운반업자는 운반 차량을 이용하여 식품을 오염시킬 수 있는 물품(인체에 유해한 화공약품, 농약, 독극물 등)을 운반하지 않도록 관리하고 풍미에 영향을 줄 수 있는 다른 식품 또는 식품첨가물 등과 분리하여 유통하여야 한다.
② 운반 차량은 냉동 또는 냉장 시설을 갖춘 적재고가 설치되어 있으며 적재고는 식품을 충분히 수용할 수 있는 공간이어야 하며 시설 외부에서 내부 온도를 알 수 있도록 온도계를 설치하여 관리하여야 한다.
③ 적재고의 내부는 식품의 기준 및 규격 중 보존 및 유통기준에 적합한 온도가 유지되고 문을 열지 아니하고도 내부의 온도변화를 확인할 수 있도록 임의조작이 방지된 온도기록 장치가 설치되어야 한다.
④ 적재고는 냄새 방지 및 해충의 유입을 방지할 수 있도록 문을 닫았을 때 적절하게 밀집되어 있으며 운행 중에 문이 열리지 않도록 잠금장치가 되어야 한다.
⑤ 식품이 직접 접촉하는 적재고 내부, 기구 및 용기는 위생적인 재질로서 씻기 쉬우며 살균·소독이 가능하여야 한다.
⑥ 전용 세차장은 「물환경보전법」에 적합한 시설로 설치되어 있어야 한다.
⑦ 운반 차량을 주차시킬 수 있는 전용 차고가 있어야 한다.
⑧ 시설관리기준서를 작성·비치하고 있으며, 식품은 식품운반업으로 신고한 차량으로 운반하도록 관리하여야 한다.

### (2) 위생관리

① 위생관리에 필요한 시설·기구 등은 갖추어져 있고 적재고 및 운반에 필요한 도구 및 용기 등은 세척·소독을 실시하여 청결하게 관리되어야 한다.
② 어류·조개류 등 생물 운반 및 외부에 직접 노출이 되는 식품을 운반하는 경우에는 적재고의 위생관리를 위하여 미생물검사(자체검사 또는 외부 검사기관에 검사의뢰) 또는 청결 상태를 정기적으로 평가 관리하여야 한다.

③ 상·하차 작업 시 위생복, 위생모, 위생화 및 위생장갑을 착용하고 있으며 청결하게 유지하여야 한다.
④ 신체질환 등으로 식품에 나쁜 영향을 미칠 우려가 있는 종사자에 대한 조치가 취해져야 한다.
⑤ 위생관리기록은 일별로 작성하여야 한다.
⑥ 작업장과 작업장에서 사용되는 시설·장비에 대한 청소, 세척 및 소독 관리사항을 구체적으로 정하여 운용하여야 한다.

(3) 운반 관리
① 식품의 온도변화 및 오염을 최소화할 수 있도록 상하차 및 적재작업이 신속히 이루어져야 한다.
② 냉장(냉동)기를 가동하여 적정온도가 유지된 후 상차작업을 시작하여야 한다.
③ 적재고 내 냉기가 원활하게 소통될 수 있도록 식품을 적재하고 있으며 적재하중으로 인하여 포장지 파손 등 식품에 영향이 없도록 적재하여야 한다.
④ 어류·조개류 등 생물을 운반하는 경우 내용물이 포장 용기 밖으로 흘러나와서는 안되며 적재고 내부에 혈액 등이 누출되지 않도록 위생적으로 운반하여야 한다.
⑤ 식품과 직접 접촉하는 포장재 및 용기 등은 「식품위생법」 제9조제1항 규정에 적합한 규격품을 사용하여야 한다.
⑥ 운반 차량으로 운반 용기 등을 회수하는 경우 제품에 오염이 되지 않도록 구분 관리하여 운반하여야 한다.
⑦ 식품의 운반 관리가 미흡하여 제품검사가 필요한 경우에는 자체검사 또는 외부 검사기관에 검사 의뢰하여 관리하여야 한다.
⑧ 식품이 운반 중에 이상이 생겼을 경우 그 내용과 조치사항을 기재하여야 한다.
⑨ 운반관리기준서는 운반차량 관리, 식품 상하차 기준, 부적합품에 대한 처리방법, 운반과정 중 오염방지 대책 등을 구체적으로 포함하여 작성·비치되어야 한다.

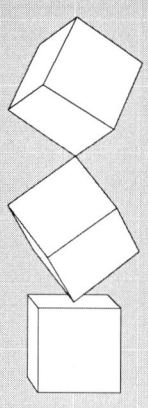

# PART 5
# 필답형 복원문제

# 2004년 1회 식품안전기사 실기

**01** Glucose oxidase를 식품에 첨가했을 때 기대할 수 있는 효과를 3가지 서술하시오.

**02** 냉동식품(채소류)의 경우 Blanching을 하는 이유를 4가지 쓰시오.

**03** 편의점에 전자레인지 조리용 냉동 돈가스 제품을 시판하려고 한다. 해당 식품을 포장하는 데 필요한 포장지의 구비조건을 4가지 쓰시오.

**04** 지방률이 3.5%인 원유 5000kg을 0.1%의 지방률인 탈지유를 혼합시켜 목표 지방률 3.0%의 표준화 우유로 만들 때 탈지유의 첨가량을 계산하시오.

**05** 역삼투와 한외여과의 차이점을 3가지씩 쓰시오.

**06** 통조림에서 팽창관이 발생하는 원인 4가지를 쓰시오.

**07** 시럽의 두께를 결정하는 식품물성치의 특성을 쓰고, 이를 설명하시오.

**08** 다음은 냉동고의 온도별로 −18℃까지 식육을 동결하는 데 소요되는 시간과, 동결 후 및 해동 시의 식육의 질량 감소에 대한 그래프이다. 이 두 그래프를 보고 물음에 답하시오.

(1) 정상육의 동결방법 두 가지를 쓰시오.
(2) Drip양의 차이가 생기는 이유에 대해 서술하시오.

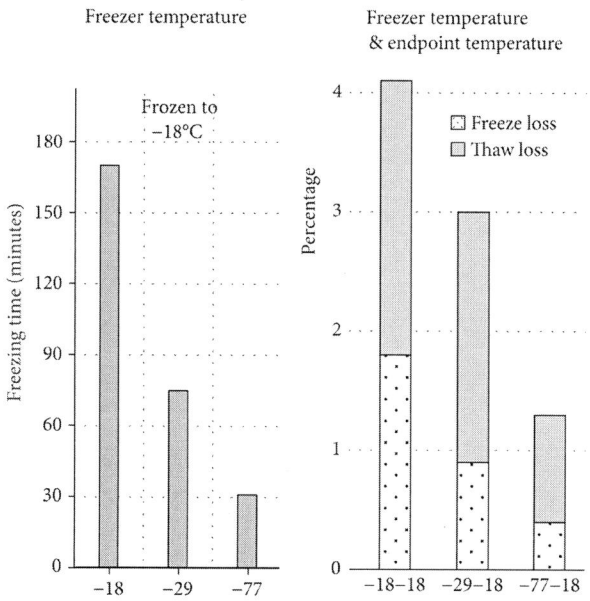

09. 다음은 밀가루의 점탄성 특성을 알아보기 위해 시험한 결과를 나타낸 그림이다. 해당 시험법의 이름을 쓰고, 밀가루를 분류하시오.

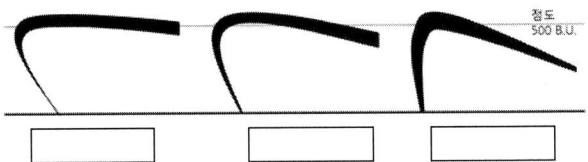

10. 과일·채소의 품온이 30°C이며, 이 때, $Q_{10}$값은 1.8, 호흡량($CO_2$ 생성량)은 154mg/kcal·h이다.

(1) 20°C에서 상온 저장할 때의 호흡량은?
(2) 10°C에서 저온 저장할 때의 호흡량은?
(3) 이러한 호흡작용을 사용하는 과일·채소의 생체저장법과 원리에 대해 서술하시오.

## [2004년 1회 해설 및 정답]

### 01 해설
(1) Maillard 반응 억제
(2) 산소 제거
(3) 식품의 고유의 색 및 맛 유지

### 02 해설
(1) 산화 효소의 불활성화
(2) 채소 조직의 연화
(3) 채소류의 부피를 줄임
(4) 박피를 용이
(5) 조직 내의 공기를 밖으로 배출

### 03 해설
(1) 방습성이 있어야 한다.
(2) 가스 투과성이 낮아야 한다.
(3) 유연성이 커야한다.
(4) 저온에서 경화되지 않아야 한다.
(5) 가열수축성이 있어야 한다.

### 04 해설
(1) $x = \dfrac{(3.5-3.0)[\%]}{(3.0-0.1)[\%]} \times 5000 [kg] = 862.0689655 \cdots \approx 862.07\,[kg]$

(2)  
```
3.5      2.9
     3.0
0.1      0.5
```
$5000\,[kg] = \dfrac{2.9}{(2.9+0.5)} \times (5000+x)\,[kg]$

$x = 862.0689655 \cdots \approx 862.07\,[kg]$

## 05 해설

(1) 역삼투
  1) 고압(30~70kg/cm²)을 이용하여 용액 중 대부분의 용질을 농축시키는 데 이용
  2) 목적 물질의 크기가 여과막 구멍 크기보다 커서 투과하지 못하는 물질을 농축하는 데 사용된다.
  3) 입자 직경이 0.002㎛ 이하인 물질(이온 등)을 용매로부터 분리시킨다.

(2) 한외여과
  1) 저압(10kg/cm²)을 이용하여 분자량과 분자 크기에 따른 용질의 선택적 분리 및 농축에 이용
  2) 목적 물질의 크기가 여과막 구멍 크기보다 작아 쉽게 투과하는 물질을 분리하는 데 사용된다.
  3) 입자 직경이 0.002~0.2㎛ 사이인 물질(분자 등)을 투과시킨다.

## 06 해설

(1) 탈기 부족
(2) 가열 살균 시간 부족
(3) 수소 팽창
(4) 충진 과다

## 07 해설

- 점성, 유체의 흐름 저항을 나타내며 유체 내의 내부 마찰과 관련이 있는 유체의 주요한 특성, 액체의 점성은 용질의 분자량이 클수록, 온도가 낮을수록, 용질의 농도가 짙을수록 증가한다. 시럽은 Pseudoplastic 유체로 $0 < n < 1$이며 $\tau_0 = 0$이다.
- 전단속도가 감소할수록 겉보기점도는 증가

$$\tau = \mu \times \frac{du}{dx} \text{ 또는 } \tau = \kappa\dot{\gamma}^n + \tau_0, \ \mu_a = \frac{\tau}{\dot{\gamma}} = \kappa\dot{\gamma}^{n-1} + \frac{\tau_0}{\dot{\gamma}}$$

여기서 $\tau$ : 유체에 작용하는 전단응력, $\tau_0$ : 항복응력
　　　$\mu(=\kappa)$ : 유체의 점성계수, $\mu_a$ : 겉보기 점도
　　　$\dot{\gamma}(=\frac{du}{dx})$ : 전단속도, 전단력에 수직한 방향의 속도의 기울기
　　　n : 유동지수

## 08 해설

(1) 정상육의 동결방법 두 가지를 쓰시오.
급속동결, 완만동결

(2) Drip양의 차이가 생기는 이유에 대해 서술하시오.
Drip은 동결식품 해동 시 빙결정이 녹아 생성된 수분이 동결 전 상태로 식품에 흡수되지 못하고 유출되는 액즙으로, 얼음결정의 크기가 클수록 부피 대비 표면적이 작아 식품에 흡수되는 양보다 유실되는 양이 증가한다.

## 09 해설

(1) 시험법 이름 : Farinograph
(2) 밀가루 종류
   1) 강력분
   2) 중력분
   3) 박력분

## 10 해설

(1) 20℃에서 상온 저장할 때의 호흡량은?
$$\frac{154}{1.8} = 85.555555555\cdots \approx 85.56\,[\mathrm{mg/kcal\cdot h}]$$

(2) 10℃에서 저온 저장할 때의 호흡량은?
$$\frac{154}{1.8 \times 1.8} = 47.5308641975\cdots \approx 47.53\,[\mathrm{mg/kcal\cdot h}]$$

(3) 이러한 호흡작용을 사용하는 과일·채소의 생체저장법과 원리에 대해 서술하시오.
   1) 저장법 : CA 저장법
   2) 원리 : 공기의 조성과 온도, 습도를 조절하여 과일의 건조 또는 과호흡을 방지하여 과일 및 채소류의 신선도를 오래 보존한다.

# 2004 2회 식품안전기사 실기

**01** 다음은 빙결정 성장 모식도이다. 그림을 보고 빈칸을 채우시오.

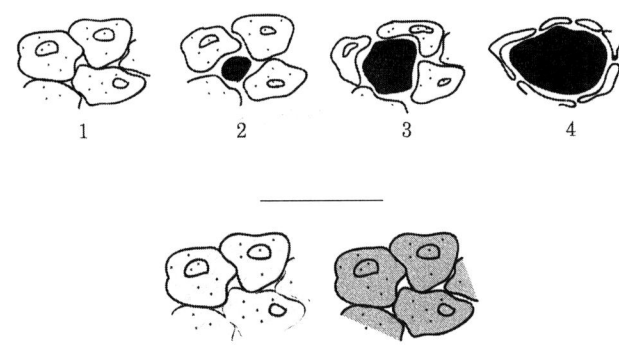

_____

_____

**02** 육류의 저온단축이 일어나는 조건과 영향을 쓰시오.

**03** 20℃ 명태살 5톤을 12시간 내에 -18℃로 동결하고자 할 때, 1)냉동부하(kJ)및 2)시간당 냉동부하(kW)는 얼마인가?(단, 명태살 수분함량은 70%, 동결온도는 -2℃이고 냉동전과 후의 비열은 3.18, 1.72 kJ/kg·K, 물의 동결잠열은 332.7 kJ/kg이다)

04 토마토 펄프에 직접 100℃의 수증기를 가하여 가열 처리 할 때 수증기가 응축되면서 토마토펄프에 포함되면 토마토 펄프는 묽어진다. 초기 고형분 함량이 5%인 토마토펄프는 21℃에서 88℃까지 가열한다면 가열된 토마토 펄프에서 고형분의 농도는? (단, 이 작업은 대기압 상태에서 수행한다. 고형분의 비열은 0.5kcal/kg·℃, 21℃ 물의 엔탈피는 21kcal/kg, 1기압 포화 수증기의 엔탈피는 638.8kcal/kg이다) → 물의 비열=1kcal/kg·℃

05 두부 제조 시 삶은 콩의 마쇄정도에 따라 여러 가지 문제점이 발생한다. 마쇄가 덜 되었을 때와 마쇄가 너무 많이 되었을 때의 문제점을 기술하라.

06 떫은맛을 느끼는 기작과 떫은맛을 느끼게 하는 원인물질의 분자량과의 관련성을 설명하라.

07 통조림의 가열 살균 시, 냉점이 생기는데 이를 액체 시료, 반고체 시료로 구분하여 냉점이 생기는 위치를 그림으로 그리고 이유에 대해 설명하시오.

08 다음은 적포도주 제조공정이다. 빈칸에 알맞은 것을 채우시오.

포도 - ( ) - ( ) - ( ) - 주발효 - ( ) - 즙액 - 후발효 - ( ) - 저장 - 제품

**09** 간장 제조 시, 산막 효모에 의한 흰색의 피막이 발생하는 주원인을 3가지 적으시오.

**10** 밀의 제분과정에서 밀기울과 배젖의 분리, 품질 향상을 위한 공정인 조질의 2가지 명칭을 순서대로 쓰시오.

## [2004년 2회 해설 및 정답]

### 01 해설
1) 완만 동결
2) 급속 동결

### 02 해설

(1) 저온단축현상 발생 조건
　근육 내의 ATP 농도가 아직 높은 상태(생근육의 농도의 약 40% 정도의 잔존량이 있을 때)로 5℃ 이하로 급속 냉각되고, 이어서 해동될 때 발생하며, 특히 근육이 발골된 상태에서 더욱 심해진다.

(2) 영향
　근소포체의 칼슘 이온 섭취능력이 저하하여 근육 중의 칼슘이온농도가 근수축에 필요한 한계치 농도($10^{-6}$ M)보다 높아지고, 이 때문에 근육이 심하게 단축하여 현저히 육질이 질겨지는 좋지 않은 상태에 이르게 된다.

### 03 해설

(1) 냉동부하
　5000[kg]×(3.18[kJ/kg·K]×22[K]+1.72[kJ/kg·K]×16[K]+332.7[kJ/kg]×0.7)=1651850[kJ]

(2) 시간당 냉동부하
$$\frac{1651850[\text{kJ}]}{12[\text{h}] \times 3600[\text{s/h}]} = 38.2372685185 \cdots [\text{kJ/s}] \approx 38.24[\text{kW}]$$

### 04 해설

・ $x[\text{kg}] \times (638.8[\text{kcal/kg}] + 1[\text{kcal/kg℃}] \times (100-88)[℃])$

　$= [0.5[\text{kcal/kg℃}] \times 5[\text{kg}] + 1[\text{kcal/kg℃}] \times 95[\text{kg}]) \times (88-21)[℃]$

　$x = \dfrac{6532.5[\text{kcal}]}{650.8[\text{kcal/kg}]} = 10.03764597 \cdots \approx 10.04[\text{kg}]$

　$\dfrac{5[\text{kg}]}{(100+x)[\text{kg}]} \times 100 = 4.543899459 \cdots \approx 4.54[\text{w/w\%}]$

## 05 해설

(1) 마쇄가 충분하지 못할 경우
   두부의 수율이 낮아진다.

(2) 지나칠 경우
   두부에 이물이 들어가 식감과 품질이 저하된다.

## 06 해설

(1) 떫은맛 : 혀의 점막 단백질을 응고시킴으로써 미각 신경이 마비되어 일어나는 감각
(2) 원인 물질 : Polyphenol류의 일종인 Tannin류, 중금속(철, 구리 등)
(3) Tannin의 종류 : Chlorogenic acid(커피), Ellagic acid(밤), Diosprin(=Shibuol)(감) 등
(4) Tannin이 중합될 경우 분자량이 증가하는 동시에 친수성 작용기가 줄어들어 물에 녹지 않아 수렴성이 없어짐
(5) 탈삽의 원리 : 숙성 과정에서 생기는 과실 내부의 Aldehyde기와 결합하여 불용성이 되면서 떫은맛이 사라진다.

## 07 해설

(1) 액체 시료 : 높이의 1/3 지점, 대류에 의한 열전달

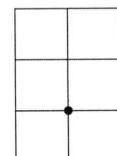

(2) 반고체 시료 : 높이의 1/2 지점, 전도에 의한 열전달

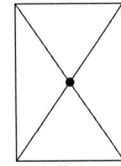

## 08 해설

포도- ( 제경 ) - ( 파쇄 ) - ( 과즙 조정(=보당) ) - 주발효 - ( 압착 ) - 즙액 – 후발효 - ( 청징·여과 ) - 저장 – 제품

## 09 해설

(1) 간장의 농도가 적을 때
(2) 숙성이 불충분한 것을 분리했을 때
(3) 당분 과다
(4) 소금 부족
(5) 간장 가열 온도가 낮을 때
(6) 제조 용기가 불결할 때

## 10 해설

(1) 템퍼링(Tempering) : 밀의 원료에 적당한 양의 물을 가하여 일정 시간 방치함으로써 배젖과 밀기울을 분리시킴
(2) 컨디셔닝(Conditioning) : 템퍼링의 온도를 높여 그 효과를 증대시킴, 컨디셔닝 후 냉각시키면 밀이 팽창과 수축을 거치면서 배젖부의 분리성이 더 좋아진다.

01  급속동결과 완만동결의 차이를 서술하시오.

02  염지에 사용하는 재료 중 2가지와, 염지의 목적을 2가지 쓰시오.

03  막분리법의 장점 3가지와 정밀여과, 역삼투, 한외여과에 사용하는 세공막 구멍의 크기를 큰 순서대로 쓰시오.

04  냉장육과 냉동육의 육질의 차이를 적으시오.

05  과일을 유황 훈증 처리하는 목적(효과) 3가지를 서술하시오.

**06** 다음은 산 가수분해 물엿의 제조 공정이다. 빈 칸을 채우시오.

산　　알칼리
↓　　↓
전분 → 전분유 → 분해 → ( ① ) → 냉각 → 여과 → 농축 → ( ② ) → 농축 → 제품
　　　　　　　　　　　　　　↑
　　　　　　　　　　탈색 + 탈염(이온교환수지 사용)

**07** 두부를 마쇄하면 두미(콩물)가 되는데, 이를 100°C에서 10~15분간 가열 살균한다. 이때, 온도와 시간에 따라 생길 수 있는 현상에 대해 각각 2가지씩 쓰시오.

**08** 6% 주스 원액 1000kg을 감압 농축하여 55%의 농축 주스로 만들었을 때 농축된 주스의 양과 제거되는 물의 양을 Input = Output 을 이용하여 계산하여라.

**09** 식육은 식용에 알맞게 일정기간 숙성시키는 것이 바람직하다. 숙성 중 일어나는 주요 변화를 서술하시오.

**10** 드립의 발생 원인과 영향을 미치는 요인을 서술하시오.

## [2004년 3회 해설 및 정답]

### 01 해설
(1) 급속 동결 : 빙결정생성대 통과시간을 짧게 하여 작은 빙결정이 다수 균일하게 분산되어 있어 조직 손상에 따른 품질 저하가 적다.
(2) 완만 동결 : 빙결정생성대 통과시간을 길게 하여 큰 빙결정이 생성되어 조직 손상에 따른 품질 저하가 크다.

### 02 해설
(1) 염지의 재료 : $NaCl$, $NaNO_2$, $NaNO_3$, $KNO_3$ 등
(2) 염지의 목적
  1) 풍미 향상
  2) 보수력 향상
  3) 육색 유지
  4) 보존성 증대

### 03 해설
(1) 장점
  1) 대량의 냉각수 불필요
  2) 상 전이 없이 연속적인 조작이 가능
  3) 가열에 의한 열변성 및 향미 손실 적다
  4) 장치와 조작이 간단
  5) 분획과 정제가 동시에 가능

(2) 세공막 크기 순서
  · 정밀여과($0.5\text{-}10\,\mu m$) > 한외여과($0.002\text{-}0.2\,\mu m$) > 역삼투($0.002\,\mu m$ 이하)

## 04 해설

(1) 냉장육
    습윤하고 부드러운 육질과 숙성 이후의 풍미를 보존
(2) 냉동육
    드립에 의한 손실로 인해 거칠고 질긴 육질, 적은 풍미

## 05 해설

(1) 표면의 세포가 파괴되어 건조에 도움
(2) 강력한 표백 작용으로 산화에 의한 갈변 방지
(3) 미생물의 번식 억제
(4) 고유 빛깔 유지

## 06 해설

① 중화
② 정제

## 07 해설

(1) 온도가 높고, 오래 가열할 경우
    1) 단백질 변성에 의한 수율 감소
    2) 지방 산패로 인한 맛의 변질
    3) 단단한 조직감
(2) 온도가 낮을 경우
    1) 낮은 단백질 용출로 인한 두부 조직의 경화 불충분 및 수율 감소
    2) 가열 살균의 불충분
    3) 콩비린내
    4) 트립신 저해제 잔류로 인한 영양적 손실

## 08 해설

| | 55 | 6 | $(\text{농축 주스량}) = \dfrac{(\text{원주스농도}) - 0}{(\text{농축주스농도}) - (\text{원주스농도})} \times (\text{탈수량})$ |
| --- | --- | --- | --- |
| | | 6 | |
| | 0 | 49 | $= \dfrac{6}{49} \times (\text{탈수량})$ |

$(\text{농축 주스량}) = 1000 \times \dfrac{6}{55} = 109.09\,[kg]\quad \therefore\ (\text{농축 주스량}) : (\text{탈수량}) = 6 : 49$

$(\text{탈수량}) = 1000 \times \dfrac{49}{55} = 890.91\,[kg]$

## 09 해설

(1) 고기의 pH 하강 : 근육 내 글리코겐이 젖산으로 분해되어 산성이 된다.
(2) 고기 연화 : 액토미오신 결합이 분해되어 근절의 길이가 길어진다. 그리고 Protease 활성으로 근섬유 단백질, 결체 단백질 등이 부분적으로 분해된다.
(3) 풍미 및 정미성 향상 : 핵산이 IMP, Inosinic acid, Hypoxanthin, Ribose 등 부분적으로 분해된다.
(4) 보수성 증대 : 근 단백질 내 2가 양이온들이 1가 양이온으로 치환되어 근육 속 물 분자와 결합

## 10 해설

(1) 발생 요인
 Drip은 동결식품 해동 시 빙결정이 녹아 생성된 수분이 동결 전 상태로 식품에 흡수되지 못하고 유출되는 액즙으로, 얼음결정의 크기가 클수록 부피 대비 표면적이 작아 식품에 흡수되는 양보다 유실되는 양이 증가한다.

(2) 영향을 미치는 요인
 1) 얼음 결정에 의한 세포 손상
 2) 세포체액의 빙결 분리
 3) 단백질 변성
 4) 해동강직(=저온단축)에 의한 강수축
 5) 풍미 저하
 6) 보수성 저하
 7) 상품가치 저하
 8) 무게 감소

**01** 편의점에 전자레인지 조리용 냉동 돈가스 제품을 시판하려고 한다. 해당 식품을 포장하는 데 필요한 포장지의 구비조건을 4가지 쓰시오.

**02** 전통적인 미생물 발효조에서 교반과 통기가 필요하다. 발효조의 필수장치 3가지를 쓰시오.

**03** 방사선 조사 시 저장이나 위생 면에서의 효과를 세 가지 쓰시오.

**04** 여러 입자크기의 분말이 되어있는 식품의 수송과 취급 시 일어날 수 있는 물리적 현상 4가지를 쓰시오.

**05** 어떤 식품의 조성을 확인하였더니 포도당(MW 180) 10%, 비타민 C(MW 176) 5%, 전분(MW 3,000,000) 50%, 나머지는 물(MW 18)이었다. 이 때 이 식품의 수분활성도는?

06  고구마전분에 석회수를 첨가하여 pH가 염기성이 되었을 때 효과 3가지를 쓰시오.

07  발효빵을 37℃에서 배양하였을 때 생균수가 낮은 이유를 쓰시오.

08  구형 식품을 Microwave로 가열하였을 때, 지점별 온도 분포를 설명하시오.

09  식품공장에서 세정하는 방법 3가지를 쓰시오.

10  인스턴트 커피 제조 시, 맛과 향을 최대로 보존할 수 있는 건조방법을 쓰시오.

11  어떤 통조림 식품 내의 세균 수가 $1 \times 10^5$ 만큼 들어있다. 121.1℃의 일정한 온도에서 이 균체의 수가 1/10씩 감소하는데 1.5 min이 소요될 때, 해당 온도에서 변패 확률이 1/1000이 되는 가열시간은?

## ◎ [2005년 1회 해설 및 정답]

**01** 해설

(1) 방습성이 있어야 한다.
(2) 가스 투과성이 낮아야 한다.
(3) 유연성이 커야한다.
(4) 저온에서 경화되지 않아야 한다.
(5) 가열수축성이 있어야 한다.

**02** 해설

(1) 교반기(Agitator) : 발효조 내 액체 조성을 균일한 상태로 유지함(Impeller는 Agitator의 부속날개를 총칭)
(2) 스파저(Sparger) : 멸균 공기를 배지 내로 분산시킴
(3) 방해판(Baffle) : 교반 시 배양액에 와류를 일으켜 균일 혼합 및 통기 효율을 높임
(4) 항온장치 : 대사열 및 교반열을 제거하며 최적 온도를 유지함

**03** 해설

(1) 비가열 살균으로 인한 품질 유지
(2) 유해 물질 잔류 없음
(3) 포장된 채로 조사하므로 2차 오염 발생 없음

**04** 해설

(1) 비산(Drift)
(2) 흡습(Absorption)
(3) 고결(Caking)
(4) 조해(Deliquescence)
(5) 브라질 땅콩 효과(Brazil nut effect)
 (= 입자 대류(Granular Convection), 뮤즐리 효과(Mueski effect) )

## 05 해설

(1) 물의 함량 : 100 - (10 + 5 + 50) = 35[%]

(2) $\dfrac{\dfrac{35}{18}}{\dfrac{10}{180} + \dfrac{5}{176} + \dfrac{50}{3000000} + \dfrac{35}{18}} = 0.958597788 \cdots \approx 0.96$

## 06 해설

(1) 단백질 혼입 및 삽부(Ipomein(pI 4.0)의 변성물) 침착 방지
(2) Polyphenol 등의 색소 제거 및 흡착 방지
(3) 전분박 교질 파괴로 인한 수율 증가

## 07 해설

*Saccharomyces cerevisiae* 는 5℃의 낮은 온도에서도 발효가 가능하지만, 발효 최적 온도 범위는 28~35℃ 이며, 40℃ 근처에서 서서히 사멸하기 시작한다. 37℃에서는 일반세균의 증식이 효모의 증식보다 빨라 우점종이 되므로 생균수가 크게 증가하지 않는다.

## 08 해설

① 반경 6cm 이하는 중심 위주로 가열됨
② 반경 8~13cm 는 골고루 가열됨
③ 반경 15cm 이상은 가장 자리 위주로 가열됨
④ 염분이 높은 부위와 액상의 물이 많은 부분 위주로 온도가 높이 나타남

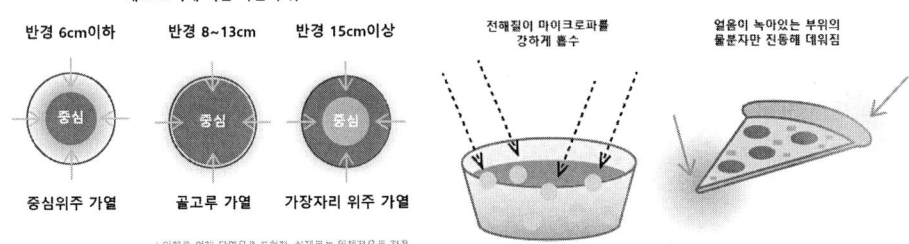

## 09 해설

(1) CIP(Cleaning in place) : 기계를 분해하지 않고 조립된 상태 그대로 장치 내부에 세제 등을 사용하여 오염물질을 제거하고 세척수로 헹군 뒤, 살균제로 세척된 표면을 살균하고 최종적으로 헹궈주는 방법
(2) COP(Cleaning out place) : 기계 및 부품을 분해하여 세척
(3) 용수세정 : 약제를 전혀 사용하지 않고 세척수 만으로 세정(정수, 열수, 수세미 등 사용)

## 10 해설

동결진공건조

## 11 해설

$10^5 = 10^{-3} \times 10^{\frac{t}{1.5}}$, t = 8D = 12 [min]

## 2005년 2회 식품안전기사 실기

01 건조 식품 포장 시, 식품과 산소와의 접촉을 차단할 수 있는 방법을 네 가지 제시하시오.

02 우유 가공 중 수행하는 균질화 공정의 개념을 쓰시오. 그리고 균질화하는 목적을 4가지 쓰시오.

03 과실의 갈변 효소를 쓰고, 해당 효소를 불활성화할 수 있는 방법을 2가지 서술하시오.

04 통조림 탈기 방법 4가지를 서술하시오.

05 청국장의 점질물(끈적끈적한 성분) 두 가지를 쓰시오.

**06** 다음은 온도에 따른 세균 멸균에 대한 D값을 나타낸 표이다. 주어진 자료를 바탕으로 선형 회귀 방정식을 이용하여 z값을 계산하시오.(단, 단위를 기재하시오.)

| 온도(℃) | 100 | 105 | 110 | 115 | 120 | 125 |
|---|---|---|---|---|---|---|
| D Value(min) | 65.5 | 25.7 | 12.2 | 4.5 | 1.8 | 0.5 |

- $y = mx + b$
- $m = \dfrac{n\sum(xy) - \sum(x)\sum(y)}{n\sum(x^2) - (\sum(x))^2}$
- $b = \dfrac{\sum(x^2)\sum(y) - \sum(x)\sum(xy)}{n\sum(x^2) - (\sum(x))^2}$

**07** 건조, 농축 등에 주로 감압법을 이용한다. 이 때 감압법이 상압법보다 좋은 이유 2가지와 감압하는 방법 2가지를 각각 기술하시오.

**08** 지방률이 3.5%인 원유 2000kg을 0.1%의 지방률인 탈지유를 혼합시켜 목표 지방률 2.5%의 표준화 우유로 만들 때 탈지유의 첨가량을 계산하시오.

**09** 초산 발효 시 발효 공정에서 주의해야 할 일과 당이 1kg 일 때 생성되는 초산의 양을 구하시오.

10  다음은 유지를 서서히 가열하면서 온도에 따른 고형분의 함량을 나타낸 그래프이다. 네 유지 중 요오드가가 가장 작은 그래프를 고르고, 그 이유를 설명하시오.

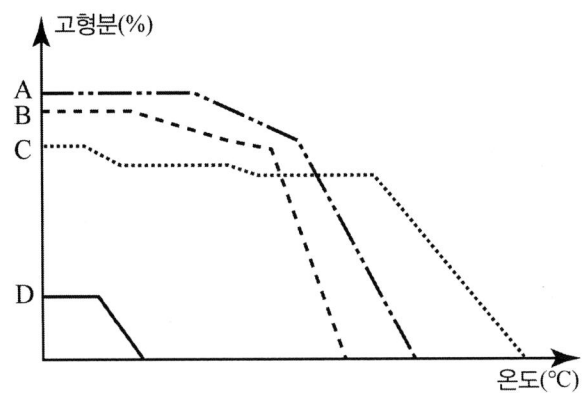

11  터널식 건조기에서 건조하려 할 때 필요한 열량 계산식을 쓰시오. 그리고 공정의 효율 증대를 위해 품질관리사가 할 수 있는 방법은 무엇인지 쓰시오.

12  라면을 제조할 때 수행하는 공정 7가지 명칭을 쓰시오.

## ◯ [2005년 2회 해설 및 정답]

### 01 해설
(1) 탈산소제 투입 포장
(2) 포장 전 유황 훈증 처리
(3) 가스 치환
(4) 진공 포장

### 02 해설
(1) 개념 : 우유 중의 지방구에 물리적인 충격을 가하여 작게 분쇄하는 작업
(2) 목적
  1) 지방구의 미세화
  2) 지방 분리 방지
  3) 점도 상승
  4) 소화 용이(지방과 단백질로 구성된 Curd가 미세화되어 분산되므로)

### 03 해설
(1) 효소 : Tyrosinase, Polyphenol oxidase(=Polyphenolase)
(2) 불활성화 방법
  1) Blanching(데치기)
  2) 산소 차단(직접 X, 간접)
  3) 소금물에 담그기
  4) pH 낮춤
  5) 산화 방지제 이용(EDTA염류 등)

### 04 해설
(1) 가열탈기법 : 용기에 식품을 채운 후, 탈기상자 속을 일정시간 통과시켜 가열된 상태로 밀봉
(2) 가스치환법 : 불활성 가스인 질소와 이산화탄소로 용기 내부의 공기를 치환시켜 탈기의 효과를 얻음
(3) 기계적탈기법 : 진공 자동 밀봉기로 진공 하에서 탈기와 밀봉을 동시에 하는 방법
(4) 증기분사법 : 밀봉할 때 통의 상부공극에 증기를 뿜어 공기를 완전히 증기로 바꾼 순간에 뚜껑이 얹어져 증기가 응축되었을 때 진공을 얻음

### 05 해설
(1) Fructan(Polyfructose)
(2) γ-PGA(폴리감마글루탐산)

## 06 해설

$n = 6$

$\sum x = 100 + 105 + 110 + 115 + 120 + 125 = 675$

$\sum x^2 = 100^2 + 105^2 + 110^2 + 115^2 + 120^2 + 125^2 = 76375$

$\sum y = \log 65.5 + \log 25.7 + \log 12.2 + \log 4.5 + \log 1.8 + \log 0.5 = 4.919989277 \cdots \approx 4.92$

$\sum xy = 100 \log 65.5 + 105 \log 25.7 + 110 \log 12.2 + 115 \log 4.5 + 120 \log 1.8 + 125 \log 0.5$

$\qquad = 517.2900796 \cdots \approx 517.29$

$m = \dfrac{n \sum (xy) - \sum (x) \sum (y)}{n \sum (x^2) - \left(\sum (x)\right)^2} = -0.082762885 \cdots \approx -0.082$

$z = -\dfrac{1}{m} = 12.082726788 \cdots \approx 12.08 \, [\text{℃}]$

(참고) log D - T 그래프에서의 회귀방정식 y절편

$b = \dfrac{\sum (x^2) \sum (y) - \sum (x) \sum (xy)}{n \sum (x^2) - \left(\sum (x)\right)^2} = 10.13081042 \cdots \approx 10.13$

(참고) log 대신 ln을 사용할 경우

$n = 6$

$\sum x = 100 + 105 + 110 + 115 + 120 + 125 = 675$

$\sum x^2 = 100^2 + 105^2 + 110^2 + 115^2 + 120^2 + 125^2 = 76375$

$\sum y = \ln 65.5 + \ln 25.7 + \ln 12.2 + \ln 4.5 + \ln 1.8 + \ln 0.5 = 11.32869397 \cdots \approx 11.33$

$\sum xy = 100 \ln 65.5 + 105 \ln 25.7 + 110 \ln 12.2 + 115 \ln 4.5 + 120 \ln 1.8 + 125 \ln 0.5$

$\qquad = 1191.104426 \cdots \approx 1191.10$

$m = \dfrac{n \sum (xy) - \sum (x) \sum (y)}{n \sum (x^2) - \left(\sum (x)\right)^2} = -0.190568332 \cdots \approx -0.19$

$z = -\dfrac{\ln 10}{m} = 12.08272678 \cdots \approx 12.08 \, [\text{℃}]$

$b = \dfrac{\sum (x^2) \sum (y) - \sum (x) \sum (xy)}{n \sum (x^2) - \left(\sum (x)\right)^2} = 23.32705304 \cdots \approx 23.33$

## 07 해설

(1) 감압법이 상압법보다 좋은 이유 2가지
   1) 건조 속도가 빠름
   2) 건조 식품의 풍미 유지
   3) 2차 오염이 없는 위생적인 제품을 얻을 수 있음
   4) 식품 내 성분의 화학 반응 최소화

(2) 감압하는 방법 2가지
   1) 상온감압건조
   2) 진공동결건조

## 08 해설

(1) $x = \dfrac{(3.5-2.5)[\%]}{(2.5-0.1)[\%]} \times 2000[kg] = 833.3333\cdots \approx 833.33\,[kg]$

(2)
```
3.5      2.4
      2.5
0.1      1.0
```
$2000 = \dfrac{2.4}{(2.4+1.0)} \times (2000+x)$

$x = 833.333333\cdots \approx 833.33\,[\text{kg}]$

## 09 해설

(1) 주의 사항 : 무균 공기를 통해주어야 하며, 교반이 필요하다.
(2) 생성되는 초산의 양

$C_6H_{12}O_6 + 2O_2 \rightarrow 2CH_3COOH + 2CO_2 + 2H_2O$

$\dfrac{1000[g]}{180[g/mol]} \times 2 \times 60[g/mol] = 666.666\cdots \approx 666.67[g] \approx 0.67[\text{kg}]$

## 10 해설

(1) 그래프 : C
(2) 이유 : 고온에서 고형분이 크게 감소하므로 녹는점이 높은 유지임을 볼 수 있고, 대부분 지방산이 장쇄포화지방산으로 구성되어있음을 유추할 수 있다. 특히 포화지방산은 이중결합이 없으므로 녹는점이 매우 높으며, 요오드가가 가장 작다.

## 11  해설

(1) 열량 계산식

$$Q = c \times m \times \Delta T_m = c \times m \times \frac{\Delta T_1 - \Delta T_2}{\ln \frac{\Delta T_1}{\Delta T_2}}$$

$$\Delta T_m = \frac{\Delta T_1 - \Delta T_2}{\ln \frac{\Delta T_1}{\Delta T_2}}$$

(2) 효율 증대를 위한 방법
  1) 대수평균온도차를 크게 한다.
  2) 병류식보다 향류식으로 설계한다.
  3) 고온에서 짧게 건조하기보다 저온에서 오랜 시간 건조하는 편이 변성이 최소화된다.
  4) 분무건조나 진공건조를 통해 효율을 높인다.
  5) 건조물의 표면적을 넓힌다.
  6) 표면경화를 억제한다.

## 12  해설

(1) 배합 공정
(2) 제면 공정
(3) 증숙 공정
(4) 성형 공정
(5) 유탕 공정
(6) 냉각 공정
(7) 포장 공정

**01** 식품의 위해평가에 사용되는 인체노출량(Human exposure assessment)을 평가하는 방법을 3가지 적으시오.

**02** 훈연이 저장성을 높이는 원리를 연기의 식품 저장 효과와 연관하여 설명하시오.

**03** 장류 식품에 쓰이는 1)쌀 코지균 2가지와 2)어떤 형태의 종국이 우수한 품질인지 그 특징을 쓰시오.

**04** 열풍 건조법 중 터널식 건조기를 이용할 때의 건조 방법은 병류식과 향류식이 있다. 두 방식의 특징과 차이점을 쓰시오.

**05** 통조림 제조 시 탈기의 목적을 4가지 쓰시오.

**06** 효소 당화법을 이용하여 물엿을 제조할 때, 사용하는 효소의 명칭을 적으시오.

**07** $D_{121}=0.2$분, $z=10°C$일 때, $D_{116}$의 값은?

**08** 우유나 주스 같은 유동성 식품의 제조 시 장치를 청소·세척하는 CIP(Clean-In-Place, 정치세척) 방법이란 무엇인지 쓰시오.

**09** 두부 제조 공정에서 사용하는 응고제 중 3가지를 쓰시오.

**10** 역삼투와 한외여과에 대하여 증발농축 대비 장점 및 차이점을 쓰시오.

**11** 맥주 제조 시 첨가하는 Hop의 기능은?

**12** 과일주스 제조 시 첨가하는 청징제를 3가지 쓰시오.

## [2005년 3회 해설 및 정답]

### 01 해설

(1) 1인당 평균소비량 방법(Per capita disappenance approach)
(2) 시장바구니 방법(Market Basket approach)
(3) 모델 식이방법(Model diet approach)
(4) 시나리오 방법(Senario appoach)
(5) 식이 섭취 조사 방법(Surveillance approach, Food consumption survey method)
(6) Duplicate meal approach
(7) 노출분석 모델링(Modeling exposure analysis)

### 02 해설

(1) 목적 및 저장 원리
 1) 수분을 제거하여 건조 상태로 만드는 동시에 방부 성분을 침투시켜 보존성 높임
 2) 제품 표면에 얇게 입혀진 훈연 성분이 지방의 산화를 방지함
 3) 악취를 연기의 향미로 제거하여 재료의 맛을 돋움
(2) 살균 성분 : 포름알데히드, 페놀류, 카보닐 화합물 등 200여 종

### 03 해설

1) 쌀 코지균 : *Aspergillus kawachii* , *Aspergillus oryzae* , *Aspergillus usamii* , *Aspergillus shirousamii* , *Aspergillus awamori* 등
2) 우수한 종국의 특성 : 선명한 색(황~흑갈색 또는 황~녹색의 분말 또는 과립), 독특한 향, 단맛이 있을 것, 낱알이 단단할 것, 포자가 가급적 많을 것

### 04 해설

(1) 병류식 : 열풍 방향과 재료 이동 방향이 같음, 초기건조속도 빠름, 건조 효율 낮음, 열 변성 적음, 건조 효율 낮음
(2) 향류식 : 열풍 방향과 재료 이동 방향이 반대, 초기 건조 속도 느림, 건조효율 높음, 열 변성 큼

□ 참고
**터널식 건조기**
과일이나 채소를 원형 그대로 건조하는데 알맞으며, 대량으로 처리가 가능한 반연속형 건조방식, 식품 원료를 Tray위에 평평하게 펼쳐놓고 접시는 트럭 위에 일정한 간격으로 올려놓아 출구 쪽에서 불어낸 열풍이 접시의 사이를 통과할 수 있도록 함

## 05 해설

(1) 금속통의 부식 방지
(2) 내용물의 산화 방지
(3) 가열살균 시 열전달 좋게 하고 찌그러짐 방지
(4) 제품의 보존기간 연장

## 06 해설

(1) 액화 시 사용하는 효소 : α-amylase, 전분을 액화하여 Dextrin 생성
  내부의 α1→4 글리코시드결합을 무작위로 절단
(2) 당화 시 사용하는 효소 : β-amylase, 전분 및 덱스트린을 가수분해하여
  Maltose(=맥아당, 엿당)로 당화
  내부의 α1→4 글리코시드결합을 두 단위씩 절단

> □ 참고
> 당화 시 사용하는 효소
> ・Glucoamylase : 포도당의 당화 공정에 이용, 한계 덱스트린 분해
>   비환원성말단의 α1→4와 α1→6 글리코시드 결합을 Glucose 한 단위씩 절단
> ・Pullulanase : 전분 내부의 α1→6 글리코시드 결합을 무작위로 절단,
>   한계 덱스트린 분해, 당화 완료 시간 단축

## 07 해설

・ $D_{116} = D_{121} \times 10^{\frac{(121-116)}{10}} = 0.63245553203... \approx 0.63 [\min]$

## 08 해설

기계를 분해하지 않고 조립된 상태 그대로 장치내부에 세제 등을 사용하여 오염물질을 제거하고 세척수로 헹군 뒤, 살균제로 세척된 표면을 살균하고 최종적으로 헹궈주는 방법

## 09 해설

글루코노-δ-락톤, 염화마그네슘, 염화칼슘, 황산마그네슘, 황산칼슘, 조제해수염화마그네슘(간수) 중 택 3

## 10 해설

(1) 증발농축 대비 장점
    1) 대량의 냉각수 불필요
    2) 상 전이 없이 연속적인 조작이 가능
    3) 가열에 의한 열변성 및 향미 손실 적다
    4) 장치와 조작이 간단
    5) 분획과 정제가 동시에 가능

(2) 역삼투
    1) 고압($30~70kg/cm^2$)을 이용하여 용액 중 대부분의 용질을 농축시키는 데 이용
    2) 목적 물질의 크기가 여과막 구멍 크기보다 커서 투과하지 못하는 물질을 농축하는 데 사용된다.
    3) 입자 직경이 $0.002\mu m$ 이하인 물질(이온 등)을 용매로부터 분리시킨다.

(3) 한외여과
    1) 저압($10kg/cm^2$)을 이용하여 분자량과 분자 크기에 따른 용질의 선택적 분리 및 농축에 이용
    2) 목적 물질의 크기가 여과막 구멍 크기보다 작아 쉽게 투과하는 물질을 분리하는 데 사용된다.
    3) 입자 직경이 $0.002~0.2\mu m$ 사이인 물질(분자 등)을 투과시킨다.

## 11 해설

(1) 맥주 특유의 향기, 쓴맛 부여
(2) 거품의 지속성 부여
(3) 항균성 부여
(4) 탄닌에 의한 단백질 제거, 맥주의 청징 및 안정화

## 12 해설

(1) 난백
(2) 젤라틴
(3) 탄닌
(4) 카제인
(5) 규조토
(6) 산성백토
(7) 활성탄
(8) Pectinase

# 2006년 1회 식품안전기사 실기

[본 문제는 수험자의 기억에 의해 복원된 것으로 실제 시험과 차이가 있을 수 있습니다]
[(舊)식품기사에서 (現)식품안전기사로 변경되었습니다]

**01** 다음은 산 가수분해 물엿의 제조 공정이다. 빈 칸을 채우시오.

전분 → 전분유 → 분해 → ( ① ) → 냉각 → 여과 → 농축 → ( ② ) → 농축 → 제품

분해 단계에 산 첨가, ( ① ) 단계에 알칼리 첨가, ( ② ) 단계 이전에 탈색 + 탈염(이온교환수지 사용)

**02** 3% 설탕물 100kg에 설탕을 혼합하여 15% 설탕물을 만들고자 한다. 첨가해야 할 무수 설탕은 몇 kg인지 계산하시오.

**03** 우유의 성분 중 카제인과 유지방 및 유당은 각각 우유 중에 어떤 상태로 존재하는가?

**04** 식품제조 현장에서 위해물질의 혼입과 오염을 방지하기 위한 제도인 HACCP를 적용하기 위한 7가지 원칙을 제시하시오.

**05** 스타터(Starter)의 개념과 대표적인 치즈의 스타터 유산균을 2가지 쓰시오.

**06** 최근 비만이 각종 성인병의 원인이 됨이 밝혀짐에 따라 칼로리를 낮춘 식품 개발에 관심이 모아지고 있다. 통상 잼은 50% 이상의 당을 첨가하여 제조하는 고칼로리 식품이므로 소비가 기피되고 있는 실정이다. 복숭아를 사용하여 열량이 낮은 저칼로리잼을 만들고자 할 때 꼭 필요한 부재료 2가지를 쓰시오.

**07** 감귤 통조림 제조 시 발생되는 혼탁의 원인물질과, 혼탁을 방지하는 방법을 2가지 쓰시오.

**08** *B. stearothermophilus* (z=10°C)를 121.1°C에서 가열 처리하여 균의 농도를 1/10,000로 감소시키는데 15분이 소요되었다. 살균온도를 125°C로 높여 15분간 살균할 때의 치사율(L)을 계산하고 물음에 답하시오.

**09** 다음은 냉동고 내에서 시간의 흐름에 따른 온도의 변화를 나타낸 그래프이다. 이 그래프에서 각 구간별 내용을 설명하시오.

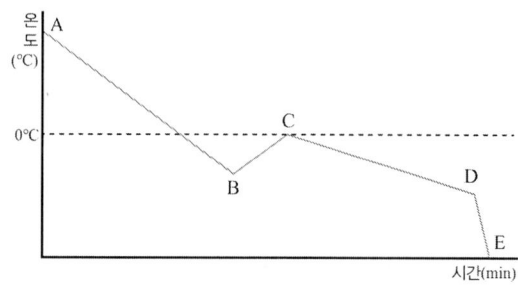

**10** 우유공장에서 지상에 위치한 집유탱크로부터 지상 12m에 위치한 저장탱크로 내경 5cm인 관을 통하여 0.45m³/min의 속도로 원유를 수송하고자 한다. 마찰에 의한 에너지 손실은 무시할 수 있고 우유의 밀도는 1,030kg/m³, 펌프의 효율이 75% 일 때, 필요한 펌프의 마력은 얼마인지 계산하시오. (단, 중력가속도는 9.81m/s²으로 계산한다.)

**11** 식육은 식용에 알맞게 일정기간 숙성시키는 것이 바람직하다. 숙성 중 일어나는 주요 변화를 서술하시오.

## [2006년 1회 해설 및 정답]

### 01
**해설**
① 중화
② 정제

### 02
**해설**

(1) $x = \dfrac{(15-3)[\%]}{(100-15)[\%]} \times 100[kg] = 14.11764706\cdots \approx 14.12\,[kg]$

(2)

| | |
|---|---|
| 3 | 85 |
| 15 | |
| 100 | 12 |

$100 = \dfrac{85}{85+12} \times (100+x)$

$x = \dfrac{9700}{85} - 100 = 14.11764706\cdots \approx 14.12[kg]$

### 03
**해설**

(1) 기지인 : Sol
(2) 유지방 : Emulsion
(3) 유당 : Solution

### 04
**해설**

(1) 위해요소 분석(HA)
(2) 중요관리점(CCP) 결정
(3) 한계 기준(CL) 설정
(4) 모니터링 체계 확립
(5) 개선 조치 방법 설정
(6) 검증 절차 및 방법 설정
(7) 문서 및 기록 유지 방법 설정

## 05 해설

(1) 스타터(Starter)의 개념 : 발효를 일으키기 전에 적당한 환경을 생성시키기 위해서 첨가하는 미생물
(2) 치즈의 Starter : *Streptococcus thermophilus*, *Lactobacillus bulgaricus*, *Lactobacillus debrueckii*, *Lacticaseibacillus casei*, *Lactobacillus acidophilis* 등

(곰팡이) *Rhizopus oryzae* 등

## 06 해설

(1) 저메톡실펙틴
(2) $Ca^{2+}$ 염

## 07 해설

(1) 혼탁 원인 물질 : 헤스페리딘(Hesperidine)
(2) 혼탁 방지 방법
 1) 헤스페리딘 함량이 적은 품종 선택
 2) 완전히 익은 감귤 선택
 3) 물로 완전 세척(6~16시간)
 4) 내용물이 변질되지 않을만큼 가열
 5) 당도 높은 당액 사용
 6) 산 첨가
 7) Hesperidinase 사용

## 08 해설

(1) 치사율 값(L값)

$$L = 10^{\frac{(T_2 - T_1)}{z}} = 10^{\frac{(125 - 121.1)}{10}} = 2.454708916 \cdots \approx 2.45$$

(2) 치사율 값을 121.1℃와 125℃에서의 살균시간 관계로 설명하시오.
설정 온도와 기준 온도에서의 같은 효과의 살균에 소요된 시간의 비율, 온도가 높을수록 치사율이 증가하며, 살균에 소요되는 시간은 짧아진다.

$$L = \frac{D_0}{D_T} = \frac{F_0}{F_T}$$

## 09 해설

(1) A-B : 예비 냉각 구간, 현열의 제거만 일어난다. 상 변화없음.
(2) B-C : 과냉각지점(B)에서 얼음의 빙결이 시작되면 응고잠열이 발생하면서 순수한 물의 어는점(최초 빙점, C)에 도달한다.
(3) C-D : 최대빙결정생성대, 대부분의 물이 어는 구간. 물이 얼면서 용질을 밀어내기 때문에 농도가 높아지고, 이에 따라 어는점 내림이 나타난다. 얼음과 물의 공융혼합물이 생성된다.
(4) D-E : 대부분의 유리수가 얼어있는 상태. 온도가 빨리 떨어진다.

## 10 해설

$$P = \frac{\rho \times g \times h \times Q}{\eta} = \frac{1,030[kg/m^3] \times 9.81[m/s^2] \times 12[m] \times 0.45[m^3/min]}{0.75 \times 60[s/min] \times 745.7[W/HP]}$$

$$= 1.62601046\cdots \approx 1.63[HP]$$

## 11 해설

(1) 고기의 pH 하강 : 근육 내 글리코겐이 젖산으로 분해되어 산성이 된다.
(2) 고기 연화 : 액토미오신 결합이 분해되어 근질의 길이가 길어진다. 그리고 Protease 활성으로 근섬유 단백질, 결체 단백질 등이 부분적으로 분해된다.
(3) 풍미 및 정미성 향상 : 핵산이 IMP, Inosinic acid, Hypoxanthin, Ribose 부분적으로 분해된다.
(4) 보수성 증대 : 근 단백질 내 2가 양이온들이 1가 양이온으로 치환되어 근육 속 물 분자와 결합

# 2006 2회 식품안전기사 실기

[본 문제는 수험자의 기억에 의해 복원된 것으로 실제 시험과 차이가 있을 수 있습니다]
[(舊)식품기사에서 (現)식품안전기사로 변경되었습니다]

**01** 식육 가공품에 결착제 첨가 목적과 종류을 서술하시오.

**02** Glucose oxidase를 식품에 첨가했을 때 기대할 수 있는 효과를 3가지 서술하시오.

**03** 치즈 제조 시 가염하는 목적과 방법을 서술하시오.

**04** 저밀도, 중밀도, 고밀도 폴리에틸렌 포장 특성을 쓰시오.

**05** 초임계유체의 정의를 쓰고, 공업적 이용 시 이점을 2가지 쓰시오.

06  포도주 발효 방법을 2가지 쓰시오.



07  HLB값이 4~6일 때의 식품 유형의 예시를 2가지 쓰시오.

## [2006년 2회 해설 및 정답]

### 01 해설

(1) 첨가 목적
   1) 육제품의 조직력이나 유화 안정성을 높여준다.
   2) 열처리할 때 육단백질 망상 구조가 수축되는 것을 억제하여 유수 분리가 발생되는 것을 막아준다.
   3) 열처리 수율을 향상시킨다.
   4) 조직감이나 식감 등을 개선시킨다.
   5) 육의 사용량을 줄임으로서 원가 절감을 할 수 있다.

(2) 결착제 종류
   1) 동물성 단백질 - 카제이네이트, 유청단백, 혈장단백, 난백, 콜라겐, 스킨 에멀전 등
      ① 혈장단백
         · 물과 결합력이 뛰어남, 부재료(콜라겐, 전분 등)과의 친화성 좋음, pH를 증가시켜 보수성, 유화 안정성, 열처리 수율, 조직감 향상, 유수 분리량 감소
      ② 난백
         · 커팅공정 후 첨가하여 유화안정성, 보수성, 조직감 향상, 유수분리 억제
      ③ 우유단백
         · 육단백질 변성 억제, 우수한 유화력 보유
   2) 식물성 단백질 - 대두단백, 완두단백, 밀단백, 옥배단백 등
      ① 밀단백
         · 에멀전 구조를 안정화 및 탄력성 증가
      ② 대두단백
         · 용해도, 보수력, 유화안정성, 팽윤성, 점도, Gel 강도, 다즙성, 조직감 등 개선
   3) 탄수화물 - (변성)전분, 콘시럽, 말토덱스트린 등
      · 전분 - 보수력과 탄력성을 증가시킴
   4) 검류 – 카라기난, 아가, 알긴, 로거스트콩검, 잔탄검 등
   5) 식이섬유질 원료 – 섬유소, 카르복시메틸셀룰로오스 등
   6) 인산염 – 단백질의 용해도, 팽화도, 보수력을 증가시킴

### 02 해설

(1) Maillard 반응 억제
(2) 산소 제거
(3) 식품의 고유의 색 및 맛 유지

## 03 해설

(1) 가염 목적
- 풍미 향상, 이상발효 방지, 유청의 완전 제거, 수축 및 경화, 유산 발효 억제

(2) 가염 방법
- 2시간 발효시킨 커드를 퇴적시킨 뒤 잘게 자르고 다시 20분간 교반하여 적절한 산도(TA 0.50~0.55)가 되면 식염을 예상 생산량의 2~3% 가하여 충분히 혼합한다.

## 04 해설

(1) 저밀도(LDPE) : 저온 열봉합성 우수, 유연성 우수, 고속가공성 우수
(2) 중밀도(LLDPE) : 투명성, 광학적 특성 우수, 가공성 우수, 기계적 강도 우수
(3) 고밀도(HDPE) : 내약품성 우수, 열안정성, 내한성 우수, 충격강도 우수

## 05 해설

(1) 초임계유체 : 임계온도와 임계압력 이상에 도달한 유체로 액체와 기체의 구분이 없는 상태
(2) 이용 시 이점
  1) 높은 용해력(높은 용제비, 추출 제품에 대한 용제의 양에 대한 비율)
  2) 빠른 물질 이동 및 열의 이동
  3) 낮은 점도와 높은 확산계수
  4) 미세극으로서의 높은 침투성
  5) 물질의 변성 최소화
  6) 잔류 용매가 없음
  7) 물성 조절이 쉬우므로 온도·압력·엔트레나의 종류에 의한 선택적 추출 및 회수 가능
  8) 흡착이나 포접 화합물의 형성 등의 방법을 조합하여 고도의 분리 가능

## 06 해설

(1) 과실에 부착한 야생효모를 이용하는 방법
(2) 과실 원료를 멸균시킨 뒤, 순수 분리하여 배양한 효모(스타터)를 이용하는 방법

## 07 해설

(1) 친유성 식품, W/O형 Emulsion
(2) 예시 : 버터, 마가린 등

# 2006년 3회 식품안전기사 실기

[본 문제는 수험자의 기억에 의해 복원된 것으로 실제 시험과 차이가 있을 수 있습니다.]
[(舊)식품기사에서 (現)식품안전기사로 변경되었습니다.]

**01** 당도 14%인 포도과즙 10kg을 24% 당 농도로 조정하기 위해 첨가해야 할 설탕량은?

**02** 당화 과정 중 전분이 분해되어 생성되는 중간생성물, D.E와 점도의 변화는?

**03** 편의점에 전자레인지 조리용 냉동 돈가스 제품을 시판하려고 한다. 해당 식품을 포장하는 데 필요한 포장지의 구비조건을 4가지 쓰시오.

**04** 우유 가공 중 수행하는 균질화 공정의 목적을 4가지 쓰시오.

**05** 미생물 증식 곡선을 점선에 맞추어 그리고, 점선으로 구분된 영역을 네 단계로 구분하여 명칭을 쓰시오.

**06** 통조림 탈기 방법 4가지를 서술하시오.




**07** 대장균 정성 시험에서 이루어지는 1) 시험방법 순서와 2) 각 시험에서 사용하는 해당 배지를 쓰시오.




**08** 미생물을 동정하기 위해 그람 염색을 실시했을 때, 1) 그람 양성과 2) 그람 음성 세균에서 관찰할 수 있는 세균의 색깔을 쓰시오.




**09** 지방률 3.5%인 원유 2000kg을 탈지유 지방률 0.1%일 때 목표 지방률 2.5%로 만들기 위한 탈지유 첨가량을 계산하시오.




**10** 전수분량이 69.6%인 돼지고기를 원심분리 하였더니, 유리수가 22.4%였음을 확인하였다.
 (1) 이 식육의 결합수의 함량을 계산하시오.
 (2) 이 식육의 보수력을 계산하시오.




**11** 밀가루의 품질 측정 및 판정에 대한 다음 물음에 답하시오.
 (1) 밀가루 품질 측정 기준
 (2) 색도 측정 방법
 (3) 등급 분류 기준

12  고구마전분에 석회수를 첨가하여 pH가 염기성이 되었을 때 효과 3가지를 쓰시오.

13  식육 가공 시, 도축 이후 저온단축(Cold shortening) 현상이 발생할 수 있다. 이에 대한 물음에 답하시오.

14  균체 내 효소를 추출하기 위해 (1)세포를 파쇄하는 방법과 (2)파쇄 후 정제하는 방법을 2가지씩 쓰시오.

15  산분해 간장의 장·단점을 쓰시오.

## [2006년 3회 해설 및 정답]

**01** 해설

(1) $x = \dfrac{(24-14)[\%]}{(100-24)[\%]} \times 10[kg] = 1.315789474 \cdots \approx 1.32\,[kg]$

(2)

```
      14      76
              
              24
      100     10
```

$10 = \dfrac{76}{(76+10)} \times (10+x)[\text{kg}]$

$x = 1.31578947 \cdots \approx 1.32\,[\text{kg}]$

**02** 해설

시간 경과에 따라 Amylodextrin, Erythrodextrin, Achromodextrin, Maltodextrin 순으로 전분이 분해되면서 DE는 증가하고, 감미도는 증가하며, 점도는 감소한다.

**03** 해설

(1) 방습성이 있어야 한다.
(2) 가스 투과성이 낮아야 한다.
(3) 유연성이 커야한다.
(4) 저온에서 경화되지 않아야 한다.
(5) 가열수축성이 있어야 한다.

**04** 해설

(1) 지방구의 미세화
(2) 지방 분리 방지
(3) 점도 상승
(4) 소화 용이(지방과 단백질로 구성된 Curd가 미세화되어 분산되므로)

## 05 해설

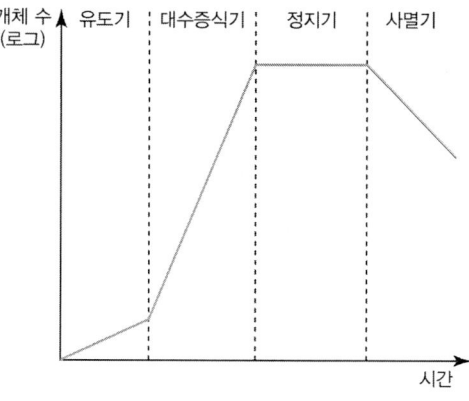

(1) 유도기
(2) 대수증식기
(3) 정지기
(4) 사멸기

## 06 해설

(1) 가열탈기법 : 용기에 식품을 채운 후, 탈기상자 속을 일정시간 통과시켜 가열된 상태로 밀봉
(2) 가스치환법 : 불활성 가스인 질소와 이산화탄소로 용기 내부의 공기를 치환시켜 탈기의 효과를 얻음
(3) 기계적탈기법 : 진공 자동 밀봉기로 진공 하에서 탈기와 밀봉을 동시에 하는 방법
(4) 증기분사법 : 밀봉할 때 통의 상부공극에 증기를 뿜어 공기를 완전히 증기로 바꾼 순간에 뚜껑이 얹어져 증기가 응축되었을 때 진공을 얻음

## 07 해설

(1) 추정시험, EC배지
(2) 확정시험, EMB 배지
(3) 완전시험, 보통한천배지

> □ 참고
> **대장균군 정성시험법(유당배지법)**
> ① 추정시험, 유당배지
> ② 확정시험, BGLB 배지, EMB 배지, Endo 배지
> ③ 완전시험, 보통한천배지

## 08

**해설**

(1) 그람 양성 : 보라색(청자색)
(2) 그람 음성 : 붉은색(분홍색)

## 09

**해설**

(1) $x = \dfrac{(3.5-2.5)[\%]}{(2.5-0.1)[\%]} \times 2000[kg] = 833.3333 \cdots \approx 833.33\,[kg]$

(2) 

```
3.5      2.4
     2.5
0.1      1.0
```

$2000 = \dfrac{2.4}{(2.4+1.0)} \times (2000 + x)$

$x = 833.333333 \cdots \approx 833.33\,[\text{kg}]$

## 10

**해설**

(1) 이 식육의 결합수의 함량을 계산하시오.
   $69.6 - 22.4 = 47.2[\%]$

(2) 이 식육의 보수력을 계산하시오.
   보수력 $= \dfrac{\text{결합수 함량}}{\text{총 수분 함량}} \times 100 = \dfrac{69.6-22.4}{69.6} \times 100 = 67.8160919 \cdots \approx 67.82[\%]$

   cf) 보수력 $= \dfrac{\text{유리수함량}}{\text{결합수함량}} \times 100 = 47.45762712 \cdots \approx 47.46[\%]$ (근거 부족)

## 11

**해설**

(1) 밀가루 품질 측정 기준
   단백질(글루텐 함량), 점도, 효소(α-amylase)함량, 흡수율, 회분, 색상, 입도, 손상 전분 비율, 첨가물 첨가 여부, 숙성 정도 등

(2) 색도 측정 방법
   Pekar test, 밀기울의 혼입도 측정

(3) 등급 분류 기준
   회분, 밀기울 적을수록 회분 함량 적고 가공 적성이 좋아 입도가 작아지며, 더욱 희다.

## 12 해설

(1) 단백질 혼입 및 샵부(Ipomein(pI 4.0)의 변성물) 침착 방지
(2) Polyphenol 등의 색소 제거 및 흡착 방지
(3) 전분박 교질 파괴로 인한 수율 증가

## 13 해설

(1) 저온단축현상 발생 조건

사후 강직이 끝나기 전, 근육 내의 ATP 농도가 아직 높은 상태(생근육의 농도대비 약 40% 정도의 잔존량이 있을 때)에서 5℃ 이하로 급속 냉각되고, 이어서 해동될 때 발생하며, 특히 근육이 발골된 상태에서 더욱 심해진다.

(2) 영향

근소포체의 칼슘 이온 섭취능력이 저하하여 근육 중의 칼슘이온농도가 근수축에 필요한 한계치 농도($10^{-6}$ M)보다 높아지고, 이 때문에 근육이 심하게 단축하여 현저히 육질이 질겨지는 좋지 않은 상태에 이르게 된다.

## 14 해설

(1) 세포 파쇄
  1) 초음파 파쇄법
  2) Lysozyme 용해법
  3) 자기소화법
  4) 동결 융해법

(2) 파쇄 후 정제
  1) 염석, 투석, 흡착
  2) 유기용매에 용해(알코올, 아세톤 등)
  3) 이온교환크로마토그래피
  4) Gel 여과(=크기 배제) 크로마토그래피
  5) 결정화(황산암모늄, 아세톤 등)

## 15 해설

(1) 장점 : 단시간에 기질을 분해시켜 대량 만들 수 있다.
(2) 단점 : 발효간장에 비해 풍미가 부족하다. 3-MCPD 발생

# 2007년 1회 식품안전기사 실기

[본 문제는 수험자의 기억에 의해 복원된 것으로 실제 시험과 차이가 있을 수 있습니다.]
[(舊)식품기사에서 (現)식품안전기사로 변경되었습니다.]

**01** 식육가공품의 제조 시에 첨가하는 (1)아질산나트륨의 기능을 3가지 쓰고 (2) 화학식을 쓰시오.

**02** 액체 시료를 희석한 뒤 각 희석배수의 시료 1mL씩을 페트리접시 2장씩에 각각 접종하여 미생물의 수를 측정하였다. 이 때 100배 희석했을 때 페트리 접시에서 250, 256, 1000배 희석했을 때 접시에서 30, 40 씩 집락이 나왔을 때 전체 미생물의 수는?

**03** 냉동부하의 의미를 간략히 쓰고 5°C에서 저장된 양배추 2000kg의 호흡열 방출에 의한 냉장고 안의 냉동부하(W)를 계산하시오. (단, 5°C에서 양배추의 저장을 위한 열방출은 1ton 당 63W로 계산한다.)

**04** 탈지유에 산을 가하여 약 pH 4.6으로 조정하면 응고되는데 이때 (1) 응고되는 주성분 (2)응고되는 원리 (3)이 원리를 이용하여 만들어지는 대표적인 유제품 한 가지를 쓰시오.

**05** 비타민 $B_1$의 저장 중 파괴 속도가 $Q_{10} = 2.5$일 때, z값을 계산하시오.(단위를 꼭 기재하시오.)

**06** 식품공장에서 세정하는 방법 3가지를 쓰시오.

**07** 포도당 20g을 물 80g에 녹였을 때, 포도당 몰분율은?

**08** 대두 부분경화유를 만들 때 트랜스지방이 생성되는 경화공정에 대해서 간략히 설명하시오.

**09** 무게 6860.0N 인 동결된 딸기의 질량을 kg으로 구하시오.(단, 중력가속도는 $9.80m/s^2$으로 계산하시오.)

**10** 단층 플라스틱필름이나 금속박 또는 이를 여러 층으로 접착하여, 파우치와 기타 모양으로 성형한 용기에 제조·가공 또는 조리한 식품을 충전하고 밀봉하여 가열살균 또는 멸균한 식품을 무엇이라 하는지 쓰시오.

**11** Indophenol 적정법에 의한 환원형 비타민 C의 정량 원리를 설명하시오.

**12** 식품 중에서 퓨란(Furan)이 생성되는 (1) 주요경로와 (2) 제품 중 거의 잔류되지 않는 이유를 설명하시오.

**13** 우유의 품질관리 시험 법 중 Phosphatase 검사의 (1)목적과 (2) 원리를 쓰시오.

**14** 식품첨가물공전상 헥산(Hexane)의 사용 용도는 무엇인지 간략히 쓰시오.

**15** 두께가 1cm인 합판의 한쪽은 -10℃이고 다른 쪽은 20℃라고 할 때, 합판 1m$^2$을 통해서 한 시간 동안 이동되는 열량은 몇 kJ인지 계산하시오.(단, 합판의 열전도도는 0.042 W/m·K)

## ◯ [2007년 1회 해설 및 정답]

### 01 해설
(1) 발색제, 보존료, 보수력 및 결착력 증대
(2) $NaNO_2$

### 02 해설
$$\frac{(250+256+30+40)[\text{CFU}]}{[(2\times1+2\times0.1)\times0.01][\text{mL}]} = 26181.8181\cdots \approx 26000[\text{CFU/mL}]$$

### 03 해설
(1) 냉동부하의 의미
   물질의 냉동을 위해 제거해야 할 단위시간당 열량

(2) 냉동부하 계산
   2000[kg]×1[ℓ/1000kg]×63[W/ℓ]=126[W]

### 04 해설
(1) Casein
(2) 등전점에서 순전하와 용해도가 최소화됨
(3) 치즈

### 05 해설
$Q_{10} = 10^{\frac{10}{z}}$

$\log 2.5 = \dfrac{10}{z}$

$z = \dfrac{10}{\log 2.5} = 25.12941595\cdots \approx 25.13[\text{℃}]$

## 06 해설

(1) CIP(Cleaning in place) : 기계를 분해하지 않고 조립된 상태 그대로 장치 내부에 세제 등을 사용하여 오염물질을 제거하고 세척수로 헹군 뒤, 살균제로 세척된 표면을 살균하고 최종적으로 헹궈주는 방법
(2) COP(Cleaning out place) : 기계 및 부품을 분해하여 세척
(3) 용수세정 : 약제를 전혀 사용하지 않고 세척수 만으로 세정(정수, 열수, 수세미 등 사용)

## 07 해설

$$\frac{\frac{20}{180}}{\frac{20}{180}+\frac{80}{18}} = 0.024390243 \cdots \approx 0.02$$

## 08 해설

Ni 등의 전이금속을 촉매로 하여 $H_2$ 기체를 불어넣고 가열하여 유지 내 불포화지방산을 포화지방산으로 바꾸는 공정

## 09 해설

$$\frac{6860[kg \cdot m/s^2]}{9.80[m/s^2]} = 700[kg]$$

## 10 해설

레토르트 식품

## 11 해설

- 식품 중 비타민 C가 산성 수용액 중에서 2,6-dichlorophenol-indophenol(DCP)를 환원시켜 탈색하는 것에 기초한 환원형 비타민C 정량법이다.
- 2,4-디니트로페닐하이드라진법에서 조제한 시험용액 10 mL를 삼각플라스크에 정확히 취하여 즉시 인도페놀용액으로 액이 적어도 5초간 적색이 지속될 때까지 적정한다.

## 12 해설

**(1) 주요경로**

식품 내 탄수화물, 아미노산, 비타민C, 다중 불포화 지방산으로부터 Maillard 반응에 의해 생성되며, 가열 및 낮은 pH 조건에서 더욱 잘 생성됨(커피, 육류통조림, 빵, 열을 가하여 조리한 닭고기, 캐러멜, 스프, 소스, 콩, 파스타, 유아용 식품 등)

**(2) 제품 중 거의 잔류되지 않는 이유**

식품 가열과정에서 일부 생성된다 하더라도 끓는점이 31.5℃ 로 낮은 편이라 대부분 휘발되므로 식품에 남아 있지 않게 되어 최종적인 제품에서는 일반적으로 문제되지 않음

## 13 해설

**(1) 목적**

저온살균처리 및 생유 혼입 여부를 판단하기 위하여

**(2) 원리**

Phosphatase는 살아있는 생물에서 검출이 되는 대표적인 지표 효소로, 미생물의 살균이 이루어질 경우, Phosphatase가 불활성화됨과 동시에 추가적인 효소의 생성이 없으므로 살균처리 및 생유혼입 여부를 판단 가능하다.

## 14 해설

추출용제

## 15 해설

$$Q = \frac{0.042[\text{J/s·m·K}] \times 1[\text{m}^2] \times [(20-(-10)][\text{K}]}{0.01[\text{m}]} \times 3600[\text{s/h}] \times 1[\text{h}] = 453.6[\text{kJ}]$$

# 2007년 2회 식품안전기사 실기

**01** 통조림에서 팽창관이 발생하는 원인 4가지를 쓰시오.

**02** HACCP의 의무적용 대상에 해당하는 식품을 3가지 쓰시오.

**03** *Clostrium botulinum* 포자 현탁액을 121°C에서 열처리 하여 초기농도의 99.9999%를 사멸시키는데 1.5분이 걸렸다. 이 포자의 $D_{121}$을 구하시오.

**04** 한외여과에서 막 투과 유속에 영향을 주는 요인을 2가지 쓰시오.

**05** 가수분해정도를 나타내는 포도당 당량 D.E의 계산식을 쓰시오.

**06** 김밥에 오염된 균을 표준평판배양법으로 희석하여 배양한 결과 Colony수가 다음과 같을 때, g당 균수를 계산하시오.
- 1g의 1000배 희석     2500     3500     3000
- 1g의 10000배 희석     200     250     300

**07** 된장이 숙성된 뒤에 신맛이 날 경우, 예상되는 원인을 3가지 쓰시오.

**08** 식품첨가물공전상, 표준온도, 상온, 실온, 미온의 수치 또는 범위를 쓰시오.

**09** 통에 담긴 토마토 케첩을 흔들어 한번 배출시킨 후에는 케첩의 배출이 그 전보다 수월하게 된다. 이에 관련된 케첩의 물성을 설명하시오.

**10** 다음은 분쇄기의 구조를 나타낸 그림이다. 각각의 명칭을 쓰시오.

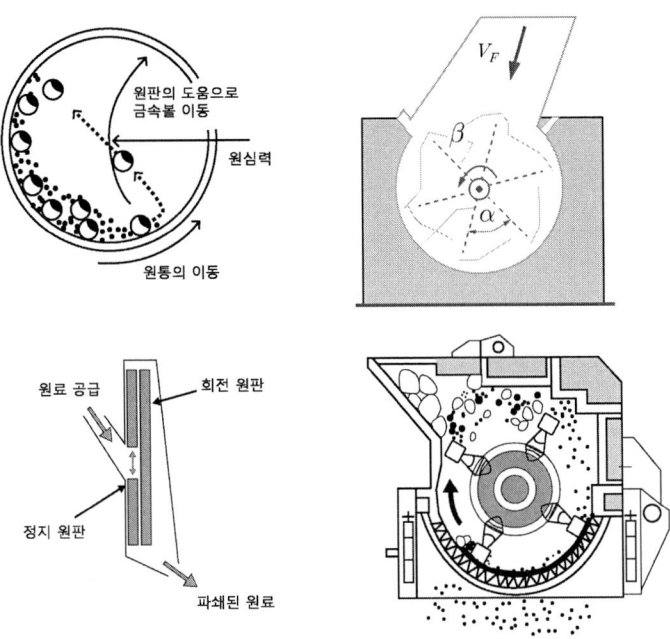

**11** 크로노박터(구 사카자키균)의 (1)영·유아에 대한 위해성을 설명하고, (2) 소비자 측면에서 영·유아에 대한 감염위험을 최소화 할 수 있는 방법 3가지를 쓰시오.

**12** 인스턴트 커피 제조 시, 맛과 향을 최대로 보존할 수 있는 건조방법을 쓰시오.

**13** 사과주스 제조공정에서 여과와 청징을 목적으로 80℃로 가열하고, Pectinase를 첨가하였으나 청징 효과를 얻지 못하였다. 이 문제에 대한 공정상의 원인을 쓰시오.

**14** 알코올음료, 발효식품의 제조 공정 중 생성되는 에틸카바메이트의 (1) 발생 원인과 (2) 줄일 수 있는 방법을 쓰시오.

## ◯ [2007년 2회 해설 및 정답]

**01** 해설
(1) 탈기 부족
(2) 가열 살균 시간 부족
(3) 수소 팽창
(4) 충진 과다

**02** 해설
(1) 식품위생법 제 48조 제 2항에서 총리령으로 정하는 식품
① 수산가공식품류의 어육가공품류 중 어묵·어육소시지
② 기타수산물가공품 중 냉동 어류·연체류·조미가공품
③ 냉동식품 중 피자류·만두류·면류
④ 과자류, 빵류 또는 떡류 중 과자·캔디류·빵류·떡류
⑤ 빙과류 중 빙과
⑥ 음료류[다류 및 커피류 제외]
⑦ 레토르트식품
⑧ 절임류 또는 조림류의 김치류 중 김치(배추를 주원료로 하여 절임, 양념혼합과정 등을 거쳐 이를 발효시킨 것이거나 발효시키지 아니한 것 또는 이를 가공한 것에 한한다)
⑨ 코코아가공품 또는 초콜릿류 중 초콜릿류
⑩ 면류 중 유탕면 또는 곡분, 전분, 전분질원료 등을 주원료로 반죽하여 손이나 기계 따위로 면을 뽑아내거나 자른 국수로서 생면·숙면·건면
⑪ 특수용도식품
⑫ 즉석섭취·편의식품류 중 즉석섭취식품
⑬ 즉석섭취·편의식품류의 즉석조리식품 중 순대
⑭ 식품제조·가공업의 영업소 중 전년도 총 매출액이 100억원 이상인 영업소에서 제조·가공하는 식품

(2) 건강기능식품
(3) 축산물
① 식육
② 포장육
③ 원유
④ 식용란
⑤ 식육가공품
⑥ 유가공품
⑦ 알가공품

## 03 해설

1.5[min] = 6×$D_{121}$[min],  $D_{121}$=0.25[min]

## 04 해설

(1) 온도
(2) 압력
(3) 유입 농도
(4) 유입 속도

## 05 해설

$$D.E = \frac{환원당(포도당으로서\%)}{시료 중의 당고형분(\%)} \times 100$$

## 06 해설

15~300개 사이의 유효 콜로니 수를 세면

$$\frac{(200+250+300)[CFU]}{(1\times 0 + 0.1 \times 3) \times 10^{-3}[g]} = 2,500,000[CFU/g]$$

## 07 해설

(1) 소금의 양이 적을 때
(2) 물의 양이 많을 때
(3) 유기산에 의해
(4) 콩이 덜 쑤어졌거나 원료의 혼합이 불충분하여 골고루 섞이지 않을 때

## 08 해설

(1) 표준온도 : 20°C
(2) 상온 : 15~25°C
(3) 실온 : 1~35°C
(4) 미온 : 30~40°C
(5) 찬물 : 따로 규정이 없는 한 15°C 이하
(6) 온탕 : 60~70°C
(7) 열탕 : 약 100°C의 물

## 09 해설

Thixotropic 유체 : 0 < n < 1
유체를 흔들어 혼합하는 등 외력(전단응력)을 가하면 시간의 흐름에 따라 연속적인 구조의 파괴로 인해 Sol화되면서 유동성을 보이나, 외력을 제거하면 시간의 흐름에 따라 구조의 재배열이 일어나면서 Gel화되어 유동성이 없어지는 성질

## 10 해설

(1) Ball mill : 안에 있는 Ball이 돌아가면 원료를 분쇄
(2) Cutting mill : 칼날이 붙은 두 개의 원판을 서로 마주보게 해 다른 한 쪽을 회전시켜 칼날 사이에서 원료를 분쇄
(3) Disk mill : 얇은 판(디스크)이 돌아가면서 분쇄
(4) Hammer mill : 해머가 돌아가면서 원료를 분쇄

## 11 해설

(1) 영·유아에 대한 위해성
  면역력이 약한 영유아에게 낮은 빈도로 장염 또는 뇌수막염을 일으키며, 회복되더라도 심각한 신경학적 장애를 남긴다.
(2) 소비자 측면에서 영·유아에 대한 감염 위험을 최소화 할 수 있는 방법
  1) 영·유아식 조제 시 위생적인 환경에서 열탕 소독한 기구를 사용한다.
  2) 끓였다 식힌 70°C 이상의 물로 영·유아식을 먹을 양만큼만 조제한다.
  3) 조제된 영·유아식을 흐르는 물이나 얼음으로 식힌 후 즉시 수유한다.
  4) 조제 후 2시간 이내 수유하고, 먹다 남은 영·유아식은 폐기한다.
  5) 당장 먹지 않을 경우에는 즉시 냉장고 속에 4°C에서 보관해야 하고, 만일 24시간 이내에 섭취하지 않을 경우에는 폐기하여야 한다.

## 12
**해설**

동결진공건조

## 13
**해설**

80°C 가량의 온도에서 Pectinase가 열에 의해 변성되어 효소의 활성을 잃었다.

## 14
**해설**

(1) 발생 원인
- 과일 종자에 함유된 시안 화합물에서 유래하여 발효 중 생성된 요소 내의 카보닐기(C=O)와 발효 중 생성된 에탄올($CH_3CH_2OH$) 간에 탈아미노 반응 및 친핵성 치환 반응을 일으켜 생성된다.
- 전구체 : 시안화수소산, 요소, 시트룰린, 아르기닌, 시안배당체, N-carbamoyl 화합물 등

$$R-C\equiv N \xrightarrow{\text{Enzyme Reaction}} H-C\equiv N \xrightarrow{[O]} H-O-C\equiv N$$
Cyanogenic glycoside → Hydrocyanic acid → Hydrogen cyanate

$$H_3C-OH + H-O-C\equiv N \xrightarrow{H^+} H_3C-O-CO-NH_2$$
Ethanol + Hydrogen cyanate → Ethyl carbamate

$$H_3C-OH + H_2N-CO-NH_2 \xrightarrow{H^+} H_3C-O-CO-NH_2 + NH_3$$
Ethanol + Urea → Ethyl carbamate

(2) 줄일 수 있는 방법
1) 원료와 콩과 식물을 같은 농지에서 재배를 금하고, 질소 비료 사용을 줄일 것
2) 상업적으로 요소를 적게 생성하는 효모를 사용하고, 국 사용을 최소화할 것
3) 상처가 없고 품질이 우수한 단백질 함량이 적은 원료를 사용할 것
4) 효모의 질소원(제이인산암모늄 등) 함량을 줄이고 요소 사용을 금할 것
5) 발효 및 증류 전 종자를 제거하는 것이 좋음
6) 침출 시 에탄올 함량은 50%이하로 조절 후, 25°C 이하로 식힌 것을 사용하며, 침출시간은 최대한 짧게 할 것(100일 이내)
7) 아황산염류 농도를 200ppm이하로 처리할 것
8) 침출, 보관, 유통 등에서 저온 조건을 유지하며(25°C 이하로 최대한 낮게), 고온(38°C이상) 및 햇빛에

노출을 방지한다.
9) 발효가 끝나고 여과 전에 산성요소분해를 효소 사용할 것
10) 술덧 증류 시 구리증류기에 직화가 아닌 스팀을 이용하여 천천히 가열하고, 증류시간을 최대한 짧게 할 것
11) 중류획분(도수 55%)까지 수집하고, 분획하여 분리된 초류와 후류는 사용하지 말 것
12) 주정 첨가 시 효모를 제거할 것

# 2007 3회 식품안전기사 실기

[본 문제는 수험자의 기억에 의해 복원된 것으로 실제 시험과 차이가 있을 수 있습니다]
[(舊)식품기사에서 (現)식품안전기사로 변경되었습니다]

**01** 포도주 제조에서 유해 미생물의 증식에 따른 품질 변화를 막기 위해 사용되는 처리법을 쓰시오.

**02** 유지시료 5.6g의 산가를 측정할 때 0.1N KOH 소비량은 1.1mL, 대조군 소비량은 1.0 mL이다. 이때 0.1N KOH를 표정하기 위해 안식향산 0.244g을 취해 에테르-에탄올에 녹여 적정하는데 20mL이 소비되었다. 0.1N KOH의 Factor값을 구하고 산가를 계산하시오.

**03** 100kg의 밀을 제분하기 위해 Tempering한다. 밀의 수분함량은 12%인데 16%로 만들기 위해 첨가해야 할 수분량은?

**04** 300kg 녹말을 산분해할 때 이론적으로 생성되는 포도당은 양은?

**05** 햄류 중 로인햄, 숄더햄 부위에 대해 설명하시오.

**06** 균 초기농도의 1/100000 으로 만드는데 121.1°C에서는 20분이 걸리고 125°C에서는 5.54분이 걸린다. 이 때의 z값을 구하라.

**07** 호화 전분의 노화를 억제하는 방법을 3가지 쓰시오.

**08** 유지 정제 공정 중 탈검 공정의 목적을 쓰시오.

**09** HACCP의 중요관리점과 한계기준에 대해 설명하시오.

**10** 다음은 물의 경도 측정방법이다. 빈 칸에 알맞은 내용을 채우시오.

> 물속의 (    )과 (    )의 양을 (    ) ppm으로 환산하면 총경도이다. 이를 측정하려면 pH를 (    )로 조절하고 (    ) 표준용액으로 적정한다.

**11** 술의 제법상 분류를 세 가지만 쓰시오.

**12** ADI(Acceptable Daily Intake)의 정의를 쓰시오.

**13** 영양성분별 단위 및 유효숫자 처리 규정 중 "0"이라 표시가 가능한 경우를 작성하시오.

**14** 식품의 생물학적 검사방법을 4가지 작성하시오.

**15** 식품의 (1) 등온흡습곡선이란 무엇인지 쓰고, (2) 그래프상 가로축과 세로축의 의미를 표시하여 일반적인 모형을 그리시오

## ◯ [2007년 3회 해설 및 정답]

### 01 해설

아황산 처리법
메타중아황산나트륨, 메타중아황산칼륨, 무수아황산, 산성아황산나트륨, 아황산나트륨, 차아황산나트륨이 이산화황($SO_2$)으로서 그 잔존량이 0.350g/kg 이하가 되도록 첨가한다.

### 02 해설

안식향산 시성식 : $C_6H_5COOH$
안식향산분자량 = 12×6+1×5+12×1+16×2+1=122[g/mol]

(1) factor값

$$\frac{0.244[g]}{122[g/mol]} = f \times 0.1 \times 0.02, \ f=1$$

(2) 산가

$$산가 = \frac{1 \times (1.1 - 1.0) \times 5.611}{5.6} = 0.100196426 \cdots$$

$$\approx 0.1 [mg/g]$$

### 03 해설

(1) $x = \frac{(16-12)[\%]}{(100-16)[\%]} \times 100[kg] = 4.761904762 \cdots \approx 4.76 \ [kg]$

(2)

```
12      84
      6
100      4
```

$(100+x) \times \frac{4}{(84+4)} = x[kg]$

$x = 4.761904762 \cdots \approx 4.76[kg]$

### 04 해설

녹말은 α-D-포도당이 탈수축합되어 생성되었으므로

$$\frac{300}{180-18} \times 180 = 333.333 \cdots \approx 333.33 [kg]$$

## 05 해설

(1) 로인햄 : 돼지 등심(Loin) 부위를 원료로 정형 가공한 것
(2) 숄더햄 : 돼지 어깨(Shoulder) 부위를 원료로 정형 가공한 것

## 06 해설

$$5.54 = 20 \times 10^{\frac{121.1-125}{z}}$$
$$z = 6.995261846\cdots \approx 7.00[°C]$$

## 07 해설

(1) 60°C 이상 유지하거나 0°C 이하로 급속냉동보관
(2) 수분 함량을 10~15% 이하로 조절
(3) pH를 약염기성으로 조절
(4) 당 첨가
(5) 유화제 첨가
(6) 염류($SO_4^{2-}$ 제외) 첨가

## 08 해설

인지질 등의 계면활성제를 제거하여 유화에 의한 원유 손실과 수소화 공정에서의 불완전한 환원 반응 발생을 억제한다.

## 09 해설

(1) CCP : HACCP을 적용하여 식품의 위해요소를 예방, 제거하거나 허용 수준 이하로 감소시켜 당해 식품의 안전성을 확보할 수 있는 단계, 과정 또는 공정
(2) CL : CCP에서의 위해요소관리가 허용 범위 이내로 충분히 이루어지고 있는지 여부를 판단할 수 있는 기준이나 기준치

## 10 해설

물속의 ( $Mg^{2+}$ )과 ( $Ca^{2+}$ )의 양을 ( $CaCO_3$ ) ppm으로 환산하면 총경도이다. 이를 측정하려면 pH를 ( 10 )로 조절하고 ( 0.01 M EDTA ) 표준용액으로 적정한다.

## 11 해설

(1) 발효주 : 효모로 알코올 발효한 술덧을 그대로 또는 여과하여 마시는 술
  1) 단발효주 : 원료에 함유된 당분을 그대로 발효시켜 만든 술
  2) 복발효주 : 녹말질의 당화와 발효시 효모로 발효시킨 술
  3) 단행 복발효주 : 원료의 녹말을 맥아의 Amylase로 미리 당화시킨 당액을 효모로 발효한 것
  4) 복행 복발효주 : Koji균의 Amylase에 의한 당화와 효모에 의한 알코올 발효를 동시에 병행시켜 만든 술
(2) 증류주 : 알코올발효액을 증류하여 알코올 농도를 높인 것
(3) 혼성주 : 알코올이나 발효주에 착색료, 향료, 감미료, 과즙, 의약 성분 및 조미료 등 기타 성분을 혼합시킨 주류

## 12 해설

사람이 하루에 섭취할 수 있는 1일 섭취허용량

## 13 해설

(1) 저열량 : 식품 100g당 40kcal 미만 또는 식품 100mL당 20kcal 미만일 때
(2) 무열량 : 식품 100mL당 4kcal 미만일 때

## 14 해설

(1) 총균수검사
(2) 세균성 식중독검사
(3) 대장균군 검사
(4) 전염성 병원균검사

## 15 해설

(1) 대기 중 상대습도(x축)의 상승에 따라 식품에 흡수되는 평형수분함량(y축)의 변화를 나타낸 곡선, 온도가 증가할수록 상대습도가 줄어들기 때문에 온도에 따른 변화를 반영하면 다음과 같이 그릴 수 있다.

(2)
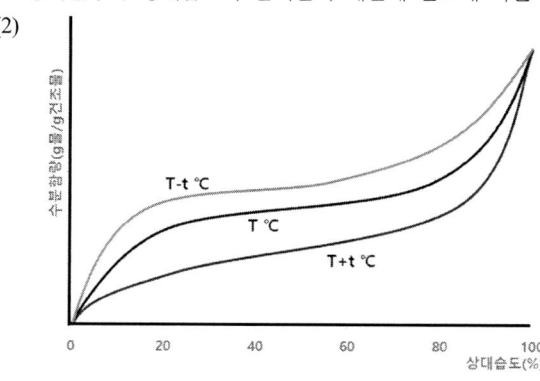

**01** 식품의 위해평가에 사용되는 인체노출량(Human exposure assessment)을 평가하는 방법을 3가지 적으시오.

**02** 식품의 살균을 나타내는 값 중 D값의 의미를 쓰시오.

**03** 아래의 밀가루 2차 가공 시험법은 밀가루 반죽의 어떤 특성을 측정하기 위한 것인지 쓰시오.

**04** 뉴턴유체에서의 전단속도(Shear rate)와 점도와의 관계를 설명하시오.

**05** 근육 중 함유되어 있는 탄수화물의 형태가 주로 어떤 물질로 존재하며 사후에는 어떤 물질로 변하는지 쓰시오.

06  열을 사용하지 않는 식품의 살균방법(비가열 살균법)의 (1)장점과 (2)그 예를 각각 2가지만 쓰시오.

07  식품공전 상 레토르트식품의 기준이다. 아래의 질문에 답하시오.

08  두부 제조 시 사용되는 원료 콩의 pH를 측정하였더니 5.5이었다. 이 콩을 두부 제조 시 사용할 수 있는 지에 대한 여부와 그 이유를 쓰시오.

09  아래는 녹차를 함유한 케이크의 관능검사결과를 일원배치분산분석으로 분석한 결과이다. 각 Sample에 대한 Color와 Overall Quality 특성을 해석하고 이 두 가지 특성을 토대로 관능적으로 가장 우수한 Sample을 선정하시오. (단, 0은 나쁨, 10은 매우 좋음을 의미한다)

|  | Sample | | | | F-value |
|---|---|---|---|---|---|
|  | Control | 1% 첨가군 | 2% 첨가군 | 3% 첨가군 |  |
| Color | $5.35 \pm 1.05^{ab}$ | $5.50 \pm 1.55^{ab}$ | $6.45 \pm 1.52^{b}$ | $4.55 \pm 1.66^{a}$ | $0.482^{**}$ |
| Overall Quality | $4.40 \pm 1.30^{b}$ | $4.05 \pm 1.50^{b}$ | $5.40 \pm 1.70^{c}$ | $3.22 \pm 1.50^{a}$ | $7.52^{***}$ |

** $p<0.01$, *** $p<0.001$

a-c : Different superscripts within a same raw are significantly different by Ducan's multiple range test at $p < 0.05$

10  밀가루 20g에 10mL의 물을 넣어 습부량(Wet gluten)을 측정한 결과가 4g일 때, 습부율은 몇 %인가?

11  김치를 만들기 위해 원료배추 20kg을 전처리하였더니 배추의 폐기율은 20%(w/w)였다. 전처리된 배추를 일정한 조건하에 절임한 다음 세척 탈수하여 얻어진 절임배추의 무게는 12kg이었고, 염 함량은 2%(w/w)였다. 절임공정 중 절임수율과 원료배추의 수득률을 계산하시오. (단, 절임수율은 절임공정에서 투입된 원료배추에 대한 절임배추의 비율이며, 원료배추의 수득률은 다듬기 전 원료에서 세척 탈수된 절임배추까지의 순수한 배추만의 변화율을 의미한다.)

12  식품관능검사에서 시료를 패널에게 제시할 때의 용기, 시료의 양과 크기의 조건을 한 가지씩 쓰시오.

13  그람염색에 사용되는 다음의 시약들을 사용 순서대로 나열하시오.

| 알코올 | 사프라닌 | 크리스탈바이올렛 | 요오드용액 |

14  식품 등의 표시기준에 의한 표시사항을 세 가지 쓰시오.

**15** 우유의 살균방법 중 저온장시간살균법(LTLT법)과 고온단시간 살균법(HTST법)의 살균온도와 시간을 각각 얼마이고 살균하였을 때 완전하게 살균되었는지를 검사하는 시험법은 무엇인지 쓰시오.

## [2008년 1회 해설 및 정답]

**01** 해설

(1) 1인당 평균소비량 방법(Per capita disappenance approach)
(2) 시장바구니 방법(Market Basket approach)
(3) 모델 식이방법(Model diet approach)
(4) 시나리오 방법(Senario appoach)
(5) 식이 섭취 조사 방법(Surveillance approach, Food consumption survey method)
(6) Duplicate meal approach
(7) 노출분석 모델링(Modeling exposure analysis)

**02** 해설

특정 온도에서 가열멸균 시 미생물 균군 수를 1/10로 사멸시키는 데 걸리는 시간

**03** 해설

(1) Farinograph : 밀가루 반죽의 점탄성 측정, 반죽의 흡수율(반죽이 일정한 굳기(500 B.U.)를 얻기까지의 필요한 수분량), 반죽의 물리적 성질 측정[견고도, 반죽시간, 안정도(500 B.U. 유지시간), 약화도(안정도 +12분 후) 등]
(2) Extensograph : 밀가루 반죽이 끊어질 때까지 늘림, 반죽의 신장성, 인장항력, 탄력성(신장성과 인장항력이 이루는 면적) 측정, 밀가루 개량효과 측정 등
(3) Amylograph : 점도 변화, α-amylase의 활성 측정, 전분의 호화 측정 등

**04** 해설

$$\tau = \mu \times \frac{du}{dx} \ , \ \mu_a = \frac{\tau}{\dot{\gamma}} = \kappa \dot{\gamma}^{n-1} + \frac{\tau_0}{\dot{\gamma}}$$

전단응력($\tau$)이 전단속도($\dot{\gamma}$, $\frac{du}{dx}$)에 비례하는 유체

뉴턴 유체는 유동지수(n)가 1, 항복응력($\tau_0$)이 0으로 겉보기점도($\mu_a$)가 일정하다.

## 05 해설

1) 근육 내 저장 형태 : 글리코겐
2) 사후 변화되는 형태 : 젖산

## 06 해설

(1) 장점
   1) 가열하지 않아 열 변성 및 향기손실 방지
   2) 대량의 냉각수가 필요없다.
   3) 상 변화 없이 연속조작이 가능하여 에너지 절약
   4) 장치와 조작이 간단
   5) 분획과 정제가 동시에 가능 – 여과 제균 한정

(2) 예시
   1) 방사선 조사 멸균
   2) 전자선 조사
   3) 자외선 조사
   4) 펄스 전기장
   5) 초음파 멸균
   6) 초고압 처리 멸균
   7) 진동자기장 멸균
   8) 여과 제균

## 07 해설

(1) 보존료 사용기준 : 일절 사용하여서는 아니된다.
(2) 타르색소 사용기준 : 검출되어서는 아니된다.

## 08 해설

(1) 사용가능여부 : 사용가능
(2) 이유
   콩단백의 주성분인 Glycinine의 pI는 4.5로 pH 5.5에서는 순전하가 음전하를 띠고 있다. 따라서 2가 금속염($Ca^{2+}$, $Mg^{2+}$ 등)을 첨가해줄 경우 정전기적 인력에 의해 쉽게 응고할 수 있다. 글루코노-δ-락톤의 경우는 가수분해되어 산을 생성하여 두유액의 pH를 직접 등전점까지 낮추어 단백질을 응고시킬 수 있다.

## 09 해설

(1) Color 특성 : Control과 비교했을 때, 2%까지는 첨가함량에 비례하여 Color에 대한 선호도가 유의적으로 증가하지만, 3%에서는 선호도가 감소하는 경향을 나타낸다.
(2) Overall Quality 특성 : Control과 비교했을 때, 1% 첨가군은 유의적인 차이가 없으나 2% 첨가군에서는 Overall Quality가 증가하며, 3%에서는 오히려 감소하는 경향을 나타낸다.
(3) 가장 우수한 Sample : 2% 첨가군

## 10 해설

- 습부율 $= \dfrac{4}{20} \times 100 = 20 [\%]$

## 11 해설

1) 절임 수율[%] $= \dfrac{\text{절임, 세척 및 탈수한 배추의 무게}}{\text{다듬은 배추의 무게}} \times 100$
   $= \dfrac{12}{16} \times 100 = 75 [\%]$

2) 수득률[%] $= \dfrac{\text{처리 후 배추의 순수무게}}{\text{원재료무게}} \times 100$
   $= \dfrac{12 \times 0.98}{20} \times 100 = 58.8 [\%]$

## 12 해설

(1) 용기 : 용기의 크기, 모양, 색이 일정할 것
(2) 시료의 양과 크기 : 한 입 크기로 먹기 좋게, 크기의 차이가 느껴지지 않을 정도로 동일하게 제공할 것

## 13 해설

크리스탈바이올렛 – 요오드용액 – 알코올 – 사프라닌

## 14
**해설**

(1) 제품명
(2) 식품유형
(3) 영업소(장)의 명칭(상호) 및 소재지
(4) 제조연월일
(5) 유통기한 또는 품질유지기한
(6) 내용량 및 내용량에 해당하는 열량
(7) 원재료명
(8) 성분명 및 함량
(9) 영양성분 등 Ⅲ. 개별표시사항 및 표시기준에서 식품등에 표시하도록 규정한 사항

## 15
**해설**

(1) 저온장시간살균법 (LTLT법) : 63~65℃에서 30분간
(2) 고온단시간살균법 (HTST법) : 72~75℃에서 15초간
(3) 초고온단시간살균법(UHT법) : 130~150℃에서 0.5 내지 5초간 살균 후 즉시 10℃로 냉각
(4) 시험법 : Phosphatase 검사

# 식품안전기사 실기

[본 문제는 수험자의 기억에 의해 복원된 것으로 실제 시험과 차이가 있을 수 있습니다]
[(舊)식품기사에서 (現)식품안전기사로 변경되었습니다]

**01** 역적정의 정의를 쓰고 예시를 1개 드시오.

**02** HPLC를 사용할 때 낮은 pH영역의 물질을 분석하고 나면 고압관이 망가지는 원인이 된다. 실험 후에 어떠한 조치를 취해야 하는가?

**03** 우유 4500kg을 5~55℃까지 열 변환장치를 이용해 4500kg/h만큼 흘려주며 가열한다. 우유의 비열이 3.85kJ/kg·K 일 때, 1초당 필요한 열에너지(kW)는?

**04** 다음 표에 있는 빈 칸에 효소의 이름과 생성물을 알맞게 채우시오.

| 효소이름 | 기질 | 생성물 |
|---|---|---|
|  | 전분 | 덱스트린 |
|  | 덱스트린 | 맥아당 |
|  | 설탕 | 포도당, 과당 |
| Lactase | 유당 |  |
| Lipase | 지방 |  |

**05** NOAEL 350mg/kg · day, 안전계수 100, 식품계수 0.1kg/day일 때 아래의 내용을 구하시오.
  (1) ADI(mg/kg · day)
  (2) 1인(60kg)의 MPI(mg/day) - Maximum Permissible Intake, 일일최대섭취허용량
  (3) MRL(mg/kg 또는 ppm) - Maximum Residue Limits, 최대 식품 허용 잔류량

**06** HACCP에 명시된 냉장 및 냉동 온도를 쓰시오.

**07** 다음은 레이놀즈수에 관한 내용이다. 빈 칸을 채우시오.

> 관속을 흐르는 유체는 원형 직선관에서
> 레이놀즈수가 (    )이하이면 층류, (    )이상이면 난류이다.

**08** 산 분해 간장에서 3-MCPD의 생성원인을 쓰시오.

**09** 유지의 측정요소인 TBA가에 대해서 설명하시오.

**10** 위해식품의 회수등급을 분류할 때 고려하는 3요소는 무엇인가?

**11** 식품첨가물 규격을 결정하는 국제기구 두 곳은 어디인가?

**12** 다음은 트랜스 지방과 나트륨의 식품 표시 기준량이다. 빈 칸을 채우시오.

(1) 트랜스지방은 (　　)g당 (　　)이면 0으로 표시
(2) 나트륨은 (　　)g당 (　　)이면 0으로 표시

## ◯ [2008년 2회 해설 및 정답]

### 01 해설

(1) 정의
시료 용액에 과량의 표준용액을 가하여 충분히 반응시킨 뒤, 나머지 표준용액을 별도의 표준액으로 적정하여 문제의 성분량을 간접적으로 구하는 적정

(2) 예시
조단백 정량, 산도/알칼리도 측정 등

### 02 해설

탈이온수(Deionized water)를 비롯한 컬럼을 오염시킨 물질과 극성이 비슷한 HPLC용 용매를 단독 또는 혼합하여 컬럼 부피의 10배 정도씩 흘려 탈염·세척한 뒤 Column에 맞는, 고정상과 다른 극성의 Shipping solvent(보존용매)로 세척 후, Shipping solvent로 Column 내부를 채워둔다. 이 때 분석 시 유속보다 1/5~1/2로 유속을 낮추어 사용한다.

### 03 해설

$$Q = \frac{3.85[kJ/kg \cdot K] \times 4500[kg/h] \times (55-5)[K]}{3600[s/h]}$$

$$= 240.625[kJ/s] \approx 240.63[kW]$$

### 04 해설

| 효소이름 | 기질 | 생성물 |
|---|---|---|
| α-Amylase | 전분 | 덱스트린 |
| β-Amylase | 덱스트린 | 맥아당 |
| Invertase | 설탕 | 포도당, 과당 |
| Lactase | 유당 | 포도당, 갈락토오스 |
| Lipase | 지방 | 모노아실글리세리드, 지방산 |

## 05 해설

(1) ADI(mg/kg · day)
$$ADI = 350[mg/kg \cdot day] \times \frac{1}{100} = 3.5[mg/kg \cdot day]$$

(2) 1인(60kg)의 MPI(mg/day) - Maximum Permissible Intake, 일일최대섭취허용량
$$MPI = 3.5[mg/kg \cdot day] \times 60[kg] = 210[mg/day]$$

(3) MRL(mg/kg 또는 ppm) - Maximum Residue Limits, 최대 식품 허용 잔류량
$$MRL = \frac{210[mg/day]}{0.1[kg/day]} = 2100[mg/kg] = 2100[ppm]$$

## 06 해설

(1) 냉장 온도 : 0 ~ 10℃
(2) 냉동 온도 : −18℃

## 07 해설

관속을 흐르는 유체는 원형 직선관에서 레이놀즈수가 ( 2100 )이하이면 층류( 4000 )이상이면 난류이다.

## 08 해설

지방과 염분을 성분으로 하는 식품을 고온으로 제조하는 과정에서 생성됨 주로 산분해간장 및 식물성 단백 가수분해산물(HVP) 제조시, 원료에 포함된 잔류지질이나 인지질이 HCl을 사용한 산 가수분해 반응 부산물로 생성됨

Glycerol → 3-monochloropropan-1,2-diol (3-MCPD, Recamized) + $H_2O$

## 09 해설

유지의 산패과정에서 생성된 Malonaldehyde와 TBA가 결합하여 붉은색을 내는 착물을 형성하는 것을 이용, 흡광도를 측정하여 생성 농도를 확인한다. 유지 1kg 중의 Malonaldehyde의 양을 Malonaldehyde와 TBA 간에 생성되는 발색 물질의 양을 흡광도를 통해 측정한다.

## 10 해설

(1) 위해요소의 종류
(2) 인체건강에 영향을 미치는 위해의 정도
(3) 위반행위의 경중 등

> □ 참고
> **관리 지자체에서 식품 회수명령 시 3가지 요소**
> (1) 회수대상 식품등
> (2) 회수계획
> (3) 회수절차 및 회수결과
> [출처 : 식품위생법 제45조(위해식품등의 회수) 제3항]

## 11 해설

(1) JECFA (FAO/WHO의 합동식품첨가물전문가위원회, Joint FAO/WHO Expert Committe on Food Additives)
(2) CAC(국제 식품 규격위원회, Codex Alimentarius Commission)

## 12 해설

(1) 트랜스지방은 ( 100 )g당 ( 0.2g )이면 0으로 표시
(2) 나트륨은 ( 100 )g당 ( 5mg )이면 0으로 표시

# 2008 3회 식품안전기사 실기

01 우유의 신선도 판정 시험 중 산도 측정법에 대해 설명하시오.

02 다음의 정의를 쓰시오.

03 현미 제조 시 도정 원리 4가지를 쓰시오.

04 밀가루의 2차 가공 적성 시험 방법을 3가지 쓰시오.

05 우수건강기능식품제조및품질관리기준(GMP)의 정의와 목적을 쓰시오.

06 요오드가 측정의 정의와 목적을 쓰시오.

**07** Fehling 반응에 의해 생성되는 물질의 명칭과 화학식을 쓰시오.

**08** 김치 발효 숙성에 관여하는 젖산균을 세 종류 적으시오.

**09** 탄수화물 중 오탄당의 종류를 3가지 쓰시오.

**10** 135g의 물을 11°C에서 41°C로 올리는데 필요한 열량은?

**11** 과자를 반죽 시 반죽 온도가 낮을 경우 비중과 껍질과 향기에 미치는 영향은?

**12** 미생물 시험방법 중 고체 검체의 처리 방법을 쓰시오.

**13** 설탕 25kg과 물 75kg을 녹여 당액을 만들 때 당도, % 농도, 몰분율은?

**14** 화학성 식중독의 발생 요인을 2가지 쓰시오.

**15** 식품에 방사선 조사하는 목적 중 2가지를 쓰시오.

**16** 메타인산염이 육류와 과실과 면류에 사용하였을 때의 효과는?

◐ [2008년 3회 해설 및 정답]

**01** 해설

우유 내에 세균이 증식하면서 유기산을 생성하고, 이것이 우유의 산도를 높이며 pH가 저하된다. 산도 측정법은 검사시료 10 mL에 탄산가스를 함유하지 않은 물 10 mL를 가하고 페놀프탈레인시액 0.5 mL를 가하여 0.1N NaOH 적정하여 30초간 홍색이 지속할 때까지 적정한다. 변색한 시점에서의 0.1N NaOH 수용액의 소모량을 젖산의 양으로 환산하여 유기산의 양을 정량하는 방법이다.

$$\text{산도(젖산\%)} = \frac{(0.009 \times f \times V)[g]}{S[mL] \times d[g/mL]} \times 100$$

**02** 해설

(1) 표준용액 : 부피 분석의 기준용액으로 사용되는 것
(2) 표정 : 표준용액의 실제농도를 결정하는 조작
(3) 역가 : 용액이 얼마나 정확하게 만들어졌는지를 확인하기 위하여 실제 측정된 당량을 원하는 소정의 당량으로 나누어준 값

**03** 해설

(1) 마찰
(2) 찰리
(3) 절삭
(4) 충격

**04** 해설

(1) Farinograph
  밀가루 반죽의 점탄성 측정, 반죽의 흡수율(반죽이 일정한 굳기(500 B.U.)를 얻기까지의 필요한 수분량), 반죽의 물리적 성질 측정[견고도, 반죽시간, 안정도(500 B.U. 유지시간), 약화도(안정도+12분 후) 등] 안정도=도착시간-출발시간
(2) Extensograph : 밀가루 반죽이 끊어질 때까지 늘림, 반죽의 신장성, 인장항력, 탄력성(신장성과 인장항력이 이루는 면적) 측정, 밀가루 개량효과 측정 등
(3) Amylograph : 점도 변화, α-amylase의 활성 측정, 전분의 호화 측정 등
(4) Mixograph : 글루텐 양과 흡수율의 관계를 비롯하여 반죽시간, 반죽 내구성을 알 수 있다.
(5) Compressimeter : 빵 속질의 단단함(Firmness) 측정
(6) Tenderometer : 속질 부드러움(Tenderness, Toughness) 측정

(7) Tackermeter : 빵 속질의 질김(Gumminess) 측정
(8) Rhe-o-graph : 반죽이 기계적 발달을 할 때 일어나는 변화를 측정하는 기계, 밀가루의 흡수율 계산
(9) Mixatron : 믹서 모터에 전력계를 연결하여 반죽의 상태를 전력으로 환산, 곡선으로 표시하는 장치이다. 새 밀가루의 정확한 반죽 조건을 신속하게 점검할 수 있으며 균일한 제품을 얻을 수 있다.
(10) Texture analyzer : Texture 분석
중 택 3

## 05 해설

(1) 정의
GMP(Good Manufacturing Practice) : 우수건강기능식품제조 및 품질관리기준
안전하고 우수한 품질의 건강기능식품을 제조하도록 하기 위한 기준으로서 작업장의 구조, 설비를 비롯하여 원료의 구입부터 생산·포장·출하에 이르기까지 전 공정에 걸쳐 생산과 품질의 관리에 관한 체계적인 기준

(2) 목적
인위적 과오의 최소화, 오염 및 품질변화 방지, 품질보증체계의 확립

## 06 해설

(1) 정의
일정한 측정법으로 측정한 지질 100g 에 흡수되는 할로겐의 양을 요오드의 g수로 나타낸 것

(2) 목적
유지의 불포화도(유지 내 이중결합의 수) 측정

## 07 해설

산화구리(I), $Cu_2O$

□ 참고
Fehling's reaction
$R-CHO_{(aq)} + Cu^{2+}_{(aq)} + 2OH^-_{(aq)} \rightarrow R-COOH_{(aq)} + H_2O_{(l)} + Cu_2O_{(s)} \downarrow$

## 08 해설

(1) *Leuconostoc* 속

*Leuc. mesenteroides* (김치 초기 발효에 관여), *Leuc. carnosum*, *Leuc. citreum*, *Leuc. gasicomitatum*, *Leuc. gellidum*, *Leuc. paramesenteroides*, *Leuc. kimchii*, *Leuc. lactis* 등

(2) *Lactobacillus* 속

*L. plantarum* (김치 후기 발효에 관여), *L. algidus*, *L. brevis*, *L. curvatus*, *L. kimchii*, *L. mali*, *L. paraplantarum*, *L. pentosus*, *L. sakei*, *L. casei* 등

(3) *Weissella* 속

*Weissella cibaria*, *W. confusa*, *W. koreensis*, *W. soli*, *W. viridescens* 등

## 09 해설

(1) Ribose
(2) Xylose
(3) Arabinose
(4) Ribulose
(5) Rhamnose

## 10 해설

$Q = 1\,[\text{kcal/kg K}] \times 0.135\,[\text{kg}] \times (41-11)\,[\text{K}]$

$= 4.05\,[\text{kcal}] = 16.9452\,[\text{kJ}]\,(\because 1\,[\text{kcal}] = 4.184\,[\text{kJ}])$

## 11 해설

(1) 낮은 반죽온도

온도가 낮으면 지방의 일부가 굳어 반죽이 공기를 포함하기 어렵기 때문에 비중이 높다. 이런 반죽은 오래 구워야 속까지 익기 때문에 껍질은 두껍고 부서지기 쉬우며, 캐러멜화가 많이 일어나 향기가 짙다.

(2) 높은 반죽온도

온도가 높으면 지방이 너무 녹아들어 반죽이 공기를 포함하기 어렵다. 또한 베이킹파우더의 분해가 빨라져 너무 빨리 가스를 발생해 반죽 밖으로 빠져나가므로 조직의 질감이 부드럽다.

## 12
### 해설

채취된 검체의 일정량(10~25 g)을 멸균된 가위와 칼 등으로 잘게 자른 후 희석액을 가해 균질기를 이용해서 가능한 한 저온으로 균질화한다. 여기에 희석액을 가해서 일정량(100~250 mL)으로 한 것을 시험용액으로 한다.

## 13
### 해설

1) 당도

$$\frac{25}{25+75} \times 100 = 25$$

25 °Brix

2) %

$$\frac{25}{25+75} \times 100 = 25$$

25%

3) 몰분율

$$\frac{\frac{25}{342}}{\frac{25}{342}+\frac{75}{18}} = 0.01724137931034 \cdots \approx 0.02$$

## 14
### 해설

(1) 유해 식품첨가물
(2) 유해중금속
(3) 농약
(4) 환경호르몬
(5) 식품 제조 및 가공 중에 유독 물질 발생

## 15
### 해설

(1) 발아 억제
(2) 숙도 조절
(3) 살충
(4) 살균

## 16

**해설**

(1) 산도조절제 – 첨가된 산화 방지제의 시너지스트로 작용
(2) 산도조절제 – 색소 안정화 및 갈변 방지
(3) 팽창제 – 면류에 부드러운 식감 부여

# 2009 1회 식품안전기사 실기

[본 문제는 수험자의 기억에 의해 복원된 것으로 실제 시험과 차이가 있을 수 있습니다]
[(舊)식품기사에서 (現)식품안전기사로 변경되었습니다]

**01** 감귤 통조림 제조 시 속껍질을 제거하는 산 박피법과, 알칼리 박피법의 방법을 아래의 표에 작성하시오.

**02** 저메톡실 펙틴을 정의하고, 저메톡실 펙틴 젤리를 제조하기 위해 필요한 첨가물과 사용 목적을 쓰시오.

**03** 식품의 (1) 등온흡습곡선이란 무엇인지 쓰고, (2) 그래프상 가로축과 세로축의 의미를 표시하여 일반적인 모형을 그리시오

**04** HACCP에서 제품설명서와 공정흐름도 작성의 주요 목적과 각각 포함되어야 하는 사항의 예시를 쓰시오.

**05** 김밥에 오염된 균을 표준평판배양법으로 희석하여 배양한 결과 Colony수가 다음과 같을 때, g당 균수를 계산하시오.

- 1g의 1000배 희석     2500     3500     3000
- 1g의 10000배 희석    200      250      300

**06** 우유나 주스 같은 유동성 식품의 제조 시 장치를 청소·세척하는 CIP(Clean-In-Place, 정치세척) 방법이란 무엇인지 쓰시오.

**07** 식품위생법령상 「회수대상이 되는 식품 등의 기준」에서 언급된 식중독균의 종류를 5종류 쓰시오.

**08** 분무세척 시 아래의 경우 각각의 세척효과에 대한 장·단점을 쓰시오.

> 해설

|  | 장점 | 단점 |
| --- | --- | --- |
| (1) 물의 분사압력이 강할 경우 | 오염물질이나 세균제거에 용이 | 제품파손의 위험 |
| (2) 물의 분사거리가 너무 멀 경우 | 제품 파손의 위험 감소 | 오염물질이나 미생물이 남아있을 수 있음 |
| (3) 물의 분사거리가 너무 가까울 경우 | 오염물질이나 세균제거에 용이 | 물의 분사 표면적이 좁아 세척시간이 오래 걸림, 제품파손의 위험 |
| (4) 물의 사용량이 너무 많을 경우 | 오염물질이나 세균제거에 용이 | 물 낭비 |

09  유기가공식품은 식품 등의 표시기준상 식품의 제조, 가공에 사용한 원재료의 몇 % 이상이 어떤 법의 기준에 의해 유기농림산물 및 유기축산물의 인증을 받아야 하는지 쓰시오.

> · 유기가공식품에 사용할 수 있는 원료, 식품첨가물, 가공보조제 등은 모두 유기적으로 생산된 것으로 다음의 어느 하나에 해당하는 것이어야 한다. 그럼에도 불구하고 유기원료를 상업적으로 조달할 수 없는 경우에는 제품에 인위적으로 첨가하는 (    )과 (    )을 제외한 제품 중량의 (    )% 범위에서 유기원료가 아닌 원료를 사용할 수 있다. 다만, 중량비율에 관계없이 유기원료와 동일한 종류의 유기원료 외의 원료는 혼합할 수 없다.
> · 유전자변형생물체 또는 유전자변형생물체에서 유래한 원료는 사용할 수 없다.

10  효모에 의한 알코올 발효의 반응식(Gay-Lussac)을 쓰고, 포도당 100kg으로부터 이론상 몇 kg의 에틸알코올이 생성되는지 계산하시오.

11  와인의 제조공정에서 아황산 첨가하는 목적을 2가지와 최종 제품에서 아황산이 소실되는 이유를 쓰시오.

12  수분활성도 0.6의 NaCl 수용액을 제조할 때, 해당 용액의 몰랄농도를 계산하시오.(이 때, 물의 분자량은 18, NaCl의 화학식량은 58.5이며, NaCl은 물에 녹아 완전히 이온화한다.)

## ○ [2009년 1회 해설 및 정답]

### 01 해설

|  | 산박피법 | 알칼리 박피법 |
|---|---|---|
| (1) 목표성분 | 펙틴(내피) | 펙틴(표피세포 중간층) |
| (2) 사용 용액 | 0.5~1% HCl | 0.5~2.0% NaOH |
| (3) 온도 | 20~30 °C | 100 °C 이상 |
| (4) 시간 | 30~150분 | 40~60초 담근 후, 바로 물 세척 |
| (5) 중화 | 0.5~1% NaOH | 0.2% 구연산 또는 염산 |
| (6) 담그기 | 4~19시간 | 육질 탄력성 커서 담그지 않음 |

### 02 해설

(1) 저메톡실펙틴 정의
   Pectin 중 분자 내 Methoxyl기(=Methylester기, $-OCH_3$) 함량이 7% 이하인 것
(2) 첨가물 : $Ca^{2+}$ 염, 보존료
(3) 첨가물 첨가목적
   α-D-Galacturonic acid에 있는 $-COO^-$ 에 의해 발생하는 음전하 간의 반발력을 $Ca^{2+}$ 가 중화 및 완화시키며 가교를 형성하여 단단한 물성을 부여함

### 03 해설

(1) 대기 중 상대습도(x축)의 상승에 따라 식품에 흡수되는 평형수분함량(y축)의 변화를 나타낸 곡선, 온도가 증가할수록 상대습도가 줄어들기 때문에 온도에 따른 변화를 반영하면 다음과 같이 그릴 수 있다.
(2)

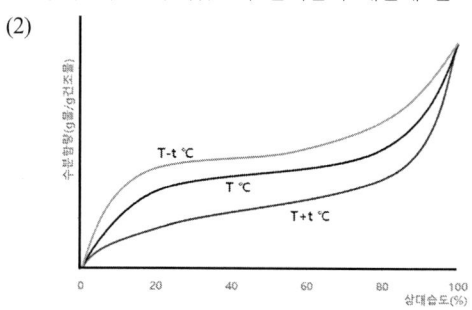

## 04 해설

| | 목적 | 예 |
|---|---|---|
| 제품 설명서 | HACCP 시스템을 적용코자 하는 식품에 대한 정확한 현황 파악과 이해를 위해 해당 식품의 특성과 용도를 기술하기 위해 작성 | ① 제품명, 제품 유형 및 성상<br>② 품목제조보고 연·월·일(해당제품에 한한다)<br>③ 작성자 및 작성연·월·일<br>④ 성분(또는 식자재) 배합 비율<br>⑤ 제조(포장)단위(해당제품에 한한다)<br>⑥ 완제품 규격<br>⑦ 보관·유통상(또는 배식상)의 주의사항<br>⑧ 유통기한(또는 배식시간)<br>⑨ 포장방법 및 재질(해당제품에 한한다)<br>⑩ 표시사항(해당제품에 한한다)<br>⑪ 기타 필요사항 |
| 공정흐름도 작성 | 위해요소가 발생할 수 있는 지점을 찾아내기 위해 작성 | ① 제조·가공·조리 공정도(Flow diagram)(공정별 가공방법)<br>② 작업장 평면도(작업특성별 분리, 시설·설비 등의 배치, 제품의 흐름과정, 세척·소독조의 위치, 작업자의 이동경로, 출입문 및 창문 등을 표시한 평면도면)<br>③ 급기 및 배기 등 환기 또는 공조시설 계통도<br>④ 용수 및 배수 처리 계통도 |

## 05 해설

15~300개 사이의 유효 콜로니 수를 세면

$$\frac{(200+250+300)[CFU]}{(1\times 0 + 0.1\times 3)\times 10^{-3}[g]} = 2,500,000[CFU/g]$$

## 06 해설

기계를 분해하지 않고 조립된 상태 그대로 장치내부에 세제 등을 사용하여 오염물질을 제거하고 세척수로 헹군 뒤, 살균제로 세척된 표면을 살균하고 최종적으로 헹궈주는 방법

## 07
**해설**

(1) 살모넬라 (*Salmonella enteriditis* 등)
(2) 대장균 O157:H7 (*E. Coli O157:H7*)
(3) 캠필로박터 제주니 (*Campylobacter jejuni*)
(4) 클로스트리디움 보툴리눔 (*Clostridium botulinum*)
(5) 리스테리아 모노사이토제네스(*Listeria monocytogenes*)

## 08
**해설**

|  | 장점 | 단점 |
|---|---|---|
| (1) 물의 분사압력이 강할 경우 | 오염물질이나 세균제거에 용이 | 제품파손의 위험 |
| (2) 물의 분사거리가 너무 멀 경우 | 제품 파손의 위험 감소 | 오염물질이나 미생물이 남아있을 수 있음 |
| (3) 물의 분사거리가 너무 가까울 경우 | 오염물질이나 세균제거에 용이 | 물의 분사 표면적이 좁아 세척시간이 오래 걸림, 제품파손의 위험 |
| (4) 물의 사용량이 너무 많을 경우 | 오염물질이나 세균제거에 용이 | 물 낭비 |

## 09
**해설**

· 유기가공식품에 사용할 수 있는 원료, 식품첨가물, 가공보조제 등은 모두 유기적으로 생산된 것으로 다음의 어느 하나에 해당하는 것이어야 한다.
 그럼에도 불구하고 유기원료를 상업적으로 조달할 수 없는 경우에는 제품에 인위적으로 첨가하는 ( 물 )과 ( 소금 ) 을 제외한 제품 중량의 ( 5 )% 범위에서 유기원료가 아닌 원료를 사용할 수 있다. 다만, 중량비율에 관계없이 유기원료와 동일한 종류의 유기원료 외의 원료는 혼합할 수 없다.
· 유전자변형생물체 또는 유전자변형생물체에서 유래한 원료는 사용할 수 없다.

## 10
**해설**

$C_6H_{12}O_6 \rightarrow 2C_2H_5OH + 2CO_2$

$x = \dfrac{100[kg]}{180[g/mol]} \times 46[g/mol] \times 2 = 51.11[kg]$

## 11 해설

(1) 첨가목적
　1) 유해 미생물 생육억제
　2) 적색소의 안정화
　3) 청징화
　4) 갈변 방지
　5) 산화 방지
　6) 주석산염 석출 방지

(2) 소실되는 이유
　이산화황의 잔존량이 식품첨가물 공전에 의거한 과실주 기준 0.350g/kg이 되도록 첨가하며, 살균이나 발색에 사용되면서 소모된다. 남아있는 아황산은 화학 평형 중 $H_2SO_3(aq) \leftrightarrow H_2O(l) + SO_2(g)$에 의해 대부분 기체 형태로 존재하므로, 마개를 딴 이후 대부분 제거된다.

## 12 해설

NaCl이 물에 녹아 $Na^+$ 2mol, $Cl^-$ 2mol 생성되므로 NaCl 2mol을 물 6mol에 녹인다.

$$m = \frac{2[mol]}{\frac{18[g/mol] \times 6[mol]}{1000[g/kg]}} = 18.51851851851 \cdots \approx 18.52[mol/kg]$$

실제 제조 불능, 25℃ 물 100g 기준 최대 NaCl 35.7g 용해 가능.
s-NaCl$_{(aq)}$ 밀도는 1.202g/mL, 포화 농도는 약 26.3%, 약 5.4M, 약 6.1m

# 2009년 2회 식품안전기사 실기

01 노로바이러스의 (1)주감염 경로와, (2)원인 규명 및 감염 경로 확인이 어려운 이유를 쓰시오.

02 *Clostrium botulinum* 포자 현탁액을 121°C에서 열처리 하여 초기농도의 99.9999%를 사멸시키는데 1.5분이 걸렸다. 이 포자의 $D_{121}$을 구하시오.

03 (1) 동결건조를 물의 상평형도로 설명하고, (2) 동결건조의 장점 2가지 쓰시오.

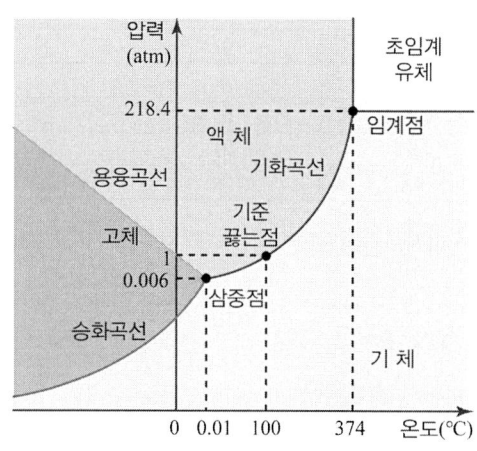

- 삼중점 : 기체, 액체, 고체 상태가 평형상태로 공존하는 점
- 승화 곡선 : 고체와 기체가 공존하는 선
- 용융곡선(융해곡선) : 고체와 액체가 공존하는 선
- 기화곡선(증기압력곡선) : 액체와 기체가 공존하는 선
- 임계점 : 기체와 액체를 분간할 수 없는 임계 상태에서의 지점
- 기준 끓는점 : 1기압에서 액체가 기체로 변하는 지점

**04** 냉동식품(채소류)의 경우 Blanching을 하는 이유를 4가지 쓰시오.

**05** 전분으로부터 당을 제조할 때 첨가하는 대표적인 효소는 Amylase와 Glucoamylase가 있다. 두 효소 중 한 종류만 넣었을 경우, D.E와 점도의 변화는 어떻게 변하는지 서술하시오.

**06** 다음은 조지방 정량법 설명이다. 빈 칸을 채우시오.

**07** 제품 평가 3가지 제품 201, 656, 786 에 대하여 18명의 패널들이 0~9점으로 평가하였다. 다음 물음에 답하시오.

| 시료<br>패널 | 201 | 786 | 656 | |
|---|---|---|---|---|
| 1번 | 6 | 9 | 5 | 20 |
| 2번 | 7 | 5 | 9 | 21 |
| (중략) | - | - | - | - |
| 17번 | 8 | 8 | 6 | 22 |
| 18번 | 9 | 6 | 10 | 25 |
| 합계 | 90 | 98 | 101 | 289 |

(1) 시료 간의 자유도(수준 수 - 1) : 3 - 1 = 2
(2) 패널 간의 자유도(반복 수 - 1) : 18 - 1 = 17
(3) 오차의 자유도(수준 수 × (반복 수 - 1)) : 3 × (18 - 1) = 51
(4) Total 자유도(수준 수 × 반복 수 -1) : 3 × 18 - 1 = 53
(5) 다음 자료를 활용하여 수정된 결정계수($R_{adj}^2$)를 구하시오.
　　(단, x와 y는 시료의 제시된 순서대로 아랫첨자 1, 2, 3으로 사용하시오.)

$$\hat{y} = mx + b \quad R^2 = \frac{SSR}{SST} = 1 - \frac{SSE}{SST} \quad R_{adj}^2 = 1 - \frac{n-1}{n-p-1} \times \frac{SSE}{SST}$$

$$m = \frac{n\sum(xy) - \sum(x)\sum(y)}{n\sum(x^2) - (\sum(x))^2} \quad b = \frac{\sum(x^2)\sum(y) - \sum(x)\sum(xy)}{n\sum(x^2) - (\sum(x))^2}$$

$$SST = \sum_{i=1}^{n}(y_i - \overline{y_i}) \quad SSR = \sum_{i=1}^{n}(\hat{y_i} - \overline{y_i}) \quad SSE = \sum_{i=1}^{n}(y_i - \hat{y_i})$$

08  고추를 1년 동안 저장해도 색을 유지되게 하려면 어떤 방법을 사용하는지 설명하시오.

09  지육의 온도가 20°C이고, 자연대류상태인 냉각실의 온도가 –20°C라고 가정한다. 이때 동결속도를 수정한 후 지육의 온도가 -20°C에서 자연대류 상태인 해동실(20°C)에서 해동시킬 때 해동속도를 측정하였더니 동결속도보다 상당히 느리다는 것을 알 수 있었다. 동일한 외부 환경조건에서도 동결속도와 해동속도가 다른 이유는?

10  지질의 동질다형현상에 대해 화학적인 측면을 들어 설명하고, 이와 관련하여 고체 유지의 특성이 어떻게 나타나는지 서술하시오.

11  포도주의 품질 결정요소인 떼루아에 대해 3가지 예시를 쓰시오.

12  숯과 활성탄을 비교하였을 때 다음 표에 빈 칸을 채우시오.

| 구분 | 숯 | 활성탄 |
|---|---|---|
| 제조방법 | 나무를 탄화하여 얻은 흑색의 탄소 화합물, 백탄 및 검탄(흑탄)이 있음 | 이 품목은 톱밥, 목편, 야자나무껍질의 식물성섬유질이나 아탄 또는 석유 등의 함탄소물질을 탄화시킨 다음 활성화 시킨 것이다. |
| 식용여부 | | |
| 등재여부 | | |
| 사용기준 | | |

## [2009년 2회 해설 및 정답]

### 01 해설

(1) 주감염경로
바이러스에 오염된 지하수 및 분변에 오염된 음식 섭취

(2) 원인 규명 및 감염 경로 확인이 어려운 이유
1) 불현성 감염 및 무증상 작용
균을 보유한 상태이나 아무런 증상이 없는 상태로 바이러스가 체내에서 증식하여 배출된다. 무증상 보균자에 의한 전파가 발생하기 때문이다. 증상이 사라진 후에도 2주 이상 바이러스가 배출될 수 있다.
2) 외부환경에서 오래 생존할 수 있는 이유
바이러스 외피(또는 외막, Envelope)가 없으나, 단백질 외각(Capsid)의 구조가 안정하여 알코올 손소독제로 파괴되지 않고, 외부 환경에 잘 견딘다.
3) 배양하기 어려운 이유
체내의 살아있는 체세포를 숙주로 증식하나, 숙주 세포가 in vitro(실험실 환경)에서 배양이 잘 되지 않으므로 바이러스의 세포 내 배양 역시 어렵다.

### 02 해설

$1.5[min] = 6 \times D_{121}[min]$, $D_{121} = 0.25[min]$

### 03 해설

(1) 동결건조 설명
식품의 온도를 삼중점 이하(0.0098℃ 이하)로 낮추어 내부의 수분을 동결시키고, 이 상태에 감압하여 0.006atm 이하로 낮추어 얼음을 수증기로 승화시키는 건조법

(2) 장점
1) 재료의 형태와 조직 등의 물리·화학적 변화가 적다.
2) 영양소 손실 최소화된다.
3) 풍미가 유지된다.
4) 복원성이 뛰어나다.
5) 표면경화 현상이 없다.

## 04 해설

(1) 산화 효소의 불활성화
(2) 채소 조직의 연화
(3) 채소류의 부피를 줄임
(4) 박피를 용이
(5) 조직 내의 공기를 밖으로 배출

## 05 해설

- 시간 경과에 따라 Amylodextrin, Erythrodextrin, Achromodextrin, Maltodextrin 순으로 전분이 분해되면서 DE는 증가하고, 감미도는 증가하며, 점도는 감소한다.
- Amylase 단독 첨가시 : α1→4 글리코시드 결합이 무작위 내지는 두 단위씩 끊어져 빠르게 액화 및 당화되나, α1→6 글리코시드 결합이 절단되지 않아 한계덱스트린이 생성된다.
- Glucoaylase 단독 첨가시 : α1→4 글리코시드 결합이 한 단위씩 끊어지므로 당화 속도가 느리나, α1→6 글리코시드 결합이 절단되므로 한계덱스트린이 생성되지 않는다.

## 06 해설

지질은 물에 녹지 않고 유기용매에 녹는 성질을 지닌다. 그러므로 삼각플라스크와 같은 기구 내에서 시료와 유기용매를 반응시켜 시료 중의 지질을 모두 추출할 수 있다. 그 후에 기구로 부터 유기용매와 시료의 잔여물을 제거하면 ①( 지질 )의 무게만큼 그 기구의 무게가 증가하게 된다. 이것이 지질 정량법의 기본 원리이다. 즉, 지질 정량법은 ②( 무게 ) 분석법이며 지질을 정량할 때에는 유기용매로 ③( 에테르 )를 주로 사용한다. Soxhlet 추출법에서는 위의 과정을 보다 쉽게 하기 위해서 Soxhlet 추출장치를 사용하는데 이것을 이용하여 지질 정량을 할 때에는 시료로부터 지질을 추출하기 전의 ④( 추출 플라스크 )무게와 시료로부터 지질을 추출하고 유기용매를 제거한 후에 지질이 남아있는 ④( 추출 플라스크 )의 무게를 정확하게 측정하는 것이 특히 중요하다.

## 07 해설

$y_1 = \dfrac{90}{18} = 5$, $y_2 = \dfrac{98}{18} = 5.4444\cdots \approx 5.44$, $y_3 = \dfrac{101}{18} = 5.61111\cdots \approx 5.61$

$\bar{y} = \dfrac{289}{54} = 5.3518518\cdots \approx 5.35$

$m = \dfrac{n\sum(xy) - \sum(x)\sum(y)}{n\sum(x^2) - (\sum(x))^2} = \dfrac{3 \times (1 \times y_1 + 2 \times y_2 + 3 \times y_3) - (1+2+3) \times (y_1+y_2+y_3)}{3 \times (1^2 + 2^2 + 3^2) - (1+2+3)^2}$

$= \dfrac{119}{36} = 3.30555\cdots \approx 3.31$

$$b = \frac{\sum(x^2)\sum(y) - \sum(x)\sum(xy)}{n\sum(x^2) - (\sum(x))^2}$$

$$= \frac{(1^2+2^2+3^2) \times (y_1+y_2+y_3) - (1+2+3) \times (1 \times y_1 + 2 \times y_2 + 3 \times y_3)}{3 \times (1^2+2^2+3^2) - (1+2+3)^2}$$

$$= \frac{128}{27} = 4.740740\cdots \approx 4.74$$

$$\hat{y}_1 = m + b = \frac{545}{108} = 5.04629629\cdots \approx 5.05$$

$$\hat{y}_2 = 2m + b = \frac{289}{54} = 5.3518518\cdots \approx 5.35$$

$$\hat{y}_3 = 3m + b = \frac{611}{108} = 5.65740740\cdots \approx 5.66$$

$$R^2 = \frac{SSR}{SST} = 1 - \frac{SSE}{SST}$$

$$= \frac{(\hat{y}_1-\overline{y})^2 + (\hat{y}_2-\overline{y})^2 + (\hat{y}_3-\overline{y})^2}{(y_1-\overline{y})^2 + (y_2-\overline{y})^2 + (y_3-\overline{y})^2} = 1 - \frac{(y_1-\hat{y}_1)^2 + (y_2-\hat{y}_2)^2 + (y_3-\hat{y}_3)^2}{(y_1-\overline{y})^2 + (y_2-\overline{y})^2 + (y_3-\overline{y})^2}$$

$$= 0.9343279144\cdots \approx 0.93$$

$$R_{adj}^2 = 1 - \frac{n-1}{n-p-1} \times \frac{SSE}{SST}$$

$$= 1 - \frac{3-1}{3-1-1} \times \frac{(y_1-\hat{y}_1)^2 + (y_2-\hat{y}_2)^2 + (y_3-\hat{y}_3)^2}{(y_1-\overline{y})^2 + (y_2-\overline{y})^2 + (y_3-\overline{y})^2}$$

$$= \frac{169}{194} = 0.8711340206\cdots \approx 0.87$$

## 08 해설

(1) 온도 : 적정 온도 8~10℃ 유지(5℃ 이하시 저온장해)
(2) 상대습도 : 상대습도 95% 유지
(3) 포장 : 0.03mm PE필름 포장(0.08mm은 $CO_2$ 축적됨)
(4) 탄산가스 : 탄산가스 농도 5% 미만 유지

## 09

**해설**

|  | 열전도도[W/m·K] | 열확산율[$10^{-8}m^2/s$] |
|---|---|---|
| 물 | 0.6 | 14 |
| 얼음 | 2.2 | 104 |

물은 열전도도와 열확산율 모두 얼음보다 작다. 해동 시에는 물의 비율이 점점 늘어나면서 내부로의 열전달이 점차적으로 감소하며, 냉동 시에는 얼음의 비율이 점점 증가하면서 외부로의 열 전달이 점차적으로 빨라진다. 이러한 점 때문에 냉동속도가 해동속도보다 빠르다.

## 10

**해설**

(1) 지질의 동질다형현상

유지는 Triglyceride의 혼합물이며, 순수한 화합물과 달리 일정한 온도에서 용융되지 않고, 불분명하고 광범위한 융점을 갖는다. 이 때 냉각 조건을 변경시킬 경우 두 개 이상의 결정성을 갖는 현상을 가지며, 녹는점도 그 결정성에 따라 다르다.

(2) 융해 시 변화

고체 유지를 가열하여 용융시킨 후, 이를 냉각하여 응고시킨 뒤, 이를 재용융시키는 과정에서 녹는점의 변화를 볼 수 있다. 급격히 냉각시키면 결정 재배열이 되지 않아 작은 비정질의 결정이 생성되므로 녹는점이 초기에 비해 낮아지고, 완만히 냉각시키면 결정 재배열이 충분히 이루어져 비교적 크고 규칙적인 결정이 생성되므로 녹는점이 초기에 비해 높아진다.

## 11

**해설**

(1) 토양
(2) 지형적 조건
(3) 기후

## 12 해설

| 구분 | 숯 | 활성탄 |
|------|-----|--------|
| 제조방법 | 나무를 탄화하여 얻은 흑색의 탄소 화합물, 백탄 및 검탄(흑탄)이 있음 | 이 품목은 톱밥, 목편, 야자나무껍질의 식물성섬유질이나 아탄 또는 석유 등의 함탄소물질을 탄화시킨 다음 활성화 시킨 것이다. |
| 식용여부 | 식용 사용 불가 | 식용 사용 불가 |
| 등재여부 | X | O |
| 사용기준 | X | 식품제조 또는 가공상 여과보조제(여과, 탈색, 탈취, 정제 등)의 목적으로 사용 최종 완성 전에 제거하도록 규정, 잔류량은 0.5% 이하 (규조토, 백도토, 벤토나이트, 산성백토, 탤크, 퍼라이트 등과 병용 가능) |

## 01
식품 중에서 퓨란(Furan)이 생성되는 ① 주요경로와 ② 제품 중 거의 잔류되지 않는 이유를 설명하시오.

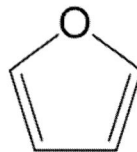

## 02
트랜스 지방 함량(g/식품100g)을 구하는 공식을 쓰시오. 그리고 식품 100g 중 트랜스지방의 함량을 계산하시오. 지방 4.0g(식품 100g 중) 트랜스지방산 0.3g(g/지방산 100g)

## 03
우유 200mL의 비중을 측정하였다. 15°C에서 측정이 이루어졌고, 비중계 눈금 31일 때 계산과정과 답을 쓰시오.

**04** 유기가공식품은 식품 등의 표시기준상 식품의 제조, 가공에 사용한 원재료의 몇 %이상이 어떤 법의 기준에 의해 유기농림산물 및 유기축산물의 인증을 받아야 하는지 쓰시오.

> • 유기가공식품에 사용할 수 있는 원료, 식품첨가물, 가공보조제 등은 모두 유기적으로 생산된 것으로 다음의 어느 하나에 해당하는 것이어야 한다. 그럼에도 불구하고 유기원료를 상업적으로 조달할 수 없는 경우에는 제품에 인위적으로 첨가하는 (　　)과 (　　)을 제외한 제품 중량의 (　　)% 범위에서 유기원료가 아닌 원료를 사용할 수 있다. 다만, 중량비율에 관계없이 유기원료와 동일한 종류의 유기원료 외의 원료는 혼합할 수 없다.
> • 유전자변형생물체 또는 유전자변형생물체에서 유래한 원료는 사용할 수 없다.

**05** B. stearothermophilus ($z=10°C$)를 121.1°C에서 가열 처리하여 균의 농도를 1/10,000로 감소시키는데 15분이 소요되었다. 살균온도를 125°C로 높여 15분간 살균할 때의 치사율(L)을 계산하고 물음에 답하시오.

(1) 치사율 값(L)값
(2) 치사율 값을 121.1°C와 125°C에서의 살균시간 관계로 설명하시오.

**06** 식품의 유통기한, 품질유지기한에 대하여 설명하시오.

**07** 식품 공전 상 제시된 간장의 종류를 쓰시오.

08  과실의 갈변 효소를 쓰고, 해당 효소를 불활성화할 수 있는 방법을 2가지 서술하시오.

09  Codex 규격을 설정하는데 참여하는 국제기구 2가지를 쓰시오.

10  HACCP에서 "물리적 위해요소"(Physical hazards, P)의 정의와 원인을 쓰시오.

11  100g의 밀가루를 건조하여 15g의 글루텐을 얻었다. 이 밀가루의 건부율을 구하고 제과용이나 튀김용에 적합한지 판정여부를 건부율과 연관하여 설명하시오.

12  다음 기준에 적합하지 않은 허위표시나 과대광고의 예를 3가지 쓰시오.

> 1. 허가받은 사항이나 신고한 사항 또는 수입신고한 사항과 다른 내용을 표시. 광고
> 2. 외국어의 사용 등으로 외국제품으로 혼동할 우려가 있는 광고 또는 외국과의 기술 제휴한 것으로 혼동할 우려가 있는 내용 표시 광고 여부

## [2009년 3회 해설 및 정답]

**01** 해설

(1) 주요경로
식품 내 탄수화물, 아미노산, 비타민C, 다중 불포화 지방산으로부터 Maillard 반응에 의해 생성되며, 가열 및 낮은 pH 조건에서 더욱 잘 생성됨(커피, 육류통조림, 빵, 열을 가하여 조리한 닭고기, 캐러멜, 스프, 소스, 콩, 파스타, 유아용 식품 등)

(2) 제품 중 거의 잔류되지 않는 이유
식품 가열과정에서 일부 생성된다 하더라도 끓는점이 31.5℃로 낮은 편이라 대부분 휘발되므로 식품에 남아 있지 않게 되어 최종적인 제품에서는 일반적으로 문제되지 않음

**02** 해설

트랜스지방 함량[g/식품100g]

$$= \frac{\text{조지방 함량}[\text{지방 g/식품 100g}] \times \text{트랜스 지방 함량}[\text{g/지방 100g}]}{100}$$

$$= 0.012 [\text{g/식품 100g}]$$

**03** 해설

$$x = 1 + \frac{31}{1000} = 1.031$$

**04** 해설

- 유기가공식품에 사용할 수 있는 원료, 식품첨가물, 가공보조제 등은 모두 유기적으로 생산된 것으로 다음의 어느 하나에 해당하는 것이어야 한다. 그럼에도 불구하고 유기원료를 상업적으로 조달할 수 없는 경우에는 제품에 인위적으로 첨가하는 ( 물 )과 ( 소금 )을 제외한 제품 중량의 ( 5 )% 범위에서 유기원료가 아닌 원료를 사용할 수 있다. 다만, 중량비율에 관계없이 유기원료와 동일한 종류의 유기원료 외의 원료는 혼합할 수 없다.
- 유전자변형생물체 또는 유전자변형생물체에서 유래한 원료는 사용할 수 없다.

## 05 해설

(1) 치사율 값(L값)

$$L = 10^{\frac{(T_2-T_1)}{z}} = 10^{\frac{(125-121.1)}{10}} = 2.454708916\cdots \approx 2.45$$

(2) 치사율 값을 121.1°C와 125°C에서의 살균시간 관계로 설명하시오.

설정 온도와 기준 온도에서의 같은 효과의 살균에 소요된 시간의 비율, 온도가 높을수록 치사율이 증가하며, 살균에 소요되는 시간은 짧아진다.

$$L = \frac{D_0}{D_T} = \frac{F_0}{F_T}$$

## 06 해설

(1) 유통기한 : 제품의 제조일로부터 소비자에게 판매가 허용되는 기한, 제품의 유통기한 날짜까지만 섭취가 능하다는 의미는 아님
(2) 품질유지기한 : 식품의 특성에 맞는 적절한 보존방법이나 기준에 따라 보관할 경우 해당식품 고유의 품질이 유지될 수 있는 기한, 이 기한까지는 최상 상태의 식품을 섭취할 수 있음
cf) 유통기간 : 소비자에게 판매 가능한 최대기간으로써 설정실험 등을 통해 산출된 기간
권장유통기간 : 영업자 등이 유통기한 설정 시 참고할 수 있도록 제시하는 판매가능 기간

## 07 해설

(1) 한식간장 : 메주를 주원료로 하여 식염수 등을 섞어 발효·숙성시킨 후 그 여액을 가공한 것
(2) 양조간장 : 대두, 탈지대두 또는 곡류 등에 누룩균 등을 배양하여 식염수 등을 섞어 발효·숙성시킨 후 그 여액을 가공한 것
(3) 산분해간장 : 단백질을 함유한 원료를 산으로 가수분해한 후 그 여액을 가공한 것
(4) 효소분해간장 : 단백질을 함유한 원료를 효소로 가수분해한 후 그 여액을 가공한 것
(5) 혼합간장 : 한식간장 또는 양조간장에 산분해간장 또는 효소분해간장을 혼합하여 가공한 것이나 산분해간장 원액에 단백질 또는 탄수화물 원료를 가하여 발효·숙성시킨 여액을 가공한 것 또는 이의 원액에 양조간장 원액이나 산분해간장 원액 등을 혼합하여 가공한 것

## 08 해설

(1) 효소 : Tyrosinase, Polyphenol oxidase(=Polyphenolase)
(2) 불활성화 방법
   1) Blanching(데치기)
   2) 산소 차단(직접 X, 간접)
   3) 소금물에 담그기
   4) pH 낮춤
   5) 산화 방지제 이용(EDTA염류 등)

## 09 해설

(1) FAO(국제식량농업기구, Food and Agriculture Organization of the United Nations)
(2) WHO(세계보건기구, World Health Organization)

## 10 해설

(1) 정의 : 제품에 내재하면서 인체의 건강을 해할 우려가 있는 물리적 인자
(2) 원인 : 돌조각, 유리조각, 플라스틱 조각, 쇳조각 등

## 11 해설

- 건부율$[w/w\%] = \dfrac{건부\ 중량[g]}{사용한\ 밀가루의\ 무게[g]} \times 100$

  $= \dfrac{15}{100} \times 100 = 15[w/w\%]$

- 강력분(13% 이상)이므로 박력분(10% 이하)을 사용하는 제과 및 튀김용으로 적합하지 않다.

## 12 해설

(1) 제품명 또는 제조회사, 식품유형 등을 신고한 내용과 다르게 표시·광고
(2) 국산제품임에도 한글표시 없이 외국어로만 표시광고
(3) 외국제품이 아니거나 외국과 기술제휴 한 것이 아님에도 유사하게 표현하여 식별이 용이하지 않게 하는 행위

# 2010 1회 식품안전기사 실기

[본 문제는 수험자의 기억에 의해 복원된 것으로 실제 시험과 차이가 있을 수 있습니다.]
[(舊)식품기사에서 (現)식품안전기사로 변경되었습니다.]

01 깐포도 통조림 등의 캔 제조 시 과즙의 청량감을 높이기 위해서 설탕용액의 액즙에 첨가 물질을 두 가지 쓰시오.

02 우수건강기능식품제조및품질관리기준(GMP)의 정의를 쓰시오.

03 "프탈레이트(Phthalate)" 생성 기작과 사용 목적을 쓰시오.

04 포도당, 설탕, 소금이 각각 20%로 녹아있는 물의 수분활성도를 비교하고, 높은 순서대로 나열하시오.

( ) > ( ) > ( )

**05** 다음은 빙결정 성장 모식도이다. 그림을 보고 빈칸을 채우시오.

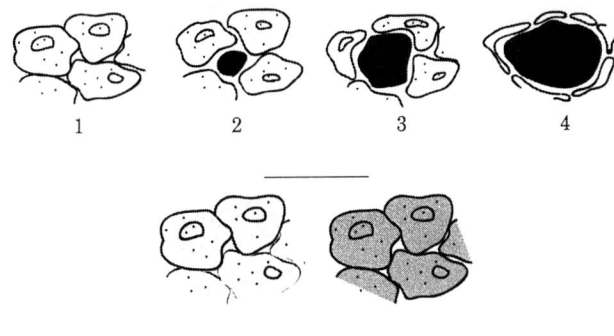

**06** 영양성분별 단위 및 유효숫자 처리 규정 중 "0"이라 표시가 가능한 경우를 작성하시오.

**07** 1M NaCl, 0.4M KCl, 0.2M HCl 시약을 이용하여 0.2M NaCl, 0.2M KCl, 0.05M HCl 의 농도의 총 부피 500mL 시료로 제조하려고 한다. 각각 필요한 시약 용액 및 물의 부피를 계산하시오.

**08** Texture(텍스쳐) 정의, 1차 및 2차적 특성을 쓰시오.

**09** 어떤 식품 첨가물의 1일 섭취 허용량(ADI)을 구하기 위하여 동물(쥐) 실험을 한 결과 ADI가 250 mg/kg·day 였다면 안전계수 1/100 로 하여 체중 60kg인 사람의 ADI를 구하시오.

**10** 맥주 제조 시 "맥아즙"을 끓이는 이유 4가지를 쓰시오.

**11** 식품오염 미생물 검사 중 총균수와 생균수를 분류하여 검사할 때 총균수와 생균수의 차이를 설명하시오.

**12** 열교환기에 90°C의 뜨거운 물을 2000kg/hr 속도로 통과시키고 반대방향에서 20°C의 식용유를 4500kg/hr 의 속도로 투입시켰다. 물이 40°C로 냉각될 때 배출되는 식용유의 온도를 Input = Output을 활용하여 계산하시오. (단, 식용유의 열용량(CP)은 0.5 kcal/kg·°C이며 소수점 첫째자리로 답하시오.)

## ◯ [2010년 1회 해설 및 정답]

### 01 해설
(1) 구연산
(2) Vitamin C

### 02 해설
GMP(Good Manufacturing Practice) : 우수건강기능식품제조 및 품질관리기준, 안전하고 우수한 품질의 건강기능식품을 제조하도록 하기 위한 기준으로서 작업장의 구조, 설비를 비롯하여 원료의 구입부터 생산·포장·출하에 이르기까지 전 공정에 걸쳐 생산과 품질의 관리에 관한 체계적인 기준

### 03 해설
(1) 생성기작
PVC(폴리염화비닐) 등의 각종 플라스틱 제품을 접하는 제조 공정 또는 포장 용기 등을 통해 용출되어 묻어나온다.

(2) 사용목적
플라스틱(PVC 등)의 가소제로 사용되어 가공을 용이하게 할 목적으로 사용된다.

### 04 해설
( 설탕 ) > ( 포도당 ) > ( 소금 )

(1) $A_w$ (설탕) $= \dfrac{\dfrac{80[g]}{18[g/mol]}}{\dfrac{80[g]}{18[g/mol]} + \dfrac{20[g]}{342[g/mol]} \times 1} = 0.987012987 \cdots \approx 0.99$

(2) $A_w$ (포도당) $= \dfrac{\dfrac{80[g]}{18[g/mol]}}{\dfrac{80[g]}{18[g/mol]} + \dfrac{20[g]}{180[g/mol]} \times 1} = 0.975609756 \cdots \approx 0.98$

(3) $A_w$ (소금) $= \dfrac{\dfrac{80[g]}{18[g/mol]}}{\dfrac{80[g]}{18[g/mol]} + \dfrac{20[g]}{58.5[g/mol]} \times 2} = 0.866666666 \cdots \approx 0.87$

## 05
**해설**

1) 완만 동결
2) 급속 동결

## 06
**해설**

(1) 저열량 : 식품 100g당 40kcal 미만 또는 식품 100mL당 20kcal 미만일 때
(2) 무열량 : 식품 100mL당 4kcal 미만일 때

## 07
**해설**

(1) NaCl : $1[\text{mol/L}] \times V_1[\text{mL}] = 0.2[\text{mol/L}] \times 500[\text{mL}]$
$V_1 = 100[\text{mL}]$
(2) KCl : $0.4[\text{mol/L}] \times V_2[\text{mL}] = 0.2[\text{mol/L}] \times 500[\text{mL}]$
$V_2 = 250[\text{mL}]$
(3) HCl : $0.2[\text{mol/L}] \times V_3[\text{mL}] = 0.05[\text{mol/L}] \times 500[\text{mL}]$
$V_3 = 125[\text{mL}]$
(4) 물의 부피 = 500 − 100 − 250 − 125 = 25[mL]

## 08
**해설**

(1) Texture의 정의 : 식품의 모든 물성학적 및 구조적 특성 (물리적인 감각)
(2) 1차적 특성(기본특성)
   1) 견고성(경도)(Hardness)
   2) 응집성(Cohesiveness)
   3) 부착성(점착성)(Adhesiveness)
   4) 탄력성(Elasticity)
   5) 점성(Viscosity)
(3) 2차적 특성
   1) 파쇄성(부서짐성)(Brittleness)
   2) 저작성(Chewiness)
   3) 껌성(점착성)(Gumminess)

## 09 해설

- $ADI = 250[mg/kg \cdot day] \times 60[kg] \times \dfrac{1}{100}$
  $= 150[mg/day]$

## 10 해설

(1) 맥아즙 농축
(2) 맥주에 쌉쌀한 맛을 내는 Hop 성분 용출
(3) 단백질-탄닌 결합물 제거
(4) 살균 및 효소 불활성화로 저장성 증가

## 11 해설

(1) 총균수 : 생균수 + 사균수
(2) 생균수 : 집락을 생성할 수 있는, 살아있는 균 수

## 12 해설

- $1[kcal/kg\,℃] \times 2000[kg/hr] \times (90-40)[℃]$
  $= 0.5[kcal/kg\,℃] \times 4500[kg/hr] \times (T-20)[℃]$
  $T = 64.444 \cdots \approx 64.4[℃]$

# 2010년 2회 식품안전기사 실기

01. 미생물을 동정하기 위해 그람 염색을 실시했을 때, (1) 그람 양성과 (2) 그람 음성 세균에서 관찰할 수 있는 세균의 색깔을 쓰시오.

02. 김치를 만들기 위해 원료배추 20kg을 전처리하였더니 배추의 폐기율은 20%(w/w)였다. 전처리된 배추를 일정한 조건하에 절임한 다음 세척 탈수하여 얻어진 절임배추의 무게는 12kg이었고, 염 함량은 2%(w/w)였다. 절임공정 중 절임수율과 원료배추의 수득률을 계산하시오. (단, 절임수율은 절임공정에서 투입된 원료배추에 대한 절임배추의 비율이며, 원료배추의 수득률은 다듬기 전 원료에서 세척 탈수된 절임배추까지의 순수한 배추만의 변화율을 의미한다.)

03. 식품공장에 사용되는 모터에서 Torque(토크)하고 Power(파워)는 무엇인가?

04. 우유의 품질관리 시험 법 중 Phosphatase 검사의 (1)목적과 (2) 원리를 쓰시오.

05. 제빵 중 발생하는 오븐라이즈 및 오븐스프링 원인을 쓰시오.

**06** 통조림에서 팽창관이 발생하는 원인 4가지를 쓰시오.

**07** 25°C의 1톤 제품을 24시간 내에 -10°C로 동결하고자 할 때 냉동능력(냉동톤)은 얼마인가? (냉동톤 3320kcal/h, 잠열 79.68kcal/kg, 액체 제품의 비열 1kcal/kg·°C, 고체 제품의 비열 0.5kcal/kg·°C)

**08** 분쇄기 3대 원리를 쓰시오.

**09** 다음에 제시된 식품첨가물의 올바른 용도를 기입하시오.

**10** L-글루탐산나트륨에 대한 다음의 질문에 답하시오.

**11** 관능검사의 척도 4가지를 쓰시오.

**12** 다음은 OH- 첨가에 따른 Glycine의 pH 변화를 나타낸 곡선이다. Glycine의 화학식은 $H_2N - CH_2 - COOH$ 형태로 표기한다. 이 때, 점 B와 점 D에 해당하는 이온의 형태를 화학식으로 나타내시오.

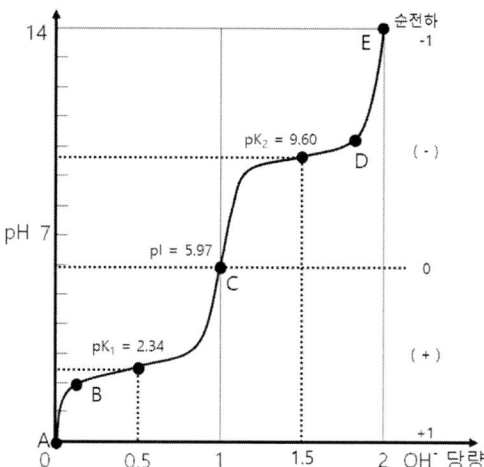

## [2010년 2회 해설 및 정답]

**01** 해설

(1) 그람 양성 : 보라색(청자색)
(2) 그람 음성 : 붉은색(분홍색)

**02** 해설

(1) 절임 수율[%] = $\dfrac{\text{절임, 세척 및 탈수한 배추의 무게}}{\text{다듬은 배추의 무게}} \times 100$

$= \dfrac{12}{16} \times 100 = 75[\%]$

(2) 수득률[%] = $\dfrac{\text{처리 후 배추의 순수무게}}{\text{원재료 무게}} \times 100$

$= \dfrac{12 \times 0.98}{20} \times 100 = 58.8[\%]$

**03** 해설

(1) 토크 – 돌림힘, 반지름과 힘의 방향의 외적, $\vec{\tau} = \vec{r} \times \vec{F}$
(2) Power(동력) - 일률, 단위시간당 낼 수 있는 에너지, $P = \dfrac{W}{t}$

**04** 해설

(1) 목적
저온살균처리 및 생유 혼입 여부를 판단하기 위하여

(2) 원리
Phosphatase는 살아있는 생물에서 검출이 되는 대표적인 지표 효소로, 미생물의 살균이 이루어질 경우, Phosphatase가 불활성화됨과 동시에 추가적인 효소의 생성이 없으므로 살균처리 및 생유혼입 여부를 판단 가능하다.

## 05

**해설**

(1) 오븐라이즈(Oven rise)
- 반죽이 오븐에 투입되어 처음 약 5분간 일어나는 현상, 오븐의 온도가 조금씩 상승하면서 효모의 활동에 의한 가스 발생의 증가에 따른 팽창이 발생. 40℃~60℃ 사이에서 발생한다.

(2) 오븐스프링(Oven Spring)
- 반죽의 내부온도가 올라 60℃ 이상이 되면 효모가 사멸하고, 이후 전분의 호화현상에 의해 부피가 급속히 커져 완제품 크기의 40% (1/3)정도 부풀어오르다 단백질이 변성되는 79℃까지 반죽이 팽창한다.

## 06

**해설**

(1) 탈기 부족
(2) 가열 살균 시간 부족
(3) 수소 팽창
(4) 충진 과다

## 07

**해설**

$$\frac{1000[\text{kg}] \times (1[\text{kcal/kg }℃] \times 25[℃] + 0.5[\text{kcal/kg }℃] \times 10[℃])}{24[\text{hr}] \times 3320[\text{kcal/h·냉동톤}]} + 1[\text{냉동톤}]$$

$= 1.380271084 \cdots \approx 1.38[\text{냉동톤}]$

## 08

**해설**

(1) 압축력(Compressive force)
(2) 전단력(Shear force)
(3) 충격력(Impact force)
(4) 절단력(Cutting force)

## 09 해설

(1) 안식향산나트륨 : 보존료
(2) 차아염소산나트륨 : 살균제
(3) 에리소르빈산나트륨 : 산화방지제
(4) 구연산 : 산도조절제

## 10 해설

(1) 신맛, 단맛, 쓴맛, 짠맛에 미치는 영향
　　신맛, 짠맛, 쓴맛은 완화시키고 단맛에는 감칠맛을 부가하여 강화시키며, 식품의 자연풍미를 이끌어냄, 식품첨가물 공전상 '향미증진제'로 분류됨

(2) 생산 미생물
　　① *Corynebacterium glutamicum*
　　② *Microbacter ammoniaphilum*
　　③ *Brevibacterium flavum*
　　④ *Brevibacterium lactofermentum*
　　⑤ *Brevibacterium thiogentalis* 등

## 11 해설

(1) 서수 척도
(2) 명목 척도
(3) 간격 척도
(4) 비율 척도

## 12

**해설**

(1) B : $H_3N^+ - CH_2 - COOH$

(2) D : $H_2N - CH_2 - COO^-$

| OH⁻ 첨가 적을 때 | 등전점 | OH⁻ 첨가 많을 때 |
|---|---|---|
| $H_3\overset{\oplus}{N}-\underset{H}{\overset{H}{C}}-COOH$ | $H_3\overset{\oplus}{N}-\underset{H}{\overset{H}{C}}-COO^{\ominus}$ | $H_2N-\underset{H}{\overset{H}{C}}-COO^{\ominus}$ |
| | $H_2N-\underset{H}{\overset{H}{C}}-COOH$ | |
| 순전하 (+) | 0 | (-) |

# 2010 3회 식품안전기사 실기

**01** 농도분율을 구할 때 틀린 부분을 3가지 찾아 쓰시오.

(1) 중량백분율을 표시할 때에는 %의 기호를 쓴다.
(2) 다만, 용액 100 mL 중의 물질함량(g)을 표시할 때에는 wt%로,
(3) 용액 100 mL중의 물질함량(mL)을 표시할 때에는 v/v%의 기호를 쓴다.
(4) 중량백만분율을 표시할 때에는 mg/g의 약호를 사용하고 ppm의 약호를 쓸 수 있으며, mg/L도 사용할 수 있다.
(5) 중량 1억분율을 표시할 때에는 μg/kg의 약호를 사용하고 ppb의 약호를 쓸 수 있으며, μg/L도 사용할 수 있다.

**02** 포도당 20g을 물 80g에 녹였을 때, 포도당 몰분율은?

**03** 증발기에 6% 질산칼륨 수용액 10kg를 24% 로 농축하려고 한다. 이 때 증발시켜야 하는 수분의 양은?

**04** 염장의 원리를 3가지 간략히 쓰시오.

05  다음에 제시된 건조식품의 제조 방법을 쓰시오.

   (1) 염건품         (2) 소건품
   (3) 자건품         (4) 동건품
   (5) 배건품         (6) 증건품
   (7) 훈건품         (8) 조미건품

06  동결건조장치 내 중요 장치를 3가지 쓰시오.

07  장류에서 전분과 아미노산의 영향과 역할을 쓰시오.

08  뉴턴유체, 비뉴턴유체에 대해 간략히 쓰시오.

**09** 다음은 부패·변질 우려가 있는 검체 취급에 대한 설명이다. 빈 칸에 알맞은 숫자를 채우시오.

> 미생물학적인 검사를 하는 검체는 멸균용기에 무균적으로 채취하여 저온(( ① )℃ ± ( ② ) 이하))을 유지시키면서 ( ③ )시간 이내에 검사기관에 운반하여야 한다. 부득이한 사정으로 이 규정에 따라 검체를 운반하지 못한 경우에는 재수거하거나 채취일시 및 그 상태를 기록하여 식품 등 시험·검사기관 또는 축산물 시험·검사기관에 검사 의뢰한다.

## ◐ [2010년 3회 해설 및 정답]

### 01 해설
(2) wt% → w/v%
(4) mg/g → mg/kg
(5) 1억분율 → 10억분율

### 02 해설

$$\frac{\frac{20}{180}}{\frac{20}{180}+\frac{80}{18}} = 0.024390243\cdots \approx 0.02$$

### 03 해설

(1) $[농축 KNO_{3(aq)}량] = \frac{(6-0)[\%]}{(24-6)[\%]} \times [탈수량] = 1/3 \times [탈수량]$

∴ $[농축 KNO_{3(aq)}량] : [탈수량] = 1 : 3$

(2)  24    6
        6         $10[kg] \times \frac{18}{6+18} = 7.5[kg]$
    0    18

### 04 해설

(1) 식품의 탈수
(2) 높은 삼투압에 의한 원형질 분리
(3) 소금의 해리에 의한 $Cl^-$ 의 생성
(4) 단백질 가수분해 작용의 억제
(5) 산소 용해도 감소

## 05 해설

(1) 염건품 : 소금 및 소금물(20~40%)에 절인 후 건조시킨 제품. 굴비, 대구포 등
(2) 소건품 : 원료를 그대로 또는 적당한 크기로 잘라서 씻은 후 건조시킨 제품
(3) 자건품 : 원료를 삶은 후 건조시킨 제품
(4) 동건품 : 원료를 자연저온에 의해 동결한 후 해동하는 과정을 반복하며 건조시킨 제품
(5) 배건품 : 원료를 불에 구운 후 건조시킨 제품
(6) 증건품 : 증자 후 말리는 방법. 내장을 제거하기 어려운 어류(멸치 등) 등에 적용
(7) 훈건품 : 연기를 씌운 것으로 건조, 풍미, 저장성, 지방 산화 방지 등을 목적으로한 제품.
(8) 조미건품 : 원료에 조미료를 바른 후 건조시킨 제품

## 06 해설

(1) 진공 펌프(Vacuum pump) : 진공 형성 및 기압차 생성
(2) 회전 장치 : 고른 열전달 및 균일한 가공
(3) 온도 조절장치 : 가열 장치(Heater) 및 냉각 장치(Chiller)로 구성됨, 기화 및 승화 잠열 공급 및 냉각
(4) 응축 장치(Condenser) 또는 증기분리장치(기수분리기) : 증기제거, 비말동반 억제
(5) 집진 장치 : 비말 동반 억제

## 07 해설

(1) 전분
종국, 코지, 곰팡이 등에 의해 당으로 분해되어 단맛 제공

(2) 아미노산
단백질의 가수분해에 의해 생성됨, 풍미와 정미성 부여

## 08 해설

(1) 뉴턴 유체 : 전단응력이 전단속도에 비례하는 유체, 물, 주스, 식초 등
(2) 비뉴턴 유체 : 전단응력이 전단속도에 비례하지 않는 유체

$\tau = \mu \times \dfrac{du}{dx}$ 또는 $\tau = \kappa \dot{\gamma}^n + \tau_0$, $\mu_a = \dfrac{\tau}{\dot{\gamma}} = \kappa \dot{\gamma}^{n-1} + \dfrac{\tau_0}{\dot{\gamma}}$

여기서 $\tau$ : 유체에 작용하는 전단응력, $\tau_0$ : 항복응력
$\mu(=\kappa)$ : 유체의 점성계수, $\mu_a$ : 겉보기 점도
$\dot{\gamma}(=\dfrac{du}{dx})$ : 전단속도, 전단력에 수직한 방향의 속도의 기울기
n : 유동지수

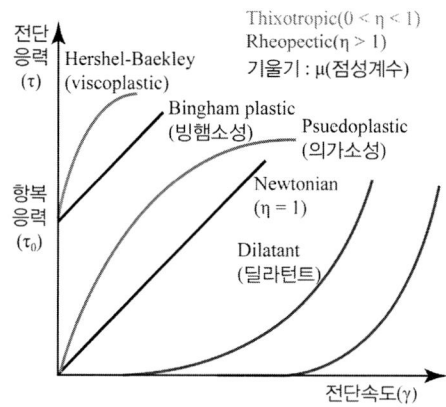

## 09 해설

① 5
② 3
③ 24

## 2011년 1회 식품안전기사 실기

[본 문제는 수험자의 기억에 의해 복원된 것으로 실제 시험과 차이가 있을 수 있습니다.]
[(舊)식품기사에서 (現)식품안전기사로 변경되었습니다.]

**01** 된장이 숙성된 뒤에 신맛이 날 경우, 예상되는 원인을 3가지 쓰시오.

**해설**
(1) 소금의 양이 적을 때
(2) 물의 양이 많을 때
(3) 유기산에 의해
(4) 콩이 덜 쑤어졌거나 원료의 혼합이 불충분하여 골고루 섞이지 않을 때

**02** 표면경화현상에 대한 아래의 질문에 답하시오.
(1) 정의
(2) 장점
(3) 단점
(4) 잘 일어나는 식품

**해설**
(1) 정의 : 건조 표면의 온도가 높아 불균일한 건조가 일어날 때, 조직의 수축이 일어나며, 그 정도에 따라 조직의 변화 정도가 달라진다. 만약 건조 표면의 온도가 높아 불균일한 건조가 일어날 경우 내부의 수분이 표면으로 이동하기 전에 건조 피막이 형성되어 식품 표면의 조직이 막혀 표면 경화가 발생한다.
(2) 장점 : 물분자만을 투과시키고 다른 성분은 잔존 수분과 함께 식품 내부에 남게 되므로 식품이 가지고 있는 고유의 향기 등은 보존, 지속시킬 수 있다.
(3) 단점 : 표면이 딱딱해지면서 건조속도 저하로 인해 내부의 수분이 남아있어 건조 효과가 낮아진다.
(4) 잘 일어나는 식품 : 수용성의 당이나 단백질을 많이 함유하고 있는 식품, 육포 등

**03** 전수분량이 69.6%인 돼지고기를 원심분리 하였더니, 유리수가 22.4%였음을 확인하였다.

(1) 이 식육의 결합수의 함량을 계산하시오.
(2) 이 식육의 보수력을 계산하시오.

**해설**

(1) 이 식육의 결합수의 함량을 계산하시오.
   $69.6 - 22.4 = 47.2[\%]$

(2) 이 식육의 보수력을 계산하시오.
   $$보수력 = \frac{결합수\ 함량}{총\ 수분\ 함량} \times 100 = \frac{69.6 - 22.4}{69.6} \times 100 = 67.8160919 \cdots \approx 67.82[\%]$$
   cf) $보수력 = \frac{유리수함량}{결합수함량} \times 100 = 47.45762712 \cdots \approx 47.46[\%]$ (근거 부족)


**04** 증발기에 5% 소금물 10kg를 20% 소금물로 농축하려고 한다. 이 때 증발시켜야 하는 수분의 양은?

**해설**

(1) $[농축 소금물량] = \frac{(5-0)[\%]}{(20-5)[\%]} \times [탈수량] = 1/3 \times [탈수량]$

   ∴ [농축소금물량] : [탈수량] $= 1 : 3$

(2) 
```
     20      5
         5
      0     15
```
$10[kg] \times \dfrac{15}{5+15} = 7.5[kg]$


**05** 우유 가공 중 수행하는 균질화 공정의 개념을 쓰시오. 그리고 균질화하는 목적을 4가지 쓰시오.

**해설**

(1) 개념 : 우유 중의 지방구에 물리적인 충격을 가하여 작게 분쇄하는 작업
(2) 목적
   1) 지방구의 미세화
   2) 지방 분리 방지
   3) 점도 상승
   4) 소화 용이(지방과 단백질로 구성된 Curd가 미세화되어 분산되므로)

**06** 5g의 시료 10mL로 희석하고, HPLC로 분석하여 피크 폭을 측정하였다. 표준 시료의 농도가 5μg/mL일 때 면적이 1250이고, 시료의 면적이 50일 때, 시료의 농도는?

> **해설**
> - 5 : 125 = x/2 : 50, x = 4μg/mL (=4ppm)

**07** 해당 식품의 발효를 일으키기 전에 적당한 환경을 생성시키기 위해서 첨가하는 미생물을 스타터(Starter)라고 한다. 아래의 식품 제조에 사용되는 스타터를 2가지씩 쓰시오.

> **해설**
> (1) 요구르트 : *Streptococcus thermophilus*, *Lactobacillus acidophilus*, *Lactobacillus bulgaricus*, *Lacticaseibacillus casei*, *Lactobacillus debrueckii* 등
> (2) 쌀 코지 : *Aspergillus kawachii*, *Aspergillus oryzae*, *Aspergillus usamii*, *Aspergillus shirousamii*, *Aspergillus awamori* 등

**08** 단백질의 3차 구조에서 Side chain을 형성하는 힘 3가지를 쓰시오.

> **해설**
> (1) 이온결합
> (2) 수소결합
> (3) 이황화결합
> (4) 소수성 상호작용

**09** 다음 표에 있는 빈 칸에 효소의 이름과 생성물을 알맞게 채우시오.

| 효소이름 | 기질 | 생성물 |
|---|---|---|
|  | 전분 | 덱스트린 |
|  | 덱스트린 | 맥아당 |
|  | 설탕 | 포도당, 과당 |
| Lactase | 유당 |  |
| Lipase | 지방 |  |

**해설**

| 효소이름 | 기질 | 생성물 |
|---|---|---|
| **α-Amylase** | 전분 | 덱스트린 |
| **β-Amylase** | 덱스트린 | 맥아당 |
| **Invertase** | 설탕 | 포도당, 과당 |
| Lactase | 유당 | **포도당, 갈락토오스** |
| Lipase | 지방 | **모노아실글리세리드, 지방산** |

**10** 다음 제시된 음이온을 보고 짠맛의 강도가 큰 순서대로 나열하시오.

$Cl^-$ , $NO_3^-$ , $I^-$ , $SO_4^{2-}$ , $Br^-$ , $HCO_3^-$

**해설**

· $SO_4^{2-} > Cl^- > Br^- > I^- > HCO_3^- > NO_3^-$

**11** 와인의 제조공정에서 아황산을 첨가하는 목적을 3가지 쓰시오.

**해설**

(1) 유해 미생물 생육억제
(2) 적색소의 안정화
(3) 청징화
(4) 갈변 방지
(5) 산화 방지
(6) 주석산염 석출 방지

**12** 통조림에서 팽창관이 발생하는 원인 4가지를 쓰시오.

> **해설**
> (1) 탈기 부족
> (2) 가열 살균 시간 부족
> (3) 수소 팽창
> (4) 충진 과다

## ◐ [2011년 1회 해설 및 정답]

### 01 해설
(1) 소금의 양이 적을 때
(2) 물의 양이 많을 때
(3) 유기산에 의해
(4) 콩이 덜 쑤어졌거나 원료의 혼합이 불충분하여 골고루 섞이지 않을 때

### 02 해설
(1) 정의 : 건조 표면의 온도가 높아 불균일한 건조가 일어날 때, 조직의 수축이 일어나며, 그 정도에 따라 조직의 변화 정도가 달라진다. 만약 건조 표면의 온도가 높아 불균일한 건조가 일어날 경우 내부의 수분이 표면으로 이동하기 전에 건조 피막이 형성되어 식품 표면의 조직이 막혀 표면 경화가 발생한다.
(2) 장점 : 물분자만을 투과시키고 다른 성분은 잔존 수분과 함께 식품 내부에 남게 되므로 식품이 가지고 있는 고유의 향기 등은 보존, 지속시킬 수 있다.
(3) 단점 : 표면이 딱딱해지면서 건조속도 저하로 인해 내부의 수분이 남아있어 건조 효과가 낮아진다.
(4) 잘 일어나는 식품 : 수용성의 당이나 단백질을 많이 함유하고 있는 식품, 육포 등

### 03 해설
(1) 이 식육의 결합수의 함량을 계산하시오.
   $69.6 - 22.4 = 47.2[\%]$

(2) 이 식육의 보수력을 계산하시오.
   $$보수력 = \frac{결합수\ 함량}{총\ 수분\ 함량} \times 100 = \frac{69.6 - 22.4}{69.6} \times 100 = 67.8160919\cdots \approx 67.82[\%]$$
   $$cf)\ 보수력 = \frac{유리수함량}{결합수함량} \times 100 = 47.45762712\cdots \approx 47.46[\%]\ (근거\ 부족)$$

## 04 해설

(1) $[농축 소금물량] = \dfrac{(5-0)[\%]}{(20-5)[\%]} \times [탈수량] = 1/3 \times [탈수량]$

∴ $[농축 소금물량] : [탈수량] = 1 : 3$

(2) 
```
20      5
     5         10[kg] × 15/(5+15) = 7.5[kg]
 0     15
```

## 05 해설

(1) 개념 : 우유 중의 지방구에 물리적인 충격을 가하여 작게 분쇄하는 작업
(2) 목적
    1) 지방구의 미세화
    2) 지방 분리 방지
    3) 점도 상승
    4) 소화 용이(지방과 단백질로 구성된 Curd가 미세화되어 분산되므로)

## 06 해설

· 5 : 125 = x/2 : 50, x = 4μg/mL (=4ppm)

## 07 해설

(1) 요구르트 : *Streptococcus thermophilus*, *Lactobacillus acidophilus*, *Lactobacillus bulgaricus*, *Lactobacillus casei*, *Lactobacillus debrueckii* 등
(2) 쌀 코지 : *Aspergillus kawachii*, *Aspergillus oryzae*, *Aspergillus usamii*, *Aspergillus shirousamii*, *Aspergillus awamori* 등

## 08 해설

(1) 이온결합
(2) 수소결합
(3) 이황화결합
(4) 소수성 상호작용

## 09 해설

| 효소이름 | 기질 | 생성물 |
|---|---|---|
| α-Amylase | 전분 | 덱스트린 |
| β-Amylase | 덱스트린 | 맥아당 |
| Invertase | 설탕 | 포도당, 과당 |
| Lactase | 유당 | 포도당, 갈락토오스 |
| Lipase | 지방 | 모노아실글리세리드, 지방산 |

## 10 해설

· $SO_4^{2-}$ > $Cl^-$ > $Br^-$ > $I^-$ > $HCO_3^-$ > $NO_3^-$

## 11 해설

(1) 유해 미생물 생육억제
(2) 적색소의 안정화
(3) 청징화
(4) 갈변 방지
(5) 산화 방지
(6) 주석산염 석출 방지

**12** 해설

(1) 탈기 부족
(2) 가열 살균 시간 부족
(3) 수소 팽창
(4) 충진 과다

**01** 토마토 퓨레 제조 공정 중 열법에 대해 설명하시오.

**02** 산형보존제가 낮은 pH에서 보존효과가 큰 이유를 쓰시오.

**03** 산가 측정을 위해 KOH(분자량 56.1) 0.01N을 조제하여 유지 시료에 떨어뜨렸더니, KOH 수용액이 2mL 반응 하였다. 이 때, 유지에 반응한 KOH 의 mg의 수를 계산하시오.

**04** 과실의 갈변 효소를 쓰고, 해당 효소를 불활성화할 수 있는 방법을 2가지 서술하시오.

**05** 초기 농도에서 99.9% 감소시키는데 0.74분 걸린다. $10^{-12}$ 감소하는데 걸리는 시간은?

**06** 다음 주어진 당류를 Maillard 반응에 의해 갈변하기 쉬운 순서대로 나열하시오.

> Mannose, Lactose, Sucrose, Glucose, Ribose, Fructose, Galactose, Xylose, Arabinose

**07** 식품공전상 감자, 양파의 발아억제 등을 위해 실시하는 방사선 조사선량을 기록하시오.

**08** 다음에 제시된 용어에 알맞은 정의를 기입하시오.
　(1) 부패
　(2) 변패
　(3) 산패
　(4) 발효

**09** 식품위생법령상 「회수대상이 되는 식품 등의 기준」에서 언급된 식중독균의 종류를 5종류 쓰시오.

**10** 교차오염 정의를 기입하시오.

11  전분으로부터 포도당을 제조할 때 생성되는 중간 생성물을 쓰시오. 그리고 공정 중 점도를 작게 하는 공정과, 포도당이 형성되는 공정의 이름을 쓰시오.

12  통조림 제조 시 탈기의 목적을 4가지 쓰시오.

13  식품공전 상 냉동식품 분류 2가지를 쓰시오.

## [2011년 2회 해설 및 정답]

**01** **해설**

열법 : 선별한 토마토를 거칠게 분쇄한 다음, 가열처리하여 토마토 주스를 추출기로 생산하는 방법이다. 가열에 의해 산화효소, 펙틴분해효소가 파괴되는 동시에 프로토펙틴이 펙틴으로 되고 검질의 용출 또한 많아져서 토마토 퓨레의 점조도를 높이는 효과가 있다. 그러나 비타민 C가 많이 파괴되고 풍미가 줄어든다.

> □ 참고
> **냉법**
> 거칠게 분쇄한 과실을 가열처리 없이 직접 주스 추출기에 보내 추출하는 방법이다. 열법에 비해 수율은 낮으나, 씨의 이용이 가능하고 풍미가 좋으며, 고형분의 분리가 적다.

**02** **해설**

[$H^+$]가 높은 환경에서는 산형 보존제가 해리되지 않아 음전하의 발생이 줄어든다. 이에 따라 세포막이 지니는 인지질의 친수성 기가 가진 음전하의 반발이 발생하지 않아 보다 쉽게 미생물의 세포 안으로 유입되어 정균작용을 효과적으로 일으킬 수 있다.

**03** **해설**

$0.01\,[\mathrm{mol/L}] \times 2\,[\mathrm{mL}] \times 56.1\,[\mathrm{g/mol}] = 1.122 \approx 1.12\,[\mathrm{mg}]$

**04** **해설**

(1) 효소 : Tyrosinase, Polyphenol oxidase(=Polyphenolase)
(2) 불활성화 방법
   1) Blanching(데치기)
   2) 산소 차단(직접 X, 간접)
   3) 소금물에 담그기
   4) pH 낮춤
   5) 산화 방지제 이용(EDTA염류 등)

## 05 초기 농도에서 99.9% 감소시키는데 0.74분 걸린다. $10^{-12}$ 감소하는데 걸리는 시간은?

**해설**
- $10^{-3}$ 감소하는 데 0.74분, 3D
- $10^{-12}$ 감소하는 데는 12D, 12D = 0.74 × 4 = 2.96[분]

## 06 다음 주어진 당류를 Maillard 반응에 의해 갈변하기 쉬운 순서대로 나열하시오.

> Mannose, Lactose, Sucrose, Glucose, Ribose, Fructose, Galactose, Xylose, Arabinose

**해설**

Ribose > Xylose > Arabinose > Galactose > Fructose > Mannose > Glucose > Lactose > Sucrose

## 07 식품공전상 감자, 양파의 발아억제 등을 위해 실시하는 방사선 조사선량을 기록하시오.

**해설**
0.15 kGy 이하

## 08

**해설**
(1) 부패 : 단백질 성분이 분해되어 악취나 불가식화 되는 현상
(2) 변패 : 일반적으로 미생물에 의해서 당질이나 지질이 분해되어 산미를 생성하거나 특유의 방향을 잃는 현상
(3) 산패 : 지질이 호기성 상태에서 변성, 분해되는 현상
(4) 발효 : 탄수화물이나 단백질, 지방에 미생물이 작용하여 유기산, 알코올 등을 생성하는 현상 (식용가능)

## 09 해설

(1) 살모넬라 (*Salmonella enteriditis* 등)
(2) 대장균 O157:H7 (*E. Coli O157:H7*)
(3) 캠필로박터 제주니 (*Campylobacter jejuni*)
(4) 클로스트리디움 보툴리눔 (*Clostridium botulinum*)
(5) 리스테리아 모노사이토제네스(*Listeria monocytogenes*)

## 10 해설

식재료, 기구, 용수 등에 오염되어 있던 미생물이 오염되어 있지 않은 식재료, 기구 종사자와의 접촉 또는 작업과정에 혼입됨으로 인하여 미생물의 전이가 일어나는 것

## 11 해설

(1) 중간생성물 : Amylodextrin, Erythrodextrin, Achromodextrin, Maltodextrin
(2) 점도를 작게 하는 공정 : 액화 공정, α-Amylase 사용
(3) 포도당이 형성되는 공정 : 당화 공정, Glucoamylase 사용

## 12 해설

(1) 금속통의 부식 방지
(2) 내용물의 산화 방지
(3) 가열살균 시 열전달 좋게 하고 찌그러짐 방지
(4) 제품의 보존기간 연장

## 13 해설

(1) 가열하지 않고 섭취하는 냉동식품 : 별도의 가열과정 없이 그대로 섭취할 수 있는 냉동식품을 말한다.
(2) 가열하여 섭취하는 냉동식품 : 섭취시 별도의 가열과정을 거쳐야만 하는 냉동식품을 말한다.
  "냉동식품"이라 함은 제조.가공 또는 조리한 식품을 장기보존할 목적으로 냉동처리, 냉동보관하는 것으로서 용기.포장에 넣은 식품을 말한다.

**01** Rheology의 정의를 쓰고, 이와 관련된 물질의 성질을 4가지 쓰시오.

**02** 30% 용액 A와 15% 용액 B를 혼합하여 25% 용액을 만들었다. 이 때, 두 용액의 혼합비를 쓰시오.

**03** 식품 업체에서 관능검사를 실시하는 목적을 5가지 쓰시오.

**04** 밀가루 20g에 10mL의 물을 넣어 습부량(Wet gluten)을 측정한 결과가 4g 일 때, 습부율은 몇 %인가?

**05** 식품에 방사선 조사하는 목적 4가지를 쓰고, 조사 도안을 그리시오.
    (1) 방사선 조사 목적
    (2) 조사 도안

**06** 어떤 식품의 함량이 탄수화물 30%, 단백질 15%, 조섬유 6% 수분 및 기타 14%의 조성으로 예상된다. 이를 확인하기 위해 식품 내 조섬유 함량을 측정하려고 한다. 다음에 제시된 물음에 답하시오.

(1) 조섬유 분석 전에 별도 분리할 물질과 분리방법을 쓰시오.
(2) 조섬유 분해 및 불용성 잔사를 남기기 위해 사용하는 시약 4가지를 쓰시오.
(3) 거품 많이 발생할 때 해결 방법을 쓰시오.

**07** 다음에 제시된 유체에 알맞게 전단응력-전단속도 그래프를 그리고, 각 유체에 해당하는 식품의 예를 1가지씩 쓰시오.

**08** 식품공전에 명시된 총 질소 함량 및 조단백질 함량 계산에 사용하는 공식을 적으시오. 그리고 쌀, 메밀, 밤의 질소계수가 각각 5.95, 6.31, 5.30 일 때, 어떤 시료가 아미노산이 가장 많이 함유되어 있는 것을 고르고 그 이유를 쓰시오.

**09** 알루미늄박 식품포장재를 이용하여 버터 포장할 시, 저장성과 관련해서 장·단점을 각각 2개씩 쓰시오.

**10** 다음 빈칸에 괄호를 채우시오.

> 전분이 분해되면 (　), (　), (　), (　), (　)이 생성되고, D.E.가 높아지면 감미도가 ( 높아 / 낮아 )지고 점도는 ( 높아 / 낮아 )진다.

◯ [2011년 3회 해설 및 정답]

## 01 해설

(1) 정의 : 외부의 힘에 의한 물질의 변형과 흐름에 대한 물성론의 한 분야로 식품의 가공적성 뿐만 아니라 식품 섭취 시 기호성과 밀접한 관련이 있다.
(2) 물성
   1) 점성(Viscosity) : 외력에 의해 생기는 층밀림 현상에 대한 내부저항(유체의 흐름에 대한 저항)
   2) 탄성(Elasticity) : 외력에 의해 생긴 변형이 외력을 제거하였을 때 원래의 형태로 되돌아가는 성질
   3) 소성(Plasticity) : 외력에 의해 생긴 변형이 외력을 제거하여도 원래의 형태로 되돌아가지 않는 성질
   4) 점탄성(Viscoelasticity) : 외력에 의해 탄성변형과 점성유동이 동시에 나타나는 성질

## 02 해설

(1) $[A] = \dfrac{(25-15)[\%]}{(30-25)[\%]} \times [B] = 2[B]$

$\therefore [A]:[B] = 2:1$

(2)
```
    20        5         A 혼합비 : 10/15 = 2/3
              5         B 혼합비 : 5/15 = 1/3
    0        15         ∴ A : B = 2 : 1
```

## 03 해설

(1) 신제품 개발의 기초자료
(2) 기존 제품의 품질 및 공정 개선
(3) 품질의 보증 또는 품질 수준의 유지
(4) 원료 제품의 보존성 및 저장 안정성 시험
(5) 소비자의 기호도 측정
(6) 원가 절감
(7) 신제품 및 개량품의 시장조사

## 04

해설

- 습부율 = $\dfrac{4}{20} \times 100 = 20\,[\%]$

## 05

해설

(1) 방사선 조사 목적
   1) 발아 억제
   2) 숙도 조절
   3) 살충
   4) 살균

(2) 조사 도안

## 06

해설

(1) 조섬유 분석 전에 별도 분리할 물질과 분리방법을 쓰시오.
   조지방, 검체 2~5g을 정밀히 달아 에테르로 5~6회 탈지한다.(조지방 정량 후 탈지검체를 이 시험에 사용하여도 무방하다.)

(2) 조섬유 분해 및 불용성 잔사 시약 4가지를 쓰시오.
   1) 뜨거운 1.25% 황산 200 mL
   2) 뜨거운 1.25% 수산화나트륨용액 200 mL
   3) 에탄올 15mL
   4) 에테르(탈지 및 세척)

(3) 거품 많이 발생할 때 해결 방법을 쓰시오.
   아밀알코올(Amyl alcohol) 0.5 mL를 냉각기의 상부로부터 가한다.

> □ 참고
> 헨네베르크·스토만개량법(Henneberg-Stohmann method)
> 식품을 묽은 산, 묽은 알칼리, 알코올 및 에테르로 처리한 후 남은 불용성 잔사(Residue)의 양에서 불용성잔사(Residue)의 회분량을 빼서 조섬유량을 구한다.

## 07 해설

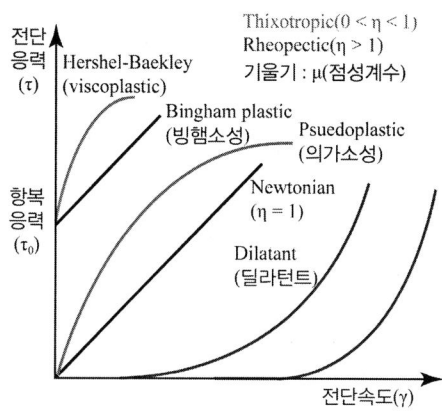

$$\tau = \mu \times \frac{du}{dx} \text{ 또는 } \tau = \kappa\dot{\gamma}^n + \tau_0, \ \mu_a = \frac{\tau}{\dot{\gamma}} = \kappa\dot{\gamma}^{n-1} + \frac{\tau_0}{\dot{\gamma}}$$

여기서 $\tau$ : 유체에 작용하는 전단응력, $\tau_0$ : 항복응력

$\mu(=\kappa)$ : 유체의 점성계수, $\mu_a$ : 겉보기 점도

$\dot{\gamma}(=\frac{du}{dx})$ : 전단속도, 전단력에 수직한 방향의 속도의 기울기

$n$ : 유동지수

(1) 뉴턴 유체 : $n = 1$, $\tau_0 = 0$
  - 전단응력이 전단속도에 비례하는 유체, 물, 주스, 식초 등

(2) 팽창성 유체(Dilatant fluid) : $n > 1$, $\tau_0 = 0$
  - 전단속도가 증가함에 따라 점도 및 전단응력의 증가 폭이 점차 증가하는 유체. 순간적인 충격에 강한 저항을 나타낸다. 고농도 전분유(전분 현탁액) 등

(3) 의사플라스틱유체(Pseudoplastic fluid) : $0 < n < 1$, $\tau_0 = 0$
  - 전단속도가 증가함에 따라 유동에 대한 저항 및 점도가 감소하는 유체. 토마토퓨레, 시럽, 페인트 등

(4) 빙햄 유체(Bingham fluid) : $n = 0$, $\tau_0 > 0$
  - 일정한 전단응력(항복응력)이 작용할 때까지는 변형이 일어나지 않지만 그 이상의 전단응력이 작용하면 뉴턴유체와 같이 직선관계를 나타내는 유체 치약, 토마토케첩, 마요네즈 등

## 08 해설

(1) 조단백질 함량 공식

$$\text{단백질 함량}[w/w\%] = \frac{0.7003 \times f \times (a-b)[mL] \times D}{S[mg]} \times 100 \ (2-3mg \text{ 기준})$$

(2) 아미노산이 많이 함유된 시료

밤, 질소계수 5.30을 이용하여 백분율로 비교했을 때 시료 내에 18.87%의 단백질이 들어있다고 예상할 수 있다.

## 09 해설

(1) 장점 : 열 전도율 높아 열 방출 잘 됨, 작은 포장 부피, 차광성, 방습성, 공기 차단, 향 보존, 내식성, 개관 용이, 저독성, 저비중
(2) 단점 : 종이에 비해 고가, 약한 내구성, 한 번 뜯은 뒤 재보관 어려움

## 10 해설

전분이 분해되면 (Amylodextrin), (Erythrodextrin), (Achromodextrin), (Maltodextrin), (Glucose)이 생성되고, D.E.가 높아지면 감미도가 ( 높아 )지고 점도는 ( 낮아 )진다.

# 2012 1회 식품안전기사 실기

[본 문제는 수험자의 기억에 의해 복원된 것으로 실제 시험과 차이가 있을 수 있습니다]
[(舊)식품기사에서 (現)식품안전기사로 변경되었습니다]

**01** 식품 중에서 퓨란(Furan)이 생성되는 ① 주요경로와 ② 제품 중 거의 잔류되지 않는 이유를 설명하시오.

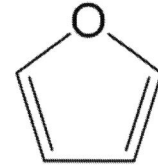

**02** 아미노산을 하루에 50톤 생산하려고 한다. 이 때, 100m³짜리 발효조를 몇 개를 사용해야 하는가? 이 때, 발효되는 정도는 60%, 최종 농도는 100g/L이며, 1 Cycle은 30시간이다.

**03** 다음은 "식품등의 표시기준"의 일부이다. 나트륨을 표시할 때, '0' 으로 표기 시 몇 mg 미만에서 가능한가?

| 식품 100g당 ( ) 미만이면 0으로 표시 |
|---|

**04** 다음은 "식품등의 표시기준"의 표시사항별 세부표시기준 내용의 일부이다. 빈 칸에 알맞은 것을 채우시오.

| 영양성분 | 강조표시 | 표시조건 | |
|---|---|---|---|
| 열량 | 저 | 식품 100g당 (　　　)미만 또는 식품 100mL당 (　　　)미만일 때 | |
| | 무 | 식품 100mL당 (　　　)미만일 때 | |
| 트랜스지방 | 저 | 식품 100g당 (　　　) 미만일 때 | |

**05** 인스턴트 커피의 가공방법 중 (1) 향미가 잘 보존되는 건조법과 (2) 빠르고 가격이 싼 건조법은 각각 무엇인가?

**06** 어떤 식품 첨가물의 1일 섭취 허용량(ADI)을 구하기 위하여 동물(쥐) 실험을 한 결과 ADI가 250 mg/kg·day 였다면 안전계수 1/100 로 하여 체중 50kg인 사람의 ADI를 구하시오.

**07** 단백질 열변성에 영향을 주는 요인 중 3가지를 쓰고, 각각의 영향을 설명하시오.

**08** HACCP에서 제품설명서와 공정흐름도 작성의 주요 목적과 각각 포함되어야 하는 사항의 예시를 쓰시오.

09  A와 B는 같은 수분함량이다. 그런데 보존기간은 A가 훨씬 길다. 그 이유를 수분활성도로 설명하시오.

10  식품 섭취 시 알레르기의 발생은 치명적일 수 있으므로 소비자의 안전을 위하여 알레르기 위험에 대한 표시는 중요하다. 특히 한국인이 소화하기 힘든 알레르기의 원인과 대표식품 3가지를 쓰시오.

11  다음은 레이놀즈수에 관한 내용이다. 빈 칸을 채우시오.

> 관속을 흐르는 유체는 원형 직선관에서 레이놀즈수가 (    )이하이면 층류 (    )이상이면 난류이다.

12  유지를 고온가열 할 때 발생하는 현상을 (1) 물리적 변화와 (2) 화학적 변화에 대해 두 가지씩 작성하시오.

13  식품첨가물공전상, 표준온도, 상온, 실온, 미온의 수치 또는 범위를 쓰시오.

## [2012년 1회 해설 및 정답]

### 01 해설

(1) 주요경로
식품 내 탄수화물, 아미노산, 비타민C, 다중 불포화 지방산으로부터 Maillard 반응에 의해 생성되며, 가열 및 낮은 pH 조건에서 더욱 잘 생성됨(커피, 육류통조림, 빵, 열을 가하여 조리한 닭고기, 캐러멜, 스프, 소스, 콩, 파스타, 유아용 식품 등)

(2) 제품 중 거의 잔류되지 않는 이유
식품 가열과정에서 일부 생성된다 하더라도 끓는점이 31.5℃ 로 낮은 편이라 대부분 휘발되므로 식품에 남아 있지 않게 되어 최종적인 제품에서는 일반적으로 문제되지 않음

### 02 해설

· $50[t/day] \times 1000[kg/t] \times 1000[g/kg]$

$\leq \dfrac{100[g/L] \times 10^3[L/m^3] \times 100[m^3/개] \times x[개] \times 24[h/day] \times 0.6}{30[h]}$

$x \geq 10.416667 \cdots \approx 11[대]$

### 03 해설

식품 100g당 ( **5mg** ) 미만이면 0으로 표시

### 04 해설

| 영양성분 | 강조표시 | 표시조건 |
|---|---|---|
| 열량 | 저 | 식품 100g당 ( **40kcal** )미만 또는 식품 100mL당 ( **20kcal** )미만일 때 |
| | 무 | 식품 100mL당 ( **4kcal** )미만일 때 |
| 트랜스지방 | 저 | 식품 100g당 ( **0.5g** ) 미만일 때 |

## 05 해설

(1) 향미가 잘 보존되는 건조법 : 동결진공건조법
(2) 빠르고 가격이 싼 건조법 : 분무건조법

## 06 해설

- $\text{ADI} = 250\,[\text{mg/kg·day}] \times 50\,[\text{kg}] \times \dfrac{1}{100}$
  $= 125\,[\text{mg/day}]$

## 07 해설

(1) 가열
  1) 수소결합 파괴
  2) 열역학적으로 안정된 형태로 변화
  3) 응고 및 침전(일반적으로 60~70°C에서 응고되어 용해도 감소함)

(2) 광선
  1) 단백질의 3차 구조 변화 유발
  2) 특히 아미노산 중 트립토판이 가장 광분해되기 쉬움

(3) 수분
  1) 변성 조건에서 수분 많으면 더욱 변성이 잘됨
  2) 건조 및 동결 등 탈수 시에는 분자 내 수소결합 및 소수성 상호작용 증가
  3) 동결 시 -5°C ~ -1°C 에서 변성 심하므로 품질 유지 위해서 가공 시간 단축 필요

(4) 염(전해질)
  1) 정전기적 상호작용 강화, 착물 또는 침전 형성 및 열변성 촉진됨
     (주로 염화물, 황산염, 젖산염 등)
  2) 특히 중금속 및 다가 이온($SO_4^{2-}$, $PO_4^{3-}$, $Hg^{2+}$, $Pb^{2+}$) 존재 시 변성 촉진

(5) pH
  1) 작용기 극성 변화 유발
  2) 등전점 근처에서 소수성 상호작용 강화로 인한 침전 생성 및 열변성 등이 쉬워짐
  3) 산성 쪽에서 변성 속도 촉진

(6) 효소
  1) 예시 : Rennet에 의한 Casein → Paracasein으로의 변성

(7) 환원제
  1) 이황화결합 해체
  2) β-mercaptoethanol, DTT(Dithiothreitol) 등

(8) 산소 및 산화제 : 산화에 의한 작용기 변화 유발

(9) 유기물질
  1) 요소(분자 내 수소결합 해체)
  2) 계면활성제(SDS 등, 수소결합 및 소수성 상호작용 약화)
  3) 소수성 용매(친수성-소수성 기 위치 변환) 등

## 08 해설

| | 목적 | 예 |
|---|---|---|
| 제품 설명서 | HACCP 시스템을 적용코자 하는 식품에 대한 정확한 현황 파악과 이해를 위해 해당 식품의 특성과 용도를 기술하기 위해 작성 | ① 제품명, 제품 유형 및 성상<br>② 품목제조보고 연·월·일(해당제품에 한한다)<br>③ 작성자 및 작성연·월·일<br>④ 성분(또는 식자재) 배합 비율<br>⑤ 제조(포장)단위(해당제품에 한한다)<br>⑥ 완제품 규격<br>⑦ 보관·유통상(또는 배식상)의 주의사항<br>⑧ 유통기한(또는 배식시간)<br>⑨ 포장방법 및 재질(해당제품에 한한다)<br>⑩ 표시사항(해당제품에 한한다)<br>⑪ 기타 필요사항 |
| 공정흐름도 작성 | 위해요소가 발생할 수 있는 지점을 찾아내기 위해 작성 | ① 제조·가공·조리 공정도(Flow diagram)(공정별 가공방법)<br>② 작업장 평면도(작업특성별 분리, 시설·설비 등의 배치, 제품의 흐름과정, 세척·소독조의 위치, 작업자의 이동경로, 출입문 및 창문 등을 표시한 평면도면)<br>③ 급기 및 배기 등 환기 또는 공조시설 계통도<br>④ 용수 및 배수 처리 계통도 |

## 09 해설

A를 이루고 있는 용질의 몰질량이 작아, 실제적인 몰비율로 계산하면 A 내의 물의 몰분율이 B보다 작기 때문이다. 수분활성도는 물의 몰비율로 정의할 수 있으며, 물의 몰비율이 작으면 수분활성도는 낮고, 수분활성도가 적으면 미생물의 번식이 어려워 보존기간이 길어진다.

## 10

> 해설

(1) 원인 : 알레르기원에 비만세포가 반응하여 히스타민을 분비하고, 이에 따라 과민반응이 나타난다.
(2) 대표식품 : 알류(가금류만 해당한다), 우유, 메밀, 땅콩, 대두, 밀, 고등어, 게, 새우, 돼지고기, 복숭아, 토마토, 아황산류(이를 첨가하여 최종 제품에 이산화황이 1킬로그램당 10밀리그램 이상 함유된 경우만 해당한다), 호두, 닭고기, 쇠고기, 오징어, 조개류(굴, 전복, 홍합을 포함한다), 잣 총 21개 중 택 3

## 11

> 해설

관속을 흐르는 유체는 원형 직선관에서 레이놀즈수가 ( 2100 )이하이면 층류, ( 4000 )이상이면 난류이다.

## 12

> 해설

(1) 물리적 변화 : 점도가 높아짐, 색이 탁해짐
(2) 화학적 변화 : 지방 산화, 산가 증가, 과산화물가 증가, 요오드가 감소, 이중결합의 cis형이 trans형으로 변함, 지질 분자 간 가교 형성, 점성은 분자량이 증가할수록 증가하며, 불포화도와 온도가 높을수록 감소하나, 중합에 의한 증가가 온도 증가에 의한 감소보다 우세하다.

## 13 식품첨가물공전상, 표준온도, 상온, 실온, 미온의 수치 또는 범위를 쓰시오.

> 해설

(1) 표준온도 : 20℃
(2) 상온 : 15~25℃
(3) 실온 : 1~35℃
(4) 미온 : 30~40℃
(5) 찬물 : 따로 규정이 없는 한 15℃ 이하
(6) 온탕 : 60~70℃
(7) 열탕 : 약 100℃의 물

01 다음은 건조 시간에 따른 건조물의 온도와 함수율에 대한 그래프이다. 각 기간에 대한 설명과, 건조물 표면 공기의 변화를 쓰시오.

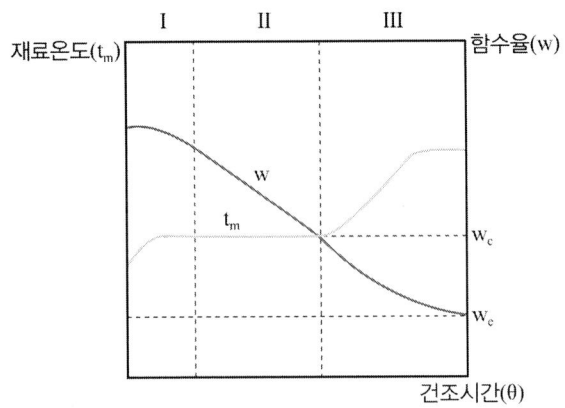

02 수입식품 이력사항에서 표기해야할 사항 중 3가지를 적으시오.

03 70% 수분량을 지닌 식품 1kg에서 수분 80% 건조 시켰을 때 다음을 구하시오.

**04** 당도가 12°Brix인 복숭아 시럽 5000kg을 75°Brix 시럽으로 12.4°Brix 복숭아 시럽으로 만들 때 (1) 75°Brix 시럽 추가량과 (2) 12.4°Brix로 맞춰서 240mL캔을 분당 200캔 생산한다고 했을 때, 복숭아 시럽을 모두 소모하는 데 드는 시간(분)을 계산하시오.(완제품 비중 1.0408)

**05** 다음은 영양소 표시량과 실제 측정값의 허용오차 범위에 대한 설명이다. 괄호를 채우시오.

> 열량, 지방, 콜레스테롤, 당분 등 영양소 양의 표기시 허용 오차는 ( )% 미만이고, 무기질, 비타민 등 표기 시 허용오차는 ( )% 이상이다.

**06** Hurdle technology의 정의와 예시를 쓰시오.

**07** 우수건강기능식품제조및품질관리기준(GMP)의 정의와 목적을 쓰시오.

**08** 자외선 살균 시 조사 시간이 긴 순서대로 쓰시오.

**09** 기체크로마토그래피에서 가스주입기(가스가 들어오는 이동상)과 데이터출력기(데이터를 분석하는 부분), 온도조절장치를 제외한 주요 기관의 명칭을 3가지 쓰시오.

**10** 다음은 레이놀즈수에 관한 내용이다. 빈 칸을 채우시오.

> 관속을 흐르는 유체는 원형 직선관에서 레이놀즈수가 (     )이하이면 층류,
> (     )이상이면 난류이다.

## ○ [2012년 2회 해설 및 정답]

### 01 해설

(I) : 재료예열기간, 재료가 예열되고 제품 내 함수율이 서서히 감소한다.

(II) : 항률건조기간, 재료의 함수율이 지속적으로 감소하고, 품온이 일정하다. 건조 중 지속적으로 액막이 형성되어 고체 표면의 습도가 높다. 재료의 유입 열량이 전부 수분 증발로 소비된다.

(III) : 감률건조기간, 전체 표면의 액막이 불균일해져 품온이 상승하는 지점인 임계함수율부터 더 이상 건조되지 않는 지점인 평형함수율까지로 재료의 건조 특성이 특징적으로 나타나는 구간.

- 공기 변화 : 뜨겁고 건조한 공기가 재료를 지나가면서 비교적 습한 공기로 식는다. 만약 건조 공정 중에 공기의 온도를 같게 유지한다면 수분을 흡수한 공기의 밀도와 점도는 작아지고, 습도와 비열과 열전도도는 더 높아진다.

$$\frac{\rho}{[kg/m^3]} = \frac{P[atm]}{0.082[atmL/molK]} \times \frac{M_w M_{dg}}{M_w + HM_{dg}}[g/mol] \times \frac{273.15}{T[K]}$$

ρ : 공기의 밀도, M : 분자량, P : 측정된 기압, T : 절대온도
H : 절대습도, w : 물, dg : 건조공기

### 02 수입식품 이력사항에서 표기해야할 사항 중 3가지를 적으시오.

**해설**

① 수입식품등의 유통이력추적관리번호
② 수입업소 명칭 및 소재지
③ 제조국
④ 제조회사 명칭 및 소재지
⑤ 유전자재조합식품표시
⑥ 제조일자
⑦ 유통기한 또는 품질유지기한
⑧ 수입일자
⑨ 원재료명 또는 성분명
⑩ 회수대상 여부 및 회수사유

## 03 해설

(1) 건조된 수분량
   1[kg] × 0.7 × 0.8 = 0.56[kg]

(2) 건조 후 고체와 수분무게 구하기
   1) 고체 : 1 − 0.7 = 0.3[kg]
   2) 수분 : 0.7 − 0.56 = 0.14[kg]

## 04 해설

(1) 추가할 시럽 양

1) $x = \dfrac{(12.4-12)[\%]}{(75-12.4)[\%]} \times 5000[kg] = 31.94888279 \cdots \approx 31.95\,[kg]$

2)

|  | 12 | 62.6 |
|---|---|---|
|  | 12.4 |  |
|  | 75 | 0.4 |

$x = (5000+x) \times \dfrac{0.4}{62.6+0.4}$

$= 31.94888179 \cdots \approx 31.95\,[kg]$

(2) 소요 시간

- $t = \dfrac{(5000+x)[kg]}{1.0408[kg/L] \times 0.240[L/EA] \times 200[EA/min]}$

  $= 100.722779 \cdots \approx 100.72[min]$

## 05 해설

열량, 지방, 콜레스테롤, 당분 등 영양소 양의 표기시 허용 오차는 ( 120 )% 미만이고, 무기질, 비타민 등 표기 시 허용오차는 ( 80 )% 이상이다.

## 06

**해설**

(1) 정의
미생물의 증식에 영향을 줄 수 있는 여러가지 인자들을 복합적으로 적용시킴으로서 미생물의 극복능력을 약화시키는 동시에 식품의 품질(맛, 식감, 색, 향 등)을 최대한 유지 하는 과학적인 기술

(2) 예시
1) 통조림 제조 시 고농도 당침액의 pH 4.5 이하로 조절한 뒤 저온 살균 후 Vitamin C 첨가 후 밀봉
2) 피클 제조 시 채소에 소금과 식초, 설탕 등을 혼합한 조미액을 뜨겁게 가열한 상태로 부어서 처리한 뒤 멸균된 용기에 밀봉한다.

(3) 장점
식품의 맛과 품질을 해치지 않으면서도 미생물의 증식을 효과적으로 저해할 수 있다.

## 07

**해설**

(1) 정의
1) GMP(Good Manufacturing Practice) : 우수건강기능식품제조 및 품질관리기준
안전하고 우수한 품질의 건강기능식품을 제조하도록 하기 위한 기준으로서 작업장의 구조, 설비를 비롯하여 원료의 구입부터 생산·포장·출하에 이르기까지 전 공정에 걸쳐 생산과 품질의 관리에 관한 체계적인 기준

(2) 목적
인위적 과오의 최소화, 오염 및 품질변화 방지, 품질보증체계의 확립

## 08

**해설**

· 곰팡이 > 효모 > 세균

## 09

**해설**

(1) 시료주입기(Injector) : 분석하고자 하는 시료를 이동상의 흐름에 실어준다.
(2) 컬럼(Column) : 관 모양의 용기, 분석 시료에 따라 Resin(충전제)을 선택하여 사용한다.
(3) 검출기(Detector) : 시료의 존재 및 양을 일정한 규칙에 의해 인식하여 전기적 신호로 바꾸어준다.

**10** 해설

관속을 흐르는 유체는 원형 직선관에서 레이놀즈수가 ( 2100 )이하이면 층류, ( 4000 )이상이면 난류이다.

## 2012년 3회 식품안전기사 실기

01 알코올음료, 발효식품의 제조 공정 중 생성되는 에틸카바메이트의 (1) 발생 원인과 (2) 줄일 수 있는 방법을 쓰시오.

02 라면의 제조 공정 중 유탕 공정에서 다음에 제시된 세 관리 측면에서 품질 열화를 최대한 줄일 수 있는 적절한 방법을 쓰시오.

03 다음 제시된 물질을 보고 식품첨가물공전에 따른 주요 용도를 쓰시오.

> 소르빈산, L-글루탐산나트륨, 규소수지

04 25% NaCl 수용액 1000g을 만들기 위해 필요한 NaCl과 물의 양을 구하시오.

05 대장균군검사가 식품안전도의 지표로 사용되는 이유를 (1) 검사결과 양성과 대장균군 특성을 포함하여 설명하고 (2) 이와 관련된 세균속(명)을 쓰시오.

**06** 맥주를 제조할 때 Hop를 사용하는 이유를 3가지를 쓰시오.

**07** $Q_{10}$값이 2이고 20°C에서 반응속도가 10일 때, 30°C에서의 반응속도는?

**08** 중화적정의 정의에 의한 표준용액, 종말점, 지시약에 대해 설명하시오. (단, 표준용액, 지시약은 종류 1가지씩 쓰시오.)

**09** 다음 조건을 읽고 조섬유 함량을 계산하시오.

**10** 식품제조 현장에서 위해물질의 혼입과 오염을 방지하기 위한 제도인 HACCP를 적용하기 위한 7가지 원칙을 제시하시오.

**11** 식품, 식품첨가물, 건강기능식품의 유통기한 설정기준에 의거하여 유통기한 설정검사를 생략할 수 있는 근거를 2가지 쓰시오.

## [2012년 3회 해설 및 정답]

**01**

**해설**

(1) 발생 원인
- 과일 종자에 함유된 시안 화합물에서 유래하여 발효 중 생성된 요소 내의 카보닐기(C=O)와 발효 중 생성된 에탄올($CH_3CH_2OH$) 간에 탈아미노 반응 및 친핵성 치환 반응을 일으켜 생성된다.
- 전구체 : 시안화수소산, 요소, 시트룰린, 아르기닌, 시안배당체, N-carbamoyl 화합물 등

$$R-C\equiv N \xrightarrow{\text{Enzyme Reaction}} H-C\equiv N \xrightarrow{[O]} H-O-C\equiv N$$
Cyanogenic glycoside     Hydrocyanic acid     Hydrogen cyanate

$$H_3C-OH + H-O-C\equiv N \xrightarrow{H^+} H_3C-O-\overset{O}{\underset{}{C}}-NH_2$$
Ethanol     Hydrogen cyanate     Ethyl carbamate

$$H_3C-OH + H_2N-\overset{O}{\underset{}{C}}-NH_2 \xrightarrow{H^+} H_3C-O-\overset{O}{\underset{}{C}}-NH_2 + NH_3$$
Ethanol     Urea     Ethyl carbamate

(2) 줄일 수 있는 방법
1) 원료와 콩과 식물을 같은 농지에서 재배를 금하고, 질소 비료 사용을 줄일 것
2) 상업적으로 요소를 적게 생성하는 효모를 사용하고, 국 사용을 최소화할 것
3) 상처가 없고 품질이 우수한 단백질 함량이 적은 원료를 사용할 것
4) 효모의 질소원(제이인산암모늄 등) 함량을 줄이고 요소 사용을 금할 것
5) 발효 및 증류 전 종자를 제거하는 것이 좋음
6) 침출 시 에탄올 함량은 50%이하로 조절 후, 25℃ 이하로 식힌 것을 사용하며, 침출시간은 최대한 짧게 할 것(100일 이내)
7) 아황산염류 농도를 200ppm이하로 처리할 것
8) 침출, 보관, 유통 등에서 저온 조건을 유지하며(25℃ 이하로 최대한 낮게), 고온(38℃이상) 및 햇빛에 노출을 방지한다.
9) 발효가 끝나고 여과 전에 산성요소분해효 효소 사용할 것
10) 술덧 증류 시 구리증류기에 직화가 아닌 스팀을 이용하여 천천히 가열하고, 증류시간을 최대한 짧게 할 것
11) 증류획분(도수 55%)까지 수집하고, 분획하여 분리된 초류와 후류는 사용하지 말 것
12) 주정 첨가 시 효모를 제거할 것

## 02 해설

(1) 튀김유 회전속도 관리면
튀김유를 되도록 오래 사용하지 않고, 자주 갈아 사용한다.

(2) 튀김온도 관리면
호화가 잘 되면서 산패가 덜 되는 적정 온도를 유지한다.

(3) 튀김설비 관리면
튀김설비를 자주 세척하여 깨끗한 환경을 유지한다.

## 03 해설

(1) 소르빈산 - 보존료
(2) L-글루탐산나트륨 - 향미증진제
(3) 규소수지 – 거품제거제

## 04 해설

NaCl 250g, 물 750g

## 05 해설

(1) 대장균군이 검출될 경우, 높은 확률로 사람이나 동물의 분변을 통한 오염으로 인한 대장균이 존재할 가능성이 매우 높기 때문이다. 그리고 병원성 미생물의 존재를 의심할 수 있다. 추정 시험으로 유당 분해로 인한 가스 생성 여부를, 확정 시험을 통해 그람 양성균이 아님을, 그람염색을 통해 그람 음성의 무아포성 간균임을 확인하여 대장균군 양성임을 확인한다.

(2) 대장균군 속명
  1) *Escherichia*
  2) *Klebsiella*
  3) *Cronobacter* (구 *Enterobacter*)
  4) *Hafnia*
  5) *Citrobacter*
  6) *Erwinia*
  7) *Serratia* 등

## 06 해설

(1) 맥주 특유의 향기, 쓴맛 부여
(2) 거품의 지속성 부여
(3) 항균성 부여
(4) 탄닌에 의한 단백질 제거, 맥주의 청징 및 안정화

## 07 해설

- $Q_{10} = \dfrac{v_{30}}{v_{20}}$

  $v_{30} = Q_{10} \times v_{20} = 2 \times 10 = 20$

## 08 해설

(1) 표준용액
- 부피 분석에 사용할 수 있는, 농도를 알고 있는 용액
  예 NaOH 수용액 등

(2) 지시약
- 주변 환경에 따라 분자의 배열 변화가 유발되어 색의 변화가 나타나는 화합물
  예 페놀프탈레인 등

(3) 종말점
- 부피 적정 실험에서 지시약의 색 변화가 일어난 표준 용액의 소모 지점

## 09 해설

(1) 여과기의 질량 : 10.80g
(2) 시료의 양 : 5.00g
(3) 용해 후 여과기의 질량 : 10.48g
(4) 건조 후 여과기의 질량 : 10.40g

- 조섬유함량 $= \dfrac{(10.80-10.40)[\text{g}]}{5[\text{g}]} \times 100 = 8.0[\text{w/w\%}]$

## 10 해설

(1) 위해요소 분석(HA)
(2) 중요관리점(CCP) 결정
(3) 한계 기준(CL) 설정
(4) 모니터링 체계 확립
(5) 개선 조치 방법 설정
(6) 검증 절차 및 방법 설정
(7) 문서 및 기록 유지 방법 설정

## 11 해설

식품, 식품첨가물, 축산물 및 건강기능식품의 유통기한 설정기준 제12조(유통기간 설정실험 생략 등)

(1) 식품
  1) 식품의 권장유통기간 이내로 유통기한을 설정하는 경우
  2) 유통기한 표시를 생략할 수 있는 식품 또는 품질유지기한 표시 대상 식품에 해당하는 경우(다만, 식품 제조·가공업자가 유통기한을 표시하고자 하는 경우에는 제외)
  3) 유통기한 설정과 관련한 국내·외 식품관련 학술지 등재 논문, 정부기관 또는 정부출연 기관의 연구보고서, 한국식품산업협회 및 동업자조합에서 발간한 보고서를 인용하여 유통기한을 설정하는 경우
  4) 유통기한이 설정된 제품과 다음 각 항목 모두가 일치하는 제품의 유통기한을 이미 설정된 유통기한 이내로 하는 경우
    ① 식품유형(「식품의 기준 및 규격」 제4. 식품별 기준 및 규격 중 식품유형 정의에 구체적인 식품종류가 나열되어 있는 경우에는 식품종류까지 동일하여야 함.
      예 : 과자류 - 과자 - 비스킷)
    ② 성상(예: 분말, 건조물, 고체식품, 페이스트상, 시럽상, 액상식품 등)
    ③ 포장재질(예: 종이제, 합성수지제, 유리제, 금속제 등) 및 포장방법
      예 : 진공포장, 밀봉포장 등)
    ④ 보존 및 유통온도
    ⑤ 보존료 사용여부
    ⑥ 유탕·유처리 여부
    ⑦ 살균(주정처리, 산처리 포함) 또는 멸균방법

(2) 식품첨가물
  1) 유통기한이 설정된 제품과 다음 각 항목의 모두가 일치하는 신제품의 유통기한을 이미 설정된 유통기한 이내로 하는 경우
    ① 「식품첨가물의 기준 및 규격」으로 고시한 품목명(혼합제제의 경우에는 원료성분명) 및 성상
    ② 포장재질 및 포장방법
    ③ 보존 및 유통온도

(3) 건강기능식품
  1) 유통기한 설정과 관련한 국내·외 식품관련 학술지 등재 논문, 정부기관 또는 정부출연기관의 연구보고

서, 한국식품산업협회, 한국건강기능식품협회 및 동업자조합에서 발간한 보고서를 인용, 유통기한을 설정하는 경우
2) 유통기한이 설정된 제품과 다음 각 항목 모두가 일치하는 신제품의 유통기한을 이미 설정된 유통기한 이내로 하는 경우
　① 기능성원료 또는 식품유형(「건강기능식품의 기준 및 규격」의 소분류까지 동일하여야함. 한편, 식품유형과 비교할 경우, 사용한 기능성 원료 또는 성분의 경시적 변특성에 대한 자료를 추가로 제출하여야 함)
　② 성상(예 : 캡슐, 정제, 분말, 과립, 액상, 환, 편상, 페이스트상, 시럽, 젤, 젤리, 바, 필름)
　③ 포장재질(예 : 종이제, 합성수지제, 유리제, 금속제 등) 및 포장방법
　　　(예 : 진공포장, 밀봉포장 등)
　④ 보존 및 유통온도
　⑤ 보존료 사용여부
　⑥ 유탕·유처리 여부
　⑦ 살균 또는 멸균방법

# 2013년 1회 식품안전기사 실기

**01** 청국장 제조에 이용하는 균주의 이름과 최적 생육 온도를 쓰시오.

**02** 감의 쓴맛 및 떫은맛을 제거하는 공정의 이름과 제거하는 성분의 이름을 쓰시오.

**03** 염도가 2%인 절임배추 1000kg에 김치 양념양이 100kg 들어간다고 가정한다. 최종 염도가 2.5%인 김치 10000kg을 만들기 위한 절임배추, 김치 양념, 소금 세 물량을 각각 계산하시오.

**04** 식중독 역학조사 중 김치에 넣는 어떤 재료 속에 노로바이러스가 있다고 의심되고 있다. 외부로부터 발주한 고춧가루 등의 양념이나 젓갈, 찹쌀, 채소 등에 이상이 없었고, 인근 지하수를 사용하여 김장했다는 증언으로 미루어볼 때, 노로바이러스의 유입 가능성이 가장 큰 식재는 무엇인가?

**05** 1N Oxalic acid 500mL 만드는데 필요한 Oxalic acid의 양을 계산식과 함께 답을 쓰고, 만드는 방법을 간단히 쓰시오. (분자량 126.07, 2수화물 기준)

06  연유 제조 시, 가당하는 목적과 진공 농축하는 이유를 쓰시오.

07  해동속도가 냉동속도보다 느리게 나타난다. 물과 얼음의 열전도도 및 열확산율을 이용하여 이 현상을 비교 및 설명하시오.

08  육질등급과 육량등급을 설명하시오.

09  과채류통조림의 살균 지표균 이름과 살균 지표로 삼는 효소를 쓰시오.

10  크로마토그래피에서 반높이상수 a=5.54, $W_{0.5}$=2.4 sec, $t_R$=12.5 sec일 때, 반높이 너비법의 이론단수는?

11  30% 용액 A와 15% 용액 B를 혼합하여 25% 용액을 만들었다. 이 때, 두 용액의 혼합비를 쓰시오.

12  식품첨가물 규격을 결정하는 국제기구 두 곳은 어디인가?

## [2013년 1회 해설 및 정답]

**01** **해설**

청국장 : *Bacillus subtilis* (natto) - 생육 온도 40°C

**02** **해설**

탈삽 공정, Tannin

**03** **해설**

2×10/11    97.5
           2.5
100        75/110

(1) 절임 배추량

- $10000 \times \dfrac{97.5}{97.5+\dfrac{75}{110}} \times \dfrac{10}{11} = 9027.777\cdots \approx 9027.78\,[\text{kg}]$

(2) 김치 양념량

- $10000 \times \dfrac{97.5}{97.5+\dfrac{75}{110}} \times \dfrac{1}{11} = 902.777\cdots \approx 902.78\,[\text{kg}]$

(3) 소금 첨가량

- $10000 \times \dfrac{\dfrac{75}{110}}{97.5+\dfrac{75}{110}} = 69.444\cdots \approx 69.44\,[\text{kg}]$

**04** **해설**

노로바이러스에 오염된 지하수에 세척한 채소류

## 05 해설

(1) 필요한 Oxalic acid 양
- 1L 기준, Oxalic acid 1[N]=0.5[M],
- 500mL로 만들 시, 0.25[mole] 필요, 31.5175[g]

(2) 1N Oxalic acid 표준물질용액 500mL 조제 방법
- Oxalic acid 31.5175g을 정확히 취하여 비커에 넣고 약간의 물에 완전히 녹인 뒤, 500mL 부피플라스크에 넣고, 비커 내부에 용질이 남지 않도록 증류수로 여러 차례 씻어내리며 수 차례 흔들어주어 표선까지 정용한다. 이후 1차 표준물질을 사용하여 표정하여 역가를 구한다.

## 06 해설

(1) 연유에 단맛을 부여하고 점성을 증가시키며, 삼투압 증가와 수분활성도 감소를 야기하여 보존성을 높인다.
(2) 낮은 온도에서도 농축 속도가 빠르고, 우유의 열 변성과 풍미 손실을 억제한다.

## 07 해설

| | 열전도도[W/m·K] | 열확산율[$10^{-8}m^2/s$] |
|---|---|---|
| 물 | 0.6 | 14 |
| 얼음 | 2.2 | 104 |

물은 열전도도와 열확산율 모두 얼음보다 작다. 해동 시에는 물의 비율이 점점 늘어나면서 내부로의 열 전달이 점차적으로 감소하며, 냉동 시에는 얼음의 비율이 점점 증가하면서 외부로의 열 전달이 점차적으로 빨라진다. 이러한 점 때문에 냉동속도가 해동속도보다 빠르다.

## 08 해설

(1) 육질등급
- 근내지방도, 육색, 지방색, 조직감, 숙성도에 따라 고기 품질을 1++, 1+, 1, 2, 3등급 및 등외로 구분하여 소비자가 고기의 좋고 나쁨을 쉽게 구별하도록 함

(2) 육량등급
- 도체 중량, 등 지방 두께, 등심 단면적, 배 최장근 단면적을 종합적으로 고려하여 고기량의 많고 적음을 표시하는 기준으로써, A, B, C등급 및 등외 등급으로 구분

## 09 해설

*Clostridium botulinum*, *Peroxidase*

> □ 참고
> 식물의 Peroxidase는 내열성이며, z=33°C, $Q_{10}$=2 로 *Clostridium botulinum* 의 z=10°C, $Q_{10}$=10 임을 생각해보면 효소의 불활성화는 미생물의 사멸보다 느리게 진행된다. 즉, 효소의 불활성화를 목표로 살균할 경우 미생물은 확실히 사멸한다.

## 10 해설

- $N = 5.54 \times (\dfrac{t_R}{w_{0.5}})^2 = 5.54 \times (\dfrac{12.5}{2.4})^2 \approx 150.28$

## 11 해설

(1) $[A] = \dfrac{(25-15)[\%]}{(30-25)[\%]} \times [B] = 2[B]$

∴ $[A] : [B] = 2 : 1$

(2)   30        10         A 혼합비 : 10/15=2/3
        25            B 혼합비 : 5/15=1/3
      15       5       ∴ A : B = 2 : 1

**12** 해설

(1) JECFA (FAO/WHO의 합동식품첨가물전문가위원회, Joint FAO/WHO Expert Committe on Food Additives)
(2) CAC(국제 식품 규격위원회, Codex Alimentarius Commission)

## 2013년 2회 식품안전기사 실기

**01** 프레스햄 제조공정에서 가열하는 목적(또는 효과)과 급랭의 목적을 쓰시오.

**02** 열 전도도가 17W/m·°C 인 파이프의 외경이 8cm, 두께가 2cm이다. 파이프 내부의 온도가 130°C인 파이프에 열 전도도가 0.35W/m·°C인 단열재를 감아 보온하려 한다. 이 때 단열재가 감긴 파이프의 반지름이 임계단열반지름일 때의 열전달계수는 (1)( 최대 / 최소 )가 된다. 단열재 외부의 대류열전달계수가 7W/m²·°C일 때, 단열재 두께를 결정할 수 있는 (2) 임계단열반지름을 구하시오.[단위 : cm] (3) 4cm의 두께로 단열재를 감은 결과, 단열재 표면의 온도가 25°C일 때, 파이프의 표면부(파이프와 단열재가 맞닿는 부분) 온도는 얼마인가?(단, 이때 공기의 대류는 무시한다.)

**03** Farinograph 실험 결과 다음의 값을 얻었다. 이를 이용하여 반죽의 안정도를 계산하시오.

- 출발시간 2.5
- 반죽시간 6.5
- 안정도 (     )
- 도착시간 13.5
- 파괴시간 14.0

**04** 5% 소금물 10kg를 20% 소금물로 농축할 때 증발시켜야 하는 수분의 양은?

**05** 피부 건강에 도움을 주는 건강기능식품이 지니는 효능과 고시된 원료 또는 개별인정형 건강기능식품 원료 3가지를 쓰시오.

**06** 다음의 효소가 식품가공에서 활용되는 분야를 각각 1가지씩 쓰시오.

**07** 식품의 관능평가 방법 중 시간-강도 분석이 실시되는 목적은 무엇인가?

**08** 다음은 문장 중 빈 칸에 알맞은 내용을 채우시오.

> 카페인을 첨가하거나 카페인을 포함한 원료를 이용해 카페인 함량을 mL 당 ( ① ) 이상 함유한 ( ② )은 "어린이, 임산부, 카페인 민감자는 섭취에 주의하여 주시기 바랍니다." 등의 문구 및 주표시면에 ( ③ ) 와 "총카페인 함량 OOO mg" 을 표시. 이때 카페인 허용오차는 표시량의 90~110% (단, 커피, 다류, 커피 및 다류를 원료로 한 액체축산물은 120% 미만) 으로 한다.

09. HPLC 분석 결과 당류의 함유량에 대해 y=5.5x+2 라는 방정식을 얻었다. y는 당도(μg/mL)이고 x는 피크 시간(s)을 나타내고 총 피크 시간은 20이었다. 총 10g의 시료를 15mL로 하여 분석에 사용하였고, 여기에 추가로 5배 희석해 사용하였다. 이 경우 100g의 시료에 함유된 총 당의 함유량은? (단위 : mg/100g)

10. 과일을 유황 훈증 처리하는 목적(효과) 3가지를 서술하시오.

11. 간장의 짠맛과 구수한 맛, 김치의 신맛과 짠맛이 나타내는 맛의 상호작용에 대해 쓰시오.

12. 트랜스 지방 함량(g/식품100g)을 구하는 공식을 쓰시오. 그리고 식품 100g 중 트랜스지방의 함량을 계산하시오. 지방 4.0g(식품 100g 중) 트랜스지방산 0.3g(g/지방산 100g)

## ◯ [2013년 2회 해설 및 정답]

### 01 해설

(1) 가열 목적
    1) 미생물 증식 억제와 보존성 증대
    2) 독특한 풍미 및 식감 부여
    3) 육색의 안정화
    4) 품질변화에 영향을 미치는 효소의 불활성화

(2) 급냉 목적
    1) 보수력 및 결착력 증대
    2) 탄력 증진
    3) 표면 수분 증발 방지
    4) 표면 주름 형성 방지

### 02 해설

(1) 열전달계수는 최대가 된다.

(2) 임계단열반지름을 구하시오.[단위 : cm]

$$r_c = \frac{0.35}{7} = 0.05[m] = 5[cm]$$

(3) 4cm의 두께로 단열재를 감은 결과, 단열재 표면의 온도가 25℃일 때, 파이프의 표면부(파이프와 단열재가 맞닿는 부분) 온도는 얼마인가?(단, 이 때 공기의 대류를 무시한다.)

$$\frac{2\pi \times 17 \times (130-T)}{\ln\frac{0.04}{0.02}} = \frac{2\pi \times 0.35 \times (T-25)}{\ln\frac{0.08}{0.04}}$$

$$17 \times (130-T) = 0.35 \times (T-25)$$

$$T = \frac{17 \times 130 + 0.35 \times 25}{17 + 0.35}$$

$$= 127.8818444\cdots \approx 127.88[℃]$$

## 03 해설

- 안정도 = 도착시간 − 출발시간 = 13.5 − 2.5 = 11

## 04 해설

(1) $[농축 소금물량] = \dfrac{(5-0)[\%]}{(20-5)[\%]} \times [탈수량] = 1/3 \times [탈수량]$

∴ [농축 소금물량] : [탈수량] = 1 : 3

(2)
```
20        5
      5           10[kg] × 15/(5+15) = 7.5[kg]
0         15
```

## 05 해설

(1) 효능 : 피부보습, 햇볕 또는 자외선에 의한 피부손상으로부터 피부건강을 유지하는데 도움
(2) 고시된 기능성 원료 : 엽록소 함유 식물, 클로렐라, 스피루리나, 포스파티딜세린, NAG(엔에이지, N-acetylglucosamine), 알로에 겔, 히알루론산, 곤약감자추출물
(3) 개별인정형 기능성 원료
소나무껍질추출물등 복합물, 홍삼·사상자·산수유복합추출물, 핑거루트추출분말, 핑거루트추출분말(판두라틴), 쌀겨추출물, 지초추출분말, AP 콜라겐 효소 분해 펩타이드, 민들레 등 추출복합물, Collactive 콜라겐펩타이드, 저분자콜라겐펩타이드, 옥수수배아추출물, 프로바이오틱스 HY7714, 콩·보리 발효복합물, 밀배유추출물, 석류농축액, 석류농축분말, PME88 메론추출물, 허니부쉬추출발효분말, 피쉬 콜라겐펩타이드, 저분자콜라겐펩타이드NS, 로즈마리자몽추출복합물, 배초향 추출물(Agatri®), 수국잎열수추출물, 밀 추출물(Ceratiq®) 등

## 06 해설

(1) α-amylase : 물엿의 액화 공정, Dextrin 제조, 물엿 제조 등
(2) β-amylase : 물엿의 당화 공정, 식혜, 물엿, 제빵, 주정 발효 등
(3) Glucoamylase : 포도당 제조, 물엿 제조 등

## 07 해설
제품의 관능적 특성의 강도가 시간에 따라 변화하는 양상을 조사하여 제품의 특성을 평가한다.

## 08 해설
① 0.15mg
② 액체 식품
③ 고카페인 함유

## 09 해설
- $\dfrac{(5.5 \times 20 + 2)[\mu g/mL] \times 75[mL]}{10[g] \times 1000[\mu g/mg]} = 0.84 [mg/g] = 84 [mg/100g]$

## 10 해설
(1) 표면의 세포가 파괴되어 건조에 도움
(2) 강력한 표백 작용으로 산화에 의한 갈변 방지
(3) 미생물의 번식 억제
(4) 고유 빛깔 유지

## 11 해설
(1) 간장의 구수한 맛과 짠맛이 서로 약화한다.(상쇄)
(2) 김치의 신맛과 짠맛이 서로 약화되며 조화됨(상쇄)

## 12 해설
- 트랜스지방 함량[g/식품100g]
$= \dfrac{\text{조지방 함량}[\text{지방 g/식품 100g}] \times \text{트랜스지방 함량}[\text{g/지방 100g}]}{100}$
$= 0.012 [g/식품 100g]$

# 2013 3회 식품안전기사 실기

[본 문제는 수험자의 기억에 의해 복원된 것으로 실제 시험과 차이가 있을 수 있습니다]
[(舊)식품기사에서 (現)식품안전기사로 변경되었습니다]

**01** 통조림에서 팽창관이 발생하는 원인 4가지를 쓰시오.

**02** 열교환기에 90°C의 온수를 1000kg/hr 속도로 통과시키고, 반대방향에서 20°C의 기름을 5000kg/hr 의 속도로 투입시켰다. 물이 40°C로 나왔을 때, 배출되는 식용유의 온도는 얼마인가? (단, 물의 열용량은 1.0kcal/kg·°C, 식용유의 열용량은 0.5 kcal/kg·°C이다.)

**03** 식품 저장 중 미생물에 의한 오염을 막기 위해 조건을 변화시킬 수 없는 (1) 내적인자 3가지와 저장성 향상을 위해 변화 시킬 수 있는 (2) 외적인자 3가지를 각각 쓰시오.

**04** 복숭아나 배 등의 과실을 통조림으로 가공할 때, 제조 과정 중 가열할 시 붉은색이 나타났다면 그 이유는 무엇인가?

> **해설**
> 가열살균 후 불충분한 냉각 및 40°C에서 장시간 방치시 Leucoanthocyanin(무색)이 Cyanidin(홍색)으로 변화하기 때문이다.

05 적포도를 HCl-Methanol 용액에 담갔을 때 추출되는 색소 성분을 쓰시오. 그리고 NaOH 수용액으로 중화시켰을 때 색 변화를 기술하시오.

06 방사선 핵종 검출 검사방법에 사용하는 기기 2가지와 방사선 피폭시 유발되는 급성질환 2가지를 쓰시오.

07 건강기능식품과 의약품의 차이를 서술하시오.

08 바이러스성 식중독의 원인 중 하나인 노로바이러스는 무증상작용을 일으키며, 외부 환경에서 오래 생존한다. 그러나 정작 대책을 위한 실험실 내 배양은 매우 까다롭다. 각각의 이유를 서술하시오.

09 1 Batch 당 200kg을 수용할 수 있는 배양기가 있는데, 이 배양기는 원료의 제조에서부터 살균, 청소까지 하는데 걸리는 시간을 약 40분으로 본다. 하루에 배양기에서 나와야 할 양은 총 11톤을 생산해야만 한다.
(1) 하루 8시간을 가동한다고 가정했을 때, 가동해야 할 배양기의 수는 몇 대인가?
(2) 하루 10시간을 가동한다고 가정했을 때, 가동해야 할 배양기의 수는 몇 대인가?

**10** 다음 그림을 보고 빈칸을 채우시오.

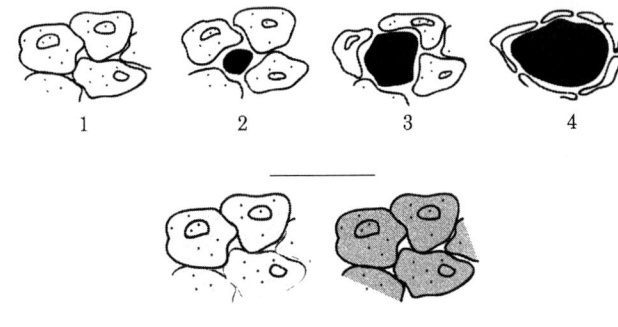

---

---

**11** 다음은 0.1N NaOH 표준용액 100mL을 제조하고, 이를 표정하는 실험과정이다. 지문을 읽고 물음에 답하시오.

> ① 0.1N NaOH(화학식량 40) 수용액 100mL을 만드는 데 필요한 NaOH를 200mL 비커에 정밀히 취한다.
> ② 증류수 100mL를 정확히 취한 뒤, 이를 비커에 천천히 부어가면서 유리 막대로 저어 가루가 남지 않도록 완전히 녹여 용액을 제조한다.
> ③ 뷰렛의 콕을 열고 조제된 용액으로 먼저 뷰렛을 씻어 내리다가, 뷰렛의 콕을 닫고 제조된 NaOH 수용액을 채운다.
> ④ 깨끗한 피펫을 이용하여 0.1N HCl 25mL을 삼각플라스크에 넣고, 페놀프탈레인 용액 몇 방울을 떨어뜨린다.
> ⑤ 삼각플라스크 밑에 흰 종이를 깐 뒤, 뷰렛의 콕을 열어 제조된 NaOH 수용액을 한 방울씩 떨어뜨려 엷은 홍색이 될 때까지 주기적으로 흔들어주며 적정한다.

## [2013년 3회 해설 및 정답]

**01** 해설
(1) 탈기 부족
(2) 가열 살균 시간 부족
(3) 수소 팽창
(4) 충진 과다

**02** 해설

- $1[\text{kcal/kg·℃}] \times 1000[\text{kg/hr}] \times (90-40)[℃]$

  $= 0.5[kcal/kg·℃] \times 5000[kg/hr] \times (T-20)[℃]$

  T = 40[℃]

**03** 해설

| 내적 인자 | 외적 인자 |
|---|---|
| ① 물리적 구조(식품 자체의 미생물 침투 방어 능력) | ① 산소 |
| ② 영양소 함량 | ② 이산화탄소 |
| ③ 천연저해제(항생물질 등) | ③ 상대습도 |
| ④ 수분활성도, 삼투압 | ④ 저장 시간 |
| ⑤ 산화환원전위 | ⑤ 온도 |
| ⑥ pH 및 완충 능력 | ⑥ 압력 |

**04** 해설

가열살균 후 불충분한 냉각 및 40℃에서 장시간 방치시 Leucoanthocyanin(무색)이 Cyanidin(홍색)으로 변화하기 때문이다.

## 05 해설

(1) 적포도 내 색소 성분 : 안토시아닌(Anthocyanin)
(2) HCl-metahnol에 추출된 색 : 붉은색
(3) NaOH 주입 시 색 변화 : 보라색을 거쳐 청색으로 변한다.

## 06 해설

(1) 방사능 원소 검사방법
  1) 다중파고분석기(Multichannel analyzer)
  2) 고순도게르마늄 감마핵종분석기
  3) 알파분광분석기(표준선원 : $^{238}$Pu, $^{239}$Pu, $^{240}$Pu / 내부표준선원 : $^{242}$Pu)
  4) 액체섬광계수기(베타선 방출 방사성 핵종, 표준선원 : $^{90}$Sr / 내부표준선원 : $^{85}$Sr)
(2) 증상 : 오심, 구토, 탈모, 골수암, 전신마비, 불임, 출혈 등

## 07 해설

(1) 건강기능식품 : 인체의 정상적인 기능을 유지하거나 생리 기능을 활성화시켜 건강을 유지하고 개선하는 데 도움을 주는 식품
(2) 의약품 : 질병의 직접적인 치료나 예방을 목적으로 함

## 08 해설

(1) 무증상 작용을 설명하시오.
  균을 보유한 상태이나 아무런 증상이 없는 상태로 바이러스가 체내에서 증식하여 배출된다. 무증상 보균자에 의한 전파가 발생하기 때문이다. 증상이 사라진 후에도 2주 이상 바이러스가 배출될 수 있다.

(2) 노로바이러스가 외부 환경에서 오래 생존할 수 있는 이유
  바이러스 외피(또는 외막, Envelope)가 없으나, 단백질 외각(Capsid)의 구조가 안정하여 알코올 손소독제로 파괴되지 않고, 외부 환경에 잘 견딘다.

(3) 실험실 내 배양이 어려운 이유
  체내의 살아있는 체세포를 숙주로 증식하나, 숙주 세포가 in vitro(실험실 환경)에서 배양이 잘 되지 않으므로 바이러스의 세포 내 배양 역시 어렵다.

## 09 해설

(1) 하루 8시간을 가동한다고 가정했을 때, 가동해야할 배양기의 수는 몇 대인가?

- $11[t] \times 1000[kg/t] \leq \dfrac{200[kg/대] \times 8[h] \times 60[min/h] \times x[대]}{40[min]}$

  $x \geq 4.58333\cdots \approx 5$대

(2) 하루 10시간을 가동한다고 가정했을 때, 가동해야할 배양기의 수는 몇 대인가?

- $11[t] \times 1000[kg/t] \leq \dfrac{200[kg/대] \times 10[h] \times 60[min/h] \times x[대]}{40[min]}$

  $x \geq 3.6666\cdots \approx 4$대

## 10 해설

1) 완만 동결
2) 급속 동결

## 11 해설

(1) 틀린 것 : ②
(2) 수정 사항 : 소량의 증류수를 부어가며 유리 막대로 저어 비커 내의 NaOH를 완전히 녹인 뒤, 비커를 수 차례 씻어내리며 100mL 부피플라스크에 넣고, 표선까지 증류수를 부피가 변하지 않을 때까지 흔들면서 채워 용액을 제조한다.

**01** 일반세균 수 측정을 위해 희석된 시험용액을 표준한천배지에 1mL씩 접종하여 배양하였다. 100배 희석에서 집락 수가 250, 256, 1000배 희석에서 집락 수가 30, 40 나왔을 때 미생물의 수는 얼마인가?

**02** 두부를 마쇄하면 두미(콩물)가 되는데, 이를 100°C에서 10~15분간 가열 살균한다. 이때, 온도와 시간에 따라 생길 수 있는 현상에 대해 각각 2가지씩 쓰시오.

**03** 밀의 제분과정에서 밀기울과 배젖의 분리, 품질 향상을 위한 공정인 조질의 2가지 명칭을 순서대로 쓰시오.

**04** 통조림의 가열 살균 시, 냉점이 생기는데 이를 액체 시료, 반고체 시료로 구분하여 냉점이 생기는 위치를 그림으로 그리고 이유에 대해 설명하시오.

**05** 시료 0.816g을 채취하여 0.01N 티오황산나트륨 용액(역가 : 1.02)을 이용하여 과산화물가를 측정하였다. 이 때 본시험에서의 소비량은 14.7mL, 공시험에서의 소비량은 0.18mL 로 측정 되었다면 과산화물가를 계산하시오

**06** 식품 및 축산물 안전관리인증기준(HACCP)에 의거하여 적용 원칙 7가지를 적으시오.

**07** 35% 수용액 100mL을 5%의 수용액으로 만들려면 물 몇 mL가 필요한가?

**08** 호화된 전분의 노화를 억제하는 방법 3가지를 기술하시오.

**09** Soxhlet 추출로 조지방을 정량하는 원리에 대해 기술하시오.

**10** 통조림의 저온살균이 가능한 한계 pH를 적고, 저온살균이 가능한 이유를 설명하시오.

**11** 두부의 공정과정을 완성하고, 응고제 2가지를 기술하시오.(단, (다)의 경우 생성되는 물질을 쓰시오.)

> 콩 → (가) → 마쇄 → 두미 → 증자 → (나) → (다) → 응고 → (라) → 성형 → 절단 → 보통 두부

**12** 맥주의 쓴맛을 내는 $\alpha$-산의 주성분 3가지를 쓰시오.

## [2014년 1회 해설 및 정답]

**01** 해설

$$\frac{(250+256+30+40)[\text{CFU}]}{[(2\times1+2\times0.1)\times0.01][\text{mL}]} = 26181.8181\cdots \approx 26000[\text{CFU/mL}]$$

**02** 해설

(1) 온도가 높고, 오래 가열할 경우
  ① 단백질 변성에 의한 수율 감소
  ② 지방 산패로 인한 맛의 변질
  ③ 단단한 조직감
(2) 온도가 낮을 경우
  ① 두부조직의 경화 불충분에 의한 수율 감소
  ② 가열 살균의 불충분
  ③ 콩비린내
  ④ 트립신 저해제 잔류로 인한 영양적 손실

**03** 해설

① 템퍼링(Tempering) : 밀의 원료에 적당한 양의 물을 가하여 일정 시간 방치함으로써 배젖과 밀기울을 분리시킴
② 컨디셔닝(Conditioning) : 템퍼링의 온도를 높여 그 효과를 증대시킴, 컨디셔닝 후 냉각시키면 밀이 팽창과 수축을 거치면서 배젖부의 분리성이 더 좋아진다.

## 04 해설

① 액체 시료
높이의 1/3지점, 대류에 의한 열전달

② 반고체 시료
높이의 1/2 지점, 전도에 의한 열전달

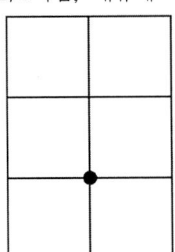
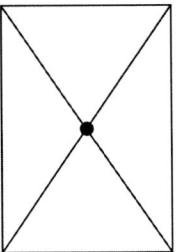

## 05 해설

$$\frac{1.02 \times (14.7 - 0.18)}{0.816} \times 10 = 181.5 [\mathrm{meq/kg}]$$

## 06 해설

① 위해요소 분석(HA)
② 중요관리점(CCP) 결정
③ 한계 기준(CL) 설정
④ 모니터링 체계 확립
⑤ 개선 조치 방법 설정
⑥ 검증 절차 및 방법 설정
⑦ 문서 및 기록 유지 방법 설정

## 07 해설

(1) $x = \dfrac{(35-5)[\%]}{(5-0)[\%]} \times 100 [mL] = 600 [mL]$

(2)  35    5      $100 = \dfrac{5}{30+5} \times (x+100)$
         5
     0    30      $x = 600 [\mathrm{mL}]$

## 08 해설

① 60℃ 이상 유지하거나 0℃ 이하로 급속냉동보관
② 수분 함량을 10~15% 이하로 조절
③ pH를 약염기성으로 조절
④ 당 첨가
⑤ 유화제 첨가
⑥ 염류($SO_4^{2-}$ 제외) 첨가

## 09 해설

- Soxhlet 추출기를 사용하여 추출 플라스크에 에테르를 넣고 가열하면 증기상태의 에테르가 측관을 통해 상승하고, 이는 냉각관에서 응축되어 추출관 내의 시료 위에 적하된다.
- 추출관 에테르가 적당량이 되면 지방을 녹인 에테르는 추출 플라스크에 흘러내리고, 다시 추출 플라스크 중의 에테르만 재증발하여 순환되면서 연속적으로 지방을 추출한다.
- 추출물에서 에테르 및 수분을 증발시킨 후 남은 건조물의 양을 칭량하여 조지방을 정량한다.

## 10 해설

① 한계 pH : 4.6
② 이유 : 산성 조건에서는 통조림 식품 변질에 치명적인 *Clostridium botulinum* 이 증식하기 어려운 환경이 조성되기 때문에 상대적으로 저온인 조건에서도 가열 살균이 가능하다.

## 11 해설

(1) (가) 침지
 (나) 여과
 (다) 두유
 (라) 탈수
(2) 두부응고제 종류
 글루코노-δ-락톤, 염화마그네슘, 염화칼슘, 황산마그네슘, 황산칼슘, 조제해수염화마그네슘(간수) 중 택 2

## 12 해설

① Humulone(휴물론)
② Cohumulone(코휴물론)
③ Adhumulone(에드휴물론)

# 2014 2회 식품안전기사 실기

[본 문제는 수험자의 기억에 의해 복원된 것으로 실제 시험과 차이가 있을 수 있습니다]
[(舊)식품기사에서 (現)식품안전기사로 변경되었습니다]

**01** 식품(식품첨가물 포함)제조·가공업소, 건강기능식품제조업소가 안전관리인증기준(HACCP) 관리계획의 적절한 운영을 위하여 작성하는 절차 중 준비 과정을 5가지 기술하시오.

**해설**
① HACCP 팀 구성
② 제품 설명서 작성
③ 제품의 용도 확인
④ 공정 흐름도 작성
⑤ 공정 흐름도 현장 확인

**02** 설탕물 3% 100kg을 설탕 첨가하여 15% 만들려면 얼마나 첨가해야하는지 계산하시오.

**해설**

(1) $x = \dfrac{(15-3)[\%]}{(100-15)[\%]} \times 100\,[kg] = 141176470588253 \cdots \approx 14.12\,[kg]$

(2)

| | 혼합 전 | 혼합 후 | 비율 | 첨가할 설탕량 |
|---|---|---|---|---|
| 저 | 3 | | 85 | $100 = \dfrac{85}{85+12} \times (100+x)$ |
| 중 | | 15 | | |
| 고 | 100 | | 12 | $x = 14.1176470588253\ldots = 14.12\,[kg]$ |

## 03 식중독을 일으키는 균과 원인물질 등을 표 안에 알맞게 쓰시오. (6점)

**보기**

살모넬라, 장염비브리오, 캠필로박터, 여시니아, 클로스트리디움 보툴리눔, 황색포도상구균, 로타바이러스, 노로바이러스, 감자독, 버섯독, 시가테라독, 복어독, 맥각독, 황변미독, 아플라톡신, 식품첨가물(보존료, 감미료), 벤조피렌, 니트로소아민, 3-MCPD, 납, 카드뮴, 비소, 농약

| | | |
|---|---|---|
| 세균성 | 감염형 | |
| | 독소형 | |
| | 바이러스형 | |
| 자연독 | 식물성 | |
| | 동물성 | |
| | 곰팡이독 | |
| 유해물질 | 고의 또는 잘못으로 첨가 유해물질 | |
| | 식품가공 중에 생성되는 유해물질 | |
| | 기구, 용기 등에 의해 혼입 | |
| | 잔류 | |

**해설**

| | | |
|---|---|---|
| 세균성 | 감염형 | 살모넬라, 장염비브리오, 캠필로박터, 여시니아 |
| | 독소형 | 클로스트리디움, 보툴리눔, 황색포도상구균 |
| | 바이러스형 | 로타바이러스, 노로바이러스 |
| 자연독 | 식물성 | 감자독, 버섯독 |
| | 동물성 | 시가테라독, 복어독 |
| | 곰팡이독 | 맥각독, 황변미독, 아플라톡신 |
| 유해물질 | 고의 또는 잘못으로 첨가 유해물질 | 식품첨가물(보존료, 감미료) |
| | 식품가공 중에 생성되는 유해물질 | 벤조피렌, 니트로소아민, 3-MCPD |
| | 기구, 용기 등에 의해 혼입 | 납, 카드뮴, 비소 |
| | 잔류 | 비소, 농약 |

## 04 한외여과에서 막 투과 유속(여과속도)에 미치는 영향을 주는 요인 중 2가지를 적으시오.

**해설**

① 온도
② 압력
③ 유입 농도
④ 유입 속도

## 05 농축과정에서 발생하는 비말동반이 무엇인가?

**해설**

농축과정 중 미소한 비말형태의 액체가 증기나 가스와 함께 동반되는 현상이다. 이는 용질의 손실이나 응축기, 증기관 등의 부식의 원인이 된다. 증기속도나 선반의 계층간격 등을 적당하게 하거나 비말 포집기(사이클론, 충전탑, 다공판탑 등)를 사용하여 예방할 수 있다.

## 06 식품공전 상에 식초의 정의, 종류

**해설**

(1) 정의
    곡류, 과실류, 주류 등을 주원료로 하여 발효시켜 제조하거나 이에 곡물 당화액, 과실착즙액 등을 혼합·숙성하여 만든 발효식초와 빙초산 또는 초산을 먹는물로 희석하여 만든 희석초산을 말한다.

(2) 종류
    ① 발효식초 : 과실·곡물술덧(주요), 과실주, 과실착즙액, 곡물주, 곡물당화액, 주정 또는 당류 등을 원료로 하여 초산발효한 액과 이에 과실착즙액 또는 곡물당화액 등을 혼합·숙성한 것을 말한다. 이 중 감을 초산발효한 액을 감식초라 한다.
    ② 희석초산 : 빙초산 또는 초산을 먹는물로 희석하여 만든 액

(3) 규격
    총산(초산으로서, w/v%) : 4.0~20.0%(다만, 감식초는 2.6 이상)

**07** 식품 조사 처리에서 사용하는 방사선 핵종 및 방출되는 선종을 쓰시오. 그리고 식품 조사처리의 목적을 네 가지 기술하시오.

> **해설**
> (1) 핵종 및 선종 : $^{60}Co$에서 방출되는 $\gamma$선
> (2) 목적
>   ① 발아 억제
>   ② 숙도 조절
>   ③ 살충
>   ④ 살균

**08** 육류와 어류의 신선도가 떨어질수록 나는 냄새의 주성분을 적으시오.

> **해설**
> (1) 육류 : 암모니아($NH_3$), 황화수소($H_2S$), 머캅탄(-SH), 아민류($-NH_2$) 등
> (2) 어류 : TMA, Piperidine 등

**09** 질량분석계에서 사용하는 방법 중 E.I와 C.I에 대해 기술하시오.

> **해설**
> (1) EI : 전자빔 이온화법(Electron Ionization),
>   전자빔을 시료 화학종에 조사하여 직접적으로 시료를 이온화하는 방법
> (2) CI : 화학적 이온화법(Chemical Ionization),
>   전자빔을 매질에 조사하여 시료화학종을 간접적으로 이온화하는 방법

**10** 식품공전에서 규정한 식품이물시험법 중 3가지를 기술하시오.

> **해설**

① 체분별법
  - 시험법 적용범위 : 미세한 분말
  - 분석원리 : 분말을 체로 쳐서 큰 이물을 체위에 모아 육안으로 확인하고, 필요시 현미경 등으로 확대하여 관찰한다.
② 여과법
  - 시험법 적용범위 : 검체가 액체일 때 또는 용액으로 할 수 있을 때 적용
  - 분석원리 : 액체 검체 또는 용액으로 한 검체를 신속여과지로 여과하여 여과지상의 이물을 검사한다.
③ 와일드만 플라스크법
  - 시험법 적용범위 : 물에 잘 젖지 아니하는 가벼운 이물검출(곤충 및 동물의 털 등)
  - 분석원리 : 식품의 용액에 소량의 물과 섞이지 않는 포집액(휘발유, 피마자유 등)을 넣고 세게 교반한 후 방치해 놓으면 물에 잘 젖지 않는 가벼운 이물이 유기용매층에 떠오르는 성질을 이용하여 이물을 분리, 포집 후 검사한다.
④ 침강법
  - 시험법 적용범위 : 비교적 무거운 이물의 검사(쥐똥, 토사 등)
  - 분석원리 : 검체에 비중이 큰 액체를 가하여 교반한 후 상층액을 버린 후 바닥의 이물을 검사한다.
⑤ 금속성이물(쇳가루)
  - 시험법 적용범위 : 분말제품, 환제품, 액상 및 페이스트제품, 코코아가공품류 및 초콜릿류 중 혼입된 쇳가루 검출(분쇄공정을 거친 원료를 사용하거나 분쇄공정을 거친 제품에 한함)
  - 분석원리 : 쇳가루가 자석에 붙는 성질을 이용
⑥ 김치 중 기생충(란)

**11** 식품공전상 미생물 실험에서 검체를 희석할 때 사용하는 희석액 중 2가지를 쓰시오. 그리고 시료에 지방이 많을 경우 첨가해주는 화학첨가물은 무엇인가?

> **해설**

(1) 희석액 : 멸균인산완충용액, 멸균생리식염수
(2) 지방분 검체 첨가용액 : Tween 80

◐ [2014년 2회 해설 및 정답]

## 01 해설

① HACCP 팀 구성
② 제품 설명서 작성
③ 제품의 용도 확인
④ 공정 흐름도 작성
⑤ 공정 흐름도 현장 확인

## 02 해설

(1) $x = \dfrac{(15-3)[\%]}{(100-15)[\%]} \times 100[kg] = 141176470588253 \cdots \approx 14.12[kg]$

(2) 

| | 혼합 전 | 혼합 후 | 비율 | 첨가할 설탕량 |
|---|---|---|---|---|
| 저 | 3 | | 85 | |
| 중 | | 15 | | $100 = \dfrac{85}{85+12} \times (100+x)$ |
| 고 | 100 | | 12 | $x = 14.1176470588253\ldots = 14.12[\text{kg}]$ |

## 03 해설

| | | |
|---|---|---|
| 세균성 | 감염형 | 살모넬라, 장염비브리오, 캠필로박터, 여시니아 |
| | 독소형 | 클로스트리디움, 보툴리눔, 황색포도상구균 |
| | 바이러스형 | 로타바이러스, 노로바이러스 |
| 자연독 | 식물성 | 감자독, 버섯독 |
| | 동물성 | 시가테라독, 복어독 |
| | 곰팡이독 | 맥각독, 황변미독, 아플라톡신 |
| 유해 물질 | 고의 또는 잘못으로 첨가 유해물질 | 식품첨가물(보존료, 감미료) |
| | 식품가공 중에 생성되는 유해물질 | 벤조피렌, 니트로소아민, 3-MCPD |
| | 기구, 용기 등에 의해 혼입 | 납, 카드뮴, 비소 |
| | 잔류 | 비소, 농약 |

## 04 해설

① 온도
② 압력
③ 유입 농도
④ 유입 속도

## 05 해설

농축과정 중 미소한 비말형태의 액체가 증기나 가스와 함께 동반되는 현상이다. 이는 용질의 손실이나 응축기, 증기관 등의 부식의 원인이 된다. 증기속도나 선반의 계층간격 등을 적당하게 하거나 비말 포집기(사이클론, 충전탑, 다공판탑 등)를 사용하여 예방할 수 있다.

## 06 해설

(1) 정의

곡류, 과실류, 주류 등을 주원료로 하여 발효시켜 제조하거나 이에 곡물 당화액, 과실착즙액 등을 혼합·숙성하여 만든 발효식초와 빙초산 또는 초산을 먹는물로 희석하여 만든 희석초산을 말한다.

(2) 종류
① 발효식초 : 과실·곡물술덧(주요), 과실주, 과실착즙액, 곡물주, 곡물당화액, 주정 또는 당류 등을 원료로 하여 초산발효한 액과 이에 과실착즙액 또는 곡물당화액 등을 혼합·숙성한 것을 말한다. 이 중 감을 초산발효한 액을 감식초라 한다.
② 희석초산 : 빙초산 또는 초산을 먹는물로 희석하여 만든 액

(3) 규격

총산(초산으로서, w/v%) : 4.0~20.0%(다만, 감식초는 2.6 이상)

## 07 해설

(1) 핵종 및 선종 : $^{60}Co$에서 방출되는 $\gamma$선
(2) 목적
① 발아 억제
② 숙도 조절
③ 살충
④ 살균

## 08 해설

(1) 육류 : 암모니아($NH_3$), 황화수소($H_2S$), 머캡탄(-SH), 아민류($-NH_2$) 등
(2) 어류 : TMA, Piperidine 등

## 09 해설

(1) EI : 전자빔 이온화법(Electron Ionization),
   전자빔을 시료 화학종에 조사하여 직접적으로 시료를 이온화하는 방법
(2) CI : 화학적 이온화법(Chemical Ionization),
   전자빔을 매질에 조사하여 시료화학종을 간접적으로 이온화하는 방법

## 10 해설

① 체분별법
　· 시험법 적용범위 : 미세한 분말
　· 분석원리 : 분말을 체로 쳐서 큰 이물을 체위에 모아 육안으로 확인하고, 필요시 현미경 등으로 확대하여 관찰한다.
② 여과법
　· 시험법 적용범위 : 검체가 액체일 때 또는 용액으로 할 수 있을 때 적용
　· 분석원리 : 액체 검체 또는 용액으로 한 검체를 신속여과지로 여과하여 여과지상의 이물을 검사한다.
③ 와일드만 플라스크법
　· 시험법 적용범위 : 물에 잘 젖지 아니하는 가벼운 이물검출(곤충 및 동물의 털 등)
　· 분석원리 : 식품의 용액에 소량의 물과 섞이지 않는 포집액(휘발유, 피마자유 등)을 넣고 세게 교반한 후 방치해 놓으면 물에 잘 젖지 않는 가벼운 이물이 유기용매층에 떠오르는 성질을 이용하여 이물을 분리, 포집 후 검사한다.
④ 침강법
　· 시험법 적용범위 : 비교적 무거운 이물의 검사(쥐똥, 토사 등)
　· 분석원리 : 검체에 비중이 큰 액체를 가하여 교반한 후 상층액을 버린 후 바닥의 이물을 검사한다.
⑤ 금속성이물(쇳가루)
　· 시험법 적용범위 : 분말제품, 환제품, 액상 및 페이스트제품, 코코아가공품류 및 초콜릿류 중 혼입된 쇳가루 검출(분쇄공정을 거친 원료를 사용하거나 분쇄공정을 거친 제품에 한함)
　· 분석원리 : 쇳가루가 자석에 붙는 성질을 이용
⑥ 김치 중 기생충(란)

## 11 해설

(1) 희석액 : 멸균인산완충용액, 멸균생리식염수
(2) 지방분 검체 첨가용액 : Tween 80

# 2014 3회 식품안전기사 실기

01 된장 발효에 관여하는 곰팡이와 청국장 발효에 관여하는 세균을 하나씩 적고, 해당 미생물이 생산하는 효소 두 가지를 영어로 적으시오.

02 회분식 배양에서의 미생물 증식 곡선 그래프를 그리고, 각 해당하는 시기를 적으시오.

03 감에서 느껴지는 쓴맛을 제거하는 공정을 탈삽이라 한다. 탈삽하는 방법 중 3가지를 적으시오.

04 다음은 킬달법의 과정 중 증류와 관계된 화학식이다. 빈 칸을 채우시오.

> 보기
>
> ( ① )$_2$SO$_4$ + 2 ( ② ) → 2 ( ③ ) + ( ④ ) + 2H$_2$O

**05** 효소 당화법은 전분유로 물엿을 제조하는 방법 중 하나이다. 이 때 전분유 가공 과정에서 첨가하는 효소 2가지를 적고, 효소의 작용 부위를 적으시오.

**06** 식육 연화에 사용하는 과일 4가지와 해당 과일에 함유된, 식육 연화와 관계된 효소를 적으시오.

**07** 포도당이 미토콘드리아 내막을 통과하기 위해서는 해당과정을 거쳐야 한다.
(1) ATP와 NADH는 몇 분자가 만들어지는가?
(2) 해당과정 결과 생성된 피루브산은 CoA와 결합하는 과정에서 NADH는 몇 분자가 생성되는가?
(3) Acetyl CoA는 TCA회로에 유입되어 생성되는 ATP, NADH $FADH_2$는 몇 개 생성되는가?
(4) Glucose 한 분자가 해당경로 거치면 피루브산은 몇 분자 생성되는가?

**08** 수분 함량 15.5%인 원맥 300kg을 함수량 19.5%로 조절하려고 한다. 이 때 첨가해야할 물의 양은 얼마인가?

**09** 상어 어유와 간유에 많이 함유되어 있는, 불포화지방산 6개의 이소프렌을 가지고 있는 탄화수소는 무엇인가?

**10** 다음은 식품공전에 제시된 시험용액 제조 방법이다. (     ) 안에 적합한 답을 쓰시오. 검체를 재취할 때 멸균 면봉으로 몇 cm²까지 채취해야 하는가?

> 보기
> 고체 검체 표면의 일정 면적(     )을 일정량(1~5mL)의 희석액으로 적신 멸균 거즈와 면봉 등으로 닦아내어 일정량(10~100mL)의 희석액을 넣고 강하게 진탕하여 부착균의 현탁액을 조제하여 시험용액으로 한다.

**11** 비타민 C 정량 시 환원형인 (  (1)  )와 산화형인 (  (2)  )를 함께 정량, 탈수제로 (  (3)  )를 넣으면 적색을 띠게되어 520nm에서 확인이 가능하다.

**12** 다음은 유지의 화학적 실험과 관련된 내용이다. 빈 칸에 적절한 내용을 채우시오.

> 보기
> 유지의 요오드가는 (  ①  ) 측정, (  ②  )는 버터 진위 판단, (  ③  )로 분자량 측정, (  ④  )로 초기 부패 정도 알 수 있다.

## [2014년 2회 해설 및 정답]

### 01 해설

(1) 된장 : *Aspergillus oryzae*
(2) 청국장 : *Bacillus subtillis* (natto)
(3) 제조효소 : Amylase, Protease

### 02 해설

(1) A : 유도기
(2) B : 대수증식기
(3) C : 정지기
(4) D : 사멸기

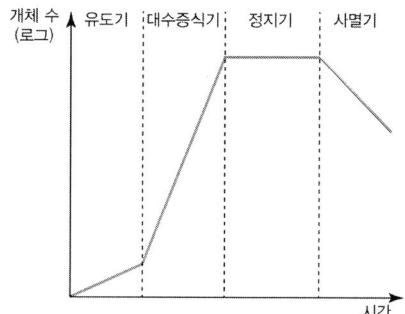

### 03 해설

열탕법, 알코올법, 탄산가스법, 동결법, 감마선 조사 등

### 04 해설

① $NH_4$
② $NaOH$
③ $NH_3$
④ $Na_2SO_4$

## 05 해설

(1) 액화 : $\alpha$-amylase, 전분 내부의 $\alpha 1 \rightarrow 4$ 글리코시드 결합을 무작위로 절단
(2) 당화 : $\beta$-amylase : 전분 비환원성말단의 $\alpha 1 \rightarrow 4$와 글리코시드 결합을 Maltose 단위로 절단

## 06 해설

(1) 파파야 : 파파인(Papain)
(2) 파인애플 : 브로멜린(Bromelin)
(3) 무화과 : 피신(Ficin)
(4) 키위(참다래) : 액티니딘(Actinidin)

## 07 해설

(1) 2ATP, 2NADH
(2) 1NADH
(3) 1ATP, 3NADH, 1FADH$_2$
(4) 2분자

## 08 해설

(1) $x = \dfrac{(19.5-15.5)[\%]}{(100-19.5)[\%]} \times 300\,[kg] = 14.9068323\cdots \approx 14.91\,[kg]$

(2)  
15.5　　80.5　　　$300 = (300+x) \times \dfrac{80.5}{80.5+4}$  
　　19.5  
100　　4　　　$x = 14.9068323.... = 14.91\,[kg]$

## 09 해설

· 스쿠알렌($C_{30}H_{50}$)

## 10
**해설**

$100cm^2$

## 11
**해설**

(1) AA(Ascorbic Acid)
(2) DHAA(DeHydroAscorbic Acid)
(3) 황산($H_2SO_4$)

## 12
**해설**

(1) 불포화도
(2) 라이헤르트-마이슬가(Reichert-Meissl value)
(3) 비누화가
(4) 과산화물가

**01** 비중이 1.11인 22% 염산(분자량 36.45)의 노르말 농도를 구하여라.

**02** 쥐의 ADI(일일섭취허용량)가 250mg/kg·day이고 안전계수가 100일 때, 60kg 성인의 ADI는 얼마인가?

**03** LOD, LOQ의 정의를 각각 적으시오.

**04** 와인의 품질을 결정하는 요소(떼루아)의 요소들 중 3가지를 적으시오.

**05** -10℃ 얼음 500g을 100℃ 수증기로 바꿀 때의 열량이 몇 kcal인지 계산하시오.(단, 물의 비열은 1kcal/kg·K, 얼음의 비열은 0.5kcal/kg·K, 물의 기화열은 540kcal/kg, 얼음의 융해열은 80kcal/kg 이다.)

**06** 다음은 레이놀즈수에 관한 내용이다. 다음 질문에 답하시오.

(1) 관속을 흐르는 유체는 원형 직선관에서 레이놀즈수가 ( ① )이하이면 층류, ( ② )이상이면 난류이다.
(2) 레이놀즈 수를 구하는 식을 작성하시오.

**07** 감자, 양파, 마늘에 발아 억제를 목적으로 감마선을 조사할 경우 필요한 조사선량은 얼마인가?

**08** 다음은 식품공전에 기재된 중금속의 정량 분석 방법에 대한 설명이다. 다음 질문에 적절한 내용을 적으시오.

(1) 분석 순서
   분석 시료 매질 고려 – (　　　　) – 시료용액 조제 – 실험
(2) 시험용액의 제조 방법
   ①
   ②
   ③
(3) 기기분석 방법
   ①
   ②
   ③

**09** 염장을 통한 식품을 부패시키는 미생물의 생육 억제 기작을 1가지만 적으시오.

**10** 식중독의 원인 병원체 중 하나인 노로바이러스에 감염될 경우 유도기간을 거친다.

**11** $Q_{10}$ = 2인 식품은 20℃에서 반응속도가 10이다. 30℃에서의 반응속도는 얼마인가?

**12** 사이클로덱스트린을 식품에 사용함으로서 얻을 수 있는 이점을 3가지 작성하시오.

## ● [2014년 3회 해설 및 정답]

**01** 해설

$$\frac{1[\text{eq/mol}] \times \dfrac{22[\text{g}]}{36.45[\text{g/mol}]}}{\dfrac{100[\text{g}]}{1000[\text{mL/L}]} \times \dfrac{1}{1.11[\text{g/mL}]}} = 6.699588477 \cdots \approx 6.70[\text{N}]$$

**02** 해설

$$\text{ADI} = 250[\text{mg/kg} \cdot \text{day}] \times 60[\text{kg}] \times \frac{1}{100} = 150[\text{mg/day}]$$

**03** 해설

(1) LOD
  ① 검출 한계(Limit Of Detection)
  ② 분석 과정을 실시한 후 분석대상 물질의 유무를 확인할 수 있는 최소 검출 농도
(2) LOQ
  ① 정량 한계(Limit Of Quantitation)
  ② 분석 대상 물질을 합리적인 신뢰성을 가지고 정량적인 측정 결과를 산출할 수 있는 최소 검출 농도

**04** 해설

① 토양
② 지형적 조건
③ 기후

**05** 해설

$0.5[\text{kg}] \times (10[\text{K}] \times 0.5[\text{kcal/kg} \cdot \text{K}] + 80[\text{kcal/kg}] + 100[\text{K}] \times 1[\text{kcal/kg} \cdot \text{K}] + 540[\text{kcal/kg}])$
$= 362.5[kcal]$

## 06

**해설**

(1) 관속을 흐르는 유체는 원형 직선관에서 레이놀즈수가 ( 2100 ) 이하이면 층류, ( 4000 ) 이상이면 난류이다.
(2) 레이놀즈 수를 구하는 식을 작성하시오.

$$N_{Re} = \frac{p \times v \times D}{\mu}$$

관의 직경이 클수록, 유속이 빠를수록, 점성계수가 작을수록, 밀도가 클수록 난류가 발생할 가능성이 커지며, $N_{Re}$가 4000 이상일 경우 난류가 발생한다.

## 07

**해설**

| 품목 | 조사 목적 | 선량(kGy) |
|---|---|---|
| 감자, 양파, 마늘 | 발아 억제 | **0.15 이하** |
| 밤 | 발아 억제<br>살충 | 0.25 이하 |
| 버섯(건조 포함) | 살충<br>숙도 조절 | 1 이하 |
| 곡류(분말 포함), 두류(분말 포함) | 살충<br>살균 | 5 이하 |
| 난분, 전분 | 살균 | 5 이하 |
| 건조식육, 어류분말, 패류분말, 갑각류분말, 된장분말, 고추장분말, 간장분말, 건조채소류(분말 포함), 효모식품, 효소식품, 조류식품, 알로에분말, 인삼(홍삼 포함) 제품류, 조미건어포류 | **살균** | 7 이하 |
| 건조 향신료 및 이들 조제품, 복합조미식품, 소스, 침출차, 분말차, 특수의료용도등식품 | **살균** | 10 이하 |

## 08

**해설**

(1) 분석 순서
  분석 시료 매질 고려 - ( 분석 시료 원소 고려 ) - 시료용액 조제 - 실험
(2) 시험용액의 제조 방법
  ① 습식 분해법(황산-질산법, 마이크로웨이브법 포함)
  ② 건식 회화법
  ③ 용매 추출법
(3) 기기분석 방법
  ① 원자흡광광도법(화염방식, 무염방식, 환원기화법(비소, 수은), 금아말감법(수은, 냉조건) 포함)
  ② 유도결합플라즈마법(ICP)(ICP-MS법(무기비소) 포함)
  ③ GC-ECD(Electron Capture Detector, 전자포획검출기)(메틸수은) 등

## 09 해설

① 식품의 탈수
② 높은 삼투압에 의한 원형질 분리
③ 소금의 해리에 의한 $Cl^-$의 생성
④ 단백질 가수분해 작용의 억제
⑤ 산소 용해도 감소

## 10 해설

(1) 유도기간의 정의를 작성하시오.
   바이러스가 감염된 이후, 증식이 일어날 때 까지 무증상으로 나타나는 기간
(2) 다음 빈 칸을 채우시오.
   노로바이러스는 ( 체내 )에서만 증식하여 in vitro에서 세포 내 배양이 잘 되지 않는다.

## 11 해설

$Q_{10} = \dfrac{v_{30}}{v_{20}}$

$v_{30} = Q_{10} \times v_{20} = 2 \times 10 = 20$

## 12 해설

① 식품의 점도와 유화 안정성, 촉감 등을 향상시킬 수 있음
② 각종 산, 알칼리에 대해 내성을 가짐
③ 가열이나 습도에도 강한 편이다.
④ 작용기의 개수와 위치를 바꾸어 물성을 개선하거나 금속이온 포집 등에 활용 가능하다.

# 2015년 2회 식품안전기사 실기

[본 문제는 수험자의 기억에 의해 복원된 것으로 실제 시험과 차이가 있을 수 있습니다]
[(舊)식품기사에서 (現)식품안전기사로 변경되었습니다]

**01** 식품의 살균을 나타내는 값 중 D값의 의미를 쓰시오.

**02** 분무건조법에서 병류식과 향류식은 기-액 접촉방식이 다르다. 각각의 방식은 어떤 차이가 있는가?

**03** 식품 가공 중 표면경화현상이 발생하는 이유와 현상의 특징 및 잘 일어나는 식품을 서술하시오.

**04** 다음은 블루베리 롤케이크의 영양성분표의 일부이다. 다음을 보고 물음에 답하시오.

> **보기**
> 제품명 : 블루베리 롤케이크                      (블루베리잼 7.39% 함유)
> 식품의 유형 : 빵류(가열하지않고 섭취하는 냉동식품)   계란, 대두, 우유 함유
> 유통기한 : 20**년 **월 **일까지
> 총내용량 : 660g(110g/6개) 1개(110g)당 254 kcal
> 원재료명 : **식물성크림**[D-소비톨액, 저지방마가린(유채유, 팜유, 팜핵유, **말레이시아산**), 쇼트닝{대두경화유(대두), **아르헨티나산**}, 유화제, 카제인나트륨(우유), 감미료(수크랄로스, 아세설팜칼륨)], 설탕, **난황액(살균제품)** (계란 100%-**국산**), 엘르바이르크림치즈{살균우유(유유),살균크림(우유), 정제염, 로커스트콩검, 구아검, **블루베리잼** {블루베리(**미국산**), 설탕, 변성전분, 주석산칼륨, 아미드펙틴, 비타민 C, 합성향료(블루베리향)}. 박력쌀가루(쌀100%), 밀크마스터(우유), 콩식용유(대두), 쓰리인원내츄럴믹스포도A{합성향(포도향),잔탄검, 구아검}, 기타가공품(우유), 당류가공품{착색료(베타카로틴), 합성향료(바닐린, 혼합제제(산성피로인산나트륨,탄산수소나트륨,옥수수전분, 제일인산칼슘)

(1) 식물성크림에 포함된 저지방마가린의 식품공전상 조지방 규격은 얼마인가?
(2) 블루베리잼에 첨가된 주석산칼륨의 역할은 무엇인가?
(3) 식품공전상 혼합제재 정의는 무엇인가?
(4) 식물성 크림에 함유된 D-소비톨액의 역할과 맛은 어떠한가?

**05** 밀가루 대신 전분으로 빵을 만들 때, 기대되는 물성 변화 1가지와 그 물성과 관계된 원인 성분을 들어 변화의 이유를 설명하시오.

**06** 식품첨가물 규격 설정에 참여하는 국제기구 2가지를 쓰시오.

**07** 유전자변형식품등의 안전성 심사 등에 관한 규정에 의거하여 다음 질문에 답하시오.
　(1) GMO안전성검사에서 실질적 동등성은 무엇인가?
　(2) 안전성 평가항목

**08** 20%의 포도당, 설탕, 소금이 담겨있는 물의 수분활성도를 비교하시오.

**09** 김치를 만들기 위해 원료배추 20kg을 전처리하였더니 배추의 폐기율은 20%(w/w)였다. 전처리된 배추를 일정한 조건하에 절임한 다음 세척 탈수하여 얻어진 절임배추의 무게는 12kg이었고, 염 함량은 2%(w/w)였다. 절임공정 중 절임수율과 원료배추의 수득률을 계산하시오. (단, 절임수율은 절임공정에서 투입된 원료배추에 대한 절임배추의 비율이며, 원료배추의 수득률은 다듬기 전 원료에서 세척 탈수된 절임배추까지의 순수한 배추만의 변화율을 의미한다)

**10** 포도당을 이용한 에탄올 발효 및 초산올 발효와 관계된 화학반응식을 작성하시오.

**11** 우유의 구성요소인 지방, 단백질, 탄수화물 중 pH 4.5에 응고되는 단백질은 (　①　) 이고 그 외에는 유청단백질이다. 탄수화물은 주로 (　②　)으로 되어있다.

## [2015년 2회 해설 및 정답]

**01** **해설**

특정 온도에서 가열멸균 시 미생물 균군 수를 1/10로 사멸시키는 데 걸리는 시간

**02** **해설**

1) 병류식 : 열풍 방향과 재료 이동 방향이 같음
2) 향류식 : 열풍 방향과 재료 이동 방향이 반대

**03** **해설**

(1) 이유 : 건조 표면의 온도가 높아 불균일한 건조가 일어날 때, 내부의 수분이 표면으로 이동하기 전에 건조 피막이 형성되어 식품 표면의 조직이 막혀버리기 때문이다.
(2) 특징 : 물분자만을 투과시키고 다른 성분은 잔존 수분과 함께 식품 내부에 남게 되므로 식품이 가지고 있는 고유의 향기 등은 보존, 지속시킬 수 있으나, 표면이 딱딱해지면서 건조속도를 저하시켜 내부의 수분이 남아있어 만족할만한 건조효과를 얻을 수 없다.
(3) 주요 식품 : 수용성의 당이나 단백질을 많이 함유하고 있는 식품, 육포 등

**04** **해설**

(1) 10.0이상 80.0미만
(2) 산도조절제
(3) 식품첨가물을 2종 이상 혼합하거나, 1종 또는 2종 이상 혼합한 것을 희석제와 다시 혼합 또는 희석한 것
(4) 식물성 크림에 함유된 D-소비톨액의 역할과 맛은 어떠한가? 습윤제 및 감미료, 단맛

**05** **해설**

(1) 원인 성분 : Gluten(글루텐)
(2) 변화 : 점성 및 탄성이 줄어든다. Maillard 반응이 크게 일어나지 않는다.
(3) 이유 : 글루텐이 존재하지 않아 빵의 껍질과 속의 질감 변화, 맛과 색깔 변화가 발생, Amylose와 Amylopectin의 호화가 발생하나 글루텐이 없어 Maillard 반응이 크게 일어나지 않고, 팽창제를 사용해서 부풀려도 반죽 크기가 밀가루에 비해 크게 부풀어 오르지 않는다.

## 06

**해설**

(1) JECFA(FAO/WHO의 합동식품첨가물전문가위원회)
(2) CAC(국제 식품 규격 위원회, Codex Alimentarius Commission)

## 07

**해설**

(1) 기존 농·수·축산물과 GMO 농·수·축산물을 비교하여 영양성분이 같고, 안전성평가에 문제가 없으면 기존 식품과 동일하게 취급 가능하다.
(2) 식품일반 평가, 독성 평가, 알레르기성 평가, 영양 평가, 분자생물학적 평가

## 08

**해설**

( 설탕 ) > ( 포도당 ) > ( 소금 )

(1) $A_w$ (소금) $= \dfrac{\dfrac{80[g]}{18[g/mol]}}{\dfrac{80[g]}{18[g/mol]} + \dfrac{20[g]}{58.5[g/mol]} \times 2} = 0.866666666 \cdots \approx 0.87$

(2) $A_w$ (포도당) $= \dfrac{\dfrac{80[g]}{18[g/mol]}}{\dfrac{80[g]}{18[g/mol]} + \dfrac{20[g]}{180[g/mol]} \times 1} = 0.975609756 \cdots \approx 0.98$

(3) $A_w$ (설탕) $= \dfrac{\dfrac{80[g]}{18[g/mol]}}{\dfrac{80[g]}{18[g/mol]} + \dfrac{20[g]}{342[g/mol]} \times 1} = 0.987012987 \cdots \approx 0.99$

## 09

**해설**

1) 절임 수율[%] $= \dfrac{\text{절임, 세척 및 탈수한 배추의 무게}}{\text{다듬은 배추의 무게}} \times 100 = \dfrac{12}{16} \times 100 = 75[\%]$

2) 수득률[%] $= \dfrac{\text{처리 후 배추의 순수무게}}{\text{원재료 무게}} \times 100 = \dfrac{12 \times 0.98}{20} \times 100 = 58.8[\%]$

## 10
**해설**

(1) 포도당의 에탄올 발효 : $C_6H_{12}O_6 \rightarrow 2C_2H_5OH + CO_2$ + 에너지 ( 58kcal )

(2) 에탄올의 초산 발효 : $C_2H_5OH + O_2 \rightarrow CH_3COOH + H_2O$ + 에너지 ( 27.4kcal )

## 11
**해설**

① 카제인
② 유당

**01** 혐기성 세균을 배양하기 위한 방법 중 세 가지를 작성하시오.

**02** 물 80g에 설탕 20g 혼합했을 때, %농도를 구하시오.

**03** 염장을 통한 식품을 부패시키는 미생물의 생육 억제 기작을 1가지만 적으시오.

**04** 인스턴트 커피를 제조하는 과정에서 건조를 거친다. 이 때 ① 가장 향미가 잘 보존되는 건조방법과 ② 가장 저렴하고 효과 좋은 건조방법이 각각 무엇인지 답하시오.

**05** 「건강기능식품 기능성 원료 및 기준·규격 인정에 관한 규정」에 언급된 기능성 원료는 고시된 원료와 개별인정 원료가 있다. 두 원료의 차이는 무엇인지 기술하시오.

06  수분 20%, 설탕 25% 함유한 식품의 수분활성도 구하시오.

07  식품공전에 기재된 특수영양식품의 정의와 특수영양식품의 종류 2가지를 서술하시오

08  헥산의 식품첨가물공전 상 정의(생산방법) 및 용도를 쓰시오.

09  전지우유(지방 함유 5%)에 탈지 공정을 통해 지방만 제거해서 저지방우유(수분 88%, 지방 0.5%, 탄수화물 6.3%, 단백질 4.2%, 회분 1%)를 생산하였다. 전지우유의 수분, 탄수화물, 단백질, 회분 함량은 각각 얼마인가?

10  곰팡이, 효모, 세균 중에 자외선 조사 시간 짧은 것부터 순서대로 쓰시오.

## [2015년 3회 해설 및 정답]

**01 해설**

(1) Burri씨법
(2) 혐기성 Jar(또는 Chamber)법
(3) 진공 Dessicator법
(4) 파라핀 오일 중층법
(5) 천자배양

**02 해설**

$$\frac{20}{80+20} \times 100 = 20[w/w\%]$$

**03 해설**

① 식품의 탈수
② 높은 삼투압에 의한 원형질 분리
③ 소금의 해리에 의한 $Cl^-$의 생성
④ 단백질 가수분해 작용의 억제
⑤ 산소 용해도 감소

**04 해설**

① 동결진공건조
② 분무건조

## 05 해설

(1) 고시된 원료
  - 「건강기능식품 공전」에 등재되어 있는 기능성 원료
  - 공전에서 정하고 있는 제조 기준, 규격, 최종제품의 요건에 적합할 경우 별도의 인정 절차가 필요하지 않다.
(2) 개별인정 원료
  - 식품의약품안전처장이 개별적으로 인정한 원료이나 「건강기능식품 공전」에 미등재된 원료
  - 건강기능식품제조업·수입업 영업자가 그 안전성 및 기능성 등에 관한 자료를 식품의약품안전처장에게 제출하여 건강기능식품 기능성 원료로 인정받아 사용

## 06 해설

$$\frac{\frac{20}{18}}{\frac{20}{18}+\frac{25}{342}} = 0.9382716049\ldots = 0.94$$

## 07 해설

(1) 정의
  영·유아, 비만자 또는 임산·수유부 등 특별한 영양관리가 필요한 특정 대상을 위하여 식품과 영양성분을 배합하는 등의 방법으로 제조·가공한 것
(2) 예시
  ① 조제유류
  ② 영아용 조제식
  ③ 성장기용 조제식
  ④ 영·유아용 이유식
  ⑤ 체중조절용 조제식품
  ⑥ 임산·수유부용 식품

## 08 해설

① 이 품목은 석유성분중에서 n-헥산의 비점부근에서 증류하여 얻어진 것이다.
② 추출용제

## 09 해설

제거된 지방량

$$\frac{5-x}{100-x} \times 100 = 0.5$$

$$x = 4.522613065 \cdots \approx 4.52[\%]$$

① 수분

$$\frac{p}{100-x} \times 100 = 88$$

$$p = 84.0201005 \cdots \approx 84.02[\%]$$

② 탄수화물

$$\frac{q}{100-x} \times 100 = 6.3$$

$$q = 6.015075377 \cdots \approx 6.02[\%]$$

③ 단백질

$$\frac{r}{100-x} \times 100 = 4.2$$

$$r = 4.010050251 \cdots \approx 4.01[\%]$$

④ 회분

$$\frac{s}{100-x} \times 100 = 0.5$$

$$s = 0.954773869 \cdots \approx 0.95[\%]$$

## 10 해설

세균 < 효모 < 곰팡이

# 2016 1회 식품안전기사 실기

[본 문제는 수험자의 기억에 의해 복원된 것으로 실제 시험과 차이가 있을 수 있습니다.]
[(舊)식품기사에서 (現)식품안전기사로 변경되었습니다.]

**01** 나트륨을 많이 섭취하면 고혈압의 위험성이 증가한다. 그 이유를 서술하시오.

**02** 식중독과 경구감염병의 차이를 각각 3가지씩 서술하시오.

**03** 다음 제시된 건강기능식품의 기능성 원료의 공통적인 기능은 무엇인가?

> 홍삼 / 알콕시글리세롤함유상어간유 / 알로에 겔

**04** 120 BTU/ft · h · °F단위를 J/cm · min · °C로 단위를 변경하시오.

**05** 발효 공업에서 효소를 장기간 사용할 목적으로 효소를 고정화한다. 이 때 효소 고정화에 사용하는 방법 중 3가지를 서술하시오.

**06** *Salmonella* 균을 TSI 사면배지에 접종 시 붉은색으로 되는데 이유는?

**07** 탈산 공정을 거친 지방 5000kg을 지방 무게 2% 만큼의 활성백토를 이용하여 탈색하였다. 탈색 후 지방 함량 30%의 폐백토를 얻었을 때, 유지의 손실률은 얼마인가?(단, 탈색 전 활성 백토의 수분 함량은 10%였고, 탈색 후 수분 함량은 0%가 되었다.)

**08** 우유공장에서 지상에 위치한 집유탱크로부터 지상 12m에 위치한 저장탱크로 내경 5cm인 관을 통하여 $0.45m^3/min$의 속도로 원유를 수송하고자 한다. 마찰에 의한 에너지 손실은 무시할 수 있고 우유의 밀도는 $1,030kg/m^3$, 펌프의 효율이 75% 일 때, 필요한 펌프의 마력은 얼마인지 계산하시오. (단, 중력가속도는 $9.81m/s^2$으로 계산한다.)

**09** 열전달이 잘될 때와 잘 되지 않을 때 각각의 열축적과 온도분포는 어떻게 나오는가?

**10** 전분유를 $\alpha$-Amylase와 Glucoamylase를 이용하여 당화시켰다. 전분유 내의 D.E와 점도는 어떻게 변하는가?

**11** 요오드가 정의와 목적을 서술하시오. 그리고 A 유지의 요오드가는 60, B 유지의 요오드가가 120으로 계산되었다면, 두 유지 중 어떤 것이 융점이 낮은가?

**12** LMO(living modified organism)의 정의를 쓰시오.

◯ [2016년 1회 해설 및 정답]

**01** 해설
삼투 현상에 의해 세포에서 수분이 혈관으로 빠져나옴으로서 혈류량이 증가하여 혈압이 상승한다.

**02** 식중독과 경구감염병의 차이를 각각 3가지씩 서술하시오.

해설
(1) 식중독 : 독성 약함, 대량 증식이 필요함, 2차 감염 거의 없음, 보다 짧은 잠복기, 균 증식 억제로 예방 가능, 항체 생성 및 면역성이 일반적으로 없다
(2) 경구감염병 : 독성 강함, 적은 균으로도 발병함, 2차 감염 많음, 긴 잠복기, 예방 어려움, 항체 생성 및 면역성 있는 경우 많다

**03** 다음 제시된 건강기능식품의 기능성 원료의 공통적인 기능은 무엇인가?

> 홍삼 / 알콕시글리세롤함유상어간유 / 알로에 겔

해설
공통 기능 : 면역력 증진에 도움을 줄 수 있음
(1) 홍삼 : 면역력 증진에 도움을 줄 수 있음, 피로 개선, 혈소판 응집억제를 통한 혈액흐름, 기억력 개선, 항산화, 갱년기 여성의 건강에 도움을 줄 수 있음
(2) 알콕시글리세롤 함유 상어간유 : 면역력 증진에 도움을 줄 수 있음
(3) 알로에 겔 : 피부건강, 장 건강, 면역력 증진에 도움을 줄 수 있음

## 04 해설

(1) BTU : 1lb의 물을 1°F 올리는 데 필요한 열량
(2) cal : 1g의 물을 1℃ 올리는 데 필요한 열량

$$1[BTU] = \frac{1[cal]}{(g)(℃)} \times \frac{453.592(g)}{(lb)} \times \frac{1.8(℃)}{(°F)} = 251.995555 \cdots \approx 252[cal]$$

(∵ [°F] = 1.8[℃] + 32, $\Delta$°F = 1.8 $\Delta$℃)

(3) 1[cal] = 4.184[J], 1[ft] = 30.48[cm], 1[h] = 60[min]

$$\frac{120[BTU]}{[ft \cdot h \cdot °F]} \times \frac{252[cal]}{[BTU]} \times \frac{[°F]}{1.8[℃]} \times \frac{[h]}{60[min]} \times \frac{[ft]}{30.48[cm]} \times \frac{4.184[J]}{[cal]}$$
$$= 38.43569553 \cdots \approx 38.44[J/cm \cdot min \cdot ℃]$$

## 05 해설

(1) 물리적 방법
  1) 흡착법 : 물리적인 힘(Van der Waals 힘 등)으로 지지체의 표면에 효소를 흡착시키는 방법
  2) 격자 포괄법 : 고분자물질(Gel , Microcapsule 등) Matrix 중에 효소가 봉입·함유된 형태
  3) 막 가두기 법 : 선택적 투과막을 사이에 두고 효소를 제한하는 법

(2) 화학적 방법
  1) 이온결합법 : 지지체(=담체)와 효소 간의 정전기적 인력에 의한 고정화
  2) 공유결합법 : 효소와 담체의 원자 간 전자쌍 공유에 의해 형성되는 고정화
  3) 가교형성법 : 가교형성물질로 효소를 결합시키거나 지지체를 사이에 두고 가교 결합을 생성하는 고정화, 효소분자 사이에 공유결합을 함으로써 분자량을 크게 하여 불용성으로 하는 방법

## 06 해설

Triple Suger Iron Agar Media
Lactose : Sucrose : Dextrose = 10g : 10g : 1g 및 Phenol red와 $FeSO_4$를 첨가한 배지
세균의 다양한 대사 관찰 가능

(1) 산 생성 시 : 붉은색 → 노란색으로 변색됨, 당 소비가 활발할 경우 발생
(2) $H_2S$ 생성 시 : $SO_4^{2-}$를 환원시켜 흑색의 FeS 생성
(3) Gas 생성 시 : 획선 중간에 기포가 보이며, 배지가 갈라짐
(4) 사면부 관찰 시 : 호기성 여부 확인
(5) 고층부 관찰 시 : 혐기성 여부 및 $SO_4^{2-}$를 환원능 확인

*Salmonella* 속 결과, 사면부가 붉으므로 Dextrose만을 이용하였음을 알 수 있다.
고층부가 검으므로 $SO_4^{2-}$ 환원능을 가진 통성혐기성 세균임을 확인 가능하다.

## 07 해설

(1) 투입한 건백토 무게 : 5000 × 0.02 × 0.90 = 90[kg]

(2) 탈색 후 백토 내 지방량

| | 100 | 30 |
| --- | --- | --- |
| | | 30 |
| | 0 | 70 |

$x = \dfrac{30-0}{100-30} \times 90 = 38.57142857 \cdots \approx 38.57[kg]$

$90 = \dfrac{30}{30+70} \times (90+x), \ x = 38.57142857 \cdots \approx 38.57[kg]$

또는

(3) 유지의 손실률

$y = \dfrac{x}{5000} \times 100 = 0.771428571 \cdots \approx 0.77[\%]$

## 08 해설

$$P = \dfrac{\rho \times g \times h \times Q}{\eta}$$

$$= \dfrac{1{,}030[\text{kg/m}^3] \times 9.81[\text{m/s}^2] \times 12[\text{m}] \times 0.45[\text{m}^3/\text{min}]}{0.75 \times 60[\text{s/min}] \times 745.7[\text{W/HP}]}$$

$$= 1.62601046 \cdots \approx 1.63[\text{HP}]$$

**답** 1.63HP

## 09 해설

열전달이 잘 될 경우 열 축적이 잘 되지 않아 온도 분포가 고르다.
열전달이 잘 되지 않을 경우 열이 축적되어 온도 분포의 편차가 크게 나타난다.

## 10 해설

(1) D.E. 변화 : 포도당의 수가 증가하므로 증가한다.
(2) 점도 변화 : 전분유 내의 평균 분자량이 감소하므로 감소한다.

## 11 해설

(1) 정의 : 일정한 측정법으로 측정한 지질 100g 에 흡수되는 할로겐의 양을 요오드의 g수로 나타낸 것, IV=1.269×(b-a)×f/S
(2) 목적 : 유지의 불포화도(유지 내 이중결합의 수) 측정
(3) 비교 : 유지 B, 같은 탄소수 기준으로 이중결합 수가 많을수록 녹는점은 낮아진다.

## 12 해설

생존 및 증식이 가능한 GMO, 살아있는 유전자변형생물체

# 2016 2회 식품안전기사 실기

[본 문제는 수험자의 기억에 의해 복원된 것으로 실제 시험과 차이가 있을 수 있습니다]
[(舊)식품기사에서 (現)식품안전기사로 변경되었습니다]

**01** 어느 공장에서 물건을 만들 때 불량품일 확률은 5%라 한다. 이 때 5개를 생산할 때 1개만 불량품일 확률은?

**02** 다음은 식품 등의 표시·광고에 관한 법률 시행규칙 중 소비자 안전을 위한 표시사항에 언급된 카페인 기준이다. ( ) 안에 적합한 내용을 채우시오.

- 표시대상 : 1mL당 ( ① ) mg 이상의 카페인을 함유한 ( ② ) 등
- 표시방법
  1) 주표시면(식품등의 표시면 중 상표 또는 로고 등이 인쇄되어 있어 소비자가 식품등을 구매할 때 통상적으로 보이는 면)에 ( ③ ) 및 "총카페인 함량 000mg"의 문구를 표시할 것
  2) "어린이, 임산부 및 카페인에 민감한 사람은 섭취에 주의해 주시기 바랍니다" 등의 문구를 표시할 것

**03** 다음 그림은 시간에 따른 얼음 결정의 변화를 나타낸 그림이다. 해당 빈 칸에 알맞은 내용을 넣고, 해당 내용을 설명하시오.

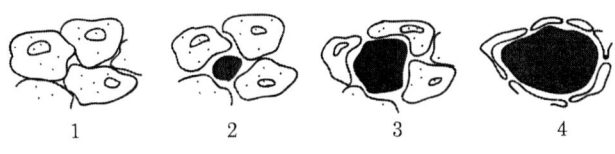

_____

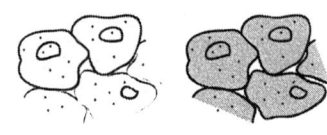

_____

**04** 홍삼은 기능성 원료 중 하나로 고시된 원료이다. 그럼에도 홍삼정 및 홍삼캔디는 건강기능식품으로 인정되지 않는다. 그 이유는 무엇인지 서술하시오.

**05** 홀 슬라이드 글라스(Hole slide glass)를 사용하는 미생물 실험의 명칭과 실험 목적을 적으시오.

**06** 아래는 식품 및 축산물 안전관리인증기준(HACCP)에서의 용어이다. 각 용어의 정의를 작성하시오.

(1) 개선 조치
(2) 검증

**07** 식품공전 상 산분해간장은 한식간장 또는 양조간장과 비교하여 어떠한 장단점을 갖는가?

**08** 산성 복숭아 통조림 식품을 가열 처리하였더니 붉은색으로 변하였다. 왜 이런 현상이 발생하였는가?

**09** 식품 포장 과정에서 제품 내 가스를 치환한다. 치환하는 가스 2가지와 역할을 쓰시오.

**10** HPLC 분배 계수를 고정상과의 친화력과 통과속도를 통하여 비교하시오.

**11** 아래에 제시된 표시를 보고 "식품등의 부당한 표시 또는 광고의 내용 기준"에 의거하여 표시의 사용이 부적절한지 설명하시오.
(1) 면류, 김치 및 두부제품에 "보존료 무첨가"등의 표시
(2) 라면의 MSG 표시

**12** 다음은 어떤 식품에 대한 관능 검사 시험지이다. 이 시험지에 해당하는 관능검사의 명칭을 쓰시오. 그리고 해당 검사에 필요한 최소 패널 수를 쓰시오.

> 이름    날짜
>
> 다음 시료를 왼쪽에서 오른쪽의 순서로 맛보시오. 가장 왼쪽에 있는 시료가 기준시료이다. 시료 번호가 쓰여진 두 시료 중 기준시료와 같은 시료를 골라서 시료 번호열에 괄호에 표시하여 주십시오.
>
> 기준시료    시료번호    시료번호
>            395(　)　　952(　)

## [2016년 2회 해설 및 정답]

**01** 해설

$_5C_1(0.95)^4(0.05)^1=0.203652656\cdots=0.20$
백분율로 환산하면 20%

**02** 해설

① 0.15
② 액체 식품
③ 고카페인 함유

**03** 해설

(1) 완만 동결 : 빙결정생성대 통과시간을 길게 하여 큰 빙결정이 생성되어 조직 손상에 따른 품질 저하가 크다.
(2) 급속 동결 : 빙결정생성대 통과시간을 짧게 하여 작은 빙결정이 다수 균일하게 분산되어 있어 조직 손상에 따른 품질 저하가 적다.

**04** 해설

(1) 이유 : 홍삼정이나 홍삼캔디의 경우, 홍삼의 양이 건강기능식품에 들어있는 만큼 (기능을 나타내는 성분이 인체에서 유용한 기능성을 나타낼 수 있는 정도) 함유되어 있지 않다. 하지만 홍삼을 원료로 제조 및 가공되었기 때문에 기타가공품, 즉 식품으로 분류한다.
(2) 다음은 기능성 인정과 관련된 표이다. 빈칸에 적절한 내용을 채우시오.

| 질병발생위험 감소 기능 | ○○ 발생 위험감소에 도움을 줌 |
|---|---|
| 생리활성 기능 | ○○에 도움을 줌 |

## 05 해설

(1) 실험명 : 현적(소적) 배양법(Hanging-drop method)
(2) 목적 : 세포(특히 맥주 효모 등)가 들어있는 배지 방울을 직접 현미경으로 검경·관찰한 후, 이를 순수 분리 및 배양하기 위함

## 06 해설

(1) 개선 조치(Corrective action) : 모니터링 결과, 관리 항목이 한계 기준을 벗어났을 때 취하는 조치
(2) 검증(Verification) : HACCP이 적절한지 여부를 정기적으로 평가하는 일련의 활동(적용 방법과 절차, 확인 및 기타 평가 등을 수행하는 행위를 포함)

## 07 해설

(1) 장점 : 적은 시간을 들여 대량 생산이 가능
(2) 단점 : 3-MCPD 발생, 발효간장에 비해 낮은 풍미

## 08 해설

가열 살균 후 냉각이 불충분할 경우 Leucoanthocyanin(무색)이 Cyanidin(홍색)으로 변화한다.

## 09 해설

(1) 치환제 종류 : 질소, 이산화탄소
(2) 역할 : 충전제, 산화나 부패로부터 식품을 보호하기 위해 식품의 제조 시 포장 용기에 의도적으로 주입시키는 가스 식품첨가물

## 10 해설

통과속도가 빠를수록, 고정상과의 친화도가 적을수록 분배 계수가 작다.
통과속도가 느릴수록, 고정상과의 친화도가 클수록 분배 계수가 크다.

## 11 해설

(1) 면류, 김치 및 두부제품에 "보존료 무첨가" 등의 표시

　제2조(부당한 표시 또는 광고의 내용)

　　나. 식품의약품안전처장이 고시한 「식품첨가물의 기준 및 규격」에서 해당 식품등에 사용하지 못하도록 정한 보존료가 없거나 사용하지 않았다는 표시·광고. 이 경우 보존료는 「식품의 기준 및 규격」 제1.2.9)에 따른 데히드로초산나트륨, 소브산 및 그 염류(칼륨, 칼슘), 안식향산 및 그 염류(나트륨, 칼륨, 칼슘), 파라옥시안식향산류(메틸, 에틸), 프로피온산 및 그 염류(나트륨, 칼슘)을 말한다.

(2) 라면의 MSG 표시

　제2조(부당한 표시 또는 광고의 내용)

　　사. 식품의약품안전처장이 고시한 「식품첨가물의 기준 및 규격」에서 규정하고 있지 않는 명칭을 사용한 표시·광고

## 12 해설

(1) 검사법 : 일-이점검사

(2) 목적 : 기준 검체와 주어진 검체 사이의 차이 또는 유사성 여부 검사, 기준 검체(정기적 생산 검체 등)가 평가원에게 잘 알려져 있는 경우 및 삼점검사가 적합하지 않은 경우에 적용

(3) 최소패널수 : 12명(차이가 큰 경우) / 20·40명(차이가 보통인 경우) / 50·100명(차이가 작은 경우)

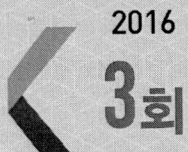

# 2016 3회 식품안전기사 실기

[본 문제는 수험자의 기억에 의해 복원된 것으로 실제 시험과 차이가 있을 수 있습니다]
[(舊)식품기사에서 (現)식품안전기사로 변경되었습니다]

**01** 뉴턴 유체와 비뉴턴유체 특징을 쓰고, 각각에 해당하는 식품 2가지를 쓰시오.

**02** 다음은 김치의 연부현상에 대한 설명이다. 빈 칸을 채우시오.

> 김치의 연부 현상은 배추 내의 ( ① )이 분해되어 발생한다. 이 때 ( ② )을 사용하면 연부 현상을 억제할 수 있다.

**03** 다음은 원유의 수유 검사 중 하나인 알코올테스트에 대한 설명이다. 빈 칸을 채우시오.

> 알코올의 ( ① ) 작용으로 인해 ( ② )가 높은 우유는 카제인이 ( ③ ) 된다.

**04** 유지의 품질 측정 방법 중 하나인 TBA가의 측정 원리를 설명하시오.

**05** 어류의 선도판정기준의 트리메틸아민의 유도물질을 적고, 초기부패판정 시 트리메틸아민의 기준치를 작성하시오.

**06** 두부 제조를 위해 두미를 가열 할 때, 높은 온도에서 오랫동안 처리할 경우와 낮은 온도로 처리할 때 어떤 현상이 발생하는 지 각각 두 가지씩 서술하시오.

**07** 포도당 20g을 물 80g에 녹였을 때, 포도당의 몰분율을 계산하시오.

**08** FAO(국제식량기구)에서 정한 표준 단백질의 아미노산 표준 구성과 쌀에서의 아미노산 조성은 다음 표와 같다. (단위 : 단백질 질소 1g당 아미노산 mg)

| 아미노산 | | 함량 [ mgAA / gN ] | |
|---|---|---|---|
| | | 아미노산 표준 구성 | 쌀 |
| 아이소류신 | | 270 | 322 |
| 류신 | | 306 | 535 |
| 라이신 | | 270 | 236 |
| 페닐알라닌 | | 180 | 307 |
| 타이로신 | | 180 | 269 |
| 함황아미노산 | 합계 | 270 | 222 |
| | 메싸이오닌 | 144 | 142 |
| 트레오닌 | | 180 | 241 |
| 트립토판 | | 90 | 65 |
| 발린 | | 270 | 415 |

이 자료를 바탕으로 쌀의 단백가를 계산하시오. (단, 정수로 나타내시오.)

**09** 편의점에 전자레인지 조리용 냉동 돈가스 제품을 시판하려고 한다. 해당 식품을 포장하는데 필요한 포장지의 구비조건을 4가지만 쓰시오.

**10** Hurdle Technology의 정의와 예시 두 가지, 그리고 장점을 기술하시오.

**11** 식품의 텍스쳐의 1차적 특징인 경도, 응집성, 탄력성, 부착성의 의미를 기술하시오.

**12** 용액 A는 4°C에서의 비중이 1.15 이다. 4°C에서 용액 A의 밀도를 계산하시오.

**13** 칼슘은 과망간산법으로 정량한다. 시료 용액에 함유되어 있는 칼슘 이온은 암모니아성 내지 미산성에서 수산기와 반응하여 난용성인 수산칼슘 침전을 생성한다. 이 침전을 모액에서 분리하여 황산에 녹여 수산 이온을 0.002M 과망간산칼륨으로 정량한다. 이 때의 반응식과 정량식은 다음과 같다. 0.2004가 어떻게 나왔는지 서술하시오. (단, 칼슘의 원자량은 40.08 이다.)

## [2016년 3회 해설 및 정답]

### 01 해설
(1) 뉴턴 유체 : 전단응력이 전단속도에 비례하는 유체 // 물, 주스, 식초 등
(2) 비뉴턴유체 : 전단응력이 전단속도에 비례하지 않는 유체 // 케첩, 잼 등

### 02 해설
① Pectin
② $Ca^{2+}$ 염 및 $Mg^{2+}$ 염(ex : 천일염)

### 03 해설
① 탈수
② 산도
③ 응고

### 04 해설
유지 1kg 중의 Malonaldehyde의 양을 Malonaldehyde와 TBA 간에 생성되는 발색 물질의 양을 흡광도를 통해 측정한다.

### 05 해설
(1) TMAO(트리메틸아민 옥사이드)
(2) TMA 기준치 : 4~6mg%(=mg/100g) (= 40~60ppm)

## 06

**해설**

(1) 온도 높고, 시간 오래 걸릴 때
- 단백질 변성으로 인한 수율 감소
- 지방 산패로 인한 맛 변질, 조직 단단해짐

(2) 온도가 낮을 때
- 트립신 저해제가 남아 영양상문제가 된다.
- 살균이 충분히 이루어지지 않는다.

## 07

**해설**

$$\frac{\frac{20}{180}}{\frac{20}{180}+\frac{80}{18}} = 0.024390243\cdots \approx 0.02$$

## 08

**해설**

각 아미노산의 표준 구성 대비 각 성분의 함량 중 가장 값이 낮은 것을 고른다.

[단백가(Protein Score)]

식품 내 가장 영양가가 높은 아미노산을 측정하여 표준 단백질에 상대적으로 부족한 아미노산의 함량을 이용하여 단백질의 영양가를 측정한 것

$$단백가(PS) = \frac{제1제한아미노산량}{비교단백질중동아미노산량} \times 100$$

1) 아이소류신 : $\frac{322}{270} \times 100 = \frac{3220}{27} = 119.2592593 \cdots \approx 119$

2) 류신 : $\frac{535}{306} \times 100 = 174.8366013 \cdots \approx 175$

3) 라이신 : $\frac{236}{270} \times 100 = \frac{1180}{9} = 131.1111111 \cdots \approx 131$

4) 페닐알라닌 : $\frac{307}{180} \times 100 = \frac{1535}{9} = 170.5555555 \cdots \approx 171$

5) 타이로신 : $\frac{269}{180} \times 100 = \frac{1345}{9} = 149.4444444 \cdots \approx 149$

6) 함황아미노산 합계 : $\frac{222}{270} \times 100 = \frac{925}{6} = 154.1666666 \cdots \approx 154$

7) 메싸이오닌 : $\frac{142}{144} \times 100 = \frac{1775}{18} = 98.61111111 \cdots \approx 99$

8) 트레오닌 : $\frac{241}{180} \times 100 = \frac{1205}{9} = 133.8888888 \cdots \approx 134$

9) 트립토판 : $\dfrac{65}{90} \times 100 = \dfrac{650}{27} = 72.22222222 \cdots \approx 72$

10) 발신 : $\dfrac{415}{270} \times 100 = \dfrac{4150}{27} = 153.7037037 \cdots \approx 154$

[답] 72


## 09 해설

① 방습성이 커야한다.
② 가스 투과성이 낮아야 한다.
③ 유연성이 커야한다.
④ 저온에서 경화되지 않아야 한다.
⑤ 가열수축성이 있어야 한다.


## 10 해설

(1) 정의
미생물의 증식에 영향을 줄 수 있는 여러가지 인자들을 복합적으로 적용시킴으로서 미생물의 극복능력을 약화시키는 동시에 식품의 품질(맛, 식감, 색, 향 등)을 최대한 유지 하는 과학적인 기술

(2) 예시 2가지
① 통조림 제조 시 고농도 당침액의 pH 4.5로 소설한 뒤 서온 살균 후 Vitamin C 첨가 후 밀봉
② 피클 제조 시 채소에 소금과 식초, 설탕 등을 혼합한 조미액을 뜨겁게 가열한 상태로 부어서 처리한 뒤 멸균된 용기에 밀봉한다.

(3) 장점
식품의 맛과 품질을 해치지 않으면서도 미생물의 증식을 효과적으로 저해할 수 있다.


## 11 해설

(1) 경도 : 식품의 형태를 변형시키는 데 필요한 힘
부드러운(Soft) → 굳은(Firm) → 단단한(Hard)으로 표현된다.

(2) 응집성 : 식품 내 분자간의 결합이 서로 교차되어 혀나 치아로 힘을 줄 때 부서지지 않고 서로 결합하려는 성질, 식품의 형태를 구성하는 내부적 결합에 필요한 힘

(3) 탄력성 : 변형된 식품이 다시 원래 상태를 회복하려는 성질. 기기로 누른 후 떼었을 때 식품이 원상태로 돌아오는 정도. 탄력없는(Plastic) → 탄력있는(Elastic)으로 표현된다.

(4) 부착성 : 혀, 입천장으로 인지할 수 있는 특성. 식품이 다른 물질의 표면과 부착되어 있는 것을 떼어내는 데 필요한 힘. 끈적끈적한(Sticky) → 들어붙는(Tacky) → 찐덕거리는(Gooey)으로 표현된다.

## 12  해설

(1) 계산식 : $1.15 = \dfrac{x\,[kg/m^3]}{1000\,[kg/m^3]}$

(2) 답 : 1,150 [kg/m³]

## 13  해설

(1) 전체 : $5H_2C_2O_4 + 2KMnO_4 + 3H_2SO_4 \rightarrow 2MnSO_4 + K_2SO_4 + 10CO_2 + 8H_2O$

(2) 칼슘함량(w/v%) = $\dfrac{0.2004 \times F \times V(mg)}{S(mL)} \times 100$

(3) $C_2O_4^{2-}$당량(eq) = 적정 용액의 역가×적정 용액의 노르말농도[eq/L]×적정용액의 부피[L]

$2 \times \dfrac{Ca^{2+}질량(g)}{40.08(g/mol)} = 5 \times F \times 0.002(mol/L) \times V(mL) = 0.2004 \times F \times V$

칼슘 함량(w/v%) = $\dfrac{0.2004 \times F \times V(mg)}{S(mL)} \times 100$

# 2017 1회 식품안전기사 실기

[본 문제는 수험자의 기억에 의해 복원된 것으로 실제 시험과 차이가 있을 수 있습니다]
[(舊)식품기사에서 (現)식품안전기사로 변경되었습니다]

**01** 식품(식품첨가물 포함)제조·가공업소, 건강기능식품제조업소가 안전관리인증기준(HACCP) 관리계획의 적절한 운영을 위하여 작성하는 절차 중 준비 과정 5가지와 적용 7원칙을 기술하시오.

**02** 납(Pb)의 정성시험 중 시험용액에 크롬산칼륨을 몇 방울 가하였다. 이때 납이 용출되면 어떤 반응이 일어나는가?

**03** 식중독을 일으키는 균과 원인물질 표 안에 알맞게 작성하시오.

> **보기**
>
> 살모넬라, 장염비브리오, 캠필로박터, 여시니아, 클로스트리디움 보툴리눔, 황색포도상구균, 로타바이러스, 노로바이러스, 감자독, 버섯독, 시가테라독, 복어독, 맥각독, 황변미독, 아플라톡신, 식품첨가물(보존료, 감미료), 벤조피렌, 니트로소아민, 3-MCPD, 납, 카드뮴, 비소, 농약

| | | |
|---|---|---|
| 세균성 | 감염형 | |
| | 독소형 | |
| | 바이러스형 | |
| 자연독 | 식물성 | |
| | 동물성 | |
| | 곰팡이독 | |
| 유해물질 | 고의 또는 잘못으로 첨가 유해물질 | |
| | 식품가공 중에 생성되는 유해물질 | |
| | 기구, 용기 등에 의해 혼입 | |
| | 잔류 | |

**04** 35%의 소금물 100ml를 5%의 소금물로 희석하려면 첨가해야하는 물의 양은 얼마인가?

**05** 한외여과와 역침투에 의한 막 처리 농축법을 가열농축공정방법과 비교해서 한외여과와 역삼투의 특징을 설명하라.

**06** 건강기능식품에서의 영양소를 세 가지 쓰시오.(단, 비타민, 무기질은 제외한다)

**07** 다음의 식품첨가물을 보고 유형(보존료 등)을 적으시오.

**08** 차의 발효과정 중에 발생하는 오렌지색이나 붉은색을 나타내는 색소의 전구체와 색소 생성에 관여하는 효소, 그리고 생성되는 색소를 적으시오.

**09** 기체크로마토그래피의 효율(Efficiency)이 높은 것에 ○표시 하시오.
- 컬럼의 길이를 (짧게/길게) :
- 컬럼의 내경을 (좁게/넓게) :
- 필름의 두께를 (얇게/두껍게) :

10  HPLC에 이동상으로 pH가 낮은 수성 완충용액을 사용하면 고압펌프 내에서 오래 머물게 되어 고압펌프에 영향을 줄 수 있다. 이를 방지하기 위한 실험 후 조치는?

11  기존까지 사용이 허용되지 않은 약초의 추출물을 "식품으로서" 허가받으려고 한다. 이를 위한 고시 내용과 방법 허가를 받을 기관을 적으시오.

12  식품의 가열에 이용되는 전자레인지에서 사용하는 마이크로파의 주파수는 2450MHz이다. 해당 전파의 파장을 구하시오. (단, 빛의 속도는 $3 \times 10^{10}$ cm/sec 이다.)

## [2017년 1회 해설 및 정답]

### 01 해설

(1) 준비 5단계
① HACCP 팀 구성
② 제품 설명서 작성
③ 제품의 용도 확인
④ 공정 흐름도 작성
⑤ 공정 흐름도 현장 확인

(2) 적용 7원칙
① 위해요소 분석(HA)
② 중요관리점(CCP) 결정
③ 한계 기준(CL) 설정
④ 모니터링 체계 확립
⑤ 개선 조치 방법 설정
⑥ 검증 절차 및 방법 설정
⑦ 문서 및 기록 유지 방법 설정

### 02 해설

노란색의 침전이 생성된다.( $PbCrO_4$ )

$Pb^{2+} + CrO_4^{2-} \rightarrow PbCrO_{4(s)} \downarrow$

### 03 해설

로타바이러스, 노로바이러스, 여시니아, 캠필로박터, 살모넬라, 장염비브리오, 클로스트리디움 보툴리눔, 황색포도상구균, 솔라닌, 버섯독, 복어독, 베네루핀, 맥각독, 황변미독, 비소, 납, 카드뮴, 아연, 구리, 유해성 감미료, 인공착색료, 보존료, 벤조피렌, 3-MCPD, 벤젠, 시가테라독, 니트로소아민

| 세균성 | 감염형 | 여시니아, 캠필로박터, 살모넬라, 장염비브리오 |
|---|---|---|
| | 독소형 | 클로스트리디움 보툴리눔, 황색포도상구균 |
| | 바이러스형 | 로타바이러스, 노로바이러스 |
| 자연독 | 식물성 | 솔라닌, 버섯독 |
| | 동물성 | 복어독, 시가테라독, 베네루핀 |
| | 곰팡이독 | 맥각독, 황변미독 |
| 유해 물질 | 고의 또는 잘못으로 첨가 유해물질 | 유해성감미료, 인공착색료, 보존료, 식품첨가물 |
| | 식품가공 중에 생성되는 유해물질 | 벤조피렌, 니토로소아민, 3-MCPD, 벤젠 |
| | 기구, 용기 등에 의해 혼입 | 비소, 납, 카드뮴, 아연, 구리 |
| | 잔류 | 농약 |

## 04 해설

(1) $x = \dfrac{(35-5)[\%]}{(5-0)[\%]} \times 100\,[mL] = 600\,[mL]$

(2)
```
   35          5
              5           100 = 5/(30+5) × (x+100)
    0         30                x = 600 [mL]
```

## 05 해설

(1) 한외여과 : 크기 차에 의한 여과에 이용
(2) 역삼투 : 용질 농축에 이용

## 06 해설

식이섬유, 필수지방산, 단백질

## 07 해설

(1) 구연산 : 산도조절제
(2) 자일리톨 : 감미료
(3) 무수아황산 : 보존료, 산화방지제, 표백제
(4) 사카린나트륨 : 감미료
(5) 메틸알콜 : 추출용제
(6) 부틸히드록시아니솔 : 산화방지제

## 08 해설

(1) 색소 전구체 : Catechin
(2) 효소 : Polyphenol oxidase
(3) 생성 색소 : Theaflavin(황색), Thearubigin(적색)

## 09 해설

- 컬럼의 길이를 (짧게/길게) : 길게
- 컬럼의 내경을 (좁게/넓게) : 좁게
- 필름의 두께를 (얇게/두껍게) : 얇게

(1) 컬럼의 길이가 길어지면 Efficiency(효율, 봉우리가 뾰족한 정도)과 Resolution(분리능, 두 물질 간의 분리 정도)이 증가하나, 분석 시간이 길어지고, 내압이 커지며 비용이 많이 든다.

(2) 컬럼의 내경이 좁으면 짧은 분석시간에 큰 효율과 큰 분리능을 얻을 수 있으나, Capacity(최대 용량)가 낮고, 내압이 증가하며, Flow rate(유속)가 감소한다.

(3) 필름의 두께가 얇으면 짧은 Retention time(머무름 시간) 동안 높은 분리능을 얻을 수 있으며, 보다 높은 온도에서도 낮은 Bleeding(컬럼 내 고정상 녹아내림)이 발생하나, 낮은 Inertness(불활성도)와 낮은 Capacity를 갖는다. 열에 약한 물질, 높은 끓는점을 갖는 시료에 적합하다.

cf) 용질의 k(머무름 인자, 컬럼 안에 시료가 머무는 정도)에 따른 온도 및 필름 두께 선택
   k<5(빨리 용출) : 두께 증가 및 온도 감소 시 Resolution 증가함
   k>5(늦게 용출) : 두께 감소 및 온도 증가 시 Resolution 증가함

## 10 해설

HPLC용 탈이온수를 비롯한 컬럼을 오염시킨 물질과 극성이 비슷한 HPLC용 용매를 단독 또는 혼합하여 컬럼 부피의 10배 정도씩 흘려 탈염·세척한 뒤, Column에 맞는 Shipping solvent(보존용매)로 세척 후, Shipping solvent로 Column 내부를 채워둔다. 이 때 분석 시 유속보다 1/5~1/2로 유속을 낮추어 사용한다.

## 11 해설

(1) 관련고시명 : 식품위생법 제7조제2항 및 식품위생법 시행규칙 제5조
   - 식품등의 한시적 기준 및 규격 인정 기준 (식약처 고시)

(2) 식품에 사용하기 위한 방법 : 신청서, 제품 또는 시제품, 제출 자료 제출
   제출 자료
   - 제출자료의 요약본
   - 기원 및 개발경위, 국내·외 인정, 사용현황 등에 관한 자료
   - 제조방법에 관한 자료
   - 원료의 특성에 관한 자료
   - 안전성에 관한 자료

(3) 기관명 : 식품의약품안전평가원 "신소재식품과"

cf) 건강기능식품으로서 인정받을 경우
   (1) 관련고시명 : 건강기능식품에 관한 법률 제 15조 제 2항 및 「건강기능식품 기능성 원료 및 기준·규격 인정에 관한 규정」
   (2) 식품에 사용하기 위한 방법 : 영업자가 자료 (원료의 안전성, 기능성, 기준 및 규격 등)를 제출하여 관련 규정에 따른 평가를 통할 것
   (3) 기관명 : 식품의약품안전처

**12** 해설

$c = f \times \lambda$

$$\frac{3 \times 10^{10} [\text{m/s}]}{2450 \times 10^6 [/\text{s}]} = 12.244897959183 \cdots$$

$\approx 12.24 [\text{cm}] \approx 0.12 [\text{m}]$

# 2017 2회 식품안전기사 실기

01  식품공전상 감자, 양파의 발아억제 등을 위해 실시하는 방사선과 기준량을 쓰시오.

02  멤브레인 필터 사용 목적을 적으시오.

03  노로바이러스의 경구감염 원인과 원인 분석이 어려운 이유를 쓰시오.

04  비타민 B1의 저장 중 파괴 속도가 $Q_{10}$ = 2.5일 때 z값을 계산하시오.(단위를 꼭 쓰시오.)

05  헌터 색채계에서 사용하는 L, a, b는 각각 무엇을 의미하는가?

**06** 녹말 당화시 Pullunase 첨가하는 데 Glucoamylase만 첨가 했을 때의 문제점

**07** HACCP 7원칙을 적으시오.

**08** 김치의 발효에 관여하는 젖산균은 정상발효와 이상 발효 중 어느 것을 하는가? 포장 팽창에 관여하는 균을 쓰고, 팽창의 원인 물질을 적으시오.

**09** 육가공에 첨가하는 재료 중, 결합력을 높이는 재료 2가지와 첨가 시의 장점을 1개 적으시오.

**10** 오렌지주스 직경과 유속에 따른 압력강하에 대한 표이다. 내삽법을 이용하여 직경 25cm, 유속 8.5일 때의 압력강하를 구하여라.

| 직경(cm) \ 유속 | 1.0 | 2.0 | 5.0 | 8.5 | 10.0 |
|---|---|---|---|---|---|
| 10 | 509 | 1017 | | | |
| 20 | 1017 | 2034 | | | |
| 25 | - | - | - | ? | 12710 |
| 30 | 1524 | | | | |

**11** 해당과정의 전 과정을 적으시오. (단, 효소의 이름을 쓰지 말고, 드나드는 물질만 적으시오.)

## ◎ [2017년 2회 해설 및 정답]

**01** 해설

$^{60}Co$의 $\gamma$선, 0.15kGy

**02** 해설

일정 Pore size 이하의 물질만 선택적으로 여과할 목적

**03** 해설

(1) 경구 감염 원인 : 바이러스에 오염된 지하수 및 분변에 오염된 음식 섭취
(2) 원인 분석이 어려운 이유 : 노로바이러스는 체내에서만 증식하여 in vitro에서 세포 내 배양이 잘 되지 않는다. 그리고 무증상 보균자에 의한 전파가 발생하기 때문이다.

**04** 해설

$\log Q_{10} = \dfrac{10}{z}$, $\log 2.5 = \dfrac{10}{z}$

$z = 25.12941595 \cdots \approx 25.12 [℃]$

**05** 해설

(1) L : 명도(색의 밝고 어두운 정도, Luminosity, Lightness) 100은 White, 0은 Black
(2) a : 적색도/녹색도(Redness/Greeness) +100은 Red, 0은 Gray, -80은 Green
(3) b : 황색도/청색도(Yellowness/Blueness) +70은 Yellow, 0은 Gray, -70은 Blue

> □ 참고
> Munsell 색채계(표시 : H V/C)
> H - 색상(빨강, 파랑 등 색 자체의 고유한 특성, Hue)
>   R(빨강), RP(자주), P(보라), PB(남색), B(파랑), BG(청록), G(녹색), GY(연두), Y(노랑), YR(주황)
> V - 명도(빛의 반사율에 따른 색의 밝고 어두운 정도, Value, Luminosity)
> C - 채도(색의 선명도, 회색도, 맑고 탁한 정도, Chroma, Saturation)

## 06 해설

(1) Pullulanase : 전분 내부의 α1→6 글리코시드 결합을 무작위로 절단
(2) Glucoamylase : 전분 비환원성 말단의 α1→4와 α1→6 글리코시드 결합을 Glucose 단위로 절단
(3) Glucoamylase만 썼을 때의 문제점 : 당화 완료 시간 지연

## 07 해설

(1) 위해요소 분석(HA)
(2) 중요 관리점(CCP) 결정
(3) 한계 기준(CL) 설정
(4) 모니터링체계 확립
(5) 개선조치 방법 설정
(6) 검증 절차 및 방법 설정
(7) 문서 및 기록 유지 방법 설정

## 08 해설

이상발효균, $CO_2$

## 09 해설

(1) 인산염 : 단백질의 용해도, 팽화도, 보수력을 증가시킴
(2) 전분 : 보수력과 탄력성을 증가시킴
(3) 단백질 : 용해도, 보수력, 유화안정성, 팽윤성, 점도, Gel 강도, 다즙성, 조직감 등 개선, 대두, 혈장, 난백, 우유 등에서 유래한 단백질 사용

## 10 해설

$$y = \frac{y_2 - y_1}{x_2 - x_1}(x - x_1) + y_1$$

구하는 순서 : 유속이 1.0일 때, 직경에 따른 압력 변화를 알아낸다. 이후, 직경이 25일 때, 유속에 따른 압력 변화를 알아낸다.

$$y = \frac{1524 - 1017}{30 - 20} \times (25 - 20) + 1017 = 1270.5$$

$$? = \frac{12710 - 1270.5}{10.0 - 1.0} \times (8.5 - 1.0) + 1270.5$$

$$= 10803.41666 \cdots \approx 10803.42$$

## 11 해설

해당과정

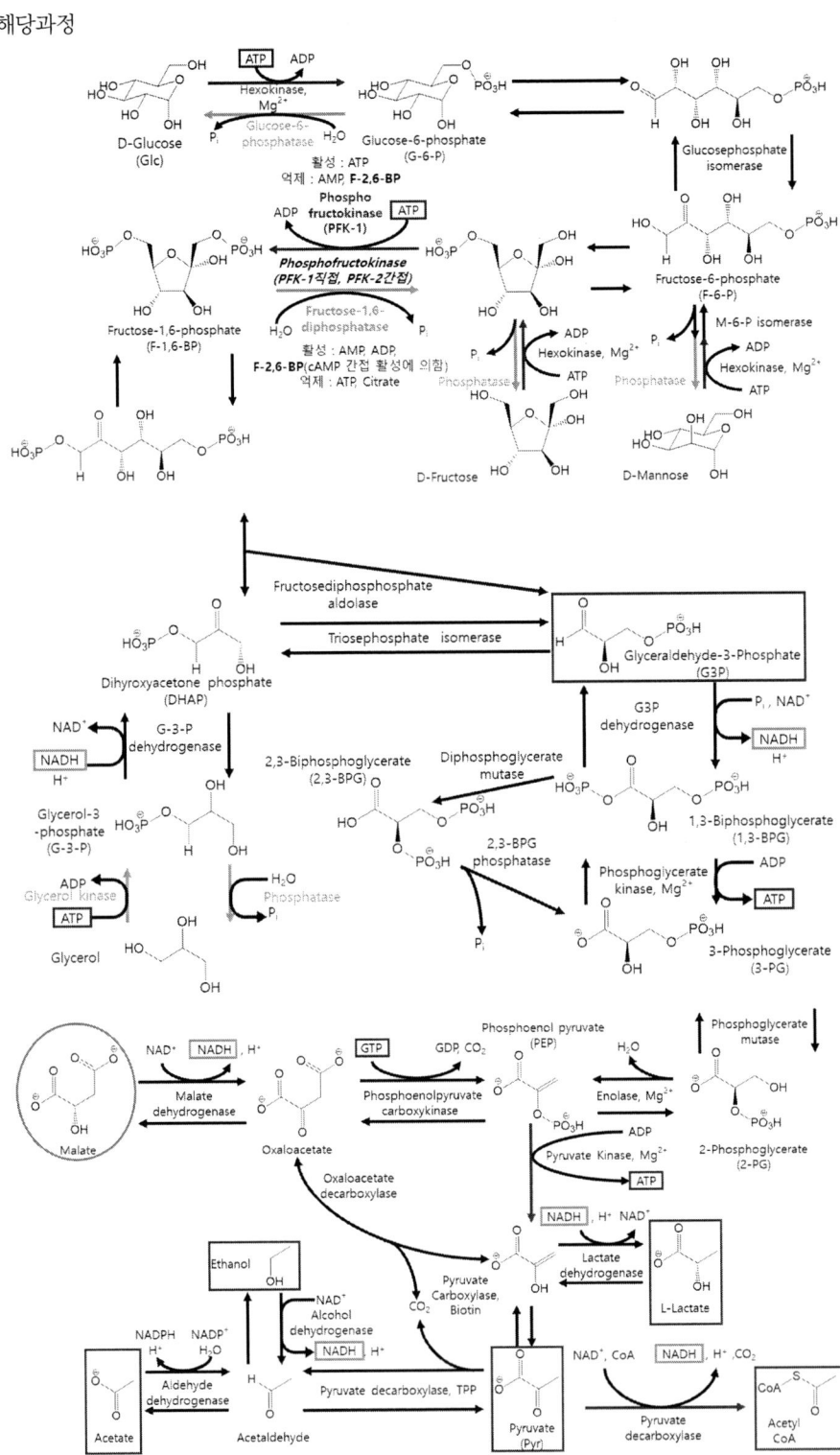

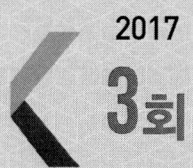

01. 우유 200mL을 40°C에서 5분동안 돌리고, 15°C로 냉각한 뒤, 메스실린더에 넣고 비중계에 넣었을 때 눈금이 31로 나왔다. 이 때, 측정된 비중을 계산하시오.

02. 100% 황산 9.8g을 250mL에 희석하였을 때, 수소이온의 노르말 농도와 몰 농도를 구하시오.

03. 식품공전상 레토르트 식품의 기준을 서술하시오.
   (1) 레토르트 식품에서 살균하기 위한 중심 온도와 시간은?
   (2) 레토르트 식품의 내용물, 제조일자 등 표시를 확인할수 있는 기준은?
   (3) 보존료의 사용 기준은?

04. 용액 A가 4°C에서 비중이 1.15 이다. 4°C에서 용액 A의 밀도를 계산하시오.

05. 식품공전상 관능검사에 대해 서술하시오.
   (1) 5가지 감각을 서술하시오.
   (2) 관능검사 평가의 4가지 기준을 적으시오.
   (3) 4가지 기준의 공통 기준은 무엇인가?

**06** 고시된 원료와 개별 인정 원료의 개념과 인정 절차는?

**07** L-글루탐산나트륨을 발효하는 각 미생물 속명(라틴어)을 1개 기재하고 L-글루탐산나트륨의 제조과정에서 페니실린을 첨가하는 이유를 설명하시오.

**08** 착색제와 다른 발색제의 특징은?

**09** 관능검사 결과에 영향을 미치는 효과 중 하나인 후광효과의 개념을 쓰고, 이를 방지하기 위한 방법을 제시하시오.

**10** 집단 급식소 또는 접객업에서 관리할 수 있는 사후 평가 때 보존식을 사용한다. 이 때, 보존식의 채취용량, 보관할 수 있는 온도, 보존기간과 연관지어 설명하시오.

**11** 한외여과와 역삼투의 차이점을 원리와 분석물질로 설명하시오.

**12** HPLC에서 혼합된 시료를 분리하기 위해 분리능이 좋아지게 하는 법 2가지를 서술하고, 분리능에 영향을 주는 인자 3가지를 서술하시오.

## ⊙ [2017년 3회 해설 및 정답]

### 01 해설

(1) 계산식 : $x = 1 + \dfrac{31}{1000}$

(2) 답 : 1.031

### 02 해설

| 노르말 농도(N) | 몰 농도(M) |
|---|---|
| 계산식 : $2 \times \dfrac{\frac{9.8}{98}}{\frac{250}{1000}} = 0.8$ | 계산식 : $\dfrac{\frac{9.8}{98}}{\frac{250}{1000}} = 0.4$ |
| 답 : 0.8 N | 답 : 0.4 M |

### 03 해설

(1) 레토르트 식품에서 살균하기 위한 중심 온도와 시간은?
  제품의 중심온도가 120℃ 4분간 또는 이와 같은 수준 이상의 효력을 갖는 방법으로 열처리하여야 한다.
(2) 레토르트 식품의 내용물, 제조일자 등 표시를 확인할수 있는 기준은?
  pH 4.6을 초과하는 저산성식품(low acid food)은 제품의 내용물, 가공장소, 제조일자를 확인할 수 있는 기호를 표시하고 멸균공정 작업에 대한 기록을 보관하여야 한다.
(3) 보존료의 사용 기준은?
  보존료는 일절 사용하여서는 아니 된다.

### 04 해설

(1) 계산식 : $1.15 = \dfrac{x\,[\mathrm{g/mL}]}{1\,[\mathrm{g/mL}]}$

(2) 답 : 1.15 g/mL

## 05 해설

(1) 5가지 감각을 서술하시오.
    시각, 청각, 후각, 미각, 촉각
(2) 관능검사 평가의 4가지 기준을 적으시오.
    색깔, 풍미, 조직감, 외관
(3) 4가지 기준의 공통 기준은 무엇인가?
    성상 기준에 따라 채점한 결과가 평균 3점 이상 1점 항목이 없어야 한다

## 06 해설

(1) 고시된 원료의 개념 : 「건강기능식품 공전」에 등재되어 있는 기능성 원료
2) 고시된 원료의 인증 절차 : 공전에서 정하고 있는 제조 기준, 규격, 최종제품의 요건에 적합할 경우 별도의 인정 절차가 필요하지 않다.
(3) 개별인정 원료의 개념 : 「건강기능식품 공전」에 미등재되었으나, 식품의약품안전처장이 개별적으로 인정한 원료
(4) 개별인정 원료의 인증절차 : 영업자가 자료 (원료의 안전성, 기능성, 기준 및 규격 등)를 제출하여 관련 규정에 따른 평가를 통할 것

## 07 해설

(1) 미생물 속명(라틴어) :
    *Corynebacterium glutamicum, Microbacter ammoniaphilum,*
    *Brevibacterium flavum, Brevibacterium lactofermentum, Brevibacterium thiogentalis* 등
(2) 페니실린을 첨가하는 이유
: 세균의 과증식을 억제하고, 세균의 세포막을 약화시켜 L-MSG의 투과율을 높인다.
    (생산균주는 공통적으로 무아포성 그람양성균)

## 08 해설

식품이 보유한 색을 더욱 선명하게 바꾸어 유지시킨다.

## 09 해설

(1) 개념 : 어떤 대상에 대한 일반적인 견해가 그 대상의 구체적인 특성을 평가하는 데 영향을 미치는 현상
(2) 방지법 : 사전에 제품에 대해 알 수 있는 정보를 차단하고 선입관을 줄 수 있는 질문 및 선택지는 배제하며 블라인드 테스트 등을 수행한다. 선택지 배치 시, 앞의 응답이 뒤의 문항에 영향을 주지 않도록 배치한다. 긍정과 부정을 섞어서 낸다 등

## 10 해설

(1) 보존식 채취량 : 급식 매회 마다 1인분 분량을 각각 100g이상씩 담아서 보관
(2) 보존식 보관장소 : 보존식 전용 냉장고(-18°C이하)에 보관하여야 함.
(3) 보존식 보관기간 : 144시간(6일) 이상, (공)휴일 포함

## 11 해설

(1) 한외여과 : 목적 물질의 크기가 여과막 구멍 크기보다 작아 쉽게 투과하는 물질을 분리하는 데 사용된다.
(2) 역삼투 : 목적 물질의 크기가 여과막 구멍 크기보다 커서 투과하지 못하는 물질을 농축하는 데 사용된다.

## 12 해설

(1) 분리능이 좋아지는 법 2가지 : 컬럼 길이를 길게 한다, 온도를 가급적 낮춘다. 입도가 작은 레진을 컬럼에 채워 사용한다. 고정상을 바꾼다, 용매를 바꾼다.(종류, 조성, pH, 극성 등)
(2) 영향 인자 3가지 : Efficiency, Selectivity, Retention

$$R_S = \frac{\sqrt{N}}{4} \times \frac{\alpha-1}{\alpha} \times \frac{k}{1+k}$$

　　(Efficiency) (Selectivity) 　(Retention)

여기서, $N$ : 이론단수
　　　　$\alpha$ : 분리 계수
　　　　$k$ : Retention factor(머무름인자, 용량계수)

# 2018년 1회 식품안전기사 실기

[본 문제는 수험자의 기억에 의해 복원된 것으로 실제 시험과 차이가 있을 수 있습니다]
[(舊)식품기사에서 (現)식품안전기사로 변경되었습니다]

**01** 질량분석계에서 E.I와 C.I의 차이점을 서술하시오.

**02** 제빵 공정에서 오븐라이즈 및 오븐스프링 원인을 쓰시오.

**03** 1 Batch 당 200kg을 수용할 수 있는 배양기가 있다. 이 배양기는 원료의 제조에서부터 살균, 청소까지 하는데 걸리는 시간은 약 40분으로 본다. 하루에 배양기에서 나와야할 양은 총 11톤을 생산해야만 한다. 하루 8시간을 가동한다고 가정했을 때, 가동해야할 배양기의 수는 몇 대인가?

**04** 산형 보존제를 첨가한 식품의 산성도가 낮을 때 보존성이 높은 이유를 적으시오.

**05** GMO식품에 있어서 '실질적 동등성'이란 무엇인가?

06 총 질소 함량을 이용하여 조단백을 구하는 식을 적으시오. 그리고 측정 시료 3가지로 쌀, 메밀, 밤이 있는데, 각 질소계수가 (5.95, 6.31, 5.30) 이다. 이 때 어떤 시료가 질소가 더 많이 함유되어 있는지 쓰고 그 이유를 적으시오.

07 다음 빈 칸에 알맞은 내용을 채우시오.

> 식품 중의 비타민C를 메타인산용액으로 추출한 ( 1 ) _____ 를 2,6-dichlorophenol-indophenol(DCP)로 산화시켜 ( 2 ) _____ 으로 만든 다음 2,4-DNPH(dinitrophenyl hydrazine)를 가해 적색의 오사존(osazone)을 형성시킨 후 ( 3 ) _____ 을 가해 탈수시키면 등적색의 무수물 bis-2,4-dintrophenylhydrazine으로 전환되어 안정된 정색반응을 나타내는데, 이를 파장 520 nm에서 표준용액과의 흡광도를 측정하여 정량하는 방법이다.

08 밀가루 20g에 10mL의 물을 넣어 습부량(Wet gluten)을 측정한 결과가 4g 일 때, 습부율은 몇 %인지 계산하시오.

09 가열·냉동은 식품을 오래 저장하려는 것으로 냉동식품(채소류)의 경우 Blanching을 하는 이유를 4가지 쓰시오.

**10** 크로마토그래피에서 반높이상수 a=5.54, $W_{0.5}$=2.4 sec, $t_R$=12.5 sec일 때, 반높이 너비법의 이론단수는 얼마인가?

**11** 통조림 살균 시 가장 늦게 열전달이 되는 곳이 냉점이다. 내용물이 액체일 때와 반고체일 때의 냉점을 각각 그림으로 그리고, 이를 비교하여 설명하여라.

**12** 식품공전상 미생물 실험에서 희석할 때 쓰는 용액 2가지와 시료에 지방이 많을 경우 첨가해 주는 화학첨가물을 쓰시오.

## ◯ [2018년 1회 해설 및 정답]

**01** 해설
(1) EI : 전자빔 이온화법
전자빔을 시료 화학종에 조사하여 직접적으로 시료를 이온화하는 방법
(2) CI : 화학적 이온화법
전자빔을 매질에 조사하여 시료화학종을 간접적으로 이온화하는 방법

**02** 해설
(1) 오븐라이즈(Oven rise) : 반죽이 오븐에 투입되어 처음 약 5분간 일어나는 현상
오븐의 온도가 조금씩 상승하면서 효모의 활동에 의한 가스 발생의 증가에 따른 팽창이 발생, 40°C~60°C 사이에서 발생한다.
(2) 오븐스프링(Oven Spring) : 반죽의 내부온도가 올라 60°C 이상이 되면 효모가 사멸하고, 이후 전분의 호화현상에 의해 부피가 급속히 커져 완제품 크기의 40% (1/3)정도 부풀어 오르다 단백질이변성되는 79°C까지 반죽이 팽창한다.

**03** 해설
$$11[t] \times 1000[kg/t] \leq \frac{200[kg/대] \times 8[h] \times 60[min/h] \times x[대]}{40[min]}$$
$$x \geq 4.58333 \cdots \approx 5대$$

**04** 해설
[$H^+$]가 높은 환경에서는 산형 보존제가 해리되지 않아 음전하의 발생이 줄어든다. 이에 따라 세포막이 지니는 인지질의 친수성 기가 가진 음전하의 반발이 발생하지 않아 보다 쉽게 미생물의 세포 안으로 유입되어 정균작용을 효과적으로 일으킬 수 있다.

**05** 해설
기존 농·수·축산물과 GMO 농·수·축산물을 비교하여 영양성분이 같고, 안전성평가(식품일반 평가, 독성 평가, 알레르기성 평가, 영양 평가, 분자생물학적 평가)에 문제가 없으면 기존 식품과 동일하게 취급 가능하다. [유전자변형식품등의 안전성 심사 등에 관한 규정]

## 06 해설

$$조단백질 함량 [w/w\%] = \frac{0.7003 \times f \times (a-b)[mL] \times D}{S[mg]} \times 100 \,(2-3mg\, 기준)$$

즉, 백분율로 비교했을 때 시료 내 단백질에 18.87%의 질소가 들어있다고 예상할 수 있다.

## 07 해설

식품 중의 비타민C를 메타인산용액으로 추출한 [ 1) 환원형 비타민C(AA) ]를
2,6-dichlorophenol-indophenol(DCP)로 산화시켜 [ 2) 산화형(DHAA) ]으로 만든 다음
2,4-DNPH(dinitrophenyl hydrazine)를 가해 적색의 오사존(osazone)을 형성시킨 후
[ 3) 황산($H_2SO_4$) ]을 가해 탈수시키면 등적색의 무수물 bis-2,4-dintrophenylhydrazine으로
전환되어 안정된 정색반응을 나타내는데, 이를 파장 520 nm에서 표준용액과의 흡광도를 측정하여 정량하는 방법이다.

## 08 해설

$$습부율 = \frac{4}{20} \times 100 = 20[\%]$$

## 09 해설

① 산화 효소의 불활성화
② 채소 조직의 연화
③ 채소류의 부피를 줄임
④ 박피를 용이
⑤ 조직 내의 공기를 밖으로 배출

## 10 해설

$$N = 5.54 \times \left(\frac{t_R}{w_{0.5}}\right)^2 = 5.54 \times \left(\frac{12.5}{2.4}\right)^2 \approx 150.28$$

## 11 해설

(1) 액체 : 높이의 1/3 지점, 대류에 의한 열전달

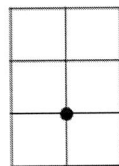

(2) 반고체 : 높이의 1/2 지점, 전도에 의한 열전달

## 12 해설

(1) 희석액 : 멸균인산완충용액, 멸균생리식염수
(2) 지방분 검체 첨가용액 : Tween 80

## 2018년 2회 식품안전기사 실기

01. 인스턴트 커피의 가공방법 중 (1) 향미가 잘 보존되는 건조법과 (2) 빠르고 가격이 싼 건조법을 적으시오.

02. 자외선으로 살균 시 자외선 조사 시간이 긴 순서는?

03. 1번부터 5번까지 빈칸을 채우시오.

최근 어떤 학교의 식중독 사고 원인으로 노로바이러스가 지목됨에 따라 김치 제조 업체의 노로바이러스 오염여부를 조사하였다. 김치에 넣는 ( 1. )재료로 인한 것으로 추정된다.

| 세균 | 바이러스 |
| --- | --- |
| 체외 환경에서도 생존 가능 | 2. |
| 일정량 이상(수백~수만) 있어야 발병 | 3. |
| 항생제나 백신으로 치료가능 | 4. |
| 2차감염되는 경우 거의 없음 | 5. |

04. 30%의 수분과 25%의 설탕을 함유하고 있는 식품의 수분활성도는 얼마인가? (단, 분자량 = $H_2O$ : 18, $C_{12}H_{22}O_{11}$ : 342, 소수 셋째자리까지 표시할 것)

**05** 아이스크림 Cone과자 내부에 왜 초콜렛으로 코팅을 하는가?

**06** Codex 규격을 설정하는 데 참여하는 국제기구 2가지를 적으시오.

**07** 트랜스 지방 함량(g/식품100g)을 구하는 공식을 쓰시오. 아래의 단어를 이용하시오.
A : 조지방 함량(g/식품100g)
B : 트랜스지방 함량(g/지방 100g)

**08** 식품 통조림 팽창관 원인 3가지

**09** ADI에 대해 간단히 설명하시오.

**10** 밀가루 대신 전분으로 빵 만들 때의 특성 1가지와 변화와 관련된 원인 성분, 변화의 이유를 적으시오.

**11** 탄수화물 관련 실험 중 하나인 Molisch 반응에 대한 설명이다. 빈 칸에 적절한 내용을 쓰시오.

> 단당류가 황산과 반응하면 ( ① )로 된다. 그리고 ( ② )로 인하여 자색으로 착색된다. 올리고당과 같은 다당류는 ( ③ )결합이 끊어져 단당류로 된 후 단당류와 같은 반응이 진행된다.

**12** 근육 단백질에 관련된 내용이다. 적절한 내용을 서술하시오.

## ◉ [2018년 2회 해설 및 정답]

**01** **해설**

(1) 동결진공건조법
(2) 분무건조법

**02** **해설**

곰팡이 > 효모 > 세균

**03** **해설**

1. 지하수
2. 숙주가 있어야만 증식 가능
3. 소량으로도 발병 가능
4. 명확한 치료 방법이 없음
5. 2차 감염이 있음

**04** **해설**

$$\frac{\frac{30}{18}}{\frac{30}{18}+\frac{25}{342}} = 0.957983193.... \approx 0.958$$

**05** **해설**

아이스크림 속 수분이 과자에 흡수됐을 때 생기는 눅눅한 식감 변화를 방지하여 바삭한 식감의 cone과자를 저장 기간 동안 유지하기 위해서

## 06 해설

- FAO(국제식량농업기구, Food and Agriculture Organization of the United Nations)
- WHO(세계보건기구, World Health Organization)

## 07 해설

트랜스지방 함량[g/식품100g]

$$= \frac{\text{조지방 함량}[\text{지방}\,g/\text{식품}\,100g] \times \text{트랜스지방 함량}[g/\text{지방}\,100g]}{100}$$

## 08 해설

(1) 탈기 부족
(2) 가열 살균 시간 부족
(3) 수소 팽창
(4) 충진 과다

## 09 해설

ADI (Acceptable Daily Intake), 사람이 하루에 섭취할 수 있는 1일 섭취허용량

## 10 해설

글루텐이 존재하지 않아 빵의 껍질과 속의 질감 변화, 맛과 색깔 변화가 발생 Amylose와 Amylopectin의 호화가 발생하나, Gluten이 없어 Maillard 반응이 거의 일어나지 않고, 팽창제를 사용해서 부풀려도 반죽 크기가 밀가루에 비해 크게 부풀어 오르지 않는다.

## 11 해설

① Furfural
② $\alpha$-naphtol
③ Glycoside

## 12 해설

(1) 기능성, 용해성에 따른 근육단백질의 분류 3가지를 쓰시오.
   근장 단백질, 근섬유 단백질, 육기질 단백질

(2) 근육 수축과 이완에 가장 밀접한 단백질을 쓰시오.
   액틴, 미오신

# 2018 3회 식품안전기사 실기

[본 문제는 수험자의 기억에 의해 복원된 것으로 실제 시험과 차이가 있을 수 있습니다]
[(舊)식품기사에서 (現)식품안전기사로 변경되었습니다]

**01** 속슬렛 추출법에 의한 조지방의 함량에 관한 식을 적으시오.

**02** 채소류 등은 수확 후에도 호흡 작용을 한다. 이러한 농산물의 저장을 위한 저장을 위한 저장 방법 및 저장고 내 기체 조절 기준과 온도의 조절 방법은?

**03** 열 전도도가 17W/m·°C 인 파이프의 내경이 8cm, 두께가 2cm이다. 파이프를 둘러싼 단열재의 열 전도도는 0.035W/m·°C 이고 두께는 4cm이다. 파이프 내부의 온도는 130°C이고, 단열재 표면의 온도는 25°C일 때, 파이프 표면(파이프와 단열재가 맞닿는 부분)의 온도는 몇 °C인가?

**04** 육류의 저온단축이 일어나는 조건과 영향을 쓰시오.

05 동결 건조의 원리를 물의 상평형도를 이용하여 설명하고, 동결 건조의 장점 2가지를 쓰시오.

06 물과 식품으로 감염되는 법정 지정 감염병 이름을 쓰고 종류 3가지를 적으시오.

07 과일을 유황 훈증 처리하는 목적(효과) 3가지를 서술하시오.

08 미생물 내열성에 미치는 영향 요인 3가지를 쓰시오.

09 미생물 검체 채취 시, 드라이아이스 사용하면 안되는 이유를 쓰시오.

10 Phage 측정방법 중 한천중첩법을 사용한 플라크 계수법에 관한 내용이다. 이에 대해 서술하시오.
   (1) Plaque의 정의
   (2) Plaque 측정 방법

**11** 식품 분쇄할 때 작용하는 힘 3가지 쓰시오.

**12** 건강기능식품에서의 기능성에 대해 정의하시오.

## ◉ [2018년 3회 해설 및 정답]

**01** 해설

$$\text{조지방 함량} = \frac{W_1 - W_0}{S} \times 100$$

**02** 해설

(1) 저장법 : CA 저장법
(2) 저장고 내 기체 조절 기준
 1) 저장고 또는 저장용기는 완전밀폐가 이루어져야 한다.
 2) 산소 2.5%, 이산화탄소 2%를 기준으로, 산소는 1.5% 이상, 탄산가스는 3% 이하를 유지해준다.
(3) 온도 조절 방법
 1) 가급적 과실의 온도를 속히 낮춘다.
 2) 급격한 온도 변화가 일어났을 경우는 저장고 내 공기의 팽창이나 수축이 일어나므로 온도가 상승했을 때는 압력을 줄이기 위해, 온도가 낮아졌을 경우는 저압을 해소하기 위해 환기구멍을 열어 주어 정상 압력이 유지되도록 한다.

**03** 해설

$$\frac{2\pi \times 17 \times (130-T)}{\ln\frac{0.06}{0.04}} = \frac{2\pi \times 0.035 \times (T-25)}{\ln\frac{0.10}{0.06}}$$

$$17 \times \ln\frac{5}{3} \times (130-T) = 0.035 \times \ln\frac{3}{2} \times (T-25)$$

$$T = \frac{17 \times 130 \times \ln\frac{5}{3} + 0.035 \times 25 \times \ln\frac{3}{2}}{17 \times \ln\frac{5}{3} + 0.035 \times \ln\frac{3}{2}}$$

$$= 129.828691 \cdots \approx 129.8 [\degree C]$$

## 04 해설

(1) 저온단축현상 발생 조건

근육 내의 ATP 농도가 아직 높은 상태(생근육의 농도의 약 40% 정도의 잔존량이 있을 때)로 5℃ 이하로 급속 냉각되고, 이어서 해동될 때 발생하며, 특히 근육이 발골된 상태에서 더욱 심해진다.

(2) 영향

근소포체의 칼슘 이온 섭취능력이 저하하여 근육 중의 칼슘이온농도가 근수축에 필요한 한계치 농도($10^{-6}$ M)보다 높아지고, 이 때문에 근육이 심하게 단축하여 현저히 육질이 질겨지는 좋지 않은 상태에 이르게 된다.

## 05 해설

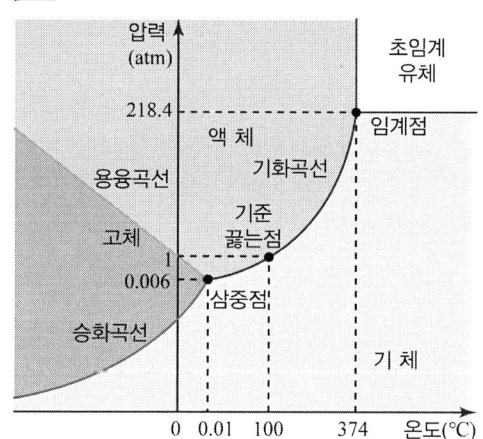

(1) 식품의 온도를 삼중점 이하(0.001℃ 이하)로 낮추어 내부의 수분을 동결시키고, 이 상태에 감압하여 0.006atm 이하로 낮추어 얼음을 수증기로 승화시키는 건조법이다.

(2) 장점
   1) 재료의 형태와 조직 등의 물리·화학적 변화가 적다.
   2) 영양소 손실 최소화된다.
   3) 풍미가 유지된다.
   4) 복원성이 뛰어나다.
   5) 표면경화 현상이 없다.

## 06 해설

(1) 법정 지정 감염병명 : 제1급, 제3급 감염병
(2) 해당 감염병 종류
   1) 제 2급 감염병 : 콜레라, 장티푸스, 세균성 이질, A형 간염, 파라티푸스, 장출혈성 대장균 감염증
   2) 제 3급 감염병 : 비브리오 패혈증

## 07 해설

(1) 표면의 세포가 파괴되어 건조에 도움
(2) 강력한 표백 작용으로 산화에 의한 갈변 방지
(3) 미생물의 번식 억제
(4) 고유 빛깔 유지

## 08 해설

(1) 효소 활성 최적 온도가 높을수록 내열성 크다.
(2) 인지질을 구성하는 지방산이 장쇄일수록, 불포화도 작을수록 내열성 크다.
(3) 아포 생성이 가능할 경우, $Ca^{2+}$ 및 디피콜린산의 비율이 높을수록 내열성이 크다.
(4) 최적 pH에서 내열성이 최대를 나타낸다.
(5) 수분 활성도가 감소할수록 내열성이 증가한다.
(6) 회분식 배양에서 정지기 세포들이 대수증식기 세포들보다 포화지방산 조성이 높으므로 내열성이 크다.
(7) 배양 온도가 높을 경우, 효소 최적 온도 및 내열성 단백질(Hsp, SASPs 등)의 조성이 증가하므로 내열성이 커진다.

## 09 해설

검체가 냉동되어 변질될 수 있기 때문이다.

## 10 해설

(1) Plaque의 정의 : 세균 집락이 Phage에 의해 용균되어 남은 흔적, 용균반이라고 한다.
(2) Plaque 측정 방법 : Phage 시험용액을 단계 희석한 뒤, 세균 배양액을 균일하게 섞어 Phage를 감염시키고, 이를 페트리 접시에 분주한 뒤, 배지와 함께 혼합 응고시키고 중첩을 하여 배양한다. 이후 생성된 용균반의 수를 계수한다.

## 11 해설

(1) 압축력(Compressive force)
(2) 전단력(Shear force)
(3) 충격력(Impact force)
(4) 절단력(Cutting force)

## 12 해설

(1) **기능성의 정의** : 건강기능식품의 기능성은 의약품과 같이 질병의 직접적인 치료나 예방을 하는 것이 아니라 인체의 정상적인 기능을 유지하거나 생리기능 활성화를 통하여 건강을 유지하고 개선하는 것
(2) **기능성의 종류**
  1) 영양소 기능 : 인체의 성장·증진 및 정상적인 기능에 대한 영양소의 생리학적 작용
  2) 생리활성기능 : 인체의 정상기능이나 생물학적 활동에 특별한 효과가 있어 건강상의 기여나 기능향상 또는 건강유지·개선 기능
  3) 질병발생 위험감소 기능 : 식품의 섭취가 질병의 발생 또는 건강상태의 위험을 감소하는 기능

## 2019년 1회 식품안전기사 실기

**01** 온도에 따라 농도가 감소하는 속도가 달라져 품질 유지 기한이 변하는 식품이 있다. 이 성분이 파괴되는 데 요구되는 활성화 에너지 $E_a$는 3332cal/mol이다. 21°C일 때 반응속도상수 k가 0.00157/day일 때, 25°C일 때의 품질 유지 기한을 구하라. (단, R=1.987cal/mol·K이며, 식품 성분의 농도가 75%일 때까지를 품질 유지 기한이라고 한다.)

**02** 식품 살균에서의 D값의 정의를 적으시오.

**03** 건강기능식품에서 고시된 원료와 개별인정형 원료의 차이점을 적으시오.

**04** 물엿 제조 시 전분유에 첨가하는 액화 과정에서 들어가는 효소와 당화 과정에서 들어가는 효소를 적으시오.

**05** 1M NaCl, 0.4M KCl, 0.2M HCl 시약을 이용하여 0.2M NaCl, 0.2M KCl, 0.05M HCl의 농도의 총 부피 500mL 시료로 제조하려고 한다. 각각 필요한 시약 용액 및 물의 부피를 계산하시오.

**06** 수분 함량이 75%인 쇠고기 10kg을 동결한다. 초기 온도는 5°C였고, 동결 후 최종 온도는 -20°C였다. -20°C에서 동결율이 0.9였을 때, 동결 과정 중 얼음의 잠열을 구하라. (단, 얼음의 융해열은 334kJ/kg이다.)

**07** 빵류의 자가품질검사기준을 적으시오.
(1) 식품제조・가공법
 1) 과자류, 빵류 또는 떡류(과자, 캔디류, 추잉껌 및 떡류만 해당한다)
 2) 빵류
(2) 즉석판매제조・가공업
 1) 빵류(크림을 위에 바르거나 안에 채워넣은 것만 해당한다)

**08** 소시지를 검체로 이용하여 미생물 시험을 할 때, 시험 용액은 어떻게 제조하는가? (검체 채취량과 어떤 시험용액을 제조하는 방법을 서술하시오.)

**09** 10kg의 5% 소금물을 20% 소금물로 농축할 때 증발시켜야 하는 수분의 양은?

**10** 냉동식품 분류 2종류

**11** 집단급식소에서 조리된 음식은 배식 전까지의 보관온도 및 조리 후 섭취 완료시까지의 소요시간 기준을 설정·관리하여야 하며, 유통제품의 경우에는 적정한 유통기한 및 보존 조건을 설정·관리하여야 한다. 각각의 조건에 대해 섭취 완료 시간을 적으시오.

(1) 28℃ 이하 :
(2) 보온(60℃ 이상)유지 시 :
(3) 제품의 품온을 5℃ 이하 유지시 :

**12** 김치 발효 젖산균 3개를 적으시오.

## [2019년 1회 해설 및 정답]

**01** 해설

$$E_a = \frac{R \times T_1 \times T_2 \times \ln\frac{k_2}{k_1}}{T_2 - T_1}$$

$$3332 = \frac{1.987 \times 294.15 \times 298.15 \times \ln\frac{k_2}{0.00157}}{298.15 - 294.15}$$

$$k_2 = e^{\left(\frac{3332 \times 4}{1.987 \times 294.15 \times 298.15} + \ln 0.00157\right)} = 0.0016947891902 \cdots$$

$$t = \frac{\ln\frac{4}{3}}{k_2} = 169.74504800603 \cdots \approx 169\,[day]$$

[이때, 반올림 시 170, 버림 시 169]

**02** 해설

특정 온도에서 가열멸균 시 미생물 균군 수를 1/10로 사멸시키는 데 걸리는 시간

**03** 해설

(1) 고시된 원료 : 「건강기능식품 공전」에 등재되어 있는 기능성 원료
(2) 개별인정형 원료 : 식품의약품안전처장이 개별적으로 인정한 원료이나 「건강기능식품 공전」에 미등재된 원료

**04** 해설

액화 : $\alpha$-amylase
당화 : $\beta$-Amylase(식품첨가물공전상 맥아당 생성)
cf) Glucoamylase는 식품첨가물 공전상 포도당 생성에 이용됨

## 05 해설

NaCl : $1[mol/L] \times V_1[mL] = 0.2[mol/L] \times 500[mL]$, $V_1 = 100[mL]$

KCl : $0.4[mol/L] \times V_2[mL] = 0.2[mol/L] \times 500[mL]$, $V_2 = 250[mL]$

HCl : $0.2[mol/L] \times V_3[mL] = 0.05[mol/L] \times 500[mL]$, $V_3 = 125[mL]$

물의 부피 = 500−100−250−125 = 25[mL]

## 06 해설

$Q = 10[kg] \times 0.75 \times 0.9 \times 334[kJ/kg] = 2254.5[kJ]$

## 07 해설

(1) 식품제조·가공업
   1) 과자류, 빵류 또는 떡류(과자, 캔디류, 추잉껌 및 떡류만 해당한다) : 3개월마다 1회 이상
   2) 빵류 : 2개월마다 1회 이상
(2) 즉석판매제조·가공업
   1) 빵류(크림을 위에 바르거나 안에 채워넣은 것만 해당한다) : 9개월 마다 1회 이상

## 08 해설

채취된 검체의 일정량(10~25 g)을 멸균된 가위와 칼 등으로 잘게 자른 후 희석액을 가해 균질기를 이용해서 가능한 한 저온으로 균질화한다. 여기에 희석액을 가해서 일정량 (100~250 mL)으로 한 것을 시험용액으로 한다. 지방분이 많은 검체의 경우는 Tween 80과 같은 세균에 독성이 없는 계면활성제를 첨가할 수 있다.

## 09 해설

$[농축 소금물량] = \dfrac{(5-0)[\%]}{(20-5)[\%]} \times [탈수량] = \dfrac{1}{3} \times [탈수량]$

∴ [농축 소금물량] : [탈수량] = 1 : 3

```
20        5
     5              10[kg] × 15/(5+15) = 7.5[kg]
 0       15
```

$10[kg] \times \dfrac{15}{5+15} = 7.5[kg]$

## 10  해설

① 가열하지 않고 섭취하는 냉동식품
② 가열하여 섭취하는 냉동식품


## 11  해설

(1) 28℃ 이하 : 조리 후 2~3시간 이내 섭취 완료
(2) 보온(60℃ 이상) 유지 시 : 조리 후 5시간 이내 섭취 완료
(3) 제품의 품온을 5℃ 이하 유지시 : 조리 후 24시간 이내 섭취 완료


## 12  해설

*Lactobacillus algidus, L. brevis, L. curvatus, L. kimchii, L. mali, L. paraplantarum, L. pentosus, L. plantarum, L. sakei, L. casei*

*Leuconostoc mesenteroides, Leuc. citreum, Leuc. gasicomitatum, Leuc. gellidum, Leuc. paramesenteroides, Leuc. kimchii, Leuc. lactis, Leuc. carnosum*

*Weissella cibaria, W. confusa, W. koreensis, W. soli, W. viridescens*

## 2019 2회 식품안전기사 실기

[본 문제는 수험자의 기억에 의해 복원된 것으로 실제 시험과 차이가 있을 수 있습니다]
[(舊)식품기사에서 (現)식품안전기사로 변경되었습니다]

**01** 병·통조림에 대한 설명에 맞게 빈칸을 채우시오.

> 1) 멸균은 제품의 중심온도가 ( ① )°C, ( ② ) 분간 또는 이와 같은 수준 이상의 효력을 갖는 방법으로 열처리하여야 한다.
> 2) pH ( ③ ) 을 초과하는 저산성식품 (Low acid food)은 제품의 내용물, 가공장소, 제조일자를 확인할 수 있는 기호를 표시하고 멸균공정 작업에 대한 기록을 보관하여야 한다.

**02** 간장의 정의를 쓰시오.

1) 한식간장 :
2) 양조간장 :
3) 산분해간장 :

**03** 밀가루의 기준을 적으시오.

1) 강력분, 중력분, 박력분의 기준
2) 1등품, 2등품의 구분 기준

**04** 각 제품의 식품 유형을 적으시오.
   1) 밀가루 99.9%에 니코틴산, 환원형 비타민C 등을 첨가한 제품의 식품유형
   2) 옥수수, 보리차 등의 티백 형태 유형

**05** 빵의 노화 시 구조 변화에 대해 화학적으로 설명하시오.

**06** 5g의 시료 10mL로 희석하고, HPLC로 분석하여 피크폭을 측정하였다. 표준 시료의 농도가 5μg/mL일 때 면적이 125이고, 시료의 면적이 50일 때, 시료의 농도는?

**07** 다음 주어진 당류를 Maillard 반응에 의해 갈변하기 쉬운 순서대로 작성하시오.

> 설탕, 리보오스, 포도당, 갈락토오스

**08** 유통기한 설정에 사용하는 지표 3가지를 적으시오.

**09** 저메톡실 젤리의 조리 원리를 적으시오.

**10** 각 물질에 대해 적합한 지표를 적으시오.

(1) 물질을 섭취했을 때, 섭취한 동물의 50%가 사망했을 때의 물질의 섭취량 :
(2) 물질이 투입된 환경에 놓인 어류의 50%가 사망했을 때의 물질의 농도 :

**11** 당도가 12°Brix인 복숭아 시럽 5500kg을 75°brix 시럽으로 12.45°Brix 복숭아 시럽으로 만들 때 1) 75°Brix 시럽 추가량과 2) 12.4°Brix로 맞춰서 240mL캔을 분당 200캔 생산한다고 했을 때, 복숭아 시럽을 모두 소모하는 데 드는 시간을 계산하시오.(완제품 비중 1.0484)

**12** 진공 농축기를 구성하는 중요장치를 3가지 적으시오.

**13** 우유 살균 방법 조건을 쓰시오.

1) 저온장시간살균법(LTLT) :
2) 고온단시간살균법(HTST) :

◐ [2019년 2회 해설 및 정답]

## 01 해설

① 120
② 4
③ 4.6

## 02 해설

1) 한식간장 : 메주를 주원료로 하여 식염수 등을 섞어 발효·숙성시킨 후 그 여액을 가공한 것
2) 양조간장 : 대두, 탈지대두 또는 곡류 등에 누룩균 등을 배양하여 식염수 등을 섞어 발효·숙성시킨 후 그 여액을 가공한 것
3) 산분해간장 : 단백질을 함유한 원료를 산으로 가수분해한 후 그 여액을 가공한 것

## 03 해설

1) 강력분, 중력분, 박력분의 기준

   단백질(주성분 글루텐)의 함량에 따른 분류, 공전 외 분류로 편차가 존재
   - 박력분 : 글루텐 8% 미만
   - 중력분 : 글루텐 8% 이상 12% 미만
   - 강력분 : 글루텐 12% 이상

2) 1등품, 2등품의 구분 기준

| 항목 \ 유형 | 밀가루 | | | | 영양강화 밀가루 |
|---|---|---|---|---|---|
| | 1등급 | 2등급 | 3등급 | 4등급 | |
| 수분(%) | 15.5 이하 | | | | |
| 회분(%) | 0.6 이하 | 0.9 이하 | 1.6 이하 | 2.0 이하 | 2.0 이하 |
| 사분(%) | 0.03 이하 | | | | |
| 납(mg/kg) | 0.2 이하 | | | | |
| 카드뮴(mg/kg) | 0.2 이하 | | | | |

## 04 해설

1) 밀가루 99.9%에 니코틴산, 환원형 비타민C 등을 첨가한 제품의 식품유형

   영양강화 밀가루 : 밀가루에 영양강화의 목적으로 식품 또는 식품첨가물을 가한 밀가루

2) 옥수수, 보리차 등의 티백 형태 유형

   침출차 : 식물의 어린 싹이나 잎, 꽃, 줄기, 뿌리, 열매 또는 곡류 등을 주원료로 하여 가공한 것으로서 물에 침출하여 그 여액을 음용하는 기호성 식품

## 05 해설

물과 결합하여 불규칙한 배열을 하고 있던 호화 상태의 전분에서 물이 빠지면서(이수현상, Synersis) 차차 부분적으로 규칙적인 배열을 한 Micelle 구조로 돌아가는 현상

## 06 해설

$5 : 125 = x/2 : 50$, $x = 4\mu g/mL(=4ppm)$

## 07 해설

리보오스 > 갈락토오스 > 포도당 > 설탕

## 08 해설

1) 이화학적 지표
2) 미생물학적 지표
3) 관능적 지표

## 09 해설

$\alpha$-D-Galacturonic acid에 있는 $-COO^-$ 에 의해 발생하는 음전하 간의 반발력을 $Ca^{2+}$ 가중화 및 완화시키며 가교를 형성하여 단단한 물성을 부여함

## 10 해설

(1) 물질을 섭취했을 때, 섭취한 동물의 50%가 사망했을 때의 물질의 섭취량 : $LD_{50}$
(2) 물질이 투입된 환경에 놓인 어류의 50%가 사망했을 때의 물질의 농도 : $LC_{50}$

## 11

**해설**

1) 추가할 시럽 양

$$x = \frac{(12.4-12)[\%]}{(75-12.4)[\%]} \times 5500[kg] = 35.14376997 \cdots \approx 35.14\,[kg]$$

```
12            62.6
       12.4              x = (5500+x) \times \frac{0.4}{62.6+0.4}
75             0.4              = 35.14376997 \cdots \approx 35.14 [kg]
```

2) 소요 시간

$$t = \frac{(5500+x)[kg]}{1.0484[kg/L] \times 0.240[L/EA] \times 200[EA/min] \times 60[min/hr]}$$

$$= 1.833198131 \cdots \approx 1.83\,[hr]$$

## 12

**해설**

1) 진공 펌프(Vacuum pump)
2) 회전 장치
3) 가열 장치
4) 응축 장치(Condenser)
5) 냉각 장치(Chiller)
6) 집진 장치

## 13

**해설**

1) 저온장시간살균법(LTLT) : 63~65°C에서 30분간
2) 고온단시간살균법(HTST) : 72~75°C에서 15초 내지 20초간

## 2019년 3회 식품안전기사 실기

[본 문제는 수험자의 기억에 의해 복원된 것으로 실제 시험과 차이가 있을 수 있습니다]
[(舊)식품기사에서 (現)식품안전기사로 변경되었습니다]

**01** 원유 수유검사 종류를 3가지 적으시오.

**02** 살균의 방법과 특징
(1) 상업적 살균 :
(2) 저온살균 :
(3) 고온살균 :

**03** HPLC에서 Normal과 Reverse phase의 극성에 따른 용출 특성을 적으시오.

**04** 유통기한과 품질유지기한 정의를 적으시오.

**05** 온도에 따라 설정된 냉동 대구 필렛의 유통기한은 -20℃에서 240일, -15℃에서 90일, -10℃에서 40일, -5℃에서 15일이다. -20℃에서 50일, -10℃에서 15일, -5℃에서 2일 경과된 상태일 때, -15℃에서는 며칠간 보관이 가능한가?

**06** HACCP에 의거해 개선절차와 검증 정의

**07** 카페인을 첨가하거나 카페인을 포함한 원료를 이용해 카페인 함량을 mL 당 ( ① ) 이상 함유한 ( ② )은 "어린이, 임산부, 카페인 민감자는 섭취에 주의하여 주시기 바랍니다." 등의 문구 및 주표시면에 ( ③ ) 와 "총카페인 함량 OOO mg" 을 표시. 이 때 카페인 허용오차는 표시량의 90~110%(단, 커피, 다류, 커피 및 다류를 원료로 한 액체축산물은 120% 미만)으로 한다.

**08** 어떤 식품첨가물의 최대 무작용량이 1mg/kg·day일 때, 30kg의 체중을 가진 어린이가 매일 과자를 30g을 섭취한다고 한다. 이 때, ADI는?

**09** 식품의 동결속도와 해동속도 차이가 발생하는 이유를 열전도도와 열확산율을 이용하여 설명하시오.

**10** 등온흡습곡선을 그리고, 이력현상에 대해 서술하시오.

**11** GMP, SSOP정의

**12** 두부 제조 시 간수 대신 $CaCO_3$ 이용시 두유에 생기는 변화와 두부 제조에 사용 가능 여부를 서술하시오.

## ◎ [2019년 3회 해설 및 정답]

### 01 해설

(1) 공전상 분류(공전상에서는 순서 없이 혼재되어 있음)
관능검사, 비중측정, 산도 측정, 지방 정량, 낙산가 측정, 신선도 시험(알코올법, 자비법), 가수유 감별(유청 사용, 서미스트빙점측정기법, 하트벨빙점측정기법), 진애 시험법, 중화유 감별법, 두유 감식 시험법, 포스파타제 검사, 성분 검사, Methylene blue 환원 test, Resazurin 환원 test 등

(2) 축산물 위생관리법 시행규칙 제12조(축산물의 검사기준) 별표 4 기준
  1) 집유 전 검사(수유 검사) : 관능검사, 비중검사, 알콜검사(또는 pH검사), 진애검사
  2) 실험실 검사(시험검사) : 적정산도 검사, 세균수 검사, 체세포수 검사, 세균발효억제물질 검사, 성분 검사, 그밖의 검사

### 02 해설

(1) 상업적 살균 : 그 식품의 정상적인 저장이나 유통 조건에서는 변패되지 않으면서 소비자의 건강에 위해를 끼치지 않을 정도까지 미생물이 살아있을 확률을 낮춘 살균법
(2) 저온살균 : 일반적으로 100℃ 이하에서 가열 살균 처리하는 방법
(3) 고온살균 : 100℃ 이상의 온도로 가열해서 식품 중의 포자를 포함하여 모든 미생물을 사멸시킴으로써 저장성이 연장된 제품을 얻는 방법

### 03 해설

(1) 정상(Normal phase)
  1) 친수성이 큰 충진제(실리카겔 등)를 고정상으로 사용한다.
  2) 소수성이 강한 이동상이 먼저 용출된 후, 친수성이 강한 이동상이 나중에 용출된다.
(2) 역상(Reverse phase)
  1) 소수성이 큰 충진제(C18 등)를 고정상으로 사용한다.
  2) 친수성이 강한 이동상이 먼저 용출된 후, 소수성이 강한 이동상이 나중에 용출된다.

### 04 해설

(1) 유통기간 : 소비자에게 판매 가능한 최대기간으로써 설정실험 등을 통해 산출된 기간
(2) 품질유지기한 : 식품의 특성에 맞는 적절한 보존방법이나 기준에 따라 보관할 경우 해당 식품 고유의 품질이 유지될 수 있는 기한

## 05 해설

ln100 → ln1(=0)이 되면 유통 불가 시점으로 판단

$$240 = \frac{\ln 100}{k_{-20}}, 90 = \frac{\ln 100}{k_{-15}}, 40 = \frac{\ln 100}{k_{-10}}, 15 = \frac{\ln 100}{k_{-5}}$$

ln[A] = ln[A0] − kt 를 이용, 축차대입을 통해 정리한다.

$$\ln P = \ln 100 - \frac{50}{240} \times \ln 100$$

$$\ln Q = \ln P - \frac{15}{40} \times \ln 100$$

$$\ln R = \ln Q - \frac{2}{15} \times \ln 100$$

$$\ln 1 = 0 = \ln R - \frac{x}{90} \times \ln 100$$

모두 합치면

$$0 = \ln 100 \times (1 - \frac{50}{240} - \frac{15}{40} - \frac{2}{15} - \frac{x}{90})$$

$$8x = 720 - (50 \times 3 + 15 \times 18 + 2 \times 48)$$

$$x = \frac{204}{8} = 25.5$$

소수점 아래를 버림하면 25일이다.

## 06 해설

(1) 개선조치(Corrective Action)
   1) 모니터링 결과 중요관리점의 한계 기준을 이탈할 경우에 취하는 일련의 조치
(2) 검증(Verification)
   1) HACCP 관리 계획의 유효성(Validation)과 실행(Implementation) 여부를 정기적으로 평가하는 일련의 활동
   2) 적용 방법과 절차, 확인 및 기타 평가 등을 수행하는 행위를 포함

## 07 해설

① 0.15mg
② 액체 식품
③ 고카페인 함유

## 08

**해설**

$$1(mg/kg \cdot day) \times 30(kg) \times \frac{1}{1000} = 0.03(mg/day)$$

## 09

**해설**

|  | 열전도도[W/m·K] | 열확산율[$10^{-8}m^2/s$] |
| --- | --- | --- |
| 물 | 0.6 | 14 |
| 얼음 | 2.2 | 104 |

물은 열전도도와 열확산율 모두 얼음보다 작다. 해동 시에는 물의 비율이 점점 늘어나면서 내부로의 열 전달이 점차적으로 감소하며, 냉동 시에는 얼음의 비율이 점점 증가하면서 외부로의 열 전달이 점차적으로 빨라진다. 이러한 점 때문에 냉동속도가 해동속도보다 빠르다.

## 10

**해설**

(1) 등온흡습곡선

등온 조건에서 식품 주위의 상대습도와 그 식품이 가지고 있는 평형 수분 함량과의 관계를 나타낸 곡선

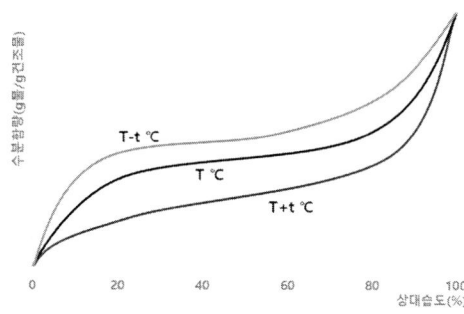

(2) Hysteresis(이력 현상)

흡습과정과 탈습과정에 따른 변화 경로가 같지 않으므로, 두 과정은 완전한 가역과정이 아니다.

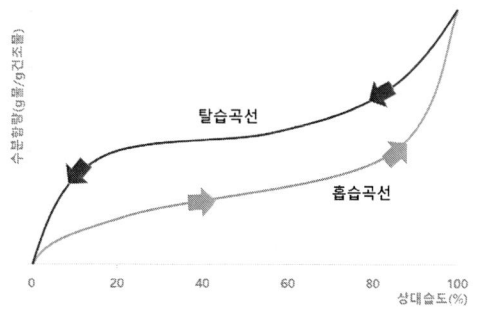

## 11 해설

(1) GMP(Good Manufacturing Practices)
우수건강기능식품 제조 및 품질관리, 위생적인 식품 생산을 위한 시설·설비 요건 및 기준, 건물의 위치, 시설·설비의 구조 등에 관한 기준

(2) SSOP(Sanitation Standard Operating Procedure)
일반적인 위생관리 운영기준, 영업장, 종업원, 용수, 보관 및 운송, 검사·회수관리 등의 운영절차 기준

## 12 해설

$CaCO_3$는 염기성염이지만, 온수에서도 잘 녹지 않는 난용성 염이다. 이에 따라 두유액이 산성 조건이 아니면 물에 녹아 두부 응고에 필요한 양만큼의 $Ca^{2+}$를 내놓지 못하므로 두부의 수율이 매우 낮아 두부 제조에 사용할 수 없다.

# 2020 1회 식품안전기사 실기

[본 문제는 수험자의 기억에 의해 복원된 것으로 실제 시험과 차이가 있을 수 있습니다]
[(舊)식품기사에서 (現)식품안전기사로 변경되었습니다]

**01** 맛의 상호작용 측면에서 간장의 짠맛과 감칠맛, 김치의 짠맛과 신맛에 대해 설명하시오. (4점)

**02** 강력, 박력, 중력분 밀가루 특성에 맞도록 다음 표의 빈칸을 채우시오. (6점)

|  | 용도 | 특성 | farinograph |
|---|---|---|---|
| 강력분 |  |  |  |
| 중력분 |  |  |  |
| 박력분 |  |  |  |

**03** 다음 문제에 제시된 5개의 문항 중 잘못된 문항을 고르고, 그 이유를 서술하시오. (5점)

> ① 원래 감자 전분을 이용하던 식품에 감자 전분 대신 타피오카 전분을 다양한 비율로 섞어 제조 한 후, 관능평가를 실시하였다.
> ② 실험 결과는 일원분산분석(one-way ANOVA)을 이용하여 분석하였다.
> ③ 결과 분석 후 다중회귀분석법을 이용하였다.
> ④ 귀무가설은 유의확률을 역환산한 값이다. 분석 결과 유의 확률(p-value)이 0.05 이하이면(*p≤0.05) 귀무가설을 기각할 수 있다.
> ⑤ 분석 결과 유의 확률(p-value)이 0.046이 나와, 타피오카 전분이 들어간 제품과 감자 전분이 들어간 제품이 유사하여 맛의 차이가 없다고 볼 수 있어 귀무가설을 기각하지 못하였다.

## 04. 지질의 동질다형현상에 대해 설명하고, 이와 관련하여 버터의 특성이 어떻게 나타나는지 서술하시오. (5점)

(1) 지질의 동질다형현상
(2) 버터의 특징

## 05. 염장이 미생물에 의한 부패를 지연시키는 원리를 1가지 서술하시오. (4점)

## 06. 빈칸에 미곡, 맥류, 잡곡을 알맞게 채워 넣으시오. (5점)

| 쌀 |  | 조 |  | 귀리 |  |
|---|---|---|---|---|---|
| 보리 |  | 옥수수 |  | 호밀 |  |
| 수수 |  | 밀 |  | 기장 |  |
| 피 |  | 메밀 |  | 율무 |  |

## 07. 미생물 위계명명법에 따른 접미사를 적으시오. (4점)

| 계(Kingdom) | Bacteria | Plants | Algae | Fungi | Animals |
|---|---|---|---|---|---|
| 문(Phylum, Division) |  | -phyta | -phycota | -mycota |  |
| 아(Sub-)문 | -bacterina | -phytina | -phycotina | -mycotina |  |
| 상(Super-)강 | -asrae | -icae |  | -mycetia |  |
| 강(Class) |  | -opsida | -phyceae | -mycetes | -zoa, -acea |
| 아(Sub-)강 | -arinae | -idae | -phycidae | -mycetinae |  |
| 상(Super-)목 | -oidiona | -arae, -florae |  | -aliona |  |
| 목(Order) |  | -ales |  | -alia | -ida |
| 아(Sub-)목 | -oidina | -ineae |  | -alina | -ina |
| 상(Super-)과 | -ikea | -area |  | -idiona | -oidea |
| 과(Family) |  | -acea |  | -ideae | -idae |
| 아(Sub-)과 | -ikinae | -oideae |  | -idina | -inae |
| 속(Tribe) |  | -eae |  | -idini | -ini |
| 아(Sub-)속 |  | -inae |  |  |  |

**08** 가속유통기한실험에 대해 서술하시오. (6점)

**09** 0.1N-NaOH 수용액 (F=1.010) 20mL을 적정하는 데 0.1N-HCl 수용액이 20.20mL 소모되었다. 이 때 0.1N-HCl 수용액의 역가를 구하시오. (4점)

**10** 액상 식품의 조성을 확인하였더니 포도당(MW 180) 18%, 비타민 A 5.5%(MW 286), 비타민 C(MW 176) 1%, 스테아린산 (MW 284) 3.5%, 나머지는 물(MW 18)이었다. 이 때 이 식품의 수분활성도는? (4점)

**11** 다음 문항 중 옳지 않은 문장을 고르고 이유를 적으시오. (5점)

① 뉴턴 유체(Newtonian fluid)는 물, 청량음료, 식용유 등이 있다.
② 빙햄 유체(Bingham fluid)로는 케첩, 마요네즈 등이 있다.
③ 요변성 유체(Thixotropic fluid)는 전단속도가 증가함에 따라 겉보기 점도가 감소하는 유체이다.
④ 딜레이턴트 유체(Dilatant fluid)로는 고농도 전분 현탁액이 있다.
⑤ 물, 알코올, 주스 등의 뉴턴 유체(Newtonian fluid)는 전단응력과 전단속도가 반비례한다.

12  25°C의 1톤 제품을 24시간 내에 -10°C로 동결하고자 할 때 냉동능력(냉동톤)은 얼마인가? (냉동톤 3320kcal/h, 잠열 79.68kcal/kg, 액체 제품의 비열 1kcal/kg·°C, 고체 제품의 비열 0.5kcal/kg·°C) (5점)

13  항량의 정의에 맞도록 빈칸을 채우시오. (6점)

> 건조 또는 강열할 때 "항량"이라고 기재한 것은 다시 계속하여 (　　) 더 건조 혹은 강열할 때에 전후의 (　　)가 이전에 측정한 무게의 (　　) 이하임을 말한다.

14  초임계유체 이용 시, 종래 추출 분리법에 비해 유리한 점 2가지를 쓰시오. (6점)

15  다음은 "유전자변형식품등의 안전성 심사 등에 관한 규정" 제3조(심사 대상)의 일부 내용이다. 빈 칸을 채우시오. (4점)

> 심사 대상은 각 호와 같다.
> 1. 최초로 유전자재조합식품을 (　　)하거나 (　　)또는 (　　)하는 경우
> 2. 안전성평가를 받은 후 (　　)(매 10년이 도래하는 시점을 말한다)이 지난 유전자변형식품 등으로서 시중에 유통되어 판매되고 있는 경우

**16** 식품 분석에서의 용어의 뜻을 적으시오. (6점)
(1) Retention time
(2) Resolution

**17** 발효공정에서 주로 사용하는 크로마토그래피에는 흡착(Adsorption) 크로마토그래피와 친화성(Affinity) 크로마토그래피가 있다. 각 크로마토그래피의 원리와 고정상에 대해 적으시오. (6점)

**18** 5%의 불량률을 가진 제품을 5개 생산할 경우 1개만 불량이 생길 확률은? (5점)

**19** 식품의 기준 및 규격에 따른 납과 카드뮴 측정법 두 가지를 서술하시오. (4점)

**20** 식품 및 축산물 안전관리인증기준(Hazard Analysis and Critical Control Point, HACCP)에 따른 식품(식품첨가물 포함)제조·가공업소, 건강기능식품제조업소, 집단급식소식품 판매업소, 축산물작업장·업소의 영업장 관리 중 작업장 선행요건 3가지를 적으시오. (6점)

## ◎ [2020년 1회 해설 및 정답]

**01** 해설

(1) 간장 : 상쇄, 발효 과정에서 단백질의 가수분해에 의해 생성된 Glutamate의 감칠맛이 증가함에 따라, 초기에 넣어준 간장 내 소금의 짠맛이 약화된다.(상쇄)
(2) 김치 : 상쇄, 발효 과정에서 생성된 젖산의 신맛이 증가함에 따라 초기에 넣어준 김치 내 소금의 짠맛이 약화된다.(상쇄)

**02** 해설

| | 용도 | 특성 | farinograph |
|---|---|---|---|
| 강력분 | 식빵 | 점탄성이 크다. | |
| 중력분 | 우동 | 탄력과 끈기가 있다. | |
| 박력분 | 쿠키 | 가루가 부드럽고 반죽의 촉감이 좋다. | |

Farinograph - (사) / (아) / (자) → 각 밀가루의 그래프 개형 그림

밀가루 종류에 따른 Farinogram

**03** 해설

(1) 틀린 부분 : ⑤
(2) 이유 : 유의수준($\alpha$)이 0.05이고, 유의확률(p-value)이 0.046 일 때, 타피오카 전분이 들어간 제품과 감자전분이 들어간 제품은 유의미한 차이가 있다. 따라서 타피오카 전분이 함유된 제품은 기존의 제품과 차별화할 수 있으므로 귀무가설을 기각하고 대립가설을 채택할 수 있다.

## 04 해설

(1) 지질의 동질다형현상

유지는 Triglyceride의 혼합물이며, 순수한 화합물과 달리 일정한 온도에서 용융되지 않고, 불분명하고 광범위한 융점을 갖는다. 이 때 냉각 조건을 변경시킬 경우 두 개 이상의 결정성을 갖는 현상을 가지며, 녹는점도 그 결정성에 따라 다르다.

(2) 버터의 특징

버터를 가열하여 용융시킨 후, 이를 냉각하여 응고시킨 뒤, 이를 재용융시키는 과정에서 녹는점의 변화를 볼 수 있다. 급격히 냉각시키면 결정 재배열이 되지 않아 작은 비정질의 결정이 생성되므로 녹는점이 초기에 비해 낮아지고, 완만히 냉각시키면 결정 재배열이 충분히 이루어져 비교적 크고 규칙적인 결정이 생성되므로 녹는점이 초기에 비해 높아진다.

## 05 해설

(1) 식품의 탈수
(2) 높은 삼투압에 의한 원형질 분리
(3) 소금의 해리에 의한 $Cl^-$의 생성
(4) 단백질 가수분해 작용의 억제
(5) 산소 용해도 감소

## 06 해설

| 쌀 | 미곡 | 조 | 잡곡 | 귀리 | 맥류 |
| --- | --- | --- | --- | --- | --- |
| 보리 | 맥류 | 옥수수 | 잡곡 | 호밀 | 맥류 |
| 수수 | 잡곡 | 밀 | 맥류 | 기장 | 잡곡 |
| 피 | 잡곡 | 메밀 | 잡곡 | 율무 | 잡곡 |

## 07 해설

| 계(Kingdom) | Bacteria | Plants | Algae | Fungi | Animals |
|---|---|---|---|---|---|
| 문(Phylum, Division) | -bacteria | -phyta | -phycota | -mycota | |
| 아(Sub-)문 | -bacterina | -phytina | -phycotina | -mycotina | |
| 상(Super-)강 | -asrae | -icae | | -mycetia | |
| 강(Class) | -bacteriae, -ariae | -opsida | -phyceae | -mycetes | -zoa, -acea |
| 아(Sub-)강 | -arinae | -idae | -phycidae | -mycetinae | |
| 상(Super-)목 | -oidiona | -arae, -florae | | -aliona | |
| 목(Order) | -oidia | -ales | | -alia | -ida |
| 아(Sub-)목 | -oidina | -ineae | | -alina | -ina |
| 상(Super-)과 | -ikea | -area | | -idiona | -oidea |
| 과(Family) | -ikae | -acea | | -ideae | -idae |
| 아(Sub-)과 | -ikinae | -oideae | | -idina | -inae |
| 속(Tribe) | -ikineae | -eae | | -idini | -ini |
| 아(Sub-)속 | | -inae | | | |

## 08 해설

제품을 저장 최적온도보다 높은 조건, 즉 미생물의 증식에 최적화된 온도 조건에서 저장하여 제품의 물리적·화학적·미생물학적 변화를 시험한 뒤, 증가된 변화율로부터 획득한 데이터를 Arrenius's equation을 이용하여 정상 저장 조건으로 외삽하여 유통기한을 예측하는 실험

## 09 해설

$F_{NaOH} \times C_{NaOH} \times V_{NaOH} = F_{HCl} \times C_{HCl} \times V_{HCl}$

$1.010 \times 0.1 \times 20 = F_{HCl} \times 0.1 \times 20.20$

$F_{HCl} = \dfrac{1.010 \times 0.1 \times 20}{0.1 \times 20.20} = 1.000$

## 10 해설

(1) 물의 함량 : 100 - (18 + 5.5 + 1 + 3.5) = 72[%]
(2) 소수성 물질인 비타민 A와 스테아린산(C18:0)을 제외하고 계산한다.

$$\frac{\frac{72}{18}}{\frac{18}{180}+\frac{1}{176}+\frac{72}{18}} = 0.974259618 \cdots \approx 0.97$$

## 11 해설

(1) 틀린 부분 : ⑤
(2) 이유 : 뉴턴 유체는 전단응력과 전단속도가 정비례한다.

## 12 해설

$$\frac{1000[kg] \times (1[kcal/kg\,℃] \times 25[℃] + 0.5[kcal/kg\,℃] \times 10[℃])}{24[hr] \times 3320[kcal/h \cdot 냉동톤]} + 1[냉동톤]$$

$= 1.380271084 \cdots \approx 1.38[냉동톤]$

## 13 해설

건조 또는 강열할 때 "항량"이라고 기재한 것은 다시 계속하여 ( **1시간** ) 더 건조 혹은 강열할 때에 전후의 ( **칭량차** )가 이전에 측정한 무게의 ( **0.1%** ) 이하임을 말한다.

## 14 해설

(1) 높은 용제비(추출 제품에 대한 용제의 양에 대한 비율)
(2) 물성 조절이 쉬우므로 온도·압력·엔트레나의 종류에 의한 선택적 추출 및 회수 가능
(3) 추출 후 제품 중에 잔류 용매에 의한 문제가 없다.
(4) 흡착이나 포접 화합물의 형성 등의 방법을 조합하여 고도의 분리 가능

## 15 해설

심사 대상은 각 호와 같다.
1. 최초로 유전자재조합식품을 ( **수입** )하거나 ( **개발** ) 또는 ( **생산** )하는 경우
2. 안전성평가를 받은 후 ( **10년** )(매 10년이 도래하는 시점을 말한다)이 지난 유전자변형식품등으로서 시중에 유통되어 판매되고 있는 경우

## 16 해설

(1) Retention time : 머무름 시간, 검출기에서 최대 신호값(Peak)이 감지되는 데 걸린 시간
(2) Resolution : 분리능, 두 가지 이상의 분석물질을 분리 할 수 있는 컬럼능력의 척도

## 17 해설

(1) 흡착 크로마토그래피
  1) 원리 : 고체 흡착제를 고정상으로 쓰는 크로마토그래피. 흡착제와 시료 성분 사이의 극성 차이에 의해 발생하는 이동속도 차이를 이용하여 물질을 분리해냄.
  2) 고정상 : Silica gel, 활성알루미나(Alumina), 활성탄(Charcoal), MgO, $MgCO_3$, 다공성 중합체 등
(2) 친화성 크로마토그래피
  1) 원리 : 고체 흡착제에 특정 이동상과 특이적으로 반응할 수 있는 물질을 붙여 특정 이동상만을 특이적으로 분리해냄.
  2) 고정상 : Ni-NTA(-His tag), Biotin(-Avidin), Antibody(-Antigen), Glutahion(-GST) 등

## 18 해설

$_5C_1 (0.95)^4 \times (0.05)^1 = 0.2036265625 \approx 0.20$

## 19 해설

(1) 원자흡광도법(화염방식, 무염방식)
(2) 유도결합플라즈마법(inductively coupled plasma, ICP)

## 20 해설

(1) 작업장은 독립된 건물이거나 식품취급외의 용도로 사용되는 시설과 분리(벽·층 등에 의하여 별도의 방 또는 공간으로 구별되는 경우를 말한다. 이하 같다.)되어야 한다.
(2) 작업장(출입문, 창문, 벽, 천장 등)은 누수, 외부의 오염물질이나 해충·설치류 등의 유입을 차단할 수 있도록 밀폐 가능한 구조이어야 한다.
(3) 작업장은 청결구역(식품의 특성에 따라 청결구역은 청결구역과 준청결구역으로 구별가능)과 일반구역으로 분리하고, 제품의 특성과 공정에 따라 분리, 구획 또는 구분할 수 있다.

# 2020 2회 식품안전기사 실기

[본 문제는 수험자의 기억에 의해 복원된 것으로 실제 시험과 차이가 있을 수 있습니다]
[(舊)식품기사에서 (現)식품안전기사로 변경되었습니다]

**01** 다음 그림을 보고 빈칸을 채우시오. (6점)

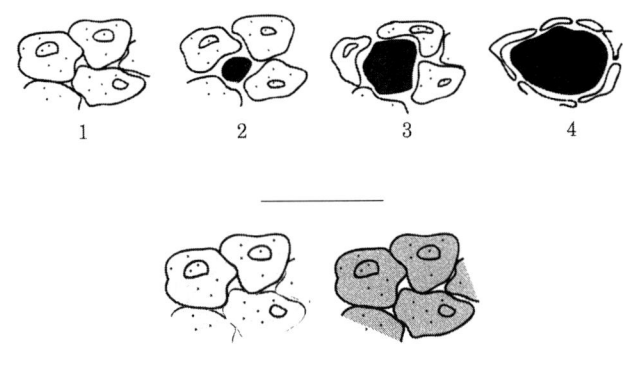

**02** 다음은 스낵 식품의 등온흡습곡선이다. 흡습곡선과 탈습곡선을 표시하시오. (5점)

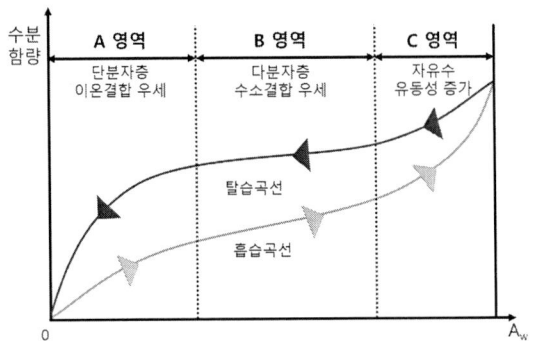

## 03
다음은 식품성분검사 시험법에 대한 내용이다. 틀린 보기를 1개 고르고 그 이유를 쓰시오. (5점)

> 가. 정밀도를 결정하는 조건은 반복성, 재현성, 검출한계 및 정량한계, 민감도, 직진성이 있다.
> 나. 재현성이란 표준편차를 백분율로 나눈 값으로, 표준편차가 클수록 재현성이 높다.
> 다. 유효숫자는 측정에서의 불확정성을 나타내기 위해 기록하는 것으로, 측정을 정확히 하기 위해서는 항상 확실한 자릿수와 최소 1 자릿수를 포함하는 추정치를 가지고 있어야 한다.
> 라. 정확도(Accuracy)를 검증할 경우 각 매질별로 규정된 범위를 포함 3가지 농도를 3번 반복 분석하며, 참값과 비교할 경우, 평균값과 참값으로 인증된 값과의 차이를 신뢰 구간과 함께 기재한다.
> 마. 이미 알고 있는 저농도 분석대상 물질을 포함한 검체의 신호와 공시험 검체의 신호를 비교할 때, 검출한계(Limit of Detection)는 3:1로, 정량한계(Limit of Quantification)는 10:1로 산출되는 농도로 할 수 있다. 또는 검량선의 기울기(S) 및 표준편차($\sigma$)를 이용할 수 있다.

## 04
다음 식품 첨가물의 용도를 골라쓰시오. (5점)

> (1) 수크랄로스 :
> (2) 식용색소 청색 2호 :
> (3) 소브산 :
> (4) 부틸히드록시아니솔 :
> (5) 카페인 :

## 05
식품 품질 보존과 관련해서 허들 기술 Hurdle technology(Combined technology)의 개념을 서술하시오. (4점)

## 06
배나 복숭아로 통조림을 만들기 위해 가열할 경우, 붉은색이 나타나는 이유를 설명하시오. (5점)

## 07
감칠맛 내는 핵산 3종류 쓰고 화학구조 상 공통점과 차이점 (4점)

## 08
무게 관련 용어 정의 (4점)

> (1) 무게를 (　　　　)라 함은 달아야 할 최소단위를 고려하여 0.1 mg, 0.01 mg 또는 0.001 mg까지 다는 것을 말한다.
> (2) 무게를 (　　　　)라 함은 규정된 수치의 무게를 그 자리수까지 다는 것을 말한다.
> (3) 검체를 취하는 양에 (　　　)이라고 한 것은 따로 규정이 없는 한 기재량의 90~110%의 범위 내에서 취하는 것을 말한다.
> (4) 건조 또는 강열할 때 (　　　)이라고 기재한 것은 다시 계속하여 1시간 더 건조 혹은 강열할 때에 전후의 칭량차가 이전에 측정한 무게의 0.1%이하임을 말한다.

**09** 다음은 방사선 조사대상 식품에 대한 표이다. 빈칸을 채우시오. (4점)

| 품목 | 조사 목적 | 선량(kGy) |
|---|---|---|
| 감자, 양파, 마늘 | | |
| 밤 | 발아 억제<br>살충 | 0.25 이하 |
| 버섯(건조 포함) | 살충<br>숙도 조절 | 1 이하 |
| 곡류(분말 포함), 두류(분말 포함) | 살충<br>살균 | 5 이하 |
| 난분, 전분 | 살균 | 5 이하 |
| 건조식육, 어류분말, 패류분말, 갑각류분말, 된장분말, 고추장분말, 간장분말, 건조채소류(분말 포함), 효모식품, 효소식품, 조류식품, 알로에분말, 인삼(홍삼 포함) 제품류, 조미건어포류 | | 7 이하 |
| 건조 향신료 및 이들 조제품, 복합조미식품, 소스, 침출차, 분말차, 특수의료용도등식품 | | 10 이하 |

**10** 온도에 따른 과당의 감미도 변화를 화학구조와 연관지어 설명하시오. (4점)

**11** 일반시험법 중 일반성분시험법 7가지에서 외관, 취미를 제외한 5가지를 쓰시오. (특별한 경우 제외) (6점)

**12** 다음은 HACCP 결정도이다. CCP가 옳은 것에 O, 틀린 것에 X 하시오. (5점)

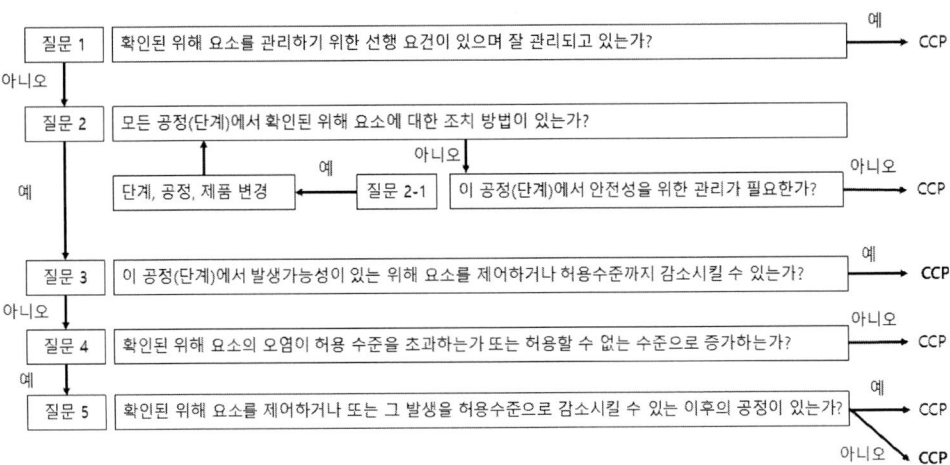

**13** GC에서 Split ratio 100:1 의미를 쓰시오. (4점)

**14** 호화에 영향을 미치는 인자 3개를 쓰시오. (6점)

**15** 어떤 식품첨가물의 1일 섭취 허용량(ADI)를 구하기 위하여 동물(쥐)실험을 한 결과 최대무작용량이 230mg/kg·day일 때 체중 50 kg인 사람의 ADI를 구하시오. (5점)

**16** 다음 그림에 해당하는 당의 명칭을 쓰고, 환원당/비환원당을 표시하시오. (6점)

| 당 구조 | (개방형 알도헥소스 구조) | (육각형 고리 구조) | (이당류 구조) |
|---|---|---|---|
| 당 이름 | | | |
| 환원성 여부 | | | |

**17** 식중독을 일으키는 균과 원인물질 등을 표 안에 알맞게 쓰시오. (6점)

[보기]
살모넬라, 장염비브리오, 캠필로박터, 여시니아, 클로스트리디움 보툴리눔, 황색포도상구균, 로타바이러스, 노로바이러스, 감자독, 버섯독, 시가테라독, 복어독, 맥각독, 황변미독, 아플라톡신, 식품첨가물(보존료, 감미료), 벤조피렌, 니트로소아민, 3-MCPD, 납, 카드뮴, 비소, 농약

| 세균성 식중독 | 감염형 | |
| | 독소형 | |
| | 바이러스형 | |
| 자연독 식중독 | 식물성 | |
| | 동물성 | |
| | 곰팡이독 | |
| 화학성 식중독 | 고의 또는 잘못으로 첨가 유해물질 | |
| | 식품가공 중에 생성되는 유해물질 | |
| | 기구, 용기 등에 의해 혼입 | |
| | 잔류, 혼입 | |

**18** 아미노산을 하루에 50톤 생산하려고 한다. 이 때, 100m³짜리 발효조를 몇 개를 사용해야 하는가? 이 때, 발효되는 정도는 60%, 최종 농도는 100g/L이며, 1 Cycle은 30시간이다. (5점)

**19** 0.1 N NaOH (F=1.0039) 9.98 mL를 0.1 N HCl로 적정하였더니 사용량이 10 mL였다. 이 때 HCl의 factor값을 구하시오. (답은 소수 넷째자리 아래를 버리고 기재한다.) (5점)

**20** 다음은 식품공전 중 장출혈성 대장균 시험법에 대한 내용이다. 빈칸에 들어갈 단어를 쓰시오. (6점)

> 본 시험법은 대장균( 1 )과 대장균 ( 2 )이 아닌 ( 3 )생성 대장균(VTEC, Verotoxin-producing E. coli)을 모두 검출하는 시험법이다. 장출혈성대장균의 낮은 최소감염량을 고려하여 검출 민감도 증가와 신속 검사를 위한 스크리닝 목적으로 증균 배양 후 배양액 (1~2 mL)에서 ( 3 ) 유전자 확인시험을 우선 실시한다. ( 3 ) (VT1 그리고/또는 VT2) 유전자가 확인되지 않을 경우 불검출로 판정할 수 있다. 다만, ( 3 ) 유전자가 확인된 경우에는 반드시 순수 분리하여 분리된 균의 ( 3 ) 유전자 보유 유무를 재확인한다. ( 3 )가 확인된 집락에 대하여 생화학적 검사를 통하여 대장균으로 동정된 경우 장출혈성대장균으로 판정한다.

## ● [2020년 2회 해설 및 정답]

**01** 해설
1. 완만동결(=완만냉동)
2. 급속동결(=급속냉동)

**02** 해설

※ 참고 자료
흡습과정과 탈습과정은 완전한 가역이 아니다.
식품마다 Hysterisis 패턴은 다를 수는 있겠지만, 기본형에서 크게 벗어나는 것은 아니다.

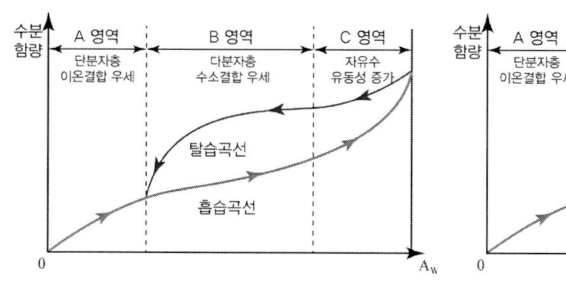

**03** 해설

답: (나)
이유 : 변동계수(CV : Coefficient of Variation, 또는 상대표준편차)는 평균치에 대한 표준편차의 백분율로 Method나 Instruments 변동으로 인한 정밀도를 비교하는데 사용하며, 일반적인 허용범위는 ±5% 이내이다. 즉, 표준편차(SD : Standard Deviation)가 작을수록 변동이 적으므로 재현성이 증가한다.

$$CV = \frac{SD}{\bar{x}} \times 100$$

**04** 해설

(1) 수크랄로스 : 감미료
(2) 식용색소 청색 2호 : 착색료
(3) 소브산 : 보존료
(4) 부틸히드록시아니솔 : 산화방지제
(5) 카페인 : 향미증진제

## 05 해설

미생물의 증식에 영향을 줄 수 있는 여러가지 인자들을 복합적으로 적용시킴으로서 미생물의 극복능력을 약화시키는 동시에 식품의 품질(맛, 식감, 색, 향 등)을 최대한 유지 및 보존하는 과학적인 기술

## 06 해설

복숭아나 배를 살균한 후에 냉각이 불충분하면, 과육에 함유되어 있는 무색의 Leucoanthocyanin이 40℃에서 홍색의 Cyanidin 으로 변화되기 때문이다.

## 07 해설

(1) 핵산 종류 : 5'-GMP, 5'-IMP, 5'-XMP
(2) 공통점 : β-D-ribofuranose 의 5'-C 에는 인산기 1개가, 1'-C에는 Purine 계 염기가 결합된 Monoucleotide, Purine 염기의 6'-C 에는 –OH가 있다.(Tautomerization으로 >C=O)
(3) 차이점 : Purine 계 염기 구조의 차이(Guanine, Inosine, Xanthosine)

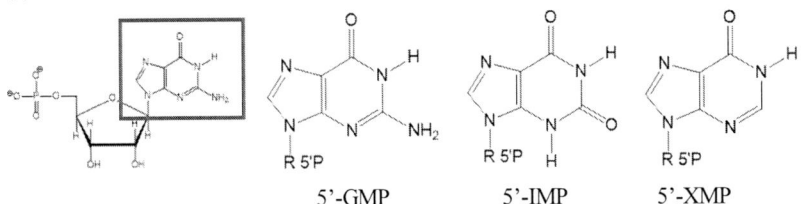

5'-GMP     5'-IMP     5'-XMP

## 08 해설

(1) 무게를 ( 정밀히 단다 )라 함은 달아야 할 최소단위를 고려하여 0.1 mg, 0.01 mg 또는 0.001 mg까지 다는 것을 말한다.
(2) 무게를 ( 정확히 단다 )라 함은 규정된 수치의 무게를 그 자리수까지 다는 것을 말한다.
(3) 검체를 취하는 양에 ( 약 )이라고 한 것은 따로 규정이 없는 한 기재량의 90~110%의 범위 내에서 취하는 것을 말한다.
(4) 건조 또는 강열할 때 ( 항량 )이라고 기재한 것은 다시 계속하여 1시간 더 건조 혹은 강열할 때에 전후의 칭량차가 이전에 측정한 무게의 0.1%이하임을 말한다.

## 09 해설

| 품목 | 조사 목적 | 선량(kGy) |
|---|---|---|
| 감자, 양파, 마늘 | **발아 억제** | **0.15 이하** |
| 밤 | 발아 억제<br>살충 | 0.25 이하 |
| 버섯(건조 포함) | 살충<br>숙도 조절 | 1 이하 |
| 곡류(분말 포함), 두류(분말 포함) | 살충<br>살균 | 5 이하 |
| 난분, 전분 | 살균 | 5 이하 |
| 건조식육, 어류분말, 패류분말, 갑각류분말, 된장분말, 고추장분말, 간장분말, 건조채소류(분말 포함), 효모식품, 효소식품, 조류식품, 알로에분말, 인삼(홍삼 포함) 제품류, 조미건어포류 | **살균** | 7 이하 |
| 건조 향신료 및 이들 조제품, 복합조미식품, 소스, 침출차, 분말차, 특수의료용도등식품 | **살균** | 10 이하 |

## 10 해설

온도가 상승함에 따라 감미도가 높은 β-D-Fructopyranose의 조성이 줄어들면서 상대적으로 감미도가 낮은 Fructofuranose의 조성이 증가하면서 과당의 상대적 감미도는 온도 상승과 함께 급격히 감소한다.

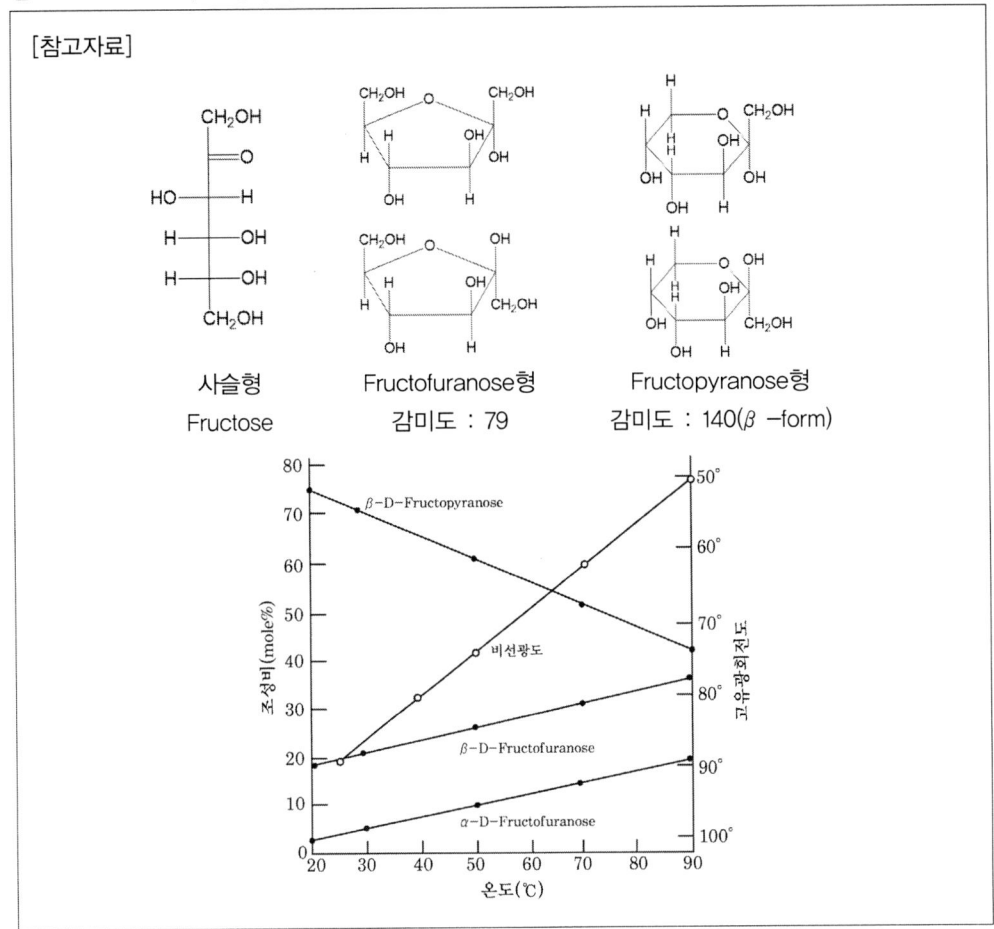

## 11 해설

수분, 회분, 조단백질, 조지방, 조섬유

## 12 해설

| 질문 1 | 확인된 위해 요소를 관리하기 위한 선행 요건이 있으며 잘 관리되고 있는가? | → 예 → CCP( X ) |

아니오 ↓

| 질문 2 | 모든 공정(단계)에서 확인된 위해 요소에 대한 조치 방법이 있는가? |

예 ↓  ← 예 ← | 단계, 공정, 제품 변경 | ← 예 ← | 질문 2-1 | 이 공정(단계)에서 안전성을 위한 관리가 필요한가? | → 아니오 → CCP( X )

| 질문 3 | 이 공정(단계)에서 발생가능성이 있는 위해 요소를 제어하거나 허용수준까지 감소시킬 수 있는가? | → 예 → CCP( O )

아니오 ↓

| 질문 4 | 확인된 위해 요소의 오염이 허용 수준을 초과하는가 또는 허용할 수 없는 수준으로 증가하는가? | → 아니오 → CCP( X )

예 ↓

| 질문 5 | 확인된 위해 요소를 제어하거나 또는 그 발생을 허용수준으로 감소시킬 수 있는 이후의 공정이 있는가? | → 예 → CCP( X )
→ 아니오 → CCP( O )

## 13 해설

분할비(Split ratio). 총 샘플 주입량 대 컬럼 주입 샘플량이 100 : 1임을 의미한다.

## 14 해설

전분의 종류 및 조성, 수분 함량, pH, 온도, 염류의 종류 및 함량, 당류 함량, 유화제 유무 등

## 15 해설

ADI(mg/day) = NOAEL(mg/kg·day) ÷ (안전계수) × 체중(kg)
= 230 ÷ ( 10 ×10 ) × 50
= 115 (mg/day)

## 16 해설

| 당 구조 | (구조식) | (구조식) | (구조식) |
|---|---|---|---|
| 당 이름 | Glucose | Glucose | Sucrose |
| 환원성 여부 | 환원당 | 환원당 | 비환원당 |

## 17 해설

| 세균성 식중독 | 감염형 | 살모넬라, 장염비브리오, 캠필로박터, 여시니아 |
|---|---|---|
| | 독소형 | 클로스트리디움 보툴리눔, 황색포도상구균 |
| | 바이러스형 | 로타바이러스, 노로바이러스 |
| 자연독 식중독 | 식물성 | 감자독, 버섯독 |
| | 동물성 | 시가테라독, 복어독 |
| | 곰팡이독 | 맥각독, 황변미독, 아플라톡신 |
| 화학성 식중독 | 고의 또는 잘못으로 첨가 유해물질 | 식품첨가물(보존료, 감미료) |
| | 식품가공 중에 생성되는 유해물질 | 벤조피렌, 니트로소아민, 3-MCPD |
| | 기구, 용기 등에 의해 혼입 | 납, 카드뮴, 비소 |
| | 잔류, 혼입 | 농약 |

## 18 해설

$$50[\text{t/day}] \times 1000[\text{kg/t}] \times 1000[\text{g/kg}] \leq \frac{100[\text{g/L}] \times 10^3[\text{L/m}^3] \times 100[\text{m}^3/\text{개}] \times x[\text{개}] \times 24[\text{h/day}] \times 0.6}{30[\text{h}]}$$

$$x \geq 10.416667\cdots \approx 11[\text{대}]$$

## 19

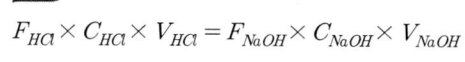

$$F_{HCl} \times C_{HCl} \times V_{HCl} = F_{NaOH} \times C_{NaOH} \times V_{NaOH}$$

$$F_{HCl} = \frac{F_{NaOH} \times C_{NaOH} \times V_{NaOH}}{C_{HCl} \times V_{HCl}} = \frac{1.0039 \times 0.1 \times 9.98}{0.1 \times 10}$$

$$= 1.0018922 \cdots \approx 1.001$$

## 20

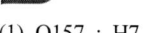

(1) O157 : H7
(2) O157 : H7
(3) 베로독소

# 2020 3회 식품안전기사 실기

[본 문제는 수험자의 기억에 의해 복원된 것으로 실제 시험과 차이가 있을 수 있습니다]
[(舊)식품기사에서 (現)식품안전기사로 변경되었습니다]

**01** 다음은 세미마이크로 킬달법에 대하여 기록한 것이다 (     ) 을 채우시오.

> 질소를 함유한 유기물을 촉매의 존재하에서 (     ) 으로 가열분해하면,
> 질소는 (     ) 으로 변한다 (     ). (     ) 에 NaOH를 가하여 알카리성으로
> 하고, 유리된 (     )를 수증기 증류하여 희황산으로 포집한다(     ).
> 이 포집액을 NaOH로 적정하여 질소의 양을 구하고 (     ), 이에 (     ) 를 곱하여
> 조단백의 양을 산출한다.
>
> $$총질소(\%) = \frac{0.7003 \times (a-b)(mL)}{S(mg)} \times 100$$
>
> a : (     )에서 중화에 소요된 0.05 N 수산화나트륨액의 mL수
> b : (     )에서 중화에 소요된 0.05 N 수산화나트륨액의 mL수
>
> 계산식은 검체의 분해액을 전부 사용해서 적정했을 때의 식이므로 분해액의 일부를 사용할
> 때는 그 계수를 곱한다. 여기서 얻은 질소량에 다음 표에 의한 (     )를 곱하여 조단백질의
> 양으로 한다.
> 조단백질(%) = N(%) × (          )

**02** 30%의 수분과 25%의 설탕을 함유하고 있는 식품의 수분활성도를 구하시오.(단, 소수 셋째 자리까지 표시하시오.)

**03** 1N Oxalic acid 500mL 만드는데 필요한 Oxalic acid량 계산식 & 답과 만드는 방법을 간단히 쓰시오. (분자량 126.07)

(1) 필요한 Oxalic acid 양
(2) 1N Oxalic acid 표준물질용액 500mL 조제 방법

**04** Glucose 한 분자가 완전히 산화되었을 때,

(1) 해당작용에서 ATP, NADH 생성 개수
(2) 피루브산에서 Acetyl-CoA까지의 NADH 생성 개수,
(3) Acetyl-CoA에서부터 TCA회로까지 ATP, NADH, $FADH_2$ 생성 개수를 쓰시오.

**05** LOD, LOQ의 정의를 쓰시오.

**06** HACCP의 용어 설명에 대한 내용이다. (        )를 기록하시오.

> "중요관리점(Critical Control Point : CCP)" 이란 안전관리인증기준(HACCP)을 적용하여 식품·축산물의 위해요소를 (    )·(    )하거나 허용 수준 이하로 (    )시켜 당해 식품·축산물의 안전성을 확보할 수 있는 중요한 단계·과정 또는 공정을 말한다.

**07** 염용(Salting in)과 염석(Salting out)을 물과 단백질 관련하여 기록하시오

## 08

다음은 식품의 떫은 맛에 관한 설명이다. (1) 틀린 것을 고르고 (2) 이유를 쓰시오.

> 1) 떫은맛은 Polyphenol 성분이 혀의 미각신경의 단백질이 변성 응고되어 인식된다.
> 2) 탄닌 성분에 의해 떫은 맛이난다.
> 3) 감의 떫은맛은 탈삽법에 의해 제거된다.
> 4) 커피의 떫은 맛은 Ellagic acid, 밤의 떫은 맛은 Chlorogenic acid이다.
> 5) 감의 떫은맛 성분인 디오스프린(Diospyrin)은 숙성 과정에서 생기는 과실 내부의 Aldehyde기와 결합하여 불용성이 되면서 떫은맛이 사라진다.
> 6) 철, 구리 등의 중금속이 떫은맛이 낸다.

## 09

HPLC에서 Reverse phase(역상)의 극성과 비극성에 따른 용출의 특성을 기록하시오.

## 10

관능검사(성상)의 5가지와 기준 4가지와 채점 공통 기준을 쓰시오.

## 11

위해요소 분석표 B, C, P에서 위해요소 한 개씩 기록하시오.

| 일련번호 | 원부자재명 / 공정명 | 구분 | 위해요소 | | 위해 평가 | | | 예방조치 및 관리방법 |
|---|---|---|---|---|---|---|---|---|
| | | | 명칭 | 발생원인 | 심각성 | 발생가능성 | 종합평가 | |
| 1 | | B | | | | | | |
| | | C | | | | | | |
| | | P | | | | | | |

**12** Phosphatase 검사 시험법에 대해 적절한 답을 서술하시오.
   (1) 목적
   (2) 원리

**13** 곰팡이 중 접합균류에 해당하는 속명을 세 가지 쓰시오.

**14** 식품공전상 감자, 양파의 발아억제 등을 위해 실시하는 방사선 선량을 기록하시오.

**15** 다음은 수분 함량을 나타낸 Moisture sorption isotherm 그래프이다. A, B 두 식품 모두 0.1 H₂O-g solid 인 상태에서 밀폐된 공간에 식품을 가만히 놓아두었을 때, 수분 이동에 대하여 설명하시오.

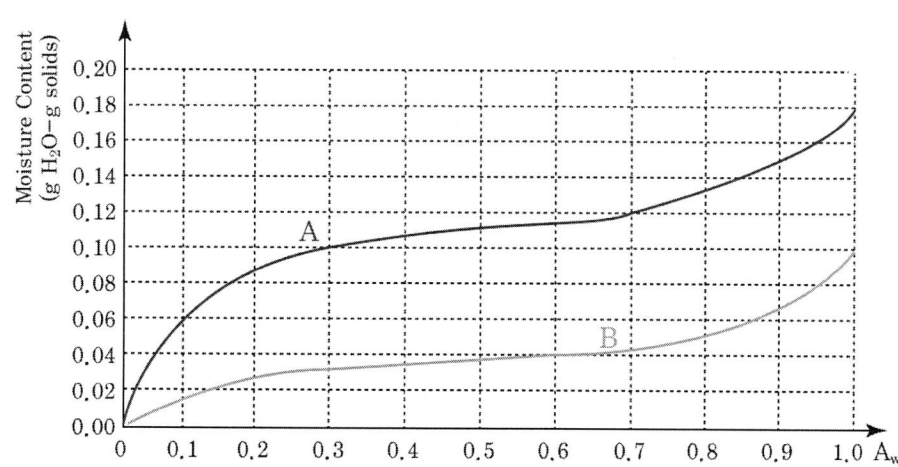

**16** 다음은 Michaelis-Menten 그래프이다. 이 그래프를 보고, 답을 작성하시오.

(1) $K_M$

(2) $K_M$ 일 때의 초기 반응속도

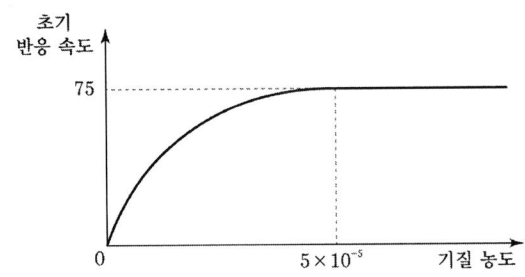

**17** 기존까지 사용이 허용되지 않은 약초의 추출물을 "식품으로서" 허가받으려고 한다. 이를 위한 고시 내용과 방법 허가를 받을 기관을 적으시오.

**18** 냉동 시 공기흐름이 없는 A 냉동고와 공기의 흐름이 빠른 B 냉동고가 있을 때, 고기 도체를 어디에 저장해야 하는지 고르고, 그 이유를 적으시오.

**19** 식품위생법상 대통령령으로 정하는 바에 따라 영업을 허가받아야 할 업소를 3가지 서술하시오.

**20** 냉동 속도와 식품 품질 사이의 관계를 적으시오.

## ◎ [2020년 3회 해설 및 정답]

### 01 해설

질소를 함유한 유기물을 촉매의 존재하에서 ( 황산 )으로 가열분해하면,
질소는 ( 황산암모늄 )으로 변한다 ( 분해 ). ( 황산암모늄 )에 NaOH를 가하여
알카리성으로 하고, 유리된 ( $NH_3$ )를 수증기 증류하여 희황산으로 포집한다( 증류 ).
이 포집액을 NaOH로 적정하여 질소의 양을 구하고 ( 적정 ), 이에 ( 질소계수 )를 곱하여 조단백의 양을 산출한다.

$$총질소(\%) = \frac{0.7003 \times (a-b)(mL)}{S(mg)} \times 100$$

a : ( 공시험 )에서 중화에 소요된 0.05 N 수산화나트륨액의 mL수
b : ( 본시험 )에서 중화에 소요된 0.05 N 수산화나트륨액의 mL수
계산식은 검체의 분해액을 전부 사용해서 적정했을 때의 식이므로 분해액의 일부를 사용할 때는 그 계수를 곱한다. 여기서 얻은 질소량에 다음 표에 의한 ( 질소계수 )를 곱하여 조단백질의 양으로 한다.
조단백질(%) = N(%) × ( 질소계수 )

### 02 해설

물 분자량 : 1 × 2 + 16 × 1 = 18
설탕 분자량 : 12 × 12 + 1 × 22 + 16 × 11 = 342

$$\frac{\frac{30}{18}}{\frac{30}{18} + \frac{25}{342}} = 0.957983193.... \approx 0.958$$

### 03 해설

(1) 필요한 Oxalic acid 양
   1L 기준, Oxalic acid 1[N] = 0.5[M],
   500mL로 만들 시, 0.25[mole] 필요, 31.5175[g]
   (cf. 대략적인 분자량 : 무수물 90, 2수화물 126)

(2) 1N Oxalic acid 표준물질용액 500mL 조제 방법
   Oxalic acid 31.5175g을 정확히 취하여 비커에 넣고 약간의 증류수에 완전히 녹인 뒤, 500mL 부피플라스크에 넣고, 비커 내부에 용질이 남지 않도록 증류수로 여러 차례 씻어내리며 수 차례 흔들어주어 표선까지 정용한다. 이후 1차 표준물질을 사용하여 표정하여 Factor를 구한다.

## 04 해설

(1) ATP 2분자, NADH 2분자
(2) NADH 2분자
(3) ATP 2분자, NADH 6분자, FADH₂ 2분자

해당과정

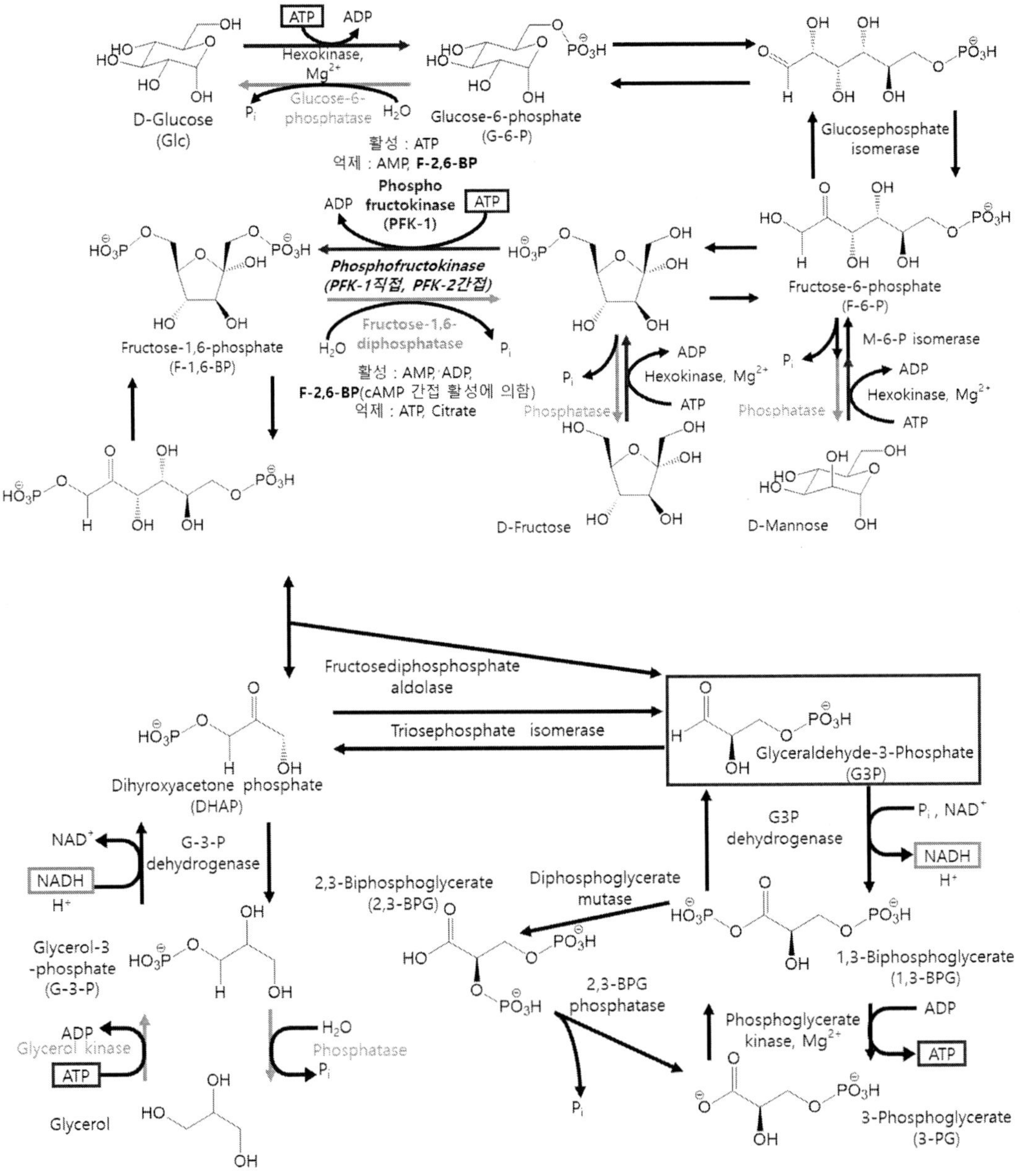

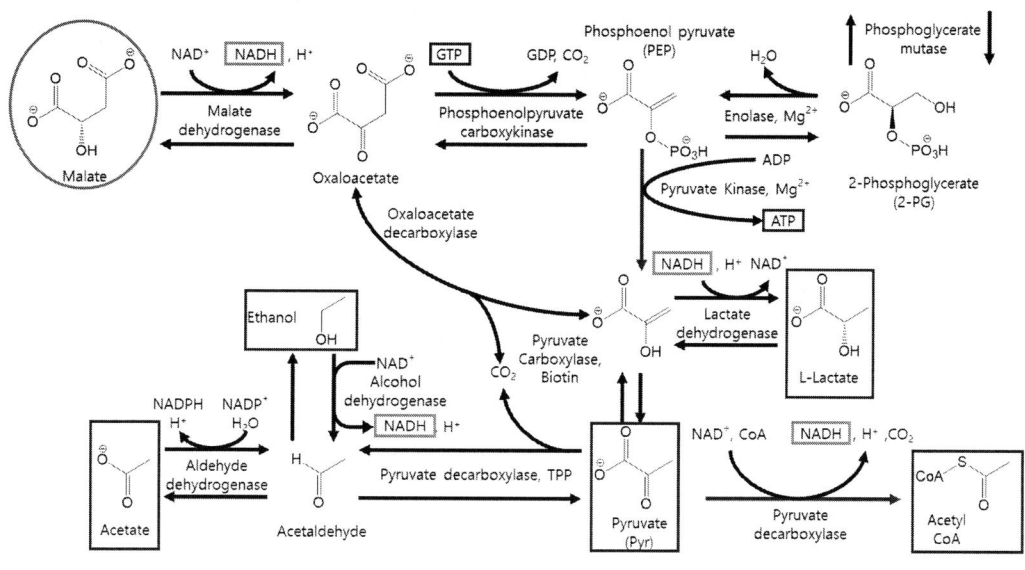

참고[TCA 회로]

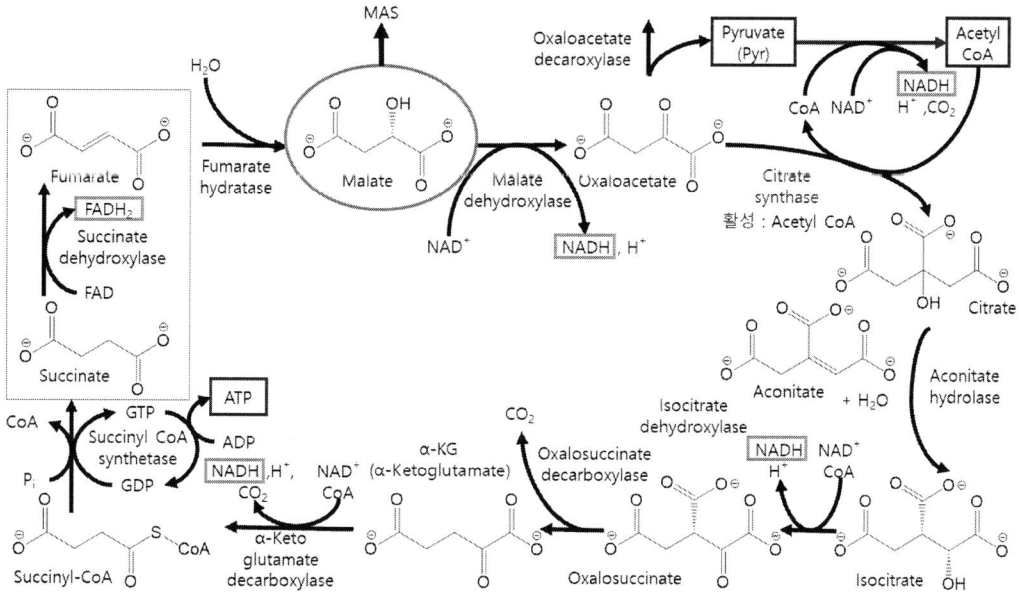

## 05 해설

(1) LOD : 검출 한계(Limit Of Detection), 분석 과정을 실시한 후 분석대상 물질의 유무를 확인할 수 있는 최소 검출 농도
(2) LOQ : 정량 한계(Limit Of Quantitation), 분석 대상 물질을 합리적인 신뢰성을 가지고 정량적인 측정 결과를 산출할 수 있는 최소 검출 농도

## 06
해설

"중요관리점(Critical Control Point : CCP)"이란 안전관리인증기준(HACCP)을 적용하여 식품·축산물의 위해요소를 ( 예방 )·( 제어 )하거나 허용 수준 이하로 ( 감소 )시켜 당해 식품·축산물의 안전성을 확보할 수 있는 중요한 단계·과정 또는 공정을 말한다.

## 07
해설

(1) 염용(Salting in) : 묽은 염류(주로 1가 염류) 용액에 의해 단백질의 분자의 소수성 상호작용을 감소시키고 물과의 상호작용을 증가시키므로, 물에 대한 단백질의 용해도가 증가하는 현상
(2) 염석(Salting out) : 고농도의 염(주로 2가 염류)에 의한 정전기적 상호작용에 의해 단백질 내 전하가 중화되며 물과의 상호작용이 감소하므로, 물에 대한 단백질의 용해도가 감소하여 침전하는 현상

## 08
해설

(1) 틀린 것 : 4)
(2) 이유 : 커피의 떫은 맛이 Chlorogenic acid, 밤의 떫은 맛은 Ellagic acid 이다.

## 09
HPLC에서 Reverse phase(역상)의 극성과 비극성에 따른 용출의 특성을 기록하시오.

해설

(1) 소수성이 큰 충진제(C18 등)를 고정상으로 사용한다.
(2) 친수성이 강한 이동상이 먼저 용출된 후, 소수성이 강한 이동상이 나중에 용출된다.

## 10
해설

(1) 5가지 감각 : 시각, 청각, 후각, 미각, 촉각
(2) 4가지 기준 : 색깔, 풍미, 조직감, 외관
(3) 채점 공통 기준 : 성상 기준에 따라 채점한 결과가 평균 3점 이상, 1점 항목이 없어야 한다.

## 11 해설

(1) B : 생물학적 위해 요소(Biological hazards), 제품에 내재하면서 인체의 건강을 해할 우려가 있는 병원성 미생물, 부패 미생물, 병원성 대장균(군), 효모, 곰팡이, 기생충, 바이러스 등
(2) C : 화학적 위해 요소(Chemical hazards), 제품에 내재하면서 인체의 건강을 해할 우려가 있는 중금속, 농약, 항생물질, 항균물질, 사용 기준초과 또는 사용 금지된 식품 첨가물 등 화학적 원인물질
(3) P : 물리적 위해 요소(Physical hazards), 제품에 내재하면서 인체의 건강을 해할 우려가 있는 인자 중에서 돌조각, 유리조각, 플라스틱 조각, 쇳조각 등

## 12 해설

(1) 목적 : 저온살균처리 및 생유 혼입 여부를 판단하기 위하여
(2) 원리 : Phosphatase는 살아있는 생물에서 검출이 되는 대표적인 지표 효소로, 미생물의 살균이 이루어질 경우, Phosphatase가 불활성화됨과 동시에 추가적인 효소의 생성이 없으므로 살균처리 및 생유혼입 여부를 판단 가능하다.

## 13 해설

*Mucor* 속, *Rhizopus* 속, *Absida* 속 등

## 14 해설

0.15 kGy 이하

## 15 해설

수분활성도가 높은 B에서 수분활성도가 낮은 식품 A로 수분활성도 수치가 같아질 때까지 수분이 이동하여, 최종적으로 평형에 도달한다. 이 때, B는 Hysteresis가 발생하여 흡습곡선과 다른 경로로 이동할 수 있다.

## 16 해설

(1) $K_M$ : $V_{max}$ 일 때의 기질 농도의 절반이 되는 값이므로 $2.5 \times 10^{-5}$ 이다.
(2) $K_M$ 일 때의 초기 반응속도 : $V_{max}$ 일 때의 절반값이므로 37.5 이다.

## 17 해설

(1) 관련고시명
- 식품위생법 제7조 제2항 및 식품위생법 시행규칙 제5조
- 식품등의 한시적 기준 및 규격 인정 기준(식약처 고시)

(2) 식품에 사용하기 위한 방법
- 신청서, 제품 또는 시제품, 제출 자료 제출
- 제출자료의 요약본
- 기원 및 개발경위, 국내·외 인정, 사용현황 등에 관한 자료
- 제조방법에 관한 자료
- 원료의 특성에 관한 자료
- 안전성에 관한 자료

(3) 기관명 : 식품의약품안전평가원 "신소재식품과"

cf) 건강기능식품으로서 인정받을 경우
  (1) 관련고시명 - 건강기능식품에 관한 법률 제 15조 제 2항 및 「건강기능식품 기능성 원료 및 기준·규격 인정에 관한 규정」
  (2) 식품에 사용하기 위한 방법 - 영업자가 자료 (원료의 안전성, 기능성, 기준 및 규격 등)를 제출하여 관련 규정에 따른 평가를 통할 것
  (3) 기관명 - 식품의약품안전처

## 18 해설

(1) 냉동고 : B 냉동고
(2) 이유 : 기계적인 방법으로 냉동고 내 공기의 흐름을 발생시킴으로서 대류에 의한 열전달을 촉진할 수 있다.

## 19 해설

1. 식품의약품안전처장에게 : 식품조사처리업
2. 특별자치시장·특별자치도지사, 시장·군수·구청장에게 : 단란주점영업, 유흥주점영업

cf) 허가, 영업신고, 등록하여야 할 영업은 서로 다르며, 특별자치시장·특별자치도지사, 시장·군수·구청장에게 한다.
  1) 영업신고 : 즉석판매제조·가공업, 식품운반업, 식품소분·판매업, 식품냉동·냉장업, 용기·포장류제조업(자신의 제품을 포장하기 위하여 용기·포장류를 제조하는 경우 제외), 휴게음식점영업, 일반음식점영업, 위탁급식영업, 제과점영업
  2) 등록 : 식품제조·가공업(주류 제조는 식품의약품안전처장), 식품첨가물제조업

## 20 해설

급속 동결을 실시할 경우, 빙결정생성대 통과시간을 짧게 하여 다수의 작은 빙결정이 균일하게 분산되어 있어 조직 손상 및 드립 발생이 적어짐에 따라 품질 저하가 적다.

# 2020 4·5회 식품안전기사 실기

[본 문제는 수험자의 기억에 의해 복원된 것으로 실제 시험과 차이가 있을 수 있습니다]
[(舊)식품기사에서 (現)식품안전기사로 변경되었습니다]

**01** 다음은 건식회화법에 대한 설명이다. 빈칸을 채우시오.

> 시료 (5~20g)을 도가니, 백금접시에 취해 건조하여 (①)시킨다음 450°C에서 (②)한다. (②)가 잘 되지 않으면 일단 식혀 질산(1+1) 또는 50% 질산마그네슘용액 또는 질산알루미늄 40g 및 질산칼륨 20g을 물 100mL에 녹인액 2~5mL로 적시고 건조한 다음 (②)를 계속한다. 회화가 불충분할 때는 위의 조작을 1회 되풀이하고 필요하면 마지막으로 질산 (1+1) 2~5mL를 가하여 완전하게 (②)를 한다. (②)가 끝나면 (③)을 희석된 (④)으로 일정량으로 하여 시험용액으로 한다.

**02** 단백질 2g을 채취하여 킬달법을 통해 질소함량을 구했을 때 40mg이었다. 이때 단백질의 함량을 구하시오. (질소계수는 6.25)로 한다.

**03** 세균, 효모, 곰팡이를 자외선을 이용하여 살균 할 때 조사 시간이 짧은 것부터 긴 순서대로 쓰시오.

**04** 초기농도에서 균을 99.9% 감소하는데 0.72분이 걸렸다. $10^{-12}$로 감소하는데 걸리는 시간은?

**05** 포도당(MW 180) 10%, 비타민 C (MW 176) 5%, 전분 (MW 3,000,000) 40%, 물 45%를 함유한 식품이 있다. 이상유체라고 가정했을 때 이 식품의 수분 활성도를 구하시오. (단, 소수 셋째자리에서 반올림하여 둘째자리까지 구하시오.)

**06** TPA(Texture Profile Analysis)를 통해 텍스처를 분석할 때 경도(Hardness), 응집성(Cohesiveness), 탄력성(Elasticity), 부착성(Adhesive)의 특성을 쓰시오.

**07** 육류를 도축하였을 때, 육류의 색소를 나타내는 성분과 철의 상태, 육류의 색을 쓰시오

| | 육류의 색소 성분 | 철의 상태 | 육류의 색 |
|---|---|---|---|
| (1) | 디옥시미오글로빈(Deoxymyoglobin) | | |
| (2) | 옥시미오글로빈(Oxymyoglobin) | | |
| (3) | 메트미오글로빈(Metmyoglobin) | | |

**08** 기체크로마토그래피의 효율(Efficiency)이 높은 것에 ○ 표시 하시오.

- 컬럼의 길이를 (짧게/길게)
- 컬럼의 내경을 (좁게/넓게)
- 필름의 두께를 (얇게/두껍게)

**09** 허셀-버클리 모델에 따르면 빙햄유체는 $\tau = \kappa \dot{\gamma}^n + \tau_0$의 식을 갖는다. 전단응력($\tau$), 항복응력($\tau_0$), 전단속도($\dot{\gamma}$), 유동 지수(n)일 때 뉴턴유체, 딜레이턴트유체, 빙햄유체, 슈도플라스틱유체를 항복응력($\tau_0$)과 유동 지수(n)를 이용하여 나타내시오. (단, 예시대로 "n=1 이며, $\tau_0$ < 0인 유체"라고 작성)

**10** HACCP의 프로그램 관리를 위한 PP(Pre-requisite Program, 선행 요건 프로그램)에 해당하는 GMP 및 SSOP에 대해서 쓰시오.

**11** 품질유지기한 표시 대상 식품에 해당하는 식품 5가지를 쓰시오.

**12** 미생물 시험에서 최확수법과 표시방법을 적으시오.

**13** 아래 자료는 관능검사 중 어떤 검사법이다. 해당 검사법의 목적과 최소 패널수를 쓰시오.

| 설문지 |
|---|
| 시료 R을 먼저 맛 본 후에 두 시료를 오른쪽에서 왼쪽 순으로 두신 후 다음 질문에 답해주시기 바랍니다. |
| 1. 기준 검사물 R과 같다고 생각되는 것에 V표 해주시기 바랍니다. |
|         317        941 |
|         (  )      (  ) |

**14** 식품의 기준 및 규격에서 아래와 같은 것들을 대분류, 중분류, 소분류로 나타냈을 때 괄호 안에 알맞은 말을 쓰시오.

> (1) (　　) : 제5. 식품별 기준 및 규격에서 대분류하고 있는 음료류, 조미식품 등을 말한다.
> (2) (　　) : (1)에서 분류하고 있는 다류, 과일·채소류음료, 식초, 햄류 등을 말한다.
> (3) (　　) : (2)분류하고 있는 농축과·채즙, 과·채주스, 발효식초, 희석초산 등을 말한다.

**15** 열교환기에 90℃의 뜨거운 물을 2000kg/hr 속도로 통과시키고 반대 방향에서 20℃의 식용유를 4500kg/hr 의 속도로 투입시켰다. 물이 40℃로 냉각될 때 배출되는 식용유의 온도를 Input=Output을 활용하여 계산하시오. (단, 식용유의 열용량(CP)은 0.5 kcal/kg·℃이며 소수점 첫째 자리로 답하시오)

**16** 식품 중에 퓨란(Furan)이 생성되는 주요경로와 제품 중 거의 잔류 되지 않는 이유를 설명하시오.

**17** 다음은 트랜스지방에 대한 설명이다. 빈칸에 알맞은 말을 쓰시오.

> 트랜스지방 0.5g 미만은 "0.5g 미만"으로 표시할 수 있으며, (　　　)g 미만은 "0"으로 표시할 수 있다.

**18** 전분의 공정에 대한 설명이다. 빈칸에 알맞은 말을 쓰시오.

> 전분의 산, 효소 당화과정 중 분해되어 생성되는 중간생성물 ( ① )이 알파아밀라아제 효소로 인해 점도가 작게 되는 공정은 ( ② )이고, Glucoamylase에 의해 포도당이 형성되는 공정 이름은 ( ③ )이다.

**19** 돼지를 도축한 뒤 사후경직이 이후에 스트레스로 인해 PSE가 발생했을 경우 이 육류의 pH와 특징 3가지를 서술하시오. (pH는 범위나 수치로 표시)

**20** 그람염색에 사용되는 시약의 사용 순서를 쓰시오.

> 크리스탈 바이올렛, 사프라닌, 알코올, 요오드 용액

## [2020년 4·5회 해설 및 정답]

**01** **해설**

① 탄화 / ② 회화 / ③ 회분 / ④ 질산

**02** **해설**

$$\frac{40[mg]}{2[g] \times 1000[mg/g]} \times 100 \times 6.25 = 12.5[\%]$$

답 : 12.5 %

**03** **해설**

( 세균 ) < ( 효모 ) < ( 곰팡이 )

**04** **해설**

D값의 정의 : 세균 수 90% 감소($10^{-1}$ 잔존) 에 소요되는 시간
99.9% 감소($10^{-3}$ 잔존)에는 3D 소요, 99.9999999999% 감소($10^{-12}$ 잔존)에는 12D 소요됨
3D = 0.72
12D = 3D × 4 = 0.72 × 4 = 2.88
답 : 2.88분

**05** **해설**

$$A_w = \frac{\frac{45}{18}}{\frac{10}{180} + \frac{5}{176} + \frac{40}{3000000} + \frac{45}{18}} = 0.96500504 \cdots \approx 0.97$$

답 : 0.97

## 06 해설

(1) 경도 : 시료의 단단함을 나타내며, 압축 시 최고 피크 지점으로 나타난다. 경도가 클수록 시료가 단단하다고 해석할 수 있다.
(2) 응집성 : 식품 내부 결합력의 크기. 씹는 작용을 모사하여 측정한 양의 방향 면적을 연이어 두 번 측정한 뒤, 그 면적 비율로 나타낸다. 2차적 요소 3가지(파쇄성, 저작성, 껌성)로 세분화할 수 있다.
(3) 탄력성 : 시료에 가해진 힘을 제거한 뒤, 처음 상태로 되돌아오는 성질. 씹는 작용을 모사하여 시점부터 피크까지의 시간을 두 번 측정한 뒤, 처음 시간대비 두 번째 시간의 비율로 나타낸다.
(4) 부착성 : 한 물질의 표면에서 부착된 타 물질을 떼어내는 데 필요한 힘의 크기. 탐침(Probe)에 시료를 부착시킨 뒤, 떼어낼 때 측정한 음의 방향 면적으로 나타낸다.

## 07 해설

|  | 육류의 색소 성분 | 철의 상태 | 육류의 색 |
|---|---|---|---|
| (1) | 디옥시미오글로빈(Deoxymyoglobin) | $Fe^{2+}$ | 보라색 |
| (2) | 옥시미오글로빈(Oxymyoglobin) | $Fe^{2+}$ | 빨간색 |
| (3) | 메트미오글로빈(Metmyoglobin) | $Fe^{3+}$ | 갈색 |

## 08 해설

• 컬럼의 길이를 (짧게/길게) : 길게
• 컬럼의 내경을 (좁게/넓게) : 좁게
• 필름의 두께를 (얇게/두껍게) : 얇게

(1) 컬럼의 길이가 길어지면 Efficiency(효율, 봉우리가 뾰족한 정도)과 Resolution(분리능, 두 물질 간의 분리 정도)이 증가하나, 분석 시간이 길어지고,
    내압이 커지며 비용이 많이 든다.
(2) 컬럼의 내경이 좁으면 짧은 분석시간에 큰 효율과 큰 분리능을 얻을 수 있으나, Capacity(최대 용량)가 낮고, 내압이 증가하며, Flow rate(유속)가 감소한다.
(3) 필름의 두께가 얇으면 짧은 Retention time(머무름 시간) 동안 높은 분리능을 얻을 수 있으며, 보다 높은 온도에서도 낮은 Bleeding(컬럼 내 고정상 녹아내림)이 발생하나, 낮은 Inertness(불활성도)와 낮은 Capacity를 갖는다. 열에 약한 물질, 높은 끓는점을 갖는 시료에 적합하다.
cf) 용질의 k(머무름 인자, 컬럼 안에 시료가 머무는 정도)에 따른 온도 및 필름 두께 선택
    k<5(빨리 용출) : 두께 증가 및 온도 감소 시 Resolution 증가함
    k>5(늦게 용출) : 두께 감소 및 온도 증가 시 Resolution 증가함

## 09 해설

(1) 뉴턴 유체 : $n = 1$이며, $\tau_0 = 0$인 유체
(2) 딜레이턴트 유체 : $n > 1$이며, $\tau_0 = 0$인 유체
(3) 빙햄유체 : $n = 1$이며, $\tau_0 > 0$인 유체
(4) 슈도플라스틱 유체 : $0 < n < 1$이며, $\tau_0 = 0$인 유체

## 10 해설

(1) GMP
Good Manufacturing Practice. 우수건강기능식품제조 및 품질관리기준.
우수건강기능식품 제조 및 품질관리, 위생적인 식품 생산을 위한 시설·설비 요건 및 기준, 건물의 위치, 시설·설비의 구조 등에 관한 기준

(2) SSOP
Sanitation Standard Operating Procedure. 일반적인 위생 관리 운영 기준.
식품 취급 중 외부로부터 위해요소가 유입되는 것을 방지하기 위한 조치들을 규정한 것으로 영업장, 종업원, 용수, 보관 및 운송, 검사, 회수관리 등의 운영 절차 기준

## 11 해설

(1) 통·병조림식품
(2) 레토르트식품
(3) 당류 – 당시럽류, 올리고당류(올리고당, 올리고당가공품), 포도당, 과당류(과당, 기타과당), 엿류(물엿, 기타엿, 덱스트린)]
(4) 잼류 – 잼, 기타잼
(5) 음료류 – 고체식품(다류에 한함), 멸균한 액상제품
(6) 장류 – 한식간장, 양조간장, 산분해간장, 효소분해간장, 한식된장, 된장, 고추장, 춘장, 청국장, 혼합장, 기타장류
(7) 조미식품 – 식초, 멸균한 카레(커리)제품
(8) 절임류 또는 조림류 – 조림식품 중 멸균하지 아니한 제품 제외(유통기한)
(9) 주류 – 맥주
(10) 농산가공식품류 – 밀가루류(밀가루, 영양강화밀가루), 전분(전분, 전분가공품)
(11) 수산가공식품류 – 젓갈류
(12) 벌꿀 및 화분가공품류 – 벌꿀류(벌집꿀, 사양벌집꿀, 사양벌꿀)
중 택 5

## 12

**해설**

(1) 최확수법 정의

MPN(Most Probable Number)법, 이론상 가장 가능한 수치를 말하며 동일 희석배수의 시험용액을 배지에 접종하여 세균의 존재 여부를 시험하고 그 결과로부터 확률론적인 세균의 수치를 산출하여 이것을 최확수(MPN)로 표시하는 방법, 단위는 MPN/g 또는 MPL/mL로 한다.

(2) 표시방법

연속한 3단계 이상의 희석시료(10, 1, 0.1 또는 1, 0.1, 0.01 또는 0.1, 0.01, 0.001)를 각각 5개씩 또는 3개씩 발효관에 가하여 배양 후 얻은 결과에 의해 세균 수를 표시한다. 이미 작성된 표를 이용할 경우, 유효숫자에 맞춰 MPN값을 읽어주되 5개 모두 양성이 나온 최대 희석량의 농도와 5개 모두 음성이 나온 최소 희석량의 농도 범위 내에서 산정한다.

[참고]

1. 식품공전상 세균별 기준
(1) 일반세균 : 현재 기준 없음
(2) 대장균군 : 1mL 또는 1g
(3) 대장균
  1) 제 1법 : 1mL 또는 1g
  2) 제 2법 : 100g

2. Thomas의 MPN 근사식

$$\text{MPN}(\text{MPN/g 또는 MPN/mL}) = \frac{[\text{양성 시험관 개수}]}{\sqrt{[\text{음성 시험관 접종 부피}] \times [\text{전체 접종 부피}]}}$$

(1) MPN 표가 없을 때 사용
(2) 5개 시험관을 대상으로 실험했을 때, 5개 전부 양성 반응이 나온 접종량은 계산에서 제외한다.
(3) 분모 단위가 100mL(또는 g) 기준으로 계산한 경우, 주어진 값에 100을 곱한다.
(4) 최대 접종량이 MPN표와 10n 배 차이가 날 경우, 10n 을 나누어준다.
(5) 예시

| 시험용액 접종량 | 0.1mL | 0.01mL | 0.001mL | MPN/g(mL) |
|---|---|---|---|---|
| 양성관 개수 | 5 | 2 | 1 | 70 |

$$\frac{MPN}{(\text{MPN/g 또는 MPN/mL})} = \frac{[\text{양성 시험관 개수}]}{\sqrt{[\text{음성 시험관 접종 부피}] \times [\text{전체 접종 부피}]}}$$

$$= \frac{(0+2+1)}{\sqrt{(0.1 \times 0 + 0.01 \times 3 + 0.001 \times 4) \times (0.055)}} = 69.37459351 \cdots \approx 70$$

## 13 해설

(1) 검사법 : 일-이점검사
(2) 목적 : 기준 검체와 주어진 검체 사이의 차이 또는 유사성 여부 검사,
기준 검체(정기적 생산 검체 등)가 평가원에게 잘 알려져 있는 경우 및 삼점검사가
적합하지 않은 경우에 적용
(3) 최소패널수 : 12명(차이가 큰 경우) / 20~40명(차이가 보통인 경우) / 50~100명(차이가 작은 경우)

## 14 해설

(1) ( 식품군 ) : 제5. 식품별 기준 및 규격에서 대분류하고 있는 음료류, 조미식품 등을 말한다.
(2) ( 식품종 ) : (1)에서 분류하고 있는 다류, 과일·채소류음료, 식초, 햄류 등을 말한다.
(3) ( 식품유형 ) : (2)분류하고 있는 농축과·채즙, 과·채주스, 발효식초, 희석초산 등을 말한다.

## 15 해설

$1[\text{kcal/kg}\cdot°C] \times 2000[\text{kg}] \times (90-40)[°C] = 0.5[\text{kcal/kg}\cdot°C] \times 4500[\text{kg}] \times (T-20)[°C]$

$$T = \frac{1[\text{kcal/kg}\cdot°C] \times 2000[\text{kg}] \times (90-40)[°C]}{0.5[\text{kcal/kg}\cdot°C] \times 4500[\text{kg}]} + 20[°C]$$

$= 64.444444\cdots \approx 64.4[°C]$

답 : 64.4°C

## 16 해설

(1) 주요 경로 : 무색, 휘발성의 액체로 일반적인 조리 과정이나 가열처리 제품(커피, 빵, 조리된 가금류, 통조림 식품 등)에서 자연스럽게 생성됨
(2) 잔류되지 않는 이유 : 고휘발성 유기물질로, 열을 가하는 식품의 제조가공 과정에서 일부 생성된다 하더라도 대부분 휘발되므로 식품에 남아있지 않게 되어 최종제품에는 일반적으로 문제가 되지 않는다.

## 17 해설
답 : ( 0.2 ) g

## 18 해설
① : 덱스트린 / ② : 액화 / ③ : 당화

## 19 해설
(1) pH : pH 5.4 미만(정상 돈육 pH 범위는 5.4~5.8)
　　　　 급속한 해당과정으로 인한 젖산 축적 및 심부 온도 증가에 의한 단백질 변성이 원인
(2) 특징
　① Pale, 등심부와 대퇴부의 육색이 연하고 창백함
　② Soft, 근육이 무르고 탄력이 없음
　③ Exudative, 보수력 및 결착력이 낮아 육즙이 많이 삼출됨

## 20 해설
( 크리스탈 바이올렛 ) → ( 요오드 용액 ) → ( 알코올 ) → ( 사프라닌 )

# 2021 1회 식품안전기사 실기

[본 문제는 수험자의 기억에 의해 복원된 것으로 실제 시험과 차이가 있을 수 있습니다]
[(舊)식품기사에서 (現)식품안전기사로 변경되었습니다]

**01** 분말 식품 제조 후, 이를 100mesh의 체에 쳐서 정제한다. 1 inch$^2$ 에 들어가는 체눈의 개수가 몇 개인지 계산과정과 답을 보이시오.

**02** 다음 영양성분 표를 보고, 다음 항목을 채우시오.(단, 모든 계산은 정수로 답하시오.)

| 영양성분 | | |
|---|---|---|
| 1회 제공량 1개(90g) | | |
| 총 1회 제공량 1개(90g) | | |
| 1회 제공량당 함량 | | %영양소 기준치 |
| 열량 | ① | – |
| 탄수화물 | 46g | ② |
| 　　당류 | 23g | – |
| 　　에리스리톨 | 1g | |
| 　　식이섬유 | 5g | 20% |
| 단백질 | 5g | 8% |
| 지방 | 9g | 18% |
| 　　포화지방 | 2.5g | 17% |
| 　　트랜스지방 | 0g | – |
| 콜레스테롤 | 80mg | 27% |
| 나트륨 | 150mg | 8% |
| %영양소기준치 : 1일영양소기준치에 대한 비율 | | |

(1) 총 열량을 계산하시오.
(2) 탄수화물의 %영양소기준치를 계산하시오.(단, 탄수화물의 영양소 기준치는 324g이다.)
(3) "식품등의 표시기준"에 의거하면, 저지방의 기준은 무엇인가?

**03** 물 1kg를 20℃ 에서 –20℃ 로 냉각시킨다. 이 때 필요한 냉동부하(kJ)를 계산하시오.(단, 동결잠열은 : 79.6 kcal/kg이며, 얼음의 비열은 : 0.505 kcal/kg·℃ 이다.)

**04** 특수용도의료식품의 정의를 쓰고, 만일 어떤 식품 A의 섭취목적이 특정 영양소(비타민, 무기질)의 섭취나, 생리활성기능증진의 목적이라면, 이 식품은 특수용도의료식품이라 말할 수 있는지의 근거 여부 및 이유를 쓰시오.

1) 특수의료용도식품의 정의
2) A의 특수의료용도식품 가능 여부

**05** 다음은 식품위생법 시행규칙 제50조(영업에 종사하지 못하는 질병의 종류)의 전문이다. 다음을 채우시오.

> 식품위생법 제40조제4항에 따라 영업에 종사하지 못하는 사람은 다음의 질병에 걸린 사람으로 한다.
> 1. 「감염병의 예방 및 관리에 관한 법률」 제2조제3호가목에 따른 ( ① )(비감염성인 경우는 제외한다)
> 2. 「감염병의 예방 및 관리에 관한 법률 시행규칙」 제33조제1항 각 호의 어느 하나에 해당하는 감염병
> 3. ( ② ) 또는 그 밖의 ( ③ ) 질환
> 4. 후천성면역결핍증(「감염병의 예방 및 관리에 관한 법률」 제19조에 따라 성매개감염병에 관한 건강진단을 받아야 하는 영업에 종사하는 사람만 해당한다)

06  전수분량이 69.6%인 돼지고기를 원심분리하였더니, 유리수가 22.4%였음을 확인하였다.
   1) 이 식육의 결합수의 함량을 계산하시오.
   2) 이 식육의 보수력을 계산하시오.

07  5% 설탕물 1kg을 25%로 농축하려고 한다. 이 때 증발시켜야할 물의 양을 물질수지식을 이용해 계산하시오.
   1) 물질수지식
   2) Pearson's square

08  관능검사시 아래 문항에 해당하는 각각의 척도를 쓰시오.

   명목척도, 서수척도, 간격척도, 비율척도

   1) 과일을 종류별로 분류했다.
   2) 토스트를 구운 색이 진한 순서대로 늘어놓았다.
   3) 설탕물 한 곳에서 농도가 더 높았다.
   4) 커피 한쪽에서 휘발성분이 2배가 높았다.

09  다음에 조류가 가지고 각각의 색소를 1가지씩만 쓰시오.
   1) 녹조류
   2) 규조류
   3) 홍조류

**10** 식품의 품질을 유지하기 위한 비가열 살균법 3가지를 쓰시오.

**11** 홀 슬라이드 글래스(Hole-slide glass)를 이용하여 미생물을 배양하는 법의 명칭과 목적을 쓰시오.

**12** L-글루탐산을 생산하는 균주의 미생물 속명을 1개만 쓰고, 균주 배양 시 페니실린을 넣어주는 이유를 쓰시오.

**13** 전단속도가 $100s^{-1}$로 측정된 유체의 전단응력을 구하시오.
(단, 유체의 점도는 $10^{-3}$ Pa·s(1 centipoise)이다.)

**14** 유지를 고온가열 하면 일어나는 변화를 쓰시오.
1) 물리적 변화 2가지
2) 화학적 변화 2가지

**15** 다음의 표가 있다. 물음에 답하시오.

> 농약잔류허용기준 설정은 식품을 통해서 평생 매일 먹어도 인체에 아무런 영향을 주지 않는 수준에서 설정하며 안전수준 평가는 ADI 대비 TMDI 값에 80%를 먹지 않아야 안전한 수준이다.

1) ADI의 정의
2) TMDI의 정의

**16** 가수분해 시, 티오글루코시네이스(Thioglucosidase)의 작용으로 전구체에서 변화되어 매운 맛이 발현되는 식품 2가지를 쓰시오.

**17** 식품에 냉동화상(Freeze burn)이 일어나면 식품 표면에 다공성 건조막이 형성되는 이유를 쓰시오.

**18** 상압 및 감압건조 시 시료를 전처리하는 과정이다.

1) 고체 시료를 파쇄하는 이유를 쓰시오.
2) 액체 시료에 해사(정제)를 넣는 이유를 쓰시오.

**19** 미생물 검체 채취 시, 드라이아이스를 사용하면 안되는 이유를 쓰시오.

**20** 육조직인 콜라겐(Collagen)을 뜨거운 물로 가열시 변화되는 물질/성분을 쓰고, 그 성분이 각각 뜨거운물과 찬물에서 존재하는 상태를 쓰시오.

1) 변화되는 물질
2) 뜨거운 물에서 존재할 시
3) 차가운 물에서 존재할 시

## ◎ [2021년 1회 해설 및 정답]

### 01 해설

- mesh : 입도(입자의 크기)의 단위, 1inch 길이 안에 체 눈의 개수가 몇 개인지 나타내며, mesh 단위가 클수록 체눈이 더 많이 들어가므로 입도가 작다.

  100 × 100 = 10000 [개]

### 02 해설

(1) 총 열량을 계산하시오.

Atwater 계수(kcal/g, 1kcal=4.184J) : 각 영양소의 생리적 영양가,
[불소화율(당질 2%, 지질 5%, 단백질 8%) 및 불연소율(단백질 23%) 고려한 결과치]

1) 탄수화물 : 4 kcal/g, 타가토스 : 1.5 kcal/g
2) 당알코올 : 2.4 kcal/g, 에리스리톨 : 0 kcal/g
3) 식이섬유 : 2 kcal/g
4) 단백질 : 4 kcal/g
5) 지방 : 9 kcal/g
6) 알코올 : 7 kcal/g
7) 유기산 : 3 kcal/g

(46 − 1 − 5) × 4 + 1 × 0 + 5 × 2 + 5 × 4 + 9 × 9 = 271 [kcal]

2) 탄수화물의 %영양소기준치를 계산하시오.(단, 탄수화물의 영양소 기준치는 324g이다.)

$$\frac{46}{324} \times 100 = 14.19753086 \cdots \approx 14 [\%]$$

3) "식품등의 표시기준"에 의거하면, 저지방의 기준은 무엇인가?

식품 100g당 3g 미만 또는 식품 100mL당 1.5g 미만일 때

### 03 해설

{1[kg]×(1[kcal/kg·°C]×20[°C]+79.6[kcal/kg]+0.505[kcal/kg·°C]×20[°C]}×4.184[kJ/kcal]

= 458.9848... ≈ 458.98 [kJ]

cf) 4.1858로 계산 시 459.18226

## 04 해설

1) 특수의료용도식품의 정의
   - 정상적으로 섭취, 소화, 흡수 또는 대사할 수 있는 능력이 제한되거나 질병, 수술 등의 임상적 상태로 인하여 일반인과 생리적으로 특별히 다른 영양요구량을 가지고 있어 충분한 영양공급이 필요하거나 일부영양성분의 제한 또는 보충이 필요한 사람에게 식사의 일부 또는 전부를 대신할 목적으로 경구 또는 경관급식을 통하여 공급할 수 있도록 제조·가공된 식품.
   - 질환별 영양요구 특성에 맞게 단백질, 지방, 탄수화물, 비타민, 무기질 등의 영양성분 함량을 조절하는 등의 방법으로 제조·가공하여 환자의 식사관리 편리를 제공하는 식사 대체 목적의 일반식품이며 질병의 예방 치료 경감을 목적으로 하는 제품은 아니다.

2) 어떤 식품 A의 섭취목적이 특정 영양소 (비타민, 무기질)의 섭취나, 생리활성기능증진의 목적이라면, 이 식품은 특수용도의료식품이라 말할 수 있는지의 근거 여부 및 이유를 쓰시오.
   : 불가능. 특정 영양성분(비타민, 무기질 등) 섭취 목적은 의약품·건강기능식품에 해당하며, 생리활성증진(혈행개선, 노화예방, 피로해소 등) 목적은 의약품, 건강기능식품에 해당한다.
   (그 외 특수의료용도식품에 해당하지 않는 경우)
   - 질병의 치료나 예방 목적 : 의약품
   - 특정 성분 강화 또는 제거(고칼슘, 무유당 등) : 건강기능식품, 일반식품(영양강조표시)
   - 일반적 식습관 개선(저염, 저당 등) : 일반식품(영양강조표시)
   - 특정 성분을 함유한 일반식품(DHA-고등어 등)이 이와 관련된 질병(뇌질환 등)의 관리에 효과가 있는 것으로 표방하는 것

## 05 해설

① : 결핵
② : 피부병
③ : 화농성(化膿性)

## 06 해설

1) 결합수 함량
   $69.6 - 22.4 = 47.2[\%]$

2) 보수력
   $$보수력 = \frac{결합수함량}{총\ 수분함량} \times 100 = \frac{69.6 - 22.4}{69.6} \times 100 = 67.8160919\cdots \approx 67.82[\%]$$
   cf) $보수력 = \frac{유리수함량}{결합수함량} \times 100 = 47.45762712\cdots \approx 47.46[\%]$ (근거 부족)

## 07 해설

1) 물질수지식

$$x[kg] = \frac{(25-5)[\%]}{(5-0)[\%]} \times (1-x)[kg]$$

$$5x = 20 - 20x$$

$$x = \frac{20}{25} = 0.8[kg]$$

2) Pearson's square

```
25        5        탈수한 물의 양
     5
0         20
```

$$x = \frac{20}{5+20} \times 1 = 0.8[kg]$$

## 08 해설

1) 과일을 종류별로 분류했다. : 명목척도
2) 토스트를 구운 색이 진한 순서대로 늘어놓았다. : 서수척도
3) 설탕물 한 곳에서 농도가 더 높았다. : 간격척도
4) 커피 한쪽에서 휘발성분이 2배가 높았다. : 비율척도

> □ 참고
> **척도의 분류**
> (1) 명목척도
>   1) 단순한 범주를 구분하기 위한 의미
>   2) 숫자나 기호로 구분하는 것
>   3) 가장 낮은 수준의 측정으로 변수의 속성(대수, 과소)를 알 수 없음
>   4) 각 범주들은 상호배타적(서로 다른 범주에 동시포함 안됨)이고 포괄적(하나의 범주에는 반드시 포함)이어야 함
>   5) 연산 : =, ≠
>
> (2) 서열척도
>   1) 대상의 속성에 서열(순서)가 있고, 수치의 크기에 따라 순서를 정할 수 있음
>   2) 수치 간의 차이가 가지는 의미는 없음
>   3) 연산 : =, ≠, >, ≧, <, ≦
>
> (3) 등간척도(간격척도)
>   1) 대상의 속성에 서열이 존재하고, 간격이 일정함
>   2) 수치값 간의 차이를 의미있게 해석할 수 있음
>   3) 평균, 표준편차 산출은 가능하나, 수치 간의 비율은 의미없음
>   4) 절대영점이 존재하지 않음
>   5) 연산 : =, ≠, >, ≧, <, ≦, +, -
>
> (4) 비율척도
>   1) 단순한 범주를 구분하기 위한 의미
>   2) 수치 값 간의 비를 의미있게 해석할 수 있음
>   3) 연산 : =, ≠, >, ≧, <, ≦, +, -, ×, ÷

## 09 해설

1) 녹조류
   Chlorophyll(엽록소) a, Chlorophyll b, Carotene, Xanthophyll
2) 규조류
   Chlorophyll a, Chlorophyll c, 규조소(Diatomin, Diatoxanthin, Phycoxanthin)
3) 홍조류
   Chlorophyll a, Chlorophyll d, 홍조소(Phycoerythrin), 남조소(Phycocyanin)

## 10 해설

방사선 조사, 전자선 조사, 자외선 조사, 고주파 조사, 펄스 전기장, 초음파 처리, 초고압 처리, 진동 자기장, 여과 제균 중 택 3

## 11 해설

- 명칭
  현적 배양법(Hanging-drop method)
- 목적
  현미경으로 관찰하여 맥주 효모 등 단 1종의 세포가 든 방울을 확인한 뒤, 이를 무균 배지에 옮겨 순수 배양할 목적으로 이용함

## 12 해설

- 미생물 속명
  *Corynebacterium* 속, *Microbacter* 속, *Brevibacterium* 속 중 택 1
- 페니실린을 넣어주는 이유
  증식한 세균의 세포벽을 약화시켜 L-MSG의 투과율 및 생산 수율을 높인다.

## 13 해설

$\tau = 10^{-3}[Pa.s] \times 100[s^{-1}] = 0.1[Pa]$

## 14 해설

1) 물리적 변화 2가지
   점도가 높아짐, 색이 탁해짐
2) 화학적 변화 2가지
   지방 산화, 이중결합 배열 변화(cis형 감소 및 trans형 및 conjugation 증가), 중합반응 등

## 15 해설

1) ADI의 정의
   Acceptable Daily Intake, 일일섭취허용량
2) TMDI의 정의
   Theoretical Maximum Daily Intake, 이론적 일일 최대 섭취량

## 16 해설

겨자, 고추냉이, 무, 배추, 양배추 등 Glucosinolate를 Isocyante류로 전환시킴

## 17 해설

식품 표면에 있는 수분이 냉동 후 승화하면서 많은 공극을 남기고, 이 때 산소와의 접촉 가능한 표면적이 넓어지면서 식품의 산화가 발생, 이에 따라 품질 저하가 발생한다.

## 18 해설

1) 고체 시료를 파쇄하는 이유를 쓰시오.
   시료의 표면적을 넓혀 건조를 빠르게 하기 위해서이다.
2) 액체 시료에 해사(정제)를 넣는 이유를 쓰시오.
   건조과정에서 수분의 이동을 방해하는 피막이 형성되는 것을 막고 표면적을 넓혀 건조를 빠르게 하기 위해서이다.

## 19 해설

검체가 냉동되어 변질될 수 있기 때문이다.

## 20 해설

1) 변화되는 물질 : Gelatin
2) 뜨거운 물에서 존재할 시 : Sol
3) 차가운 물에서 존재할 시 : Gel

# 2021 2회 식품안전기사 실기

**01** 다음은 OH⁻ 첨가에 따른 Glycine의 pH 변화를 나타낸 곡선이다. Glycine의 화학식은 H₂N-CH₂-COOH 형태로 표기한다. 이 때, 점 B와 점 D에 해당하는 이온의 형태를 화학식으로 나타내시오.

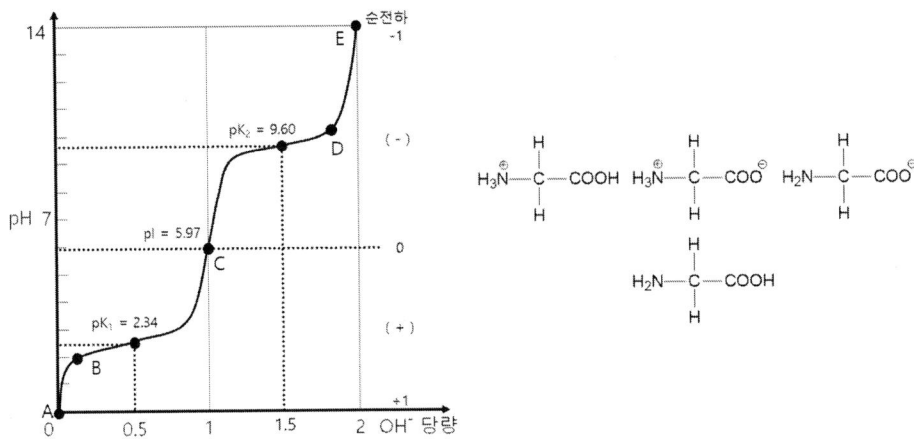

**02** 대장균군 및 대장균 정성시험에서 가스의 발생 여부를 확인하기 위해 시험관에 넣는 기구는 무엇인가?

**03** 설탕 농도가 60%인 수용액의 수분활성도를 계산하시오.

**04** 1 Batch 당 200kg을 수용할 수 있는 배양기가 있는데, 이 배양기는 원료의 제조에서부터 살균, 청소까지 하는데 걸리는 시간을 약 40분으로 본다. 하루에 배양기에서 나와야 할 양은 총 11톤을 생산해야만 한다. 하루 8시간을 가동한다고 가정했을 때, 가동해야할 배양기의 수는 몇 대인가?

**05** 자외선 살균 시, 곰팡이, 세균, 효모 세 종의 미생물을 멸균에 필요한 조사 시간이 짧은 순서대로 배열하시오.

**06** 유지시료 5.6g의 산가를 측정할 때 0.1N KOH 소비량은 1.1mL, 대조군 소비량은 1.0 mL이다. 이때 0.1N KOH를 표정하기 위해 안식향산 0.244g을 취해 에테르-에탄올에 녹여 적정하는데 20mL이 소비되었다. 0.1N KOH의 Factor값을 구하고 산가를 계산하시오. 이 때, 표정에 사용한 안식향산의 시성식은 $C_6H_5COOH$이다.

**07** 알코올 발효를 하는 데 주로 효모를 사용한다.
(1) 이 때 효모에 의한 알코올 발효의 반응식을 작성하시오.
(2) 포도당 100kg을 기질로 사용할 때, 이론상 생성 가능한 에틸알코올의 양은 몇 kg인가?

**08** 다음 보기에 제시된 식품 중 장기보존식품의 기준 및 규격에 해당하는 식품을 모두 적으시오.

> 냉동식품, 초콜릿, 주정, 레토르트식품, 식초, 통·병조림식품

**09** 식육(제조, 가공용원료는 제외한다), 살균 또는 멸균처리하였거나 더 이상의 가공, 가열조리를 하지 않고 그대로 섭취하는 가공식품에서 검출되어서는 안되는 식중독균을 4종류 적으시오.

**10** 다음의 실험 방법 중 옳지 않은 것을 1가지 고르고, 틀린 이유를 적으시오

> A. 몰 농도는 용액 1리터에 녹아있는 용질의 몰수로 나타내는 농도이며, 몰랄농도는 용매 1kg에 녹아있는 용질의 몰수로 나타내는 농도를 말한다.
> B. 질소향에 질소계수를 나누어 조단백질의 양으로 한다.
> C. 칼 피셔(Karl Fisher)법에 의한 수분 정량은 메탄올의 존재 하에 수분을 정량하는 방법이다.
> D. 소모기법은 환원당 정량법 중 구리 시약을 사용하는 용량 분석법이다.
> E. 산가는 유리지방산의 양을 측정하는 것이고, 요오드가는 유지의 불포화도를 측정하는 것이다.

**11** 다음 보기에 제시된 내용 중 빈 칸에 적절한 숫자를 채우시오.

> 100, 700, 2100, 4000, 10000

관 속을 흐르는 유체는 원형 직선관에서 레이놀즈 수가 (1) (    ) (2) (이상 / 이하)이면 층류, (3) (    ) (4) ( 이상 / 이하 ) 이면 난류이다.

**12** D-Glucose에서 두 번째 탄소의 구조가 다른 에피머(Epimer)는 무엇인지 쓰고, 해당 에피머를 Fisher법으로 구조식을 그리시오.

**13** 다음 보기에 제시된 내용 중 빈 칸에 적절한 내용을 채우시오.

> TCA, HMP, EMP

Glucose는 주로 혐기적 분해에 의한 (  ①  ) 경로와 호기적 분해에 의한 (  ②  ) 경로로 대사가 진행되며, 이로 인해 피루브산이 생성된다. 피루브산은 호기적 대사 경로인 (  ③  ) 회로를 거쳐 ATP 생산에 이용된다.

**14** 식품 및 축산물 안전관리 인증기준(HACCP)에 관련된 내용이다. 빈 칸을 채우시오.

> (1) (　　　　　　　)이란, 중요관리점에서의 위해 요소 관리가 허용범위 이내로 충분히 이루어지고 있는지 여부를 판단할 수 있는 기준이나 기준치를 말한다.
> (2) (　　　　　　　)이란, 중요관리점에 설정된 한계 기준을 적절히 관리하고 있는지 여부를 확인하기 위하여 수행하는 일련의 계획된 관찰이나 측정하는 행위 등을 말한다.
> (3) (　　　　　　　)란, 모니터링 결과 중요관리점의 한계 기준을 이탈할 경우에 취하는 일련의 조치를 말한다.
> (4) (　　　　　　　)이란, HACCP 관리 계획의 유효성(Validation)과 실행(Implementation) 여부를 정기적으로 평가하는 일련의 활동으로 적용 방법과 절차, 확인 및 기타 평가 등을 수행하는 행위를 포함한다.

**15** 다음 제시된 표를 보고 식품공전에 의거하여 일반세균의 수를 계산하시오.

| 구분 | 희석배수 | | CFU/mL |
|---|---|---|---|
| | 1:10 | 1:100 | |
| 집락 수 | 14 | 2 | |
| | 10 | 1 | |

**16** 의사나 한의사가 식중독 환자를 진단하였을 때 지체 없이 바로 보고해야 하는 관할 대상을 하나만 쓰시오.

**17** 저온단축(Cold shortening)의 정의와 영향을 서술하시오.

18  Michealis-Menten 방정식에서, $K_m$의 정의를 쓰고, $K_m$이 상대적으로 높을 때와 낮을 때를 들어 이를 비교하여 설명하시오.

19  200mL 우유를 40°C에서 5분간 가열 후 15°C로 냉각시켰다. 이 우유를 비중계에 담았더니 눈금이 31을 가리켰다. 이 때 측정된 우유의 비중을 구하시오.

20  식품공전 상 온도를 표시하는 방법 중 4가지를 쓰시오.

## [2021년 2회 해설 및 정답]

**01** 해설

(1) B : $H_3N^+-CH_2-COOH$
(2) D : $H_2N-CH_2-COO^-$

**02** 해설

- 듀람관(Durham tube)

**03** 해설

$$\frac{\frac{40}{18}}{\frac{40}{18}+\frac{60}{342}} = \frac{38}{41} = 0.9268292683 \cdots \approx 0.93$$

**04** 해설

$$11[t] \times 1000[kg/t] \leq \frac{200[kg/대] \times 8[h] \times 60[min/h] \times x[대]}{40[min]}$$

$$x \geq \frac{11[t] \times 1000[kg/t] \times 40[min]}{200[kg/대] \times 8[h] \times 60[min/h]} = \frac{55}{12} = 4.58333 \cdots \approx 5[대]$$

**05** 해설

- ( 세균 ) < ( 효모 ) < ( 곰팡이 )

## 06

**해설**

안식향산분자량 = 12×6+1×5+12×1+16×2+1 = 122[g/mol]

1) Factor(단, 소수점 아래 셋째자리까지 작성하시오.)

$$1[\text{eq/mol}] \times \frac{0.244[\text{g}]}{122[\text{g/mol}]} = f \times 0.1[\text{eq/L}] \times 0.02[\text{L}], \quad f = 1.000$$

2) 산가

$$\text{산가} = \frac{1.000 \times (1.1 - 1.0) \times 5.611}{5.6} = 0.100196426 \cdots \approx 0.10[\text{mg/g}]$$

## 07

**해설**

(1) $C_6H_{12}O_6 \rightarrow 2C_2H_5OH + 2CO_2$

(2) $x = \dfrac{100[\text{kg}]}{180[\text{g/mol}]} \times 46[\text{g/mol}] \times 2 = 51.11[\text{kg}]$

## 08

**해설**

통·병조림식품, 레토르트식품, 냉동식품

## 09

**해설**

- 살모넬라(*Salmonella* spp.)
- 장염비브리오(*Vibrio parahaemolyticus*)
- 리스테리아 모노사이토제네스(*Listeria monocytogenes*)
- 장출혈성 대장균(Enterohemorrhagic *Escherichia coli*)
- 캠필로박터 제주니/콜리(*Campylobacter jejuni/coli*)
- 여시니아 엔테로콜리티카(*Yersinia enterocolitica*) 중 택 4

## 10 해설

- 틀린 답 : B
- 이유 : 조단백질(%) = 총질소(%) × 질소계수

## 11 해설

(1) 2100
(2) 이하
(3) 4000
(4) 이상

## 12 해설

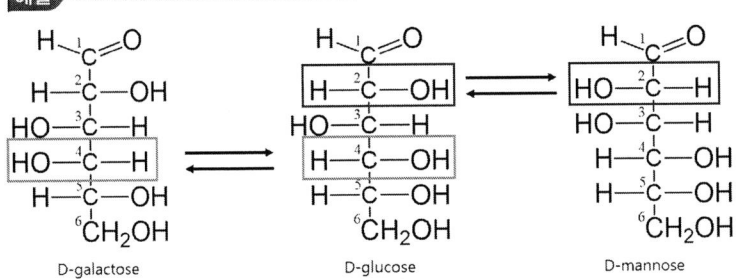

## 13 해설

① EMP
② HMP
③ TCA

## 14 해설

(1) 한계 기준(Critical Limit, CL)
(2) 모니터링(Monitoring)
(3) 개선조치(Corrective Action)
(4) 검증(Verification)

## 15
**해설**

집락 수 $= \dfrac{14+10}{(1\times 2 + 0.1 \times 0) \times 10^{-1}} = \dfrac{24}{0.2} = 120\,[CFU/mL]$

## 16
**해설**

특별자치시장·시장·군수·구청장 중 택 1

## 17
**저온단축(Cold shortening)의 정의와 영향을 서술하시오.**

**해설**

(1) 정의 : 근육 내 ATP가 남아있는 상태에서 도체를 냉동 후 해동할 시, 근육 내 $Ca^{2+}$가 근소포체 내로 흡수되지 못하여 평소보다 과량의 근수축이 발생하는 현상
(2) 영향 : 근육이 심하게 단축하여 현저히 육질이 질겨지는 좋지 않은 상태에 이르게 된다.

## 18
**해설**

효소-기질 친화도를 나타내는 지표로, Michealis-Menten 방정식에서 $V_{max}$의 절반이 되는 기질의 농도(M)로 나타나며, $k_m$ 높을수록 효소-기질 간 친화도가 낮아 해리가 잘 된다.

$$E+S \underset{k_{-1}}{\overset{k_1}{\rightleftharpoons}} ES \overset{k_2}{\rightarrow} E+P$$

$$v = \dfrac{v_{max}[S]}{k_m + [S]},\ k_m = \dfrac{k_{-1}+k_2}{k_1}$$

## 19
**해설**

$1 + \dfrac{31}{1000} = 1.031$

(우유 비중 측정의 표준온도는 15℃, 보정 시 온도차에 0.2를 곱해 보정함)

비중 $= 1 + \dfrac{측정치 + (T[℃]-15)\times 0.2}{1000}$

**20** 해설

(1) 표준온도 : 20°C
(2) 상온 : 15~25°C
(3) 실온 : 1~35°C
(4) 미온 : 30~40°C

# 2021년 3회 식품안전기사 실기

[본 문제는 수험자의 기억에 의해 복원된 것으로 실제 시험과 차이가 있을 수 있습니다]
[(舊)식품기사에서 (現)식품안전기사로 변경되었습니다]

**01** 다음은 식품첨가물 공전 중 식품첨가물 및 혼합제제류의 일반사용기준 전문의 일부이다. 빈 칸에 알맞은 내용을 고르시오.

> 1) 식품 중에 첨가되는 식품첨가물의 양은 물리적, 영양학적 또는 기타 기술적 효과를 달성하는데 필요한 ( 최소량 / 최대량 ) 으로 사용하여야 한다.
> 2) 식품첨가물은 식품제조·가공과정 중 결함있는 원재료나 비위생적인 제조방법을 ( 은폐 / 교정 )하기 위하여 사용되어서는 아니 된다.
> 3) 식품 중에 첨가되는 ( 영양강화제 / 품질개량제 )는 식품의 영양학적 품질을 유지하거나 개선시키는데 사용되어야 하며, 영양소의 과잉 섭취 또는 불균형한 섭취를 유발해서는 아니 된다.

**02** 다음은 감염병 예방 및 관리에 관한 법률(약칭 : 감염병예방법) 전문의 일부이다. 다음 정의에서 설명하는 감염병의 명칭을 쓰고, 그 감염병의 종류를 보기 중에서 3가지 고르시오.

> (        )이란 생물테러감염병 또는 치명률이 높거나 집단 발생의 우려가 커서 발생 또는 유행 즉시 신고하여야 하고, 음압격리와 같은 높은 수준의 격리가 필요한 감염병으로서 다음 각 목의 감염병을 말한다. 다만, 갑작스러운 국내 유입 또는 유행이 예견되어 긴급한 예방·관리가 필요하여 질병관리청장이 보건복지부장관과 협의하여 지정하는 감염병을 포함한다.

[보기]
보툴리눔독소증, 결핵, 콜레라, 파라티푸스, 세균성이질, B형간염, 야토병, 비브리오패혈증, 발진티푸스, 신종인플루엔자, 지카바이러스 감염증, 장관감염증, 엔테로바이러스감염증

**03** 다음은 식품공전 총칙 중 일반원칙에서 제시된 가공식품에 대한 분류이다. 가공식품에 대하여 다음과 같이 ( 1 )(대분류), ( 2 )(중분류), ( 3 )(소분류)으로 분류한다. 빈 칸에 알맞은 말을 채우시오.

> ( 1 ) : '제5. 식품별 기준 및 규격'에서 대분류하고 있는 음료류, 조미식품 등을 말한다.
> ( 2 )에서 분류하고 있는 다류, 과일·채소류음료, 식초, 햄류 등을 말한다.
> ( 3 )에서 분류하고 있는 농축과·채즙, 과·채주스, 발효식초, 희석초산 등을 말한다.

**04** 서로 다른 물컵에 서로 다른 용질 20g이 녹아있다. 각 물컵에 든 용액은 100g이고, 각 컵 안에는 설탕, 소금, 포도당이 들어있다고 했을 때, 수분활성도가 높은 순서대로 표기하시오.

**05** 다음 문제를 읽고 빈 칸을 채운 뒤 물음에 답하시오.

> 물의 증발 원리를 이용한 ( ① ) 방법이 미생물과 효소에 끼치는 영향과 이 방법에 의해 식품의 저장성이 향상되는 이유를 수분활성도와 효소를 포함하여 적으시오.

**06** 잼 제조에서 젤리화에 필요한 3가지 요소와 당도계법을 제외한 젤리점(젤리화의 완성점)을 확인하는 3가지 방법을 쓰시오.

**07** 다음은 기구 및 용기포장 공전의 일부이다. 주어진 보기를 참조하여 빈칸을 채우시오.

[보기]
잔류, 용출, 정량, 정성, 표준, 정제, 추출

기준 및 규격의 구성
가. 이 기준 및 규격은 총칙, 공통기준 및 규격, 재질별 규격, 시험법으로 나눈다.
나. 재질별 규격은 기구 및 용기·포장의 재질을 합성수지제, 가공셀룰로오스제, 고무제, 종이제, 금속제, 목재류, 유리제, 도자기제, 법랑 및 옹기류, 전분제로 구분하여 재질별로 정의, ( 1 ) 규격, ( 2 ) 규격, 시험법으로 구성한다.
  1) 정의는 해당재질의 범위를 규정하기 위해서 제조 시 사용되는 원료물질 및 그 함량, 제조방법 등으로 구성한다.
  2) ( 1 ) 규격 및 ( 2 ) 규격은 기구 및 용기·포장 제조 시 원료물질 등으로 사용되어 재질 중 잔류하거나 재질에서 식품으로 이행될 수 있는 유해물질에 대한규격 등이 제시되어 있다.
  3) 시험법은 공통기준 및 규격, ( 1 ) 규격, ( 2 ) 규격에 기준 또는 규격이 정해져 있는 개별 항목에 대한 시험법이다.
다. 시험법은 일반원칙, 항목별 시험법으로 구성한다.

폴리염화비닐(poly(vinyl chloride) : PVC)
1) 정의
   폴리염화비닐이란 기본 중합체(base polymer) 중 염화비닐의 함유율이 50% 이상인 합성수지제를 말한다.
2) ( 1 ) 규격

| 항목 | 규격(mg/kg) |
|---|---|
| 염화비닐 | 1 이하 |
| 디부틸주석화합물<br>(이염화디부틸주석으로서) | 50 이하 |
| 크레졸인산에스테르 | 1,000 이하 |

3) ( 2 ) 규격

| 항목 | 규격(mg/L) |
|---|---|
| 납 | 1 이하 |
| 과망간산칼륨 소비량 | 10 이하 |

4) 시험방법
   가) 염화비닐 : Ⅳ. 2. 2-16 염화비닐 시험법 가. ( 1 ) 시험
   나) 디부틸주석화합물 : Ⅳ. 2. 2-17 디부틸주석화합물 시험법
   다) 크레졸인산에스테르 : Ⅳ. 2. 2-18 크레졸인산에스테르 시험법

라) 납 : Ⅳ. 2. 2-1 납 시험법 나. (   2   ) 시험
마) 과망간산칼륨소비량 : Ⅳ. 2. 2-7 과망간산칼륨소비량 시험법

## 08
단백질 열변성의 3가지 요인과 열변성에 의한 단백질 변화에 대해 쓰시오.

## 09
식품의 수분함량은 유리전이온도와 관계가 있다. 유리전이온도가 낮을수록 식품은 더 부드러워진다. 이처럼, 수분함량이 증가하면 유리전이온도가 ( 높아진다 / 낮아진다 ).

## 10
다음은 장기보존식품 중 통·병조림식품과 레토르트식품의 공통된 제조·가공기준이다. 다음 빈 칸에 알맞은 내용을 채우시오.

> 통조림과 레토르트 식품의 멸균은 제품의 중심온도가 (  ①  )℃, (  ②  )분간 또는 이와 같은 수준 이상의 효력을 갖는 방법으로 열처리하여야 한다. pH (  ③  )을 초과하는 저산성식품은 제품의 내용물, 가공장소, 제조일자를 확인할 수 있는 기호를 표시하여야 한다.

## 11
다음은 일반세균 수 시험결과를 측정한 값이다. 검체 내의 g당 균수를 계산하시오.

| 구분 | 희석배수 | | CFU/mL |
| --- | --- | --- | --- |
| | 1:100 | 1:1000 | |
| 집락 수 | 232 | 33 | |
| | 244 | 28 | |

**12** 온도에 따라 농도가 감소하는 속도가 달라져 품질 유지 기한이 변하는 식품이 있다. 이 성분이 파괴되는 데 요구되는 활성화 에너지 $E_a$는 3332cal/mol이다. 21℃ 일 때 반응속도상수 k가 0.00157/day 일 때, 25℃일 때의 품질 유지 기한을 구하라. (단, R=1.987cal/mol·K이다. 그리고 식품 성분의 농도가 75%일 때까지를 품질 유지 기한이라고 가정하며, 결과값은 버림하여 정수로 표기한다.)

**13** 다음 액상 식품의 수분활성도를 계산하시오. 조성은 포도당 10%, 지질(주성분 트리팔미틴) 20%, 비타민 C 3%, 비타민 A 1%이며, 나머지는 수분으로 구성되어 있다.(단, 포도당의 분자량은 180, 트리팔미틴의 분자량은 806, 비타민 C는 176, 비타민 A의 분자량은 286이다.)

**14** 70%의 수분 함량을 지닌 식품 1kg이 있다. 이 식품을 건조를 거쳐 함유된 수분의 80%를 제거했다.

(1) 이 때 건조 공정을 통해 제거된 수분량을 구하시오.
(2) 건조 후 남아있는 고체와 남아있는 수분의 무게를 계산하시오.

**15** 어떤 식품을 가열 살균하기 위해 조사한 결과, $D_{150}$ = 3[min], z = 5[℃] 라는 결과가 나왔다.

(1) $D_{150}$ = 3 의 의미를 설명하시오.
(2) z = 5의 의미를 설명하시오.

**16** 시료를 분석하기 앞서 5g의 시료를 10mL로 희석한 뒤, HPLC에 도입·분석하여 피크 폭을 측정하였다. 이 때 측정된 시료의 면적이 50이고, 비교를 위해 표준 시료를 5mg/kg 농도로 도입하여 측정한 면적이 125일 때, 시료의 농도는?

**17** 식품공전에 기재된 일반시험법 중 속슬렛 추출법에 의한 조지방의 함량 계산식을 아래의 문자를 참조하여 작성하시오.

- $W_0$ : 추출 플라스크의 무게(g)
- $W_1$ : 조지방을 추출하여 건조시킨 추출플라스크 무게(g)
- $W_2$ : 조지방을 추출한 직후의 추출플라스크 무게(g)
- $W_3$ : 조지방을 추출하기 전 검체가 든 추출플라스크 무게(g)
- S : 검체의 채취량(g)

**18** 칼슘은 과망간산칼륨용량법으로 정량한다. 과망간산칼륨 용량법은 Ca를 함유하는 용액에 수산염을 첨가해두고, 물에 매우 난용성인 수산칼슘 $CaC_2O_4 \cdot H_2O$로서 침전시키고 이 침전을 $H_2SO_4$에 녹여 용액 내의 수산을 $KMnO_4$ 용액으로 적정하여 정량하는 방법이다. 이 때의 반응식과 정량식은 다음과 같다. 정량식에서 계수 0.4008의 의미를 설명하시오. (단, 칼슘의 원자량은 40.08이다.)

- 전체 : $5H_2C_2O_4 + 2KMnO_4 + 3H_2SO_4 \rightarrow 2MnSO_4 + K_2SO_4 + 10CO_2 + 8H_2O$
- 칼슘 함량 $[mg/100g] = \dfrac{(b-a) \times 0.4008 \times F \times V \times 100}{S}$
- a : 공시험에 대한 0.02 N 과망간산칼륨용액의 소비 mL 수
- b : 검액에 대한 0.02 N 과망간산칼륨용액의 소비 mL 수
- F : 0.02 N 과망간산칼륨용액의 역가
- V : 시험용액의 희석배수
- S : 검체의 채취량(g)

**19** 건조 전 식품에 함유된 수분은 80%이다. 건조 공정을 통해 이 식품에 함유된 수분을 제거하여 최종 제품의 수분 함량이 50%가 되도록 조절하였다. 이 때 건조 전후의 무게의 감소율을 계산하시오.

**20** 2N HCl 수용액 200mL을 10N HCl 수용액을 이용하여 제조하려고 한다. 이 때 필요한 10N HCl 수용액은 몇 mL인지 계산하시오.

## [2021년 4회 해설 및 정답]

**01 해설**

1) 최소량
2) 은폐
3) 영양강화제

**02 해설**

- 명칭 : 제 1급 감염병
- 종류 : 보툴리눔독소증, 야토병, 신종인플루엔자

**03 해설**

(1) 식품군
(2) 식품종
(3) 식품유형

**04 해설**

( 설탕 ) > ( 포도당 ) > ( 소금 )

$$A_w (설탕) = \frac{\frac{80[g]}{18[g/mol]}}{\frac{80[g]}{18[g/mol]} + \frac{20[g]}{342[g/mol]} \times 1} = 0.987012987 \cdots \approx 0.99$$

$$A_w (포도당) = \frac{\frac{80[g]}{18[g/mol]}}{\frac{80[g]}{18[g/mol]} + \frac{20[g]}{180[g/mol]} \times 1} = 0.975609756 \cdots \approx 0.98$$

$$A_w (소금) = \frac{\frac{80[g]}{18[g/mol]}}{\frac{80[g]}{18[g/mol]} + \frac{20[g]}{58.5[g/mol]} \times 2} = 0.866666666 \cdots \approx 0.87$$

## 05 해설

(1) 건조
(2) 식품의 저장성이 향상되는 이유 : 건조로 인해 자유수가 증발되면서 식품의 수분 활성도가 낮아진다. 삼투압의 증가로 미생물의 외부 환경 적응이 어려워지는데, 특히 물 분자의 양이 효소의 구조 유지나 효소 활성에 필요한 양보다 줄어들면 효소에 의한 산화 반응 등이 억제되어 미생물의 물질 대사가 저하되면서 식품의 저장성이 향상된다.

## 06 해설

(1) 젤리화의 요소
  1) 당(60 ~ 65%)
  2) 산(0.1 ~ 0.3%)
  3) 펙틴(1.0 ~ 1.5%)
(2) 젤리점 확인 방법
  1) 컵법 : 농축액을 찬물이 든 컵에 소량 떨어뜨렸을 때 밑바닥까지 굳어있을 경우 적절함
  2) 스푼법 : 목제 스푼으로 농축액을 떠서 흘러내리게 했을 때, 일부가 붙어서 얇게 퍼지고 끝이 젤리 모양으로 굳은 정도로 굳은 정도로 떨어지면 적절함
  3) 온도계법 : 끓고 있는 농축액의 온도가 104~105°C가 되었으면 적절함

## 07 해설

(1) 잔류
(2) 용출

## 08 해설

(1) 가열
  1) 수소결합 파괴
  2) 열역학적으로 안정된 형태로 변화
  3) 응고 및 침전(일반적으로 60~70°C에서 응고되어 용해도 감소함)
(2) 광선
  1) 단백질의 3차 구조 변화 유발
  2) 특히 아미노산 중 트립토판이 가장 광분해되기 쉬움
(3) 수분
  1) 변성 조건에서 수분 많으면 더욱 변성이 잘됨
  2) 건조 및 동결 등 탈수 시에는 분자 내 수소결합 및 소수성 상호작용 증가
  3) 동결 시 -5°C ~ -1°C 에서 변성 심하므로 품질 유지 위해서 가공 시간 단축 필요
(4) 염(전해질)
  1) 정전기적 상호작용 강화, 착물 또는 침전 형성 및 열변성 촉진됨(주로 염화물, 황산염, 젖산염 등)
  2) 특히 중금속 및 다가 이온($SO_4^{2-}$, $PO_4^{3-}$, $Hg^{2+}$, $Pb^{2+}$) 존재 시 변성 촉진
(5) pH
  1) 작용기 극성 변화 유발

2) 등전점 근처에서 소수성 상호작용 강화로 인한 침전 생성 및 열변성 등이 쉬워짐
3) 산성 쪽에서 변성 속도 촉진

(6) 효소
1) 예시 : Rennet에 의한 Casein → Paracasein으로의 변성

(7) 환원제
1) 이황화결합 해체
2) β-mercaptoethanol, DTT(Dithiothreitol) 등

(8) 산소 및 산화제 : 산화에 의한 작용기 변화 유발

(9) 유기물질
1) 요소(분자 내 수소결합 해체)
2) 계면활성제(SDS 등, 수소결합 및 소수성 상호작용 약화)
3) 소수성 용매(친수성-소수성 기 위치 변환) 등

## 09 해설

수분함량이 증가하면 유리전이온도가 낮아진다.

유리전이온도(Tg : Glass transition temperature)
(1) 정의 : 비정질 및 고분자 물질의 구성 입자의 운동 상태가 변화하는 온도
(2) 고분자 물질의 상태
   1) 유리 상태(Glassy state) : 단단하고 운동성이 없다.
   2) 고무 상태(Rubbery state) : 점성이 높고 유연하다.
   3) 용융 상태(Melt state) : 고체가 액체로 완전히 상 전이가 일어난 상태
(3) 유리 전이 온도에 영향을 미치는 요인
   1) 고분자의 화학 구조 : 긴 사슬일수록, 가교 결합이 많을수록, 결정성 클수록 높아진다.
   2) 분자량 : 분자량이 클수록 유리전이온도가 높아지는 경향이 있다.
   3) 작용기의 극성 : 곁사슬이 많을수록, 사슬을 구성하는 작용기의 극성이 클수록 높아진다.
   4) 적응성(유연성) : 고분자 사슬의 운동이 수월할수록(유연한 소재일수록) 감소한다.
   5) 수분 함량 : 수분이 많을수록 유연함이 증가하므로 유리전이온도가 감소한다.
   6) 가소제 : 첨가 시 결정성과 고분자 사슬 간 응집력이 감소하므로 유리전이온도가 감소함

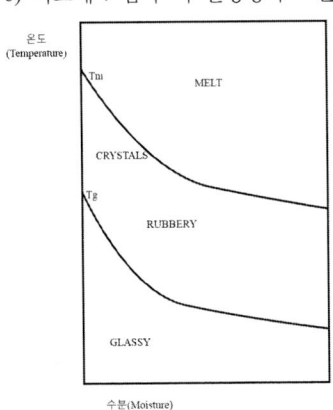
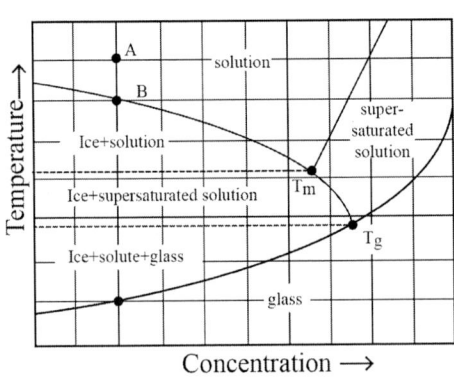

## 10 해설

1) 120
2) 4
3) 4.6

## 11 해설

$$\frac{232+244+33+28}{1\times 2+0.1\times 2\times 10^{-2}} = \frac{537[CFU]}{0.022[g]} = 24,409.09\cdots \approx 24,000[CFU/g]$$

## 12 해설

$$E_a = \frac{R\times T_1 \times T_2 \times \ln\frac{k_2}{k_1}}{T_2 - T_1}$$

$$3332 = \frac{1.987 \times 294.15 \times 298.15 \times \ln\frac{k_2}{0.00157}}{298.15 - 294.15}$$

$$k_2 = e^{(\frac{3332\times 4}{1.987\times 294.15\times 298.15}+\ln 0.00157)} = 0.0016947891902\cdots$$

$$t = \frac{\ln\frac{4}{3}}{k_2} = 169.74504800603\cdots \approx 169[day] \quad \text{(이때, 반올림 시 170, 버림 시 169)}$$

## 13 해설

물(분자량 18)의 질량 : 100-(10+20+3+1) = 66[g]

$$A_w = \frac{\frac{66}{18}}{\frac{66}{18}+\frac{10}{180}+\frac{3}{176}} = \frac{5808}{5923} = 0.9805841634\cdots \approx 0.98$$

## 14 해설

(1) 1[kg]×0.7×0.8=0.56[kg]
(2) 1) 고체의 무게 : 1-0.7 = 0.3[kg]
    2) 수분 : 0.7-0.56 = 0.14[kg]

## 15 해설

(1) 150°C에서 가열 살균을 실시했을 때, 균체의 수가 가열 전의 1/10로 감소하는 데(= 90%를 사멸시키는 데) 걸리는 시간이 3분이다.
(2) 가열 살균 온도가 5°C 증가할 경우, 증가 이전보다 가열 살균의 효과가 10배 증가한다.(= 가열 살균에 소요되는 시간이 1/10로 감소한다.)

## 16

시료를 분석하기 앞서 5g의 시료를 10mL로 희석한 뒤, HPLC에 도입·분석하여 피크 폭을 측정하였다. 이 때 측정된 시료의 면적이 50이고, 비교를 위해 표준 시료를 5mg/kg 농도로 도입하여 측정한 면적이 125일 때, 시료의 농도는?

**해설**

$5 : 125 = \dfrac{x}{2} : 50$, x=4[mg/kg]

## 17 해설

조지방 함량 $= \dfrac{W_1 - W_0}{S} \times 100$

## 18 해설

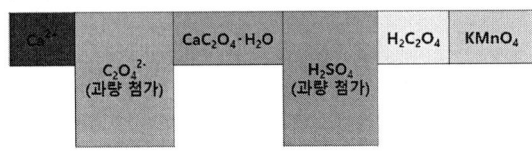

$MnO_4^-$ 의 당량 = $H_2C_2O_4$의 당량 = $Ca^{2+}$ 의 당량
    = 적정 용액의 역가 × 적정 용액의 노르말농도[eq/L] × 적정용액의 부피[L]

$2[eq/mol] \times \dfrac{Ca^{2+}\text{의 질량}[mg]}{40.08[g/mol]} \times \dfrac{1}{V} = F \times 0.02[eq/L] \times (b-a)[mL]$

$Ca^{2+}\text{의 질량}[mg] = \dfrac{F \times 0.02[eq/L] \times (b-a)[mL] \times 40.08[g/mol] \times V}{2[eq/mol]}$

$\dfrac{Ca^{2+}\text{의 질량}[mg]}{S[g]} \times \dfrac{100}{[100]} = \dfrac{F \times 0.02[eq/L] \times (b-a)[mL] \times 40.08[g/mol] \times V}{2[eq/mol] \times S[g]} \times \dfrac{100}{[100]}$

정리해주면 $\dfrac{Ca^{2+}\text{의 질량}[mg]}{S[100g]} \times 100 = \dfrac{(b-a)[mL] \times 0.4008[mg/mL] \times F \times V}{S[g]} \times \dfrac{100}{[100]}$

칼슘 함량 $[mg/100g] = \dfrac{(b-a) \times 0.4008 \times F \times V \times 100}{S}$    ( ∵ mg/100g = mg% )

∴ 0.02N $KMnO_4$ 수용액 1mL에 해당하는 $Ca^{2+}$ 의 mg수
  (0.02N $KMnO_4$ 액 1 mL = 0.4008 mg Ca)

**19** 해설

(1) 고형분의 양 : 100×0.2 = 20[kg]
(2) 초기 수분 함량 : 100×0.8 = 80[kg]
(3) 제거된 수분의 양

1) $x[kg] = \dfrac{(80-50)[\%]}{(100-80)[\%]} \times (100-x)[kg]$
$20x = 3000 - 30x$
$x = 60[kg]$

```
100        30
     80            x = 100 × 30/(30+20) = 60[kg]
 50        20
```

(4) 잔존 수분의 양 : 80 − 60 = 20[kg]
(5) 최종 제품의 무게 : 100 − 60 = 40[kg], x = 40[kg]
(6) 건조 전후 무게의 감소율 : $Loss[\%] = \dfrac{60[kg]}{100[kg]} \times 100 = 60[\%]$

**20** 해설

$HCl$ 당량 $= 2[eq/L] \times 200[mL] = 10[eq/L] \times V[mL] = 400[meq]$
$V = \dfrac{2 \times 200}{10} = 40[mL]$

# 2022 1회 식품안전기사 실기

[본 문제는 수험자의 기억에 의해 복원된 것으로 실제 시험과 차이가 있을 수 있습니다]
[(舊)식품기사에서 (現)식품안전기사로 변경되었습니다]

**01** 수입 다대기를 검사하였는데 홍국색소가 검출되어 해당 제품을 압류 및 폐기하고 긴급회수 조치를 취하였다. 또한 위반 업소에 대해 행정처분, 고발조치를 행하였다. 홍국색소는 홍국 균의 배양물을 에탄올로 추출하여 얻어진 색소이며, 식품의 제조 가공 시 식품에 첨가할 수 있도록 승인된 식품첨가물이다. 그럼에도 위와 같은 조치 및 행정 처분이 취해진 이유는 무엇인가?

**02** 식품 및 축산물 안전관리인증기준에 따라 집단급식소, 식품접객업소(위탁급식영업) 및 운반 급식(개별 또는 벌크포장)의 작업위생관리 중 보존식에 대한 기준을 분량, 온도, 시간을 포함해서 쓰시오.

**03** 5% 소금물 10kg을 20% 소금물로 농축하려고 한다. 이 때 증발시켜야 하는 수분의 양을 구하시오.

**04** 사이클로덱스트린(Cyclodextrin)의 사용 목적 또는 효과를 3가지 쓰시오.

**05** 중성지질과 지방산에 대한 설명 중 틀린 것을 고르고, 틀린 이유를 작성하시오.

① 중성지질은 하나의 Melting point와 Boiling point를 가진다.
② 중성지질은 글리세롤에 3개의 지방산이 에스터 형태로 결합되어 있다.
③ 포화지방산은 탄소 수가 많아질수록 물에 잘 녹지 않으며 융점이 올라가는 경향이 있다.
④ 천연 유지의 불포화지방산은 자연상태에서 대부분 cis형으로 존재한다.
⑤ 산화가 되지 않은 다가불포화지방산의 이중결합은 비공액형을 갖는다.

**06** 잠재적 위해 식품으로 분류할 수 있는 식품의 수분활성도와 pH 범위를 쓰시오.

**07** 다음에 제시된 표를 참조하여, 빈칸에 맞는 소비기한 설정실험의 지표가 무엇인지 쓰시오.

| 식품종류 | | 설정실험 지표 | | |
|---|---|---|---|---|
| 식품군 | 식품종 또는 식품유형 | ( ① ) | ( ② ) | ( ③ ) |
| 과자류, 빵류 또는 떡류 | 과자 | 수분, 산가(유탕, 유처리식품) | 세균수 | 성상, 물성, 곰팡이 |

**08** 단순다당류와 복합다당류 정의와 그 예시 1가지를 보기에 해당되는 것을 쓰시오.

| | 정의 | 보기(전분, 펙틴) |
|---|---|---|
| 단순다당류 | | |
| 복합다당류 | | |

**09** 수분활성도($A_w$) 정의와 물의 몰수($N_w$), 수용성 물질의 몰수($N_s$)를 이용한 계산식을 쓰시오.
(단, 사용한 것은 비전해질, 비휘발성 용질이다.)

**10** 미생물 보관 시 동결건조(Lyophilization, Freeze drying) 보관법의 원리와 장점을 쓰시오.

**11** 동결건조 원리를 물의 상평형도 개념을 사용하며 설명하고 장점 2가지를 쓰시오.

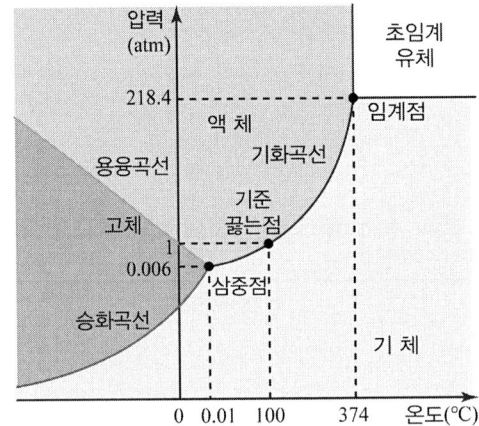

- 삼중점 : 기체, 액체, 고체 상태가 평형상태로 공존하는 점
- 승화 곡선 : 고체와 기체가 공존하는 선
- 용융곡선(융해곡선) : 고체와 액체가 공존하는 선
- 기화곡선(증기압력곡선) : 액체와 기체가 공존하는 선
- 임계점 : 기체와 액체를 분간할 수 없는 임계상태에서의 지점
- 기준 끓는점 : 1기압에서 액체가 기체로 변하는 지점

**12** 이동상을 기준으로 한 크로마토그래피 3가지를 쓰시오.

**13** 사과주스 제조 시 여과 및 청징을 목적으로 80°C로 가열하였고, 펙틴 분해를 용이하게 하기 위하여 Pectinase를 첨가하였음에도 청징이 이루어지지 않았다. 공정상의 원인을 쓰시오.

**14** GMO(Genetically Modified Organism)를 이용한 유전자변형식품등의 안전성 검사에서의 실질적 동등성의 의미와, 유전자변형식품등의 안전성 심사 등에 관한 규정에 의거한 안전성 평가항목을 쓰시오.

**15** 다음은 식품공전에 기재된 식염정량 방법인 Mohr법이다. 다음을 읽고, 계산방법에 기재된 5.85라는 수치가 어떻게 나온 것인지 아래의 화학반응식을 이용하여 산출근거를 설명하시오. (단, $AgNO_3$ 화학식량 169.87, NaCl 화학식량 58.5이다.)

> 가. 회화법
> 1) 분석원리
>   전처리한 검체용액을 비커에 넣고 크롬산칼륨($K_2CrO_4$) 시액 몇 방울 가한 후 뷰렛 등으로 질산은($AgNO_3$) 표준용액을 적하하면 $Cl^-$ 은 전부 AgCl의 백색침전으로 되고 또 $K_2CrO_4$ 와 반응하여 크롬산은($Ag_2CrO_4$)의 적갈색침전이 생기기 시작하므로 완전히 적갈색으로 변하는데 소비되는 $AgNO_3$ 액의 양으로 정량하는 방법이다.
>
> 2) 시험방법
>   식염 약 1 g을 함유하는 양의 검체를 취하여 필요한 경우 수욕상에서 증발건고한 후 회화시켜 이를 물에 녹이고 다시 물을 가하여 500 mL로 한 후 여과하고 여액 10 mL에 크롬산칼륨시액 2~3방울을 가하고 0.02 N 질산은 액으로 적정한다.
>
> 3) 계산방법
>   $$식염 = \frac{b}{a} \times f \times 5.85 \, [w/w\%, w/v\%]$$
>   여기서, a : 검체 채취량(g, mL)
>     b : 적정에 소비된 0.02 N 질산은액의 양(mL)
>     f : 0.02 N 질산은 액의 역가
> <참고> $AgNO_{3(aq)} + NaCl_{(aq)} \rightarrow NaNO_{3(aq)} + AgCl_{(s)}\downarrow$

**16** 과당의 감미도는 온도에 민감하다. 그 이유를 성분명(이성질체)을 포함하여 쓰시오.

**17** 미생물 초기세균수 $4 \times 10^5$에서 유도기 없이 증식하여 6시간 이내에 $3.68 \times 10^7$이 되었으나, 정지기에 도달하지 않았다. 이 세균의 평균 세대시간(min)은?
(단, log2=0.3010, log3.68=0.5658, log4=0.6021로 계산한다.)

**18** 건조기를 통해 5000kg의 당근을 초기수분함량 87.5%에서 습량기준 4%로 건조시키고자 한다. 이 때, 아래의 질문에 대해 답하시오.

(1) 당근의 고형분 무게
(2) 건조 후 당근 속 수분의 무게
(3) 증발시켜야 할 수분 무게

**19** 비타민 $B_1$의 저장 중 파괴속도가 $Q_{10}$ = 2.5일 때, z값을 계산하시오.(단, 단위를 반드시 기재하시오.)

**20** 발색제의 색 자체의 특성을 쓰고, 착색제와 비교되는 발색제의 특성(사용용도 또는 기능)을 쓰시오.

## ○ [2022년 1회 해설 및 정답]

### 01 해설

다대기는 식품공전상 향신료가공품으로, 고추 또는 고춧가루를 함유한 향신료조제품 제조시 홍국색소의 사용이 금지되어있다. 홍국 색소는 인체에 유해하지는 않지만, 다대기 등 양념에 들어가는 고춧가루의 양을 줄이거나 품질이 나쁜 고춧가루를 사용한 것을 숨기기 위해 사용하여 소비자를 기만할 수 있어 해당 식품에 사용이 금지돼 있다.

□ 참고
**식품공전상 향신료가공품**
13-5 향신료가공품
1) 정의
  향신료가공품이라 함은 향신식물(고추, 마늘, 생강 포함)의 잎, 줄기, 열매, 뿌리 등을 단순가공한 것이거나 이에 식품 또는 식품첨가물을 혼합하여 가공한 것으로 다른 식품의 풍미를 높이기 위하여 사용하는 것을 말한다. 다만, 카레(커리) 및 고춧가루 또는 실고추에 해당하는 것은 제외한다
2) 원료 등의 구비요건
3) 제조·가공기준
  (1) 천연향신료는 향신식물 이외의 다른 식품이나 식품첨가물 등을 일체 혼합하여서는 아니 된다.
  (2) 고추 또는 고춧가루를 함유한 향신료조제품 제조시 홍국색소를 사용할 수 없으며 또한 시트리닌이 검출되어서는 아니 된다.

□ 참고
**식품첨가물 공전상 홍국색소**
1) 주용도 : 착색료
2) 사용 기준 : 홍국색소는 아래의 식품에 사용하여서는 아니 된다.
  천연식품〔식육류, 어패류, 과일류, 채소류, 해조류, 콩류 등 및 그 단순가공품(탈피, 절단 등)〕, 다류, 커피, 고춧가루, 실고추, 김치류, 고추장, 조미고추장, 식초, 향신료가공품(고추 또는 고춧가루 함유 제품에 한함)

### 02 해설

조리한 식품은 소독된 보존식 전용용기 또는 멸균 비닐봉지에 매회 1인분 분량(권장량 150g 이상)을 –18℃ 이하에서 144시간 이상 보관하여야 한다.

## 03 해설

(1) $[\text{농축소금물량}] = \dfrac{(5-0)[\%]}{(20-5)[\%]} \times [\text{탈수량}] = 1/3 \times [\text{탈수량}]$

∴ $[\text{농축소금물량}] : [\text{탈수량}] = 1 : 3 = 2.5[kg] : 7.5[kg]$

(2)
```
20        5
     5              10[kg] × 15/(5+15) = 7.5[kg]
 0       15
```

$10[kg] \times \dfrac{15}{5+15} = 7.5[kg]$

## 04 해설

(1) 특징
 1) α-D-glucose(Dextrose)가 α-1,4-glycoside 결합하고 있는 올리고당
 2) 구성하고 있는 포도당의 개수에 따라 α-(6개), β-(7개), γ-(8개) 등으로 분류함
 3) 고리 외부 : -OH 기가 고리의 밖으로 위치하게 되어, 친수성 특성을 가지므로 물에 잘 용해됨
 4) 고리 내부 : 소수성 특성을 가지고 있어 지질 등을 가둘 수 있음
 5) 식품첨가물 공전상 안정제로 분류

(2) 사용상의 이점
 1) 식품의 점도와 유화 안정성, 촉감 등을 향상시킬 수 있음(용해도 낮은 화합물 용해도 증가)
 2) 쓴맛 등 이미성분이나 악취 성분을 가두는 것이 가능
 3) 각종 산, 알칼리에 대해 내성을 가짐
 4) 가열이나 습도에도 강한 편이다.
 5) 빛이나 산소 등에 민감한 성분 보호
 6) 작용기의 개수와 위치를 바꾸어 물성을 개선하거나 금속이온 포집 등에 활용 가능하다.

## 05 해설

(1) 정답 : (1)
(2) 이유 : 중성지질은 혼합물이며, 같은 지방산으로 구성되었어도 다른 구조의 이성질체가 존재하므로 녹는점과 끓는점이 광범위하다. 녹는점 변화로 인한 대표적인 현상으로는 동질다형현상이 있다.

> □ 참고
> **포화지방산의 녹는점 변화**
> 포화지방산은 대체적으로 18번 Stearic acid까지는 짝수번대가 그 다음번 홀수번째보다 녹는점이 더 높다.
> C3 : −20.7 ℃, C4 : −5.7 ℃, C5 : −34.0 ℃, C6 : −3.0 ℃, C7 : −7.5 ℃, C8 : 16.5 ℃,
> C9 : 12.3 ℃, C10 : 31.9 ℃, C11 : 28.6 ℃, C12 : 43.8 ℃, C13 : 44.5 ℃, C14 : 53.9 ℃,
> C15 : 52.3 ℃, C16 : 61.8 ℃, C17 : 61.3 ℃, C18 : 68.8 ℃, C19 : 69.4 ℃, C20 : 75.4 ℃

## 06 해설

(1) 수분 함량 : Aw 0.85 이상
(2) pH : 4.6 ~ 7.5(pH 4.6 이상)

> □ 참고
> **잠재적 위해 식품(Potentially Hazardous Foods, PHF)**
> 1) 정의 : 주로 단백질과 탄수화물이 주된 구성성분이며 식품의 내적인 요소(Intrinsic factor)인 pH와 Aw 등이 미생물 성장에 적당하여 온도 및 시간관리가 필요한 식품
> 2) 주로 식중독 사고를 발생시킬 위험을 내포하고 있는 식품
> 3) 수분활성도가 0.85이상, pH 4.60이상(또는 4.6~7.5 범위)
> 4) 검수 후 최종 배식 시까지 전체 조리공정에서 병원성 미생물의 증식이나 독소형성을 억제하기 위해 주의깊게 온도와 시간관리를 수행할 필요가 있다.
> 5) 상온에 보관하면 쉽게 상하는 식품(육류, 가금류, 어패류, 콩 및 콩가공품, 두부, 조리된 곡류와 종자발아식품, 절단한 과일류 등), 고단백식품, 토양에 오염된 농산물 등

## 07 해설

① 이화학적
② 미생물학적
③ 관능적

## 08 해설

| | 정의 | 보기(전분, 펙틴) |
|---|---|---|
| 단순다당류 | 동일한 종류의 단당류의 결합체 | 전분($\alpha$-D-Glucose) |
| 복합다당류 | 두 종류 이상의 단당류의 결합체 | 펙틴($\alpha$-D-Glucuronic acid + $\alpha$-D-Methoxyl Glucuronate) |

□ 참고
**다당류의 예**
(1) 단순다당류 : Starch, Glycogen, Cellulose, Inulin, Chitin 등
(2) 복합다당류 : Hemicellulose, Pectin, Algin, Carrageenan, Agar, Chondroitin 황산염, Hyaluronic acid, Heparin 등

## 09 해설

(1) 정의 : 현재 온도에서의 포화수증기압 대비 식품이 발생시키는 수증기압의 비율 또는 "수용액" 상의 전체 입자들 중(분자, 이온 등) 물 분자의 비율

(2) 식 : $A_w = \dfrac{P_s}{P_0} = \dfrac{N_w}{N_w + N_s}$

□ 참고

$$A_w = \frac{P_s}{P_0} = \frac{n_w}{n_w + n_s} = \frac{M_w}{M_w + \sum_{k=1}^{p} i_{sk} M_{sk}} = \frac{1}{1 + \sum_{k=1}^{p} [i_{sk} \times (\frac{M_{sk}}{M_w})]}$$

여기서, $P_s$ : 식품의 수증기압, $P_0$ : 물의 수증기압,
$n_w$ : 물의 입자 수(=$M_w$ : 물의 몰수), $n_k$ : 용질 k의 입자 수,
$M_k$ : 용질 k의 몰수  $i_{sk}$ : 용질 k에 대한 Vant's hoff factor
$i_s = 1+\alpha(n-1)$ ($i_{sk}$ : 용질의 Vant hoff's factor, n : 용질의 구성 이온 수, $\alpha$ : 해리도)

## 10 해설

(1) 원리 : 보존하고자 하는 균체 및 포자를 가능한 한 많이($10^6$ cells/mL 이상) 20% 탈지분유액에 현탁시킨 뒤 예비동결(공융점 아래, -30℃ 이하 2시간 이상) 후, 배양액이 얼어버린 상태에서 압력을 낮추어 바로 승화에 의하여, 동결된 세균 현탁액으로부터 1차 건조(자유수 승화)와 2차 건조(결합수 제거)를 거친 뒤 밀봉하여 보관하는 방법
(2) 장점 : 균주의 상태를 오랫동안(10~15년, 최장 40년 이상) 원래대로 보존할 수 있음, 단 균체의 생장 상태, 생장온도, 동결건조속도, 최종동결온도, 건조속도 및 시간, 최종습도 등의 조절이 장기 보존의 관건, 조류 및 원생동물 보존에는 부적절함

## 11 해설

(1) 정의

식품의 온도를 삼중점 이하(0.0098℃ 이하)로 낮추어 내부의 수분을 동결시키고, 이 상태에 감압하여 0.006atm 이하로 낮추어 얼음을 수증기로 승화시키는 건조법

(2) 장점
1) 재료의 형태와 조직 등의 물리·화학적 변화가 적다.
2) 영양소 손실 최소화된다.
3) 풍미가 유지된다.
4) 복원성이 뛰어나다.
5) 표면경화 현상이 없다.

## 12 해설

(1) 액체 크로마토그래피(Liquid Chromatography, LC)
(2) 기체 크로마토그래피(Gas Chromatography, GC)
(3) 초임계유체 크로마토그래피(Supercritical Fluid Chromatography, SFC)

## 13 해설

80℃ 가량의 온도에서 Pectinase가 열에 의해 변성되어 효소의 활성을 잃었다.

## 14 해설

(1) 실질적 동등성 : 기존 농·수·축산물과 GMO 농·수·축산물을 비교하여 영양성분이 같고, 안전성평가에 문제가 없으면 기존 식품과 동일하게 취급 가능하다.
(2) 안전성 평가 항목 : 식품일반 평가, 독성 평가, 알레르기성 평가, 영양 평가, 분자생물학적 평가

## 15

**해설**

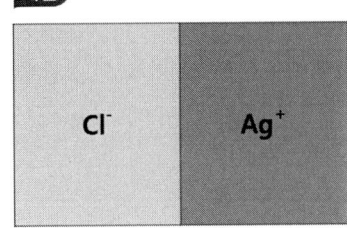

Cl⁻ 의 당량 = Ag⁺ 의 당량 = NaCl의 당량 (1eq = 1mol) [ g/eq = mol/eq × g/mol ]

$$\frac{검체\ 내\ NaCl\ 질량\,[g]}{NaCl의\ g당량\,[g/eq]} = 0.02\text{N AgNO}_{3(aq)}의\ 역가 \times 0.02[eq/L] \times 0.02\text{N AgNO}_{3(aq)}의\ 부피$$

$$\frac{x\,[g]}{58.5\,[g/eq]} = f \times 0.02\,[eq/L] \times b\,[mL] \times \frac{1\,[L]}{1000\,[mL]}$$

$$x\,[g] = f \times 0.02\,[eq/L] \times b\,[mL] \times 58.5\,[g/eq] \times \frac{1\,[L]}{1000\,[mL]}$$

500mL을 사용하여 10mL만 사용했으므로 희석배수를 곱하고,($\frac{500\,[mL]}{10\,[mL]} = 50$ )

검체 채취량 a(g 또는 mL)로 나눈 뒤, 백분율을 구하면
(희석배수는 원시료의 양을 기준으로 판단)

$$식염 = \frac{50 \times x\,[g]}{a\,[g\ or\ mL]} \times 100 = f \times 0.02\,[eq/L] \times b\,[mL] \times 58.5\,[g/eq] \times \frac{1\,[L]}{1000\,[mL]} \times \frac{50}{a\,[g\ or\ mL]} \times 100$$

$$식염 = \frac{b\,[mL]}{a\,[g\ or\ mL]} \times f \times \left( 0.02\,[eq/L] \times 58.5\,[g/eq] \times \frac{1\,[L]}{1000\,[mL]} \times 50 \times 100 \right)$$

$$식염 = \frac{b\,[mL]}{a\,[g\ or\ mL]} \times f \times 5.85\,[g/mL\%]\ \ (단위: w/w\%\ 또는\ w/v\%)$$

∴ 0.02N AgNO₃(aq) 1mL에 상당하는 식염 내 NaCl의 양은 0.00117g이며, 희석배수 50과 백분율 환산인자 100을 곱해 간편화시킨 것이 5.85이다.

## 16

**해설**

온도가 상승함에 따라 감미도가 높은 β-D-Fructopyranose의 조성이 줄어들면서 상대적으로 감미도가 낮은 Fructofuranose의 조성이 증가하면서 과당의 상대적 감미도는 온도 상승과 함께 급격히 감소한다.

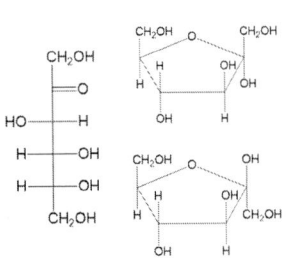 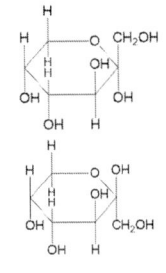 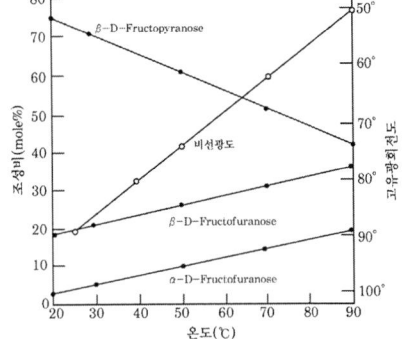

사슬형    Fructofuranose형    Fructopyranose형
Fructose    감미도 : 79    감미도 : 140(β-form)

## 17 해설

$$3.68 \times 10^7 = 4 \times 10^5 \times 2^{\frac{6 \times 60}{z}}$$

$$\frac{3.68 \times 10^2}{4} = 2^{\frac{360}{z}}$$

$$\log \frac{3.68 \times 10^2}{4} = \log 3.68 + 2 - \log 4 = \frac{360}{z} \log 2$$

$$z = \frac{360 \log 2}{\log 3.68 + 2 - \log 4} = \frac{360 \times 0.3010}{0.5658 + 2 - 0.6021} = 55.18154504 \cdots \approx 55.18 [\min]$$

□ 참고

**공학용 계산기 활용 시**

$$z = \frac{360 \log 2}{\log 3.68 + 2 - \log 4} = 55.18457591 \cdots \approx 55.18 [\min]$$

## 18 해설

(1) 당근의 고형분 무게

$$5000 \times (1 - 0.875) = 625 [kg]$$

(2) 건조 후 당근 속 수분의 무게

$$x = 625 [kg] \times \frac{4}{96} = \frac{625}{24} = 26.04166667 \cdots \approx 26.04 [kg]$$

(3) 증발시켜야 할 수분 무게

1) $5000 - \left(625 + \frac{625}{24}\right) = 5000 - 625 \times \frac{25}{24} = \frac{104375}{24} = 4348.958333 \cdots \approx 4348.96 [kg]$

2) $x = \frac{(87.5 - 4)[\%]}{(100 - 87.5)[\%]} \times \left(625 \times \frac{100}{96}\right)[kg] = \frac{104375}{24} = 4348.958333 \cdots \approx 4348.96 [kg]$

3)

| | 4 | 12.5 |
|---|---|---|
| | 87.5 | |
| | 100 | 83.5 |

$$x = \frac{83.5}{(12.5 + 83.5)} \times 5000 = 4348.95583333 \cdots \approx 4348.96 [kg]$$

## 19

**해설**

$$Q_{10} = 10^{\frac{10}{z}}, \quad \log 2.5 = \frac{10}{z}$$

$$z = \frac{10}{\log 2.5}, \quad z = 25.12941595\cdots \approx 25.13[\text{℃}]$$

## 20

**해설**

(1) 발색제 자체의 색
  전반적으로 백색의 결정성 분말

(2) 발색제와 착색제의 차이점
  착색제가 식품이 적게 보유하거나 보유하지 않은 색을 부여할 목적으로 첨가하는 식품첨가물인데 비해, 발색제는 식품이 보유한 색을 더욱 선명하게 바꾸어 유지시킬 목적으로 첨가한다.

(참고) 발색제 및 보존료 성상
1) 아질산나트륨($NaNO_2$) : 백~엷은 황색의 결정성분말, 알맹이 또는 막대기 모양의 덩어리
2) 질산나트륨($NaNO_3$) : 무색의 결정 또는 백색의 결정성분말, 무취, 약간의 염미
3) 질산칼륨($KNO_3$) : 무색의 기둥모양 결정 또는 백색의 결정성분말, 무취, 염미 및 청량미를 가짐

**01** 유통기간 가속실험에 대한 각 항목 중 온도조건과 기간에 대한 올바른 설명을 쓰시오.

(1) 온도 조건 : 실제보관 또는 유통온도와 최소 2개 이상의 비교 온도
(2) 기간 : ( 1개월 미만 / 1개월 이상 / 3개월 미만 / 3개월 이상 )

**02** 다음은 탄수화물에 대한 설명이다. 아래 빈칸에 알맞은 내용을 채우시오.
(단, 순서는 상관이 없다.)

> (3) 탄수화물 및 당류
> (가) 탄수화물에는 당류를 구분하여 표시하여야 한다.
> (나) 탄수화물의 단위는 그램(g)으로 표시하되, 그 값을 그대로 표시하거나 그 값에 가장 가까운 1g 단위로 표시하여야 한다. 이 경우 1g 미만은 "1g 미만"으로, 0.5g 미만은 "0"으로 표시할 수 있다.
> (다) 탄수화물의 함량은 식품 중량에서 ( 1 ), ( 2 ), ( 3 ) 및 ( 4 )의 함량을 뺀 값을 말한다.

**03** $Q_{10}$값이 2이고 20°C에서 반응속도가 10 mol/m³·s 일 때, 30°C에서의 반응속도를 구하시오.

**04** HACCP의 7가지 원칙을 제시하시오.

**05** 다음은 식품 공전에 기재된 항량의 정의이다. 빈 칸에 알맞은 내용을 채우시오.

> 건조 또는 강열할 때 "항량"이라고 기재한 것은 다시 계속하여 ( 1 ) 더 건조 혹은 강열할 때에 전후의 ( 2 )가 이전에 측정한 무게의 ( 3 ) 이하임을 말한다.

**06** 용액 A는 4°C에서의 비중이 1.15 이다. 4°C에서 용액 A의 밀도를 계산하시오.

**07** 다음 보기에 주어진 기구를 어느 용도로 사용하는지 제시된 용도에 맞는 곳에 쓰시오.

> 백금이   백금선   백금구

(1) 액체, 사면, 평판배지 등에 이식과 도말에 사용
(2) 혐기성 균의 천자배양법에 주로 사용
(3) 곰팡이류 포자의 접종용으로 사용

**08** FAO(국제식량기구)에서 정한 표준 단백질의 아미노산 표준 구성과 쌀에서의 아미노산 조성은 다음 표와 같다. (단위 : 단백질 질소 1g당 아미노산 mg)

| 아미노산 | | 함량 [ mgAA / gN ] | |
|---|---|---|---|
| | | 아미노산 표준 구성 | 쌀 |
| 아이소류신 | | 270 | 322 |
| 류신 | | 306 | 535 |
| 라이신 | | 270 | 236 |
| 페닐알라닌 | | 180 | 307 |
| 타이로신 | | 180 | 269 |
| 함황아미노산 | 합계 | 270 | 222 |
| | 메싸이오닌 | 144 | 142 |
| 트레오닌 | | 180 | 241 |
| 트립토판 | | 90 | 65 |
| 발린 | | 270 | 415 |

이 자료를 바탕으로 쌀의 단백가를 계산하시오.(단, 버림하여 정수로 나타내시오.)

**09** 아래 보기에 제시된 단백질을 제시된 구분에 맞게 분류하시오.

| 펩톤  인단백질  당단백질  젤라틴  프롤라민  알부민 |
|---|

(1) 단순단백질
(2) 복합단백질
(3) 유도단백질

**10** 포도당 20g을 물 80g에 녹였을 때, 이 용액에서의 포도당의 몰분율을 계산하시오.

**11** 30%의 수분과 25%의 설탕을 함유하고 있는 식품의 수분활성도를 구하시오. (단, 분자량은 $H_2O$ 의 분자량은 18, $C_{12}H_{22}O_{11}$ 의 분자량은 342이다.)

**12** Gas Chromatography 를 실시할 때 분석 물질을 운반하는 데 사용되는 기체를 Carrier Gas 라고 한다. 아래 그래프의 조건만을 고려하여 세 종류의 기체 중 GC 분석에 효율적인 기체를 고른 뒤, 해당 이유를 서술하시오.

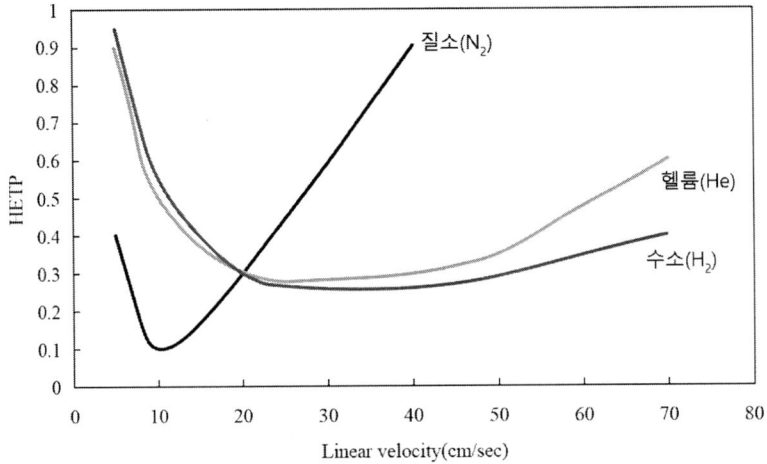

**13** 다음은 단백질의 3차 구조 형성에 관여하는 결합에 대한 설명이다. 빈 칸에 알맞은 내용을 채우시오.

> 단백질의 3차구조의 안정화 요인은 펩타이드의 곁사슬간 또는 주사슬과 곁사슬 간의 상호작용으로 이루어지며, 그 중에 하나는 Cysteine 잔기 간에 발생하는 Disulfide 결합이다. 그리고 그 이외에 ( 1 ) 결합, ( 2 ) 결합, ( 3 ) 결합이 있다.

**14** 다음은 식품 공전 중 어떤 세균의 시험방법의 일부이다. 제시된 설명을 읽고 해당 세균의 특성에 대한 내용에 알맞은 내용을 채우시오.

> 다. 확인시험
> 분리배양된 평판배지상의 집락을 보통한천배지에 옮겨 35~37°C에서 18~24시간 배양한 후 그람염색을 실시하여 포도상의 배열을 갖는 그람양성 구균을 확인한 후 coagulase 시험을 실시하며 24시간 이내에 응고유무를 판정한다. Baird-Parker(RPF) 한천배지에서 전형적인 집락으로 확인된 것은 coagulase 시험을 생략할 수 있다. Coagulase 양성으로 확인된 것은 생화학 시험을 실시하여 판정한다.

| 균<br>(학명 또는<br>한글) | |
|---|---|
| 열적 특성<br>(가열특성) | |
| 방지법 | |

**15** 두 시료에 대하여 전분을 가수분해 정도를 나타내는 지표인 D.E.를 측정하였더니 A는 45, B는 90으로 측정되었다. 이 때 두 시료의 점도와 단맛을 부등호로 비교하시오.

(1) 점도 : A (　　) B
(2) 단맛 : A (　　) B

**16** HPLC 분배계수를 고정상과의 친화력과 통과속도를 통하여 비교하시오.




**17** 일정한 조건에서 회분식 배양을 실시하여 시간에 따른 배양액에서의 세균 수의 대수 값을 증식곡선을 통해 나타낸다. 미생물의 증식 곡선의 네 단계를 순서대로 빈 칸에 알맞게 쓰시오.

| ( 1 ) - ( 2 ) - ( 3 ) - ( 4 ) |
|---|


**18** 뉴턴유체와 비뉴턴 유체 전단응력과 전단속도로 설명하고, 보기에서 골라넣기

| 물    알코올류    버터    전분 |
|---|


**19** 다음 표에 제시된 식품첨가물을 산도조절제, 감미료, 산화방지제, 보존료, 추출용제 등으로 알맞게 분류하시오.

| 구연산    자일리톨    BHA |
|---|


**20** 관능검사 결과에 영향을 미치는 효과 중 하나인 후광효과의 개념을 쓰고, 이를 방지하기 위한 방법을 제시하시오.

## [2022년 2회 해설 및 정답]

**01**

**해설**

(1) 온도 조건 : 실제보관 또는 유통온도와 최소 2개 이상의 비교 온도
(2) 기간 : ( 1개월 미만 / 1개월 이상 / 3개월 미만 / **3개월 이상** )

> □ 참고
> **유통기간 설정실험**
> (1) 실측실험
>   1) 제조사가 의도하는 유통기한의 약 1.3~2배 기간 동안 실제 보관 또는 유통 조건으로 저장하면서 선정한 설정실험 지표가 품질한계에 이를 때까지 일정간격으로 실험을 진행하여 얻은 결과로부터 유통기한을 설정하는 것을 말한다. 제품의 유통기한을 가장 정확하게 설정할 수 있는 원칙적인 방법이다. 별도의 통계처리가 필요하지 않아 초보자도 쉽게 접근할 수 있으며, 시간, 비용 등 경제적인 측면에서 3개월 이내의 비교적 유통기한이 짧고 유통조건이 단순한 제품에 효율적이다.
>   2) 실측실험의 한계
>     ① 실측실험은 정확한 유통기간 설정을 위한 원칙적인 방법이지만, 3개월 이상의 유통기한을 가진 제품인 경우, 실험시간과 비용이 많이 소요된다.
>     ② 예정된 보관 또는 유통 조건이 바뀌면 새롭게 실험을 설계하여 수행해야 하고, 예측은 불가능하다.
>
> (2) 가속실험
>   1) 실제 보관 또는 유통조건보다 가혹한 조건에서 실험하여 단기간에 제품의 유통기한을 예측하는 것을 말한다. 즉, 온도가 물질의 화학적, 생화학적, 물리학적 반응과 부패 속도에 미치는 영향을 이용하여 실제보관 또는 유통온도와 최소 2개 이상의 비교 온도에 저장하면서 선정한 설정실험 지표가 품질한계에 이를 때까지 일정 간격으로 실험을 진행하여 얻은 결과를 아레니우스 방정식(Arrhenius equation)을 사용하여 실제 보관 및 유통 온도로 외삽한 후 유통기한을 예측하여 설정하는 것을 말한다. 계산과정이 어렵고 복잡하여 초보자가 접근하기는 쉽지 않지만, 시간, 비용 등 경제적인 측면에서 3개월 이상의 비교적 유통기한이 길고 유통조건이 복잡한 제품에 효율적이다.
>   2) 가속실험의 한계
>     ① 온도 증가에 따라 물리적 상태 변화가 일어날 수 있으며(예, 고체지방의 용해), 이 변화는 유통기한 설정에 관여하는 반응속도에 영향을 주어 예상치 못한 결과를 초래할 수 있다.
>     ② 불투과성 포장재질로 포장되지 않은 제품의 경우, 수분 손실로 인한 반응속도의 증가로 예상치 못한 결과를 초래할 수 있다.
>     ③ 냉동 저장동안, 반응물은 동결되지 않은 부분에 농축될 수 있어 실험구보다 더 낮은 온도에 저장되는 대조구에서 더 높은 반응속도를 초래할 수 있다(예: 냉동육의 지방산화).
>     ④ 45℃이상의 높은 온도에서는 단백질 변성 등의 변화로 반응속도가 증가 또는 감소되어 잘못된 예측 결과를 초래할 수 있다.
>     ⑤ 가속실험은 각각 다른 온도조건에 관련된 변질이기 때문에, 미생물 실험 시 저장온도에 따라 최적온도에 해당하는 부패 미생물이 생육할 수 있다.
>     ⑥ 가속실험의 기초가 되는 아레니우스 방정식은 온도만을 단일 변수로 사용하는 경우에는 정확도가 높지만, 2개 이상의 변수(온도, 습도, 염, pH 등)를 적용하는 경우에는 적합하지 않을 수 있다.

(3) 실측실험과 가속실험의 선택범위
  1) 유통기한 3개월 미만의 식품, 축산물 및 건강기능식품 : 실측실험(검체특성에 따라 가속실험 검토)
  2) 유통기한 3개월 이상의 식품, 축산물 및 건강기능식품 : 가속실험(검체특성에 따라 실측실험 검토)
  ※ 식품, 축산물, 건강기능식품의 유통기간 설정실험은 원칙적으로 실측실험이 우선이다. 그러나 제품의 특성, 출시일정, 경제성 등 효율적인 측면에서 가속실험을 선택하여 유통기한을 설정하였다면, 반드시 실측실험을 통해 가속실험으로부터 예측한 결과가 정확한 것인지 확인할 필요가 있다.

## 02 해설

(1) 단백질
(2) 지방
(3) 수분
(4) 회분

□ 참고
**식품공전상 탄수화물 표시**
2.1.4 탄수화물
일반적으로 탄수화물은 검체 100 g 중에서 수분, 조단백질, 조지방 및 회분의 양을 감하여 얻은 양으로서 표시하고 식품 중의 일반성분의 시험결과는 보통 백분율로 표시한다.
[출처 : 제 8. 일반시험법 ▶ 2. 식품성분시험법 ▶ 2.1 일반성분시험법 ▶ 2.1.4 탄수화물]

## 03 해설

$$Q_{10} = \frac{v_{30}}{v_{20}}$$

$$v_{30} = Q_{10} \times v_{20} = 2 \times 10 = 20 [mol/m^3 \cdot s]$$

## 04 해설

(1) 위해요소 분석(HA)
(2) 중요관리점(CCP) 결정
(3) 한계 기준(CL) 설정
(4) 모니터링 체계 확립
(5) 개선 조치 방법 설정
(6) 검증 절차 및 방법 설정
(7) 문서 및 기록 유지 방법 설정

## 05 해설

(1) 1시간
(2) 칭량차
(3) 0.1 %

## 06 해설

(1) 계산식 : $1.15 = \dfrac{x[kg/m^3]}{1000[kg/m^3]}$
(2) 답 : 1150 [kg/m³]

## 07 해설

(1) 액체, 사면, 평판배지 등에 이식과 도말에 사용 : 백금이
(2) 혐기성 균의 천자배양법에 주로 사용 : 백금선
(3) 곰팡이류 포자의 접종용으로 사용 : 백금구

## 08

**해설**

각 아미노산의 표준 구성 대비 각 성분의 함량 중 가장 값이 낮은 것을 고른다.

1) 아이소류신 : $\dfrac{322}{270} \times 100 = \dfrac{3220}{27} = 119.2592593 \cdots \approx 119$

2) 류신 : $\dfrac{535}{306} \times 100 = 174.8366013 \cdots \approx 174$

3) 라이신 : $\dfrac{236}{270} \times 100 = \dfrac{2360}{27} = 87.4074074 \cdots \approx 87$

4) 페닐알라닌 : $\dfrac{307}{180} \times 100 = \dfrac{1535}{9} = 170.5555555 \cdots \approx 170$

5) 타이로신 : $\dfrac{269}{180} \times 100 = \dfrac{1345}{9} = 149.4444444 \cdots \approx 149$

6) 함황아미노산 합계 : $\dfrac{222}{270} \times 100 = \dfrac{740}{9} = 82.2222222 \cdots \approx 82$

7) 메싸이오닌 : $\dfrac{142}{144} \times 100 = \dfrac{1775}{18} = 98.61111111 \cdots \approx 98$

8) 트레오닌 : $\dfrac{241}{180} \times 100 = \dfrac{1205}{9} = 133.8888888 \cdots \approx 133$

9) 트립토판 : $\dfrac{65}{90} \times 100 = \dfrac{650}{27} = 72.22222222 \cdots \approx 72$

10) 발신 : $\dfrac{415}{270} \times 100 = \dfrac{4150}{27} = 153.7037037 \cdots \approx 153$

[답] 72

## 09

**해설**

(1) 단순단백질 : 프롤라민, 알부민
(2) 복합단백질 : 당단백질, 인단백질
(3) 유도단백질 : 젤라틴(Collagen이 습열 조건에서 변성된 1차 유도 단백질)
   펩톤(Pepsin에 의하여 분해되어 생성된 2차 유도 단백질)

## 10

**해설**

$\dfrac{\dfrac{20}{180}}{\dfrac{20}{180} + \dfrac{80}{18}} = 0.024390243 \cdots \approx 0.02$

## 11

**해설**

$$\frac{\frac{30}{18}}{\frac{30}{18}+\frac{25}{342}} = 0.957983193.... \approx 0.96$$

## 12

**해설**

수소, 같은 높이의 Column에서 분획을 실시할 때 이론단수(Theoretical Plate Number)가 높을수록 효과적인 분석이 가능해지는 점을 생각해보면 HETP(Height Equivalent to Theoretical Plate, 이론 단 해당높이)가 낮을수록 이론단수가 높아져 효과적인 분획이 가능하다. 유속이 빠를수록 분석 시간이 짧아지나 HETP가 높아지는 문제가 있으므로, 빠른 유속에서도 HETP의 증가폭이 낮은 수소가 빠른 분석에 유리하다.

[추가]
기체 선속도가 20cm/s 이하에서는 질소가 유리하다. 그리고 이론상 고속에서는 수소가 유리하지만, 가연성 기체이므로 안정성을 고려하여 비활성 및 단원자 기체인 헬륨을 사용하는 경우가 많다.

## 13 해설

(1) 이온(Ion)
(2) 수소(Hydrogen)
(3) 소수성(Hydrophobic)

## 14 해설

| 균<br>(학명 또는<br>한글) | *Staphylococcus aureus* (황색포도상구균) |
|---|---|
| 열적 특성<br>(가열특성) | (1) 황색포도상구균은 열에 약하여 70 ℃에서 2분 정도 가열하면 사멸한다.<br>(2) 황색포도상구균이 생성한 독소 Enterotoxin은 열에 강해 고온 조리에서 쉽게 파괴되지 않으며, 121 ℃에서 8~16분 가열해야 파괴된다. |
| 방지법 | (1) 흐르는 물에 비누로 30초 이상 손을 씻은 뒤, 조리 또는 섭취한다.<br>(2) 피부병 또는 그 밖의 고름형성(화농성) 질환을 가진 사람이 조리에 참여하지 못하도록 한다.<br>(3) 정상인의 25%에는 황색포도상구균이 피부나 코에 상재해있으므로, 조리 중 피부나 코를 만지는 것을 자제한다.<br>(4) 위생적으로 가열조리 후, 가급적 빠르게 섭취한다. |

## 15 해설

(1) >
(2) <

## 16 해설

(1) 분배계수가 크다 : 성분이 고정상과의 친화력이 높아 Column 내부에서의 이동상의 이동속도가 낮아지므로 천천히 용리됨을 의미
(2) 분배계수가 작다 : 성분이 고정상과의 친화력이 낮아 Column 내부에서의 이동상의 이동속도가 높아지므로 빠르게 용리됨을 의미

## 17 해설

(1) 유도기
(2) 대수증식기
(3) 정지기
(4) 사멸기

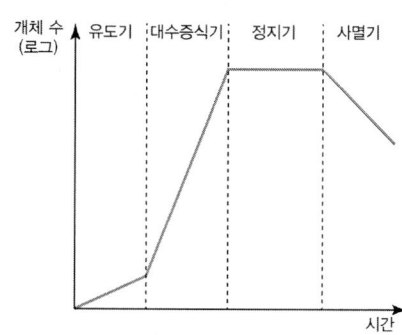

## 18 해설

(1) 뉴턴유체 : $\tau = \kappa\dot{\gamma}^n + \tau_0$ 식에서 $n = 1$ 이며 $\tau_0 = 0$ 인 유체로, 전단응력이 전단속도와 일정한 비례 관계가 성립하는 유체 - 물, 알코올류
(2) 비뉴턴유체 : $\tau = \kappa\dot{\gamma}^n + \tau_0$ 식에서 $n \neq 1$ 또는 $\tau_0 \neq 0$ 인 유체로, 전단응력이 전단속도와 일정한 비례 관계가 성립하지 않는 유체 - 버터, 전분

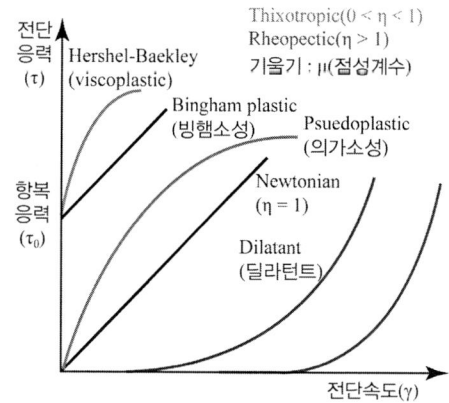

$\tau = \mu \times \dfrac{du}{dx}$ 또는 $\tau = \kappa\dot{\gamma}^n + \tau_0$,

$\mu_a = \dfrac{\tau}{\dot{\gamma}} = \kappa\dot{\gamma}^{n-1} + \dfrac{\tau_0}{\dot{\gamma}}$

$\tau$ : 유체에 작용하는 전단응력
$\tau_0$ : 항복응력
$\mu(=\kappa)$ : 유체의 점성계수, $\mu_a$ : 겉보기 점도
$\dot{\gamma}(=\dfrac{du}{dx})$ : 전단속도, 전단력에 수직한 방향의 속도의 기울기
n : 유동지수

## 19 해설

(1) **구연산** : 산도조절제
(2) **자일리톨** : 감미료, 습윤제
(3) **BHA** : 산화방지제

## 20 해설

(1) **개념** : 어떤 대상에 대한 일반적인 견해가 그 대상의 구체적인 특성을 평가하는 데 영향을 미치는 현상
(2) **방지법** : 사전에 제품에 대해 알 수 있는 정보를 차단하고 선입관을 줄 수 있는 질문 및 선택지는 배제하며 블라인드 테스트 등을 수행한다. 선택지 배치 시, 앞의 응답이 뒤의 문항에 영향을 주지 않도록 배치한다. 긍정과 부정을 섞어서 낸다 등

# 2022년 3회 식품안전기사 실기

[본 문제는 수험자의 기억에 의해 복원된 것으로 실제 시험과 차이가 있을 수 있습니다]
[(舊)식품기사에서 (現)식품안전기사로 변경되었습니다]

**01** 다음은 온도에 따른 세균 멸균에 대한 D값을 나타낸 표이다. 주어진 자료를 바탕으로 선형 회귀 방정식을 이용하여 z값을 계산하시오.(단, 단위를 기재하시오.)

| 온도(℃) | 100 | 105 | 110 | 115 | 120 | 125 |
|---|---|---|---|---|---|---|
| D Value(min) | 65.5 | 25.7 | 12.2 | 4.5 | 1.8 | 0.5 |

- $y = mx + b$
- $m = \dfrac{n\sum(xy) - \sum(x)\sum(y)}{n\sum(x^2) - (\sum(x))^2}$
- $b = \dfrac{\sum(x^2)\sum(y) - \sum(x)\sum(xy)}{n\sum(x^2) - (\sum(x))^2}$

**02** 미생물 증식곡선에서 대수기의 유형과 특징을 3가지 서술하시오.

**03** 유량 1000kg/hr으로 흐르고 있는 30% 설탕용액의 수분을 증발시켜, 50% 설탕용액으로 농축시키고자 할 때, 증발되는 물의 양과 50% 설탕용액의 유량(kg/hr)을 구하시오.

(1) 증발된 수분의 양 : ( ① )kg/hr
(2) 50% 설탕용액의 유속 : ( ② )kg/hr

**04** 식품공전에서 규정한 식품 이물 시험법 3가지의 명칭을 쓰시오.




**05** 비누화가(검화가)의 정의를 쓰고, 지질 A가 지질 B보다 비누화가가 2배 더 크게 측정되었을 때, 두 지질 중 고급지방산은 어느 쪽이 더 많이 들어있는지 예측하시오.

    (1) 비누화가(검화가)의 정의
    (2) 고급지방산 함량 높은 지질




**06** 레이놀즈 수 계산 결과가 난류로 판정되려면 아래 보기를 어떻게 설정해야하는지 쓰시오.

    (1) 관의 지름
    (2) 유체의 밀도
    (3) 유체의 유속
    (4) 유체의 점도




**07** 식품의 기준 및 규격의 미생물시험법에서 황색포도상구균(*Staphylococcus aureus*) 시험을 한다. $10^{-1}$의 희석용액 0.3, 0.4, 0.3 ml 씩 3장의 선택배지에 도말배양하고, 3장의 집락계수를 확인결과 100개의 전형적인 집락이 확인되었다. 5개의 집락 중 3개의 집락이 황색포도상구균으로 확인되었을 경우 시험용액 1ml의 황색포도상균수는 얼마인지 계산하시오.

08  HPLC에서 가장 많이 쓰이는 Partition chromatography에서 제시된 Phase에 맞는 정지상에 대한 극성에 따른 분류를 쓰시오.

|  | 정지상(극성/비극성 분류) |
|---|---|
| Reverse phase | ( 1 ) |
| Normal phase | ( 2 ) |

09  밀가루 20 g에 10 mL의 물을 넣어 습부량(Wet gluten)을 측정한 결과가 4 g일 때 습부율은 몇 %인지 계산하시오.

10  대장균 10개체가 10분마다 분열한다고 한다. 이를 2시간동안 배양한 후, 최종 세포 수는 몇 개인가?

11  역학조사에서 특정질병과 일치하는 유행곡선을 분석할 때, 식중독과 감염병의 곡선 형태에 대해서 완만한 혹은 가파른 형태를 구분하여 쓰시오.

12  건강기능식품 제조에 사용되는 아래에 제시된 고시형 기능성 원료의 공통적인 기능성 내용을 서술하시오.

| 인삼   홍삼   알콕시글리세롤함유 상어간유   알로에겔 |
|---|

**13** 방사선 선원, 선종, 조사목적 1가지만 적으시오.

> **해설**
> (1) 선원 : $^{60}Co$ / 전자선 가속기
> (2) 선종 : 감마선(10kGy 이하) / 전자선(10MeV 이하), 엑스선(5MeV 이하, 탄탈륨·금 사용시 7.5MeV 이하)
> (3) 조사목적 : 발아억제, 숙도 조절, 살충, 살균

**14** 다음은 식품 및 축산물 안전관리인증기준 중 선행요건에 기재된 내용을 정리한 것이다. 빈 칸에 알맞은 온도를 쓰시오.

- 냉장식품은 ( 1 ) ℃ 이하의 온도에서 저장하나
- 신선섭취식품, 훈제연어 등은 ( 2 ) ℃ 이하에서 저장한다.
- 냉동식품은 ( 3 ) ℃이하의 온도를 유지해주어야 한다.

**15** 미생물의 살균방법 중 Membrane filter 사용목적을 쓰시오.

**16** 추잉껌 제조과정 중 유리전이온도를 조절할 수 있다면, 어떤 온도에 유리전이온도를 두어야 하는지 제시하시오.

**17** 다음에 제시된 HACCP에서의 각 단어의 정의를 쓰시오.

(1) 개선조치
(2) 검증절차

**18** 맥아당(Maltose)와 유당(Lactose)를 가수분해할 수 있는 효소를 하나씩 쓰시오.

| 당류 | 가수분해효소 |
|---|---|
| 맥아당(Maltose) | ( 1 ) |
| 유당(Lactose) | ( 2 ) |

**19** 채소류, 과일류, 곡류, 두류 등은 수확 후에도 호흡을 한다. 이러한 농작물의 저장을 위해서 호흡이 느리게 일어나도록 조절하는 저장고 내의 저장방법을 무엇이라 하는지 쓰고, 해당 저장방법의 저장고 내 기체와 온도의 조절 방법을 쓰시오.

(1) 저장방법
(2) 기체조절방법
(3) 온도조절방법

**20** 텍스쳐(Texture)의 정의를 쓰고, 반고체상 물질의 1차 기계적 특징과 2차 기계적 특징에 해당하는 것을 보기에서 골라 쓰시오.

(1) 텍스쳐(Texture)의 정의
(2) 보기 : 경도, 파쇄성
  1) 1차 기계적 특성
  2) 2차 기계적 특성

## [2022년 3회 해설 및 정답]

### 01 해설

$n = 6$

$\sum x = 100 + 105 + 110 + 115 + 120 + 125 = 675$

$\sum x^2 = 100^2 + 105^2 + 110^2 + 115^2 + 120^2 + 125^2 = 76375$

$\sum y = \log 65.5 + \log 25.7 + \log 12.2 + \log 4.5 + \log 1.8 + \log 0.5 = 4.919989277 \cdots \approx 4.92$

$\sum xy = 100\log 65.5 + 105\log 25.7 + 110\log 12.2 + 115\log 4.5 + 120\log 1.8 + 125\log 0.5$
$= 517.2900796 \cdots \approx 517.29$

$m = \dfrac{n\sum(xy) - \sum(x)\sum(y)}{n\sum(x^2) - (\sum(x))^2} = -0.082762885 \cdots \approx -0.082$

$z = -\dfrac{1}{m} = 12.082726788 \cdots \approx 12.08\,[℃]$

(참고) log D - T 그래프에서의 회귀방정식 y절편

$b = \dfrac{\sum(x^2)\sum(y) - \sum(x)\sum(xy)}{n\sum(x^2) - (\sum(x))^2} = 10.13081042 \cdots \approx 10.13$

(참고) log 대신 ln을 사용할 경우

$n = 6$

$\sum x = 100 + 105 + 110 + 115 + 120 + 125 = 675$

$\sum x^2 = 100^2 + 105^2 + 110^2 + 115^2 + 120^2 + 125^2 = 76375$

$\sum y = \ln 65.5 + \ln 25.7 + \ln 12.2 + \ln 4.5 + \ln 1.8 + \ln 0.5 = 11.32869397 \cdots \approx 11.33$

$\sum xy = 100\ln 65.5 + 105\ln 25.7 + 110\ln 12.2 + 115\ln 4.5 + 120\ln 1.8 + 125\ln 0.5$
$= 1191.104426 \cdots \approx 1191.10$

$m = \dfrac{n\sum(xy) - \sum(x)\sum(y)}{n\sum(x^2) - (\sum(x))^2} = -0.190568332 \cdots \approx -0.19$

$z = -\dfrac{\ln 10}{m} = 12.08272678 \cdots \approx 12.08\,[℃]$

$b = \dfrac{\sum(x^2)\sum(y) - \sum(x)\sum(xy)}{n\sum(x^2) - (\sum(x))^2} = 23.32705304 \cdots \approx 23.33$

## 02

**해설**

(1) 세대 기간이 짧고 최대의 증식속도를 보이는 시기(기하급수적 세포 수 증가)
(2) 세대 기간이 일정하며 세포의 크기가 일정하게 발견됨.
(3) 생리적으로 활성이 강하며, 대사산물이 생성됨
(4) 환경 및 물리·화학적 변화에 대해 예민해짐.(감수성 증가)

(참고) 회분식 배양(Batch culture)
(1) 정의 및 특징
  1) 배양 용기에 영양분이 보충되지 않고 일정 부피의 배지 내에서 진행되는 폐쇄적인 배양
  2) 미생물의 증식에 따라 미생물의 환경 조건이 계속적으로 변화한다.
  3) Batch 사이에 배양기를 멸균하는 데 많은 비용이 든다.
(2) 배양 시기에 따른 미생물 개체의 수

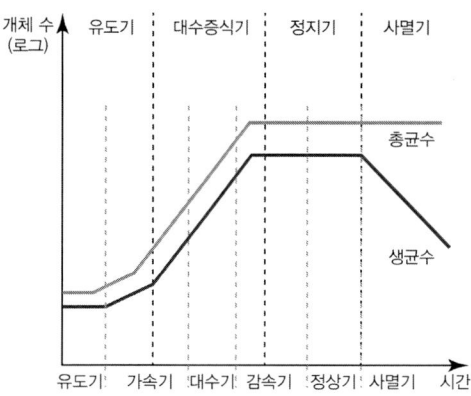

  1) 유도기(Lag phase)
    ① 균이 환경에 적응하며 세포가 성장하는 시기.
    ② RNA 및 단백질 합성은 급증하나, DNA량은 완만함.

  2) 대수 증식기(Exponential phase)
    ① 세대 기간이 짧고 최대의 증식속도를 보이는 시기(기하급수적 세포 수 증가)
    ② 세대 기간이 일정하며 세포의 크기가 일정하게 발견됨.
    ③ 생리적으로 활성이 강하며, 대사산물이 생성됨
    ④ 환경 및 물리·화학적 변화에 대해 예민해짐.(감수성 증가)

  3) 정지기(Stationary phase)
    ① 영양분이 고갈되고 대사 산물이 축적되어 증식에 악영향을 미치는 시기.
    ② 시간당 증식 개체 수 및 사멸 개체 수가 같아 최대의 세포 수를 나타냄
    ③ 내생포자를 생성하기 시작함
    ④ 2차 대사산물(생존, 성장, 발달 혹은 생식에 직접적으로 관여하지 않는 유기 화합물, 항생물질, 독소, 아미노산 아날로그 등)이 농축됨

  4) 사멸기(Death phase)
    ① 생균 수가 감소하는 시기
    ② 사멸균 자체의 효소 작용으로 자기소화(Autolysis)가 일어남.

## 03 해설

① 400
② 600

[풀이]

(1) $[농축 설탕물 유속] = \dfrac{(30-0)[\%]}{(50-30)[\%]} \times [시간당 증발량] = 1.5 \times [시간당 증발량]$

∴ $[시간당 증발량] : [농축 설탕물 유속] = 2 : 3 = 400[kg/hr] : 600[kg/hr]$

(2)

```
        0        20
                        [시간당 증발량] = 1000[kg/hr] × 20/(30+20) = 400[kg/hr]
               30
       50        30     [농축 설탕물 유속] = 1000[kg/hr] × 30/(30+20) = 600[kg/hr]
```

## 04 해설

(1) 체분별법
   1) 시험법 적용범위 : 미세한 분말
   2) 분석원리 : 분말을 체로 쳐서 큰 이물을 체위에 모아 육안으로 확인하고, 필요시 현미경 등으로 확대하여 관찰한다.

(2) 여과법
   1) 시험법 적용범위 : 검체가 액체일 때 또는 용액으로 할 수 있을 때 적용
   2) 분석원리 : 액체 검체 또는 용액으로 한 검체를 신속여과지로 여과하여 여과지상의 이물을 검사한다.

(3) 와일드만 플라스크법
   1) 시험법 적용범위 : 물에 잘 젖지 아니하는 가벼운 이물검출(곤충 및 동물의 털 등)
   2) 분석원리 : 식품의 용액에 소량의 물과 섞이지 않는 포집액(휘발유, 피마자유 등)을 넣고 세게 교반한 후 방치해 놓으면 물에 잘 젖지 않는 가벼운 이물이 유기용매층에 떠오르는 성질을 이용하여 이물을 분리, 포집 후 검사한다.

(4) 침강법
   1) 시험법 적용범위 : 비교적 무거운 이물의 검사(쥐똥, 토사 등)
   2) 분석원리 : 검체에 비중이 큰 액체를 가하여 교반한 후 상층액을 버린 후 바닥의 이물을 검사한다.

(5) 금속성 이물(쇳가루)
   1) 시험법 적용범위 : 분말제품, 환제품, 액상 및 페이스트제품, 코코아가공품류 및 초콜릿류 중 혼입된 쇳가루 검출(분쇄공정을 거친 원료를 사용하거나 분쇄공정을 거친 제품에 한함)
   2) 분석원리 : 쇳가루가 자석에 붙는 성질을 이용

(6) 김치 중 기생충(란)

## 05 해설

(1) 비누화가(검화가)의 정의 : 지질 1 g중의 유리산의 중화 및 에스테르의 검화에 필요한 수산화칼륨의 mg수

(2) 고급지방산 함량 높은 지질 : B

(참고) 비누화가(Saponication Value, SV)
(1) 정의 : 지질 1 g중의 유리산의 중화 및 에스테르의 검화에 필요한 수산화칼륨의 mg수
(2) 실험방법 : 검체 1~2 g을 200 mL의 플라스크에 정밀히 달아 넣고 0.5 N 수산화칼륨-에탄올용액 25 mL를 정확히 가하고 이에 갈아 맞춘 작은 환류냉각기 또는 공기 냉각기(길이 약 75cm, 내경 7mm의 유리관)를 달고 수욕 중에서 때때로 흔들어 저으면서 30분간 가열한다. 다음 페놀프탈레인시액을 지시약으로 하여 즉시 0.5 N 염산으로 과잉의 수산화칼륨을 적정한다. 따로 검체를 사용하지 않고 같은 방법으로 공시험을 한다.

(3) 비누화가

$$\frac{x_{KOH}[mg]}{M_{KOH}[g/eq]} = f \times 0.5[eq/L] \times (b-a)[mL]$$

$$SV[mg/g] = \frac{x_{KOH}[mg]}{S[g]} = \frac{56.1[g/eq] \times f \times 0.5[eq/L] \times (b-a)[mL]}{S[g]}$$

$$= 28.05[mg/mL] \times \frac{f \times (b-a)[mL]}{S[g]}$$

(4) 비누화가는 중성지방의 평균 분자량 측정에 사용된다.

$$\frac{x_{KOH}[mg]}{M_{KOH}[g/eq]} = \frac{S[g]}{M_{av}[g/mol]} \times 3[eq/mol] \times \frac{1000[m]}{1}$$

$$SV[mg/g] = \frac{x_{KOH}[mg]}{S[g]} = \frac{56.1[g/eq] \times 3000[meq/mol]}{M_{av}[g/mol]}$$

∴ $SV \times M_{av} = 168300$

여기서, a : 검체를 사용했을 때의 0.5 N 염산의 소비량(mL)
b : 공시험에 있어서의 0.5 N 염산의 소비량(mL)
S : 검체의 채취량(g)
f : 0.5 N 염산의 역가
$M_{KOH}$ : KOH의 화학식량, 56.1 g/mol (산가에서는 56.11 g/mol 로 계산)
$M_{av}$ : 지방산의 평균 분자량(g/mol)

## 06 해설

(1) 관의 지름 : 넓어야 한다.
(2) 유체의 밀도 : 높아야 한다.
(3) 유체의 유속 : 빨라야 한다.
(4) 유체의 점도 : 낮아야 한다.

(참고) Reynolds number(레이놀즈 수, $N_{Re}$)
(1) 유체의 점성력 대비 관성력에 대한 비율, 강제대류에 작용하는 지배적인 물성
(2) $N_{Re}$가 증가할수록 유체 내에서 작은 미동(교란)이 확산되어 층류에서 난류로의 전이가 일어난다. 관속을 흐르는 유체는 원형 직선관에서 레이놀즈수가 ( 2100 )이하이면 층류 ( 4000 )이상이면 난류이다.
(3) 밀도가 클수록, 유속이 빠를수록, 관의 직경이 클수록, 점성계수가 작을수록 난류가 발생할 가능성이 커지며, $N_{Re}$가 4000 이상일 경우 난류가 발생한다.

$$N_{Re} = \frac{\rho \times v \times D}{\mu}$$

여기서, $\rho$ : 유체의 밀도 [kg/m³]
  v : 유체의 유속 [m/s]
  D : 관의 상당직경 [m]
  $\mu$ : 유체의 점성계수 [kg/m·s]

## 07 해설

$10 \times 100 \times \dfrac{3}{5} = 600 [CFU/mL]$

## 08 해설

(1) 비극성
(2) 극성

## 09 해설

$\dfrac{4[g]}{20[g]} \times 100 = 20[\%]$

## 10 해설

$$10 \times 2^{\frac{2 \times 60}{10}} = 40960$$

## 11 해설

식중독의 유행곡선은 잠복기가 비교적 짧아(시간 단위) 가파른 형태의 곡선이나, 감염병의 유행곡선은 잠복기가 길어(일 단위) 상대적으로 완만한 곡선이다.

(참고) 유행곡선(Epidemic Curve, Epi Curve)
(1) 시간에 따른 감염병 전파의 진행 상황 및 감염자들의 감염 시기를 나타낸 곡선
(2) 유행곡선의 x축은 사람이 감염된 시기(발병일, Illness onset)를 나타냄
(3) 유행곡선의 y축은 각 시기별 발생한 감염자의 숫자를 나타냄
(4) 유행곡선이 주는 정보
   1) 사례들(Cases)의 시계열 분포
   2) 전반적인 유행 패턴을 벗어나는 아웃라이어(Outliers)
   3) 대략적인 감염 규모와 감염 양상
   4) 일반적인 단일노출 유행곡선(Point source outbreak)에서 노출 시기 추정가능

## 12 해설

(1) 인삼 : **면역력 증진**·피로개선·뼈 건강에 도움을 줄 수 있음, 간 건강에 도움을 줄 수 있음
(2) 홍삼 : **면역력 증진**·피로개선·혈소판 응집억제를 통한 혈액흐름·기억력 개선·항산화·갱년기 여성의 건강에 도움을 줄 수 있음
(3) 알콕시글리세롤 함유 상어간유 : **면역력 증진**에 도움을 줄 수 있음
(4) 알로에 겔 : 피부건강·장 건강·**면역력 증진**에 도움을 줄 수 있음

면역력 증진에 도움을 줄 수 있음

## 13 해설

(1) 선원 : $^{60}Co$ / 전자선 가속기
(2) 선종 : 감마선(10kGy 이하) / 전자선(10MeV 이하), 엑스선(5MeV 이하, 탄탈륨·금 사용시 7.5MeV 이하)
(3) 조사목적 : 발아억제, 숙도 조절, 살충, 살균

## 14 해설

(1) 10
(2) 5
(3) -18

## 15 해설

열에 민감한 성분 변성 또는 휘발성 성분의 손실 없이 막 구멍 크기 이상의 미생물을 선택적으로 연속 조작을 통한 제거 가능

## 16 해설

사람 체온(36.5℃) 근처

(참고) 유리전이온도($T_g$ : Glass transition temperature)
(1) 정의 : 비정질 및 고분자 물질의 구성 입자의 운동 상태가 변화하는 온도
(2) 고분자 물질의 상태
　1) 유리 상태(Glassy state) : 단단하고 운동성이 없다.
　2) 고무 상태(Rubbery state) : 점성이 높고 유연하다.
　3) 용융 상태(Melt) : 고체가 액체로 완전히 상 전이가 일어난 상태
(3) 유리 전이 온도에 영향을 미치는 요인
　1) 고분자의 화학 구조 : 긴 사슬일수록, 가교 결합이 많을수록, 결정성 클수록 높아진다.
　2) 분자량 : 분자량이 클수록 유리전이온도가 높아지는 경향이 있다.
　3) 작용기의 극성 : 곁사슬이 많을수록, 사슬을 구성하는 작용기의 극성이 클수록 높아진다.
　4) 적응성(유연성) : 고분자 사슬의 운동이 수월할수록(유연한 소재일수록) 감소한다.
　5) 수분 함량 : 수분이 많을수록 유연함이 증가하므로 유리전이온도가 감소한다.
　6) 가소제 : 첨가 시 결정성과 고분자 사슬 간 응집력이 감소하므로 유리전이온도가 감소함

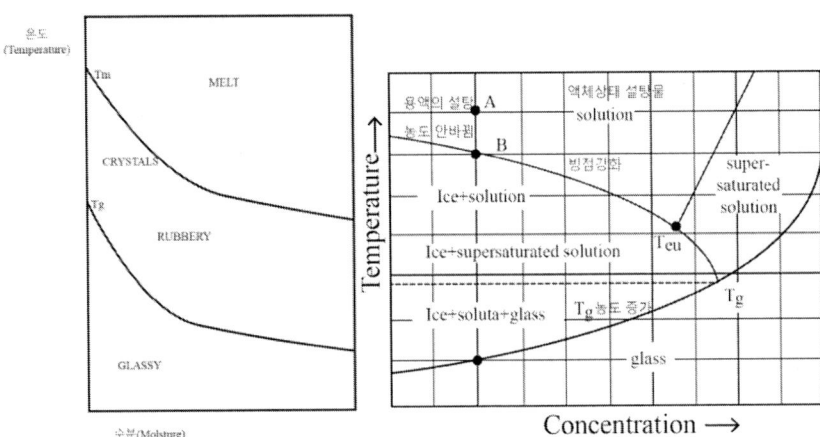

## 17

> 해설

(1) 개선조치 : Corrective action, 모니터링 결과 중요관리점의 한계기준을 이탈할 경우에 취하는 일련의 조치
(2) 검증절차 : Verification, 안전관리인증기준(HACCP) 관리계획의 유효성(Validation)과 실행(Implementation) 여부를 정기적으로 평가하는 일련의 활동(적용 방법과 절차, 확인 및 기타 평가 등을 수행하는 행위를 포함)

## 18

> 해설

(1) Maltase
(2) Lactase

## 19

> 해설

(1) 저장방법 : CA 저장법(Controlled Atmosphere Storage)
(2) 기체조절방법 : 습도 85~95%, 온도 0~8℃ 범위, 산소 1~5%, 이산화탄소 2~10%(작물마다 차이 있음)
(3) 온도조절방법 : 보통 0~8℃에서 저장

(참고) CA 저장법(Controlled Atmosphere Storage)
(1) 생체 식품의 저장 중 발생하는 작용
   1) 호흡작용 : 생명을 유지하고 에너지를 얻기 위해 유기물을 분해하는 현상
   2) 생장작용 : 발아·발근 발생, 5℃ 이하 저장 시 감자, 양파, 고구마, 무 등의 생장 억제
   3) 증산작용 : 작물 내 수분이 빠져나가는 현상, 표면 위축 현상 발생의 원인
   4) 추숙작용 : 연화가 일어나 색, 향, 맛은 좋아지지만 저장성이 나빠지는 현상
(2) CA 저장 원리 : 공기의 조성과 온도, 습도를 조절하여 산소 농도를 낮추고 화학적으로 활성이 적은 기체(이산화탄소, 질소 등)의 함량을 증가시켜 호흡 및 증산작용을 억제시키는 방법, 에틸렌 제거 필요
(3) 온도가 상승할수록 호흡 속도 및 변패속도가 증가하므로 수확한 과채류는 예냉 후 저장
(4) CA 저장 방법
   1) 재래식 방법 : 청과물의 호흡작용에 의해 공기조성의 변화를 기다리는 방법
   2) 제너레이터법 : 공기조성을 인위적으로 조절하는 장치를 이용한 방법
   3) 간이방법 : 가스투과성 없는 플라스틱 주머니에 담아 밀봉하여 넣어두면 호흡작용으로 산소는 감소하고 이산화탄소는 증가하는 것을 이용한 방법
   (비교) MAP(Modified Atmosphere Packaging), 수증기 이동 억제, 표면 위축현상 지연
(5) 호흡 급등형 과실 : 성숙 과정에서 호흡률 및 에틸렌 민감성이 증가하는 과실, CA저장이 적합
   종류 : 사과, 배, 감, 수박, 무화과, 망고, 아보카도, 블루베리 등
(6) 호흡 비급등형 과실 : 호흡률이 점차 감소하는 과실
   1) 호흡량이 최고치에 도달 후 점차 감소되는 전환기적 상승을 갖는 과실
      종류 : 바나나, 토마토 등
   2) 수확 후 저장 중 호흡률이 감소하는 과실, 적정 소재로 MAP 처리가 적합
      종류 : 밀감류(오렌지류), 딸기, 포도, 앵두, 파인애플, 올리브, 고추, 오이, 가지, 고구마 등

**20** 해설

(1) 텍스쳐(Texture)의 정의 : 식품의 모든 물성학적 및 구조적 특성 (물리적인 감각)
    음식물을 입안에서 씹을 때 작용하는 힘과 조직간의 상호관계에서 느껴지는 기계적 등 복합적 감각.
    음식을 먹을 때 입안에서 느껴지는 감촉 등

(2) 보기 : 경도, 파쇄성
   1) 1차 기계적 특성 : 경도
   2) 2차 기계적 특성 : 파쇄성

(참고) Texture 분류
(1) 1차적 요소 : 경도, 응집성, 부착성, 탄성, 점성
(2) 2차적 요소 : 파쇄성, 저작성, 껌성

# 2023 1회 식품안전기사 실기

[본 문제는 수험자의 기억에 의해 복원된 것으로 실제 시험과 차이가 있을 수 있습니다]
[(舊)식품기사에서 (現)식품안전기사로 변경되었습니다]

**01** 미생물 내열성에 미치는 영향 요인 중 세 가지를 쓰시오.

**02** 다음은 식품의 유형에 따른 등온흡습곡선이다. 제시된 세 가지의 유형 중 단백질의 함량이 높은 식품을 선택하고, 해당 유형에서의 자유수 및 수분활성도의 특성을 서술하시오.

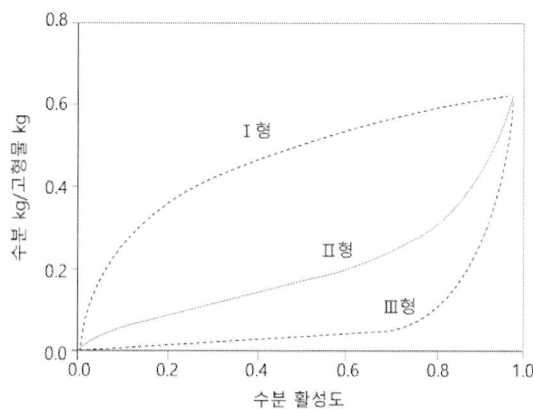

**03** 식품공전에 의거한 미생물시험 중 세균발육시험을 적용할 수 있는 식품을 쓰시오.

04  두유를 가열처리할 때는 포말이 발생하여 끓어 넘치므로 수율의 감소는 물론, 작업을 방해하며 작업자에 위험을 끼칠 수 있다. 가열 처리 시 두유액에 식용유 대신 레시틴을 사용하면 어떤 현상이 발생하는지를 예측하여 서술하시오.

05  비중이 1.11인 22% 염산(분자량 36.46)의 노르말 농도를 계산하시오.(단, 계산 결과는 소수점 첫째자리까지 답하시오.) [2015-1]

06  젤리나 잼 등의 펙틴겔을 제조할 때 설탕을 넣고 pH를 낮춰 제조하기도 하지만, 그 반대로 pH를 높여 제조하는 경우도 있다. 이 경우, 안정적인 Salt bridge를 형성하기 위해 사용하는 첨가물을 보기 중에서 고르시오.

<보기>
탄산수소나트륨, 니켈, 수소, 칼슘, 소금

07  다음은 오렌지주스를 이송할 때, 파이프의 직경과 주스의 유속에 따른 압력강하를 나타낸 표의 일부이다. 내삽법을 이용하여 직경 25cm, 유속 8m/s 일 때의 압력강하량을 구하시오.

| 직경(cm) \ 유속(m/s) | 1.0 | 2.5 | 5.0 | 8.5 | 10.0 |
|---|---|---|---|---|---|
| 10 | 509 | 1273 | 2547 | - | 5093 |
| 20 | 1019 | 2547 | 5093 | - | 10187 |
| 25 | - | - | - | ? | - |
| 30 | 1528 | 3820 | 7640 | - | 15279 |

08  유지 시료 0.816g 을 초산-클로로포름 3:2 혼합액에 녹여 암실에서 포화요오드화칼륨용액으로 10분 간 처리한 뒤, 0.01N 티오황산나트륨 용액(역가 : 1.02)을 이용하여 적정하였다. 전분 지시약의 색 변화까지 본시험에서의 소비량이 14.7mL, 공시험에서의 소비량이 0.18mL 로 측정되었다면, 유지 시료의 과산화물가를 계산하시오.

09  뉴턴유체에서의 전단속도와 점도와의 관계를 설명하시오.

10  다음은 열처리에 따른 식품 가공 중 성분 변화에 대한 설명이다. 제시된 보기 중 옳지 않은 것을 고르고, 그 이유를 설명하시오.

> ① 설탕을 150~180°C로 가열하면 캐러멜화 반응이 일어나면서 검정색으로 변한다.
> ② 채소를 65~75°C로 가열하면, RNA의 열분해산물인 GMP에 의해 감칠맛이 발생한다.
> ③ 미이야르 반응에 의해 볶음이나 빵 등의 식품에 향이 나면서 갈색으로 변한다.
> ④ 지질을 가열하면 황 성분을 함유한 휘발성 성분이 생성되므로 산패취가 발생한다.
> ⑤ 양파와 마늘을 센 불에서 가열하면 Sulfide류가 발생한다.

11  돈육 장조림 통조림을 가열 살균하는 데 있어 최적의 $F_0$ 값은 5.5분으로 알려져 있다. 이 통조림을 113°C에서 살균할 때, 동일한 수준의 멸균에 소요되는 가열처리시간을 계산하시오.(단, z값은 10°C 로 한다.)

**12** 수분 함량이 75%인 쇠고기 10kg을 동결한다. 초기 온도는 5℃였고, 동결 후 최종 온도는 -20℃였다. -20℃에서 동결율이 0.9였을 때, 동결 과정 중 방출된 얼음의 잠열을 구하라. (단, 얼음의 융해열은 334kJ/kg이다.) [2019-1]

**13** 다음은 버섯의 생활사에 대한 설명이다. 빈 칸에 알맞은 내용을 쓰시오.

> 버섯에서 사출된 포자는 발아하여 단핵의 1차 균사를 형성한다. 이후 유전적으로 화합성이 있는 또 다른 1차 균사와 세포질이 융합하여 2핵의 2차 균사로 된다. 이 때 두 핵은 융합을 하지 않고 클램프를 형성하면서 길이 생장을 하며 균사를 뻗는다. 이후 적당한 조건하에서 ( ① ) 인 버섯을 만드는데, 이것을 3차 균사라 한다. 3차 균사의 형태는 종에 따라 다양하며, 다수의 ( ② ) 가 형성된 후 핵융합 및 감수분열이 발생한다. 이후 그 선단에 경자를 생성하고, 그곳에 ( ③ ) 를 착생한다.

**14** 다음은 식품 등의 표시기준에 제시된 카페인과 관련된 내용이다. 빈 칸에 알맞은 내용을 쓰시오.

> 카페인 함량을 ( ① ) % 이상 제거한 제품은 "탈카페인(디카페인) 제품"으로 표시할 수 있다. 카페인을 1mL 당 ( ② ) mg 이상 함유한 액체 식품(커피 및 다류)에 총카페인 함량, 주의문구("어린이, 임산부, 카페인 민감자는 섭취에 주의해 주시기 바랍니다" 등), "( ③ )" 를 표시하여야 한다.

**15** 다음은 소비기한에 대한 설명이다. 맞는 설명에 알맞은 표시를 하시오.

(1) 소비기한은 소비자 중심의 표시제로써 식품의 맛·품질 등이 급격히 변하는 시점을 설정실험 등으로 산출한 품질한계기간의 50% 로 설정한 것이고, 유통기한은 영업자 중심의 표시제로써 품질한계기간의 80~90% 로 설정한 것이다. ( O / X )

(2) 소비기한 설정실험을 통해 산출된 "품질안전한계기간"은 비록 과학적 실험을 통해 산출된 값이나, 실제 식품의 제조와 유통환경에서는 의도치 않은 변수로 인해 이상적인 조건을 유지하기는 어려울 수 있으므로, 이러한 변수를 고려하여 제품의 특성과 실제 유통환경을 가장 정확하게 이해하고 있는 영업자가 안전관리 기준과 수용도에 따라 1 이상의 안전계수를 적용하여 소비기한을 설정해야 한다. ( O / X )

**16** 홍차의 발효과정 중에 발생하는 오렌지색이나 붉은색 나타내는 색소와, 이 색소의 생성에 관여하는 효소를 쓰시오.

**17** 다음은 "식품 및 축산물 안전관리인증기준" 의 일부이다. 빈 칸에 알맞은 숫자를 쓰시오.

냉장시설은 내부의 온도를 ( ① ) ℃ 이하(다만, 신선편의식품, 훈제연어, 가금육은 ( ② ) ℃ 이하 보관 등 보관온도 기준이 별도로 정해져 있는 식품의 경우에는 그 기준을 따른다.), 냉동 시설은 ( ③ ) ℃ 이하 이하로 유지하고, 외부에서 온도변화를 관찰할 수 있어야 하며, 온도 감응 장치의 센서는 온도가 가장 높게 측정되는 곳에 위치하도록 한다.

**18** 다음 보기에 제시된 당을 갈변 속도가 빠른 순서대로 배열하시오.

<보기>
D-리보스 , D-글루코스 , D-갈락토스 , 설탕

**19** 기체크로마토그래피에서 사용하는 Carrier gas의 역할과 사용가능한 가스 종류를 1가지 쓰시오.

**20** 전분당 제조 중 당화 과정에서 D.E.가 높아지면 감미도와 점도가 어떻게 변하는 지를 쓰시오.

## ◉ [2023년 1회 해설 및 정답]

### 01  해설

(1) 효소 활성 최적 온도가 높을수록 내열성 크다.
(2) 인지질을 구성하는 지방산이 장쇄일수록, 불포화도 작을수록 내열성 크다.
(3) 아포 생성이 가능할 경우, $Ca^{2+}$ 및 디피콜린산의 비율이 높을수록 내열성이 크다.
(4) 최적 pH에서 내열성이 최대를 나타낸다.
(5) 회분식 배양에서 정지기 세포들이 대수증식기 세포들보다 포화지방산 조성이 높으므로 내열성이 크다.
(6) 수분 활성도가 감소할수록 내열성이 증가한다.
(7) 배양 온도가 높았을 경우, 효소 최적 활성 온도 및 내열성 단백질
   (HSPs, SASPs 등)의 조성이 증가, 내열성이 커진다.
중 택 3

### 02  해설

I형, 단백질 함량이 높은 식품, 단백질의 여러 작용기로 인해 수화가 빠르게 일어나므로 결합수의 비율이 높아 수분활성도에 비해 흡수한 수분이 매우 커 가파른 모양을 보이나, 수화 이후에는 물의 흡수가 잘 일어나지 않아 고형분 대비 수분 함량이 완만하게 증가한다.

### 03  해설

장기보존식품 중 통·병조림식품, 레토르트식품

(참고) 세균발육시험 순서
(1) 가온보존시험
   시료 5개를 개봉하지 않은 용기·포장 그대로 배양기에서 35~37℃에서 10일간 보존한 후, 상온에서 1일간 추가로 방치한 후 관찰하여 용기·포장이 팽창 또는 새는 것은 세균발육 양성으로 하고 가온보존시험에서 음성인 것은 다음의 세균시험을 한다.
(2) 세균시험
세균시험은 가온보존시험한 검체 5관에 대해 각각 시험한다.
 1) 시험용액의 조제
   검체 5관(또는 병)의 개봉부의 표면을 70% 알코올탈지면으로 잘 닦고 개봉하여 검체 25 g을 희석액 225 mL에 가하여 균질화 시킨다. 이 액의 1 mL를 멸균시험관에 채취하고 희석액 9 mL에 가하여 잘 혼합한 것을 시험용액으로 한다.
 2) 시험법
   시험용액을 1 mL씩 5개의 티오글리콜린산염 배지(배지 13)에 접종하여 35~37℃에서 48±3시간 배양한 후, 5관 중 어느 하나라도 세균증식이 확인되면 세균발육 양성으로 한다. 시험용액을 가하지 아니한 동일 희석액 1 mL를 대조시험액으로 하여 시험조작의 무균여부를 확인한다.

## 04

**해설**

- 식용유에는 여러 지방산(라우린산, 미리스트산, 옥시스테아린, 올레인산, 팔미트산)이 풍부하며, 이들은 식품첨가물공전상 거품제거제로 분류되어 있다. 거품제거제는 액체의 표면장력을 높여 거품 생성을 억제하고 유지를 어렵게 하여 빨리 제거시킨다.
- 반면 레시틴은 식품첨가물공전상 유화제로, 물과 기름의 표면장력을 낮추어 잘 섞일 수 있도록 한다. 표면장력이 작아지면 거품 생성 및 유지가 쉬워지므로 거품제거 효과를 얻을 수 없고, 도리어 거품의 생성이 강해진다.

## 05

**해설**

$$\frac{1[eq/mol] \times \frac{22[g]}{36.46[g/mol]}}{\frac{100[g]}{1000[mL/L]} \times \frac{1}{1.11[g/mL]}} = 6.69775096 \cdots \approx 6.7[N]$$

## 06

**해설**

칼슘, Pectin을 구성하는 α-D-Galacturonic acid 에 있는 –COO⁻ 에 의해 발생하는 음전하 간의 반발력을 $Ca^{2+}$ 가 중화 및 완화시키며 가교를 형성하는 염다리(Salt Bridge)역할을 하여 단단한 물성을 부여하므로 저메톡실펙틴(LMP)으로도 단단한 Gel을 형성할 수 있다.

## 07

**해설**

- $y = \dfrac{y_2 - y_1}{x_2 - x_1}(x - x_1) + y_1$ 식을 이용

(1) 직경이 25일 때의 압력 변화를 유속이 5.0일 때와 10일 때의 두 가지 경우 모두 내삽하여 구한 뒤, 유속이 8.5일 때의 압력변화를 내삽하여 계산한다.

$$y_5 = \frac{7640 - 5093}{30 - 20} \times (25 - 20) + 5093 = 6366.5$$

$$y_{10} = \frac{15279 - 10187}{30 - 20} \times (25 - 20) + 10187 = 12733$$

$$? = \frac{12733 - 6366.5}{10 - 5} \times (8.5 - 5.0) + 6366.5 = 10823.05$$

(2) 유속이 8.5일 때의 압력 변화를 직경이 20일 때와 30일 때의 두 가지 경우 모두 내삽하여 구한 뒤, 직경이 25일 때의 압력변화를 내삽하여 계산한다.

$$y_{20} = \frac{10187 - 5093}{10.0 - 5.0} \times (8.5 - 5.0) + 5093 = 8658.8$$

$$y_{30} = \frac{15279 - 7640}{10.0 - 5.0} \times (8.5 - 5.0) + 7640 = 12987.3$$

$$? = \frac{12987.3 - 8658.8}{30 - 20} \times (25 - 20) + 8658.8 = 10823.05$$

## 08 해설

$$\frac{1.02 \times (14.7 - 0.18)[mL]}{0.816[g]} \times 10[eq/kL] = 181.50[meq/kg]$$

## 09 해설

허셀-버클리 방정식(Herschel-Buckley Equation)을 변형하여 겉보기점도($\mu_a$)를 구하는 식을 유도할 수 있다. 뉴턴 유체에서 $\tau_0$(항복응력)은 0, n(유동지수)은 1이므로 겉보기점도는 $\kappa$(점성계수)로 그 값은 $\dot{\gamma}$(전단속도)와 관계없이 일정하다. $\tau$(유체에 작용하는 전단응력)과 $\dot{\gamma}$(전단속도)는 정비례하므로 결국 뉴턴유체에서의 겉보기점도는 일정하다.

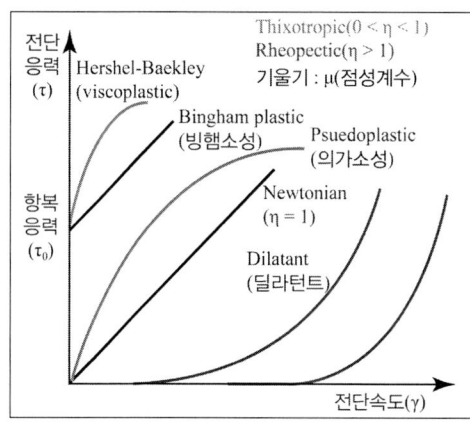

$$\tau = \kappa \dot{\gamma}^n + \tau_0$$

$$\mu_a = \frac{\tau}{\dot{\gamma}} = \kappa \dot{\gamma}^{n-1} + \frac{\tau_0}{\dot{\gamma}}$$

$$= \kappa \ (\because \text{단}, n = 1, \tau_0 = 0 \text{일 때})$$

## 10 해설

(1) 정답 : ④

(2) 이유 : 복합지질 및 유도지질 중 일부만 S를 함유할 수 있으나, 해당 성분이 없는 단순지질의 주성분은 C, H, O 이다. 해당 단순지질의 산패취의 주성분은 Aldehyde 및 Ketone 등의 저분자 Carbonyl 화합물이며, S 성분에 의한 산패취는 발생하지 않는다.

## 11 해설

$F_0$의 기준온도를 주지 않아 숫자 설정이 다르면 값이 크게 달라지므로, 온도 설정을 해놓고 아래의 식을 이용하여 계산한다.

$$F_T = F_0 \times 10^{\frac{T_0 - T}{z}}$$

1) 식품공전 기준 : $F_{113} = F_0 \times 10^{\frac{120-113}{10}} = 27.56529785 \cdots \approx 27.57 [\min]$
   (120 °C 4분 이상 또는 이와 동등한 조건)

2) 121°C 기준 : $F_{113} = F_0 \times 10^{\frac{121-113}{10}} = 34.70265395 \cdots \approx 34.70 [\min]$

3) 121.1°C 기준 : $F_{113} = F_0 \times 10^{\frac{121.1-113}{10}} = 35.5109826 \cdots \approx 35.51 [\min]$

4) 250°F(≈121.1°C) 기준 : $F_{113} = F_0 \times 10^{\frac{\frac{1090}{9}-113}{10}} = 35.6019512 \cdots \approx 35.60 [\min]$

## 12 해설

$Q = 10[kg] \times 0.75 \times 0.9 \times 334[kJ/kg] = 2254.5[kJ]$

## 13 해설

① 자실체
② 담자기
③ 담자포자

## 14 해설

① 90
② 0.15
③ 고카페인 함유

## 15 해설

(1) X, 소비기한은 80~90%, 유통기한은 60~70%
(2) X, 1 미만, 소비기한 = 품질한계기간 × 안전계수

## 16 해설

(1) 생성 색소 : Theaflavin(황색), Thearubigin(적색)
(2) 효소 : Polyphenol oxidase(=Polyphenolase)
cf) 색소 전구체 : Catechin

## 17 해설

① 10
② 5
③ -18

## 18 해설

D-리보스 > D-갈락토스 > D-글루코스 > 설탕

## 19 해설

(1) Carrier gas의 역할 : 시료주입구(Injector)에서 기화된 시료를 컬럼(Column)으로 이동시켜주는 기체
(2) Carrier gas의 종류 : $H_2$, $N_2$, He, Ar, $CH_4$ 등 여럿 중 택 1
cf) 검출기(Detector) 종류, 유속, 고정상 및 이동상 등을 고려하여 최적의 기체 사용

**20** 해설

시간 경과에 따라 Amylodextrin, Erythrodextrin, Achromodextrin, Maltodextrin 순으로 전분이 분해되면서 D.E.는 증가하고, 감미도는 증가하며, 점도는 감소한다.

# 2023 2회 식품안전기사 실기

[본 문제는 수험자의 기억에 의해 복원된 것으로 실제 시험과 차이가 있을 수 있습니다]
[(舊)식품기사에서 (現)식품안전기사로 변경되었습니다]

**01** 식품의 소비기한과 품질유지기한에 대하여 서술하시오.

**02** 난소화성 전분(Resistant Starch, RS)의 분류에서 RS 3형 생성원리를 쓰시오.

**03** Clostridium botulinum 살균 시, 균 농도가 초기농도의 99.9%로 감소하는데 0.72분이 소요되었다. 초기농도의 $10^{-12}$로 감소하는데 걸리는 시간을 계산하시오.

**04** 물이랑 기름이랑 섞을 때 유화제의 역할에 대해 표면장력을 이용하여 설명하시오.

**05** 물체의 점성을 정량적으로 표현할 때 사용하는 허쉘-버클리 방정식(Herschel-Buckley Equation)은 $\tau = \kappa\dot{\gamma}^n + \tau_0$ 이다. 이 식에서 나타내는 전단응력($\tau$), 전단속도($\dot{\gamma}$), 유동지수($n$), 항복응력($\tau_0$)을 이용하여 뉴턴유체, 딜레이던트 유체, 빙햄유체, 슈도플라스틱 유체가 갖는 유동지수($n$)와 항복응력($\tau_0$)에 대하여 범위로 설명하시오. (단, 예시로 n=1, $0 < \tau_0 < 1$ 로 등으로 표현하시오.)

**06** 다음 제시된 정량방법 중 조지방의 정량방법 4가지를 고르시오.

> ㄱ - 속슬렛법  ㄴ - 산분해법
> ㄷ - 뢰제 - 고트리브법  ㄹ - 바브콕법
> ㅁ - 세미마이크로 킬달법  ㅂ - 반슬라이크법
> ㅅ - 벨트란법

**07** 주류 제조 중 에틸카바메이트가 생성되는 (1) 원인을 설명하고, (2) 생성을 줄일 수 있는 방법 2가지를 쓰시오.

**08** 다음은 식품 및 축산물 안전관리인증기준(HACCP) 내용의 일부이다. 빈 칸에 알맞은 내용을 쓰시오.

> "중요관리점(Critical Control Point : CCP)" 이란 안전관리인증기준(HACCP)을 적용하여 식품, 축산물의 위해요소를 ( ① ), ( ② )하거나 허용수준이하로 ( ③ )시켜 당해 식품, 축산물의 안전성을 확보할 수 있는 중요한 단계, 과정 또는 공정을 말한다.

**09** 염장을 위하여 식염을 사용할 때, 미생물의 증식을 억제하는 원리 중 3가지를 쓰시오.

**10** 다음에 제시된 당의 구조를 보고, 당의 이름과 종류를 쓰시오.

| 당 구조 | (사슬형 구조) | (육각형 고리 구조) | (이당류 구조) |
|---|---|---|---|
| 당 이름 | | | |
| 환원성 여부 | | | |



**11** 0.04M NaOH 수용액 500mL가 있다. 다음 물음에 답하시오.

(1) w/v%를 구하시오.
(2) mg%를 구하시오.



**12** −20°C인 냉각실에 20°C의 지육을 넣고 자연대류상태에서 동결속도를 측정한다. 이후, −20°C로 냉각된 지육을 자연대류상태의 해동실(20°C)에 넣고 해동시켜 해동속도를 측정하였다. (1)번 설명 중 옳은 설명에 O 표시를 하고, 그 이유를 물과 얼음의 열적 성질 2가지를 들어서 설명하시오.

(1) 동결속도가 해동속도보다 (빠르다, 느리다)
(2) 물과 얼음의 열적 성질 2가지를 들어 설명하시오.

**13** 식품의 제조 과정 및 이와 관련된 효소 사이를 선으로 연결하시오.

| | |
|---|---|
| 1) 자당 → 포도당 + 과당 • | • a) 포도당 산화효소(Glucose Oxidase) |
| 2) 전분 → 덱스트린, 콘시럽 • | • b) 펙틴 분해효소(Prctinase) |
| 3) 과산화수소 • | • c) 카탈라아제(Catalase) |
| 4) 주스 청징 • | • d) 아밀라아제(Amylase) |
| 5) 포도당 정량 • | • e) 인벌타아제(Invertase) |

**14** 다음은 수분 함량을 나타낸 Moisture sorption isotherm 그래프이다. 서로 다른 두 소재의 제품 A, B 를 모두 0.1 H₂O-g solid 인 상태에서 한 곳에서 넣고 밀봉, 포장하였을 때, 수분 이동에 대하여 설명하시오.

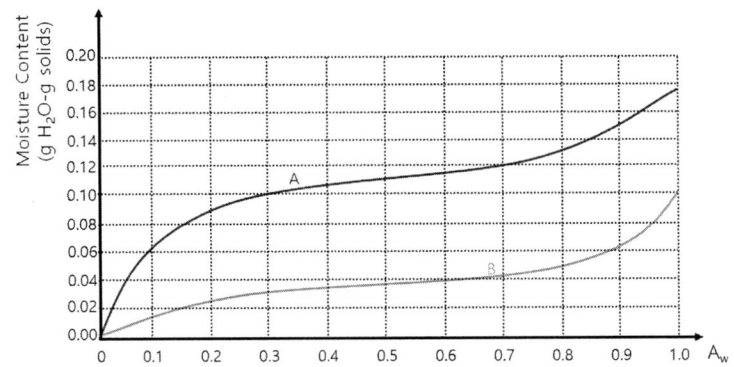

**15** 가수분해정도를 나타내는 포도당 당량(Dextrose Equivalent, D.E.) 의 계산식을 쓰시오.

**16** 0.1N HCl 수용액의 역가를 알아내기 위해, 해당 용액을 10mL 취하여 페놀프탈레인 시약을 1~2 방울 떨어트린 후, 뷰렛에 담긴 표준용액으로 적정하였다. 이 때 적정에 사용한 용액은 0.1N $Na_2CO_3$(f=1.0039)이고, 뷰렛에서의 소모량은 9.98mL 이었을 때, HCl의 역가를 계산하시오.(단, 소수점 넷째자리에서 버림으로 하여 셋째자리까지 기재한다.)

**17** 다음에 제시된 문항 중 틀린 것을 고르고, 그 이유를 설명하시오.

> (1) 참깨(Sesame)의 리그난(Lignan) 중 세사민(Sesamin), 세사몰린(Sesamolin)이 다량으로 있으며, 주요 산화방지제인 세사몰(Sesamol)은 미량 있다.
> (2) 참기름의 세사몰은 세사몰린이 열에 의해 분해되어 생성된다.
> (3) 토코페롤(Tocopherol)은 유지 중의 지용성 항산화제로 α, β, γ, δ 4가지로 존재한다.
> (4) 콩(대두)의 이소플라본(Isoflavone)은 배당체(Glucoside) 및 비배당체(Aglycone) 형태로 존재한다.
> (5) 양파의 퀘르세틴(Quercetin)은 비배당체로 미량존재하고, 퀘르세틴의 배당체인 루테인(Lutein)은 다량으로 존재한다.

**18** S(지방의 산가)와 A(Polyol Fatty acid Ester의 비누화가)를 이용하여 (1) HLB 식을 작성하고, (2) 유화액 상태(O/W, W/O)를 구분하시오.

**19** 20% 포도당 수용액의 수분활성도를 구하시오.(단, 포도당의 분자량은 180g/mol 이다.)

> **해설**
> $$A_w \text{(포도당)} = \frac{\frac{80[g]}{18[g/mol]}}{\frac{80[g]}{18[g/mol]} + \frac{20[g]}{180[g/mol]} \times 1} = 0.975609756 \cdots \approx 0.98$$

**20** 다음은 대장균 확인시험의 일부이다. 빈칸에 순서대로 대장균의 양성, 음성 판정을 +, - 로 적으시오.

> 최확수법에서 가스생성과 형광이 관찰된 것은 대장균 추정시험 양성으로 판정하고 대장균의 확인시험은 추정시험 양성으로 판정된 시험관으로부터 EMB배지(또는 MacConkey Agar)에 이식하여 37°C에서 24시간 배양하여 전형적인 집락을 관찰하고 그람염색, MUG시험, IMViC시험, 유당으로부터 가스 생성시험 등을 검사하여 최종확인한다. 대장균은 MUG시험에서 형광이 관찰되며, 가스생성, 그람음성의 무아포간균이며, IMViC시험에서 "Indole Test (1), MR(Methyl Red) Test (2), VP(Vogas-Proskauer) Test (3), Citrate Test (4)" 의 결과를 나타내는 것은 대장균 (E. coli) biotype 1로 규정한다.

## [2023년 2회 해설 및 정답]

**01** 해설

(1) 소비기한 : 식품등에 표시된 보관방법을 준수할 경우 섭취하여도 안전에 이상이 없는 기한제품의 소비기한 날짜까지만 섭취가능하다는 의미는 아님
(2) 품질유지기한 : 식품의 특성에 맞는 적절한 보존방법이나 기준에 따라 보관할 경우 해당식품 고유의 품질이 유지될 수 있는 기한, 이 기한까지는 최상 상태의 식품을 섭취할 수 있음

cf) ・품질안전한계기간 : 식품에 표시된 보관방법을 준수할 경우 특정한 품질의 변화 없이 섭취가 가능한 최대 기간으로서 소비기한 설정실험 등을 통해 산출된 기간
   ・권장소비기한 : 영업자 등이 소비기한 설정 시 참고할 수 있도록 제시하는 섭취하여도 안전에 이상이 없는 기한

**02** 해설

노화된 전분, 물과 결합하여 불규칙한 배열을 하고 있던 호화 상태의 전분에서 물이 빠지면서(이수현상, Syneresis) 차차 부분적으로 규칙적인 배열을 한 Micelle 구조로 돌아가면서 생성되나, 노화 이전의 생전분의 결정을 갖지 않음.

cf) 소화율에 따른 전분 구분
1) RDS : Rapidly Digestive Starch, 빨리 소화되는 전분(20분 이내)
2) SDS : Slowly Digestive Starch, 천천히 소화되는 전분(20~120분 이내)
3) RS : Resistant Starch, 난소화성 전분(저항전분, 120분 이후에도 소화되지 않음)
   ① RS 1 : 전분 중 물리적으로 소화가 되지 않는 부분
   ② RS 2 : 젤라틴화 불가 전분(생감자전분, 고아밀로스전분 등, X선 간섭도상 B형 결정형, α-amylase 내성)
   ③ RS 3 : 노화된 전분
   ④ RS 4 : 화학적으로 변성되어 효소 저항성을 갖는 전분
   ⑤ RS 5 : 아밀로오스-지질 복합체, 가열 중에 전분의 Amylose 나선 구조 내부에 지방의 소수성기가 포접된 것으로, 효소작용이 어려움

**03** 해설

・D값의 정의 : 세균 수 90% 감소($10^{-1}$ 잔존) 에 소요되는 시간
・99.9% 감소($10^{-3}$ 잔존)에는 3D 소요,
  99.9999999999% 감소($10^{-12}$ 잔존)에는 12D 소요됨
・3D = 0.72
・12D = 3D × 4 = 0.72 × 4 = 2.88
답 : 2.88분

## 04 해설

- 유화제는 계면활성제라고도 불리며, 친수성 기와 소수성(친유성) 기를 모두 가지고 있다. 분산상(소수상)을 유화제가 둘러싸 Micelle을 형성하여 분산매(다수상) 안에 분포시킴으로써 물과 기름 사이에 작용하는 표면장력을 유화제 투입 전보다 감소시켜 서로 균일하게 섞이도록 한다.

## 05 해설

(1) 뉴턴유체 : $n = 1$, $\tau_0 = 0$
(2) 슈도플라스틱유체 : $0 < n < 1$, $\tau_0 = 0$
(3) 딜레이턴트유체 : $n > 1$, $\tau_0 = 0$
(4) 빙햄유체 : $n = 1$, $\tau_0 > 0$

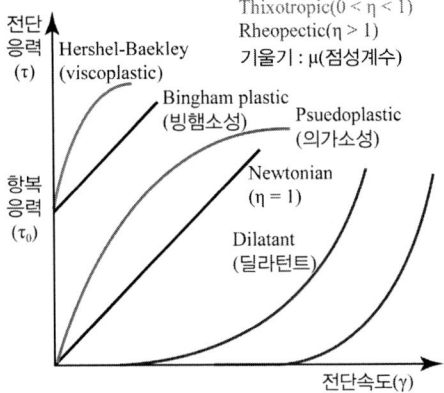

## 06 해설

(ㄱ, ㄴ, ㄷ, ㄹ)
cf) 식품공전상 영양소 검출 및 정량 실험 종류
1) 환원당 및 자당 : 벨트란(Bertrand)법, 소모기(Somogyi)법, 레인·에이논(Lane-Eynone)법, 선광도측정법(자당 한정)
2) 총질소 및 단백질 : 세미마이크로 킬달법
3) 아미노산질소 : 반슬라이크(Van Slyke)법, 홀몰적정법(Sörensen법)
4) 지질 : 에테르추출법(속슬렛법), 산 분해법, 뢰제·고트리브(Roese-Gottlieb)법, 바브콕(Babcock)법

# 07 해설

**(1) 발생 원인**
- 과일 종자에 함유된 시안 화합물에서 유래하여 발효 중 생성된 요소 내의 카보닐기(C=O)와 발효 중 생성된 에탄올($CH_3CH_2OH$) 간에 탈아미노 반응 및 친핵성 치환 반응을 일으켜 생성된다.
- 전구체 : 시안화수소산, 요소, 시트룰린, 아르기닌, 시안배당체, N-carbamoyl 화합물 등

$$R-C\equiv N \xrightarrow[\text{Reaction}]{\text{Enzyme}} H-C\equiv N \xrightarrow{[O]} H-O-C\equiv N$$

Cyanogenic glycoside     Hydrocyanic acid     Hydrogen cyanate

$$H_3C-OH + H-O-C\equiv N \xrightarrow{H^+} H_3C-O-\underset{\underset{O}{\|}}{C}-NH_2$$

Ethanol     Hydrogen cyanate     Ethyl carbamate

$$H_3C-OH + H_2N-\underset{\underset{O}{\|}}{C}-NH_2 \xrightarrow{H^+} H_3C-O-\underset{\underset{O}{\|}}{C}-NH_2 + NH_3$$

Ethanol     Urea     Ethyl carbamate

**(2) 줄일 수 있는 방법**
1) 원료와 콩과 식물을 같은 농지에서 재배를 금하고, 질소 비료 사용을 줄일 것
2) 상업적으로 요소를 적게 생성하는 효모를 사용하고, 국 사용을 최소화할 것
3) 상처가 없고 품질이 우수한 단백질 함량이 적은 원료를 사용할 것
4) 효모의 질소원(제이인산암모늄 등) 함량을 줄이고 요소 사용을 금할 것
5) 발효 및 증류 전 종자를 제거하는 것이 좋음
6) 침출 시 에탄올 함량은 50%이하로 조절 후, 25°C 이하로 식힌 것을 사용하며, 침출시간은 최대한 짧게 할 것(100일 이내)
7) 아황산염류 농도를 200ppm(0.200 g/kg)이하로 처리할 것(식품공전 과실주 기준 0.350 g/kg 미만)
8) 침출, 보관, 유통 등에서 저온 조건을 유지하며(25°C 이하로 최대한 낮게), 고온(38°C이상) 및 햇빛에 노출을 방지한다.
9) 발효가 끝나고 여과 전에 산성요소분해효소 사용할 것
10) 술덧 증류 시 구리증류기에 직화가 아닌 스팀을 이용하여 천천히 가열하고, 증류시간을 최대한 짧게 할 것
11) 증류획분(도수 55%)까지 수집하고, 분획하여 분리된 초류와 후류는 사용하지 말 것
12) 주정 첨가 시 효모를 제거할 것

중 택 2

## 08 해설

① 예방
② 제거
③ 감소

## 09 해설

(1) 식품의 탈수
(2) 높은 삼투압에 의한 원형질 분리
(3) 식염의 해리에 의한 Cl⁻의 생성
(4) 단백질 가수분해 작용의 억제
(5) 산소 용해도 감소
중 택 3

## 10 해설

| 당 구조 | (구조식) | (구조식) | (구조식) |
|---|---|---|---|
| 당 이름 | Glucose | Glucose | Sucrose |
| 환원성 여부 | 환원당 | 환원당 | 비환원당 |

## 11

**해설**

(1) w/v% 를 구하시오.

$$M[mol/L] = \frac{\frac{x[g]}{MW[g/mol]}}{\frac{V[mL]}{1000[mL/L]}} = \frac{\frac{x[g]}{V[mL]} \times 100}{\frac{MW[g/mol]}{1000[mL/L]} \times 100} = \frac{(w/v\%)}{MW[g/mol]} \times \frac{1000[mL/L]}{100}$$

$$x = \frac{M[mol/L] \times V[mL] \times MW[g/mol]}{1000[mL/L]}$$

$$= \frac{0.04[mol/L] \times 500[mL] \times 40[g/mol]}{1000[mL/L]} = 0.8[g] = 800[mg]$$

$$(w/v\%) = \frac{x[g]}{V[mL]} \times 100 = \frac{0.8[g]}{500[mL]} \times 100 = 0.16[w/v\%]$$

또는

$$(w/v\%) = (mol/L) \times \frac{MW[g/mol] \times 100}{1,000[mL/L]} = 0.04[mol/L] \times \frac{40[g/mol] \times 100}{1000[mL/L]} = 0.16[w/v\%]$$

(2) mg% 를 구하시오.

$$(mg\%) = \frac{x[mg]}{V[mL]} \times 100 = \frac{800[mg]}{500[mL]} \times 100 = 160[mg\%]$$

또는

$$(mg\%) = 1000[mg/g] \times (w/v\%) = 1000[mg/g] \times \frac{0.8[g]}{500[mL]} \times 100 = 160[mg\%]$$

또는

$$(mg\%) = (mol/L) \times \frac{MW[g/mol] \times 1000[mg/g] \times 100}{1000[mL/L]} = (mol/L) \times MW[mg/mmol] \times 100$$

$$= 0.04[mol/L] \times 40[mg/mmol] \times 100 = 160[mg\%]$$

cf) mg% 와 타 농도와의 관계

$$[mg\%] = \frac{[mg]}{[mL]} \times 100 = 1000[mg/g] \times (w/v\%) = 10 \times (ppm)$$

$$10 \times (ppm) = 10 \times (\mu g/mL) = 10 \times (mg/L) = \frac{10}{(10 \times 100)[mL/L]} \times \frac{[mg]}{[L]} = \frac{[mg]}{[100mL]} = [mg\%]$$

## 12 해설

(1) 동결속도가 해동속도보다 (**빠르다**, 느리다)
(2) 열적 성질

|  | 열전도도[W/m·K] | 열확산율[$10^{-8}m^2/s$] |
| --- | --- | --- |
| 물 | 0.6 | 14 |
| 얼음 | 2.2 | 104 |

- 물은 열전도도와 열확산율 모두 얼음보다 작다. 해동 시에는 물의 비율이 점점 늘어나면서 내부로의 열 전달이 점차적으로 감소하며, 냉동 시에는 얼음의 비율이 점점 증가하면서 외부로의 열 전달이 점차적으로 빨라진다. 이러한 점 때문에 냉동속도가 해동속도보다 빠르다.

## 13 해설

1 - e
2 - d
3 - c
4 - b
5 - a

## 14 해설

수분활성도가 높은 B에서 수분활성도가 낮은 식품 A로 수분활성도 수치가 같아질 때까지 수분이 이동하여, 최종적으로 평형에 도달한다.
이 때, B는 Hysteresis가 발생하여 흡습곡선과 다른 경로로 이동할 수 있다.

## 15 해설

- $D.E. = \dfrac{\text{환원당(포도당으로서\%)}}{\text{시료 중의 당고형분(\%)}} \times 100$

## 16

**해설**

$$F_{HCl} \times C_{HCl} \times V_{HCl} = F_{Na_2CO_3} \times C_{Na_2CO_3} \times V_{Na_2CO_3}$$

$$F_{HCl} = \frac{F_{Na_2CO_3} \times C_{Na_2CO_3} \times V_{Na_2CO_3}}{C_{HCl} \times V_{HCl}} = \frac{1.0039 \times 0.1 \times 9.98}{0.1 \times 10}$$

$$= 1.0018922 \cdots \approx 1.001$$

## 17

**해설**

(1) 틀린 것 : 5

(2) 이유 : Quercetin은 Polyphenol 류로 주로 배당체(Glucoside) 형태로 존재하며, Rutein 은 Xanthophyll 의 일종으로 시금치, 케일, 노란당근 등의 잎채소에서 비배당체(Aglycone, Genin) 형태로 존재한다.

cf) 산화방지제 용어 설명

1) Lignan : 종자, 통곡물, 야채 등의 식물에서 발견되는 저분자량 Polyphenol 의 통칭, 식물성 에스트로겐의 전구체로 작용
2) 참깨(Sesame)의 Lignan : 세사민(Sesamin), 세사몰린(Sesamolin), 세사몰(Sesamol), 세사미놀(Sesaminol) 등
3) Tocopherol의 효과 : α < β < γ < δ
4) Isoflavone의 Glucoside 종류 : Daidzein, Genistein, Glycitein

## 18

**해설**

(1) HLB 식 : $\left(1 - \dfrac{S(에스터의\ 비누화가)}{A(지방산의\ 산가)}\right) \times 20$

(2) HLB값이 8 – 18일 때 ( 1 ), 3-6 일 때 ( 2 ) 이다.
   1) O/W(수중유적형)
   2) W/O(유중유적형)

cf) 비이온성 계면활성제의 HLB(Hydrophilic-Lipophilic Balance) 계산방법(Griffin)

1) 기본식 : $\dfrac{친수성\ 기\ 분자량}{분자량} \times 20$

2) 산화에틸렌(Ethylene Oxide, EO) 함량 이용 시 : $\dfrac{E(함유된\ EO함량)}{5} \times 20$

3) 폴리올(Polyol, 다가알코올)의 지방산에스터 : $\left(1 - \dfrac{S(에스터의\ 비누화가)}{A(지방산의\ 산가)}\right) \times 20$

4) 산가 측정 어려운 지방산 에스터 : $\dfrac{E(EO의\ 함량) + P(Polyol의\ 함량)}{5} \times 20$

## 19

**해설**

$$A_w \text{(포도당)} = \frac{\frac{80[g]}{18[g/mol]}}{\frac{80[g]}{18[g/mol]} + \frac{20[g]}{180[g/mol]} \times 1} = 0.975609756\cdots \approx 0.98$$

## 20

**해설**

(1) : +(양성)
(2) : +(양성)
(3) : -(음성)
(4) : -(음성)

cf) IMViC Test

| 시험명 | Indole test | Methyl red test | Vogas-Proskauer test | Citrate test |
|---|---|---|---|---|
| 목적 | Tryptophan을 분해하여 Indole 생성 여부 확인 Tryptophanase 검출 | Glucose를 산화시켜 혼합산(Mixed acid)의 다량 생성 확인 | Pyruvate 대사 시 2,3-Butadiol을 거쳐 Acetoin 생성 여부 확인 | 탄소원으로 Citrate를, 질소원으로 $(NH_4)_3PO_4$ 대사 가능 여부 확인 |
| 시험 방법 | SIM 반유동 고층배지에 세균을 37°C에서 18~24시간 천자배양한 뒤, Kovac's 시약 0.2~0.5mL을 가한 뒤 가볍게 흔들어준다. | 세균을 MR-VP 배지에 37°C에서 24 ~ 48시간 배양한다. | Methyl red test 이후 Barrit's 시약(40% KOH 수용액 0.2mL + α-naphthol 에탄올용액 0.6mL)을 가한 뒤 30~60초 흔든 후, 1시간 놓아둔다. | 세균을 백금이로 취하여 Simmon's citrate 사면배지에 37°C에서 24 ~ 48시간 배양한다. |
| (+) | 배지 위 적색 Ring 형성 | 적색 | 적색 | 청색 |
| (-) | 변화 없음 | 변화 없음 | 연분홍 및 황색(변화없음) | 변화없음 |

# 2023 3회 식품안전기사 실기

[본 문제는 수험자의 기억에 의해 복원된 것으로 실제 시험과 차이가 있을 수 있습니다]
[(舊)식품기사에서 (現)식품안전기사로 변경되었습니다]

**01** Munsell 색채계는 3요소로 색을 표현한다. 각각 설명에 해당하는 요소를 쓰시오.

(1) ( ① ) - 빨강, 노랑, 초록, 파랑, 보라 5색과 그 중간색 5색을 합쳐서 총 10색으로 표현한다.
(2) ( ② ) - 하양과 검정을 눈금 10개로 표현한다.
(3) ( ③ ) - 색의 순도를 나타내는 것으로, 같은 명도의 회색과 비교하여 탁함과 선명함을 표현한다.

**02** 0.03mm 두께의 HDPE 필름의 성능을 시험하고자 온도 40±1℃, 습도 90±2%, 풍속 1m/s 조건의 항온항습실에서 투습컵법에 따라 투습도를 측정하였다. 투습면적은 28.20cm², 24시간 동안의 투습량은 26.80mg 이었다. 이 때 측정된 투습도(g/m²·24h)를 구하시오.

**03** 대장균군 정량시험방법 중 하나인 이 방법은 이론상 가장 가능한 수치를 산출하는 방법이다. 동일 희석배수의 시험용액을 배지에 접종하여 대장균군의 존재 여부를 시험하고 그 결과로부터 확률론적인 대장균군의 수치를 산출하여 표시하는 방법을 쓰시오.

**04** 강력분, 중력분, 박력분에 해당하는 밀가루 특성에 맞도록 다음 표의 빈칸을 채우시오.

|  | 용도(가, 나, 다) | 특성(라, 마, 바) | Farinograph(사, 아, 자) |
| --- | --- | --- | --- |
| 강력분 |  |  |  |
| 중력분 |  |  |  |
| 박력분 |  |  |  |

용도 - (가) 식빵, (나) 우동, (다) 쿠키
특성 - (라) 점탄성이 크다.
　　　(마) 탄력이 적으나 끈기가 있다.
　　　(바) 가루가 부드럽고 반죽의 촉감이 좋다.
- (사) / (아) / (자) → 각 밀가루의 Farinograph 개형

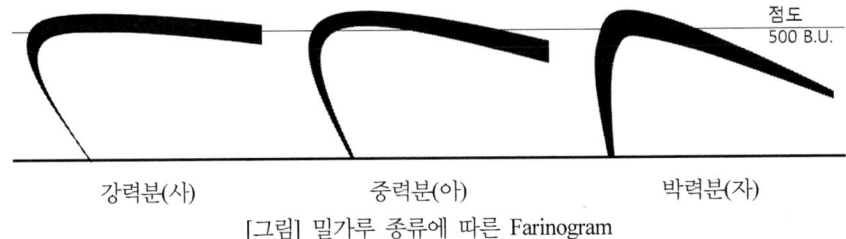

[그림] 밀가루 종류에 따른 Farinogram

**05** 아미노산 및 단백질을 함유한 식품을 100 ~ 250℃ 사이로 가열하면 열분해에 의해 헤테로사이클릭아민(Heterocyclic amines, HCAs)이 생성되며, 300℃ 이상으로 가열할 때 발생량은 최대가 된다. 식품에 함유된 단백질 및 수분함량에 따른 HCAs 발생량에 대하여 비례 또는 반비례 관계에 대해 적으시오.

```
(1) 비례 : (  ①  )
(2) 반비례 : (  ②  )
```

**06** 다음은 HACCP 결정도이다. CCP가 옳은 것에 O, 틀린 것에 X 하시오.

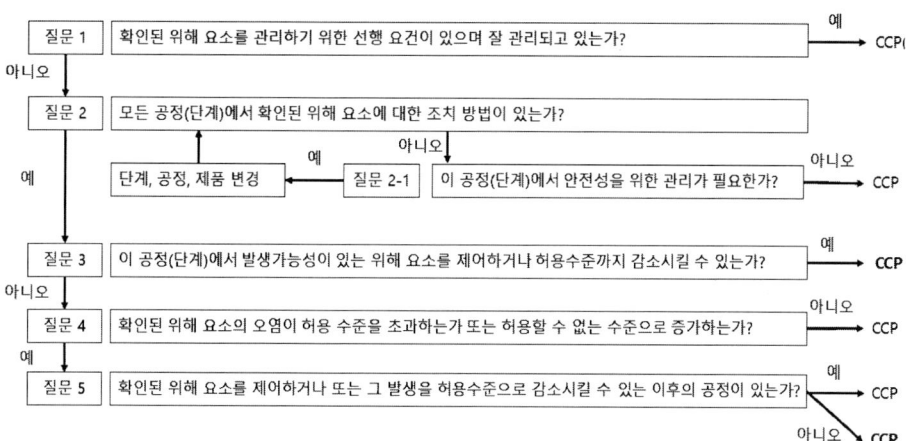

**07** 비타민C 파괴속도는 <보기>의 1차 반응 속도식을 따른다. 식품 내 함유된 비타민C가 처음 농도의 1/4로 줄어드는 데 240일이 걸렸다면, 비타민 C 파괴에서의 1차 반응 속도식의 속도 상수 k값을 구하시오.

<보기> 1차 반응 속도식
$-\dfrac{d[A]}{dt} = k[A]$ ([A] : A의 농도, k : 반응속도상수, t : 시간)

**08** 아질산나트륨의 식품첨가물공전상의 용도와 화학식을 쓰시오.

09  다음 표는 대장균군 정성시험중 유당배지법을 정리한 것이다. 각 단계의 명칭과 각 시험단계에서 사용되는 배지를 쓰시오.

|  | 시험 | 배지 |
|---|---|---|
| 1단계 |  |  |
| 2단계 |  |  |
| 3단계 |  |  |

10  '건강기능식품'의 기능성은 의약품과 같이 질병의 직접적인 치료나 예방을 하는 것이 아니라 인체의 정상적인 기능을 유지하거나 생리기능 활성화를 통하여 건강을 유지하고 개선하는 것을 말하는 것으로, '영양소기능', '질병발생 위험감소 기능' 및 '생리활성 기능'이 있다. 이 중 영양소기능은 인체의 성장·증진 및 정상적인 기능에 대한 영양소의 생리학적 작용으로, 이에 해당하는 영양성분이라 함은 ( ① ), ( ② ), ( ③ ), ( ④ ), ( ⑤ ) 등을 말한다. 여기에 해당하는 5가지 내용을 쓰시오.(단, 베타카로틴과 같은 물질명이 아니라 항목명을 적으시오.)

11  다음에 제시된 얼음결정 생성 그림을 보고 빈칸을 채우시오.

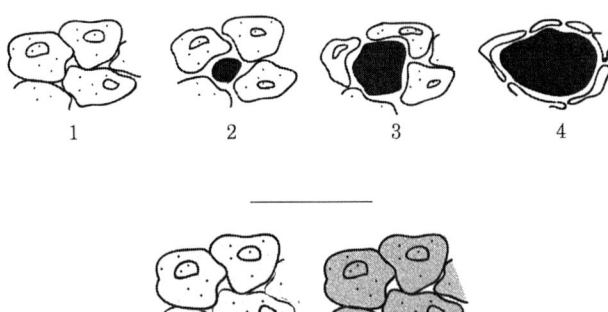

**12** 다음 설명에 알맞도록 괄호를 채우시오.

( ① ) : DNA의 유전정보를 전달받아 아미노산을 합성한다.
( ② ) : 20가지 아미노산을 리보솜이 있는 장소로 옮긴다.
( ③ ) : 리보솜에서 단백질을 합성한다.

**13** 포르말린이 용출되는 합성수지 중 열경화성 수지를 1가지만 쓰시오.

**14** 다음 지문에 제시된 용어를 설명하시오.

농약잔류허용기준 설정은 식품을 통해서 평생 매일 먹어도 인체에 아무런 영향을 주지 않는 수준에서 설정하며 안전수준 평가는 ① **ADI** 대비 ② **TMDI** 값에 80%를 먹지 않아야 안전한 수준이다.

**15** 다음은 콜레스테롤에 대한 설명이다. 빈칸에 들어갈 말을 채우시오.

콜레스테롤의 단위는 미리그램(mg)로 표시하되, 그 값을 그대로 표시하거나 그 값에 가장 가까운 5 mg 단위로 적어야 한다. 5 mg 미만은 ( ① ), 2 mg 미만일 경우 ( ② ) 으로 표시할 수 있다.

**16** 멸균한 유당배지에 *E. coli* $5 \times 10^5$ 개체를 접종 후 300분간 배양한 결과, 균수는 $35 \times 10^6$으로 증가하였고, 균체 활성은 대수기였다. 대장균의 평균세대시간이 40분일 때, 아래 의 상용로그를 이용하여 유도기간을 구하시오.(단, 분 단위에서 소수점 이하를 버리고 답안을 작성하시오.)

<보기>
상용로그 ( log 2 = 0.3010 / log 3.5 = 0.5441 / log 5 = 0.6990 )

**17** 7.08% 오렌지주스를 1000 kg/h 유량으로 투입하여 58%까지 농축하였다. 다음 표에 빈 칸을 채우시오.(이 때, 증발한 수분량을 W, 농축된 주스량을 C 라고 놓고 작성하시오.)

| | |
|---|---|
| 전체물질수지식 | |
| 성분수지식 | |
| 증발된 수분량(W) | [계산과정]<br><br>답 : (　　　　) kg/h |
| 농축된 주스량(C) | [계산과정]<br><br>답 : (　　　　) kg/h |

**18** 다음은 식품공전에 기재된 통조림 세균발육시험에 관련된 내용이다. 빈 칸에 양성, 음성 중 알맞은 말로 작성하시오.

> 4.6 세균발육시험
>
> 장기보존식품 중 통·병조림식품, 레토르트식품에서 세균의 발육유무를 확인하기 위한 것이다.
> 가. 가온보존시험
>   시료 5개를 개봉하지 않은 용기, 포장 그대로 배양기에서 35~37℃에서 10일간 보존한 후, 상온에서 1일간 추가로 방치한 후 관찰하여 용기, 포장이 팽창 또는 새는 것은 세균 발육 ( ㉠ )으로 하고 가온보존시험에서 ( ㉡ )인 것은 다음의 세균시험을 한다.
> 나. 세균시험
>   세균시험은 가온보존시험한 검체 5관에 대해 각각 시험한다.
>   1) 시험용액의 조제
>     검체 5관(또는 병)의 개봉부의 표면을 70% 알코올탈지면으로 잘 닦고 개봉하여 검체 25g을 희석액 225mL에 가하여 균질화시킨다. 이 액의 1mL를 멸균시험관에 채취하고 희석액 9mL에 가하여 잘 혼합한 것을 시험용액으로 한다.
>   2) 시험법
>     시험용액을 1mL씩 5개의 티오글리콜린산염 배지(배지 13)에 접종하여 35~37℃에서 48±3 시간 배양한 후, 5관 중 어느 하나라도 세균증식이 확인되면 세균발육 양성으로한다. 시험용액을 가하지 아니한 동일 희석액 1mL를 대조시험액으로 하여 시험조작의 무균여부를 확인한다.

**19** 뉴턴유체에서의 전단속도(Shear rate)와 점도(Viscosity)와의 관계를 설명하시오.

**20** 수분 함량이 15.5%인 원맥 300kg를 Tempering 하여 수분함량을 19.5%로 만들 때, 첨가할 물의 양을 계산하시오. (단, 소수점 둘째자리에서 반올림하여 첫째자리로 나타내시오.)

## [2023년 3회 해설 및 정답]

### 01 해설

① 색상
② 명도
③ 채도

> □ 참고
> Munsell 색채계(표시 : H V/C)
> 1) H – 색상(빨강, 파랑 등 색 자체의 고유한 특성, Hue)
>    R(빨강), RP(자주), P(보라), PB(남색), B(파랑), BG(청록), G(녹색), GY(연두), Y(노랑), YR(주황)
> 2) V – 명도(빛의 반사율에 따른 색의 밝고 어두운 정도, Value, Luminosity)
> 3) C – 채도(색의 선명도, 회색도, 맑고 탁한 정도, Chroma, Saturation)

### 02 해설

$$\frac{\frac{26.80[mg/24h]}{1000[mg/g]}}{\frac{28.20[(cm)^2]}{(100[cm/m])^2}} = \frac{0.0268[g/24h]}{0.002820[m^2]} = \frac{1340}{141} = 9.503546099\cdots \approx 9.50[g/m^2.24h]$$

### 03 해설

최확수법(MPN법)

### 04 해설

|  | 용도(가, 나, 다) | 특성(라, 마, 바) | Farinograph(사, 아, 자) |
|---|---|---|---|
| 강력분 | 가 | 라 | 사 |
| 중력분 | 나 | 마 | 아 |
| 박력분 | 다 | 바 | 자 |

## 05 해설

① 단백질
② 수분

## 06 해설

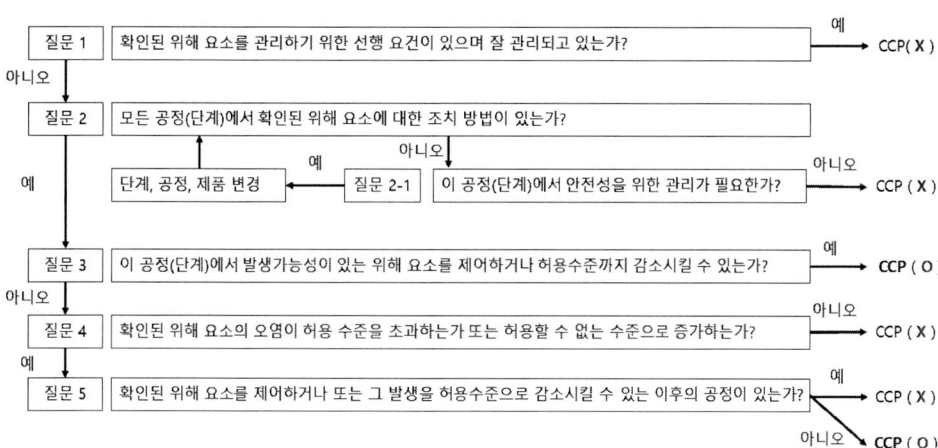

## 07 해설

$$-\frac{d[A]}{dt}[mol/L.day] = k[/day] \times [A][mol/L]$$

$$-\int_{[A_0]}^{\frac{1}{4}[A_0]} \frac{1}{[A]} d[A] = \int_0^{240} k dt$$

$$[-\ln[A]]_{[A_0]}^{\frac{1}{4}[A_0]} = -\ln\frac{[A]_0}{4} + \ln[A]_0 = \ln 4 = k(240-0)$$

$$k = \frac{\ln 4}{240} = 0.005776226505 \cdots \approx 0.006[/day]$$

(cf) 문제에서 단위 명시가 없을 시 단위를 꼭 적고, 문제에의 자릿수나 반올림 조건을 잘 맞추어 적을 것.
0.01, 0.006, 0.00578 5.78 × 10⁻³ 등이 나올 수 있음

## 08 해설

(1) 용도 : 발색제, 보존료
(2) 화학식 : $NaNO_2$

## 09 해설

|  | 시험 | 배지 |
|---|---|---|
| 1단계 | 추정시험 | 유당배지 |
| 2단계 | 확정시험 | BGLB배지<br>Endo배지 또는 EMB배지 |
| 3단계 | 완전시험 | 보통한천배지 |

## 10 해설

(1) 비타민
(2) 무기질
(3) 단백질
(4) 식이섬유
(5) 필수지방산

## 11 해설

(1) 완만 동결
(2) 급속 동결

## 12 해설

① mRNA
② tRNA
③ rRNA

□ 참고

RNA(Ribonucleic acid)
(1) 개요
  1) Ribose에 인산과 질소 염기가 붙은 Nucleotide로 구성된 핵산
  2) 물리화학적으로 불안정한 구조(2'-OH 존재, 주로 단일 가닥인 ssRNA로 존재)
  3) ssRNA 내 자체적인 수소결합을 통해 복잡한 3차 구조 형성 가능
  4) 유전 정보 저장 및 운반 기능 수행
  5) Ribozyme : 단독 또는 단백질과 결합하여 효소 활성을 갖는 RNA

(2) RNA의 종류
  1) rRNA
    ① ribosomal, 세포소기관 Ribosome을 구성
    ② RNA 중 가장 많은 비율 차지
    ③ 단백질 합성에 기여
  2) mRNA
    ① messenger, 전사에 관여
    ② Codon(유전 부호, 3 염기당 1 codon 형성) 보유
  3) tRNA
    ① transfer, 3'-OH 말단에 아미노산 부착된 Aminoacyl tRNA가 단백질 합성에 관여
    ② Codon에 상보적인 Anticodon 보유
    ③ Codon-Anti codon 간 엄밀성이 떨어진다.(동요 가설)
  4) miRNA
    ① micro, mRNA와 상보적인 서열 가진 RISC 생성
    ② 번역 억제 및 조절 역할 수행
  5) siRNA
    ① small interfering, miRNA와 기능 유사
    ② 바이러스가 발현함
  6) snRNA
    ① small nuclear, 핵내에 있는 작은 RNA
    ② 핵산 가공에 관여

## 13

**해설**

페놀수지(PF), 요소수지(UF), 멜라민수지(MF) 중 택 1

□ 참고

**포름알데히드(Formaldehyde) 용출검사 대상 시료(포르말린 : 40% 포름알데히드 수용액)**
  1) 열경화성수지 : 페놀수지(PF), 멜라민수지(MF), 요소수지(UF)
  2) 열가소성수지 : 폴리아세탈(POM), 폴리락타이드(PLA),
       부틸렌숙시네이트-아디페이트 공중합체(PBSA), 부틸렌숙시네이트 공중합체(PBS)
  3) 기타재질 : 고무제, 종이제, 전분제

## 14 해설

① ADI : Acceptable Daily Intake, 일일섭취허용량
② TMDI : Theoretical Maximum Daily Intake, 이론적 일일 최대 섭취량

## 15 해설

(1) 5 mg 미만
(2) 0

## 16 해설

유도기 + 대수기 = 300 분이며, 유도기에서 균체가 증식하지 않았다고 가정하고 푼다.

$$35 \times 10^6 = 3.5 \times 10^7 = 5 \times 10^5 \times 2^{\frac{300-t_0}{40}}$$

$$\log 3.5 + 7 = \log 5 + 5 + \frac{300-t_0}{40} \times \log 2$$

$$\frac{t_0 - 300}{40} \times \log 2 = \log 5 + 5 - \log 3.5 - 7 = \log 5 - \log 3.5 - 2$$

$$t_0 = \frac{40 \times (\log 5 - \log 3.5 - 2)}{\log 2} + 300 = \frac{40 \times (0.6990 - 0.5441 - 2)}{0.3010} + 300$$

$$= \frac{16496}{301} = 54.80398671 \cdots \approx 55 [\min]$$

## 17 해설

| 전체물질수지식 | $W + C = 1000$ |
|---|---|
| 성분수지식 | $7.08 \times 1000 = (58 \times C) + (0 \times W)$ |
| 증발된 수분량(W) | [계산과정]<br>$7.08 \times 1000 = [58 \times (1000 - W)] + (0 \times W)$<br>$7.08 \times 1000 = (58 \times 1000) - (58 \times W) + (0 \times W)$<br>$(58 - 0) \times W = (58 - 7.08) \times 1000$<br>$W = \dfrac{(58 - 7.08)}{(58 - 0)} \times 1000 = \dfrac{25460}{29} = 877.9310345 \cdots \approx 877.93\,[kg]$<br>또는<br>$C = \dfrac{7.08}{58} \times 1000$<br>$W = 1000 - C$<br>$\quad = \dfrac{58 - 7.08}{58} \times 1000 = \dfrac{25460}{29} = 877.9310345 \cdots \approx 877.93\,[kg]$<br>답 : ( 877.93 ) kg/h |
| 농축된 주스량(C) | [계산과정]<br>$7.08 \times 1000 = (58 \times C) + [0 \times (1000 - C)]$<br>$7.08 \times 1000 = (58 \times C) + (0 \times 1000) - (0 \times C)$<br>$(7.08 - 0) \times 1000 = (58 - 0) \times C$<br>$C = \dfrac{(7.08 - 0)}{(58 - 0)} \times 1000 = \dfrac{3540}{29} = 122.0689655 \cdots \approx 122.07\,[kg]$<br>또는<br>$C = 1000 - W$<br>$\quad = \dfrac{7.08}{58} \times 1000 = \dfrac{3540}{29} = 122.0689655 \cdots \approx 122.07\,[kg]$<br>답 : ( 122.07 ) kg/h |

□ 참고

$7.08 \times (W + C) = (58 \times C) + (0 \times W)$

$(7.08 \times W) + (7.08 \times C) = (58 \times C) + (0 \times C)$

$(7.08 \times C) - (0 \times C) = (58 \times W) - (7.08 \times W)$

$C = \dfrac{58 - 7.08}{7.08 - 0} \times W$ 또는 $W = \dfrac{7.08 - 0}{58 - 7.08} \times C$ 로 생성 가능

## 18 해설

㉠ : 양성
㉡ : 음성

## 19 해설

허쉘-버클리 방정식(Herschel-Buckley Equation)을 변형하여 겉보기점도($\mu_a$)를 구하는 식을 유도할 수 있다. 뉴턴 유체에서 $\tau_0$(항복응력)은 0, n(유동지수) 은 1이므로 겉보기점도는 $\kappa$(점성계수)로 그 값은 $\dot{\gamma}$(전단속도)와 관계없이 일정하다. $\tau$(유체에 작용하는 전단응력)과 $\dot{\gamma}$(전단속도)는 정비례하므로 결국 뉴턴유체에서의 겉보기점도는 일정하다.

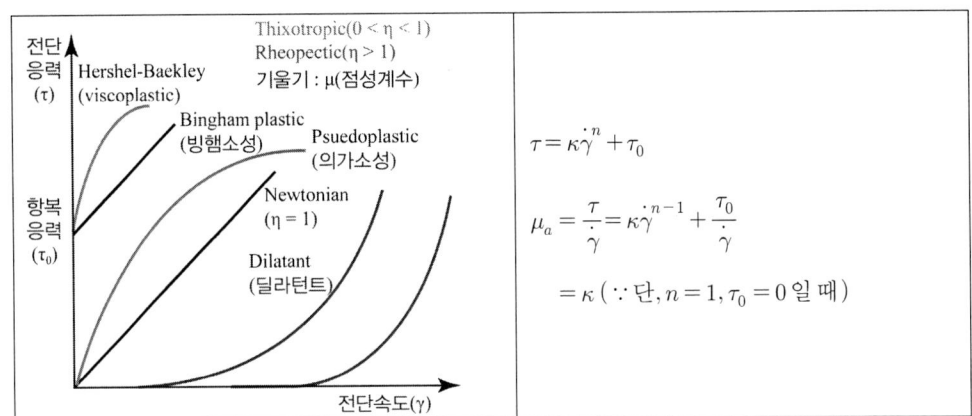

## 20 해설

(1) $x = \dfrac{(19.5-15.5)[\%]}{(100-19.5)[\%]} \times 300[kg] = 14.9068323\cdots \approx 14.9[kg]$

또는

(2)

|   | 15.5 |       | 80.5 |
|---|------|-------|------|
|   |      | 19.5  |      |
|   | 100  |       | 4    |

$300 = (300+x) \times \dfrac{80.5}{80.5+4}$

$x = 14.9068323\cdots \approx 14.9[kg]$

답 14.9 kg

# 2024년 1회 식품안전기사 실기

[본 문제는 수험자의 기억에 의해 복원된 것으로 실제 시험과 차이가 있을 수 있습니다]
[(舊)식품기사에서 (現)식품안전기사로 변경되었습니다]

**01** 통조림 살균에서 *Clostridium botulinum* 을 지표 세균으로 사용하는 이유를 설명하시오.

**02** 식품 미생물 검사 중 Swab 법은 검체 표면에 부착된 미생물을 채취하는 데 사용한다. 이때 희석액을 적신 멸균 면봉으로 조리기구나 용기 표면을 닦아내는 일정 면적이 몇 $cm^2$ 인지 쓰시오.

**03** 다음 표는 식품및축산물안전관리인증기준 적용 시 위생검사 기준규격 중 공중낙하세균 검사 기준규격에 관한 사항이다. 이에 대해 작업장을 세 구역으로 구획·분류하는데, 빈 칸에 적절한 명칭을 쓰시오.

| 검사방법 | •측정 장소 : 위치도를 참조하여 검사한다.<br>•측정 범위 : 바닥에서 80cm의 높이에서 측정한다.<br>•측정 시간 : 개방 시간은 15분으로 한다. | | | | |
|---|---|---|---|---|---|
| 구분 | 구분 | 작업장명 | 기준 (CFU/Plate 이하) (청소 후) | | |
| | | | 일반세균 | 대장균군 | 진균 |
| | ( ① ) | 가열실, 취사실, 내포장실, 건조실 | 30 | 음성 | 10 |
| | ( ② ) | 세척실, 숙성실, 건조실, 음식보온고 | 50 | 음성 | 20 |
| | ( ③ ) | 검수실, 전처리실, 외포장실, 식기세척실 | 100 | 음성 | 40 |
| 검사주기 | 1회/1개월 | 기록관리 | 공중낙하세균 검사 성적서 | | |

**04** 다음 표는 소시지 제조 공정에 사용하는 세 종류의 식육의 조성을 나타낸 표이다. 제시된 육원료를 사용하여 총 육량 1000 kg 의 프랑크 소시지를 제조할 때, 쇠고기(Beef) 함량을 30% 로, 제품의 목표 지방 함량을 25% 가 되도록 각 육류의 사용량을 계산하시오.

| 육원료 | 수분 (%) | 지방 (%) | 단백질 (%) | 사용량 (%) |
|---|---|---|---|---|
| Beef trim | 70 | 10 | 19 | ( ① ) |
| 50/50 Regular pork | 40 | 50 | 9 | ( ② ) |
| Pork loin trim | 65 | 20 | 14 | ( ③ ) |

**05** 다음은 일반세균 수 시험결과를 측정한 값이다. 검체 내의 g당 균수를 계산하시오.

| 구분 | 희석배수 | | CFU/g |
|---|---|---|---|
| | 1 : 100 | 1 : 1000 | |
| 집락 수 | 232 | 33 | |
| | 244 | 28 | |

**06** 트리스테아린(Tristearin, 분자량: 890g/mol)의 비누화가를 구하시오. (단, KOH의 화학식량은 56.1 g/mol 이다.)

**07** <보기>는 전분이 분해될 때 생성되는 산물들이다. 이들을 분자량이 작아지는 순으로 나열하시오.

<보기>
포도당    덱스트린    맥아당    올리고당

08 혐기성 세균이 산소가 있는 환경에서 증식 및 생존이 불가능한 이유를 서술하시오.

09 적포도 등에 함유된 색소인 안토시아닌(Anthocyanin)의 pH에 따른 색 변화를 쓰시오.

> (1) 산성
> (2) 중성
> (3) 염기성

10 다음은 바실러스 세레우스 정성시험에 관한 내용이다. 빈 칸에 알맞은 내용을 채우시오.

> 검체 25g 또는 25mL를 취하여 225mL의 희석액을 가하여 균질화한 시험용액을 ( 1 ) 한천배지에 접종하여 30℃, 24시간 배양한다. 검체를 가하지 아니한 동일 희석액을 대조시험액으로 하여 시험조작의 무균여부를 확인한다. 배양 후 배지에서 혼탁한 환을 갖는 ( 2 ) 색 집락을 선별한다. 이때, 명확하지 않은 경우 24시간 더 배양하여 관찰한다.

11 식품 품질 관리와 관련해서 허들 기술(Hurdle technology, Combined technology)의 개념을 서술하시오.

12 동결건조의 원리를 설명하고 장점을 1가지 작성하시오.

**13** 분무 건조법을 통해 액상 식품으로부터 제조한 분말은 재수화(Rehydration)를 통해 다시 용해시켜 섭취한다. 분말 식품에서 재수화성이 감소하는 원인을 추정하고, 이를 개선할 수 있는 방법을 제시하시오.

**14** 다음은 경화 대두유의 특성을 나타내기 위한 온도에 따른 고체지방지수(Solid Fat Index : SFI)의 변화를 나타낸 그래프이다. 그려진 곡선 중 요오드가가 낮은 것을 찾고, 그 이유를 작성하시오.

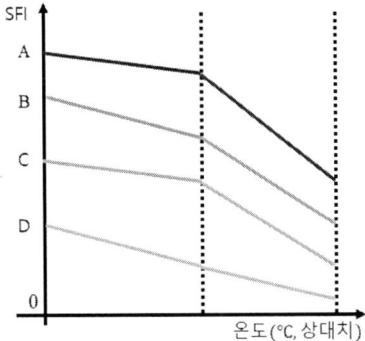

**15** 회분식 배양에서의 미생물 생육곡선을 그리고 각 단계별 명칭을 쓰시오. (단, 곡선의 가로축은 시간, 세로축은 개체수이다.)

**16** 총질소 및 조단백질 정량에 사용하는 Kjeldahl 법에서의 각 단계별 분석 원리를 서술하시오.

**17** 2N HCl 수용액 200mL을 10N HCl 수용액을 이용하여 제조하려고 한다. 이 때 필요한 10N HCl 수용액은 몇 mL인지 계산하시오.

**18** HPLC 수행 시 물질에 검출에서 가장 널리 사용하는 검출기로, 특정한 파장의 흡광도를 측정하는 기기를 <보기>에서 고르시오.

> <보기>
> 자외선/가시광선 검출기, 굴절률 검출기, 전기 전도도 검출기, 전기화학 검출기

**19** 다음은 식품 튀김 시 변화에 대해 대한 내용이다. 옳은 것에는 O, 옳지 않은 것에는 X 표시하시오.

> (1) 지방이 산화할수록 유리지방산의 함량은 증가한다. ( O / X )
> (2) 산소가 불포화지방산과 반응하여 지방산화가 일어나면 극성물질의 양이 감소한다. ( O / X )
> (3) 튀김 제조 시 고온에서 폴리머의 양이 감소한다. ( O / X )
> (4) 중성지질이 가수분해될수록 점도가 높아지고 색이 옅어짐 ( O / X )
> (5) 식품을 튀길 때 수분 함량은 유지 흡수량과 관계없다. ( O / X )

**20** 5°C의 우유를 55°C까지 열 교환기를 이용해 시간당 4500 kg 만큼 흘려주며 가열한다. 우유의 비열이 3.85kJ/kg·K 일 때, 단위시간당 필요한 열에너지(kW)를 계산하시오.

## ◐ [2024년 1회 해설 및 정답]

### 01 해설

*Clostridium botulinum* 은 내열성 아포 생성이 가능한 편성혐기성 세균으로 내열성 아포 존재 시 영양세포 형태가 되어 밀폐된 통조림 안에서 증식이 가능하다. 아포의 확실한 사멸이 가능한 온도 및 시간(식품공전상 120°C, 4분 이상)동안 열처리하여 아포의 사멸이 확인되면 타 세균의 아포 사멸 역시 확신할 수 있다.

### 02 해설

100 $cm^2$

### 03 해설

① 청결구역
② 준청결구역
③ 일반구역

### 04 해설

Beef trim = $x$ , 50/50 Regular pork = $y$ , Pork loin trim = $z$
로 설정하여 식을 전개함.

1) 3월 1차 연립 방정식 세워 풀기

$x = 0.3 \times 1000 = 300 [kg]$

$x + y + z = 1000 \rightarrow y + z = 700$

$0.10x + 0.50y + 0.20z = 0.25 \times 1000 \rightarrow 5y + 2z = 2200$

$5y + 2z = 2200$
$2y + 2z = 1400$
$3y = 700$

$y = \dfrac{800}{3} = 266.\dot{6} \approx 266.67 [kg]$

$z = \dfrac{1300}{3} = 433.\dot{3} \approx 433.33 [kg]$

2) Pearson's square 2번 적용

$$x = \frac{a-25}{a-25+15} \times 1000 = 0.3 \times 1000 = 300[kg]$$

$$y+z = \frac{15}{a-25+15} \times 1000 = 0.7 \times 1000 = 700[kg]$$

```
10        a - 25
    25
a         15
```

$10a - 250 = 3a - 30$

$7a = 220$

$a = \frac{220}{7} = 31.4285\dot{7}\dot{1}[\%]$

```
50        a - 20
    a
20        50 - a
```

$$y = \frac{a-20}{a-20+50-a} \times 700 = \frac{800}{3} = 266.\dot{6} \approx 266.67[kg]$$

$$z = \frac{50-a}{a-20+50-a} \times 700 = \frac{1300}{3} = 433.\dot{3} \approx 433.33[kg]$$

## 05 해설

$$\frac{232+244+33+28}{1 \times 2 + 0.1 \times 2 \times 10^{-2}} = \frac{537[CFU]}{0.022[g]} = 24{,}409.09\cdots \approx 24{,}000[CFU/g]$$

## 06 해설

비누화가(Saponication Value, SV)의 정의를 이용하여 식을 푼다.
1) 트리스테아린(Tristearin, $C_{57}H_{110}O_6$)은 스테아르산(Stearic acid, $C_{17}H_{35}COOH$, C18:0) 3개와 글리세린 (Glycerin, $C_3H_5(OH)_3$) 1개로 구성된 트리아실글리세리드(Triacylglyceride)
2) 비누화가(검화가)의 정의 : 지질 1 g 중의 유리산의 중화 및 에스테르의 검화에 필요한 수산화칼륨의 mg수 (단위 : mg/g)
3) 비누화가(SV)와 중성지방 평균 분자량과의 관계

$$\frac{x_{KOH}[mg]}{M_{KOH}[g/eq]} = \frac{S[g]}{M_{av}[g/mol]} \times 3[eq/mol] \times \frac{1000[m]}{1}$$

$$SV[mg/g] = \frac{x_{KOH}[mg]}{S[g]} = \frac{56.1[g/eq] \times 3000[meq/mol]}{M_{av}[g/mol]}$$

$\therefore SV \times M_{av} = 168300$

$x_{KOH}$ : 검체 비누화에 사용된 KOH의 질량(mg)
S : 검체의 채취량(g)
$M_{KOH}$ : KOH의 화학식량, 56.1 g/mol
$M_{av}$ : 지방의 평균 분자량(g/mol)

4) Tristearin의 SV

$$SV[mg/g] = \frac{56.1[g/eq] \times 3000[meq/mol]}{890[g/mol]} = \frac{16830}{89} = 189.1011236 \cdots \approx 189.10[mg/g]$$

> □ 참고
> **식품공전에서의 비누화가 계산식**
> $$\frac{x_{KOH}[mg]}{M_{KOH}[g/eq]} = f \times 0.5[eq/L] \times (b-a)[mL]$$
> $$SV[mg/g] = \frac{x_{KOH}[mg]}{S[g]} = \frac{56.1[g/eq] \times f \times 0.5[eq/L] \times (b-a)[mL]}{S[g]}$$
> $$= 28.05[mg/mL] \times \frac{f \times (b-a)[mL]}{S[g]}$$
> a : 검체를 사용했을 때의 0.5 N 염산의 소비량(mL)
> b : 공시험에 있어서의 0.5 N 염산의 소비량(mL)
> f : 0.5 N 염산의 역가

## 07 해설

( 덱스트린 ) - ( 올리고당 ) - ( 맥아당 ) - ( 포도당 )

> □ 참고
> **전분의 가수분해 산물**
> 1) 덱스트린 : 전분의 가수분해 산물의 총칭, 중합도에 따라 Amylo-, Erythro-, Achromo-, Malto- 등의 접두어로 구분
> 2) 올리고당 : 단당류 3 ~ 9 분자로 구성된 다당류의 총칭
> 3) 맥아당 : 포도당 2분자로 구성

## 08 해설

편성 혐기성 세균은 항산화효소, 특히 SOD(Superoxide Dismutase) 생성이 불가능하여 초과산화이온($O_2^{2-}$)을 과산화수소로($H_2O_2$) 전환하는 등의 산소독성 중화 기작이 존재하지 않는다.

□ 참고

**산소 유무에 따른 생육 방식에 따른 분류**

(1) 분류 기준
  1) 전자 전달계 내 전자 공여체 종류
  2) 전자 전달계 내 최종 전자 수용체의 종류
  3) 항산화효소, 특히 SOD(Superoxide Dismutase)의 발현 정도
  4) Thioglycolate broth에 배양하여 세균의 분포를 확인

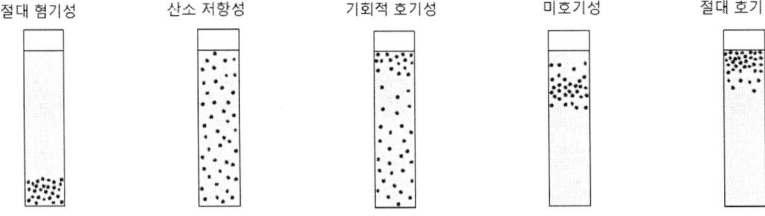

절대 혐기성    산소 저항성    기회적 호기성    미호기성    절대 호기성

(2) 항산화효소(Antioxidant enzyme)
  1) 독성이 강한 과산화물 및 초과산화물을 제거하는 효소
  2) 보유 효소 종류와 효소 활성 정도에 따라 세균의 서식 환경을 예측할 수 있다.
  3) 지표 효소 : SOD
     ① 초과산화이온($O_2^{2-}$)을 과산화수소로($H_2O_2$) 전환
     ② 560nm 빛 흡광 가능
     ③ $O_2^{2-} + 2H^+ \rightarrow H_2O_2$
  4) 그 외 효소
     ① Catalase(카탈라아제) : 과산화수소를 물과 산소로 분해, $Mn^{2+}$ 존재
     ② Glutathione peroxidase(글루타치온 퍼옥시다아제) : 과산화지질 분해에 관여
  5) 산소 요구성에 따른 생물 분류

| 생물 종류 | SOD 활성도 | Catalase 활성도 | Peroxidase 활성도 | 최종전자 수용체 | 생활 환경 및 생존 |
|---|---|---|---|---|---|
| 절대 혐기성<br>(Obligate anaerobe) | - | - | - | 무기물 또는 유기물 | 무산소환경에서 생존 가능하나 유산소환경에서 생존 불가 |
| 산소 저항성<br>(=내기성)<br>(Aerotolerant anaerobe) | + | - | + | 무기물 또는 유기물 | 무산소 환경에서 생존 가능하며 유산소조건에서도 생존 가능 |
| 기회적(조건부) 호기성<br>(=통성 혐기성)<br>(Facultative aerobe) | + | + | - | 산소 또는 유기물 | 무산소환경에서 생존 가능하나 유산소환경에서 생리 활성이 증가함 |
| 미호기성<br>(Microaerophile) | + | -<br>(Lacked) | -<br>(Low level) | 산소 또는 유기물 | 저산소 환경에서 증식이 활발하나 높은 산소 농도에서는 생리 활성이 저해됨 |
| 절대 호기성<br>(Obligate aerobe) | + | + | - | 산소 또는 유기물 | 높은 산소 농도에서 생리 활성이 활발하나 낮은 산소 농도에서는 생리 활성이 저해됨 |

## 09 해설

(1) 산성 : 붉은색(적색)
(2) 중성 : 보라색(자색)
(3) 염기성 : 푸른색(청색)

## 10 해설

(1) MYP
(2) 붉은색

## 11 해설

미생물의 증식에 영향을 줄 수 있는 여러가지 인자들을 복합적으로 적용시킴으로서 미생물의 극복능력을 약화시키는 동시에 식품의 품질(맛, 식감, 색, 향 등)을 최대한 유지 하는 과학적인 기술

## 12 해설

(1) 동결건조의 원리

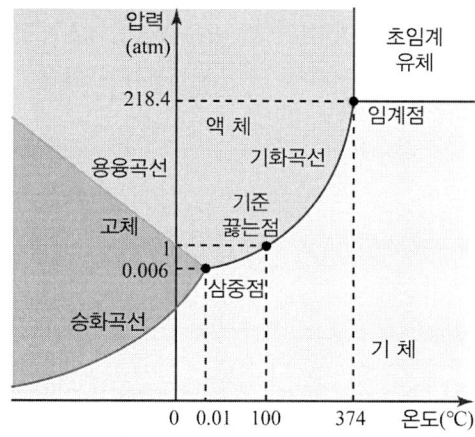

- 삼중점 : 기체, 액체, 고체 상태가 평형상태로 공존하는 점
- 승화 곡선 : 고체와 기체가 공존하는 선
- 용융곡선(융해곡선) : 고체와 액체가 공존하는 선
- 기화곡선(증기압력곡선) : 액체와 기체가 공존하는 선
- 임계점 : 기체와 액체를 분간할 수 없는 임계 상태에서의 지점
- 기준 끓는점 : 1기압에서 액체가 기체로 변하는 지점

식품의 온도를 삼중점 이하(0.0098℃ 이하)로 낮추어 내부의 수분을 동결시키고, 이 상태에서 감압하여 0.006atm 이하로 낮추어 얼음을 수증기로 승화시키는 건조법

(2) 동결건조의 장점
　　1) 재료의 형태와 조직 등의 물리·화학적 변화가 적다.
　　2) 영양소 및 풍미 손실이 최소화된다.
　　3) 고체 건조 시 표면경화 현상이 없다.
　　4) 고체 식품에서의 복원성이 뛰어나다.
　　5) 분말식품의 경우 빠르고 완벽한 재수화(Rehydration)이 가능하다.
　　중 택 1

## 13 해설

(1) 원인
　　1) 분무 건조 시 분말 표면에 피막이 단단히 형성된 경우(표면경화현상)
　　2) 건조 온도(공급된 열풍의 온도)가 낮은 경우
　　3) 제조된 분말의 밀도가 높은 경우

(2) 개선방법
　　1) 분말의 흡습성을 낮추고 용해 분산성을 높일 목적으로 첨가하는 피막물질(Maltodextrin 등)의 첨가량을 가급적 낮춘다.
　　2) 열풍의 온도를 가급적 높여 빠른 건조를 일으켜 다공성 분말을 형성한다.
　　3) 액상 원료의 분사 속도가 빠를수록 작은 분말이 생성되나, 너무 빠르면 분말 입자 간의 뭉침 현상이 발생하므로 적절히 조정한다.
　　(선식 등 고체 분말 식품에 적용 시)
　　1) 고밀도 분말에 수분을 공급한 뒤 이를 건조하여 다공성 과립의 생성을 유도한다.
　　2) 분산성을 증가시키기 위하여 원료의 초미분쇄, 계면장력 저하, 습윤성 상승, 정전기 반발력 부여 등으로 입자의 분산성을 증가시킨다.
　　3) 분무 건조기를 이용하여 엉김현상(Agglomeration)을 유도한다. (2017년 1회 필기 출제)

## 14 해설

(1) 요오드가가 낮은 곡선 : A
(2) 요오드가가 낮은 이유
　　고온에서 SFI가 여전히 높은데다 SFI가 0이 되는 온도가 가장 높으므로 A가 녹는점이 높은 유지, 대부분 지방산이 장쇄포화지방산으로 구성되어있음을 유추할 수 있다. 특히 포화지방산은 이중결합이 없으므로 녹는점이 매우 높으며, 요오드가가 가장 작다.

## 15 해설

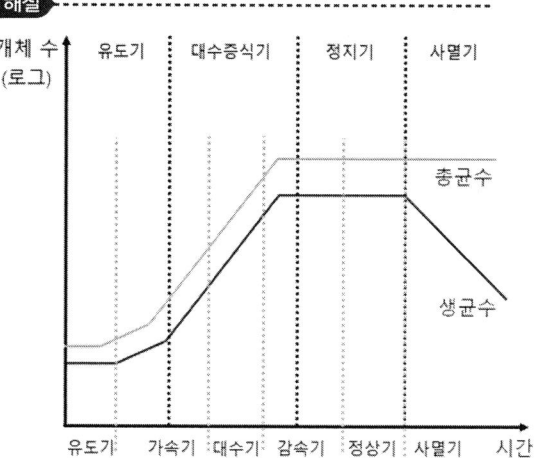

□ 참고
**회분식 배양 시, 배양 시기에 따른 미생물 개체의 수**
1) 유도기(Lag phase)
   ① 균이 환경에 적응하며 세포가 성장하는 시기.
   ② RNA 및 단백질 합성은 급증하나, DNA량은 완만함.

2) 대수 증식기(Exponential phase)
   ① 세대 기간이 짧고 최대이 증식속도를 보이는 시기(기하급수적 세포 수 증가)
   ② 세대 기간이 일정하며 세포의 크기가 일정하게 발견됨.
   ③ 생리적으로 활성이 강하며, 대사산물이 생성됨
   ④ 환경 및 물리·화학적 변화에 대해 예민해짐.(감수성 증가)

3) 정지기(Stationary phase)
   ① 영양분이 고갈되고 대사 산물이 축적되어 증식에 악영향을 미치는 시기.
   ② 시간당 증식 개체 수 및 사멸 개체 수가 같아 최대의 세포 수를 나타냄
   ③ 내생포자를 생성하기 시작함
   ④ 2차 대사산물(생존, 성장, 발달 혹은 생식에 직접적으로 관여하지 않는 유기 화합물, 항생물질, 독소, 아미노산 아날로그 등)이 농축됨

4) 사멸기(Death phase)
   ① 생균 수가 감소하는 시기
   ② 사멸균 자체의 효소 작용으로 자기소화(Autolysis)가 일어남.

## 16 해설

(1) 분해 : 질소를 함유한 유기물을 촉매(황산칼륨($K_2SO_4$) : 황산구리($CuSO_4$) = 4 : 1)의 존재 하에서 황산으로 가열분해하면, 질소는 황산암모늄(($NH_4)_2SO_4$)으로 변한다.
(2) 증류 : 황산암모늄(($NH_4)_2SO_4$)에 30% $NaOH_{(aq)}$ 25 mL 를 가하여 알칼리성으로 하고, 유리된 암모니아($NH_3$) 를 수증기 증류하여 브룬스비크 지시약(메틸레드 0.2 g 및 메틸렌블루 0.1 g)이 든 0.05 N $H_2SO_{4(aq)}$ 으로 포집한다.
(3) 적정 : 증류된 포집액을 0.05 N $NaOH_{(aq)}$ 로 적정하여 질소의 양을 구한다.

$$총질소(\%) = \frac{0.7003 \times (a-b)(mL) \times D}{S(mg)} \times 100$$

(4) 산출 : 구해진 질소량에 질소계수를 곱하여 조단백의 양을 산출한다.
조단백질(%) = N(%) × ( 질소계수 )

## 17 해설

$HCl$ 당량 $= 2[eq/L] \times 200[mL] = 10[eq/L] \times V[mL] = 400[meq]$

$V = \dfrac{2 \times 200}{10} = 40[mL]$

## 18 해설

자외선/가시광선 검출기(UV/Visible Spectroscope)

## 19 해설

(1) O, 지방이 산화할수록 열 및 산화성 가수분해에 의해 유리지방산의 함량은 증가한다.
(2) X, 산소가 불포화지방산과 반응하여 지방산화가 일어남에 따라 불포화지방산의 양이 감소하지만, 그 이상으로 Aldehyde, Ketone, Glycerin 등의 극성물질의 증가량이 더 크므로 전체적으로 극성물질의 양이 증가한다.
(3) X, 튀김 제조 시 기름 내에 포함된 지질 내 불포화지방산 내 이중결합을 소모하여 중합 반응이 일어나므로 폴리머의 양은 증가한다.
(4) X, 지질의 산패 시 열분해 및 가수분해에 따른 평균 분자량 감소보다는 중합에 의한 평균 분자량 증가가 우세하므로 점도가 높아지고 색이 진해진다.
(5) X, 식품을 튀길 때, 기름의 열에너지에 의해 수분이 수증기 형태로 빠져나가고 기름이 빈 공간을 차지하므로 수분 함량은 감소하고 유지 흡수량은 증가한다.

□ 참고

Oleic acid-11-hydroperoxide의 분해

Oleic acid-11-hydroperoxide

Octanal

11-Formyl decanoic acid
(=11-Formyl capric acid)

**20** 해설

$$Q = \frac{3.85\,[kJ/kg \cdot K] \times 4500\,[kg/h] \times (55-5)\,[K]}{3600\,[s/h]} = 240.625\,[kJ/s] \approx 240.63\,[kW]$$

# 2024 2회 식품안전기사 실기

01 분쇄기 안에서 원료에 복합적으로 작용하는 대표적인 힘 3가지를 적으시오.

02 모 기업체 내 구내식당에서 식중독이 발생하였다. 환자들에게 구토, 설사, 복통 등의 증상이 나타났고, 검사 결과 세균성 식중독이 아닌 것으로 확인되었다. 원인 병원체는 DNA가 아닌 RNA를 보유하고 있었고, 잠복기가 12~48시간일 때, 해당 업체에게 적절한 어떤 바이러스의 검사법을 추천할지 서술하시오.

03 식품 농축 과정에서 나타나는 현상 중 비말동반에 대해 설명하시오.

04 기체크로마토그래피 시행 시, 분리능이 높아지는 경우에 ○표시 하시오.

(1) 필름의 두께가 (얇게/두껍게)
(2) 컬럼의 넓이가 (좁게/넓게)
(3) 컬럼의 길이가 (짧게/길게)

**05** 다음 제시된 식품위생법에서의 위해식품의 판매 등 금지에 관한 내용에서 ( ) 안에 알맞은 내용을 채우시오.

> 누구든지 다음 각 호의 어느 하나에 해당하는 식품등을 판매하거나 판매할 목적으로 채취·제조·수입·가공·사용·조리·저장·소분·운반 또는 진열하여서는 아니된다.
> 1) ( ① ) 상하거나 설익어서 인체의 건강을 해칠 우려가 있는 것
> 2) 유독·유해물질이 들어있거나 묻어 있는 것 또는 그러할 염려가 있는 것. 다만, ( ② )이/가 인체의 건강을 해칠 우려가 없다고 인정하는 것은 제외한다.
> 3) 병(病)을 일으키는 ( ③ )에 오염되었거나 그러할 염려가 있어 인체의 건강을 해칠 우려가 있는 것
> 4) 불결하거나 다른 물질이 섞이거나 첨가(添加)된 것 또는 그 밖의 사유로 인체의 건강을 해칠 우려가 있는 것
> 5) 제18조에 따른 안전성 심사 대상인 농·축·수산물 등 가운데 안전성 심사를 받지 아니하였거나 안전성 심사에서 식용(食用)으로 부 적합하다고 인정된 것
> 6) 수입이 금지된 것 또는 「수입식품안전관리 특별법」 제20조제1항에 따른 수입신고를 하지 아니하고 수입한 것
> 7) 영업자가 아닌 자가 제조·가공·소분한 것

**06** 지육상태인 돼지고기의 품온을 낮추기 위해 0°C 온도에서 냉장 보관을 하려고 한다. 공기 흐름속도가 거의 0인 A 냉장고와 공기 흐름속도가 빠른 B 냉장고가 있을 때, 지육을 어디에 저장해야 하는지 고르고, 그 이유를 적으시오.

**07** 고시된 기능성 원료인 녹차추출물의 기능성 1 가지와 지표성분을 적으시오.

**08** 밀가루 25g에 18mL 물을 가하여 생성한 반죽을 1시간동안 물에 담근 뒤, 이를 체에 올려 가볍게 문지르고 물로 씻어낸 다음, 남은 물질을 회수했다.

> (1) 회수한 물질이 무엇인지 적으시오.
> (2) 회수한 물질을 구성하는 주요 단백질 2가지를 쓰시오.
> (3) 회수한 물질의 건조 중량이 2.65g 이라면, 단백질 함량 및 함량에 따른 밀가루의 종류를 판정하시오.

**09** 어떤 액체의 질량은 18g, 비중은 0.95 이다. 밀도, 비용적, 부피를 구하시오.

**10** 다음에 제시된 조직의 명칭을 쓰시오.

> 국가표준제도의 확립 및 산업표준화제도 운영, 공산품의 안전/품질 및 계량·측정에 관한 사항, 산업기반 기술 및 공업기술의 조사/연구 개발 및 지원, 시험, 교정, 검사, 표준물질생산, 메디컬시험, 숙련도시험운영, 제품인증, 생물자원, 타당성평가 및 검증 인정 제도의 운영, 표준화 관련 국가간 또는 국제기구와의 협력 및 교류에 관한 사항 등의 업무를 관장하는 국가기술표준원 조직이다.

**11** 전분으로부터 포도당을 생성하는 공정에서 Pulluanase 없이 Glucoamylase 만을 단독으로 사용할 경우, 어떠한 문제점이 발생할 수 있는지 서술하시오.

12  건강기능식품 제조에 사용되는 원료 중 고시된 원료와 개별인정 원료의 차이점을 서술하시오.

13  장염 비브리오 감염 예방법 3가지를 작성하시오.

14  열교환기에 90°C의 온수를 2000 kg/hr 의 유량으로 통과시키고, 반대방향에서 20 °C 의 식용유를 4500 kg/hr 의 유량으로 투입시켰다. 물이 40 °C 로 나왔을 때, 배출되는 식용유의 온도를 소수점 아래 첫째자리까지 계산하시오. (단, 물의 열용량은 1.0 kcal/kg·°C, 식용유의 열용량은 0.5 kcal/kg·°C 이며, 소수점 첫째자리로 답하시오.)

15  다음은 식품 조사에 관한 설명이다. (    ) 안에 들어갈 말을 작성하시오.

> 식품조사처리는 허용된 원료나 품목에 한하여 위생적으로 취급·보관된 경우에만 실시할 수 있으며, ( 1 ), ( 2 ), ( 3 ), 또는 ( 4 ) 이외의 목적으로는 식품조사처리 기술을 사용하여서는 아니 된다

**16** 식품및축산물안전관리인증기준에 의하면 안전관리인증기준(HACCP) 적용업소 중 식품(식품첨가물 포함)제조·가공업소, 건강기능식품제조업소, 집단급식소식품판매업소, 축산물작업장·업소, 집단급식소, 식품접객업소(위탁급식영업), 운반급식(개별 또는 벌크 포장)에서 준수해야 하는 선행요건은 다음과 같다. 빈 칸에 알맞은 사항을 적으시오.

> 가. 영업장 관리
> 나. 위생 관리
> 다. 제조·가공·조리 시설·설비 관리
> 라. 냉장·냉동 시설·설비 관리
> 마. 용수 관리
> 바. (     1     )
> 사. (     2     )
> 아. (     3     )

**17** 순수한 황산 9.8 g 을 물에 희석하여 250 mL 로 만들었을 때 수소이온의 몰 농도와 노르말 농도를 구하시오.

**18** 호화된 전분질 식품의 품질 저하의 원인인 노화를 억제하는 방법을 수분, 온도, 첨가물의 관점으로 작성하시오.

**19** 갓 수확한 사과의 품온이 30°C이며, 이 때 측정한 $Q_{10}$값은 1.8, 호흡량($CO_2$ 생성량)은 154mg/kcal·h이다.

> (1) 20°C에서 상온 저장할 때의 호흡량을 계산하시오.
> (2) 10°C에서 저온 저장할 때의 호흡량을 계산하시오.
> (3) 이러한 호흡작용이 발생하는 과일·채소의 생체저장법과 원리에 대해 서술하시오.

**20** 식품공전상 식육(제조, 가공용원료는 제외한다), 살균 또는 멸균처리하였거나 더 이상의 가공, 가열조리를 하지 않고 그대로 섭취하는 가공식품을 대상으로 조사하는 식중독균 중 4종류 적으시오.

## [2024년 2회 해설 및 정답]

**01** 해설

1) 압축력(Compressive force)
2) 전단력(Shear force)
3) 충격력(Impact force)
4) 절단력(Cutting force)

중 택 3

**02** 해설

노로바이러스 또는 사포바이러스에 의한 감염 증상이므로
1) 2명 이상 검체에서 RT-PCR법을 통하여 바이러스 RNA를 검출
2) 2명 이상 검체에서 전자현미경으로 바이러스의 특징적인 모양을 확인
3) 2명 이상 검체에서 효소 면역 측정법(EIA) 양성을 확인

중 택 1

□ 참고
바이러스성 장관감염증 5종

| 병원체 | 보유핵산 | 잠복기 | 증상 | 전파기전 |
|---|---|---|---|---|
| 아스트로바이러스 | ssRNA(+) | 1~4일/ 3~4일 (짧은 경우 24~36시간) | 구토(가끔), 미열(가끔), 설사, 오심, 복통 | 식품, 물, 분변-구강전파 |
| 장내 아데노바이러스 | dsDNA | 7~8일 /8~10일 | 구토(통상), 발열(통상), 설사, 복통, 호흡기 증상 | 물, 분변-구강전파 |
| 노로바이러스 | ssRNA(+) | 24~48시간/ 10~50시간 (12~48시간) | 구토(통상), 미열(드물거나 미약), 설사, 오심, 복통 | 식품, 물, 접촉감염, 분변-구강전파 |
| 그룹 A형 로타바이러스 | dsRNA | 1~3일/ 24~72시간 | 발열, 구토, 수양성 설사 | 물, 비말감염, 병원감염, 분변-구강전파 |
| 사포바이러스 | ssRNA(+) | 24~48시간 | 구토(통상), 발열(통상), 설사, 권태감, 복통 | 분변-구강전파 사람 간 감염 추정 |

## 03 해설

농축과정 중 미소한 액체 방울이 증기와 함께 증발관 밖으로 배출되는 현상이다. 이는 용질의 손실이나 응축기, 증발관 등의 부식의 원인이 된다. 상승속도를 낮추어 침강시키거나, 증기 유로에 방해판을 놓아 급격한 방향 전환을 일으키거나, 비말 포집기(원심분리기, 사이클론, 충전탑, 다공판탑 등)를 사용하여 예방할 수 있다.

## 04 해설

(1) 필름의 두께가 (얇게/두껍게) : 두껍게
(2) 컬럼의 넓이가 (좁게/넓게) : 좁게
(3) 컬럼의 길이가 (짧게/길게) : 길게

> □ 참고
> **필름 두께가 증가할수록 GC에 미치는 영향**
> 1) Retention(머무름) 증가, 이것만 고려할 경우 두께가 두꺼울수록 분리능(Resolution) 증가
> 2) Capacity(분석용량) 증가
> 3) Bleed(컬럼 출혈, 녹아내림에 의한 고정상 손실, 온도 증가 시 증가) 증가
> 4) Inertness(비활성, 시료와 화학적으로 반응하지 않는 정도) 증가
> 5) Peak tailing(꼬리 끌림) 감소
> 6) 복합적으로 고려하여 용질의 분리능(Resolution)을 높일 경우
>    ① 빠르게 용출되는 용질(k < 5) : 온도를 낮춘다, 필름 두께를 두껍게 한다.
>    ② 늦게 용출되는 용질(k > 5) : 온도를 높인다, 필름 두께를 얇게 한다.
> cf) 분석 시간 단축 시 : 길이 짧게, 내경 좁게, 필름 두께 얇게

## 05 해설

① 썩거나
② 식품의약품안전처장
③ 미생물

## 06 해설

(1) 냉동고 : B 냉동고
(2) 이유 : 기계적인 방법으로 냉장고 내 공기의 흐름을 발생시킴으로서 대류에 의한 열전달을 촉진할 수 있다. 자기소화(Autolysis)에 의한 숙성(Aging) 과정은 발열을 수반하므로 사후강직(Rigor mortis)이 완료된 이후 공기의 흐름이 빠른 B 냉장고를 이용하여 가급적 빨리 온도를 낮춰주는 것이 좋다.

## 07 해설

(1) 기능성 내용 : 항산화, 체지방 감소, 혈중 콜레스테롤 개선에 도움을 줄 수 있음
(2) 지표성분 : 카테킨(Catechin)

## 08 해설

(1) 글루텐
(2) 글리아딘(Gliadin), 글루테닌(Glutenin)
(3) ・ $\dfrac{2.65}{25} \times 100 = 10.6\,[\%]$
   ・ 단백질 함량이 10.6%이므로 중력분

> □ 참고
> **단백질(주성분 글루텐)의 함량에 따른 분류, 공전 외 분류로 편차가 존재**
> 1) 박력분 : 글루텐 8% 미만 (건부율 10% 이하, 습부율 19~25%)
>    가루가 부드럽고 반죽의 촉감이 좋다, 제과용(쿠키 등)
> 2) 중력분 : 글루텐 8% 이상 12% 미만 (건부율 10~13%, 습부율 25~35%)
>    탄력과 끈기가 있다, 제면용(우동 등)
> 3) 강력분 : 글루텐 12% 이상 (건부율 13% 이상, 습부율 35% 이상)
>    점탄성이 크다, 제빵용(식빵 등)

## 09 해설

(1) 밀도

$$0.95 = \frac{\rho[g/mL]}{1[g/mL]}, \quad \rho = 0.95[g/mL]$$

(2) 비용적

$$\nu = \frac{1}{\rho[g/cm^3]} = \frac{1}{0.95} = \frac{26}{19} = 1.052631579 \cdots \approx 1.05[cm^3/g]$$

(3) 부피

$$V = m[g] \times \nu[cm^3/g] = 18 \times \frac{20}{19} = \frac{360}{19} = 18.94736842 \cdots \approx 18.95[cm^3]$$

## 10 해설

KOLAS(Korea Laboratory Accreditation Scheme, 한국인정기구)

## 11 해설

Glucoamylase 는 비환원성말단의 α1→4와 α1→6 글리코시드 결합(Glycoside bonding)을 인식하여 Glucose 한 단위씩 절단하는 효소로, Amylopectin 의 α1→6 글리코시드 결합을 끊는 데 시간이 오래 걸려 한계 덱스트린 분해 및 전체적인 당화 속도가 지연된다. Pullulanase 는 전분 내부의 α1→6 글리코시드 결합을 무작위로 절단하므로 한계 덱스트린을 더욱 빠르게 제거하며, 당화 완료 시간을 단축한다.

## 12 해설

(1) 고시된 원료 : 「건강기능식품 공전」 (또는 건강기능식품의 기준 및 규격)에 등재되어 있는 기능성 원료. 공전에서 정하고 있는 제조 기준, 규격, 최종제품의 요건에 적합할 경우 별도의 인정 절차가 필요하지 않다.

(2) 개별인정 원료 개념 : 「건강기능식품 공전」에 미등재되었으나, 식품의약품안전처장이 개별적으로 인정한 원료. 건강기능식품제조업·수입업 영업자가 그 안전성 및 기능성 등에 관한 자료를 식품의약품안전처장에게 제출하여 건강기능식품 기능성 원료로 인정받아 사용한다.

## 13

**해설**

1) 신선한 어패류 구매 후 신속하게 냉장보관(5℃ 이하)
2) 어패류를 수돗물로 2~3회 깨끗이 씻기
3) 비누 등 손 세정제를 사용하여 흐르는 물에 30초 이상 손 씻기
4) 가급적 생식을 피하고 충분히 가열 후 섭취(60℃ 5분 또는 85℃ 1분 이상)
5) 칼과 도마는 전처리용과 조리용으로 구분하여 사용하기
6) 이미 사용한 조리도구는 2차 오염 방지를 위해 세척 후 열탕 처리하기

중 택 3

## 14

**해설**

$1[kcal/kg \cdot ℃] \times 2000[kg/hr] \times (90-40)[℃]$
$= 0.5[kcal/kg \cdot ℃] \times 4500[kg/hr] \times (T-20)[℃]$
$T = 64.\dot{4} \approx 64.4[℃]$

## 15

**해설**

(1) 발아 억제
(2) 살균
(3) 살충
(4) 숙도 조절

## 16

**해설**

(1) 보관·운송관리
(2) 검사 관리
(3) 회수 프로그램 관리

## 17 해설

(1) 몰 농도

$$\frac{\dfrac{9.8[g]}{98[g/mol]}}{\dfrac{250[mL]}{1000[mL/L]}} = 0.4[mol/L]$$

(2) 노르말 농도

$$2[eq/mol] \times \frac{\dfrac{9.8[g]}{98[g/mol]}}{\dfrac{250[mL]}{1000[mL/L]}} = 0.8[eq/L]$$

## 18 해설

(1) 수분 : 수분 함량을 10%(혹은 15%) 이하로 조절 시 전분의 형태가 호화 상태로 고정되며, 수분 함량이 60% 이상일 경우 물-전분 간 수소결합이 많아져 전분 분자 내 또는 전분 분자 간 수소결합에 의한 노화가 억제됨
(2) 온도 : 60℃ 이상 유지 시 분자 운동에 의해 호화가 유지되며, 영하로 급속냉동 시(특히 -20℃ 이하) 전분의 형태가 호화 상태로 고정됨
(3) 첨가물 : 당, 유화제, 염류($SO_4^{2-}$ 제외) 첨가 시 전분 분자 내 또는 전분 분자 간 회합이 억제되어 호화가 유지됨, 특히 당의 경우는 –OH 에 의한 수소결합 형성에 의한 탈수 효과 발생

## 19 해설

(1) 20℃에서 상온 저장할 때의 호흡량을 계산하시오.

$$\frac{154}{1.8} = 85.\dot{5} \approx 85.56 [mg/kcal \cdot h]$$

(2) 10℃에서 저온 저장할 때의 호흡량을 계산하시오.

$$\frac{154}{1.8 \times 1.8} = 47.5308641975 \cdots \approx 47.53 [mg/kcal \cdot h]$$

(3) 이러한 호흡작용이 발생하는 과일·채소의 생체저장법과 원리에 대해 서술하시오.
  1) 저장법 : CA 저장법
  2) 원리 : 저장고 내의 공기의 조성과 온도, 습도를 조절하여 산소 농도를 낮추고 화학적으로 활성이 적은 기체(이산화탄소, 질소 등)의 함량을 증가시켜 호흡 및 증산작용을 억제시키는 방법

## 20  해설

1) 살모넬라(*Salmonella* spp.)
2) 장염비브리오(*Vibrio parahaemolyticus*)
3) 리스테리아 모노사이토제네스(*Listeria monocytogenes*)
4) 장출혈성 대장균(Enterohemorrhagic *Escherichia coli*)
5) 캠필로박터 제주니/콜리(*Campylobacter jejuni/coli*)
6) 여시니아 엔테로콜리티카(*Yersinia enterocolitica*)

중 택 4

> □ 참고
> 대상 식품의 식중독균 규격
> n=5, c=0, m=0/25g

# 2024 3회 식품안전기사 실기

[본 문제는 수험자의 기억에 의해 복원된 것으로 실제 시험과 차이가 있을 수 있습니다]
[(舊)식품기사에서 (現)식품안전기사로 변경되었습니다]

**01** 다음 좌표평면 위에 식품의 중심부를 기준으로 급속동결곡선, 완만동결곡선을 그리고 최대 빙결정 생성구간을 표시하시오.

**02** 당도가 5%인 포도과즙 10kg에 설탕을 첨가하여 당도를 11%로 만들려고 한다. 이 때 첨가할 설탕의 양(g)을 구하시오.

**03** 식품첨가물공전상 보존료의 정의와 탄산음료에 사용가능한 보존료 2가지를 서술하시오.

**04** HPLC 분석 결과 당류의 함유량에 대해 $y = 5.5x + 2$ 라는 방정식을 얻었다. y는 당도(μg/mL)이고 x는 피크 시간(s)을 나타내고 총 피크 시간은 20이었다. 총 10 g의 시료를 15 mL 로 하여 시험 용액을 제조하였고, 여기에 추가로 5배 희석하여 분석에 사용하였다. 이 경우 100g의 시료에 함유된 총 당의 함유량을 구하시오. (단위 : mg/100g)

**05** 300kg 녹말을 산분해할 때 이론적으로 생성되는 포도당의 양을 구하시오.

**06** 무균 포장의 장점과 무균 포장에 사용하는 기술을 1가시 쓰시오.

**07** 식품 및 축산물안전관리인증기준에 따른 개인 위생 관리를 위하여 작업장 내에서 작업 중인 종업원 등은 ( 1 )·( 2 )·( 3 ) 등을 항시 착용하여야 하며, 개인용 장신구 등을 착용하여서는 아니 된다. 이에 해당하는 종사자가 착용해야 할 것을 세 가지 쓰시오.

**08** 뉴턴 유체와 시간독립성 비뉴턴유체의 전단응력-전단속도 그래프를 그리시오. (단, 뉴턴유체, 딜라이턴트 유체, 의소성 유체, 빙햄소성 유체를 나타내시오.)

**09** 간장 제조 결과 산막 효모에 의한 흰색의 피막이 발생하였다면, 이것에 대한 주원인을 3가지 서술하시오.

**10** 다음은 식품 공전 중 황색포도상구균 시험방법의 일부이다. 제시된 설명을 읽고 해당 세균의 특성에 대한 내용에 알맞은 내용을 채우시오.

> 다. 확인시험
> 
> 분리배양된 평판배지상의 집락을 보통한천배지에 옮겨 35~37℃에서 18~24시간 배양한 후 그람염색을 실시하여 포도상의 배열을 갖는 그람양성 구균을 확인한 후 (　　　) 시험을 실시하며 24시간 이내에 응고유무를 판정한다. Baird-Parker(RPF) 한천배지에서 전형적인 집락으로 확인된 것은 (　　　) 시험을 생략할 수 있다. (　　　) 양성으로 확인된 것은 생화학 시험을 실시하여 판정한다.

**11** 치즈 제조 시 사용하는 효소인 레닛을 첨가하기 전에 치즈 응고 및 품질개선을 위해 첨가하는 무기질 성분을 쓰시오.

**12** 탈지유에 산을 가하여 약 pH 4.6으로 조정하면 응고가 발생한다. 이 때 (1) 응고되는 주성분과 (2) 응고되는 원리, (3) 이 원리를 이용하여 만들어지는 대표적인 유제품 한 가지를 서술하시오.

**13** 시료가 4.1020 g을 이용하여 속슬렛 추출법을 시행한 결과, 지방을 추출하기 전의 플라스크 질량은 29.0522 g, 지방을 추출한 후의 플라스크 잘량은 30.0325 g 으로 측정되었다. 이를 이용하여 시료 내 조지방 함량을 구하시오.

**14** 한외여과와 역삼투의 특성을 비교하시오.

|  | 한외여과 | 역삼투 |
| --- | --- | --- |
| 수행 압력 (저압/고압) |  |  |
| 분리막 구멍 크기 (작다/크다) |  |  |
| 분리물 분자량 (작다/크다) |  |  |

**15** 온도에 따라 농도가 감소하는 속도가 달라져 품질 유지 기한이 변하는 식품이 있다. 이 성분이 파괴되는 데 요구되는 활성화 에너지 $E_a$는 3332cal/mol이다. 21℃ 일 때 반응속도상수 k가 0.00157/day 일 때, 25℃일 때의 품질 유지 기한을 구하라.
(단, R=1.987cal/mol·K이다. 그리고 식품 성분의 농도가 75%일 때까지를 품질 유지 기한이라고 가정하며, 결과값은 버림하여 정수로 표기한다.)

**16** 수분활성도가 0.6인 NaCl 수용액의 몰랄농도를 계산하시오. (이 때, 물의 분자량은 18, NaCl의 화학식량은 58.5 이며, NaCl은 물에 녹아 완전히 이온화한다.)

**17** 다음은 방사선 조사대상 식품에 대한 표이다. 빈칸을 채우시오.

| 품목 | 조사 목적 | 선량(kGy) |
|---|---|---|
| 감자, 양파, 마늘 | | |
| 밤 | 발아 억제<br>살충 | 0.25 이하 |
| 버섯(건조 포함) | 살충<br>숙도 조절 | 1 이하 |
| 곡류(분말 포함), 두류(분말 포함) | 살충<br>살균 | 5 이하 |
| 난분, 전분 | 살균 | 5 이하 |
| 건조식육, 어류분말, 패류분말, 갑각류분말, 된장분말, 고추장분말, 간장분말, 건조채소류(분말 포함), 효모식품, 효소식품, 조류식품, 알로에분말, 인삼(홍삼 포함) 제품류, 조미건어포류 | | 7 이하 |
| 건조 향신료 및 이들 조제품, 복합조미식품, 소스, 침출차, 분말차, 특수의료용도식품 | | 10 이하 |

**18** 다음은 장출혈성대장균에 대한 설명이다. 이를 읽고 빈 칸에 알맞은 내용을 쓰시오.

> 대장의 정상 상재균인 대장균은 대부분 식중독의 원인이 되지는 않지만, 장출혈성대장 균은 ( 1 ) 등 치명적인 독소를 생성하는 병원성대장균이다. 감염 시 대부분 혈변과 심한 복통, 구토 등이 나타나며, 발열은 없거나 적게 나타난다. 그러나 감염의 약 2~7% 가 ( 2 )를 나타내어 용혈성 빈혈, 혈소판 감소, 신장기능부전, 중추신경계 증상을 일으킨다. 이 경우 백혈구 수치가 높고, 설사가 심하면서 소변이 나오지 않게 되는데 특히 소아에게 주의를 기울여야 한다. 장관출혈성대장균은 혈청형에 따라 여러 종류가 있으나, 대표적인 혈청형은 ( 3 ) 이다.

**19** 다음에 제시된 화학식은 영양소 검출 실험 중 하나인 펠링 반응이다. 해당 반응을 식품에 적용했을 때 검출 가능한 물질과 검출 원리를 서술하시오.

> $R\text{-CHO}_{(aq)} + 2Cu^{2+}_{(aq)} + 4OH^-_{(aq)} \rightarrow R\text{-COOH}_{(aq)} + 2H_2O_{(l)} + Cu_2O_{(s)}\downarrow$

**20** 다음은 $OH^-$ 첨가에 따른 Glycine의 pH 변화를 나타낸 곡선이다. Glycine의 화학식은 $H_2N\text{-}CH_2\text{-}COOH$ 형태로 표기한다. 이 때, 점 B와 점 D에 해당하는 이온의 형태를 화학식으로 나타내시오.

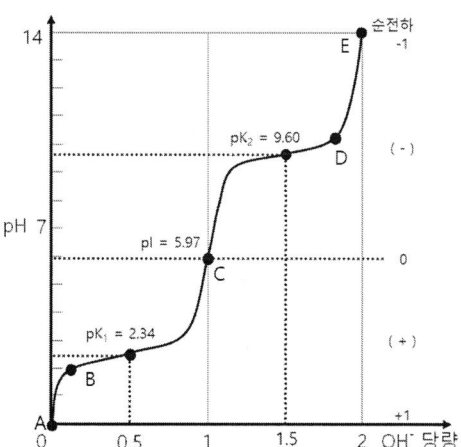

## [2024년 3회 해설 및 정답]

**01**

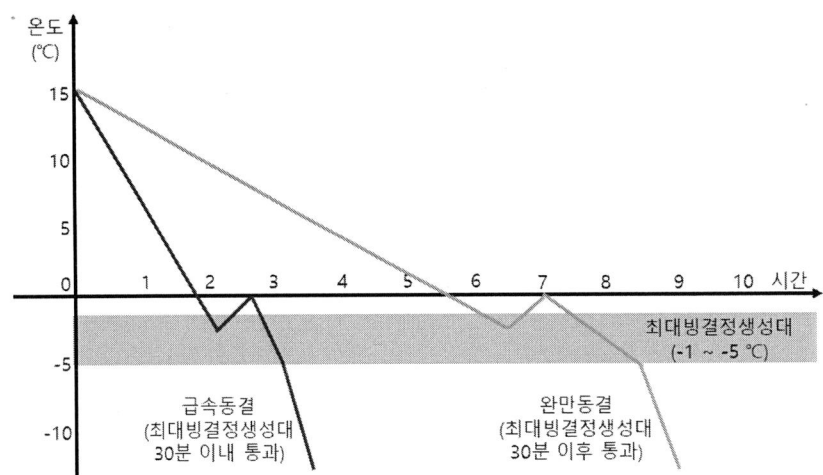

**02** 해설

(1) $\dfrac{11-5}{100-11} \times 10 \times 1000 = \dfrac{6000}{89} = 67.41573034\cdots \approx 674.16[g]$

(2)
$\quad$ 100 $\quad$ 6 $\qquad \dfrac{89}{89+6} \times (10 \times 1000 + x) = 10 \times 1000$
$\qquad\quad$ 11
$\quad$ 5 $\quad$ 89 $\qquad x = \dfrac{95}{89} \times 1000 - 1000 = \dfrac{60}{89} = 67.41573034\cdots \approx 674.16[g]$

**03** 해설

(1) 보존료의 정의 : 미생물에 의한 품질 저하를 방지하여 식품의 보존기간을 연장시키는 식품첨가물

(2) 탄산음료에 사용가능한 들어가는 보존료 2가지 : 소브산(-칼륨,-칼슘), 안식향산(-나트륨,-칼륨,-칼슘)

## 04

**해설**

$$\frac{(5.5 \times 20 + 2)[\mu g/mL] \times 75[mL]}{10[g] \times 1000[\mu g/mg]} = 0.84[mg/g] = 84[mg/100g]$$

## 05

**해설**

녹말은 α-D-포도당이 탈수축합되어 생성되었으므로

$$\frac{300}{180-18} \times 180 = 333.333\cdots \approx 333.33[kg]$$

## 06

**해설**

(1) 무균포장의 장점 : 공정 전반이 무균적으로 처리되어 제품의 저장 및 유통 중 냉장할 필요가 없으므로 에너지 절감 효과 기대, 식품 보존기간 연장, 품질 장기 유지 가능
(2) 무균 포장 사용 기술 : 초고온 순간 살균법(Ultra High Temperature, UHT), 방사선 조사 등

## 07

**해설**

(1) 위생복
(2) 위생모
(3) 위생화

## 08

**해설**

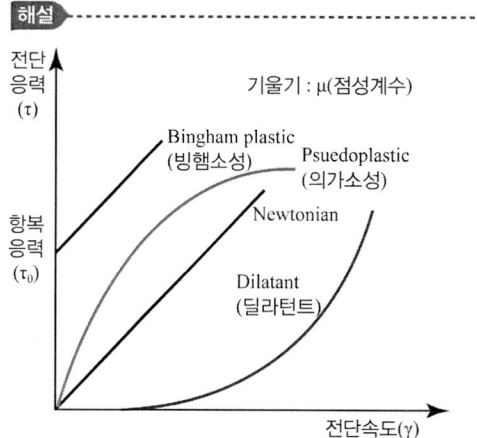

## 09 해설

(1) 간장의 농도가 적을 때
(2) 숙성이 불충분한 것을 분리했을 때
(3) 당분 과다
(4) 소금 부족
(5) 간장 가열 온도가 낮을 때
(6) 제조 용기가 불결할 때
중 택 3

## 10 해설

Coagulase

## 11 해설

칼슘염($CaCl_2$, $CaSO_4$ 등)

## 12 해설

(1) 응고되는 주성분 : 카제인(Casein)
(2) 응고되는 원리 : 단백질의 일종인 우유 내 카제인의 등전점은 약 4.6으로, 단백질의 등전점에서는 순전하가 0이 되어 물과의 극성 상호작용이 감소함에 따라 용해도가 저하되어 덩어리진다.
(3) 이 원리를 이용하여 만들어지는 대표적인 유제품 한 가지 : 치즈, 요구르트 등

## 13 해설

$$\text{조지방 함량} = \frac{30.0325 - 29.0522}{4.1020} \times 100 = \frac{980300}{41020} = 23.89809849 \cdots \approx 23.90 [\%]$$

## 14 해설

|  | 한외여과 | 역삼투 |
|---|---|---|
| 수행 압력 | 저압 | 고압 |
| 분리막 구멍 크기 | 크다 | 작다 |
| 분리물 분자량 | 크다 | 작다 |

## 15 해설

$$E_a = \frac{R \times T_1 \times T_2 \times \ln\frac{k_2}{k_1}}{T_2 - T_1}$$

$$3332 = \frac{1.987 \times 294.15 \times 298.15 \times \ln\frac{k_2}{0.00157}}{298.15 - 294.15}$$

$$k_2 = e^{\left(\frac{3332 \times 4}{1.987 \times 294.15 \times 298.15} + \ln 0.00157\right)}$$

$$= 0.0016947891902\cdots$$

$$t = \frac{\ln\frac{4}{3}}{k_2} = 169.74504800603\cdots \approx 169\,[day]$$

## 16 해설

NaCl이 물에 녹아 Na⁺ 2mol, Cl⁻ 2mol 생성되므로 NaCl 2mol 을 물 6mol 에 녹인다.

$$m = \frac{2\,[mol]}{\frac{18\,[g/mol] \times 6\,[mol]}{1000\,[g/kg]}} = \frac{500}{27} = 18.5\dot{1}\dot{8} \approx 18.52\,[mol/kg]$$

실제 제조 불능, 25°C 물 100g 기준 최대 NaCl 35.7g 용해 가능.
s-NaCl(aq) 밀도는 1.202 g/mL, 포화 농도는 약 26.3%, 약 5.4 M, 약 6.1m

cf) NaCl 수용액의 밀도가 1.4 g/mL 로 가정 시 몰농도 계산 예(고체 NaCl 아님)

$$m = \frac{2\,[mol]}{\frac{(58.5\,[g/mol] \times 2\,[mol] + 18\,[g/mol] \times 6\,[mol])\,[g/mol]}{1.4\,[g/mL] \times 1000\,[L/mL]}} = \frac{112}{9} = 12.\dot{4} \approx 12.4\,[mol/L]$$

고체 NaCl 의 밀도(실제 2.165 g/mL)가 주어져도 몰농도 계산 불가함
잘못된 계산 예

$$\frac{2[mol]}{(\frac{18[g/mol] \times 6[mol]}{1[g/mL]} + \frac{58.5[g/mol] \times 2[mol]}{2.165[g/mL]}) \times \frac{1}{1000[mL/L]}} = 12.34251183 \cdots \approx 12.34[mol/L]$$

---

□ 참고

포화 NaCl 수용액(s-NaCl$_{(aq)}$, 35.7 w/v%) 몰농도 계산 비교
(NaCl$_{(s)}$ 밀도 : 2.165 g/mol, s-NaCl$_{(aq)}$ 밀도 : 1.202 g/mL)

① NaCl$_{(s)}$ 밀도(2.165 g/mL) 반영 시

$$\frac{\frac{357[g]}{58.45[g/mol]}}{(\frac{1000[mL]}{1[g/mL]} + \frac{357[g]}{2.165[g/mL]}) \times \frac{1}{1000[mL/L]}} = 5.238719779 \cdots [mol/L]$$

② s-NaCl$_{(aq)}$ 밀도(1.202 g/mL) 반영 시(실제값)

$$\frac{\frac{357[g]}{58.45[g/mol]}}{(\frac{1357[g]}{1.202[g/mL]}) \times \frac{1}{1000[mL/L]}} = 5.405513671 \cdots [mol/L]$$

실제로 용액 제조 시, 혼합 후 부피는 혼합 전 부피보다 감소하므로 고체 밀도 반영 시 계산값보다 실제로 더 진하게 측정된다.

---

## 17 해설

| 품목 | 조사 목적 | 선량(kGy) |
|---|---|---|
| 감자, 양파, 마늘 | 발아 억제 | **0.15 이하** |
| 밤 | 발아 억제<br>살충 | 0.25 이하 |
| 버섯(건조 포함) | 살충<br>숙도 조절 | 1 이하 |
| 곡류(분말 포함), 두류(분말 포함) | 살충<br>살균 | 5 이하 |
| 난분, 전분 | 살균 | 5 이하 |
| 건조식육, 어류분말, 패류분말, 갑각류분말, 된장분말, 고추장분말, 간장분말, 건조채소류(분말 포함), 효모식품, 효소식품, 조류식품, 알로에분말, 인삼(홍삼 포함) 제품류, 조미건어포류 | <u>살균</u> | 7 이하 |
| 건조 향신료 및 이들 조제품, 복합조미식품, 소스, 침출차, 분말차, 특수의료용도식품 | <u>살균</u> | 10 이하 |

## 18  해설

(1) 시가독소(Shiga toxin) 또는 베로독소(Verotoxin)
(2) 용혈성요독증후군(Hemolytic Uremic Syndrome, HUS)
(3) O157:H7

## 19  해설

(1) 검출 가능 물질 : 환원당
(2) 검출 원리 : 당 안에 포함된 –CHO 가 –COOH 로 산화되면서 $Cu^{2+}$ 가 $Cu^+$ 로 환원된 뒤 $OH^-$ 와 반응하여 적색의 $Cu_2O$ 침전이 생성된다.

## 20  해설

(1) B : $H_3N^+$–$CH_2$–COOH
(2) D : $H_2N$–$CH_2$–$COO^-$

 **이러닝 강의 및 교재내용 문의**

올배움 홈페이지 **www.kisa.co.kr** 에
방문하시면 본 교재의 저자직강 강의를 통하여
자격증 단기합격을 할 수 있습니다.
또한 본 교재의 정오표는
올배움 홈페이지를 통해 확인이 가능하며
그 밖의 다른 의견 및 오탈자를 제보해주시면
더 좋은 강의와 교재로 보답하겠습니다.

**www.kisa.co.kr**

📞 1544-8509   TALK 카톡 ID : kisa

올배움BOOK
홈페이지
바로가기 >

# 식품안전기사 실기

1판1쇄 발행  2024년  1월 10일
2판1쇄 발행  2025년  1월 10일

지 은 이 • 박 대 준
펴 낸 이 • 이 정 훈
펴 낸 곳 •
주    소 • 서울시 금천구 가산디지털1로 168 B동 B105(가산동, 우림라이온스밸리)
전    화 • 1544-8509 / FAX 0505-909-0777
홈페이지 • www.kisa.co.kr

법인등록번호 • 110111-5784750
I S B N • 979-11-6517-164-3 (13570)

정가 33,000원

이 책에서 내용의 일부 또는 도해를 다음과 같은 행위자들이 사전 승인없이 인용할 경우에는
저작권법 제93조「손해배상청구권」에 적용 받습니다.
① 단순히 공부할 목적으로 부분 또는 전체를 복제하여 사용하는 학생 또는 복사업자
② 공공기관 및 사설교육기관(학원, 인정직업학교), 단체 등에서 영리를 목적으로 복제·배포
  하는 대표, 또는 당해 교육자
③ 디스크 복사 및 기타 정보 재생 시스템을 이용하여 사용하는 자

※ 파본은 구입하신 서점에서 교환해 드립니다.